材料科学与工程专业
本科系列教材

现代功能材料

Xiandai Gongneng Cailiao

（第三版）

陈玉安　王必本　廖其龙　编

重庆大学出版社

内容简介

全书共分10章,从材料的功能体系出发,集中阐述了功能材料的共性物理基础——材料的电子结构与物理性能;全面系统地介绍了具有电、磁、光、热、声等物理功能及转换功能的常用功能材料(电性材料、磁性材料、光学材料、功能转换材料)和在能源、智能、航天航空、生物医学等领域发展迅速的特种功能材料(能源材料、智能材料、梯度功能材料、生物医学材料、功能薄膜材料)的组成、结构、性能、制备和应用;强调功能材料与元(器)件的紧密结合,突出体现了材料—元(器)件的一体化。本书选材新颖、广泛,内容前瞻性强,论述前后呼应,讨论深入浅出,理论联系实际,具有较强的实用性。

本书可作为高等院校材料学科各专业本科生功能材料课程的教学用书,也可作为上述专业研究生的参考书以及供从事材料学科教学、科研、生产和管理的教师和科技人员参考。

图书在版编目(CIP)数据

现代功能材料/陈玉安,王必本,廖其龙编 . --
3版.--重庆:重庆大学出版社,2021.1(2022.7重印)
材料科学与工程专业本科系列教材
ISBN 978-7-5624-4398-8

Ⅰ.①现… Ⅱ.①陈… ②王… ③廖… Ⅲ.①功能材
料—高等学校—教材 Ⅳ.①TB34

中国版本图书馆 CIP 数据核字(2021)第 015492 号

现代功能材料

(第三版)

陈玉安 王必本 廖其龙 编
责任编辑:曾显跃 版式设计:曾显跃
责任校对:夏 宇 责任印制:张 策

*

重庆大学出版社出版发行
出版人:饶帮华
社址:重庆市沙坪坝区大学城西路 21 号
邮编:401331
电话:(023)88617190 88617185(中小学)
传真:(023)88617186 88617166
网址:http://www.cqup.com.cn
邮箱:fxk@cqup.com.cn(营销中心)
全国新华书店经销
重庆市正前方彩色印刷有限公司印刷

*

开本:787mm×1092mm 1/16 印张:23.5 字数:587 千
2021 年 1 月第 3 版 2022 年 7 月第 13 次印刷
印数:19 001—22 000
ISBN 978-7-5624-4398-8 定价:56.00 元

前言

材料按其性能特征和用途可分为两大类:结构材料和功能材料。功能材料是指具有优良的物理(电、磁、光、热、声)、化学、生物学功能及其相互转化的功能,被用于非结构目的的高技术材料。随着科学技术尤其是信息、能源和生物等现代高技术的快速发展,功能材料越来越显示出它的重要性,并逐渐成为材料学科中最活跃的前沿学科之一。我国"863 计划"中将新型材料规划为高新技术 7 个主要研究领域之一,"973 计划"进一步将功能材料作为重点的研究项目,使我国在 20 年来的功能材料研究和开发领域取得了辉煌的成就,并对科学技术的进步和国民经济的发展以及综合国力的提高起到了极其重要的作用。

功能材料学科是一门新兴的综合学科,涉及的领域很广,是多学科、多种新技术和新工艺交叉融合的产物。近年来,功能材料迅速发展,已有几十大类,10 万多品种,且每年都有大量新品种问世。有关新材料特别是新功能材料的书籍也不断涌现,进一步丰富和拓宽了材料科学与工程学科的内容。许多高校设置了功能材料的研究方向,并将功能材料作为材料及其相关专业的一门重要的专业基础课程。本书是编写者在多年讲授该课程的基础上,结合编者的教学和科研进一步编写的。

本书在编写过程中,注意了以下几方面的特色:

①将功能材料的物理基础集中在第 1 章中论述,让读者在接触各种功能材料之前全面认识其共性问题;

②按照材料的电、磁、光、热、声等物理功能及转换功能的体系,在第 2 章至第 5 章中全面系统地介绍当今国内外常用功能材料的组成、结构、性能、制备和应用,突出材料的结构、制备与加工和性能之间的关系;

最新动态,在第 6 章至第 10 章中……航天航空和生物医学等领域发……结构、性能、制备和应用;……件的紧密结合,从功能材料以……点出发,突出体现材料—元(器)件的一体化。

全书共分 10 章,由陈玉安、王必本和廖其龙共同编写。其中,绪论、第 1 章至第 5 章、第 6 章的 6.1 节、第 7 章、第 8 章由陈玉安执笔,第 6 章的 6.2 节至 6.5 节、第 10 章由王必本执笔,第 9 章由廖其龙执笔,全书由陈玉安统稿。

本书可作为高等院校材料学科各专业本科生功能材料课程的教学用书,计划教学时数为 60 学时。使用时,各高校可根据课程学时数的实际情况加以取舍。本书也可作为上述专业研究生的参考书,以及供从事材料学科教学、科研、生产和管理的教师和科技人员参考。

本书在编写过程中参考了大量文献、教材和专著,书后列出了主要的参考书籍名录,谨此表示深深的谢意,如有疏漏,敬请包涵。由于编者水平有限,书中不足之处在所难免,恳请读者批评指正。

编 者

2020 年 10 月

目 录

绪　论

材料是人类赖以生存和发展的物质基础,是人类社会进步的里程碑。为了生存和发展,人类一方面从大自然中选择天然物质进行加工、改造,获得适用的材料;另一方面研制合金、玻璃、合成高分子材料来满足生产和生活的需要。20世纪70年代人们将信息、材料和能源誉为当代文明的三大支柱。80年代以高技术群为代表的新技术革命,又将新材料、信息技术和生物技术并列为新技术革命的重要标志。这主要是因为材料与国民经济建设、国防建设和人民生活密切相关。

材料除了具有重要性和普遍性外,还具有多样性。由于多种多样,分类方法也就没有一个统一标准。一种常见的分类方法是按照性能特征和用途将材料分为结构材料(structural materials)和功能材料(functional materials)两大类。结构材料是具有较高力学性能,并主要用来制造机械产品结构件的材料,功能材料则主要是具有特殊的物理、化学或其他性能,并主要用来制造具有特定功能元、器件和产品的材料。功能材料是正在发展中的具有优异性能和特殊功能,对科学技术尤其是对高技术的发展及新产业的形成具有决定意义的新材料。

0.1　功能材料的发展概况

功能材料的发展历史与结构材料一样悠久,它也是在工业技术和人类历史的发展过程中不断发展起来的。特别是近30多年以来,由于电子技术、激光技术、能源技术、信息技术以及空间技术等现代高技术的高速发展,强烈刺激现代材料向功能材料方向发展,使得新型功能材料异军突起,促进了各种高技术的发展和应用的实现,而功能材料本身也在各种高技术发展的同时得到了快速的发展。从20世纪50年代开始,随着微电子技术的发展和应用,半导体材料迅速发展;60年代出现激光技术,光学材料面貌为之一新;70年代光电子材料,80年代形状记忆合金等智能材料得到迅速发展。随后,包括原子反应堆材料、太阳能材料、高效电池等能源材料和生物医用材料等迅速崛起,形成了现今较为完善的功能材料体系。

由此可见,功能材料已经成为材料大家族中非常重要的成员,特别是自20世纪70年代开始,人们更是有意识地开发具有各种"特殊功能"的功能材料,并将以前对材料"量"的追求,即大量生产高质量结构材料,转变为对材料"质"的追求,即大力发展功能材料。换句话说,研究和开发材料的重点已从结构材料转向功能材料。可以说,在今天,功能材料虽然在量上尚远不及结构材料,但它与结构材料一样重要,而且今后将互相促进,并驾齐驱发展。

0.2 功能材料的特点

0.2.1 功能材料的定义

人们有意识地将材料按其性能特征和用途分为结构材料和功能材料还是近 40 年的事。功能材料的概念最初是由美国贝尔研究所的莫尔通(J. A. Morton)博士于 1965 年提出的,后来经日本各研究所、大学和材料学会的讨论和提倡,才逐渐受到各国材料界的重视。

功能材料可以定义为:具有优良的电学、磁学、光学、热学、声学、力学、化学和生物学功能及其相互转化的功能,被用于非结构目的的高技术材料。在这一定义中,包含了像弹性材料那样的属于力学性能范畴的非结构材料,排除了一般结构材料和高温合金、结构陶瓷等高级结构材料(因为它们主要用于结构的目的),也排除了像普通玻璃、通用塑料、耐火砖之类的一般非力学性能的普通材料,或一般工艺辅助材料。因此,功能材料是现代材料中比较高级的材料,并不是包括除结构材料以外的所有材料。

0.2.2 功能材料的特点

功能材料为高技术密集型材料,在研究开发和生产功能材料时具有三个显著的特点,即①综合运用现代先进的科学技术成就,多学科交叉,知识密集;②品种较多,生产规模一般比较小,更新换代快,技术保密性强;③需要投入大量的资金和时间,存在相当大的风险,但一旦研究开发成功,则成为高技术、高性能、高产值和高效益的产业。

与结构材料相比较,功能材料最大的特点是两者性能上的差异和用途不同。而在评价标准上,两者也有很大的区别。结构材料常以材料形式为最终产品,并以材料本身进行性能评价,而功能材料通常以元(器)件形式对其物理性能进行评价,或者说是材料—元(器)件一体化。由此可见,功能材料的性能对最终产品、系统的功能特性起着举足轻重的作用。正因为如此,功能材料与结构材料相比,虽然它在 GDP 中所占的比重很小,但是,它的存在对国民经济其他部门的影响是非常大的。用功能材料制成的元、器件对于保证像飞机、航天器、电子设备、汽车、武器等庞大而复杂的系统,运转正常是至关重要的。

0.3 功能材料的分类

功能材料种类繁多,涉及面广,迄今还没有一个公认的分类方法。目前主要是根据材料的物质性或功能性、应用性进行分类。

0.3.1 基于材料的物质性的分类

按材料的化学键、化学成分分类,功能材料有:

①金属功能材料；

②无机非金属功能材料；

③有机功能材料；

④复合功能材料。

有时按照化学成分、晶体结构、显微组织的不同还可以进一步细分小类和品种。例如，无机非金属材料可以分为玻璃、陶瓷和其他品种。

0.3.2　基于材料的功能性的分类

按材料的物理性质、功能来分类。例如，按材料的主要使用性能大致可分为九大类型：

①电学功能材料；

②磁学功能材料；

③光学功能材料；

④热学功能材料；

⑤声学和振动相关功能材料；

⑥力学功能材料；

⑦化学功能材料及分离功能材料；

⑧放射性相关功能材料；

⑨生物技术和生物医学工程材料。

0.3.3　基于材料的应用性的分类

按功能材料应用的技术领域进行分类，主要可分为信息材料、电子材料、电工材料、电讯材料、计算机材料、传感材料、仪器仪表材料、能源材料、航空航天材料、生物医用材料等。根据应用领域的层次和效能还可以进一步细分。例如，信息材料可分为：信息检测和传感（获取）材料、信息传输材料、信息存储材料、信息运算和处理材料等。

0.4　功能材料学科的内容和相关学科

功能材料学科的内容包括以下三个方面。

（1）**功能材料学**

研究功能材料的成分、结构、性能、应用及其相互关系，在此基础上，研究功能材料的设计和发展途径。

（2）**功能材料工程学**

研究功能材料的合成、制备、提纯、改性、储存及使用的技术和工艺。

（3）**功能材料的表征和测试技术**

研究一般通用的理化测试技术在功能材料上的应用及各类特征功能的测试技术和表征。

功能材料学科是一门与多学科交叉的学科，与其相关的学科很多，比较紧密相关的有：固体物理、结构化学、无机化学、有机高分子化学、生物和医学等基础学科，材料类学科，冶金、化工、硅酸盐与陶瓷和制药等工艺类学科,光、电、磁、声、热等现代技术类学科和分析测试类学科。

0.5 功能材料的现状和展望

功能材料对科学技术尤其是高技术的发展及新产业的形成具有决定性的作用。美国《高技术》杂志在评价高技术在21世纪的作用时指出:超导将产生巨大的经济效益,光电子技术变革信息社会,人体科学向未来提出挑战。而新型材料的出现和发展往往使科学技术的进步,乃至整个社会和经济的发展产生重大的影响,将人类支配自然的能力提高到一个新的水平。

当前,功能材料发展迅速,其研究和开发的热点集中在光电子信息材料、功能陶瓷材料、能源材料、生物医用材料、超导材料、功能高分子材料、功能复合材料、智能材料等领域。

现已开发的以物理功能材料最多,主要有:

（1）**单功能材料**

单功能材料如导电材料、介电材料、铁电材料、磁性材料、磁信息材料、发热材料、储热材料、隔热材料、热控材料、隔声材料、发声材料、光学材料、发光材料、激光材料、红外材料、光信息材料等。

（2）**功能转换材料**

功能转换材料如压电材料、光电材料、热电材料、磁光材料、声光材料、电光材料、电(磁)流变材料、磁致伸缩材料等。

（3）**多功能材料**

多功能材料如降噪材料、三防(防热、防激光和防核)材料、耐热密封材料、电磁材料等。

（4）**复合和综合功能材料**

复合和综合功能材料如形状记忆材料、传感材料、智能材料、显示材料、分离功能材料等。

（5）**新形态和新概念功能材料**

新形态和新概念功能材料如液晶材料、非晶态材料、梯度材料、纳米材料、非平衡材料等。

目前,化学和生物功能材料的种类虽较少,但发展速度很快,功能也更多样化。其中的储氢材料、锂离子电池材料、太阳电池材料、燃料电池材料和生物医学工程材料已在一些领域得到了应用。同时,功能材料的应用范围也迅速扩大,虽然在产量和产值上还不如结构材料,但其应用范围实际上已超过了结构材料,对各行业的发展产生了很大的影响。

高新技术的迅猛发展对功能材料的需求日益迫切,也对功能材料的发展产生了极大的推动作用。目前从国内外功能材料的研究动态看,功能材料的发展趋势可归纳为如下几个方面:

①开发高技术所需的新型功能材料,特别是尖端领域(如航空航天、分子电子学、高速信息、新能源、海洋技术和生命科学等)所需和在极端条件(如超高压、超高温、超低温、高烧蚀、高热冲击、强腐蚀、高真空、强激光、高辐射、粒子云、原子氧和核爆炸等)下工作的高性能功能材料。

②功能材料的功能由单功能向多功能和复合或综合功能发展,从低级功能(如单一的物理功能)向高级功能(如人工智能、生物功能和生命功能等)发展。

③功能材料和器件的一体化、高集成化、超微型化、高密积化和超分子化。

④功能材料和结构材料兼容,即功能材料结构化,结构材料功能化。

⑤进一步研究和发展功能材料的新概念、新设计和新工艺。已提出的新概念有梯度化、低维化、智能化、非平衡态、分子组装、杂化、超分子化和生物分子化等;已提出的新设计有化学模式识别设计、分子设计、非平衡态设计、量子化学和统计力学计算法等,这些新设计方法都要采用计算机辅助设计(CAD),这就要求建立数据库和计算机专家系统;已提出的新工艺有激光加工、离子注入、等离子技术、分子束外延、电子和离子束沉积、固相外延、精细刻蚀、生物技术及在特定条件下(如高温、高压、低温、高真空、微重力、强电磁场、强辐射、急冷和超净等)的工艺技术。

⑥完善和发展功能材料检测和评价的方法。

⑦加强功能材料的应用研究,扩展功能材料的应用领域,特别是尖端领域和民用高技术领域,并将成熟的研究成果迅速推广,以形成生产力。

第 1 章
材料的电子结构与物理性能

不同固体材料在物理、化学性质上的区别是与其原子的电子结构和电子在原子间运动的自由程度有关。例如,金属对电子的束缚很弱,因而由自由电子的运动而呈现出良好的导电性和导热性,这种传导性的产生是由于将非局域电子激发至传导能级只需要很少的能量的缘故。相反,绝缘体中的电子必须越过很宽的禁带。而半导体的禁带较窄,因而具有有效数量的电子可以导电。因此,研究材料的电子结构有助于加深对材料的导电和导热性能、材料的磁性能、材料的发光性能以及材料的光电效应等的理解,为将材料的这些特殊物理性能应用于功能元器件提供理论依据,指导生产实际。

1.1 原子的电子排列

作为已被普遍接受的观点,物质是由分子组成的,分子是由原子组成的。原子可以看成由原子核及分布在核周围的电子所组成。原子核内有中子和质子,核的体积很小,却集中了原子的绝大部分质量。电子绕着原子核在一定的轨道上旋转,它们的质量虽可忽略,但其分布却是原子结构中最重要的问题,它不仅决定了单个原子的行为,也对物质内部原子的结合以及某些性能起着决定性的作用。

1.1.1 原子的微观结构

量子力学的研究发现,电子旋转的轨道不是任意的,它的确切途径也是测不准的。1925年欧文·薛定谔提出了描述电子波动的方程——薛定谔方程。薛定谔方程成功地解决了电子在核外运动状态的变化规律,方程中引入了波函数的概念,以取代经典物理中圆形的固定轨道,解得的波函数(习惯上又称原子轨道)描述了电子在核外空间各处出现的几率,相当于给出了电子运动的"轨道"。这一轨道是由四个量子数所确定的,它们分别是主量子数、次量子数、磁量子数以及自旋量子数。

(1)主量子数 n ($n = 1, 2, 3, 4, \cdots$)

主量子数是四个量子数中最重要的一个量子数,它是确定电子离原子核远近和能级高低的主要参数。主量子数 n 代表电子处于原子核周围的第几壳层,例如,$n = 1$ 表示电子处于紧

6

邻原子核的第一壳层上,而 $n=2,3,4$ 则分别代表电子处于第二、三、四壳层,随 n 的增加,电子的能量依次增加。习惯上,将 $n=1,2,3,4,\cdots$ 用 $K,L,M,N\cdots$ 符号表示,$n=1$ 表示 K 层,$n=2$ 表示 L 层,余下类推。

(2)次量子数 l $(l=0,1,2,3,\cdots)$

在由主量子数 n 确定的同一壳层上的电子,依据次量子数 l 又可分成若干个能量水平不同的亚壳层,即 $l=0,1,2,3,\cdots$,这些亚壳层习惯上以 s、p、d、f 表示,这些字母是根据其光谱线特征而得的,例如:s,代表 sharp(敏锐的);p,代表 principal(主要的);d,代表 diffuse(漫散的);f,代表 fundamental(基本的)。次量子数 l 反映的是电子轨道的形状,即 s、p、d、f 各轨道在原子核周围的角度分布不同,因而又将 l 称为角量子数或轨道量子数(全名为轨道角动量量子数)。次量子数 l 也影响着轨道的能级,当 n 相同时,l 不同的轨道,它们的能级也不同,其能量水平依 s、p、d、f 的顺序增大。各壳层上的亚壳层的数目随主量子数 n 而异,第一壳层 $(n=1)$ 上只有一个亚壳层 $1s$,第二壳层 $(n=2)$ 上有两个亚壳层 $2s$、$2p$,第三壳层 $(n=3)$ 则有三个亚壳层 $3s$、$3p$、$3d$,第四壳层 $(n=4)$ 可以有四个亚壳层 $4s$、$4p$、$4d$、$4f$。

(3)磁量子数 m $(m=0,\pm1,\pm2,\pm3,\cdots)$

磁量子数 m 是表示电子云在空间伸展方向的量子数,或者说它基本上确定了轨道的空间取向。对于每一种允许的取向,相应于一种运动状态。磁量子数 m 是从 $+l$ 到 $-l$ 间的整数(包括零),可以有 $(2l+1)$ 个不同的 m:

$l=0$　$m=0$

$l=1$　$m=0,\pm1$

$l=2$　$m=0,\pm1,\pm2$

$l=3$　$m=0,\pm1,\pm2,\pm3$

即 s、p、d、f 各轨道依次有 1、3、5、7 种空间取向。在没有外加磁场的情况下,处于同一亚壳层而空间取向不同的电子具有相同的能量,但是,在外加磁场下,不同空间取向轨道的电子能量会略有差别。

(4)自旋量子数 m_s $\left(m_s=+\dfrac{1}{2},-\dfrac{1}{2}\right)$

第四个量子数称为自旋量子数(全名为自旋角动量量子数)。原子中的电子一方面可以看作是绕原子核旋转,另一方面是绕电子自己的轴而自旋。根据实验测得电子自旋的角动量为 $\pm\dfrac{1}{2}\dfrac{h}{2\pi}$,因此,自旋量子数 m_s 取 $+\dfrac{1}{2}$、$-\dfrac{1}{2}$ 两个值,即电子自旋的方向只有顺时针和逆时针两个方向。自旋量子数 m_s 表示在每个状态下可以存在自旋方向相反的两个电子,这两个电子也只是在磁场下才会略为不同的能量。于是,在 s、p、d、f 的各个亚壳层中,可以容纳的最大电子数分别为 2、6、10、14。

由四个量子数所确定的各壳层及亚壳层中的电子状态见表 1.1。由表中可以看出,各壳层能容纳的电子总数分别为 2、8、18、32,也就是相当于 $2n^2$。

表 1.1　各电子壳层及亚壳层的电子状态

主量子数 壳层序号	次量子数 亚壳层状态	磁量子数规定 的状态数目	考虑自旋量子数后 的状态数目	壳层总电子数
1	$1s$	1	2	$2(\,=2\times1^2)$
2	$2s$ $2p$	1 3	2 6	$8(\,=2\times2^2)$
3	$3s$ $3p$ $3d$	1 3 5	2 6 10	$18(\,=2\times3^2)$
4	$4s$ $4p$ $4d$ $4f$	1 3 5 7	2 6 10 14	$32(\,=2\times4^2)$

1.1.2　原子核外电子的分布

对于原子核外的每一个电子,都可以用量子数表示其微观状态。原子核外的电子是怎样填充这些能量状态的? 或者说,原子核外电子是怎样分布的? 是首先占据能量低的状态,还是占据能量高的状态? 是集中在一个或少数几个状态中,还是均匀地、任意地分布在各种可能的状态中? 根据量子力学,原子核外电子的分布与 4 个量子数有关,且服从下述三个基本原理。

（1）**泡利不相容原理**

在一个原子中不可能存在四个量子数完全相同（即运动状态完全相同）的两个电子,或者说,在同一个原子中,最多只能有两个电子处在同样能量状态的轨道中,而且这两个电子的自旋方向必定相反。

由泡利不相容原理计算得出一个原子中具有相同主量子数 n 的电子数目不超过 $2n^2$ 个,这正是表 1.1 中所看到的结果。

（2）**最低能量原理**

如前所述,原子核外的电子是按能级高低而分层分布的,核外电子在稳定态时,电子总是优先占据能量低的轨道,使系统处于最低的能量状态。

（3）**最多轨道规则（洪特规则）**

相同能量的轨道（也称等价轨道,如 3 个 p 轨道,5 个 d 轨道,7 个 f 轨道）上分布的电子将尽可能分占不同的轨道,而且自旋方向相同。

根据计算表明,电子这样的排列可使能量最低。如碳原子在 $2p$ 轨道上有 2 个电子,但 $2p$ 轨道有 3 个,根据洪特规则,这 2 个 $2p$ 电子的排列应是 ↑ ↑ ,而不是 ↑↓ 。同样原因,氮原子中的 3 个 p 电子也是分布在 3 个 p 轨道上,并具有相同的自旋方向,即 ↑ ↑ ↑ 。

作为洪特规则的特例,对于角量子数相同的轨道,电子层结构为全充满、半充满或全空的状态是比较稳定的,即

全充满 p^6 或 d^{10} 或 f^{14}

半充满 p^3 或 d^5 或 f^7

全 空 p^0 或 d^0 或 f^0

依据上述原理,电子从低的能量水平至高的能量水平,依次排列在不同的量子状态下,决定电子水平的主要因素是主量子数和次量子数。各个主壳层及亚壳层的能量水平如图 1.1 所示。由图可见,电子能量随主量子数 n 的增加而升高,同一壳层内各亚壳层的能量是按 s、p、d、f 次序依次升高的。值得注意的是,相邻壳层的能量范围有重叠现象,例如,$4s$ 的能量水平反而低于 $3d$;$5s$ 的能量也低于 $4d$、$4f$,这样,电子填充时,有可能出现内层尚未填满前就先进入外壳层的情况。

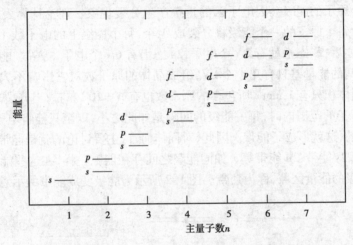

图 1.1 电子能量水平随主量子数和次量子数的变化情况

例如,原子序数为 20 的钙(Ca),有 20 个电子,电子首先进入能量最低的第一壳层(即 K 层),它只有 s 态一个亚壳层,可容纳 2 个电子,记为 $1s^2$;然后电子去填充能量稍高的第二壳层(即 L 层),它有 $2s$、$2p$ 两个亚壳层,分别容纳 2 个电子和 6 个电子,记为 $2s^2 2p^6$;当电子填入第三壳层(即 M 层)s 态(容纳 2 个电子)和 p 态(容纳 6 个电子)后,还剩下 2 个电子,根据图1.1,由于 $4s$ 态能量低于 $3d$ 态,所以这 2 个剩余的电子不是填入 $3d$,而是进入新的壳层(即 N 层)上的 $4s$ 态,因此,钙原子的电子排列记为 $1s^2 2s^2 2p^6 3s^2 3p^6 4s^2$。

根据量子力学,各个壳层的 s 态和 p 态中电子的充满程度对该壳层的能量水平起着重要的作用,一旦壳层的 s 态和 p 态被填满,该壳层的能量便落入十分低的值,使电子处于极为稳定的状态。如原子序数为 2 的氦(He),其 2 个电子将第一壳层的 s 态充满;原子序数为 10 的氖(Ne),其电子排列为 $1s^2 2s^2 2p^6$,外壳层的 s 态、p 态均被充满;还有原子序数为 18 的氩(Ar),电子排列为 $1s^2 2s^2 2p^6 3s^2 3p^6$,最外壳层的 s 态和 p 态也被充满。这些元素的电子极为稳定,化学性质表现为惰性,故称惰性元素。另一方面,如果最外壳层上的 s 态、p 态电子没有充满。这些电子能量较高,与原子核的结合较弱,很活泼,这些电子称为价电子。例如,原子序数为 11 的钠(Na),其 $2s$、$2p$ 态被填满,而 $3s$ 层只有 1 个电子,即有 1 个价电子,极易失去,属于化学性质很活泼的碱金属。原子的价电子极为重要,它们直接参加与原子间的结合,对材料的物理

和化学性能产生重要影响。

1.2　固体的能带理论与导电性

1.2.1　能带的形成

根据物理学的基本原理可知,对于单个原子,其电子是处在不同的分立能级上的。例如,一个原子有 1 个 $2s$ 能级,3 个 $2p$ 能级,5 个 $3d$ 能级。每个能级上可容许有两个自旋方向相反的电子。电子的能量就是其所在的能级的能量,不同能级之间的电子能量也相应不同。因此,单个原子的电子只能占据特定的轨道或能级,而这些能级之间就存在着能隙。但当大量原子组成晶体后,各个原子的能级会因电子云的重叠产生分裂现象。理论计算表明:在由 N 个原子组成的晶体中,每个原子的一个能级将分裂成 N 个,每个能级上的电子数不变。这样,对 N 个原子组成晶体之后,$2s$ 态上就有 $2N$ 个电子,$2p$ 态上有 $6N$ 个电子,等等。能级分裂后,其最高和最低能级之间的能量差只有几十个 eV,组成晶体的原子数对它影响不大。但是,对于实际晶体,即使小到体积只有 1 mm³,所包含的原子数也有 $N=10^{19}$ 左右,当分裂成的 10^{19} 个能级只分布在几十个 eV 的范围内时,每一能级的间隔是如此之小,以至只能将电子的能量或能级看成是连续变化的,这就形成了能带。因此,对固体而言,主要讨论的就是能带而不是能级,相应的就是 $1s$ 能带、$2s$ 能带、$2p$ 能带等。如同能级之间存在能隙一样,在这些能带之间,也存在着一些无电子能级的能量区域,称为禁带。图 1.2 所示为能级变成能带的示意图。

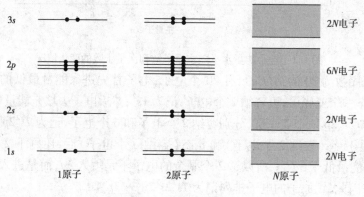

图 1.2　能带的形成

1.2.2　金属的能带结构与导电性

(1)金属的能带结构

对金属导电起作用的电子通常是外层价电子,它所处的能带的能量最高。将至少被电子部分占据的那个具有最高能量的能带称为价带。由于泡利不相容原理的限制,一个能带中可能包含的电子数是原子数的两倍。这样,对于碱金属,位于周期表 I$_A$ 族,其外层都有一个价电子。例如,钠(Na),它的第一价带($3s^2$)只填一半,即电子是半充满的,其能带结构如图 1.3(a)所示;而对于碱土金属,从它们的电子结构来看,似乎能带已被电子填满,如镁(Mg),其电

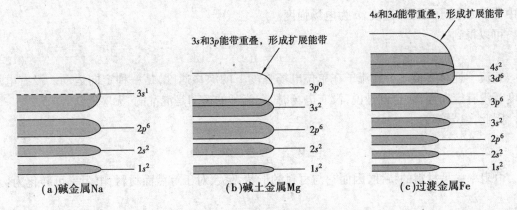

图1.3 各种金属的能带结构

子结构为 $1s^2 2s^2 2p^6 3s^2$，理应是绝缘体，但大量原子结合成固体时，除了造成能级分裂形成能带外，还会产生能带重叠。例如，Mg 的 $3p$ 能带和 $3s$ 能带重叠，如图1.3(b)所示，$3s$ 能带上的电子就可跃迁到 $3p$ 能带上，结果价带仍然没有填满；至于过渡族金属，其特点是都具有未填满的 d 电子层，如铁(Fe)原子形成晶体时，其 $4s$ 能带和 $3d$ 能带重叠，如图1.3(c)所示，价带也未填满。

如果价带未填满，其中的部分能级是空着的，没有电子，则这部分能带就称为导带。在外加电场下，电子可由价带跃迁到导带，这就形成了电流，于是，也就呈现出导电性。因此，只有那些电子未填满能带的材料才具有导电性。

(2)电荷载流子

1)电荷载流子的基本概念

电荷载流子只是一个统称的概念，在不同的场合下有不同的表现形式。在金属材料中，一般依靠公有化的自由电子导电，而衡量金属导电性的指标是电导率，被载带电荷的基本单位是单个电子的电荷。在离子材料中，电荷则可由扩散离子载带(其电荷是电子电荷的整数倍)。例如，在蓄电池中一个 SO_4^{2-} 离子带两个电子的电荷量，而所有的 Pb^{2+} 离子则缺少两个电子的电荷量。在半导体材料中，电子和空穴参与导电，它们分别带有一个电子的电荷量。所有这些载带电荷运动的粒子称为电荷载流子。

2)载流子的基本类型

常见的载流子基本类型有：

①电子和阴离子 是负电荷载流子，也称为负型载流子。

②阳离子 例如 Pb^{2+}，是正电荷载流子，也称为正型载流子，这是因为它缺少电子。

③电子空穴 指价带中缺少了电子而形成的空穴。它是一种正电荷载流子，在半导体中显得更为重要。

3)电导率和载流子

材料的电导率 σ 和电阻率 ρ 的数值取决于单位体积内的载流子数 n、每个载流子所带电荷 q 及载流子迁移率 μ。

载流子迁移率可以解释为在外加电场作用下，载流子在原子尺度的结构中移动的难易程度，即

$$\mu = \frac{\bar{v}}{\varepsilon} \tag{1.1}$$

式中，$\bar{v}$ 为载流子的漂移速度，ε 为电场强度。

可以得到：

$$\bar{v} = \mu\varepsilon \tag{1.2}$$

载流子迁移率描述了载流子在单位电场强度下的漂移速度，是一种定向运动。没有电场强度就没有定向漂移，也就是说，没有电场时，载流子的运动是混乱的、无序的。

因此，电导率为：

$$\sigma = \frac{1}{\rho} = nq\mu \tag{1.3}$$

电阻率 ρ 是材料的特性，因而它与材料的形状无关，对于等截面材料，电阻率可转化为：

$$R = \rho\frac{l}{A} \tag{1.4}$$

式中，l 为长度，A 为横截面积，R 为电阻。

（3）金属的电阻率与温度的关系

一般而言，金属的电阻率与温度的关系是线性的，且具有正的温度系数，即随着温度上升，电阻率增加。这是由于晶体热扰动的强度随温度的上升而成比例地增加，减少了晶体的规则性，使电子的平均自由程减小，从而减小了金属中电子的迁移率 μ，使电阻率增大。

电阻温度系数 y_T 与温度 T 和电阻率 ρ 的关系如下：

$$\rho_T = \rho_0(1 + y_T\Delta T) \tag{1.5}$$

电阻率随温度而变化的特性对于设计电气设备的工程师是十分重要的，在某些情况下，必须在电路中引入补偿，以避免不利的温度敏感性。在另外的情况下，这种温度敏感性可提供有用的"制动器"。

例1.1 有一个烘炉，工作时耗电 1 210 W，其镍铬合金元件温度为 870 ℃，烘炉以 220 V 电源为动力。试问：①当烘炉加热时通过多大的电流？②当电闸合上时通过多大电流？（已知 $y_T = 0.000\ 4$）

解 ①$I = 1\ 210\ W/220\ V = 5.5\ A$

②$R = 220\ V/5.5\ A = 40\ \Omega$

由于尺寸变化小，所以有：$R_{20}/R_{870} = \rho_{20}/\rho_{870}$

所以 $R_{20} = R_{870}\left[\dfrac{\rho_0(1 + y_T20)}{\rho_0(1 + y_T870)}\right] = 40\left[\dfrac{(1 + 0.000\ 4 \times 20)}{(1 + 0.000\ 4 \times 870)}\right]\Omega = 30\ \Omega$

故 $I_{20} = \dfrac{220\ V}{30\ \Omega} = 7.3\ A$

即启动时通过 7.3 A 的电流，加热后随着温度的上升，必须对电流进行补偿，降低电流强度以保护元件。

1.2.3 费米能级

微观粒子的运动是没有固定的轨道的，只能用出现在某点的几率来描述。因此，其能量的分布应该服从一定的统计规律。气体分子的能量是服从麦克斯韦—玻耳兹曼分布规律的，但对固体中的电子来说，电子的状态和能量都是量子化的，以经典力学为基础的玻耳兹曼分布规律就不再适用了。由于固体中的电子服从泡利不相容原理，电子的能量分布要用费米—狄拉克(Fermi-Dirac)统计来描述。

（1）**费米—狄拉克(Fermi-Dirac)分布**

按照费米—狄拉克统计，能量在 E 到 $E+dE$ 之间的电子数为：

$$N(E)\mathrm{d}E = S(E)f(E)\mathrm{d}E \tag{1.6}$$

式中，$S(E)$ 为状态密度，$S(E)\mathrm{d}E$ 代表在 E 到 $E+dE$ 能量范围内量子状态数目，它由 4 个量子数决定。根据泡利不相容原理，一个原子中不可能有两个电子具有相同的一组量子数，即每个电子应有不同的量子态，即

$$S(E) = 4\pi V_{\mathrm{c}}\frac{(2m)^{3/2}}{h^3}E^{1/2} \tag{1.7}$$

式中，V_{c} 为晶体体积，m 为电子质量，h 为普朗克常数。

式(1.6)中的 $f(E)$ 称为费米分布函数，它代表在一定温度下电子占有能量为 E 的状态的几率。由量子统计可导出：

$$f(E) = \frac{1}{\mathrm{e}^{(E-E_{\mathrm{f}})/kT} + 1} \tag{1.8}$$

式中，E_{f} 称为费米能，相应的能级称为费米能级。E_{f} 在固体物理特别是在半导体中是一个十分重要的参量，其数值由能带中电子浓度和温度决定。

（2）**费米分布函数和费米能的意义**

为了说明费米能 E_{f} 的意义，首先分析费米分布函数的特性。根据式(1.8)的 $f(E)$ 表达式可知，当 $T=0$ 时：如果 $E>E_{\mathrm{f}}$，则 $f(E)=0$，这就是说，在绝对零度时电子占有能量大于费米能的状态的几率为 0；如果 $E<E_{\mathrm{f}}$，则 $f(E)=1$，也就是说，在绝对零度时凡能量小于费米能的所有能态，全部为电子占据。电子按泡利不相容原理由最低能量开始逐一填满了 E_{f} 以下的各能级。可见，E_{f} 是代表了为电子所占有的能级的最高能量水平，超过 E_{f} 的各能态全部空着，没有电子占据。当 $T>0$，由式(1.8)可知：如 $E=E_{\mathrm{f}}$，则 $f=1/2$；如 $E<E_{\mathrm{f}}$，则 $1/2<f<1$；如 $E>E_{\mathrm{f}}$，则 $0<f<1/2$。这表明温度较高时，由于电子的热运动，任何高于 E_{f} 的能级被占据的几率都不再是 0，而任何低于 E_{f} 的能级也都可能未被占据，并且任何高于 E_{f} 的能级被占据的几率都随温度的升高而增大。因此，电子就可以从价带跃迁到导带中去，成为导带电子，而在价带中留下了空穴。这种由于热运动引起的电子跃迁称为热跃迁。

综上所述，可以这样理解费米能的意义：

①E_{f} 以下的能级基本上是被电子填满的，E_{f} 以上的能级基本上是空的。虽然只要 $T\neq 0$，相当于 E_{f} 能量水平的能级，被电子占据的几率只有 1/2，但由上面费米分布特性可知，对于一个未被电子填满的能级来说，可推测它必定就在 E_{f} 附近。

②由于热运动，电子可具有大于 E_{f} 的能量，而跃迁到导带中，但只集中在导带的底部。同理，价带中的空穴也多集中在价带的顶部。电子和空穴都有导电的本领，都是电荷载流子。

③对于一般金属，E_{f} 处于价带和导带的分界处。对于半导体，E_{f} 位于禁带中央。对于半导体，已知 E_{f}，即可求出载流子浓度，因而可计算电导率。

1.2.4　半导体和绝缘体的能带结构与导电性

C、Si、Ge、Sn 等元素都是 $\mathrm{IV_A}$ 族元素，从电子结构看，例如，Si 为 $1s^22s^22p^63s^23p^2$。初看起来，由于 p 带电子远未填满，似乎应有良好的导电性，但因为它们是共价键结合，在共价键形成

过程中包含着电子态的复杂变化,即 $3s$ 带与 $3p$ 带上的 4 个电子之间的轨道杂化,结果形成了 2 个 sp^3 杂化能带,每个能带包含着 $4N$ 个电子。在 0 K 下,能量比较低的能带,即价带被完全填满,而较高的能带(导带)则处于全空状态,两个能带之间具有能隙 E_g,如图 1.4 所示,电子能否从价带跃迁到空的导带中去,主要取决于能隙(或禁带)E_g 的大小。E_g 大是绝缘体,E_g 小是半导体,E_g 很小则变为导体,如图 1.5 所示。

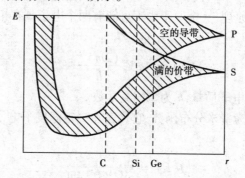

图 1.4　金刚石(C)、硅(Si)和锗(Ge)的能带结构

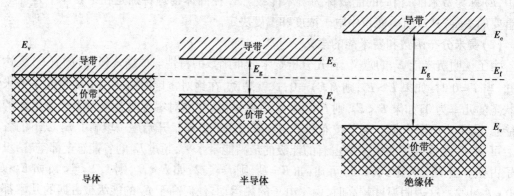

图 1.5　导体、半导体和绝缘体的能带结构

（E_v 代表价带的最高能量,E_c 代表导带的最低能量,E_f 是费米能）

下面通过例题来讨论 C、Si、Ge、Sn 的导电性。

例 1.2　估计金刚石、硅、锗、灰锡四种元素的电子在室温(27 ℃)下进入导带的几率。已知 C、Si、Ge、Sn 的禁带宽度分别为:5.4 eV、1.1 eV、0.67 eV、0.08 eV,玻耳兹曼常数 $k = 1.380\ 5 \times 10^{-23}$ J/K。

解　固体物理可以证明,上述材料的费米能级 E_f 位于导带和价带的中央。因此,电子必须获得 $E_f + \dfrac{1}{2}E_g$ 的能量才能进入导带。

由 $f(E) = \dfrac{1}{e^{(E-E_f)/kT} + 1}$,$E = E_f + \dfrac{1}{2}E_g$,计算可得:

①金刚石　$f(E) = \dfrac{1}{1 + \exp\dfrac{E_f + 2.7 - E_f}{0.025}} = 1.2 \times 10^{-47}$

②硅　$f(E) = \dfrac{1}{1 + \exp\dfrac{E_f + 0.55 - E_f}{0.025}} = 2.5 \times 10^{-10}$

③锗　$f(E) = \dfrac{1}{1 + \exp\dfrac{E_f + 0.235 - E_f}{0.025}} = 1.5 \times 10^{-6}$

④灰锡　$f(E) = \dfrac{1}{1 + \exp\dfrac{E_f + 0.04 - E_f}{0.025}} = 0.17$

从以上计算结果不难看出,金刚石中进入导带的电子数几乎为零,灰锡有 17% 的电子可以进入导带,因此,金刚石为绝缘体,灰锡可算作导电性弱的导体,而硅和锗则为半导体。

1.3　半导体

半导体的导电性介于导体与绝缘体之间,其室温下的电阻率在 $10^{-4} \sim 10^8\ \Omega \cdot m$ 之间。半导体的主要特点不仅表现在其电阻率与导体和绝缘体的差别上,而且在导电特性上具有两个显著的特点,即

①半导体的电导率对材料的纯度的依赖性极为敏感。例如,百万分之一的硼含量就能使纯硅的电导率成万倍增加。如果所含杂质的类型不同,导电类型也不同(如电子电导或空穴电导)。

②电阻率受外界条件(如热、光等)的影响很大,温度升高或受光照射时均可使电阻率迅速下降。一些特殊的半导体在电场或磁场的作用下,电阻率也会发生变化。

按照产生载流子方式的不同,半导体可分为本征半导体和掺杂半导体两类。

1.3.1　本征半导体

本征半导体是不含有任何杂质的半导体,它表示半导体本身固有的特性。根据固体的能带理论,在绝对零度时,对于半导体的原子,其价带是满的,而导带是空的,导带与价带之间的禁带一般在 2.5 eV 以下。如图 1.6 所示,在少量的外部能量(如热和光)的激发下,价带电子便可以跃迁至导带。进入导带的电子在电场作用下可在晶体内自由运动,这样,半导体就能够导电。当价带中的一个电子被激发出去后,

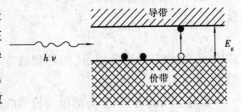

图 1.6　价带电子受光辐射跃迁到导带,
在价带上留下空穴

便在价带留下一个空穴,它对半导体的电导率也有贡献。可见,这种纯净的半导体的电导是导带中的电子导电和价带中的空穴导电共同作用的结果,而且导带的电子完全来自于价带,价带因此失去了等数量的电子而形成空穴,即导带电子和价带空穴的浓度是相等的。将满足这一关系的能量激发称为本征激发,相应产生的电导称为本征电导,而满足这种关系的半导体就称为本征半导体。

(1)电荷迁移率

由于半导体的禁带(能隙)较窄,所以其价带中的电子很容易通过热运动而跃迁到导带中去,形成电子和空穴,从而产生可以导电的电荷载流子。

从导电能力看,电子和空穴具有同样的功效,跃迁至导带的电子是负型载流子,价带中形成的空穴是正型载流子。因此,半导体的电导率应该是两者共同作用的结果,总电导率为:

$$\sigma = n_e q \mu_e + n_h q \mu_h \tag{1.9}$$

式中,n_e 是导带中的电子浓度,n_h 为价带中的空穴浓度,μ_e 和 μ_h 分别为电子和空穴的迁移率,其数值见表1.2。因 $n_e = n_h = n$,故对本征半导体应有:

$$\sigma = nq(\mu_e + \mu_h) \tag{1.10}$$

表1.2　半导体材料的能隙与电子运动性

材　料	能隙/eV	电子运动速率/$[\text{cm}^2 \cdot (\text{V} \cdot \text{s})^{-1}]$	孔运动速率/$[\text{cm}^2 \cdot (\text{V} \cdot \text{s})^{-1}]$
C(金刚石)	5.4	1 800	1 400
Si	1.107	1 900	500
Ge	0.67	3 800	1 850
Sn	0.08	2 500	2 400

从表1.2可以看出,本征半导体有如下两个特点:

①当沿周期表下移时,即根据 C(金刚石)、Si、Ge、Sn 的顺序,能隙依次减小;

②在给定的半导体中,电子迁移率大于同一半导体中空穴的迁移率。

第②点在讨论与P型半导体相对照的N型半导体的用途时尤其重要。

(2)本征半导体的电导率与温度的关系

金属在温度升高时电阻率增加,电导率减小,而本征半导体则不同,其电导率随温度升高而增大。这是因为当温度升高时,价带中电子热运动加剧,使电子能够获得更高的能量,从而使跃迁到导带的电子数增加,电荷载流子数也增加,这就促使电导率增大。

这些因受热而激发到导带的电子,其最低能量为导带的最低能量,因此,可推导出电子浓度为:

$$n_e = A e^{-(E_c - E_f)/kT} \tag{1.11}$$

式中,E_c 为导带的最低能量,即导带底能量;A 为常数;E_f 为费米能;k 为波尔兹曼常数;T 为温度。

而对空穴而言,其最高能量为价带的最高能量,因此,可推导出空穴的浓度为:

$$n_h = A e^{-(E_f - E_v)/kT} \tag{1.12}$$

式中,E_v 为价带的最高能量,即价带顶能量。

由于 $n_e = n_h = n$,所以有 $E_c - E_f = E_f - E_v$,可见,费米能级 E_f 位于导带和价带的中央。

可以推导出:$E_f - E_v = \dfrac{1}{2}E_g$,即 $E_f - E_v = \dfrac{1}{2}(E_c + E_v) - E_v = \dfrac{1}{2}(E_c - E_v) = \dfrac{1}{2}E_g$

因此,本征半导体的电导率为:

$$\begin{aligned}
\sigma &= nq(\mu_e + \mu_h) = q(\mu_e + \mu_h) A e^{-(E_f - E_v)/kT} \\
&= q(\mu_e + \mu_h) A e^{-E_g/2kT} \\
&= \sigma_0 e^{-E_g/2kT}
\end{aligned} \tag{1.13}$$

式中,$\sigma_0 = q(\mu_e + \mu_h)A$。

从式(1.13)可以看出,本征半导体的电导率基本上随温度的升高呈指数增长。根据该式,可以通过测定半导体材料电导率和温度的关系来求出其禁带宽度 E_g,也可以根据 E_g 和 T 来求出电导率。

例 1.3　有某种半导体,实验测出其在 20 ℃ 下的电导率为 250 $\Omega^{-1} \cdot m^{-1}$,100 ℃ 时为 1 100 $\Omega^{-1} \cdot m^{-1}$,问能隙 E_g 有多大? 已知玻耳兹曼常数 $k = 1.380\ 5 \times 10^{-23}$ J/K,电子电荷 $q = 1.602\ 1 \times 10^{-19}$ C。

解　根据式 $\sigma = \sigma_0 e^{-E_g/2kT}$,有:

$$\ln \sigma_{T1} = \ln \sigma_0 - \frac{E_g}{2k}\frac{1}{T_1}, \ln \sigma_{T2} = \ln \sigma_0 - \frac{E_g}{2k}\frac{1}{T_2}$$

$$\ln \sigma_{T1} - \ln \sigma_{T2} = \ln \frac{\sigma_{T1}}{\sigma_{T2}} = -\frac{E_g}{2k}\left(\frac{1}{T_1} - \frac{1}{T_2}\right)$$

$$E_g = \frac{2k \ln(\sigma_{T2}/\sigma_{T1})}{1/T_1 - 1/T_2} = \frac{2 \times 1.380\ 5 \times 10^{-23} \ln(1\ 100/250)}{1/293 - 1/370} \text{ J} = 5.588 \times 10^{-20} \text{ J} = 0.349 \text{ eV}$$

1.3.2　掺杂半导体

本征半导体的电导率不易控制,受温度影响很大。若在本征半导体中掺入一定的杂质元素(如周期表中的 V_A、III_A 的元素),它们就有可能大大地改变能带中的电子浓度或空穴浓度。

与本征半导体不同的是,在掺杂半导体中,导带的电子或价带的空穴可以独立改变,也就是说,电子浓度和空穴浓度可以是不相等的。掺杂后将导致导带电子浓度增加或价带空穴浓度增加,前者掺杂形成的半导体称为 N 型半导体,后者掺杂形成的半导体称为 P 型半导体。与此同时,随着掺杂的杂质元素和数量的不同,费米能级也不在禁带中央,或者向上方移动(如 N 型),或者向下方移动(如 P 型)。实际使用的半导体都是掺杂半导体。

(1)N 型半导体

1)基本定义

N 型半导体是在纯半导体材料中掺入少量 V_A 族元素如 P、As、Sb 等而形成的。当 V_A 族元素掺到硅(或锗)单晶中取代了原先的一个硅(或锗)原子之后,因其有 5 个价电子,除了与相邻的 4 个硅(或锗)原子形成共价键外,还多余一个电子,这个额外电子与原子结合不够紧密,因而就能够成为导电的自由电子。因此,一个 V_A 族杂质原子可以向硅(或锗)提供一个自由电子,而本身成为带正电的离子。通常将这种杂质称为施主杂质。显然,当施主杂质的电子进入导带时,在价带中并没有相应的空穴产生。当硅(或锗)中掺有施主杂质时,就主要依靠施主提供的电子导电,这种依靠电子导电的半导体称为 N 型半导体。

由于半导体原子的价带是满的,因此这个额外电子不能位于价带中,它只能位于靠近禁带顶部。换句话说,这个额外电子与原子结合不够紧密,能量较高,只需要较小的能量 E_d 就可以进入导带,如图 1.7 所示。E_d 通常被称为施主能级,它比较接近导带底的能量。这时,控制半导体电导率的就不再是 E_g 而是 E_d 了。

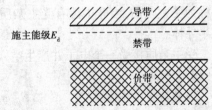

图 1.7　N 型半导体中施主能级 E_d 的位置

2)载流子的浓度

在计算 N 型半导体载流子浓度时,除了主要考虑施主杂质电子外,也要考虑本征半导体

固有的电子和空穴的浓度,即

$$n_{总} = n_e(施主) + n_e(本征) + n_h(本征) \tag{1.14}$$

或

$$n_{总} = n_{0d}e^{-E_d/kT} + 2n_0e^{-E_g/2kT} \tag{1.15}$$

式中,第一项为施主杂质的电子浓度,第二项为无杂质纯半导体的电子和空穴浓度,n_{0d}和n_0均大致为常数。

3)施主耗尽

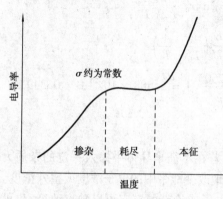

图1.8 N型半导体电导率随温度的变化

由于掺杂产生的多余电子只需较小的跃迁就能进入导带,因此它们在相当低的温度下就能引起杂质导电,此时,纯半导体中电子的热激活跃迁几率很小,电子总数主要由上式中的第一项决定。当温度升高时,有越来越多的施主杂质电子能克服E_d进入导带,最后直到所有杂质电子全部进入导带。当达到这一温度后,称为施主耗尽。这时,进一步升高温度,杂质电导率将不再增加而出现一个电导率平台。此时,电导率对应的n_d为施主杂质电子的最大数目,它取决于加入半导体中杂质原子的多少。如果随后温度继续升高,则纯半导体中的电子和空穴对导电就要起作用了,它们的数量取决于禁带宽度和温度,如图1.8所示。

一般半导体材料选择在施主耗尽即显示平台温度范围内工作。通常,具有高能隙的半导体,也有最宽平台温度范围。

(2)P型半导体

1)基本定义

P型半导体是在半导体中加入少量Ⅲ$_A$族元素如B、Al、Ga、In等而形成的。这些三价的杂质原子在硅单晶中也是替代一部分硅原子的位置,它们在与周围的硅形成共价键时,就会产生一个缺位,这个缺位就要接受一个电子而向晶体提供一个空穴,因此,一个Ⅲ$_A$族原子可以向半导体硅提供一个空穴,而本身接受了一个电子成为带负电的离子。通常将这种杂

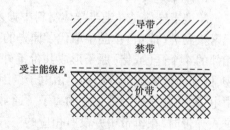

图1.9 P型半导体中受主能级E_a的位置

质称为受主杂质,当硅中掺有受主杂质时,主要依靠受主提供的空穴导电,这种半导体称为P型半导体。

受主杂质接受一个电子并产生空穴所需克服的势垒只稍高于价带,以受主能级E_a表示,如图1.9所示。

2)载流子的浓度

与N型半导体一样,P型半导体的载流子浓度计算如下:

$$n_{总} = n_{0a}e^{-E_a/kT} + 2n_0e^{-E_g/2kT} \tag{1.16}$$

3)受主饱和

P型半导体的受主饱和与N型半导体的施主耗尽有相同之处,当受主杂质提供的空穴达

到极限时,就产生了受主饱和。与前面讨论 N 型半导体一样,P 型半导体的电导率和温度的关系仍遵循图 1.6 所示的规律。

施主耗尽和受主饱和对于电气工程师是很重要的,因为它提供了电导率基本为常数的区域。

（3）PN 结

N 型或 P 型半导体的导电能力虽然大大增强,但并不能直接用来制造半导体器件。通常是在一块 N 型(或 P 型)单晶上,采取适当的工艺方法(如合金法、扩散法、离子注入法等)将 P 型(或 N 型)杂质掺入其中,使这块单晶的不同区域分别形成 N 型和 P 型半导体,它们的交界面上就构成了由 PN 结。PN 结是许多半导体器件的基本组成单元,如结型二极管、晶体三极管等的主要部分都是由 PN 结构成的。由于 PN 结具有单向导电的特性,因此许多重要的半导体效应(如整流、放大、击穿、光生伏特效应等)都是发生在 PN 结所在的地方。

1.4　材料的超导电性

1.4.1　超导现象与超导电性

如 1.2 节所述,金属导体的电阻率是随温度的降低而减小的,即具有正的电阻温度系数,一般情况下,当温度接近 0 K 时,金属的电阻率都趋近于一恒定值。1911年,荷兰物理学家卡麦林·昂尼斯(H. K. Onnes)在研究 Hg 的低温电阻特性时,发现当温度降低到 4 K 附近,Hg 的电阻突然消失(图 1.10)。他多次实验并做到使 Hg 环中所感生的电流维持数月而不衰减,从而证实其电阻的确为零。他将这种在一定的温度下材料突然失去电阻的现象称为超导电性。

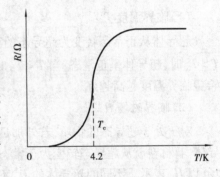

图 1.10　在极低温度下,Hg 的电阻与温度的关系

超导体在超低温下电阻为零的状态称超导态,当温度较高而电阻不为零时则称为正常态。

1.4.2　超导电性的基本特征

（1）零电阻效应

当超导体的温度 T 降到某一数值 T_c 时,超导体的电阻突然消失,即 $R=0$,这就是超导体的零电阻效应。

物质产生电阻与其晶格的振动对电子的散射(在后面的内容中将详细介绍)和其内部的晶格缺陷及杂质原子对电子的散射有关。在高温时,物质的电阻以前者的贡献为主;在低温时,不纯金属以杂质贡献为主。因此,要验证低温下金属电阻与温度的关系,就要求金属越纯越好。昂尼斯进行验证经典的金属电子论的实验时,所用到的纯物质就是当时他能得到的最纯的金属——水银(Hg),他发现了超导电现象。后来,物理学家用最精确的方法也测不出超导态有任何电阻,确认了零电阻是任何超导体的基本特征。

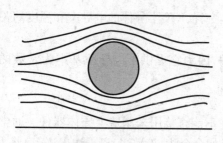

图 1.11　迈斯纳效应（超导球排斥磁通）

（2）迈斯纳效应

1933 年，德国物理学家迈斯纳（W. Meissner）和奥菲尔德（R. Ochsenfeld）对锡单晶球超导体做磁场分布测量时发现，在小磁场中将金属冷却进入超导态时，超导体内的磁通线似乎一下子被排斥出去，保持体内磁感应强度 B 等于零，这一性质被称为完全抗磁性或迈斯纳效应，如图 1.11 所示。

超导体的迈斯纳效应指明超导态是一个热力学平衡的状态，与怎样进入超导态的途径无关（也就是说，无论是先冷却后加磁场，还是先加磁场后冷却，超导体同样出现抗磁性），从物理上进一步认识到超导电性是一种宏观的量子现象。仅从超导体的零电阻现象出发得不到迈斯纳效应，同样，用迈斯纳效应也不能描述零电阻现象。因此，迈斯纳效应和零电阻性质是超导态的两个独立的基本属性，衡量一种材料是否具有超导电性，必须看是否同时具有零电阻和迈斯纳效应。

1.4.3　超导体的临界参数

超导体有三个基本临界参数，即临界温度 T_c、临界磁场 H_c 和临界电流 I_c（或临界电流密度 J_c）。

（1）临界温度 T_c

超导体从正常态转变为超导态的温度称为临界温度，又称超导转变温度，以 T_c 表示。当 $T > T_c$ 时，超导体呈正常态；当 $T < T_c$ 时，超导体由正常态转变为超导态。为了便于实际应用，希望临界温度越高越好。

（2）临界磁场 H_c

对于处于超导态的物质，若外加足够强的磁场，则可以破坏其超导性，即有磁力线穿入超导体内，材料就从超导态转变为正常态。一般将可以破坏超导态所需的最小磁场称为临界磁场，以 H_c 表示。不同的超导体的 H_c 不同，并且是温度的函数，即

$$H_c = H_{c0}\left(1 - \frac{T^2}{T_c^2}\right) \qquad (T \leqslant T_c) \tag{1.17}$$

式中，H_{c0} 为 0 K 时的临界磁场，T_c 为临界温度。

由此可见，当 $T = T_c$ 时，$H_c = 0$。随着温度的下降，H_c 升高，到绝对零度时达到最高，为 H_{c0}。

需要指出的是 H_c 还与材料性质有关，不同的材料其 H_c 不同。因此，根据在磁场中的不同行为，超导体可以被分为两类，即

第一类超导体，在 H_c 以下显示超导性，而当 $H > H_c$ 便立即转变为正常态的超导体。第二类超导体，这类超导体表现出来的行为与第一类超导体截然不同，它有两个临界磁场，即下临界磁场和上临界磁场，分别用 H_{c1} 和 H_{c2} 表示。在 $T < T_c$ 时：当 $H < H_{c1}$ 时，与第一类超导体相同，表现出完全抗磁性；当 $H_{c1} < H < H_{c2}$ 时，第二类超导体处于超导态与正常态的混合状态，如图 1.12 所示；当 $H \geqslant H_{c2}$ 时，超导部分消失，导体转为正常态。

一般来说，第二类超导体的 H_{c1} 较小，H_{c2} 则比 H_{c1} 高一个数量级，并且大部分第二类超导体的 H_{c2} 比第一类超导体的 H_c 要高得多。

（3）临界电流 I_c（临界电流密度 J_c）

通过超导体的电流也会破坏超导态,当电流超过某一临界值时,超导体就出现电阻。将产生临界磁场的电流,即超导态允许流动的最大电流称为临界电流 I_c。研究发现,临界电流不仅是温度的函数,而且与磁场有着密切关系。对于第一类超导体,由半径为 a 的超导体(丝)所形成的回路,I_c 有如下表达式:

$$I_c = \frac{1}{2}aH_c \tag{1.18}$$

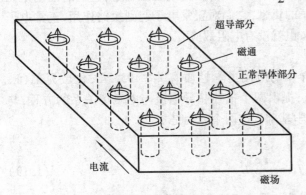
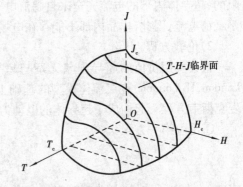

图 1.12　超导态与正常态的混合状态　　　　图 1.13　超导体三个临界参数之间的关系

由于第一类超导体的 H_c 都不大,I_c 也较小,使第一类超导体不能实用。对于第二类超导体,在 H_{c1} 以下的行为与第一类超导体相同,其 I_c 也可以按第一类超导体考虑。当第二类超导体处于混合态时,超导体中正常导体部分通过的磁力线与电流作用,产生了洛伦兹力,使磁通在超导体内发生运动,要消耗能量。在这种形式下,只能以电功率的损失补充这部分能量,换句话说,等于产生了电阻,临界电流为零。但超导体内总是存在阻碍磁通运动的"钉扎点",如缺陷、杂质、第二相等。随着电流的增加,洛伦兹力超过了钉扎力,磁力线开始运动,此状态下的电流是该超导体的临界电流。

（4）三个临界参数的关系

超导体的三个临界参数具有相互关联性,要使超导体处于超导状态,必须使这三个临界参数都满足规定的条件,任何一个条件遭到破坏,超导状态随即消失。三者的关系可用图 1.13 所示曲面来表示。在临界面以下的状态为超导态,其余均为正常态。

1.4.4　超导电性的微观机制

自超导现象发现以来,科学界一直在寻找能解释这一奇异现象的理论。从 20 世纪 30 年代的唯象理论,到 50~60 年代的 BCS 理论,超导的微观机制有了很大的发展。这些理论各有其合理性,同时也存在局限性。它们在机理上并不互相排斥,相反,可以互相补充。但到目前为止,所有理论的一个严重不足之处就是,它们并不能预测实际的超导材料的性质,也不能说明由哪些元素和如何配比时,才能得到所需临界量的超导材料。以下简要介绍几种超导理论。

（1）唯象理论

1）二流体模型

1934 年,戈特(C. J. Gorter)和卡西米尔(H. B. G. Casimir)为了解释超导体的热力学性质,提出超导电性的二流体模型,其核心内容包括下述三个方面:

①金属处于超导态时,共有化的自由电子由两部分组成:一部分称为正常电子,另一部分称为超流电子。两部分电子占据同一体积,彼此独立地运动,在空间上相互渗透。

②正常电子的性质与正常金属自由电子相同,受到振动晶格的散射而产生电阻,对热力学熵有贡献。

③超流电子处在一种凝聚状态,不受晶格振动而散射,对熵无贡献,其电阻为零,它在晶格中无阻地流动。

二流体模型对超导体零电阻效应的解释是:当 $T < T_c$ 时,出现超流电子,它们的运动是无阻的,超导体内部的电流完全来自超流电子的贡献,它们对正常电子起到短路作用,正常电子不载荷电流,因此,样品内部不能存在电场,也就没有电阻效应。

2)伦敦方程

最具实用价值的超导现象无疑与超导体的电动力学性质有关。1935 年,伦敦兄弟(F. London, H. London)在二流体模型的基础上,提出两个描述超导电流与电磁场关系的方程,与麦克斯韦方程一起构成了超导体的电动力学基础。这两个方程是:

①伦敦第一方程

$$\frac{\partial}{\partial t} J_S = \frac{n_s e^2}{m} E \tag{1.19}$$

式中,m 为电子质量,J_S 为超流电流密度,n_s 为超导电子密度。由式(1.19)可见,在稳态下,超导体中的电流为常值时,$\frac{\partial}{\partial t} J_S = 0$,则 $E = 0$,即在稳态下,超导体内的电场强度等于零,它说明了超导体的零电阻性质。

②伦敦第二方程

$$\nabla \times (\Lambda J_S) = -B \tag{1.20}$$

式中,$\Lambda = (m/n_s e^2)$。考虑一维情形,设超导体占据 $x \geq 0$ 的空间,$x < 0$ 的区域为真空,如图 1.14 所示。由式(1.20)结合麦克斯韦方程,可以求得在超导体内,表面的磁感应强度 B 以指数形式迅速衰减为零。两个伦敦方程可以概括零电阻效应和迈斯纳效应,并预言了超导体表面上的磁场穿透深度 λ_L。几种金属超导体的磁场穿透深度见表 1.3。

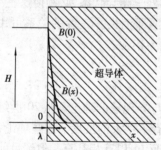

图 1.14 磁场在超导体中的磁感应强度分布和穿透深度

表 1.3 在 0 K 下的磁场穿透深度 λ_L

物　质	穿透深度 λ_L/nm
Sn	51
Al	50
Pb	39
Hg	38 ~ 45
Ni	47
Tl	92

(2)超导体的微观机制

前面所介绍的二流体模型和伦敦方程作为唯象理论在解释超导性的宏观性质方面取得了很大成功,然而,这些理论无法给出超导电性的微观图像。20 世纪 50 年代初同位素效应、超导能隙等关键性的发现,提供了揭开超导电性之谜的线索。

1)同位素效应

1950 年,麦克斯韦(E. Maxwell)和雷诺(C. A. Raynold)在独立测量水银同位素的临界转变温度时发现,随着水银同位素质量的增高,临界温度降低。原子质量 M 和临界温度 T_c 的关系可用下式表述,即

$$M^\alpha T_c = 常数 \tag{1.21}$$

式中,$\alpha = 0.50 \pm 0.03$。这种转变温度 T_c 依赖于同位素质量 M 的现象称为同位素效应。例如,M 为 199.5 的水银同位素,$T_c = 4.18$ K;而 M 为 203.4 的水银同位素,$T_c = 4.146$ K。由于同一元素的同位素的差别就在于原子核质量不同,因此,在给定波长的情况下,晶格振动的频率依离子质量不同而不同,离子质量反映了晶格的性质,而临界温度 T_c 又反映了电子的性质,所以,同位素效应将晶格与电子联系起来。

在固体物理中,晶格振动的能量子称为声子。同位素效应明确揭示了电子—声子相互作用与超导电性有着密切关系。由此不难理解,一些导电性很好的碱金属和贵金属都不是超导体,就是因为它们的电子—声子相互作用很微弱。相反,那些临界温度很高的金属和一些在常温下导电性能差的材料,由于它们的电子—声子相互作用强,而在低温下成为很好的超导体。因此,弗洛里希(H. Frolich)提出电子—声子相互作用是高温下引起电阻的原因,也是低温下导致超导电性的原因。

2)电子—声子相互作用

前面提到的声子,就是晶格振动的能量子。现在进一步讨论声子的概念和它与电子的作用情况。在温度高于 0 K 时,晶格点阵上的离子都要在各自平衡的位置附近振动,每个离子振动通过类似弹性力相互耦合在一起。因此,任何局部的扰动或激发,都会通过格波的传递,导致晶格点阵集体振动。这种集体振动可以看成若干个互相独立、频率各异的简正振动的叠加。每一个简正振动的能量量子称为声子,以 $h\omega(q)$ 表示。q 表示该频率下晶格振动引起的格波动量(也称格波矢量)。声子频率上限值 ω_D 称为德拜频率。

声子就像粒子一样,会与电子发生相互作用。电子与晶格点阵的相互作用称为电子—声子相互作用。当一个电子通过相互作用,将能量、动量转移给晶格点阵,从而激起它的某个简正频率的扰动,称为产生一个声子。相反,通过相互作用,使振动的晶格点阵获得能量、动量,同时又减弱某个简正频率的扰动,称为吸收一个声子。这种相互作用直接可以改变电子的运动状态,从而产生各种具体的物理效应,包括导体的电阻效应和超导体的零电阻效应。

3)超导能隙

20 世纪 50 年代,许多实验表明,当金属处于超导态时,超导态的电子能谱与正常金属不同,它的显著特点是:在费米能级 E_f 附近,有一个半宽度为 Δ 的能量间隔,在这个能量间隔内不能有电子存在。这个 Δ(或 2Δ)称为超导能隙。图 1.15 所示为在 0 K 时的电子能谱示意图,能隙在 $10^{-3} \sim 10^{-4}$ eV 数量级。在 0 K,能量处于能隙下边缘以下的状态全被占据,而能隙上边缘以上的状态则全部空着,这就是超导基态。当 $T = 0$ 时,能量 E 在费米能级附近 $|\Delta E| < h\omega_D$ 范围的电子全部配成库柏对,超导态处于能量最低的状态(基态),基态相应的系统能量小于系统处于正常态 $T = 0$ 时的能量。

4)库柏电子对

库柏(L. N. Cooper)在电子—声子相互作用理论基础上,进一步证明:当两个电子间存在净

的吸引作用时,无论这种吸引多么微弱,在费米面附近就存在一个动量大小相等、方向相反且自旋相反的两电子束缚态;它的能量比两个独立的电子总能量低,这种束缚态电子对称为库柏对。

库柏电子对的形成过程可简略说明如下:处于超导态的超导体内,若某一个自由电子 q_1 在正离子附近运动时,会吸引正离子而使这个区域的局部正电荷密度增加,当另一个电子 q_2 在这个正电荷密度增加了的场中运动时,就会受到这个场的吸引作用,这个作用相当于 q_1 对 q_2 产生吸引力,即电子 q_1 吸引电子 q_2。若这个吸引力大于 q_1 和 q_2 之间的库仑斥力,这两个电子就可以结合成为一个电子对,如图 1.16 所示。

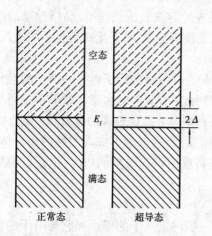

图 1.15 0 K 下的正常态和超导态电子能谱

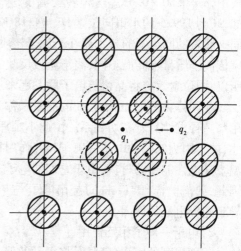

图 1.16 电子与正离子相互作用形成库柏电子对示意图

5)BCS 超导微观理论

1957 年,巴丁(J. Bardeen)、库柏(L. N. Cooper)和施里佛(J. R. Schrieffer)发表了经典性论文,提出了超导电性量子理论,后人称之为 BCS 超导微观理论。从微观角度看,这是对超导电性机理作出合理解释的最富有成果的探索。他们三人因此而获得了 1972 年诺贝尔物理学奖。

BCS 理论的核心点如下:①电子间的相互吸引作用形成的库柏电子对会导致能隙的存在,超导体临界场、热力学性质和大多数电磁学性质都是这种电子配对的结果;②元素或合金的超导转变温度与费米面附近电子能态密度 $N(E_f)$ 和电子—声子相互作用能 U 有关,可用电阻率来估计。当 $UN(E_f) \ll 1$ 时,BCS 理论预测临界温度 T_c 为:

$$T_c = 1.14\theta_D \exp[-1/UN(E_f)] \tag{1.22}$$

式中,θ_D 为德拜温度。从式(1.22)得到一个有趣的结论:一种金属如果在室温下具有较高的电阻率(因为室温电阻率是电子—声子相互作用的量度),冷却时就有更大可能成为超导体。

BCS 理论认为,电子同晶格相互作用,在常温下形成导体的电阻,但在低温下,这种相互作用则是产生库柏电子对的原因。温度越低,所产生的这种电子对越多。库柏对不能互相独立地运动,只能以关联的形式作集体运动。当某一库柏对受到扰动时,就要涉及这个库柏对所在空间范围内的所有其他库柏对。这个空间范围内的所有库柏对,在动量上彼此关联成为有序的集体。因此,库柏对在运动时,就不像正常电子那样,被晶体缺陷和晶格振动散射而产生电阻,从而呈现电阻消失现象。

BCS 理论能比较满意地说明超导现象和第一类超导体的性质,但是,尚不能圆满地解释完全抗磁性问题,而且随着超导电性的研究范围不断扩宽,超导材料的发展也日新月异,BCS 理论也表现出许多不足。因此,人们在不断开发新型超导材料的同时,也在努力寻找一种更新的理论体系来取代 BCS 理论。

1.4.5　超导隧道效应

20 世纪 60 年代,超导研究取得了一项重大的突破,即在弱连接超导体中发现的超导隧道效应。因这一现象首先是由约瑟夫森在理论上预言,故又称约瑟夫森效应。

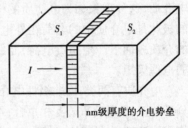

图 1.17　约瑟夫森结示意图

在经典力学中,若两个区域被一个势垒隔开,只有粒子具有足够穿过势垒的能量,才能从一个区域到达另一个区域。但在量子力学中,一个能量不大的粒子,也有可能会以一定的几率"穿过"势垒,这就是隧道效应。

当两块超导体中间夹一层纳米厚度的绝缘膜时,就形成超导层—绝缘层—超导层(S-I-S)的结构,类似于一块夹心层很薄的三明治,如图 1.17 所示。由于中间的绝缘层比较薄,使它的两侧的超导体在电磁性质上弱耦合在一起。例如,当有一个很小的电流从一个超导体穿过绝缘层而流到另一个超导体时,如果电流很小,没有超过这种结构的临界电流,则两侧的超导体层之间没有电压,整个弱连接超导体呈现零电阻性。两超导体中间的绝缘层能让超导电流通过的现象称为超导隧道效应。

根据以上隧道结的原理,两块超导体中间夹一层金属也可以形成约瑟夫森结(S-N-S)。如果超导体中间不夹东西(如真空)而只是靠得很近,也会产生超导隧道效应。约瑟夫森结还可以是两块超导体的点接触,或微桥接触等结构,其关键是让两块超导体间能有弱连接而导致隧道效应。图 1.18 中示出了几种约瑟夫森结。

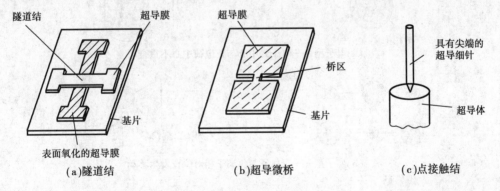

(a)隧道结　　　　　　　(b)超导微桥　　　　　　(c)点接触结

图 1.18　几种常见的约瑟夫森结

1.5　材料的介电性

材料的介电性质在许多工业领域都发挥着非常重要的作用,它涉及电的不良导体材料对于电场作用的响应,在很大程度上取决于材料的极化。这类材料(即介电材料),称为电介质,它们具有很大的能隙,属于典型的绝缘体。事实上,如果材料中的电子难以被激发到导带上去,就决定了这种材料具有许多特殊的介电性质。

1.5.1 电介质的极化

(1)极化现象

首先总结一下两类不同性质的材料。按材料对外电场的响应方式的不同,材料可区分为两类:一类以电荷长程迁移,即传导的方式对外电场作出响应,这类材料称为导电材料;另一类以感应的方式对外电场作出响应,即沿电场方向产生电偶极矩或电偶极矩的改变,这类材料即电介质,这种现象称为电介质的极化,它是电介质在电场作用下的基本电学行为之一。电介质的极化是电介质中的电荷在外电场作用下发生了再分布的结果。在外电场作用下,靠近正极的介质表面上产生净负电荷,而靠近负极的介质表面上则产生净正电荷,结果使介质出现宏观的电偶极矩。

电介质有两类,即非极性电介质和极性电介质。前者由非极性分子组成,在无外加电场时,分子的正、负电荷重心互相重合,不具有电偶极矩,只是在外加电场作用下,正、负电荷出现相对位移,才产生电偶极矩;后者由极性分子组成,即使在无外场时每个分子的正、负电荷重心也不互相重合,具有固有电矩,当施加外场后,极性分子将沿电场方向偏转定向,电偶极矩发生改变。

(2)极化机制

电介质的极化有三种主要基本过程,即电子极化、离子极化和转向极化。

1)电子极化

电子极化是因介质中的原子核外电子云畸变所产生。

如果介质受到一个外电场 E 的作用,其原子中的电子云将偏离带正电的原子核这个中心,如图 1.19(a)所示。这样,原子就成为一个暂时的或者感应的偶极子。所有的材料,无论

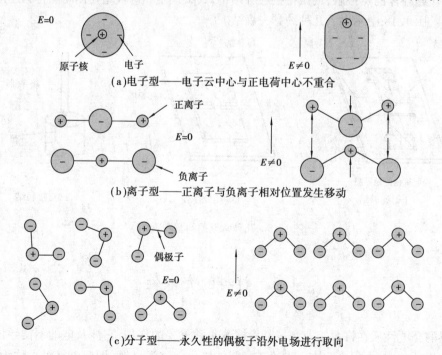

图 1.19 固体中的极化机制

其固态下为何种类型的键合,都能发生这种极化。如果去掉外加电场,极化随之消失。

2)离子极化

离子极化由电介质分子中的正、负离子相对位移所造成,又称为原子极化。

外加电场引起电荷的分离——正离子受吸引向负极移动,而负离子向正极移动,结果产生了净余偶极矩,如图 1.19(b)所示。离子极化在离子键材料中极其重要。

3)转向极化

转向极化是极性电介质分子的固有电矩在外电场作用下转动所导致,又称为分子极化或取向极化。

在图 1.19(c)中,外加电场使偶极子平行于电场排列起来。与电子极化引起的暂时性偶极子相反,这种极化能够在去掉外电场后保存下来,因为所涉及的偶极子是永久性的。在包括硅酸盐在内的离子键陶瓷与极性聚合物中,偶极子极化是普遍存在的。

(3)极化强度

电介质极化的结果,其内部沿电场方向出现偶极矩,在垂直于电场方向的介质表面则出现感应的束缚电荷,二者同时出现,在没有极化时也同时消失。显然,介质中感应偶极矩为各极化粒子(原子、分子或离子等)电矩的矢量和,它的大小由单个极化粒子电矩的大小和极化粒子的数量所决定。为了描述电介质内极化的情况,引入极化强度矢量 $\boldsymbol{P}$。

首先考虑一个中性分子。描述一个中性分子电极化状态的参量是电偶极矩,其表达式为:

$$\boldsymbol{p} = q\boldsymbol{l} \tag{1.23}$$

式中,q 为分子中正电荷的总量(显然其中负电荷的总量为 $-q$),$\boldsymbol{l}$ 为正负电荷重心之间的位矢,其方向由负电荷重心指向正电荷重心。电介质的极化强度就定义为该电介质单位体积内电偶极矩的矢量和,即

$$\boldsymbol{P} = \frac{\sum \boldsymbol{p}}{V} \tag{1.24}$$

极化强度的单位是 C/m^2。

1.5.2　介电常数与电容

(1)介电常数

由于极化作用的结果,在电介质的表面形成了符号相反的感应电荷。此感应的束缚电荷在介质内将形成一个与外电场方向相反的电场,使外电场受到削弱。显然,介质的极化能力越强,其形成的反向电场越大。为此,取 D/E 比值来反映介质的极化能力,此比值称为电介质的介电常数,即

$$\varepsilon = \frac{D}{E} \tag{1.25}$$

式中,ε 为电介质的介电常数;D 为介质中的电位移,D 值的大小与极板上自由电荷的密度有关;E 为介质中的电场强度,它是外加电场与束缚电荷形成的合电场,因此,E 值的大小不仅与极板上自由电荷密度有关,而且还与介质表面的束缚电荷密度有关。

介电常数是描述介质极化现象的一个重要物理参数。为此,将对其做进一步讨论。

由电学知识可知,电介质电位移矢量 D 与外加电场 E 的关系为:

$$D = \varepsilon_0 E + P = \varepsilon \varepsilon_0 E \qquad (1.26)$$

式中,P 为电介质的极化强度,在电场较小的情况下与电场 E 成正比,即

$$P = \chi \varepsilon_0 E \qquad (1.27)$$

式中,χ 称为介电极化率;ε_0 为真空介电常数,其数值为 $\varepsilon_0 = 8.85 \times 10^{-12}$ F/m。由式(1.26)和式(1.27)可求出:

$$D = \varepsilon_0 (1 + \chi) E \qquad (1.28)$$

由此可见,介电常数 ε 与介电极化率 χ 只差一个常数 1,它们都可以用来描述电介质的介电性质。

(2)电容

一个基本的电容器可以看成是被绝缘体分隔开的两片平行的导电材料,如图 1.20 所示。

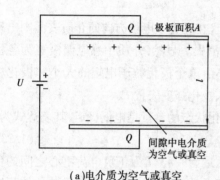

(a)电介质为空气或真空　　　　　　(b)电介质为比空气或真空易于极化的材料

图 1.20　平板电容器的结构

储存于一块极板上的电量 Q 正比于所加的电压 U,即

$$Q = C \times U \qquad (1.29)$$

式中,比例常数 C 定义为电容,其单位是法拉第,即 F。电容 C 与所加电压的大小无关,而决定于电容器的几何尺寸,如果每个极板的面积为 $A(\mathrm{m}^2)$,而两极板间的距离为 $l(\mathrm{m})$,则有:

$$C = \varepsilon A / l \qquad (1.30)$$

比例常数 ε 即介电常数,如果两极板之间为真空,则有:

$$C_0 = \varepsilon_0 A / l \qquad (1.31)$$

因此

$$C/C_0 = \varepsilon/\varepsilon_0 = \varepsilon_r \qquad (1.32)$$

可见,当电容器的两极板间充满电介质时,其电容 C 比真空电容增加了 ε_r 倍。ε_r[①] 是一个无因次的纯数,称为电介质的相对介电常数,表征电介质储存电能能力的大小。一些材料的相对介电常数的数值见表 1.4。

---

① 工程上通常将相对介电常数 ε_r 称为介电常数,其符号用 ε 表示而不带下标 r。

表 1.4　材料的相对介电常数

材　料		ε_r	材　料	ε_r
空气(或真空)		1.0	镁橄榄石($2\,MgO \cdot SiO_2$)	6.2
水		80.4	堇青石($2\,MgO_2 \cdot Al_2O_3 \cdot 5SiO_2$)	4.5 ~ 5.4
陶瓷	金刚石	5.5 ~ 6.6	酚醛树脂	5.0
	Al_2O_3(多晶体)	≈9.0	硅橡胶	2.8
	SiO_2	3.7 ~ 3.8	环氧树脂	3.5
	MgO	9.6	尼龙 6,6	4.0
	NaCl	5.9	聚碳酸酯	3.0
	$BaTiO_3$	3 000	聚苯乙烯	2.5
	云母	5.4 ~ 8.7	高密度聚乙烯	2.3
	派热克斯玻璃	4.0 ~ 6.0	聚四氟乙烯	2.0
	滑石($2SiO_2 \cdot MgO$)	5.5 ~ 7.5	聚氯乙烯	3.2

可以证明,ε 与极化强度 P 之间具有如下关系:

$$\varepsilon = \varepsilon_0 + P/E \tag{1.33}$$

式中,E 为电场强度。

实际中的电容器并不是按照上述简单双极板平行构造而制成,而是将电介质进行真空金属化(即涂覆导电层),然后再将该双层材料自身进行螺旋盘卷,从而在很小的体积中获得很大的表面积。

1.5.3　介电损耗

电介质在交变电场作用下,其极化响应与在静电场下的不同。随着交变电场的变化频率不同,介质的极化响应有三种情况:当频率很低时,前述的三种形式的极化的建立完全跟得上电场的变化,此时介质极化响应可以按照与静电场类似的方法进行处理;当电场的变化频率极高时,极化建立缓慢的方式(如转向极化)则完全来不及建立,此时就不用考虑该种极化的响应问题,但对极化很快的方式(如电子极化、离子极化)仍可按照静电场中的方法进行处理;如果电场的变化与缓慢极化建立的时间可相比拟,则该极化对电场的响应强烈地受到极化建立过程的影响,产生比较复杂的介电现象。在这种情况下的极化响应,有一个明显的特点,就是出现极化损耗,常称为介电损耗。其主要表现是,在交变电场作用下,电介质以发热的形式而耗散能量。

产生介电损耗的原因在于两个方面:一是电介质中微量杂质而引起的漏导电流;另一个原因是电介质在电场中发生极化取向时,由于极化取向与外加电场有相位差而产生的极化电流损耗,其中后者是主要原因。

以热量形式所损失的功率,是所施加电场的频率 f、电场强度 E、材料的介电常数 ε 以及反映电介质中分子摩擦强度的一个量的函数,其中的最后一个因素称为损耗因子,即损失角正切,用符号 $\tan\delta$ 来表示。因此,电介质单位体积的功率损耗 W 可由下式给出:

$$W = \pi \varepsilon f E^2 \tan \delta \tag{1.34}$$

式中,W 的单位为 W/m^2。

损耗因子 $\tan \delta$ 自身是频率、温度和材料的原子尺度的结构的复杂函数,它表征了电介质介电损耗的大小。一些材料的 $\tan \delta$ 的数值见表 1.5。

表 1.5 材料的介电损耗

材料		$\tan \delta$	材料		$\tan \delta$
陶瓷	Al_2O_3	0.000 2 ~ 0.01	聚合物	酚醛树脂(电木)	0.06 ~ 0.10
	SiO_2	0.000 38		硅橡胶	0.001 ~ 0.025
	$BaTiO_3$	0.000 1 ~ 0.02		环氧树脂	0.002 ~ 0.010
	云母	0.001 6		尼龙 6, 6	0.01
	派热克斯玻璃	0.006 ~ 0.025		聚碳酸酯	0.000 9
	滑石($2SiO_2 \cdot MgO$)	0.000 2 ~ 0.004		聚苯乙烯	0.000 1 ~ 0.000 6
	镁橄榄石($2\ MgO \cdot SiO_2$)	0.000 4		高密度聚乙烯	<0.000 1
	堇青石($2MgO_2 \cdot Al_2O_3 \cdot 5SiO_2$)	0.004 ~ 0.01		聚四氟乙烯	0.000 2
				聚氯乙烯	0.007 ~ 0.020

在考察一种介电材料作为绝缘体应用的可用性时,$\tan \delta$ 是一个主要因素,经常需要选用介电常数低、介电损耗也非常低的材料。如果需要在很小的空间中获得高的电容量,就需要使用具有高介电常数的材料。不过,也同样需要材料的损耗低来防止热量积蓄。

通常都不希望在频繁地改变电荷的正负极性时产生损耗,但是,在利用电介质加热情况下就不再如此。在这种技术应用中,具有高损耗的材料受到交变电场的作用,可以达到提高材料温度的目的。损耗高的材料能够被快速高效地加热,这就是微波炉的基本原理。其中,水分子中的 H—O 偶极子受到激发,这也是超声波焊接的工作原理,通常用于熔化、融合以及连接热塑性聚合物材料。

利用介电损耗的概念可以解释选择高密度聚乙烯(HDPE)来制造微波炉专用塑料用品的原因。这种应用需要具有低 $\tan \delta$ 值,因而容器不会受到微波电磁场的显著影响。HDPE 具有非常低的 $\tan \delta$ 值,小于 0.000 1。因此,在这种应用中 HDPE 是一种理想的材料。

1.5.4 介电强度与击穿

在强电场中,当电场强度超过某一临界值时,电介质就丧失其绝缘性能,这种现象称为介电击穿。电介质的一个很重要的性质就是介电强度,它是一种介电材料在不发生介电击穿或者放电的情况下所能承受的最大电场,其定义是:

$$E_{max} = (U/d)_{max} \tag{1.35}$$

式中,E_{max} 即称为介电强度或击穿强度(MV/m)。显然,它是击穿电压 U_{max} 与击穿介质厚度 d_{max} 之比,即平均电位梯度,下标"max"代表发生击穿的起始值。

影响介电击穿的因素很多,其实际测定也较困难。介电击穿破坏现象往往经历结构破坏的发生、发展和终结几个阶段,而整个破坏过程是一极为快速的过程,即使在相同条件下的破坏试验中,也几乎不能完全重复或控制介电击穿过程出现和发生的历程,试样介电击穿破坏的形态非常复杂而各异,材料中存在的微量杂质或微小的缺陷对介电击穿试验的影响很大,击穿场强测定的偏差或统计分散性相当大。

一般说来,电介质的介电击穿大致可分为电击穿、热击穿、局部放电击穿等几种击穿机制。电介质被击穿所引发的电失效等价于机械失效。一旦发生了电介质击穿,装置不能再正常工作。当电场强度足够高时会形成电流脉冲从而发生击穿,由此产生点坑、孔洞和通道而将导体连通。类似于脆性固体材料的机械强度,介电强度依赖于材料的厚度。介电强度与机械强度都由测试区域中出现临界裂纹的几率来决定。因此,减小厚度能够提高强度。

为了在一个强电场中获得最大量的存储电荷,需要材料同时具有高介电常数和高介电强度。一些材料的介电强度见表1.6,从表中也看出历史上在需要高介电强度、高介电常数和良好的热稳定性情况下应用云母的原因。

表1.6　材料的介电强度

材　料	介电强度/(10^6 V·cm^{-1})	材　料	介电强度/(10^6 V·cm^{-1})
陶　瓷		派热克斯玻璃(0.003 cm)	5.8
Al_2O_3(0.03 μm)	7.0	派热克斯玻璃(0.000 5 cm)	6.5
Al_2O_3(0.6 μm)	1.5	滑石(SiO_2+MgO+Al_2O_3,0.63 cm)	0.1
Al_2O_3(0.63 cm)	0.18	镁橄榄石(2 MgO·SiO_2,0.63 cm)	0.15
SiO_2(石英,0.005 cm)	0.6	聚合物	
NaCl(0.002 cm)	2.0	酚醛树脂(电木)	120~160
NaCl(0.014 cm)	1.3	硅橡胶	220
$BaTiO_3$(0.02 cm,单晶)	0.04	环氧树脂	160~200
$BaTiO_3$(0.02 cm,多晶)	0.12	尼龙6,6	240
$PbZrO_3$(单晶,空隙度0%,0.016 cm)	0.08	聚碳酸酯	160
$PbZrO_3$(多晶,空隙度10%,0.16 cm)	0.03	聚苯乙烯	200~280
$PbZrO_3$(多晶,空隙度22%,0.16 cm)	0.02	高密度聚乙烯	190~200
云母(0.002 cm)	10.1	聚四氟乙烯	160~200
云母(0.006 cm)	9.7	聚氯乙烯	160~59

1.6 材料的磁性

磁性是物质的基本属性之一。在外磁场作用下,各种物质都呈现出不同的磁性。通常所谓的磁性材料与非磁性材料,实际上是指强磁性及弱磁性材料,前者的磁化率比后者大 $10^4 \sim 10^{12}$ 倍。物质磁性的强弱取决于物质内部的电子结构。

1.6.1 原子的磁矩

磁性的强弱是指物质本身固有磁矩的大小,它与物质的原子磁矩有关。原子磁矩主要由电子绕核运动的轨道磁矩和电子自旋磁矩两部分组成。

（1）电子轨道磁矩

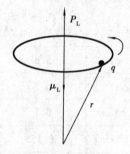

图 1.21 电子的轨道运动

按照玻尔的原子轨道理论,当原子内的一个质量为 m 的电子沿着圆形轨道以角速度 ω 运动时,它每秒通过某定点的次数为 $\omega/2\pi$,电子的运动形成一电流回路,相当于电流 $I = q\omega/2\pi$,与此同时产生一磁场,磁场与电流的大小成正比,电子轨道磁矩的方向与电子回路的平面垂直并指向下方,如图 1.21 所示。

根据量子力学原理,电子的轨道角动量为:

$$P_L = \sqrt{l(l+1)}\frac{h}{2\pi} \qquad (l = 0, 1, 2, \cdots, n-1) \quad (1.36)$$

式中,l 为决定轨道角动量的量子数,h 为普朗克常数。

因此,电子轨道磁矩 μ_L 为:

$$\mu_L = -\sqrt{l(l+1)} \cdot \frac{qh}{4\pi m} = -\sqrt{l(l+1)}\mu_B \qquad (1.37)$$

式中,$\mu_B = \dfrac{qh}{4\pi m}$,称为玻尔磁子,是计算磁矩的最小单位,其值为 9.27×10^{-24} A·m²;"−"表示 P_L 的方向与 μ_L 的方向相反。该式说明,由电子轨道运动产生的磁矩只能以 μ_B 为基本单位来改变其数值。

（2）电子自旋磁矩

电子除轨道运动以外,还具有自旋运动。自旋运动的经典物理图像是电子围绕自己的中心轴进行旋转,如图 1.22 所示。

在量子力学中,电子自旋角动量决定于自旋量子数 s。自旋角动量 P_s 的大小可以表示为:

$$P_s = \sqrt{s(s+1)}\frac{h}{2\pi} \qquad (1.38)$$

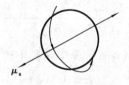

图 1.22 电子的自旋运动

由于自旋量子数 $s = 1/2$,只有一个值,所以自旋角动量也为一个确定的值,即

$$P_s = \frac{\sqrt{3}}{2} \cdot \frac{h}{2\pi} = \sqrt{3}\frac{h}{4\pi} \qquad (1.39)$$

因此,电子自旋磁矩 μ_s 为:

$$\mu_s = -\frac{q}{m}P_s \tag{1.40}$$

式中,"$-$"说明 P_s 的方向与 μ_s 的方向相反。将式(1.39)代入式(1.40),得到自旋磁矩的绝对值,即

$$\mu_s = \sqrt{3}\mu_B \tag{1.41}$$

一般磁性物质的电子自旋磁矩要比电子轨道磁矩大,因此,很多固态物质的磁性主要不是由电子轨道磁矩引起的,而是来源于电子的自旋磁矩。由此可见,电子自旋磁矩在一定条件下是物质内部建立起磁性的根源。

(3)固有磁矩

当原子中某一电子层被电子填满时,该层的电子轨道磁矩互相抵消,电子的自旋磁矩也相互抵消,即该层的电子磁矩对原子磁矩没有贡献。如果原子中所有电子层全被电子填满(如惰性元素,净磁矩为零),此时,称该元素不存在固有磁矩。因此,能显示固有磁矩的必然是那些电子壳层未被填满的元素。这些元素分为以下两种情况:

①内层电子全部填满,只有外层价电子。价电子虽有净磁矩,但对多原子聚合体来说,各原子的净磁矩是互相抵消的,也不显示固有磁矩。

②内电子层未填满,如过渡族元素(铁、钴、镍)、稀土元素(如钆,Gd),这些元素有固有磁矩,其大小以玻尔磁子为单位来度量。

需要指出的是,并不是所有未被填满电子的原子都会显示出磁性,如铜、铬、钒以及所有的镧系元素都有未被填满的电子层,但上述三个元素以及除钆和一些重稀土元素以外的所有镧系元素,都不会显示出磁性。因此,在原子内存在未被填满的电子,这只是物质具有磁性的必要条件,而不是充分条件。

1.6.2　磁化强度与磁化率

描述物质磁性强弱和磁化状态的物理量是磁化强度 M,它表示物质固有磁矩的大小,其物理意义是物质单位体积的原子磁矩的总和,即

$$M = \frac{\sum p_A}{V} \tag{1.42}$$

式中,M 为磁化强度,A/m;$\sum p_A$ 为原子磁矩的总和(矢量和),A/m²;V 为物质的体积,m³。

当物质处于一个磁场 H 中时,无论是什么物质,都会使物质所占空间的磁场发生变化,但不同的物质所引起的磁场变化是不一样的。例如,铁会使磁场强烈地增加,铜则相反,它使磁场有所减弱,而空气却使磁场略有增加。这就是说,物质在磁场中由于受磁场的作用表现出一定的磁性,这种现象就称为磁化。物质在磁场中磁化后,其磁化强度 M 与磁场强度 H 有如下的关系:

$$M = \chi H \tag{1.43}$$

式中,χ 为磁化率,代表物质磁化的难易程度,其大小为:

$$\chi = \frac{\mu - \mu_0}{\mu_0} = \frac{\mu}{\mu_0} - 1 = \mu_r - 1 \tag{1.44}$$

式中,μ、μ_0、μ_r 分别为材料的磁导率、真空磁导率和相对磁导率。相对磁导率取决于物质的本性及磁场强度的大小,量刚一的量:$\mu_0 = 4\pi \times 10^{-7}$ H/m。

显然,在磁场 H 中,不同的物质所引起的磁场 H 的变化是由于它们的磁化强度 M 不同而造成的。因此,M 的作用相当于是物质中产生的一个附加磁场 H',这样,物质内部真正的磁场强度就不是 H 了,而应是 H 和 H'(即 M)的和,它与磁感应强度的关系是:

$$B = \mu_0(H + M) \qquad (1.45)$$

式中,B 为磁感应强度,T 或 Wb/m²,1 T = 1(V·s)/m²,地球的磁感应强度为 ≈6×10^{-5} T,典型棒状磁体的磁感应强度约为 1 T;H 为外磁场强度,A/m;M 为磁化强度,A/m。

1.6.3 磁性的分类

如前所述,磁化率 χ 代表着物质磁化的难易程度,是物质磁性的重要参数之一。根据 χ 值的大小及其变化规律,可将各种物质的磁性分为抗磁性、顺磁性、铁磁性、反铁磁性和亚铁磁性等五大类。

(1)抗磁性物质

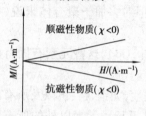

图 1.23 抗磁体和顺磁体的磁化曲线

抗磁性物质的 $\chi < 0$,$\mu_r < 1$。由 $M = \chi H$ 可知,在这种情况下,M 与 H 方向相反,因此,使通过该物质的磁力线减少。抗磁物质的 χ 很小,$|\chi|$ 只有 $10^{-6} \sim 10^{-4}$ 数量级,其 M-H 磁化曲线为一直线,如图 1.23 所示。这类物质的磁性称抗磁性,具有良好导电性的 Cu、Ag、Au 等属于抗磁性物质。

抗磁性物质的每个原子中所有的电子磁矩相互抵消,它们的原子磁矩等于零,在无外磁场时,对外不显示宏观磁性。但在磁场的作用下,电子的轨道运动会发生相应的变化,出现一个与外磁场 H 方向相反,但数值很小的感应磁矩,从而表现出抗磁性。

(2)顺磁性物质

顺磁性物质的 $\chi > 0$,$\mu_r > 1$。此时,M 与 H 方向相同。顺磁物质在室温下的 χ 很小,一般为 $10^{-5} \sim 10^{-3}$ 数量级,因此,使通过该物质的磁力线略有增加,其磁化曲线也是一条直线,如图 1.23 所示。这类物质的磁性称顺磁性,空气、奥氏体等属于顺磁性物质。

顺磁性物质的原子都具有未填满的电子壳层,都具有未被抵消的电子磁矩,从而有一个固有的总磁矩。但是,这些物质的原子磁矩之间相互作用十分微弱,热运动很易使原子磁矩的方向杂乱无章,对外作用互相抵消,在宏观上不表现磁性。然而,在外磁场作用下,原子磁矩便微弱地转向外磁场方向排列,由此而对外显示出微弱的磁性。

(3)铁磁性物质

铁磁性物质的 $\chi \gg 0$,达 10^4 数量级,$\mu_r \gg 1$,因此,使通过该物质的磁力线强烈增加,是一种强磁性物质。这类物质的磁性称铁磁性,工业中广泛使用的磁性材料主要是铁磁性材料,如铁、钴、镍等就是典型的铁磁性物质。

铁磁性物质具有一系列与顺磁体不同的磁现象及特点,表现在以下几个方面:

1)易磁化现象

铁磁性物质的 $\chi \gg 0$,数值很大,其 M 随 H 的变化(M-H 磁化曲线)已不是直线,而是如图

1.24 所示的曲线。从图中可以看到：

①在 H 很小(弱磁场中)时，即有很大的 M 值；

②当 H 达到某一值 H_s 时，$M = M_s$，称为饱和磁化强度，以后 H 增大而 M 不增加，为一水平直线，即达到磁饱和；

③在 B-H 磁化曲线中，$H > H_s$ 后，B 也增加，且呈直线变化，称 $H = H_s$ 时的 B 值为饱和磁感应强度 B_s。

2)磁滞现象与磁滞回线

铁磁性物质在反复磁化、退磁时具有磁滞现象，并形成磁滞回线，即其磁性(B 或 M)的大小不仅取决于外磁场的大小与方向，还取决于其磁化历史。

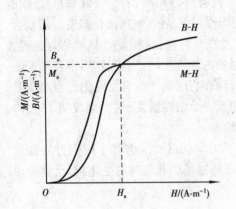

图 1.24　铁磁性物质的磁化曲线

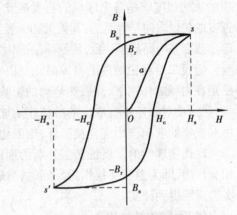

图 1.25　铁磁性物质的
磁化曲线与磁滞回线

磁滞现象是磁化的不可逆性的表现。图 1.25 为铁磁性物质的磁化曲线和磁滞回线，可以看出，当铁磁性物质由完全退磁状态(O 点)磁化到磁饱和时，B 值随外磁场强度 H 的增加而沿 Oas 线增加(Oas 即基本磁化曲线)，直至 B_s，此时，$H = H_s$。如果随后减小 H 值，则 B 值将不按原基本磁化曲线减小，而是经 sB_r 返回，逐渐减小，当外磁场 $H = 0$ 时，$B \neq 0$，即尚有剩余磁感应强度(又称剩磁)B_r 存在。这种 B 值的减小滞后于 H 值减小的现象即磁滞现象。为了使 $B = 0$，必须在原磁场的相反方向上加磁场 $-H$，当此反向磁场强度增大到 $-H_c$ 时，$B = 0$，即剩磁消失。如再增加反向磁场，铁磁体开始反方向磁化，当 $-H = -H_s$ 时，反向磁化达到饱和，$B = -B_s$。若随后减小反向磁场，$-B$ 值也减小，至 $-H = 0$ 时，$B = -B_r$。同样，为了使 $-B$ 减小到零，就必须增加正向磁场 H 到 H_c，如果随后再增大 H 到 H_s，又达到饱和，$B = B_s$，这样就形成了磁滞回线。由于正、反向磁化均达到饱和，因此这种磁滞回线称为饱和磁滞回线。

在饱和磁滞回线上，B_r 和 H_c 有重要意义：

B_r——剩余磁感应强度，又称剩磁或余磁，它表示了铁磁性物质磁化到饱和后，去除磁场后的磁感应强度。

H_c——矫顽力，代表铁磁体达到磁饱和后，使其 $B = 0$ 所需施加的反向磁场强度的大小，表示了铁磁性物质显示磁性的顽强性。

3)居里温度

铁磁性物质的磁性与温度有关。当温度上升时，高温使磁化强度、剩磁和矫顽力都趋于减小，当升高到某一温度 T_c 时，铁磁性消失，转变为顺磁性。T_c 称为居里温度(或称居里点)，遵

从居里—外斯定律,即

$$\chi = \frac{C}{T - T_c} \tag{1.46}$$

式中,χ 为磁化率,C 为与材料有关的常数,T 为绝对温度。如铁的居里温度为 770 ℃,钴的居里温度为 1 131 ℃,镍的居里温度为 358 ℃。只有低于居里温度时,铁磁性物质才具有铁磁性。铁素体和奥氏体之间的磁性转变就是典型代表。

对于铁磁性物质的上述磁现象及特点,外斯在 20 世纪初便提出了他的理论假设。

假设一 铁磁性物质中包含有许多小的区域,即使没有外磁场,其自旋磁矩也会自发地取向一致,即发生自发磁化。因此,它们自身就具有磁化强度,称为自发磁化强度。整个铁磁物质的磁化强度就是各个区域的自发磁化强度的矢量和。没有外磁场时,各个区域的自发磁化强度的矢量取向是混乱的,其矢量和一般为零。在外加磁场作用下,各区域的磁化强度矢量就逐步改变方向而趋于一致,使物体的磁化达到饱和状态。这些具有自发磁化的小区域称为磁畴。

假设二 在磁畴内的自发磁化是由于晶体中有很强的内场产生的。铁磁物质中各原子的磁矩在内场的作用下,克服热运动的影响而趋于互相平行取向,因而产生自发磁化。当温度升高,热运动对磁矩平行取向的破坏作用加强,直到温度升到一个临界温度(居里温度 T_c)时,内场对磁矩的取向作用完全被破坏,铁磁物质便进入顺磁状态。

现代物理学的发展证实了外斯的理论假设,并在量子力学的基础上解释了产生自发磁化相互作用,即为量子交换作用。同时,对磁畴的存在,以及外磁场引起磁畴的变化,都已直接由实验观察得到证实。

(4)反铁磁性物质

反铁磁性物质的 $\chi > 0$,$\mu_r > 1$,χ 的值一般为 $10^{-5} \sim 10^{-3}$,大小近乎于强顺磁物质,属于弱磁性。反铁磁性物质存在一个临界温度 T_N,称为奈尔温度,即为反铁磁物质的反铁磁性与顺磁性的转变点。当 T 小于 T_N 时,呈反铁磁性;T 当大于 T_N,则呈顺磁性,此时磁化率与温度的关系服从式(1.46)居里—外斯定律。但这时的 T_c 小于零(℃),若以绝对值表示,则为:

$$\chi = \frac{C}{T + |T_c|} \tag{1.47}$$

实际上,在反铁磁材料中,并不存在 T_c,当 T 等于 T_N 时,χ 出现极大值。磁化率随温度总的变化如图 1.26(a)所示。

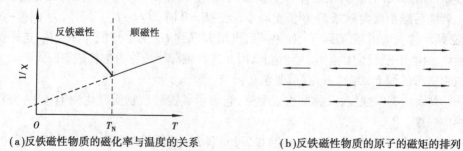

(a)反铁磁性物质的磁化率与温度的关系　　　　　(b)反铁磁性物质的原子的磁矩的排列

图 1.26　反铁磁性示意图

反铁磁性是由于原子磁矩反平行排列,两种相反方向的磁矩正好抵消,导致总磁矩为零,这种排列也是自发进行的,如图 1.26(b)所示。具有反铁磁性的物质主要有:部分金属如 Mn、

Cr 等,部分铁氧体如 $ZnFe_2O_4$ 等。

(5)亚铁磁性物质

亚铁磁性物质又称铁氧体,其 $\chi \gg 0, \mu_r \gg 1$,磁性强于反铁磁性而弱于铁磁性。亚铁磁性实际上是反铁磁性的一个变种,其内部的原子磁矩之间存在着反铁磁相互作用,只是两种相反平行排列的磁矩大小不同,导致了一定的自发磁化,如图 1.27 所示。因此,亚铁磁性和铁磁性相似,也具有以自发磁化为基础的强磁性和磁滞现象等磁化特征。

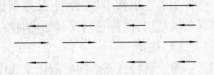

图 1.27 亚铁磁性示意图

亚铁磁性物质也是一类很重要的材料,尖晶石型晶体、石榴石型晶体等几种结构类型的铁氧体,稀土钴金属之间的化合物和一些过渡金属、非金属化合物都属于亚铁磁性物质。

1.6.4 磁晶各向异性

磁性物质通常是各向同性的多晶体,但组成多晶体的各个单晶体却并不是各向同性的。铁磁单晶体的磁性随晶体中的结晶方向而异,沿不同晶向磁化时,磁化曲线形状不同,达到磁饱和所需要的磁场强度的大小也不同。沿某些晶向,在最弱的磁场中即可达到磁饱和,即达到磁饱和时所需要的能量(磁场能) $\int_0^{Ms} HdM$ 最小,这些方向称为易磁化方向。而沿另一些晶向磁化到饱和最难,称为难磁化方向。这种沿不同结晶方向磁化难易程度不同,即需要能量不同的现象,称为磁晶各向异性。

铁磁性物质磁晶各向异性的程度一般用磁晶各向异性常数 K_1 和 K_2 表示。对于立方晶体,K_1 值的大小表明磁矩在难磁化方向和在易磁化方向单位体积中能量的差别。图 1.28 表示了三种典型晶体结构中各自的易磁化方向、中等磁化方向和难磁化方向。实际上,易磁化方向是磁能量最低的方向,符合能量低、状态稳定的原则。

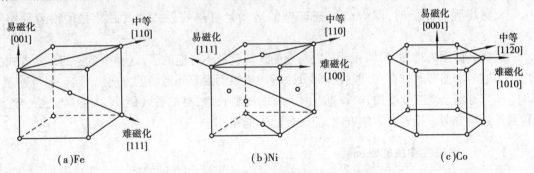

图 1.28 Fe、Ni、Co 单晶体的易磁化方向和难磁化方向

1.6.5 磁畴结构

(1)自发磁化

如前所述,自发磁化是铁磁性物质的自旋磁矩在无外加磁场条件下自发地取向一致的行为。某些原子的核外电子的自旋磁矩不能抵消,从而产生剩余的磁矩。但是,如果每一个原子的磁矩仍然混乱排列,那么整个物体仍不能具有磁性。只有所有原子的磁矩沿一个方向整齐地排列,就像很多小磁铁首尾相接,才能使物体对外显示磁性,成为磁性物质。这种原子磁矩

的整齐排列现象,就是自发磁化。

既然磁性物质内部存在自发磁化,那么是不是物体中所有原子的磁矩都沿一个方向排列整齐了呢？当然不是,否则,凡是钢铁等就会永远带有磁性。事实上,磁性物质绝大多数都具有磁畴结构,使得它们没有磁化时不显示磁性。

(2)磁畴

为了解释铁磁性物质磁化曲线中磁饱和与剩磁现象,海森堡(Heisenberg)和外斯(Weiss)提出了磁畴理论:

①铁磁性物质是由许多小磁畴组成的,如图1.29所示。磁畴尺寸大小不等,但平均来说,小于晶粒尺寸。每一磁畴含有 $10^9 \sim 10^{15}$ 个原子。

②在每一磁畴内电子的自旋磁矩方向相同,且通常都是沿着易磁化方向,从而使单个磁畴具有很高的磁饱和强度,犹如一个磁性很强的小磁铁。由于晶体中易磁化方向有多个(如铁的易磁化方向有6个,镍有8个),所以铁磁性物质在宏观上并不呈现磁性。

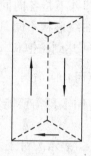

图1.29 磁畴结构

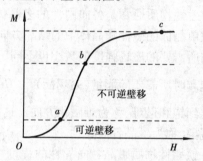

图1.30 M-H 磁化曲线

③磁化曲线可用磁畴的运动来解释。磁畴的运动,按磁化曲线可分为三个区域(见图1.30):

a.磁场强度较低时,即 Oa 段,磁畴壁的运动是可逆的,去磁时,磁化强度沿着原路线减小。

b.磁场强度再增加时,即 ab 段,磁畴壁的运动就是不可逆的了,这种不可逆的运动方式决定了去磁时必然有剩磁存在,即有一部分磁畴的磁矩仍沿着外磁场的方向。

c.当磁场强度继续增加,即 bc 段,由于有的磁畴长大,有的磁畴缩小,大磁畴磁矩会逐渐转到外磁场方向或接近外磁场方向,使磁化趋于饱和。

1.6.6 铁磁性物质的磁损耗

各种电机和变压器铁芯在使用时要发热,它表明铁磁材料在交变磁场中工作时要发生能量损耗。这一损耗称为铁芯损耗,简称铁损或磁损。铁损一般包括三个部分,即涡流损耗 P_e、磁滞损耗 P_h 和剩余损耗 P_r,总损耗可写为:

$$P = P_e + P_h + P_r \tag{1.48}$$

式中,P 代表铁损,单位为 W/kg。P_e、P_h 和 P_r 所占的比例随工作磁场的大小而变化。

(1)**涡流损耗**

当铁磁体在交变磁场中磁化时,铁磁体内部的磁通也周期性地变化。在围绕磁通反复变化的回路中出现感应电动势,从而产生感应电流。该感应电流呈涡流状,因而称为涡流,它所

引起的损耗称为涡流损耗。对于厚度为 t 的片状铁磁体,在低频($f < 500$ Hz)磁场下的涡流损耗为:

$$P_e = \pi^2 t^2 f^2 B_m^2 / 6\rho \tag{1.49}$$

可见,涡流损耗不仅与交变磁场的频率 f、大小 B_m(B_m 为磁感应强度峰值)有关,还与材料的形状和尺寸 t 以及电阻率 ρ 有关。显然,材料的电阻率越大,厚度越薄,则涡流损耗越小。

(2)磁滞损耗

铁磁体反复磁化一周,由于磁滞原因所造成的损耗称为磁滞损耗。磁滞损耗与磁滞回线的面积成正比,其计算用的经验公式为:

$$P_h = K_h f B_m^n \qquad \text{W/kg} \tag{1.50}$$

式中,f 为磁场频率;B_m 为磁滞回线上磁感应强度 B 的最大值;n 为常数:$1.6 \sim 2.0$,由 B_m 的范围而定;K_h 为与铁磁材料有关的系数,可由实验确定。

(3)剩余损耗

剩余损耗是指除涡流损耗和磁滞损耗以外的其他所有损耗。在低频弱场中,主要为磁后效损耗(磁后效一般是指在磁化过程中磁化强度随时间的变化滞后于磁场变化的现象);而在高频状态下,则主要为材料的尺寸共振损耗、畴壁共振损耗和自然共振损耗等。

1.7　材料的光学性质

对光的认识经历了从微粒说—波动说—波粒二象性的逐步深入的过程,人们已经意识到不能简单地将宏观世界物质运动的规律运用到微观世界里去。对于光来说,其属性已无法用以宏观理论为基础的微粒说或波动说做出完善的说明,而波粒二象性则成功地描述了微观世界中物质运动的特征。

光具有波粒二象性,表明光既具有波动的特性,也具有微粒的特性。光的波动学说在解释光的干涉、衍射等方面是成功的,但在说明辐射现象方面遇到了困难,人们最终认识到光不仅有波动特性,同时也具有粒子性的一面,从而导致出现了光子学说。光子学说的核心:光是由一些以光速 c 传播的物质单元——光子所组成。在解释光电之间的能量转换时,光的能量不是连续地分布在它传播的空间,而是集中在一个个光子上,光子的能量为:

$$E = h\nu = h\frac{c}{\lambda} \tag{1.51}$$

式中,h 为普朗克常数,6.62×10^{-34} J/s;ν 为光的频率;c 为光速,3×10^8 m/s;λ 为波长。

由上式可知,光子的能量与其波长的长短成反比。当电子吸收光子时,每次总是吸收一个光子,而不能只吸收光子的一部分。

1.7.1　光的吸收与透射

当光束照射到某种物质上时,将产生光的反射与折射和光的吸收与透射,如图1.31所示。光被物质吸收和光透过物质的实质是,被照射物质的电子与光子的交互作用结果,与物质的能带结构密切相关。当物质的电子吸收了光子全部的能量,从价带跃迁至导带时,光子将被吸收,该物质对所照射的光是不透明的;当物质的电子不能实现从价带向导带的跃迁,即电子被束缚而不能被光子激发,则光子可以透过,该物质对所照射的光是透明的。

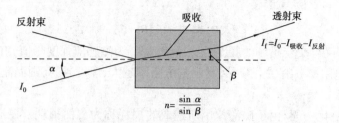

$$n = \frac{\sin \alpha}{\sin \beta}$$

图 1.31 光的吸收与透射

在金属中,由于价带与导带是重叠的,它们之间没有能隙,因此,无论入射光子的能量 $h\nu$ 多小,电子都可以吸收它而跃迁到一个新的能态上去。金属能吸收各种波长的光,因而是不透明的。

对于多数绝缘体,由于在价带和导带之间有大的能隙,电子不能获得足够的能量逃逸出价带,因此也就不发生吸收。如果光子不与材料中的缺陷有交互作用,则绝缘体就是透明的,如玻璃、高纯度的结晶陶瓷和无定形聚合物等。

对半导体而言,因其能隙小于绝缘体(如硅和锗,其能隙分别为 1.1 eV 和 0.67 eV),因此,在不同波长的光照射下,半导体可能允许某种光透过,也可能对某种光是不透明的。

例 1.4 求硅和锗中能通过的最短波长。已知普朗克常数 $h = 6.62 \times 10^{-34}$ J/s,光速 $c = 3 \times 10^8$ m/s,电子电荷 $q = 1.6 \times 10^{-19}$ C。

解 根据式(1.48),$\lambda = hc/E_g$,于是:

①对于硅,$\lambda = hc/E_g = (6.62 \times 10^{-34}) \times (3 \times 10^8)/1.1 \times (1.6 \times 10^{-19})$ m = 1 128.4 nm,这种光的波长在红外光的波长范围内,即相当于红外光,不可见。红外光的波长范围为 800 ~ 100 000 nm。

②对于锗,$\lambda = hc/E_g = (6.62 \times 10^{-34})(3 \times 10^8)/0.67(1.6 \times 10^{-19})$ m = 1 773.2 nm,这种光也不在可见光范围内,可见光的波长范围为 300 ~ 700 nm。

可见,硅和锗对较短波长的光(如可见光)是不透过的,产生吸收;而对于波长较长的光(如红外线)则是透过的。如果是掺杂半导体,只要光子的能量大于施主和受主能级,就会产生吸收。因此,当根据能隙的标准来判断时,绝缘体和多数半导体对长波长的光子是能够透过的,因而是透明的。然而,杂质和缺陷可以减小光子的透过,一些杂质会产生施主和受主的能级,另一些缺陷像气孔和晶界可使光子被散射,使材料变得不透明,结晶聚合物就比无定型聚合物(如有机玻璃)更容易吸收光子。

按照这样的原理,在考虑金属的光吸收行为时,用可见光照射金属,若光子被全部吸收,则金属就应该呈现一片黑色。但事实上,当电子一旦被激发到导带中,它们又立刻回落到能量较低的稳定态,并发射出与入射光子相同波长的光子束,因而金属就具有反光性能。即使对那些透明的材料,入射光子束也会发生一些反射。

1.7.2 材料的发光性能

材料在吸收外界能量后,其中部分能量以频率在可见光范围的光子向外发射,这称为发光。固体在平稳态(即静态)下是不会发光的,只有外界以各种形式的能量使固体中的电子(或空穴)处于激发态后才可能有发光现象。

对金属而言,由于其价带与导带是重叠的,没有能隙,所以光吸收后发射光子的能量很小,其对应的波长不在可见光谱范围,因此没有发光现象。

在发光材料中除了选择合适的基质外,还有选择地掺入微量杂质,称为激活剂。这些微量杂质一般都充当发光中心,但有些杂质是被用来改变发光体的导电类型的。

(1) **发光的特征**

发光的第一个特征是颜色。已有发光材料的种类很多,它们发光的颜色足可覆盖整个可见光的范围。材料的发光光谱(又称发射光谱)可分为下列三种类型:

① 宽带　半宽度——100 nm,如 $CaWO_4$。

② 窄带　半宽度——50 nm,如 $Sr_2(PO_4)Cl : Eu^{3+}$。

③ 线谱　半宽度——0.1 nm,如 $GdVO_4 : Eu^{3+}$。

一种材料的发光光谱属于哪一类,既与基质有关,又与杂质有关,而且,随着基质的改变,发光的颜色也会发生改变。

发光的第二个特征是强度。由于发光强度是随激发强度而变的,通常用发光效率来表征材料的发光本领。事实上,发光效率也同激发强度有关。发光效率有三种表示方法:量子效率、能量效率及光度效率。

① 量子效率　发光的量子数与激发源输入的量子数的比值。

② 能量效率　发光的能量与激发源输入的能量的比值。

③ 光度效率　发射出来的光通量(又称流明,单位是 lm)与激发源输入的能量的比值(lm/W),也称为流明效率。

在光激发的情况下,发光材料的量子效率可高达 90% 以上。值得注意的是,有的器件虽然效率很高,但亮度不大,这是因为输入的能量受到限制也在变化的缘故。

发光的第三个特征是发光持续时间。根据发光持续时间的长短,最初发光被分为荧光及磷光两种。

(2) **发光的种类**

1) 荧光

对于某些陶瓷和半导体材料,由于其价带和导带之间有能隙 E_g,外界激发源使价带中的电子跃迁到导带,但电子在高能级的导带中是不稳定的,它们在那里停留很短的时间(小于 10^{-8} s)又自发地返回到低能级的价带中,并相应地放出光子,其波长为 $\lambda = hc/E_g$,当外界激发源去除后,发光现象随即很快消失,这称为荧光。

2) 磷光

如果材料中含有杂质和缺陷,比如 ZnS 中含有少量的 Cu、Ag、Au,或 ZnS 含极微过量的 Zn,这些微量杂质在能隙中引入施主能级,被激发到导带中的电子在返回价带之前,就要先落入施主能级并被俘获,停留一段较长的时间(大于 10^{-8} s),电子在逃脱这个陷阱之后才返回价带中的低能级,这时也相应地放出光子,其波长 $\lambda = hc/(E_g - E_d)$,由于这种发光能持续一段较长的时间,也称为磷光。

将发光分为荧光和磷光两种,是由于当时无法测量持续时间很短的发光现象,才有这种说法。现在瞬态光谱技术已经将测量的范围缩小到 1 ps(10^{-12} s)以下,最快的脉冲光输出已可短到 8 fs(1 fs = 10^{-15} s),因此,荧光与磷光的时间界限已不清楚。但必须指出,发光总是延迟于激发。目前从概念上区分这两种发光的判据是,从激发到发射是否经历了中间过程。

例 1.5 ZnS 的能隙为 3.54 eV,要激发 ZnS 的电子需要光子的波长是多少? 如在 ZnS 中加入杂质,使之在导带下的 1.38 eV 处产生一能量陷阱,试问发光时的波长是多少? 已知普朗克常数 $h = 6.62 \times 10^{-34}$ J/s,光速 $c = 3 \times 10^8$ m/s,电子电荷 $q = 1.6 \times 10^{-19}$ C。

解 激发电子进入导带的最大波长为:

$$\lambda = \frac{hc}{E_g} = \frac{(6.62 \times 10^{-34})(3 \times 10^8)}{(3.54)(1.6021 \times 10^{-19})} \text{ m} = 3.506 \times 10^{-7} \text{ m} = 350.6 \text{ nm}$$

这个波长相当于紫外线。

在电子返回价带之前首先落入了陷阱,其发射光子的波长为:

$$\lambda = \frac{hc}{E_d} = \frac{(6.62 \times 10^{-34})(3 \times 10^8)}{(1.38)(1.6021 \times 10^{-19})} \text{ m} = 889.5 \text{ nm}$$

这个波长相当于红外线,不可见。

当电子逃脱陷阱再返回价带,发射光子的波长为:

$$\lambda = \frac{hc}{E_g - E_d} = \frac{(6.62 \times 10^{-34})(3 \times 10^8)}{(3.54 - 1.38)(1.6021 \times 10^{-19})} \text{ m} = 574.7 \text{ nm}$$

此为可见光,呈黄色。

3) 激光

激光是 20 世纪中叶人类的一项重大发明,它给 20 世纪的科学技术、日常生活和军事应用都带来了巨大的影响,而且它的影响还将有更深远的潜力。

激光 Laser 是"Light Amplified by Stimulated Emission of Radiation"的缩写,它的原义可以更确切地称为"受激辐射而放大的光"。它是由贝尔实验室的 Charles H. Townes 和 Alker L. Schalow 两人经长年合作在 1958 年公布的一种理论和方案,但是,第一次实现是 1960 年由梅曼(Theodore Maiman)在 Hughes 飞机公司完成的。Townes 和 Schalow 因为他们的发明先后于 1964 年和 1981 年获诺贝尔物理学奖。

① 激光的产生

材料在外界光子的作用下,电子从基态 E_1 跃迁到激发态 E_2,产生光的吸收;而处于激发态 E_2 的电子返回到基态 E_1,它就会以放出一个光子的形式辐射能量,其辐射频率为:

$$\nu = \frac{E_2 - E_1}{h} \tag{1.52}$$

式中,h 为普朗克常数。

这种能量发射可以有两种途径:一种途径是自发辐射,即电子无规则地从激发态 E_2 跃迁到基态 E_1;另一种途径是受激辐射,即具有一定能量的光子与处于激发态 E_2 的电子相互作用,使电子跃迁到基态 E_1,同时激发出第二个光子。这种受激发射的光就是激光。

自发辐射和受激辐射是两种不同的光子发射过程。自发辐射中每个电子的跃迁都是随机的,所产生的光子虽然具有相等的能量,但这种光辐射的相位和传播方向等都不相同。受激辐射却不同,它所发出的光辐射的全部特性(如频率、位相、方向和偏振状态等),都与入射光辐射完全相同。另外,自发辐射过程中,电子从 E_2 态跃迁到 E_1 态,伴随着发射一个光子;而在受激辐射过程中,一个入射光子使激发态电子从 E_2 态跃迁到 E_1 态,同时发射两个同相位、同频率的光子。因此,激光具有相干性,能量密度很高。

② 激光产生的必要条件

在通常情况下,当外界光子与材料发生相互作用时,既有可能发生吸收过程,也有可能产生受激辐射,即产生激光。这与处于激发态和基态粒子的相对数目相关,如果激发态中的粒子数较多,则受激辐射占优势,就会产生激光;反之,则是吸收占优势,如图1.32所示。而在热平稳状态下,粒子在各能级上的分布服从玻耳兹曼分布,也就是说,对于任何两个能级 E_1 和 E_2 组成的系统,粒子数分别是 N_1 和 N_2,则它们的关系为:

$$\frac{N_2}{N_1} = e^{-\frac{E_2-E_1}{kT}} \tag{1.53}$$

从式(1.53)可知,由于 $E_2 > E_1$,所以 $N_2 < N_1$,即吸收占优势。因此,要使受激辐射占优势,就必须增加激发态 E_2 中的粒子数 N_2,使 $N_2 > N_1$,这种情况称为粒子数反转,或分布反转。由此可知,要产生激光,必须在系统中造成分布反转状态,这就是产生激光的必要条件。

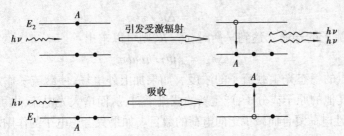

图1.32　入射光子引发受激辐射或被吸收

1.7.3　材料的光电效应

物质在受到光照后,往往会引发其某些电学性质的变化(如电导率改变、发射电子、产生感应电动势等),这一现象称为光电效应。光电效应主要有三种:光电导效应、光生伏特效应和光电子发射效应。前两种效应发生在物体内部,统称为内光电效应,它一般发生于半导体中;光电子发射效应产生于物体表面,又称外光电效应,它主要发生于金属中。

(1)光电导效应

物质在受到光照射作用时,会在物质内部激发出新的载流子。这部分载流子又称为光生载流子或非平衡载流子。载流子包括了电子与空穴两种类型。载流子的出现,使得物质的电导率发生变化。这种光照使物质电导率发生变化的现象,称为光电导效应。

如果光子的能量 $h\nu$ 大于半导体的禁带宽度 E_g,则价电子将可以被激发至导带 E_c,出现附加的电子—空穴对,从而使电导率增大,这种情况为本征光电导;若光照仅激发禁带中的杂质能级上的电子或空穴而改变其电导率,则为杂质光电导。

以半导体为例,在无光照时,半导体的电导率可表示为:

$$\sigma_0 = q(n_e \mu_e + n_h \mu_h) \tag{1.54}$$

式中,q 为电子电荷,n_e 和 n_h 分别为电子和空穴浓度,μ_e 和 μ_h 分别为电子和空穴的迁移率,σ_0 一般称为暗电导率。在有光照时,电导率的改变量为:

$$\Delta\sigma = q(\Delta n_e \mu_e + \Delta n_h \mu_h) \tag{1.55}$$

式中,Δn_e 和 Δn_h 分别为有光照时,电子和空穴的浓度增量。在许多情况下,电导的增量主要是一种载流子起主要作用,如在 N 型半导体中,σ_0 基本由电子的增量决定,即

$$\Delta\sigma = q\Delta n_e \mu_e \tag{1.56}$$

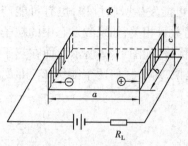

图 1.33　光电导效应

Δn_e 的数值由两个因素决定:一是单位时间受到光照射而产生的载流子数,二是因异性电荷复合而消失的载流子数。根据图 1.33,单位时间入射到单位面积上的光子数为:

$$N_P = \Phi/h\nu ab \tag{1.57}$$

式中,Φ 是入射光通量。在单位体积中产生的光生载流子数为:

$$Q = \eta\Phi/h\nu abc \tag{1.58}$$

式中,η 为量子效率,表示每吸收一个光子产生的电子—空穴对数。在产生光生载流子的同时,单位时间内因复合而消失的载流子数目为:

$$R = \Delta n_e/\tau \tag{1.59}$$

式中,τ 为光生载流子的寿命。达到平衡时,$Q = R$,则可以求出:

$$\Delta n_e = \eta\Phi\tau/h\nu abc \tag{1.60}$$

这就是光照下产生的稳态光生载流子的浓度。如果加上外电场,使载流子作定向移动,这些载流子既可能碰撞其他的原子或分子,产生新的载流子对,从而增大光电流,也可能会被遇到的粒子吸收,从而与异性电荷复合而减少定向电荷的数目。如果只考虑电子的作用,则光电流 I 为:

$$I = q\Delta n_e \mu_e bcE \tag{1.61}$$

式中,E 为电场强度。将 Δn_e 的表达式(1.60)代入式(1.61),得到:

$$I = q\eta\frac{\Phi}{h\nu}\frac{\tau}{\dfrac{a}{\mu_e E}} = q\eta\frac{\Phi}{h\nu}\frac{\tau}{T_d} \tag{1.62}$$

式中,$T_d = a/\mu_e E$,表示电子渡越时间;$q\eta\Phi/h\nu$ 表示光照射所产生的电量;τ/T_d 则反映了电荷移动过程中,影响光电流大小的因素,定义:$\tau/T_d = G$ 为光电导增益。显然,非平衡光生载流子的寿命越长,电子从一个电极移动到另一个电极的时间越短,光电导增益越大。寿命的长短与材料有关,渡越时间则可通过加大电场 E 得到减少。一般情况要求光电导增益大于 1,选择适当的 τ 与 T_d,G 可以达到 10^3 数量级。

(2)光生伏特效应

用光照射半导体的 PN 结,则在 PN 结两端会出现电势差,P 区为正极,N 区为负极。这一电势差可以用高内阻的电压表测量出来,这种效应称为光生伏特效应,简称光伏效应。

光生伏特效应的原理为:当半导体材料形成 PN 结时,由于载流子存在浓度差,N 区的电子向 P 区扩散,而 P 区的空穴向 N 区扩散,结果在 PN 结附近,P

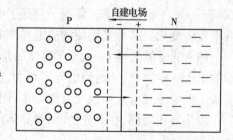

图 1.34　PN 结处的自建电场

区一侧出现了负电荷区,而 N 区一侧出现了正电荷区,称为空间电荷区。空间电荷的存在形成了一个自建电场,电场方向由 N 区指向 P 区,如图 1.34 所示。自建电场一方面能阻止空穴和电子进一步移动,最终达到一个平衡状态;另一方面能推动 N 区空穴和 P 区电子分别向对方运动。

当光照射到 PN 结上时,只要光子能量 $h\nu > E_g$,就可以在 P 区、N 区和 PN 结区激发出电子—空穴对,打破原有的平衡状态,出现新的电荷移动。在P区产生的电子如果离结区较近,会有较大几率扩散到结区边界,并在自建电场作用下加速运动,穿过势垒到达N区,产生积累。同样,N区产生的空穴也以这样的方式到达P区,并积累起来。在结区中的电子与空穴则各自分别移向N区和P区。这样,在N区就积累了较多的负电荷,在P区就积累了较多的正电荷,相当于在PN结上加了正向电压。这种由于光照而在PN结的两端出现的电动势称为光生电动势,这就是光生伏特效应,如图1.35所示。这种电动势是以光照为基础的,一旦光照消失,光生电动势也不复存在。如果光照时PN结是开路的,在结两端可测出开路电压;如果PN结外接负载形成回路,则有电流由P区流经外电路至N区。若负载为零,测出的电流就是短路电流。

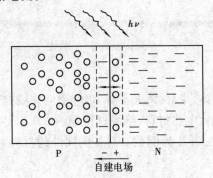
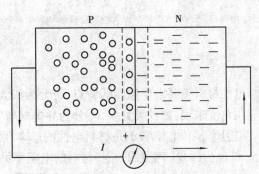

(a)PN结受光照射产生电子—空穴对　　　　(b)自建电场将光生电子—空穴分别拉向N区和P区

图1.35 光生伏特效应的产生

(3)光电子发射效应

当金属或半导体受到光照射时,其表面和体内的电子因吸收光子能量而被激发,如果被激发的电子具有足够的能量足以克服表面势垒而从表面离开,即产生了光电子发射效应,这类金属或半导体称为光电子发射体。

半导体光电发射包括三个过程:光吸收、电子向界面运动和克服表面势垒向外逸出。

光电发射是光能转变为电能的一种形式,这种光电转换遵循两个基本定律,即

1)爱因斯坦定律

$$\frac{1}{2}mu_{max}^2 = h\nu - W \tag{1.63}$$

式中,W表示材料的逸出功,$h\nu$为光子能量,u_{max}为光电子逸出材料后具有的最大速率。只有$h\nu \geqslant W$,才能产生光电发射,因此,入射光频率有一个下限值(波长有一个上限值),称为红限频率,相应的波长称为红限波长(长波长)。如果光子的频率小于红限频率,即使增加光的强度,也不能产生光电发射。一个光子与其所能引致的发射光电子数之比,称为量子效应η,实用材料的η值一般为$0.1 \sim 0.2$。

2)斯托列托夫定律

$$I_K = S_K \Phi \tag{1.64}$$

式中,I_K为饱和光电流;Φ为入射光通量;S_K为比例常数,称为光电发射体的灵敏度,单位为A/lm。该式表明,光电流的大小与入射光强度成正比。需要注意的是,只有当入射光频率高于红限值的前提下,光电流才可能产生,且遵循以上关系。

第 **2** 章

电性材料

电性材料按其电学性能的特点,可分为四大类,即导体、半导体、超导体和绝缘体。从材料的应用角度来说,则种类繁多,可分为导电材料、电阻材料、电热材料、绝缘材料等。

电阻率 ρ 和电导率 σ 是材料电性的基本性能参数,二者互为倒数。对各向同性的材料来说,ρ 和 σ 为标量。室温下一些材料的电阻率见表 2.1。

表 2.1 **室温下一些材料的电阻率**

固 体	$\rho/\Omega \cdot m$	固 体	$\rho/\Omega \cdot m$
金刚石	10^{12}	纯 锗	10
玻 璃	10^{10}	镍铬电阻丝	10^{-6}
纯 硅	10^{3}	铜	10^{-8}

从表中可以看出,它们的电阻率差异极大,不仅如此,材料的电阻率与温度的关系也有很大差别。金属的电阻率随温度升高而增加,半导体的电阻率则随温度升高而下降,而有些合金的电阻率随温度变化很小。材料电性能的差异与其成分、组织、结构,以及外界环境(如温度、压力、磁场等)都有很大的关系。

2.1 导电材料

导电材料是电性材料中重要的一类,按其导电机理可分为电子导电材料和离子导电材料两大类。电子导电材料的导电起源于电子的运动。电子导电材料包括以下三大类:

①导体　导体的电导率 $\sigma \geq 10^{5}$ S/m(或 $\Omega^{-1} \cdot m^{-1}$);

②半导体　半导体的电导率 σ 为 $10^{-8} \sim 10^{4}$ S/m;

③超导体　超导体的电导率 σ 在温度小于其临界温度时,可以认为是无限大。

当材料的 $\sigma \leq 10^{-7}$ S/m 时,就可以认为该材料基本上不能导电,而成为绝缘体。

离子导电材料的导电机理则主要是起源于离子的运动,由于离子的运动速度远小于电子的运动速度,因此,其电导率也远小于电子导电材料的电导率,目前最高不超过 10^2 S/m,大多都在 10^0 S/m 以下。

本节将主要讨论导体材料。

2.1.1 导电材料的种类及应用

导电材料是利用金属及合金优良的导电性能来传输电流,输送电能,广泛应用于电力工业技术领域,有时也可包括仪器仪表用导电引线和布线材料,以及电接触材料等。导电材料在性能上的要求为高的电导率,高的力学性能,良好的抗腐蚀性能,良好的工艺性能,以及低的价格。

导电材料按化学成分主要有以下两类:

(1)**纯金属**

纯金属是主要的导体材料,电导率 σ 为 $10^7 \sim 10^8$ S/m,常用的有铜、铝和银等。

1)铜

纯铜又称紫铜,外观呈淡紫红色。它是导电材料中最主要的金属,具有良好的导电性(仅次于银)、耐腐蚀性、塑性加工性能好,便于进行各种冷热加工。

铜中的杂质会降低其电导率,其中氧对铜的电导率影响非常显著。冷加工也会使其电导率下降。在保护气氛下,可以重熔出无氧铜,其优点是:塑性高,电导率高。通过冷加工制成的硬铜,其硬度和强度将增大,但电导率和延伸率却减小。将冷加工的纯铜经一定的温度(400 ~ 600 ℃)退火处理,其导电性能将有所恢复。

铜的最大缺点是:硬度低,耐磨性差。此外,铜与硫生成的硫化铜,导电性能不好,因此,用铜制造的导线不能与硫化过的橡胶直接接触。使用时必须在铜导线外面预先镀好一层锡,以防止硫对铜的侵蚀。

2)铝

铝的电导率约为铜的 61%,密度为铜的 30%,机械强度为铜的 50%,比强度比铜高约 30%。铝的资源丰富,价格便宜,因此,以铝代铜有很大的意义。

铝的物理、力学性能随纯度而异。杂质使铝的电导率下降,铬、锂、锰、钒、钛等影响较大,对其含量必须严格控制。冷加工对铝的电导率影响不大,经 90% 以上冷变形,铝的抗拉强度可提高 5 ~ 6 倍,电导率降低约 1.5%。

铝的缺点是:强度太低,热稳定性较差,不易焊接。铝和其他电极电位较大的金属(如铜)相接触时,如果环境潮湿,就会形成电动势相当高的局部电池而遭受严重的腐蚀破坏。因此,在选用铝材时,应避免高电极电位杂质的存在,而对铝线与铜线的接合处,则要增加保护措施。

3)其他纯金属

①银 银具有金属中的最高电导率,加工性极好,因其价格较高,一般情况下很少有完全用银制造的零件。但在贵金属中,银又是价格最低的,因此,广泛地用做接点材料、云母与陶瓷电容器的被覆与烧渗银电极、银基焊料、导线电镀材料,以及制造高分子导电复合材料的导电相材料等。

②金 金的电导率与铝相近,价格较为昂贵,但由于其化学性质稳定,适用于接点与电镀材料,并由于其易于蒸发,常作为薄膜电极与梁式引线,以及用于集成电路芯片端子连接等。

③镍 镍具有较高的熔点、容易清洁处理及便于焊接等优点而广泛地用于电真空器件中。

作为电子管用的镍,要求含气量少,脱气容易,蒸气压低和高温强度高。在真空管中,除了一般支架用镍丝外,其他的栅板、极板、隔离罩等均可用镍来制造。

④铂　铂具有良好的化学稳定性和良好的加工性质,广泛地用做触点材料、高温热电偶材料、厚膜导体及电极材料等。

一些纯金属的电导率见表2.2。

表2.2　室温下一些纯金属的电导率

材　料	$\sigma/(S \cdot m^{-1})$	材　料	$\sigma/(S \cdot m^{-1})$
银(Ag)	6.3×10^7	铁(Fe)	1.03×10^7
铜(Cu)	5.85×10^7	铂(Pt)	0.94×10^7
金(Au)	4.25×10^7	钯(Pd)	0.92×10^7
铝(Al)	3.45×10^7	锡(Sn)	0.91×10^7
镁(Mg)	2.2×10^7	钽(Ta)	0.8×10^7
锌(Zn)	1.7×10^7	铬(Cr)	0.78×10^7
钴(Co)	1.6×10^7	铅(Pb)	0.48×10^7
镍(Ni)	1.46×10^7	锆(Zr)	0.25×10^7

(2)合金材料

合金材料的电导率为$10^5 \sim 10^7$ S/m,如铜合金、铝合金、银合金、镍合金和不锈钢等。

1)铜合金

由于纯铜在机械强度、耐磨性上尚有欠缺,尤其在加热到$100 \sim 200$ ℃时,机械强度剧烈地降低,因此,在某些场合下,常在铜中加入其他成分,牺牲部分导电能力,以克服机械强度不足的缺点。

银铜合金由于银的加入,耐热性得以提高,但导电性能略有下降。例如,加入约0.5%的银,合金的电导率降低5%,在30 ℃时的抗拉强度为纯铜的1.3倍。通常加入银0.03% ~ 0.1%的银铜合金用于制作引线、电极、电接触片等。

锆铜合金(Cu-0.2Zr)在强度和耐热性方面优于银铜合金,但由于高温固溶处理使成本提高,不宜大量使用。目前发展不需固溶处理的锆铜,用以代替银铜,在高温引线和导线等方面得到大量使用。

铍铜合金由于铍的加入,使铜合金出现显著的沉淀硬化,利用这种效应可提高强度。铍铜合金无磁性,有高的耐蚀性、耐磨损性、耐疲劳性。拉伸强度最高达1.37 GN/m²,但电导率下降约20%。

铜锌合金(Cu≥50%),又称黄铜,其中含有锌及若干合金元素。锌的含量有20%、30%和40%等几种类型。锌含量的增加,强度也随之提高。铜锌合金的优点是:切削加工容易,耐蚀性强。

铜镍合金是在铜合金中加入镍而制得的。其含镍量有三种:10%、22%、30%,又称为白铜。这种合金的特点是耐蚀性好,另外,由于加入镍而使合金的杨氏模量提高。如果再加入少量的铁,则合金的耐蚀性更强。加入硅可获得显著的硬化效果,近年来开发的 Ni20%、Si

0.5% 的合金已成为实用化的线簧继电器用弹簧材料。

2）铝合金

铝合金密度小，有足够的强度、塑性和耐蚀性。电子工业中常用做机械强度要求较高、重量要求轻的导电材料。

铝硅合金有铸造铝硅合金和变形铝硅合金两类。含硅量为 11%～13% 的铸造铝硅合金流动性好。其线膨胀系数比铝小，因而凝固时收缩率小，铸件不会开裂变形，其耐蚀性和焊接性也较好。变形铝硅合金具有良好的加工性能，可制成特细线，以代替微细金丝作连接线用。

导电用铝镁合金的含镁量低于 1%，加工简便，焊接性和耐蚀性较好，是中强度导电铝合金。软态铝镁合金可做电线电缆的芯线，硬态的铝镁合金多用做架空导线。若适当减少镁含量而增加铁含量，则可得到铝镁铁合金，铁的加入可改善铝镁合金的导电性能。若再添加镁硅，通过淬火和时效处理，析出强化相 Mg_2Si，合金的强度显著提高。

此外，银合金、金合金由于具有良好的导电性和化学稳定性，常用做接点材料。镍合金在密封应用方面具有很好的成型加工性、封装性和电镀性等，在半导体等的封装中具有易与玻璃、塑料、陶瓷及其他金属封接的性质，常见的有铁—镍系合金和铁—镍—钴系合金等。

一些合金材料的电导率见表 2.3。

表 2.3　室温下一些合金的电导率

材　料	$\sigma/(S \cdot m^{-1})$	材　料	$\sigma/(S \cdot m^{-1})$
Al-1.2% Mn 合金	2.95×10^7	不锈钢,301	0.14×10^7
黄铜（70% Cu-30% Zn）	1.6×10^7	镍铬合金（80% Ni-20% Cr）	0.093×10^7
灰铸铁	0.15×10^7		

2.1.2　电阻材料的种类及应用

电阻材料是指电阻率较高的一类导电材料，包括精密电阻材料和电阻敏感材料，主要用来制作标准电阻器、变阻器及一些敏感电阻（如应变电阻、热敏电阻、光敏电阻、气敏电阻等）器件，这种材料通常为高电阻率的合金。

在高电阻合金中，最主要的是铜镍系合金、铜锰系合金、镍铬系合金、铁铬铝系合金及贵金属系合金。按照使用情况不同，高电阻合金常分为测量仪器及标准电阻用合金、电位器用合金、电热器用合金、传感器用合金等。由于使用情况不同，对它们的要求也各异。对用于制作标准电阻及电工测量仪表的电阻材料，应具有尽可能大的电阻率和尽可能小的电阻温度系数，电阻率不随时间而变化，并有良好的机械特性，如强度高、韧性好及抗腐蚀性好等；对用于变阻器（电位器）的电阻材料，应具有较高的电阻率和较低的电阻温度系数，有较强的耐蚀性、抗氧化性、耐热性和机械强度等；对用于电子电路中的一般电阻元件所用的电阻材料，要求有一定的电阻率，电阻温度系数尽可能小，电阻值稳定，不受电流频率的影响，并且制作的电阻元件不会在电路中产生噪声。

（1）锰铜电阻合金

锰铜合金属于铜、锰、镍系精密电阻合金，密度为 8.4～8.7 g/cm^3。由锰铜合金制造的电阻合金线的电阻温度系数小、稳定性好，对铜热电势小，且具有良好的机械加工和焊接性能，是优良的精密电阻材料,适用于制作各种标准电阻器、分流器、精密或普通的电阻元件。但由于它的使用温度范围窄,只宜作室温范围的中、低阻值电阻器使用。

锰铜电阻合金包括普通锰铜和分流器锰铜两类。普通锰铜一般在 5~45 ℃ 范围内使用,分流器锰铜一般在 10~80 ℃ 范围内使用。主要锰铜线的牌号、电阻率及主要化学成分见表2.4。

表2.4　锰铜线的化学成分和电阻率

名　称	牌　号	主要化学成分/%				电阻率/$[(\Omega \cdot mm^2)/m^{-1}]$
		Cu	Mn	Ni	Si	
锰铜线	6J12	余	11~13	2~3	—	0.47±0.03
F_1锰铜线	6J8	余	8~10	—	1~2	0.35±0.05
F_2锰铜线	6J13	余	11~13	2~5	—	0.44±0.04
硅锰铜线	6J102	余	9~11	—	1.5~2.5	0.35±0.04

注:F_1、F_2是分流器锰铜按其电阻温度系数不同的级别号,普通锰铜也有类似的分级,如0级、1级等。

(2)康铜电阻合金

康铜合金是镍含量约40%的铜镍系合金,是一种比锰铜合金使用更早的电阻合金材料,其比重为 8.88 g/cm^3。若用铝代替锰铜中的镍,又可得到密度为 8.00 g/cm^3 的新康铜合金(又称无镍锰白铜)。

以康铜合金制成的康铜线具有电阻温度系数低,抗氧化能力、机械性能和耐热性能优良,可在较宽的温度范围内使用。它的缺点是:对铜的热电势高,不适于作直流标准电阻器和测量仪器中的分流器,而适于交流精密电阻器和电位器绕组等。当康铜合金加热到相当温度时,其表面可形成一层具有绝缘性的氧化膜。因此,在制造电位器绕组时,若相邻线圈电压不超过1 V,则可以不再另用绝缘材料就可以密绕。通常将康铜很快加热到 900 ℃,然后在空气中冷却即得到此绝缘氧化层。

新康铜线具有和康铜线相近的电阻率和机械性能,但电阻温度系数较大。由于不含镍,密度较康铜小,同时价格便宜,电性能也能满足要求,故新康铜在多方面可以代替康铜使用。电阻器和电位器用康铜以及新康铜线的品种、牌号、化学成分及主要性能见表2.5。

表2.5　康铜线的牌号、化学成分及主要性能

品种	牌号	主要化学成分/%					电阻率/$[(\Omega \cdot mm^2)/m^{-1}]$	使用温度范围/℃	电阻温度系数/$(10^{-6} \cdot ℃^{-1})$	对铜的热电势/$(\mu V \cdot ℃^{-1})$
		Cu	Mn	Ni	Al	Fe				
康铜线	6J40	余	1~2	39~41	—	—	0.48	≤500	−40~+40	45
新康铜线	6J11	余	10.5~12.5	2.5~4.5	1.0~1.6		0.49	20~200　20~500	−40~+40　−80~+80	2

(3)镍铬系电阻合金

1)镍铬电阻合金

镍铬合金和种类很多,但并非每种镍铬合金都适于作电阻材料。根据其使用情况不同,常

见的有镍铬电阻合金线和镍铬合金薄膜两大类。

①镍铬电阻合金线 这种材料具有较高的电阻率,良好的耐热性、耐磨性和耐腐蚀性,其使用温度范围宽,并有良好的机械性能。但它的电阻温度系数大,对铜的热电势高,阻值稳定性差,因此,一般用来制造普通的线绕电阻器和电位器。合金线的牌号、电阻率及主要成分见表2.6。

表2.6 镍铬电阻合金线化学成分及主要性能

牌 号	主要化学成分/%					电阻率 /$[(\Omega \cdot mm^2)/m^{-1}]$	电阻温度系数 /$10^{-6}/℃$	对铜的热电势 /$(\mu V \cdot ℃^{-1})$
	Ni	Cr	Cu	Fe	Si			
6J20	余	20~23	—	<1.5	0.4~1.0	1.08	350	20.5
6J15	55~61	15~18	—	余	0.4~1.3	1.11	150	1
6J10	余	9~10	≤0.2	≤0.4	≤0.2	0.69	50	5

②镍铬合金薄膜 它是金属膜电阻器和薄膜集成电路中最常见的薄膜电阻器主体材料,主要用 Ni80%-Cr20% 合金通过真空蒸发法和阴极溅射法制得。NiCr 薄膜性能稳定,阻值精度高,电阻率高,阻值范围宽,电阻温度系数小,是一种优异的金属膜电阻材料。若在 NiCr 薄膜中加入适量的 Al、Cu、Mn、Si、Be、Sn 和 Fe,还可提高方阻,降低电阻温度系数,提高耐热力,增强耐磨性。

2)镍铬基精密电阻合金

在 Ni 80%-Cr 20% 合金中,加入少量 Al、Fe、Cu、Si、Mo 等元素形成改良型镍铬基精密电阻合金,其主要品种有镍铬铝铁、镍铬铝锰硅及镍铬铝钒等。

由该合金制成的电阻合金线电阻率高,电阻温度系数小,对铜的热电势小,耐热、耐磨、耐腐蚀,抗氧化,机械强度高,加工性能好,且使用温度范围宽,适于线绕电阻器和电位器以及特殊用途的大功率、高阻值、小型化的精密电阻元件。但这类合金线的焊接性能比锰铜线差,因此,必须选择合适的焊剂和焊接温度。目前我国生产的镍铬基精密电阻合金线,在稳定性、阻值均匀性及表面质量等方面还适应不了当前的需要,尤其是极细规格产品方面更是如此,高质量的产品仍在开发之中。

(4)贵金属电阻合金

目前常用的贵金属电阻合金有铂基合金、钯基合金、金基合金和银基合金等。用它们制成的电阻合金线具有很好的化学稳定性、热稳定性和良好的电性能。因此,在精密线绕电位器绕组材料中,它们占有非常重要的地位。

1)铂基电阻合金

由铂基电阻合金制成的合金线,具有适中的电阻值,极优的耐腐蚀和抗氧化性能,即使长期暴露在高温、高湿条件下或强腐蚀性介质中,表面仍能保持初始状态。它具有小而稳定的接触电阻,低的噪声电平,硬度高,寿命长,良好的加工性和焊接性,长期以来是最可靠的电位器绕组材料。其缺点是:在有机蒸气中易生成绝缘的褐色粉末,使接触电阻增大,噪声电平升高,因此,在一定程度上限制了它的应用。常用的铂基电阻合金线有铂铱线、铂铜线等。

2)钯基电阻合金

钯基电阻合金线的电阻率高,电阻温度系数较低,接触电阻低而稳定,焊接性能好,价格也比铂基电阻合金线便宜。其不足之处是:耐腐蚀性和抗氧化性不如铂基合金线,在有机蒸气中也容易产生"褐粉"。常用的钯基电阻合金线有钯银线、钯银铜线等。

3)金基合金

金的抗氧化性和耐腐蚀性仅次于铂,且对有机蒸气有惰性,它的产量高,价格比铂便宜,因此,以金为基的合金很受重视。但金基二元合金电阻率低,电阻温度系数较高,硬度较低,不耐磨。如在其中添加其他元素,能够得到电阻率高,电阻温度系数低,对铜热电势低,硬度和强度以及耐磨方面均有提高的新合金,如金钯铁合金等。常用的金基电阻合金线有金银铜线、金镍铬线、金镍铜线及金钯铁铝线等。

4)银基合金

由银基电阻合金制成的合金线,其使用性能介于金基线和锰铜线之间。它比锰铜线的抗腐蚀性好,但不抗硫化和盐雾的腐蚀,因此,使用价值不如金基电阻合金线。目前常用的银基电阻合金线主要是银锰线和银锰锡线。

2.1.3 其他导电材料及应用

(1)电接触材料

电子设备中常需用到各种可变电阻器、电位器、开关插头座、继电器等电子元件。这些元件均具有滑动接点或分合接点,用于这些电接触连接的导电材料,称为电接触材料,又称为接点材料、接头材料。

电接触材料的品种很多,根据材料的性质,可分为纯金属接触材料和合金接触材料两大类;根据接点的工作条件,又可分为弱电流小功率接触材料、中等功率接触材料、大功率接触材料,以及真空开关接触材料等。

对电接触材料的一般要求是:接触电阻低而稳定,无损耗,接触无变形,不熔接,开关准确,价格合适等。但是,各种接触材料都有自身的优缺点,利用单一材料难以满足所有的要求,因此,只能按照不同的工作条件进行选择。通常按照工作电流的大小选择接触材料。当电流小于 100 mA 时,要求接触电阻稳定,常用 Ag、Pd、Au、Pt 等贵金属或以它们为基的合金;当开关 100 mA 以上较大电流时,除要求接触电阻稳定外,还要求接点耐电弧、耐熔接,因此,采用以 Ag 为主体的合金及 Ag 与 Ni、W、C、CdO 等的烧结体;当电流更大时,则多采用 W、Mo、Cu、WC 等为主要成分的合金材料。

1)中等以上功率的电接触材料

①银基材料　银具有优异的导热和导电特性,虽然它有易受硫化和其他气体腐蚀的缺点,但由于压力大而变得不那么严重。常用的银基材料主要是银合金以及银和氧化物的合金,如银铜合金、银镍合金、银与 CdO、CuO、MnO、MgO、FeO 的合金等。难熔金属 W、Mo 也可和 Ag 用粉末冶金方法制成合金,提高银的硬度和抗弧能力。在金属氢化物中,CdO 的效果最好,CdO 在银中不仅能增强强度和硬度,还能大大提高抗弧能力,因而用途很广。

②钨基材料　钨是熔点最高的金属,但由于硬度高且表面容易氧化,所以接触电阻容易增大,因而多用于接触压力大的面接触型结构元件中。在钨系合金方面,钨与银或铜烧结合金(含 W 为 50% ~70%)抗电弧性较好。碳化钨与银的烧结合金的耐电弧性、耐熔接性也很好,故适用于大电流开关中。

2)弱电流小功率电接触材料

①铂族材料 如 Pt-Ir、Pd-Ir、Pd-Ag 等,这类材料具有熔点高,抗腐蚀,抗电弧,以不易氧化等优点。但价格贵,在有机气体气氛中生成黑褐色粉末,使接触电阻上升。

②金基材料 金基合金的熔点与抗电弧能力比铂族差,但具有良好的导热和导电能力,低而稳定的接触电阻,优良的化学稳定性和抗有机污染能力。Au69%-Ag25%-Pt6%合金已取代Pt,另外,含 Ni 量为10%的 Au-Ni 系合金,具有较高的硬度,可望作为滑动接点材料。

3)真空开关用电接触材料

真空开关的触头是一种结构特殊的强电用触头,除满足一般开关所具备的性能外,由于真空中触头表面特别干净,比在空气中更容易熔焊,故要求具有更高的抗熔焊性。

按照真空开关的通断能力,常将其分为真空断路器和真空接触器。在真空断路器中,触头要求开距小,电压梯度大,容易引起电击穿,故要求触头材料具有足够高的耐电压强度,并要求尽量小的截止电流和极低的含气量。常用的触头材料有铜铋铈、铜铋银等,真空接触器损伤频繁,且常在小电流下分断,故要选用电磨损与截止电流小的接触材料,如钨铜铋锆、铜铁镍钴等。

4)滑动电接触材料

这类材料兼有电接触和机械滑动性能,要求材料耐磨性好,滑动性好,接触可靠。常用的材料有重有色金属合金和贵金属及其合金两大类。

重有色金属合金滑动接触材料一般是铜合金和镍合金。铜合金使用较多的有:青铜中的锡青铜、铍青铜、硅青铜、镉青铜等;白铜中的锌白铜及锰白铜等;黄铜中的低镍铝弹性黄铜是发展中的新材料;镍合金中使用较多的有镍铬、镍铍、镍铍钛和镍铍锆等。这些材料具有良好的电性能、抗蚀性,足够的强度、硬度、弹性及良好的工艺性。

贵金属滑动接触材料多为银、金及以银、金、铂、钯为基的合金。银及银合金中有银铜、银镍等;金及金合金中有金、金铜、金银、金镍以及金基多元合金;铂基中有铂镍、铂铱;钯基中有钯铜、钯银及银基多元合金。实际上,电接触材料功能的完成主要是靠表面那一部分,因此,贵金属滑动接触材料往往是在铜或铜合金上电镀一定厚度的贵金属及其合金的复合电接触材料。

几种弱电流、小负荷用的贵金属触头和滑动触头材料见表2.7。

表2.7 几种贵金属电接触材料的性能特点

材料名称及组成		密度 /(g·cm⁻³)	硬度 /HB	电阻率 /(μΩ·cm)	特 性
		≥	≥	≤	
铂铱	PtIr10	21.6	100～170	22.7	机械强度高,耐冲击,转移小,耐熔焊
	PtIr20	21.7	190～250	31.3	
钯银	PdAg40	11.4	100～200	40	硬度高,摩擦特性好,Pd 含量在40%以上者可耐硫化
	PdAg60	11.1	100～180	21	
	PdAg90	10.6	60～160	5.9	
钯铜	PdCu40	10.5	100～200	30	硬度高,滑动性好,但耐氧化性差

续表

材料名称及组成		密度/(g·cm⁻³)	硬度/HB	电阻率/(μΩ·cm)	特性
		≥	≥	≤	
金银	AuAg20	16.4	35~100	10	耐蚀性好,接触可靠
	AuAg30	15.3	52~90	10	
	AuAg90	11.0	52~90	3.6	
金银铂	AuAg25Pt6	16	60	15.6	耐腐蚀,接触电阻低接触可靠,电寿命长
625 合金	AuAg30Cu7.5	13.7	165~280	14.4	耐腐蚀、转移小、接触电阻低、弹性高

(2)电碳材料

电碳材料是非金属高电阻导电材料,它包括石墨等结晶形碳和炭黑、焦炭等无定形碳。

石墨具有六方形的晶体结构,由无数平行的层面叠合而成,每一层面的碳原子分布在正六角平面的顶角上,构成三维空间的有序排列。高纯度的石墨晶体具有类似金属的导电能力。无定形碳的原子排列无序,但在经过 2 200~2 500 ℃的高温处理后,无序结构就会转变为三维空间的有序结构,从而具有与石墨类似的特性。

以石墨或碳为主要成分,加上一定的胶黏剂,如煤焦油、沥青或其他材料(如金属粉末)等,按照不同的配方与工艺,可制成碳素基体材料。碳素基体材料有碳质、碳—石墨质、天然石墨质、电化石墨质和金属—石墨质等五类,其中金属—石墨质的基体材料中含有不同量的金属粉末,如铜粉、铅粉、锡粉、银粉等。随着其他金属含量的增加,材料的性质逐渐接近于该种金属的特性。

采用不同的配方与工艺,将碳素基体材料的粉末与煤焦油等胶黏剂混合压制成型,经过高温烧结后就制成了各种电碳制品。常用的有:电机电刷、电位器电刷、碳棒以及干电池和电解池的各种电极、电真空器件的电极及隔热和支撑元件等。

(3)导电高聚物和导电胶黏剂

高聚物一般为良好的绝缘体,而导电高聚物可分为自身显示导电性的高分子导电体(又称导电高分子或结构型导电树脂)和在绝缘的高分子中分散具有导电性填料的复合导电体(又称添加型导电材料)两大类。目前工业上广泛使用的多是复合型导电材料。

复合导电高聚物由基体高聚物和导电填料,以及增塑剂、溶剂、颜料等组成。

1)基体高聚物

采用不同形态的高聚物可制得各种形态的复合材料,如用热塑性或热固性塑料添加炭黑或金属粉末可制得导电塑料,在硅橡胶或天然橡胶中添加炭黑或金属粉末可制成导电弹性体,在环氧、聚氨酯、聚丙烯酸酯、酚醛等合成树脂中添加炭黑或金属粉末可制成导电胶黏剂和涂料。

基体高聚物的物化性质决定了复合导电高聚物的机械性能、加工性能和耐化学性能等。基体高聚物的性能也影响导电高聚物的导电性,一般来说,基体高聚物对导电填料的接触面越大,基体材料的硬度越大,热变形温度越高,其导电体的导电性能越好,且导电性也越稳定。

2）导电填料

导电填料对高聚物的导电性起决定性作用。常用的有 Au、Ag、Cu、Ni、Pd、Pt、Fe 等金属粉末和炭黑颗粒等。

与金属导体相比，导电高聚物具有电导率可以控制（$10^8 \sim 10^{-5}$ $\Omega \cdot cm$），耐腐蚀，加工性能优良，密度低，有弹性和价格便宜等优点。主要缺点是：易变形、分解和收缩，硬度和耐候性差，燃烧时会产生有毒气体等。

2.2　半导体材料

半导体材料是一类应用十分广泛的材料，在微电子技术和光电信息技术快速进步的过程中得到了很大的发展。半导体材料的发展与器件紧密相关，可以说，电子技术的发展和半导体器件对材料的需求是促进半导体材料研究和开拓的强大动力；而材料质量的提高和新型半导体材料的出现，又优化了半导体器件性能，产生新的器件，两者相互影响，相互促进。

半导体材料的应用开始于 1941 年，1948 年诞生了采用锗单晶制成的世界上第一个具有放大性能的晶体三极管，如图 2.1 所示。1952 年，用直拉法成功地拉出世界上第一根硅单晶，并制出了硅结型晶体管，从而大大推进了半导体材料的广泛应用和半导体器件的飞速发展。20 世纪 60 年代初，硅材料在提纯、拉晶、区熔等单晶制备方法进一步改进和提高，促进了半导体材料开始向高纯度、高完整性、高均匀性和大直径方向发展。70 年代以来，随着微电子技术和信息技术的突飞猛进，使人类从工业社会进入信息社会。微电子技术是电子器件与设备微型化的技术，它集中反映出现代电子技术的发展特点，从而出现了大规模集成电路和超大规模集成电路，这样就对半导体材料提出了越来越高的要求，使半导体材料的主攻目标更明显地朝着高纯度、高完整性、高均匀性和大尺寸方向发展。

图 2.1　世界上第一只晶体管

ⅢA	ⅣA	ⅤA	ⅥA	ⅦA
B	C	N	O	F
Al	Si	P	S	Cl
Ga	Ge	As	Se	Br
In	Sn	Sb	Te	I
Tl	Pb	Bi	Po	At

图 2.2　半导体元素在周期表中的位置

2.2.1　典型半导体材料

典型半导体材料按其组成可以分为以下三类。

（1）元素半导体

仅由单一元素组成的半导体材料称为元素半导体。现已确定大约有十几种元素具有半导体的性质，它们基本上处于 ⅢA 族 ~ ⅦA 族的金属与非金属的交界处，如 ⅢA 族元素 B（硼），ⅣA 族元素 Ge（锗）、Si（硅），ⅤA 族元素 S（硫）、Se（硒）、Te（碲）等，如图 2.2 所示。

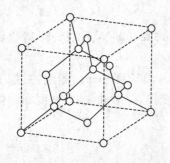

图 2.3　硅、锗的金刚石立方结构

1)硅和锗

①硅和锗的性质

在半导体材料中,硅和锗是公认的最优材料,应用广泛,它是第一代半导体材料的典型代表。硅与锗在晶体结构和一般理化性质上颇为类似,它们都具有金刚石立方晶体结构,如图 2.3 所示,化学键为共价键,每一个原子贡献 4 个价电子。

硅和锗都是具有灰色金属光泽的固体,硬而脆。两者相比,锗的金属性更显著。硅和锗的主要性能见表 2.8。

表 2.8　硅、锗主要物理性能

项　目	符　号	单　位	硅	锗
原子序数	Z		14	32
原子量	W_{at}		28.085 5	72.64
晶体结构			金刚石	金刚石
晶格常数	a	10^{-10} m	5.431	5.657
密度	d	g/cm³	2.329	5.323
熔点	T_m	℃	1 417	937
热导率	κ	W/(cm·℃)	1.57	0.60
禁带宽度				
0 K	E_g	eV	1.153	0.75
300 K			1.106	0.67
电子迁移率	μ_n	m²/(V·s)	0.135	0.39
空穴迁移率	μ_p	m²/(V·s)	0.048	0.19
电子扩散系数	D_n	m²/s	0.003 46	0.01
空穴扩散系数	D_p	m²/s	0.001 23	0.004 87
本征载流子浓度	$(np)^{1/2}$	m⁻³	1.5×10^{16}(300 K 时)	2.4×10^{19}
本征电阻率	ρ_i	Ω·m	2.3×10^5	46.0
光发射功函数	φ	eV	5.05	4.8
相对介电常数	ε_r		11.7	16.3

②硅和锗单晶材料的制备

电子工业用半导体材料的纯度要求很高。硅、锗等单晶半导体的制取一般包括两个过程:首先是制备高纯硅、锗多晶体,然后采用直拉法、区熔法、定向结晶法等方法制取单晶材料。

超纯硅和锗的制取,在现今工业上采用的有化学和物理两种方法。化学法主要是硅、锗卤化物的还原和热分解,如三氯氢硅($SiHCl_3$)的氢还原法,四氯化硅($SiCl_4$)和四氯化锗($GeCl_4$)的锌还原法或镉、氢还原法,硅烷热分解法,四碘化硅(SiI_4)、四溴化硅($SiBr_4$)的热分解和氢还原等,纯度一般能达到99.99%,若采用多次碘化物热分解,可得到 6 个 9 的纯度。而最广泛应用和最有效的物理精炼法是区域熔炼提纯,它被认为是制取高纯度半导体材料的划时代工艺方法。

图 2.4 所示为区域熔炼提纯法示意图,它是利用熔液中的溶质在凝固时的重新分布来获得提纯效果。将材料装入细长的螺杆状容器内,采用感应加热的办法使一部分原料熔化,然后再将熔化部分缓慢移动,这时杂质(溶质)将陆续淀积于螺杆容器的终端,经过多次循环作用,即可得到超高纯度的半导体材料,有害杂质的含量将小于 0.01×10^{-6}。

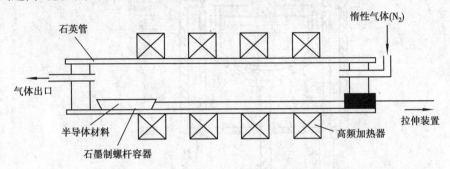

图 2.4 区熔提纯法示意图

以上方法所得到的超纯硅和锗均是多晶体,在大部分半导体器件中,所用的硅、锗几乎均是单晶体。在制备单晶硅或单晶锗的方法中,常用的是直拉法、区熔法、定向结晶法等,其中,直拉法是制备大单晶的最主要的方法。图 2.5 所示为直拉单晶设备的外观图和剖面图。

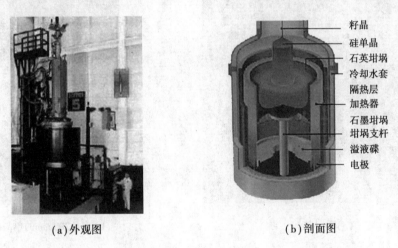

(a)外观图   (b)剖面图

图 2.5 直拉单晶设备

直拉法的操作原理如图 2.6 所示。首先将区域熔炼法得到的高纯度硅或锗材料装入坩埚中使之熔化,然后加热到比材料熔点稍高的温度后保持炉温。将籽晶夹在籽晶杆上,随后让籽晶杆下降,使籽晶与液面接触,接着缓慢降低温度,同时使籽晶杆一边旋转,一边向上提拉,这样晶体便在籽晶下按籽晶的方向长大,最终成长为单晶硅锭或单晶锗锭,如图 2.7(a)所示。

单晶硅锭经切片、抛光,即可得到微电子产业的依托——单晶硅片。为了节省原材料和提高芯片成品率,硅片的尺寸不断增大。现在,采用直拉法经切片,制备出的单晶硅片的直径已达到 300 mm,如图 2.7(b)所示。硅片的抛光也是一项尖端的材料加工技术,目前要求抛光硅片在 25 mm×44 mm 的范围内起伏不超过 100 nm,这相当于要求一个足球场地面起伏不超过 0.24 mm。正是这样高质量的单晶硅片为制备高集成度、高性能的电子器件提供了可靠的保障。

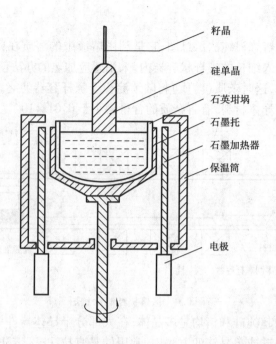

籽晶

硅单晶

石英坩埚

石墨托

石墨加热器

保温筒

电极

图2.6 现代直拉炉示意图

（a）单晶硅锭

（b）直径300 mm的单晶硅片

图2.7 直拉法制备的单晶硅

③硅和锗的主要用途

硅和锗是电子工业中最主要的半导体材料。最早用锗单晶制造二极管和三极管，由于锗器件的热稳定性不如硅，因此硅器件工艺发展很快，硅材料已成为电子器件的主要材料，以硅材料为基础的集成电路技术在过去40年里得到迅速发展，占集成电路的90%以上。

硅材料是可控硅、晶体二极管和晶体三极管的主要材料。利用超纯硅对 $1 \sim 7~\mu m$ 红外光透过率高达 90%~95% 这一特性，可制造红外聚焦透镜，用在夜视镜和夜视照相机上。而锗在红外及高频特性方面具有优良的性能，可用于制造红外器件、高频器件等。

2）硒

硒有几种同素异构体，最重要的是具有半导体性质的结晶硒。硒具有金属光泽，禁带宽度

E_g 为 1.5 eV。硒的晶格缺陷使硒成为空穴型导电的 P 型半导体,但其空穴的迁移率很小,约 0.1 $cm^2/(V \cdot s)$ 以下,且随温度的升高而增大。硒整流器是最早的固体整流器之一,但其效率和允许电流密度均远低于锗、硅整流器,因此,现在很少采用,硒具有光电效应,硒光电池可对整个可见光光谱都有较好的灵敏性。

(2)化合物半导体

由两种或两种以上元素组成,具有半导体特性的化合物称为化合物半导体。化合物半导体的种类繁多,它包括晶态无机化合物及其固溶体、非晶态无机化合物、有机化合物和氧化物半导体等,通常所说的化合物半导体,多指晶态无机化合物半导体。

与硅、锗、硒等元素半导体相比,化合物半导体具有许多优良的特性,特别是当这些特性为硅、锗所不具备时,就显得尤为重要。例如,在发光器件、激光器件和高速器件等方面,一些化合物半导体得到了重要的应用。

1)化合物半导体的分类

化合物半导体按元素组成的不同可分为二元化合物半导体和多元化合物半导体两大类。

①二元化合物半导体

A.III_A-V_A 族化合物半导体　由 III_A 族 Al、Ga、In 和 V_A 族 P、As、Sb 等元素组成,共 10 种。如:GaAs、GaP、GaSb、AlSb、InAs、InP、InSb、GaN、AlP、AlAs。

B.II_B-VI_A 族化合物半导体　由 Zn、Cd、Hg 等 II_B 元素和 S、Se、Te 等 VI_A 元素组成,共 12 种。如:CdS、CdTe、CdSe、ZnS、ZnSe、ZnTe 等。

C.IV_A-IV_A 族化合物半导体　由第 IV_A 族元素之间组成,典型的如:SiC。

D.IV_A-VI_A 族化合物半导体　由 IV_A 和 VI_A 族元素组成,共 9 种。如:PbS、PbSe、PbTe 等。

E.V_A-VI_A 族化合物半导体　由 V_A 和 VI_A 族元素组成,如:Bi_2Te_3、Sb_2Se_3、Sb_2Te_3 等。

②多元化合物半导体

a.I_B-III_A-$(\text{VI}_A)_2$ 组成的多元化合物半导体,如 $AgGeTe_2$。

b.I_B-V_A-$(\text{VI}_A)_2$ 组成的多元化合物半导体,如 $AgAsSe_2$。

c.$(\text{I}_B)_2$-II_B-IV_A-$(\text{VI}_A)_4$ 组成的多元化合物半导体,如 $Cu_2CdSnTe_4$。

通常的化合物半导体材料的物理性质见表 2.9。

表 2.9　化合物半导体的物理性质

类　别	材料	晶格常数 a /10^{-10} m	熔点 /℃	密度 /(g·cm^{-3})	相对介电常数 /ε_r	禁带宽度 E_g/eV 300 K	0 K	电子迁移率 μ_n /[$cm^2 \cdot (V \cdot s)^{-1}$]	空穴迁移率 μ_p /[$cm^2 \cdot (V \cdot s)^{-1}$]
III-V族	GaAs	5.65	1 237	5.32	11.1	1.4	1.5	8 500	400
	GaP	5.45	1 467	4.13	9	2.3	2.4	110	75
	GaSb	6.09	712.1	5.61	14.4	0.7	0.8	4 000	1 400
	AlSb	6.14	1 080	4.26	10.1	1.6	1.6	900	400
	InAs	6.06	943	5.67	11.8	0.4	0.4	3 300	460
	InP	5.09	1 062	4.79	9.5	1.3	1.4	4 600	150
	InSb	6.48	525.2	5.78	15.7	0.2	0.2	8 000	750

续表

类　别	材料	晶格常数 a /10^{-10} m	熔点 /℃	密度 /(g·cm^{-3})	相对介电常数 /ε_r	禁带宽度 E_g/eV 300 K	禁带宽度 E_g/eV 0 K	电子迁移率 μ_n /[cm^2·(V·s)$^{-1}$]	空穴迁移率 μ_p /[cm^2·(V·s)$^{-1}$]
Ⅱ-Ⅵ族	CdS	5.83	1 750	4.84	5.4	2.6	2.3	340	18
	CdSe	6.05	1 350	5.74	10.0	1.7	1.9	600	—
	CdTe	6.48	1 098	5.86	11.0	1.5	1.6	700	65
	ZnS	5.41	1 850	4.09	5.2	3.6		120	5
	ZnSe	5.67	1 515	5.26	8.4	2.7	2.8	530	16
	ZnTe	6.09	1 238	5.70	9.0	2.3	2.4	530	900
其他化合物半导体	SiC		2 830	3.21	6.7	2.6	3.1	300	50
	PbS	4.36	1 077	7.50	17.0	0.4	—	600	200
	PbSe	5.94	1 062	8.10	23.6	0.3	—	1 400	1 400
	PbTe	6.15	904	8.16	30.0		0.2	6 000	1 000
	Bi$_2$Te$_3$	6.46	580	7.70	—	0.2		10 000	400
	Sb$_2$Se$_3$	10.45	612	5.81		1.2		15	45
	Sb$_2$Te$_3$	11.68	620	6.50		0.3			270

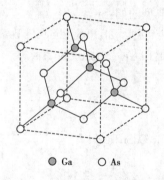

● Ga　○ As

图2.8　砷化镓的闪锌矿型晶体结构

2)Ⅲ-Ⅴ族化合物半导体

Ⅲ-Ⅴ族化合物的结构为闪锌矿型结构。这种结构与金刚石结构相似,它含有两种原子,如砷化镓的砷和镓,分别组成两个面心立方晶格,将两个晶格沿空间对角线位移1/4长度套合,即成为闪锌矿型结构,每个原子和周围最近邻的4个其他原子发生键合,如图2.8所示。

①砷化镓(GaAs)

砷化镓是目前应用最广的Ⅲ-Ⅴ族化合物半导体,是第二代半导体材料的典型代表。

A. 砷化镓的性质

砷化镓的化学键和能带结构与硅、锗不同,其室温下的禁带宽度比硅、锗大,达到1.424 eV,这就决定了由砷化镓制成的半导体器件可以在较高的温度下工作,适用于制造大功率器件;砷化镓的电子有效质量小,仅为硅、锗的1/3以下,这使得杂质电离能减小,在极低的温度下仍可电离,保证了砷化镓器件能在极低的温度下工作,并使噪声减小;砷化镓的电子迁移率高,达到8 500 cm^2/(V·s),约为硅的7倍,可用于制作场效应晶体管等器件,满足信息处理的高速化和高频化等要求;砷化镓还具有较高的光电转换效率,有利于制作激光器件和红外光电器件。

B. 砷化镓单晶材料的制备

砷化镓单晶的制备主要有从熔体中生长体单晶和外延生长薄层单晶等方法。

制备砷化镓单晶主要采用两种方法:一种是在石英管密封系统中装有砷源,通过调节砷源温度来控制系统中的砷压,这种方法包括水平区熔法、定向结晶法、温度梯度法、磁拉法和浮区熔炼法等。另一种是将熔体用某种流体覆盖,并在压力大于砷化镓离解压的气氛中合成拉晶,称为液体封闭直拉法。图 2.9 所示为液封法(LEC)的原理图,覆盖剂一般为 B_2O_3。用这种方法可在高压下拉晶,因而成为制备具有高分解压的化合物半导体单晶的主要方法。目前国内外在工业生产中主要采用水平区熔法和液封直拉法制备砷化镓单晶。

砷化镓薄层单晶(即膜材料)的制备方法主要包括气相外延生长法、液相外延生长法以及气束外延生长法等。

C. 砷化镓的主要用途

自 GaAs 出现以来,化合物半导体材料迅速崛起,并发挥越来越重要的作用。与硅相比,化合物半导体具备一些独特的性能,因此,在超高速、超高

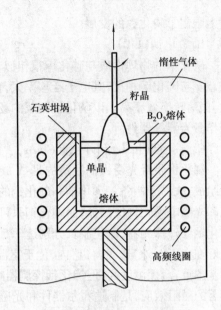

图 2.9　液封法(LEC)的原理图

频、低功耗、低噪声器件和电路,特别是光电子器件和光电存储器件方面有独特的优势,受到了广泛的重视。目前主要的化合物半导体材料在信息技术领域的应用情况见表 2.10,可以看出,GaAs 具有非常重要的应用。

表 2.10　化合物半导体的应用

领　域	应　用	器　件	材　料
微电子	电脑	超高速集成电路(IC)	GaAs、InP
	移动电话	场效应器件(FET)	GaAs
	卫星直播	高电子迁移率晶体管	GaAs
光电子	光通信	激光器件	GaAs、InP、GaSb、InAs
	遥控耦合器	红外发光二极管	GaAs
	显示装置	可见光二极管	GaP、GaAs、GaN、GaAsP、GaAlAs、InGa、AlP
	热成像仪		CdTe、CdZnTe、HgCdTe
	红外探测器		InSb、CdTe、HgCdTe、PbS、PbZnTe
	传感器	磁敏、光敏器件	GaAs、InAsP、CdS
	太阳能电池		GaAs、InP、GaSb

② 其他Ⅲ-Ⅴ族化合物半导体及应用

A. 磷化镓(GaP)

磷化镓是高效率多色性发光材料,具有高的光电转换效率,能在低电耗下获得高亮度。在掺入适当的发光中心后,能发出红、绿、黄等颜色的光。其中主要是掺杂锌—氧发红光和掺杂氮发绿光。因此,目前磷化镓主要用来制作可见光发光二极管和数码管,是目前几种发光材料中效率较高的材料。磷化镓单晶通常是在高压单晶炉中拉制而成的,由于工艺复杂,在一定程

度上限制了磷化镓的发展。

B. 磷化铟(InP)

磷化铟的物理性质与砷化镓很相似,由于微波器件和光通信器件的迅速发展而受到人们注意。与砷化镓相比,其电子迁移率大,负阻效应更明显,用来制作电子转换器件有更多的优点,振荡转换效率高。以磷化铟制成的场效应晶体管的频率高,输出功率大。磷化铟还可用来制作激光器等器件。

C. 锑化铟(InSb)和砷化铟(InAs)

锑化铟是最先受人们注意的Ⅲ-Ⅴ族化合物半导体,它的熔点较低,而且由不易挥发的元素组成,故易于制备。锑化铟和砷化铟的禁带宽度都较小,锑化铟可制成光电导型、光生伏特型和光磁电型三种探测器,而砷化铟只可制成光生伏特型探测器。室温和液氮温度下工作的锑化铟红外探测器,截止波长分别达 7.5 μm 和 5.5 μm,77 K 下该探测器峰值波长约在 5 μm,恰好在大气红外"透明窗口"内,优于室温下的红外探测器。砷化镓探测器与硫化铅的响应波长基本重合,探测度高,但锑化铟探测器响应时间短(0.5 μs)。这两种材料性质相似,它们有显著的磁阻效应,是制造霍尔器件和光磁电器件的良好材料。

3)Ⅱ-Ⅳ族化合物半导体及应用

Ⅱ-Ⅳ族化合物半导体主要有硫化锌、硒化锌、硫化镉、硒化镉和碲化镉等。这些材料主要用于红外光电器件,其进展远落后于Ⅲ-Ⅴ族材料,由于其熔点高,蒸气压大,不易获得单晶,PN 结制作困难,因此目前许多器件都是用多晶制作的,这就限制了它们在制作器件方面的广泛应用。

①硫化锌(ZnS)和硒化锌(ZnSe)

硫化锌具有闪锌矿型和纤维锌矿型晶体结构,是一种重要的发光材料。粉末状硫化锌是光致发光、阴极射线致发光和电致发光材料。硫化锌电致发光材料是在硫化锌粉中加入活性剂铜、锰、铅等烧成的(在很多情况下,还要添加氯、铝等)。硫化锌单晶或烧结片是良好的红外窗口材料,单晶是 P 型材料,可作激光调制器,也可以和一般为 N 型和Ⅱ-Ⅳ族化合物(如硫化镉)组成异质结发光材料。

硒化锌可用来制作黄光和绿光的结型发光器件。

②硫化镉(CdS)、硒化镉(CdSe)和碲化镉(CdTe)

硫化镉属六方晶系,有很强的各向异性。粉末材料可制成电致发光器件、光敏电阻、光电池及太阳能电池等。单晶材料主要用于红外窗口、激光调制器、γ 射线探测器等。单晶型硫化镉光敏电阻不但在可见光区域使用是广泛,具有很高的灵敏度,而且对 X 射线、α、β 和 γ 射线也很灵敏。

硫化镉和硒化镉的导电类型通常为 N 型。碲化镉可掺杂制成 PN 结晶体,其化学键极性小,晶体的用途与硫化镉晶体相似,用它制作的核辐射探测器可在 150 ℃下工作。硒化镉主要用做光敏电阻,具有比硫化镉更宽的光谱响应范围和更快的响应速度,但其灵敏度随工作温度变化较大,在低照度下的灵敏度远低于硫化镉。

4)其他化合物半导体及应用

①碳化硅(SiC)和氮化镓(GaN)

近年来,以碳化硅(SiC)和氮化镓(GaN)为代表的宽禁带半导体材料蓬勃兴起,成为第三代半导体材料。

碳化硅单晶一般为 N 型半导体,它具有宽的禁带宽度,稳定的化学性能,同时其临界击穿电压、热导率、饱和电子漂移速度均较高,因此,它被认为是高频、大功率、耐高温、抗辐射的半导体器件的优选材料。在这些苛刻的条件下,SiC 可以代替 Si 和 GaAs,成为各种微电子器件的载体,可制作发热器或红外光源,用它制成的整流管在 500 ℃下仍能保持良好的整流特性。碳化硅还适于制作发光二极管,能发黄、红和天蓝色的光。因为它有好的抗辐射性能,在空间技术中有其独特的地位。

目前国外直径 75 mm 的 SiC 单晶已有样品,直径 50 mm 的 SiC 单晶片已经商品化。近年来,国外还开展了大量 SiC 外延层和埋层制备的研究。

20 世纪 90 年代以来,GaN 材料的异质外延技术取得了重大突破,已经制备出高亮度的蓝光发光二极管,如图 2.10 所示。据预测,GaN 基器件的市场年增长率高达 44%,2006 年销售额达到 30 亿美元,约占化合物半导体市场的 20%。

② 硫化铅等铅的硫族化合物半导体

这类材料的禁带宽度小,有显著的红外光电导效应。由于其多晶比单晶有更好的光电导性能,因此制造红外探测器采用多晶薄膜。硫化铅光敏电阻是常用的近红外探测器,它是发展

图 2.10 GaN 蓝光二极管

最早也是最成熟的一种探测器。在室温下工作时,这种探测器的响应波长达 3 μm,冷却到 79.5 K 时,响应波长延伸到 4 μm,探测度可提高一个数量级。主要缺点是:响应时间太长,低温下则长达几十微秒。

硒化铅光敏电阻也是薄膜型探测器,室温下工作时,响应波长可达 4.5 μm,冷却到 77 K 时,可延伸到 6 μm。该探测器可在 100 ℃的温度下工作,并有较高的探测度。此外,铅的硫族化合物还可作激光材料。

与发达国家相比,我国在化合物半导体材料的研究和制备上的差距是明显的,这主要体现在单晶片的研制水平和商品化方面,如国外的 GaAs 单晶的研制水平为 $\phi 150 \sim 200$ mm,$\phi 100$ mm 和 $\phi 150$ mm 的 GaAs 单晶已经分别达到商品化和大批量生产的水平,而我国最新研制的 GaAs 单晶为 $\phi 100$ mm,实用化水平仅为 $\phi 50$ mm。在 SiC 和 GaN 等第三代半导体材料的研究方面,目前我国基本上还处于研究阶段,没有开始大规模生产。

5)固溶体半导体及应用

固溶体半导体是由两种或两种以上的元素或化合物半导体相互融合而成的材料。随着每种组元在固溶体中所占的百分比的改变,固溶体半导体材料的各种性质(尤其是禁带宽度)将会连续地改变,这是固溶体半导体的一个重要特性。利用这种特性就可以获得多种性质随人们希望而变化的材料。

① 镓砷磷

镓砷磷是由砷化镓和磷化镓形成的固溶体,可以表示为:$GaAs_{1-x}P_x$,是一种可见光发光材料。随着 x 值由 1 变到 0,注入式电致发光光子波长由 565 nm(GaP)变到 900 nm(GaAs)。室温下 x 大于 0.45 时,发光效率大为降低。目前镓砷磷主要用在可见光的电致发光方面,包括红、黄发光管。其 x 值一般为 0.35 ~ 0.40,相应的发光波长为 650 ~ 670 nm。所用的材料通常是 PH_3 和 AsH_3 用气相外延生长在 GaAs 衬底上。

②镓铝砷

镓铝砷是由砷化镓和砷化铝组成的固溶体,可表示为:$Ga_{1-x}Al_xAs$,是可见光发光和激光材料。用做发光材料时,取 x 小于 0.31。镓铝砷作为发光材料不如镓砷磷,因为其表面层对器件所发射的光吸收很多,但它在高电流密度下的发光效率劣化问题远比镓砷磷的小,且制成双异质结可提高激光器内部的光增益,使阈值电流大为下降,实现室温下连续工作。

③碲镉汞

碲镉汞是 CdTe 和 HgTe 两个二元化合物组成连续固溶体,一般可表示为:$Hg_{1-x}Cd_xTe$,其物理性质随组分 x 的变化可连续地从金属变到半导体,即通过控制组分 x 的大小,可随意改变材料的禁带宽度。例如,当 x 从 0.17 变到 1 时,其 E_g 从 0 eV 增大至 1.6 eV。

$Hg_{1-x}Cd_xTe$ 具有优越的光电特性,其本征载流子浓度低,电子有效质量小,电子迁移率高,电子与空穴迁移率比大,导电类型可以由本身组分的偏离来调节,也可以用掺杂办法来控制。因此,$Hg_{1-x}Cd_xTe$ 是重要的探测器材料,可用来制造高速响应器件,如高频调制器件、红外探测器件、光通信器件等。美国的 F-16 战斗机上就装有碲镉汞红外探测阵列。

④碲锡铅

碲锡铅是碲化铅和碲化锡的连续固溶体,一般表示为:$Pb_{1-x}Sn_xTe$,它存在某一组分 x,可使其禁带宽度 E_g 为零。这种关系对于制作红外探测器是十分有价值的,因为利用 E_g 为零两边的材料都可以制作所需波段的探测器,而且可以用温度或压力调节长波限。碲锡铅探测器与碲镉汞探测器一样,有光电导型和光生伏特型两种,探测器的主要工作波段在 8 ~ 14 μm 之间。碲锡铅也是重要的红外激光材料。

⑤碲锑铋和碲硒铋

碲锑铋是 Sb_2Te_3 和 Bi_2Te_3 的固溶体,即 $(Bi_{1-x}Sb_x)_2Te_3$;碲硒铋是 Bi_2Se_3 和 Bi_2Te_3 的固溶体,即 $Bi_2(Se_{1-x}Te_x)_3$。它们都是重要的半导体致冷和温差发电材料,用做致冷元件的晶体,可用区熔法或正常凝固法生长单晶,也可用粉末冶金法压制多晶块。用单晶制成的元件,其致冷性能比用多晶制成的好,但机械强度不如后者。粉末冶金法工艺简单,成本较低。

(3)典型的半导体器件

1)半导体温度计

即使是半导体材料最为基础性的特征,也能够加以利用来制造实用的工程器件。如前所述,本征半导体的 $\ln\sigma$ 对 $1/T$ 的关系曲线的斜率是 $-E_g/2k$,这样,如果能够精确地掌握某种半导体材料的特性,就可以利用其电导率的变化来测量温度。基于这种原理制造的器件称为半导体温度计。选择适当的材料及灵敏度足够高的仪器来检测电导率的变化,能够检测出约 10^{-4} K 的温度变化。半导体温度计的实际应用之一就是火警报警器。

2)光敏器件

利用温度提供的能量可以将电子从价带激发到导带上去,而利用光子的能量同样可以实现这一目的。一个具有足够能量的光子($E > E_g$)能够激发产生额外的载流子,同时使半导体的电导率增大。通过检测电导率,能够确定光线的强度。可以通过选择适当探测器的禁带宽度来制造出对于从紫外光至可见光、并一直延伸到红外线敏感的元器件。例如,用于天色黑暗时自动接通路灯的光感应器,以及多种红外探测器件,它依据人的身体发出的热量来发现他们并能确定其位置。

3)二极管

在一块半导体单晶片上,采取一定的工艺措施,在两边掺入不同的杂质,分别形成 P 型和 N 型半导体,它们的交界面上就构成了 PN 结,这是最简单的二极管。PN 结二极管具有单向导电的特性,以下介绍其工作原理。

一个 PN 结的性质由非本征载流子支配:在 N 侧为电子,而在 P 侧为空穴,因此,在 N 型和 P 型半导体的交界处存在电子和空穴的浓度梯度。这样,N 区的电子和 P 区的空穴就会分别向 P 区和 N 区扩散,结果在 PN 结附近形成空间电荷区,建立起一个自建电场。自建电场一方面能推动 N 区空穴和 P 区电子分别向对方作漂移运动;另一方面能阻止空穴从 P 区进入 N 区、电子从 N 区进入 P 区,最终达到一个动态平衡。这时,空间电荷数量一定,空间电荷区不再继续扩展,保持一定的宽度,如图 2.11(a)所示。

如果对该器件施加一个与自建电场方向相反的电压,如图 2.11(b)所示那样,就会使自建电场减弱,从而打破了载流子扩散运动和漂移运动的相对平衡,在 PN 结附近就会发生电子和空穴的相互复合。由于同种材料的电子迁移率总是大于空穴迁移率,因此,并不是所有的复合都准确发生于结中。在这种情况下,将源源不断地有电子从 N 区扩散到 P 区,有空穴从 P 区扩散到 N 区,成为非平衡载流子,这种现象称为 PN 结的正向注入,结上施加的电压,即负电位施加于 N 型材料上,就是所谓的正向偏压。此时,将有一个较大的电流从 P 区经 PN 结流向 N 区。然而,如果外加电压为如图 2.11(c)所示的那样(即反向偏压),外电场就增强了自建电场,于是,处于 N 侧的电子流向右侧,而 P 侧的空穴流向左侧。通过电子和空穴的这种移动而远离结的方式,使材料中形成了一个空间,实际上是一个可移动载流子的空白区(称为耗尽区),这种现象称作 PN 结的反向抽取,此时将不会有大电流通过 PN 结。由于结的两侧均有数量远远少于非本征载流子的本征载流子,因而依然会有弱的外电流,所以在反向偏压下的电流强度要比正向偏压下小得多,如图 2.11(d)所示。由此可见,PN 结具有单向导电,即整流作用,只允许大电流沿着一个方向流动。

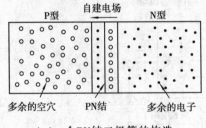

(a)一个PN结二极管的构造

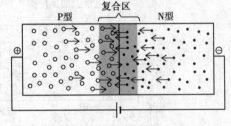

(b)在正向偏压作用下非本征载流子的移动方向

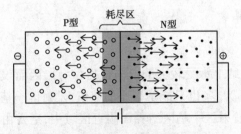

(c)在反向偏压作用下非本征载流子的移动方向

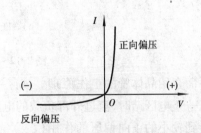

(d)二极管的电流与所加偏压之间的函数关系

图 2.11 一个 PN 结二极管

4)晶体三极管

利用一个以上的 PN 结能够构成大量的复杂性更高的半导体器件。例如,如图 2.12(a)所示,考虑 NPN 双极结晶体管(也可以是 PNP 晶体管)。显然,这种器件是由两个 PN 结串联起来而构成的。处于器件左侧的 N 型区域被称作发射区,中间的薄层 P 型区域为基区,而位于器件右侧的 N 型区域为集电区。对这两个结施加适当的偏压,该器件就成为一个放大器。当发射区—基区结之间的偏压(U_{eb})发生小幅度变化时,能够使流过外部负载中的电流(I_{ex})大幅度改变。这个外部负载连接于晶体管的基区—集电区一侧。

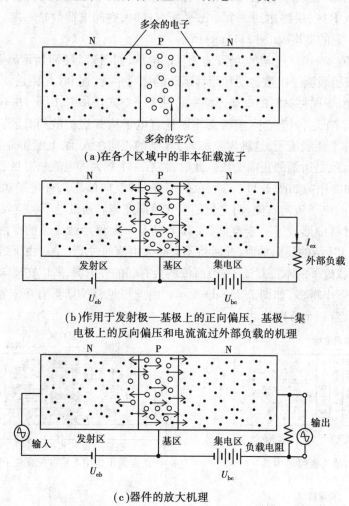

(a)在各个区域中的非本征载流子

(b)作用于发射极—基极上的正向偏压,基极—集电极上的反向偏压和电流流过外部负载的机理

(c)器件的放大机理

图 2.12 一个 NPN 双结晶体管

下面介绍晶体管的工作原理。基区—集电区结上承受较大的反向偏压(U_{bc}),因而仅考虑基区—集电区结时,流过外部负载的电流即使不为零,也只能是很小的数值,发射区—基区结上受到较小的正向偏压的作用(U_{eb}),这样,在发射区—基区结界面附近区域中,空穴由右向左流动,而电子从左向右移动,如图 2.12(b)所示。对正向偏压进行的讨论中,已知并非所有的复合都准确地发生于结界面上,实际上,来自发射区的一些电子,在进行复合前穿过发射区—基区结而进入到基区中。如果基区足够薄,来自发射区的一部分电子能够避开在基区中

的复合,并跨过基区—集电区结,电子一旦跨过了基区—集电区结,它将快速地被吸引到集电区右侧的高电位处。也就是说,如果有足够数量的电子能够从发射区通过基区进入到集电区中,就会有一个较大的电流流过外部负载。

跨越基区—集电区结合面的电子的数量,受控于两个因素:基区的宽度和作用于基区—发射区结上的正向偏压(U_{eb})的大小。由于跨过第二个结的空穴的数量与 U_{eb} 成指数相关关系,因而流经外部负载的电流与 U_{eb} 之间的关系的形式为:

$$I_{ex} = I_0 \exp\left(\frac{qU_{eb}}{kT}\right)$$

式中,I_0 是一个给定晶体管的常数。如图 2.12(c)所示,当 U_{eb} 上叠加一个弱信号时,能够将该叠加信号进行放大。例如,晶体管能够将相当弱的无线电广播信号放大来带动外部扬声器工作。

2.2.2　半导体微结构材料

半导体微结构材料是指异质结材料、超晶格材料和量子阱材料。1969 年,当时在美国 IBM 公司工作的著名日本物理学家、诺贝尔物理奖获得者江崎(Esaki)提出了"半导体超晶格"的概念。如果能够让两种或两种以上性质不同的半导体单晶薄膜交替周期性生长,每层薄膜的厚度是该单晶物质晶格常数的几倍到十几倍,就可以给天然材料加上一个人造的周期势场,从而人工改变电子的行为,进而改变半导体材料的性质。这个设想是革命性的,因为这使得人类可以根据量子力学的原理按照自己的意愿从电子结构的角度控制材料的性能。在随后的三十几年中,半导体微结构材料的研制呈现出一派热火朝天的景象。材料科学家借助于分子束外延(MBE)、金属有机化学气相沉积(MOCVD)及其他工艺,制备出形形色色的天然晶体中所不存在的半导体微结构材料。固体物理学家在对超晶格的超周期性和量子限制效应的研究中,发现了不同寻常的输运性质及光学性质;应用物理学家改变了电子器件的设计思想,使半导体器件设计由"掺杂工程"走向"能带工程",进而制造了许多新型器件,从而将微电子和光电子领域推向一个引人入胜的境界。

(1)**异质薄层材料**

1)同质结和异质结

PN 结是在一块半导体单晶中用掺杂的办法做成的两个导电类型不同的部分。一般结的两边是用同一种材料做成的,这种结称为同质结。如果在一种半导体材料上生长另一种半导体材料(或金属),则两种材料的交界面就形成异质结。

2)异质结的性质

由于在异质结两侧的材料禁带宽度一般不同,且其他特性也会有差异,所以异质结就具有一系列不同于同质结的特性,在器件设计上将得到某些同质结不能实现的功能。例如,在异质结晶体管中用宽带一侧做发射极可得到很高的注入比,获得较高的放大倍数。

(2)**超晶格材料**

1)超晶格结构

如前所述,异质结是在一种半导体材料上生长另一种半导体而形成的,这种不同材料相互之间的生长称为异质外延生长。如果将这种外延生长层沿生长方向周期性排列起来,就会构成一种重复结构。例如,在 $Al_xGa_{1-x}As/GaAs$ 异质结的 GaAs 外侧再生长 $Al_xGa_{1-x}As$,然后在

$Al_xGa_{1-x}As$ 外侧再生长 GaAs,则可以形成重复结构,这种结构即称为超晶格结构。

2)超晶格种类

从超晶格诞生以来,随着理论和制备技术的发展,到目前提出和制备了很多种超晶格。

①组分超晶格

在超晶格结构中,如果超晶格的重复单元是由不同半导体材料的薄膜堆垛而成的,则称为组分超晶格,如图 2.13(a)所示。显然,从图 2.13(b)可以看出,在组分超晶格中,由于构成超晶格的材料具有不同的禁带宽度 E_g,因此,在异质界面处的能带是不连续的。

②掺杂超晶格

掺杂超晶格是在同一种半导体中用交替地改变掺杂类型的方法做成的新型人造周期性半导体结构的材料,如图 2.14 所示。

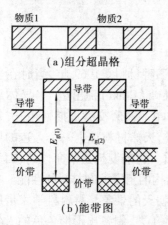

图 2.13 组分超晶格及能带示意图

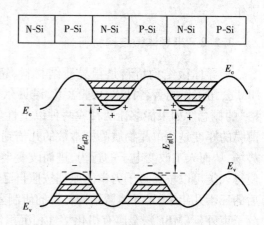

图 2.14 掺杂超晶格及能带结构

在 N 型掺杂层,施主原子提供电子,在 P 型掺杂层,受主原子束缚电子,这种电子电荷分布的结果,产生系列的抛物线势阱。

掺杂超晶格的优点是:选材广泛,任何一种半导体材料只要控制好掺杂类型,都可以做成超晶格;多层结构的完整性好,由于掺杂量一般较小($10^7 \sim 10^{19}/cm^3$),所以杂质引起的晶格畸变也较小,因而掺杂超晶格中没有明显的异质界面;禁带宽度可调,只要选择好各分层的厚度和掺杂浓度。

③多维超晶格

一维超晶格与体单晶比较具有许多不同的性质,这些特点来源于它将电子和空穴限制在二维平面内而产生量子力学效应,进一步发展这种思想,将载流子再限制在低维空间中,可能会出现更多的新的光电特征。图 2.15 所示为低维超晶格。

用 MBE 法生长多量子阱结构或单量子阱结构,通过光刻技术和化学腐蚀制成量子线、量子点。

④应变超晶格

初期研究超晶格材料时,除了 $Al_xGa_{1-x}As$/GaAs 体系外,对其他物质形成的超晶格的研究不多,原因是它们之间的晶格常数相差很大,会引起薄膜之间产生失配位错而得不到良好质量的超晶格材料。但如果多层薄膜的厚度十分薄时,在晶体生长时反而不容易产生位错,也就是在弹性形变限度之内的超薄膜中,晶格本身发生应变而阻止缺陷的产生。应变超晶格就是在

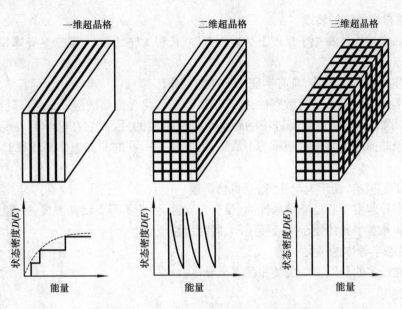

图 2.15 一维、二维、三维超晶格及状态密度

这一指导思想下诞生的。

应变超晶格是用两种晶格常数相差较大的材料的超薄膜生长在一起而形成的。SiGe/Si 就是一种典型的应变超晶格材料,随着能带结构的变化,载流子的迁移率得以提高,因而可做出比一般 Si 器件更高速工作的电子器件。

2.2.3 非晶态半导体

半导体现象并非是晶体所独有的,在非晶态材料中也存在着类似的性质。非晶态的发展是以成熟的晶体理论为基础,但又不能完全照搬晶体理论,因此,在固体物理学上开辟了新的研究领域。

对非晶半导体的研究始于 1950 年苏联 Kolomiets 小组对硫系及氧化物玻璃的研究。20 世纪 60 年代,Ovshinsky 开关效应专利发表,从应用上促使了非晶态半导体的发展;另一方面,Anderson 关于无序系统中电子态定域化的理论,Mort-CFO 能带模型以及 Mott 所提出的非晶态固体的一些基本概念也逐渐为人们所接受和采用。1977 年,Mott 和 Anderson 一起以对非晶态理论的贡献而获得诺贝尔奖。1975 年,英国 Spear 小组实现了对非晶硅的掺杂,这是一项开拓性的突破,为非晶半导体的应用开辟了道路。1976 年,美国 RCA 的 Carlson 做出了非晶硅太阳能电池,从而掀起了非晶半导体的发展热潮。中国于 60 年代末开始了对非晶半导体的研究,现在,物理研究及器件研制都已初具规模。

(1)非晶态半导体的结构

非晶态物质与晶态物质差别在于长程无序,但也并不是非晶态半导体在原子尺度上完全杂乱无章,而其键长几乎是严格一致的,而且在较小的范围内,键角限制了最邻近原子的分布,有所谓短程有序。因为非晶态半导体的短程有序性,所以可在非晶态半导体中测量到光吸收边、激活电导率等一些半导体的特性。长程有序性主要影响周期性势场变化情况,因而对散射作用、迁移率、自由程等物理量起主导作用。在能带结构上无本质差别,因此,非晶态半导体仍可用能带结构对其主要性能进行研究,但在状态密度的能谱和带边上两者有区别。

（2）非晶态半导体的特点

由于非晶态半导体在原子尺度上为短程有序、长程无序，因此与晶态半导体相比呈现出以下的一些特点：

1）对杂质的掺入不敏感，具有本征半导体的性质

非晶态半导体结构不具有敏感性，掺入杂质的正常化合价都被饱和，即全部价电子都处在键合状态。例如，非晶锗或非晶硅中的硼都是三重配位的，因而它在电学上表现为非激活状态。正是由于非晶态半导体对杂质的不敏感，因此几乎所有的非晶态半导体都具有本征半导体的性质。

2）制备工艺简单，便于大量生产，且价格低廉

非晶态半导体由于它是非结晶性的，没有方向性，因此不需要结晶方式、提纯、杂质控制等麻烦工艺。非晶态半导体便于大规模生产，同时价格便宜。

（3）非晶态半导体的种类

目前研究最多的是以下两大类非晶态半导体：

1）共价键型

①四面体（结构）非晶半导体。其中主要有IV_A族元素非晶态半导体和化合物，如 Si、Ge 和 SiC，以及III_A-V_A族化合物非晶态半导体，如 GaAs、GaP、InP、InSb、GaSb 等。这类非晶半导体的特点是：它们的最近邻原子配位数为 4，即每个原子周围有 4 个最近邻原子。

②"链状"非晶半导体。如 S、Se、Te、As_2S_3、As_2Te_3 和 As_2Se_3 等，它们往往是以玻璃态形式出现。

③交链网络非晶半导体。它们由上述两类非晶半导体结合而成，如 Ge-Sb-Se、Ge-As-Se、As-Se-Te、As-Te-Ge-Si、As_2Se_3-As_2Te_3、Tl_2Se-As_2Te_3 等。

②、③两类都含有很大比例的硫系元素 S、Se 或 Te，因而称为硫系非晶半导体。

2）离子键非晶半导体

离子键非晶半导体主要是氧化物玻璃，如 V_2O_5-P_2O_5、V_2O_5-P_2O_5-BaO、V_2O_5-GeO_2-BaO、V_2O_5-PbO-Fe_2O_3、MnO-Al_2O_3-SiO_2、CaO-Al_2O_3-SiO_2、FeO-Al_2O_3-SiO_2 和 TiO-B_2O-BaO 等。

（4）非晶态半导体的制备

非晶态半导体的制备方法很多，不同的材料要采用不同的方法。

1）四面体材料的制备

原则上，制备薄膜的方法如真空蒸发法、溅射法、CVD 等都可以采用，但不同的材料还有不同的特殊要求。例如，用一般的真空蒸发或溅射的方法制备的非晶硅薄膜，包含有大量的硅悬键，隙态密度[①]高（10^{19} ~ 10^{20}/cm），性能不好。氢化可以使隙态密度减小 3 ~ 4 个数量级。氢化非晶硅（α-Si: H）可以用辉光放电分解硅烷（SiH_4）法、反应溅射法、CVD 等方法制备，其中以辉光放电法制备的 α-Si: H 薄膜质量最好。

2）硫系及氧化物材料的制备

硫系及氧化物一般不采用气相沉积薄膜的方法制备，而是通过液相快冷得到非晶态材料。因此，非晶态常被视为过冷的液态，所要求的冷却速率因材料而异。

---

① 由于结构缺陷造成能隙中间的状态称隙态。隙态的多少及分布因材料而异，又强烈地依赖于制备条件及后处理等因素。

（5）非晶态半导体的应用

非晶态半导体多制成薄膜，氢化后禁带宽度可在 1.2～1.8 eV 范围调节，但其载流子寿命较短，迁移率小，因此，一般不作为电子材料，而作为光电材料，如制造太阳能电池。太阳能电池是一种能够直接将太阳能转换为电能的器件，以往主要用 Si、CdTe 和 GaAs 单晶材料制造，由于单晶工艺复杂，材料损耗大，价格昂贵，因此使用受限。非晶态硅薄膜可以大面积沉积，成本低，为广泛利用太阳能创造了条件。

另外，非晶态半导体还可以用来制成薄膜晶体管、图像传感器、光盘等器件。

2.3　超导材料

超导体得天独厚的特性，使它可能在各种领域得到广泛的应用。然而，由于它难于摆脱笨重而昂贵的制冷包袱，所以从技术上、经济上和资源上都限制了超导材料的应用，多少年来人们一直在积极地探索高临界温度的超导体，从 1911 年到 1986 年，75 年间超导体转变温度从水银（Hg）的 4.2 K 提高到铌三锗（Nb_3Ge）的 23.2 K，才提高了 19 K。1986 年以来，超导领域发生了戏剧性的变化，高临界温度的超导体的研究取得了重大的突破。当时世界上掀起了一股以研究金属氧化物陶瓷材料为对象，以寻找高临界温度超导体为目标的"超导热"，全世界有 260 多个实验小组参加了这场竞赛。科学家们争分夺秒，不断创造实验新纪录，在超导研究的竞技场上呈现你追我赶的局面。

超导材料可按其 T_c 在液氮温度（77 K）以上和以下分为两类，即低温超导体和高温超导体。

2.3.1　低温超导体

低温超导体按化学组成可分为元素超导体、合金超导体和化合物超导体三类，它们的临界温度较低（$T_c < 30$ K），其超导机理基本能用 BCS 理论解释，因而又被称为常规超导体或传统超导体。

（1）元素超导体

在所有金属元素中，除碱金属、碱土金属、铁磁金属、贵金属外，约有近 50 种元素具有超导电性。在常压下能达到的低温范围内，有 28 种超导元素。它们包括：

18 种过渡族元素，如 Ti（钛）、V（钒）、Zr（锆）、Nb（铌）、Mo（钼）、Ta（钽）、W（钨）、Re（铼）等；10 种非过渡族元素，如 Bi（铋）、Al（铝）、Sn（锡）、Cd（镉）、Pb（铅）等。其中，Nb 的临界温度最高，为 9.26 K，Rh 的临界温度最低，为 0.000 2 K（外推值）。其他元素的临界温度介于这两者之间，见表 2.11。

表 2.11　部分超导元素的临界温度和临界磁场（常压下）

元素	Nb	Tc	Pb	β-La	V	Ta	α-Hg	β-Sn	In	Tl	Al	W	Rh
T_c/K	9.26	8.22	7.201	5.98	5.3	4.48	4.15	3.72	3.416	2.39	1.174	0.012	0.000 2
H_c/(A·m^{-1})	155 177	112 205	63 901	123 325	81 170	66 050	32 786	24 590	23 316	13 608	7 878	—	—

在 28 种超导元素中,除 V、Nb、Ta 以外,其余元素均属于第一类超导体,因此,很难实用化,不少研究者虽然也做了很多尝试,但均没有获得理想的结果。常压下唯一可实用的是铌(Nb),它可以加工成薄膜,制作约瑟夫森元件。

压力对超导元素的临界温度有较大影响,一些在常压下不表现超导电性的元素,在高压下有可能呈现超导电性,而原为超导体的元素在高压下其超导性也会改变。例如,铋(Bi)、钇(Y)、磷(P)、硅(Si)等在常压下不是超导体,但在高压下都呈超导电性;镧(La)在常压下是超导体,当施以 15 GPa 压力后,其临界温度可达 12 K。还有一些超导元素,它们的超导临界温度也是随压力的增高而上升。

(2)合金超导体

在技术上有重要实用价值的超导材料都属于超导合金或化合物,它们很多都是第二类超导体,具有较高的临界温度和很高的临界磁场及临界电流,这对于超导电性的应用,如超导磁体、超导大电流输送等是特别重要的。

合金超导体包括二元、三元和多元合金,其组成可以是全为超导元素,也可以部分为超导元素,部分为非超导元素。在这类超导体中,比较典型的有两个合金系,即 Nb-Zr 系和 Nb-Ti 系。

1)Nb-Zr 合金

Nb-Zr 合金具有良好的 H-J_c 特性,在高磁场下仍能承受很大超导临界电流密度,而且比超导化合物材料延性好、抗拉强度高、制作线圈工艺简单,因此,在 1965 年以前成为最主要的超导合金产品。但是,这类合金与铜的复合性能较差(与铜复合的目的是防止超导态受到破坏时,超导材料自身被毁,后面将会详细说明),须采用镀铜和埋入法,工艺较复杂,制造成本高。近年来,由于 Nb-Ti 合金的发展,在应用上 Nb-Zr 合金逐渐被淘汰。

Nb-Zr 合金的超导临界温度 T_c 在 Zr 的原子百分含量为 10 ~ 30 时,出现最大值,约 11 K。当 Zr 含量继续增加时,T_c 逐渐下降。它的临界磁场 H_{c2} 也主要决定于 Zr 的含量,对冷加工及热处理等并不敏感,在 Zr 原子百分数为 65 ~ 75 时,达到最大值。

Nb-Zr 合金的 H-J 特性对结构非常敏感,它不仅与合金成分、杂质含量有关,也与冷加工、热处理等密切相关。在富 Zr 范围内,J_c 随 Zr 含量下降而增加,至 Zr 原子百分数为 25 ~ 35 时,J_c 达最大值。若 Zr 量再下降,则 J_c 将同时很快下降。

2)Nb-Ti 合金

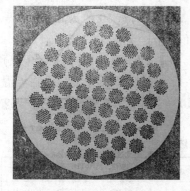

图 2.16　一种典型的 Nb-Ti 复合线截面图

Nb-Ti 合金的机械性能优良,易于加工,并易于通过压力加工,在线上覆套铜层,获得良好的合金结合,提高热稳定性,加之 Nb-Ti 合金线材价格便宜,它已成为实用超导线材的主流。Nb-Ti 合金具有很高的临界磁场,含 Ti 50% ~70% 的合金已广泛应用于发生磁场强度为 9 T 的电磁铁导线。但 Nb-Ti 合金不宜轧制成扁线,因为在轧制扁线的过程中,J_c 产生显著的各向异性,使 J_c 降低。

Nb-Ti 合金的 T_c 随成分变化,在含 Ti 50% 左右,T_c 为 9.9 K,达到最大值。同时,随 Ti 含量的增加,强磁场的特性提高。

Nb-Ti 合金是制造磁流体发电机大型磁体的理想材料。

图 2.16 所示为一种典型的 Nb-Ti 复合线截面图,为超细多芯线结构。这种高稳定性的超细多

芯 Nb-Ti 合金线材的生产方法是在 Nb-Ti 合金上包铜制成直径为数毫米的复合体,并将数十到数百根复合体插入铜管,再挤压成棒状,然后将棒状复合体捆起来插入铜管,进行再复合,最后加工成含有数万根 Nb-Ti 芯的超细多芯线。

3) 三元合金

从 20 世纪 70 年代中期开始,在 Nb-Zr 和 Nb-Ti 合金的基础上又发展了一系列具有很高临界电流的三元超导合金材料,如 Nb-Zr-Ti、Nb-Ti-Ta、Nb-Zr-Ta、Nb-Ti-Hf 和 V-Zr-Hf 等,它们主要用于制造磁流体发电机的大型磁体。

Nb-Zr-Ti 合金的实用材料(如 Nb-40Zr-10Ti)的临界温度一般在 10 K 附近,影响 Nb-Zr-Ti 合金超导性能的主要因素有:合金成分、含氧量、加工度和热处理等。Nb-Ti-Ta 合金具有良好的加工性能,它的制备工艺与 Nb-Ti 合金相似,形变率可达 99.9%,成分对合金的超导性能影响很大。加入 5%Ta 的 Nb-Ti-Ta 合金的 T_c,将比 Nb-Ti 合金高 1 K 左右。临界磁场 H_c 最高的材料为 Nb-70Ti-5Ta。Nb-Ti-Ta 合金是时效强化型合金,经热处理可提高 J_c 值。冷拉后的合金线 J_c 很低,但经热处理后,J_c 将有较大提高,其中以 400 ℃下处理为最高。再高,如 600 ℃,合金性能会比原始合金线还低。热处理时间增加,I_c 将单调地渐增。在 400 ℃下热处理 30 h,合金线在 5 T 下,I_c 达 65 A。

一些合金超导体的临界温度和临界磁场见表 2.12。

表 2.12　一些合金超导体的临界温度和临界磁场

材　料	Mo-50Re	Nb-25Zr	Nb-75Zr	Nb-60Ti-4Ta	Nb-70Ti-5Ta	Nb-25Ti	Nb-60Ti	Pb-35Bi
T_c/K	12.6	11.0	10.8	9.9	9.8	9.8	9.3	8.7
H_{c2}/(kA·m^{-1})	2 149	7 242	62 628	9 868	10 186	5 809	9 152	2 069

(3) 化合物超导体

化合物超导体与超导元素与超导合金相比,具有较高的超导临界参数,是性能良好的强磁场超导材料。如 Nb_3Ge,临界温度 T_c 达到 23.2 K,这是 1986 年以前临界温度最高的超导材料。但超导化合物质脆,不易直接加工成线材或带材,需要采用特殊的加工方法。

化合物超导体按其晶格类型可分为:

①B1 型(NaCl 型),如 NbN、NbC;

②A15 型,如 Nb_3Ge、V_3Ga、Nb_3Sn、Nb_3Al、$Nb_3(AlGe)$ 等;

③C15 型(Laves 相型),如 HfV_2、ZrV_2、$(Hf_{0.5}Zr_{0.5})V_2$ 等;

④菱面晶型(Chevrel 相型),如 $PbMo_6S_8$、$SnMo_6S_8$、$Gd_{0.2}PbMo_6S_8$ 等。

其中最受重视的是 A15 型化合物,这类化合物具有较高的临界温度和临界磁场(见表2.13),但由于质脆,很难加工成线材。因此,除 Nb_3Sn 和 V_3Ga 两种外,其他化合物尚不能实用。

表 2.13　一些化合物超导体的临界温度和临界磁场

材　料	Nb_3Ge	$Nb_3Al_{0.75}Ge_{0.25}$	Nb_3Al	Nb_3Sn	V_3Si	NbN	V_3Ga
T_c/K	23.2	21.0	18.8	18.1	17.0	17.0	16.8
H_{c2}/(kA·m^{-1})	—	33 522	23 873	1 950	—	11 141	19 099

1）Nb_3Sn

Nb-Sn 系有 5 个超导相:Nb 基固溶体、Nb_3Sn、Nb_6Sn_5、$NbSn_2$ 和 Sn 基固溶体。其中,以 Nb_3Sn 的超导临界温度为最高,为 18.1 K。Nb_3Sn 不仅具有较高的临界温度,还具有高的临界磁场 H_c(在 4.2 K 下约 22.1 T),并在强磁场下能承载很高的电流密度 J_c(10 T 下约 $4.5 \times 10^5 \ A/cm^2$),它是制造 8.0 ~ 15.0 T 超导磁体的主要材料。

Nb_3Sn 的超导性能与其化学成分、制备方法、热加工工艺等密切相关。其 T_c 与热处理温度不呈简单的单调关系,当在 850 ~ 860 ℃、900 ℃、930 ~ 950 ℃、1 000 ℃ 退火时,T_c 和 J_c 都有较大提高,但若再提高退火温度,这些参数将降低。

Nb_3Sn 材料与线圈的制备方法有以下几种:

①串心线制造法

这种方法是将 Nb 粉和 Sn 粉按规定配比混合后,压制成小圆柱体,然后将这些小圆柱体装满退过火的 Nb 管中,封闭两端,进行旋转模锻和冷拉至 0.8 mm 直径的线材,最后在真空中于 1 000 ℃ 进行 16 h 的热处理,使 Nb 粉和 Sn 粉化合,生成 Nb_3Sn 的串心线。

②扩散反应制造法

这种方法是在 Nb 线上镀 Sn 层,高温下,在真空或惰性气体中,使 Sn 从 Nb 线表面向内扩散,形成 Nb_3Sn 表面薄层,这种薄层可承受一定程度的弯曲而不致损坏。

③蒸汽沉积制造法

在低于 1 000 ℃ 温度下,Nb 和 Sn 都能从它们的气态氯化物中用氢还原出来。如将这些氢化物的混合物同时用氢还原,即能产生结晶 Nb_3Sn,而不会生成自由金属。可在一条柔韧的金属线或带材基体上连续沉积这种 Nb_3Sn 晶体薄层。这样制成的镀层线材可绕制超导线圈,而不致损坏脆弱的 Nb_3Sn 沉积层。

④复合加工法(青铜法)

这种方法可以制备化合物超细多芯线。在 Cu-Sn 合金(青铜)基体中,插入 Nb 棒制成复合体,将这种复合体用挤压、拉丝等方式加工之后,在 600 ~ 700 ℃ 下,热处理,Cu-Sn 基体中的 Sn 便与被加工成超细多芯状的 Nb 反应生成 Nb_3Sn。

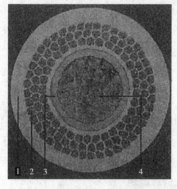

图 2.17 铜稳定化多芯扭绞超导线材 Nb_3Sn 的截面示意图

1—CuSn 合金;2—Nb_3Sn 纤维;
3—Ta 层;4—纯铜

图 2.17 所示为一根 6516 芯超导纤维多芯扭绞的商品 Nb_3Sn 线材的横截面示意图。其中,1 是 CuSn 合金,2 是 Nb_3Sn 纤维,由铌(Nb)纤维和 CuSn 合金扩散反应而成,3 是钽(Ta)层,作用是阻止 Sn 扩散进入线材中心的纯铜层(图中的 4),4 是高电导率的纯铜,对于超导线材非常重要,一旦载有大电流的超导线失超,它能起分流,也就是稳定化作用。这里的“失超”,是超导材料具有“不稳定性”的缺点的体现。所谓不稳定性,就是在一定的电流和磁场中,很小的扰动就可能导致磁通线沿力方向运动。磁通线一旦运动,超导体就表现出电阻,产生热量,并且其发热量和磁通扩散速度成正比。超导材料的导热能力一般都比较差(热导率小),热扩散的速度远远低于磁通扩散速度,磁通运动产生的热量基本上来不及散发出超导体去,从而

使超导体的温度迅速升高,以至于最终使超导体的温度高于它的临界温度,使超导态突然变为正常态,即所谓"失超"。由于磁通线运动的速度很快,上述的失超过程实际上是在很短的时间内完成的。传导大电流的超导材料一旦失超是极其危险的,会造成设备烧坏直至更严重的后果。

现在,大部分强电用超导线(带)材都是这种铜稳定化材料,是最广泛使用的超导材料。

2) V_3Ga

V-Ga 系有 5 种相:V_3Ga、V_2Ga、V_3Ga_2、VGa 和 VGa_2,其中以 V_3Ga 的超导性能最佳,在 800 ℃下形成的 V_3Ga,T_c 约为 14.5 K。V_3Ga 在 4.2 K 时,临界磁场 H_c 为 24 T,尤其在强磁场(10 T)下,其 J_c 值比 Nb_3Sn 还高。

V_3Ga 线的制备方法有以下 3 种:

①表面扩散法 向 V 基上扩散 Ga,以使之形成富 Ga 的化合物层,生成 VGa_2 相,经加热,VGa_2 转变为 V_3Ga_2,在这上边再镀上铜,然后再在 600 ~ 700 ℃下热处理,从而生成 V_3Ga 层,Cu 具有扩散的催化作用,以使 V_3Ga 层易于生成。

②原位法 由 Cu-V-Ga 三元合金锭制备含大量 V_3Ga 化合物超细纤维的线材的方法称为原位法。首先炼制两相组织的 Cu-V 合金锭,将其加工成细线之后,再于表面镀 Ga,并在适当温度下热处理,使 Ga 向线材内部扩散,形成 V_3Ga 纤维。这种方法不仅使合金变得明显易于加工,而且可随意增加 Ga 量,得到大的 J_c 值。

③复合加工法 制备 V_3Ga 化合物超细多芯线的工艺方法,其过程与 Nb_3Sn 的青铜法相似。

3) $Nb_3(Al, Ge)$

在 Nb-Al-Ge 系中,$Nb_3(Al_{0.75}Ge_{0.25})$ 的临界温度 T_c 能高于氢的沸点,约为 21 K,这是长期以来在提高临界温度上的一个重大进展。临界温度的高低及理想化学计算比与有序度有关,$Nb_3(Al_{0.75}Ge_{0.25})$ 很接近于化学计算比,在 750 ℃下长期退火后,Nb 在 β 结构相中是高度有序的,且 Al/Ge 为 3,表明 Al、Ge 也有序,它是一种长程有序结构,T_c 便可达 20 K 以上。$Nb_3(Al_{0.75}Ge_{0.25})$ 的临界磁场 H_{c2} 是现有超导材料中最高的,在 4.2 K 下,H_{c2} 约为 42.0 T。但是,$Nb_3(Al, Ge)$ 唯一不足之处是临界电流密度较低,J_c 一般约在 $10^3 \sim 10^4$ A/cm^2 的数量级。

除常规的金属超导材料,近年来非晶态超导体、磁性超导体、颗粒超导体都受到了研究人员的关注。此外,有机超导体自 20 世纪 70 年代问世以来,在研究领域取得了较大进展。在常压下,超导临界温度达 8 K,而且有不断增加的趋势。自 1986 年以来,高温氧化物超导体的发展,使超导的研究与应用有了突破性的飞跃。

2.3.2 高温超导体

自 1964 年发现第一个氧化物超导体 $SrTiO_3$ 以来,至今已发现数十种氧化物超导体,例如,钙钛矿结构的 $BaPb_{1-x}BiO_3$ 和尖晶石结构的 $Li_{1+x}Ti_{2-x}O_4$,它们的临界温度分别为 13 K 和13.7 K。这些氧化物超导体具有一些共同的特征,因而引起了人们的极大关注。1986 年 4月,瑞士苏黎世 IBM 实验室的缪勒(K. A. Muller)和柏诺兹(J. G. Bednorz)在对 Ba-La-Cu-O系统进行深入研究后发现,采用 Ba、La、Cu 的硝酸盐水溶液加入草酸而发生共沉淀的方法,可以制备出 La-Ba-Cu-O 系样品,其 T_c 高于 35 K。同年 12 月 15 日,美国休斯敦大学的朱经武等人在 La-Ba-Cu-O 系中,发现了 40.2 K 的超导转变。12 月 26 日中国科学院物理研究所的赵忠贤等人发现转变温度为 48.6 K 的样品 Sr-La-Cu-O,在 La-Ba-Cu-O 中转变温度为 70 K。1987 年 2 月 16 日,朱经武领导的阿拉巴马大学和休斯敦大学组成的实验小组,发现 Y-Ba-Cu-O 的转变温度为 92 K。2 月 24 日,赵忠贤等获得液氮温区的超导体 Y-Ba-Cu-O,转变温度在 100 K 以上,出现零电阻的温度为 78.5 K。这样,人们终于实现了获得液氮温区超导体的多年梦想。

为了表彰缪勒和柏诺兹在高温超导方面的杰出贡献,1987 年 10 月 14 日,瑞典皇家科学院宣布,将 1987 年度的诺贝尔物理学奖授予缪勒和柏诺兹。从发现高温超导体,到给他们颁奖,只用了不到两年的时间,这在诺贝尔奖的颁奖史上是非常少有的。

(1) **高温超导体的特征**

高温超导体基本上均属于金属氧化物陶瓷,它们都是第二类超导体。从结构上来看,都是从钙钛矿结构演变而来,目前共有 5 种典型的高 T_c 氧化物系列,即 La-Sr-Cu-O($T_c = 35$ K),Y-Ba-Cu-O($T_c = 90$ K),Bi-Sr-Ca-Cu-O($T_c = 80$ K),Tl-Ba-Ca-Cu-O($T_c = 120$ K),Hg-Ba-Ca-Cu-O($T_c = 134$ K)。与传统超导体比较,新型氧化物高温超导体有其独特的结构和物理特征,主要表现在以下几个方面:

①晶体结构具有很强的低维特点,三个晶格常数往往相差 3~4 倍;

②输运系数(电导率、热导率等)具有明显的各向异性;

③磁场穿透深度远大于超导相干长度(指电子对中两电子间距);

④构成晶体元素的组成对超导电性影响大;

⑤氧缺损型晶体结构,其氧浓度与晶体结构有关,与超导电性关系密切;

⑥临界温度 T_c 对载流子浓度有强依赖关系。

高温超导体的性质由载流子浓度决定。存在一个最佳的载流子浓度,使临界温度达到极大值。对高温超导体而言,载流子浓度的变化来自氧缺位,相应氧含量可由制备过程或成分的变化来改变。实际上,晶格参数的变化常伴随着载流子浓度的变化。相干长度很短是所有高温超导体的本征特性,因此,不均匀性也是高温超导体的本征特性,这将影响其物理性能和应用。

(2) **高温超导体的种类**

1) **氧化物超导体**

氧化物超导体结构的公共特征是,都具有层状的类钙钛矿型结构组元,整体结构分别由导电层和载流子库层组成。导电层是指分别由 Cu-O$_6$ 八面体、Cu-O$_5$ 四方锥和 Cu-O$_4$ 平面四边形构成的铜氧层,这种结构组元是高温超导体所共有的,它决定了氧化物超导体在结构上和物性上的二维特点。超导主要发生在导电层(铜氧层)上,其他层状结构组元构成了高温超导体的载流子库层,它的作用是调节铜氧层的载流子浓度或提供超导电性所必需的耦合机制。载流子库层的结构是根据来自 Cu—O 键长的限制作相应的调整,这正是载流子库层往往具有更多的结构缺陷的原因。导电层(CuO$_2$ 面或 CuO$_2$ 面群)中的载流子数由体系的整个化学性质以及导电层和载流子库层之间的电荷转移来确定,而电荷转移量依赖于体系的晶体结构、金属原子的有效氧化态以及电荷转移和载流子库层的金属原子的氧化还原之间的竞争来实现。

①**镧锶铜氧化物(La-Sr-Cu-O)超导体**

具有 K$_2$NiF$_4$ 结构(图 2.18)的 La$_{2-x}$M$_x$CuO$_4$(M = Sr, Ba)是由 LaCuO$_4$ 掺杂得到的,其特点是有准二维的结构特征。晶体结构属四方晶系,晶格常数 $a = 0.38$ nm,$c = 1.32$ nm。纯的 La$_2$CuO$_4$ 没有超导电性,有过量氧的 La$_2$CuO$_{4+\delta}$ 却是超导体。另外,当部分 La^{3+} 离子被二价的

Ba^{2+} 和 Sr^{2+} 所替代时,才显示出超导性质,超导转变温度在 20~40 K 之间,取决于掺杂元素 M 和掺杂浓度 x。

当温度从室温降低时,$La_{2-x}M_xCuO_4$ 发生位移型相变,由四方相转变为正交相,相变发生后使晶格常数 a 和 b 不再相等,另外还使晶胞扩大,结构转变的温度都高于超导转变温度,并且随掺杂元素的种类和掺杂量而改变。

②钇钡铜氧化物($YBa_2Cu_3O_{7-\delta}$)超导体

$YBa_2Cu_3O_{7-\delta}$ 是由三个类钙钛矿单元堆垛而成的。随氧含量的降低,其结构由正交相转变为四方相,T_c 逐渐降低。当 $0.6 < \delta < 1.0$ 时,$YBa_2Cu_3O_{7-\delta}$ 是非超导的四方相,显示出反铁磁性。

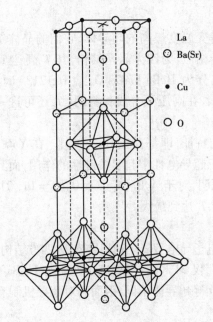

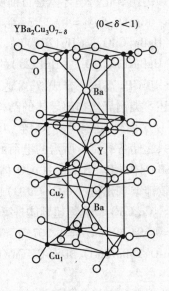

图 2.18 K_2NiF_4 型结构   图 2.19 $YBa_2Cu_3O_{7-\delta}$ 的结构

在 $YBa_2Cu_3O_{7-\delta}$ 中,Y 一般用稀土元素替换后,仍保持 Y-123 结构,对 T_c 影响不大。但用 Ce 和 Pr 置换后,会导致载流子的局域化,使其丧失超导电性。在 Y-123 化合物中,用过渡族元素 Fe、Ni、Co 和 Zn 以及 Ga、Al、Mg 等置换 Cu 后,会导致 T_c 不同程度的下降。

在 Y 系超导体中,除 $YBa_2Cu_3O_y$(Y-123)外,还有 $YBa_2Cu_4O_y$(Y-124,$T_c = 80$ K)和 $Y_2Ba_4Cu_7O_y$(Y-247,$T_c = 40$ K)超导体。Y-124 与 Y-123 有类似的晶体结构(图 2.19),不同之处在于 Y-123 的 Cu—O 单键被双层 Cu—O 键所替代。Y-124 的优点是它的氧成分配比较稳定,当对 Y-124 相的 Y 用部分 Ca 替代时,超导转变温度可增加到 90 K。Y-247 相的结构是 Y-123 和 Y-124 相的有序排列,其转变温度对氧含量有强烈的依赖关系。

③铋锶钙铜氧化物(Bi-Sr-Ca-Cu-O)超导体

Bi-Sr-Ca-Cu-O 体系超导相的化学通式为 $Bi_2Sr_2Ca_{n-1}Cu_nO_{2n+4}$,$n = 1,2,3,4$,分别称为 2201 相、2212 相、2223 相和 2234 相,这四个超导相的晶胞参数 a、b 相近,c 各不相同。这类超导相的结构特点是:一些 Cu—O 层被 Bi_2O_2 双层隔开,不同相的结构差异在于相互靠近的 Cu—O 层的数目和 Cu—O 层之间 Ca 层的数目。由于铋系各超导相在结构上有相似性,它们的形成能也较接近,因此在制备 2223 相样品时,不可避免地有多相共生现象。值得注意的是Bi 系超导相中存在着较强的一维无公度调制结构。这种调制结构的出现,使得晶体的整体对称性降低。用 Pb 部分替代 Bi,可以减弱体系的调制结构,从而对铋系高温相有加固作用。

④铊钡钙铜氧化物(Tl-Ba-Ca-Cu-O)超导体

Tl-Ba-Ca-Cu-O 体系中存在着与 Bi-Sr-Ca-Cu-O 体系结构类似的四个超导相。它们的化学式为 $Tl_2Ba_2Ca_{n-1}Cu_nO_{2n+4}$,分别称为 Ti-2201 相、Ti-2212 相、Ti-2223 相和 Ti-2234 相。所不同的是 Tl 系中各超导相的一维调制结构比 Bi 系降低了很多,相应的超导转变温度比 Bi 系有不同程度的增加。同时,在 Tl 系中,还有另一体系的超导相 $TlBa_2Ca_{n-1}Cu_nO_{2n+3}$,($n=1$, 2, 3, 4, 5),这几个相的特点是 Cu—O 平面被 Tl—O 单层隔开。

⑤汞钡钙铜氧化物(Hg-Ba-Ca-Cu-O)超导体

汞钡钙铜氧化物超导体是目前所发现的超导转变温度最高的超导体,它们的晶体结构与 $TlBa_2Ca_{n-1}Cu_nO_{2n+3}$($n=1$, 2, 3, 4, 5)超导相十分相似,为四方晶系结构,其 T_c 高达 134 K。成分为 $HgBa_2CuO_{4+\delta}$(Hg1201)时,T_c 为 94 K。成分为 $HgBa_2CaCu_2O_{6+\delta}$(Hg1212)时,T_c 为129 K。$HgBa_2CaCu_2O_{8+\delta}$(Hg1223)的 T_c 为 134 K。若在高压下合成材料,其 T_c 还可进一步提高,如在 10 GPa 高压下合成,T_c 可达 150 K。

上述 5 类铜氧化物超导体的结构有一个共同的特征,即都存在 Cu—O 层。在 Y 系中,除了 Cu—O 平面外,还有 Cu—O 链。Cu—O 层在高 T_c 超导电性中起了关键性的作用,而其他的原子层只起储备载流子所需的电荷的作用。实验证明,对于 $A_2B_2Ca_{n-1}Cu_nO_y$(A = Bi, Tl, Hg;B = Sr, Ba)体系和 $AB_2Ca_{n-1}Cu_nO_y$ 体系,$n=3$, 4 时,T_c 达到最大。

⑥钕铈铜氧化物(Nd-Ce-Cu-O)超导体

$Nd_{2-x}Ce_xCuO_4$ 氧化物超导体是第一个被发现的电子导电型氧化物超导体,为四方结构,晶格参数 $a=0.394\,69$ nm,$c=1.207\,76$ nm。尽管它的 T_c 仅 24 K,但因载流子性质与 La-Ba-Cu-O、La-Sr-Cu-O、Y-Ba-Cu-O、Bi-Sr-Ca-Cu-O、Tl-Ba-Ca-Cu-O 等超导体不同,因而它对超导机制有重要意义。

一些高温超导体的临界温度见表 2.14。

表 2.14 高温超导体系列

序号	超导体		T_c/K	序号	超导体		T_c/K
Ⅰ	$La_{2-x}Ba_xCuO_4$	$0.1<x<1.2$	35			$n=1$	50
Ⅱ	$Nd_{2-x}Ce_xCuO_4$	x 约 0.15	24			$n=2$	90
Ⅲ	$YBa_2Cu_3O_y$	$y\leqslant7.0$	93	Ⅴ	$Tl_2Ba_2Ca_{n-1}Cu_nO_{2n+2.5}$	$n=3$	110
	$YBa_2Cu_4O_y$	$y\leqslant8.0$	80			$n=4$	122
	$Y_2Ba_4Cu_7O_y$	$y\leqslant15.0$	40			$n=5$	117
Ⅳ	$Bi_2Sr_2Ca_{n-1}Cu_nO_{2n+4}$	$n=1$	90	Ⅵ	$HgBa_2Ca_{n-1}Cu_nO_{2n+2.5}$	$n=1$	94
		$n=2$	110			$n=2$	123
		$n=3$	122			$n=3$	134
				Ⅶ	$K_xBa_{1-x}BiO_3$	x 约 0.4	30
		$n=4$	119	Ⅷ	$BaPb_{1-x}BiO_3$	x 约 0.25	12

2) 非氧化物超导体

非氧化物高温超导体主要是 C_{60} 化合物,具有极高的稳定性,原子团簇的独特掺杂性质来自它特殊的球形结构,其尺寸远远超过一般的原子或离子。当其构成固体时,球外壳之间较大的空隙提供了丰富的结构因素。1991 年贝尔实验室合成出 K_3C_{60} 超导体($T_c = 18$ K)以来,已进行了许多这方面的研究工作,除 $(ICl)_xC_{60}$ 和 I_xC_{60} 的 T_c 较高外,其余的 T_c 都比较低。C_{60} 及其衍生物具有巨大的应用前景,如作为实用超导材料和新型半导体材料以及在许多领域获得重要的应用。已研制的碳化物超导体见表 2.15。

表 2.15 非氧化物超导体

超导体	T_c/K	研制单位	超导体	T_c/K	研制单位
K_3C_{60}	18 ~ 19.3	贝尔实验室	$Tl_2Rb_1C_{60}$	48	
Rb_3C_{60}	28 ~ 30	牛津大学	Sm_xC_{60}	37	
Rb_2C_{60}	29		Ca_xC_{60}	8	
Cs_3C_{60}	30	哈佛大学	I_xC_{60}	57	日本金属研究所
KRb_2C_{60}	24.4 ~ 26.4	日本 NEC	$(IBr)_xC_{60}$	31	
Rb_2CsC_{60}	31.3		$(ICl)_xC_{60}$	60	纽约州立大学

(3) 高温超导材料

日本科学家研制成功一种超导线材,这种线材的芯体由 1 330 条超导线材集束而成,临界温度 T_c 为 102 K,不加磁场时,在液氮温度下,所测临界电流密度为 J_c 为 1 000 ~ 2 000 A/cm²。线材厚度 0.16 mm,宽 1.8 mm,断面呈扁平形状。

日本住友电气工业公司开发出长度达 60 m 的高温超导线材。该线材是在铋系高温超导物质外覆盖银后,烧制成宽 4 mm、厚 0.4 mm 的带状。经通电实验,在 -256 ℃时流过电流的绝对值为 10.5 A,电流密度 J_c 为 2 450 A/cm²,已达到实用化的水平。

朱经武领导的休斯敦大学研究小组,成功地将高温超导体制成了棒材,这种棒材能够载大电流,从而朝着使这项新技术达到实用化方向迈进了一大步。该小组开发出一种"连续制造法",应用此法可能制造出各种规格的超导体,诸如片状、棒状、线状,甚至厚膜。新的超导棒材最大的载流能力约为 60 000 A/cm²,足以驱动某些发动机和发电机。

2.3.3 超导材料的应用

自 1911 年发现超导电性后,很长一段时间内没有实际应用。直到 20 世纪 60 年代,由于非理想第二类超导体以及约瑟夫森效应和量子干涉效应的发现,以及超导磁体和超导量子干涉器件的研制成功,才使超导体应用逐步展开。1986 年以后,高温超导的研究有了重大突破,超导大规模的应用研究真正开始。目前处于领先地位的是制造高磁场的超导磁体,据估算,采用超导磁体后,可以使现有设备的能耗降低到原来的 1/10 ~ 1/100。不过,超导材料的实际应用目前还较少,有待于如超导材料的制造技术、制冷及冷却技术以及检测技术的提高。

超导材料的应用,基本上可以分为强电强磁和弱电弱磁两个方面:

(1) 超导强电强磁的应用

超导强电强磁的应用是基于超导体的零电阻特性、完全抗磁性,以及非理想第二类超导体所特有的高临界电流密度和高临界磁场。

1) 开发新能源

① 超导受控热核反应堆

热核反应堆产生的电能是传统发电方式所不及的,要实现利用核聚变能发电,首先必须建成大体积、高强度的大型磁场(磁感应强度约为 10^5 T)。这种磁体储能应达 4×10^{10} J,只有超导磁体才能满足要求。这是因为:如果用常规磁体,产生的全部电能只能维持该磁体系统的电力消耗。

用于制造核聚变装置中超导磁体的超导材料主要是:Nb_3Sn、$Nb-Ti$ 系合金、NbN、Nb_3Al 以及 $Nb_3(Al, Ge)$ 等。

② 超导磁流体发电

磁流体发电是一种靠燃料产生高温等离子气体,使这种气体通过磁场而产生电流的发电方式。如果使用常规磁体,不仅磁场的大小受到限制,而且励磁损耗大,发电机产生的电能将有很大一部分为自身消耗掉,尤其是磁场较强时。而超导磁体可以产生较大磁场,且励磁损耗小,体积、重量也可以大大减小。

美国和日本对磁流体发电进行了大规模的研究。日本制造的磁流体发电超导磁体产生磁场 4.5 T,储能 60 MJ,发电 500 kW。目前,采用超导磁体的磁流体发电机已经开始工作,磁流体—蒸汽联合电站正在进行试验。

磁流体发电特别适合于军事上大功率脉冲电源和舰艇电力推进。美国将磁流体推进装置用于潜艇,已进行了实验。

2) 节能方面

① 超导输电 超导体的零电阻特性使人们很容易联想到将其用于输电工程。据统计,目前的铜或铝导线输电,约有 15% 的电能损耗在输电线路上,仅在中国,每年的电力损失即达 1 000 多亿度。因此,从节能角度来看,超导输电具有十分优越的应用前景。但由于目前实用的超导材料临界温度较低,对于超导输电就必须考虑冷却电缆所需成本。近年来,随着高温超导体的发展,日本和美国相继开展了研究工作,取得了一定的进展。如日本研制了 66 kV、50 m 长的具有柔性绝热液氮管的电缆模型和 50 m 长的导体绕在柔性芯子上的电缆,其交流载流能力为 2 000 A,有望用于市内地下电力传输系统。美国也研制了直流临界电流为 900 A 的电缆。

② 超导发电机和电动机 一台普通的大型发电机需要用 15 ~ 20 t 铜线绕成线圈,而用超导材料线圈,只要几百克就够了。因此,用超导材料制成的电机具有小型、轻量、输出功率高、损耗小的优点。据计算,电机采用超导线圈,磁感应强度可提高 5 ~ 10 倍。例如,一般常规电机允许的电流密度为 $10^2 \sim 10^3$ A/cm^2,而超导电机可达到 10^4 A/cm^2 以上。可见,超导电机单机输出功率可大大增加,换句话说,同样输出功率下,电机重量可大大减轻。目前,超导单极直流电机和同步发电机是人们研究的主要对象。

③ 超导变压器 这是利用了超导磁体处于超导态时可承载巨大的电流密度这一特性。用超导材料制造的变压器在制作绕组时不需要铁芯,因而可大大缩小体积,减轻重量,且磁损耗(指超导磁体的耗电量)相对很低。日本已研制成功 500 kV·A 的高温超导变压器。美国则为模拟全尺寸的 30 MV·A 的高温超导变压器而研制了 1 MV·A 的高温超导变压器。

3) 超导储能

电能可以用很多种方法储存,如以电荷形式储存在电容器中,以化学能的形式储存在蓄电池中,以核子能的形式储存在反应堆中,以位能形式储存在被压缩的气体中等,但这些方法储存的电能容量远不及超导储能方式。由于超导体在进入超导态后,其电阻为零,利用超导线圈储存电能就是一种十分理想的方式,只要将超导闭合线圈保持超导态,它所储存的能量就能无损耗地长期保存。因此,可利用超导线圈作为储能器,平时不断地逐步将电磁能量储于其中,一旦需要时,既可让其缓慢地释放能量(如用做电网峰值负载补偿或发生故障时供电),也可以作为脉冲电源,让其瞬间释放能量(如用做激光武器电源)。

4)超导磁悬浮列车

磁悬浮列车的设想是 20 世纪 60 年代提出的。这种高速列车利用路面的超导线圈与列车上超导线圈磁场间的强大排斥力,使列车悬浮起来,消除了普通列车车轮与轨道的摩擦力,使列车速度大大提高,达到 550 km/h,与民航飞机的时速相当。

日本在 1979 年就研制出时速为 517 km 的超导磁悬浮实验车。德国在磁悬浮列车的实用化方面居世界领先地位,我国上海引进德国技术,已建成一条磁悬浮列车线路,目前已投入运营。

(2) 超导弱电弱磁的应用

根据约瑟夫森效应,利用超导隧道结可以得到标准电压,而且数值精确,使用方便,在电压计量工作中具有重要意义,而以超导隧道效应为基础发展起来的约瑟夫森器件成为超导材料在弱电弱磁中的典型应用。

1)超导开关

超导开关是超导隧道效应的典型应用,其工作原理是基于超导体从超导态转变到正常态时,电阻从零变到有限值这一现象。利用这一效应制成的超导开关器件具有灵敏度高、噪声低、响应速度快和损耗小的特点。

按照控制超导体状态改变的不同方式,超导开关分磁控式、热控式和电流控制式等。一般而言,磁控式开关响应快,但对开关电路会产生一定干扰,且往往体积较大;热控式开关响应慢,但较简便,因此应用较广。

2)超导计算机

高速计算机要求集成电路芯片上的元件和连接线密集排列,但密集排列的电路在工作时会产生大量的热,因而散热一直是超大规模集成电路面临的难题。如果采用接近零电阻和超微发热的超导材料来制作元件间的互连线,就不存在散热问题,同时计算机的运算速度也可以大大提高。

研究表明,有若干超导材料(如铝系、银系等)可以经过镭射技术或蒸发技术在极薄的绝缘体上形成薄膜,并制成约瑟夫森器件。这种具有高速开关特性的器件是制作超高速电子计算机不可多得的元件,其结果将使计算机的体积大大缩小,能耗大大降低,计算速度大大提高。将超导数据处理器与外存储芯片组装成约瑟夫森式计算机,可以获得高速处理能力,在 1 s 内可进行 10 亿次的高速运算,是现有大型电子计算机速度的 15 倍。

3)超导量子干涉器(SQUID)

这是超导隧道效应的另一个基本应用。超导量子干涉器由含有约瑟夫森结的超导环组成。当超导环处于超导状态时,约瑟夫森结使得通过超导环的磁通呈量子化,即磁通变化是不连续的,磁通的跃变值非常小。如果绕此超导环放一线圈,则磁通每跃变一个量,便在线圈中感生一个电压脉冲,这个电压脉冲就可以用来测量磁场。可见,超导量子干涉器是一种高灵敏度的磁传感器,其最基本的特点就是可以检测非常微弱的磁信号(最小分辨率可达 10^{-15} T),如人体心脏磁场为 10^{-10} T 与人脑磁场为 10^{-13} T 的极微信号,以及直流微弱电磁波信号的宽范围变化。

超导量子干涉器比其他任何最佳磁场检测计的灵敏度要高 1 000 倍以上,因此,可应用于勘探地下油层、沉积矿床及地热资源。在军事防务方面,超导量子干涉器可发现及测定潜艇的准确位置。此外,作为高灵敏度的测磁计,超导量子干涉器在医疗诊断器、地球物理勘探仪、深海通讯仪器等方面也有重要的应用。

4)超导晶体管

超导晶体管是利用超导体作为电极,依照半导体晶体管结构而制成的电子器件,通常指超导体结型晶体管。结的形成一般是在蓝宝石或硅的基片上先制备一层超导薄膜,再氧化形成势垒层,然后制备第二层超导薄膜和势垒层,最后制备第三层超导膜,每层超导膜的厚度为数十纳米,两势垒层的厚度为 1~3 nm,这种经由两层氧化物势垒层分隔而叠加在一起的三层超导膜实际上相当于两个串联的超导隧道结,在用做超导晶体管时,其中的三层超导膜依次称为发射区、基区和集电区。如果在发射结上加以正电压,且其值大于能隙电压,则可拆散电子对,使之注入基区;在适当条件下,基区中存在的电子对拆散和准粒子复合这两种过程的净效应,可以导致准粒子的增加;而若在集电区上加以小于能隙电压的偏压,便可以将这些准粒子引出至外电路。

超导晶体管可以接成共基组态或共发组态。在共基接法时,电流增益可以大于1,而在共发接法时,电流增益可以做得很大。为了使共基接法时的电流增益大于1,制作电极的最常用超导材料是铝。

第 **3** 章
磁性材料

　　磁性材料是应用物质的磁性和各种磁效应,以满足电工设备、电子仪器、电子计算机等各方面技术要求的金属、合金及铁氧体化合物材料。磁性材料具有悠久的历史,种类繁多。从磁学角度来看,物质的磁性分为抗磁性、顺磁性、铁磁性、亚铁磁性、反铁磁性。而按原子磁矩排列次序可分为有序排列和无序排列。抗磁性和顺磁性物质为无序排列,其余三类磁性物质为有序排列。同时,物质的磁性随温度而变,常温下为有序排列的强磁性物质在温度升高到居里温度或奈尔温度以上时,会变成无序排列的弱磁性物质,反之亦然。从应用角度看,磁性材料则可分为软磁材料、硬磁材料、磁记录材料及一些特殊用途的磁性材料等。代表磁性材料性质的基本参量是起始磁导率 μ_i、最大磁导率 μ_m、矫顽力 H_c、剩余磁感应强度 B_r、最大磁能积 $(BH)_m$ 等。不同的应用对材料的磁性有不同的要求。

3.1　软磁材料

　　软磁材料是电力工业和电子工业中广泛应用的重要磁性材料。软磁材料的矫顽力很低,一般为 $H_c < 0.8\ \text{kA/m}$,在磁场中容易反复磁化,当外磁场去掉后,获得的磁性便会全部或大部分丧失。

3.1.1　软磁材料的基本性能

　　软磁材料的性能参数主要有:最大磁导率 μ_m、起始磁导率 μ_i、饱和磁感应强度 B_s 以及单位质量的铁损 P 等。由于使用场合的不同和工作条件的差异,对软磁材料在磁性能方面的要求也有不同。

(1)强磁场下的软磁材料

　　在强磁场下使用的软磁材料,对其磁性能的主要要求是:在一定的频率和磁感应强度下,具有低的铁损;在一定的磁场强度下,具有高的磁感应强度。铁损低,可降低产品的总损耗,提高产品效率;磁感应强度高,可缩小铁芯体积,减轻产品重量,而且可节约导线,降低导体电阻引起的损耗。

（2）弱磁场下的软磁材料

在弱磁场下使用的软磁材料,要求具有高的起始磁导率 μ_i、最大磁导率 μ_m 和低的矫顽力 H_c。高的磁导率可以保证在磁场很小时就可获得高的输出信号,有利于提高灵敏度;低的矫顽力,有助于缩小磁滞回线面积,使铁损降低。

（3）高频或较高频率下的软磁材料

在高频或较高频率下使用的软磁材料,除要求磁导率高和矫顽力低外,还应有高的电阻率,以降低涡流损耗。

此外,在某些特殊场合使用的软磁材料,有的要求具有矩形磁滞回线,有的要求在一定的磁感应强度范围内磁导率保持基本不变;还有的要求有高的饱和感应强度或磁致伸缩系数①等特性,以满足某些特殊需要。

通过以上讨论可知,一般要求软磁材料具有高的磁感应强度、高的磁导率、高的电阻率和较低的矫顽力。因此,软磁材料的磁滞回线多呈条状,如图 3.1 所示。

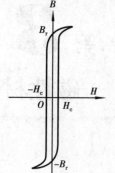

图 3.1　软磁材料的磁滞回线

3.1.2　软磁材料的种类及应用

（1）电工用纯铁

铁是最早应用的一种经典的软磁材料,具有高的饱和磁感应强度、高的磁导率和低的矫顽力。直到今天,纯铁还在一些特殊场合用到。电工用纯铁的含碳量很低,其纯度(含铁量)在 99.95% 以上。

1）电工用纯铁的性能

①磁性能　电工用纯铁在退火状态,起始磁导率 μ_i 为 $300 \sim 500\mu_0$,最大磁导率 μ_m 为 $6\,000 \sim 12\,000\mu_0$,矫顽力 H_c 为 $40 \sim 95$ A/m。通过仔细控制加工和热处理,可以使磁性能得到极大的改善。

②电性能　电工用纯铁的电阻率 ρ 很低,约为 10×10^{-8} $\Omega \cdot$ m,因而铁损很大。

③力学性能　电工用纯铁的强度和硬度很低,其抗拉强度 σ_b 仅为 27 kg/mm²,HB 为 131,但具有良好的塑性,其延伸率 δ 为 25%,断面收缩率 ψ 为 60%。

2）影响电工用纯铁性能的因素及改善性能的方法

①杂质的影响　电工用纯铁中常见杂质有:C、N、O、H、S、P、Mn、Si、Al、Cu 等,它们对磁性能有较大影响,其中 C 的影响最为突出,表现为使 M_s 降低,μ_m 急剧下降,磁滞损耗增加,磁化困难。通过严格控制冶炼与轧制过程,有效地去除气体含量和有害杂质,可以改善电工用纯铁的性能。

②晶粒大小的影响　电工用纯铁的组织对其性能有较大的影响。晶粒尺寸大,有利于提高磁导率 μ,降低矫顽力 H_c。因此,电工用纯铁在退火时,温度不宜超过 910 ℃,以免因重结晶而导致晶粒细化。

---

①　磁致伸缩是指铁磁物质在磁化时,沿磁化方向所发生的伸长或缩短现象。磁性体伸长或缩短的长度 Δl 与原来的长度 l 之比称为伸缩比。Δl 通常随磁场强度的增大而增大,最终趋于饱和。各种材料的饱和伸缩比称为磁致伸缩系数 λ_s。$\lambda_s = (\Delta l/l)_s$。

③塑性变形(冷加工)的影响 冷加工使纯铁的矫顽力 H_c 增大,磁导率 μ 降低,使磁性能恶化。因此,电工用纯铁冷加工后必须进行退火处理。退火温度的设定应充分考虑避免发生重结晶,不能高于910 ℃。

3)电工用纯铁的主要用途

电工用纯铁的电阻率很低,若在交变磁场下工作,涡流损耗大,故通常只能在直流磁场下工作。如果在纯铁中加入少量 Si 形成固溶体,则可提高其电阻率,从而减少涡流损耗。其主要的应用有电磁铁的铁芯和磁极、继电器的磁路和各种零件(如铁芯)、磁电式仪表中的元件,以及磁屏蔽罩等。

电工用纯铁的牌号、成分、用途和磁性能见表3.1 和表3.2。

表3.1 电工用纯铁的牌号、成分和用途

种类	牌号		主要成分/% ,不大于					一般用途
	名称	代号	C	Si	P	S	Al	
铝镇静纯铁	电铁3	DT3	0.04	0.20	0.02	0.02	0.50	不保证磁老化的一般电磁元件
	电铁3 高	DT3A						
	电铁4	DT4	0.03	0.20	0.02	0.02	0.15 ~ 0.5	在一定老化工艺下,保证无老化的电磁元件
	电铁4 高	DT4A						
	电铁4 特	DT4E						
	电铁4 超	DT4C						
硅铝镇静纯铁	电铁5	DT5	0.04	0.20 ~ 0.50	0.02	0.02	0.30	不保证磁老化的一般电磁元件
	电铁5 高	DT5A						
	电铁6	DT6	0.03	0.30 ~ 0.50	0.02	0.02	0.30	在一般老化工艺下,保证无老化、磁性范围较稳定的电磁元件
	电铁6 高	DT6A						
	电铁6 特	DT6E						
	电铁6 超	DT6C						

表3.2 电工用纯铁的磁性

磁性等级	牌号	$H_c/(\text{A} \cdot \text{m}^{-1})$ 不大于	$\mu_m/(10^{-3}\text{ H} \cdot \text{m}^{-1})$ 不小于	磁感应强度/T,不小于				
				B_5	B_{10}	B_{25}	B_{50}	B_{100}
普级	DT3、DT4、DT5、DT6	96	7.50	1.40	1.50	1.62	1.71	1.80
高级	DT3A、DT4A、DT5A、DT6A	72	8.75					
特级	DT4E、DT6E	48	11.30					
超级	DT4C、DT6C	32	15.00					

注:B_5、B_{10}、B_{25}、B_{50} 和 B_{100} 分别表示 H 为 500、1 000、2 500、5 000 和 10 000 A/m 时的磁感应强度值。

(2)电工用硅钢片(铁硅合金)

如前所述,在纯铁中加入0.38 ~ 0.45% 的 Si,使之形成固溶体,可以提高材料的电阻率,减少涡流损耗。这种铁碳硅合金的性能优于电工用纯铁,称为电工用硅钢片或铁硅合金。

1)硅对硅钢片性能的影响

硅对电工用硅钢片的性能起决定的影响。铁中加入硅后,Si 一般与 Fe 形成固溶体,呈铁磁性,其居里点随 Si 的百分含量增加而降低;Si 的加入使磁化变得较容易,并使磁导率 μ 增大,矫顽力 H_c 减小,磁滞损耗降低;Si 的加入使合金的电阻率 ρ 增大,能够有效地降低涡流损耗。当硅含量在 6% ~6.5% 时,具有高的磁导率,也使磁各向异性和磁致伸缩降低。

随着硅含量的增加,合金的磁性能有所提高,但硬度和脆性增大,密度下降,导热系数降低,对机械加工和散热不利。因此,综合考虑,电工用硅钢片中的硅含量不宜超过 4%。

2)电工用硅钢片的种类

电工用硅钢片按制造工艺不同,可分为热轧和冷轧两种,冷轧又有取向和无取向之分。因此,共有四类:热轧非织构(无取向)硅钢片、冷轧非织构(无取向)硅钢片、冷轧高斯织构(单取向)硅钢片、冷轧立方织构(双取向)硅钢片。

①无取向硅钢片　各种热轧硅钢片都属无取向的。热轧硅钢比冷轧硅钢的磁感应强度低,表面质量差,铁损大。热轧硅钢的产量逐年降低,有些国家已停止生产。

冷轧无取向硅钢片有全工艺型和半工艺型两类产品。全工艺型产品是经退火并涂有绝缘层的材料,其磁特性由制造厂保证,但钢片加工中产生的应力需经退火消除。半工艺型产品是平整或冷轧状态的材料,其磁特性并不完全由制造厂保证,而是需要通过适当的退火,使晶粒长大后才能达到应有的磁特性。

②高斯织构硅钢片　为了进一步提高电工钢的磁性能,高斯研制了具有取向结构的硅钢片——高斯织构硅钢片(冷轧取向硅钢片)。在这种结构中,α-Fe 的易磁化方向[100]与轧制方向吻合,难磁化方向[111]与轧制方向成 55°,中等磁化方向[110]与轧制方向成 90°(如图3.2 所示)。由于上述结构特点,高斯织构硅钢片具有磁各向异性,在强磁场内,单位铁损的各向异性最大,在弱磁场中,磁感应强度和磁导率的各向异性最大。因此,用这种硅钢片制铁芯时,常采用转绕方式。

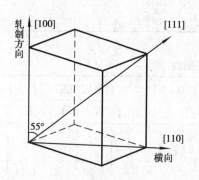

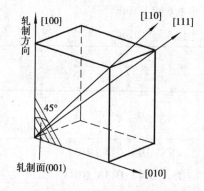

图 3.2　高斯织构硅钢片的磁化方向示意图　　图 3.3　立方织构硅钢片的磁化方向示意图

③立方织构硅钢片　在立方织构硅钢片中,大多数晶粒的(001)面与轧制面相吻合,它们的易磁化方向[100]、[010]分别平行和垂直于轧制方向取向,中等磁化方向[110]与轧制方向成 45°,难磁化方向[111]则偏离磁化平面,如图 3.3 所示。因此,立方织构硅钢片沿轧向和垂直轧向均具有良好的磁性,其磁性能优于上述高斯织构硅钢片,如果两种织构合金的含硅量相同,则立方织构极薄带钢的磁导率比高斯织构带钢高;沿轧制和垂直轧制方向切取的立方织构

试样,无论在弱磁场或强磁场内,都具有同样高的磁导率。两种织构硅钢片的性能见表 3.3。

表 3.3　高斯织构和立方织构硅钢片性能比较

磁性参数	高斯织构		立方织构	
	轧制方向	垂直轧制方向	轧制方向	垂直轧制方向
μ_m/μ_0	55 000	8 000	116 000	65 000
$H_c/(79.6\ \mathrm{A\cdot m^{-1}})$	0.08	0.27	0.07	0.08
$B_r/10^{-4}\ \mathrm{T}$	9 500	1 750	12 200	11 500
$B_m/10^{-4}\ \mathrm{T}$	16 300	11 000	16 600	16 000
$P_{1.5}/(\mathrm{W\cdot kg^{-1}})$	0.88	2.24	0.85	1.0

注:铁损 P 下标代表磁感应强度的大小,如 $P_{1.5}$ 就代表 $B=1.5\ \mathrm{kT}$ 时单位质量的铁损。

3)电工用硅钢片的主要用途

电工用硅钢片是一种应用最广、用量最大的磁性材料,可广泛用于电力工业中的铁芯材料,如各种电机、发电机、变压器的铁芯,可采用无取向的硅钢片。在电信工业中,硅钢片则一般在较高频率的弱磁场中使用。在仪器仪表工业中,电工用硅钢片常用于制造各种扼流圈、电磁机构、继电器和测量仪表中的电磁元件等。

(3)铁镍合金

铁镍合金主要是含镍 30% ~90% 的 Fe-Ni 合金,因其英文名为 Permalloy,又称为坡莫合金,意思是导磁合金。在铁镍合金中,除 Ni、Fe 外,通常还含有少量 Cr、Mo、Cu 等元素。铁镍合金与硅钢片相比,其最大特点是在弱磁场中具有良好的磁性能,因而广泛应用于电信、计算机、控制系统等领域。

1)铁镍合金的特点

铁镍合金不仅可以通过轧制和退火获得,而且还可以在居里点之下进行磁场冷却,强迫 Ni 和 Fe 原子定向排列,从而得到矩形磁滞回线的 Fe-Ni 合金,扩大使用范围。就化学成分而言,一般含 Ni 量为 40% ~90%,此时,合金呈单相固溶体。超结构相 Ni_3Fe 的有序/无序转变温度为 506 ℃,居里温度为 611 ℃。原子有序化对合金的电阻率、磁晶各向异性常数、磁致伸缩系数、磁导率和矫顽力都有影响。若要得到较高的磁导率,含 Ni 量必须在 76% ~80%,此时,Ni_3Fe 相在冷却过程中已经发生了有序变化,磁晶各向异性常数和磁致伸缩系数也发生了变化,为使它们趋近于零,铁镍合金热处理时必须急速冷却,否则就会影响磁性能。为了改善铁镍合金的磁性能,往往向其中加入 Mo、Cr、Cu 等元素,使合金有序化速度减慢,降低合金的有序化温度,简化热处理工艺。

2)铁镍合金的种类及应用

根据特性和用途不同,铁镍软磁合金大致可分为以下五类:

①1J50 类　1J50 类合金含镍量为 36% ~50%,具有较低的磁导率和较高的饱和磁感应强度及矫顽力。在热处理中,若能适当提高温度和延长时间,可降低矫顽力,提高磁导率。主要用于中等强度磁场,适用于中、小功率电力变压器、微电机、继电器、扼流圈、电磁离合器的铁

芯、屏蔽罩、话筒振动片以及力矩马达衔铁和导磁体等。主要牌号有 1J46、1J50 和 1J54 等。

②1J51 类 1J51 类合金含镍量为 34% ~ 50%,结构上具有晶体织构与磁畴织构,沿易磁化方向磁化,可获得矩形磁滞回线。在中等磁场下,有较高的磁导率及饱和磁感应强度。经过纵向磁场热处理(沿材料实际实用的磁路方向加一外磁场的磁场热处理),可使材料沿磁路方向的最大磁导率 μ_m 及矩形比 $B_\mathrm{r}/B_\mathrm{s}$ 增加,矫顽力降低。这类合金主要用于中小功率高灵敏度的磁放大器和磁调制器,中小功率的脉冲变压器、计算机元件等。主要牌号有 1J51、1J52 和 1J34 等。

③1J65 类 1J65 合金含镍量在 65% 左右,具有高的最大磁导率(μ_m 达 400 000μ_0)和较低的矫顽力 H_c,其磁滞回线几乎呈矩形,$B_\mathrm{r}/B_\mathrm{s}$ 达到 0.98。这类合金与 1J51 类合金一样,经过纵向磁场热处理后可以改善磁性能。主要应用于中等功率的磁放大器及扼流圈、继电器等。主要牌号有 1J65 和 1J67 等。

④1J79 类 1J79 类合金含 Ni 79%、Mo 4% 及少量 Mn。该类合金在弱磁场下,具有极高的最大磁导率,低的饱和磁感应强度。主要用于弱磁场下工作的高灵敏度和小型的功率变压器、小功率磁放大器、继电器、录音磁头和磁屏蔽等。主要牌号有 1J76、1J79、1J80 和 1J83 等。

⑤1J85 类 1J85 类合金在软磁合金中具有最高的起始磁导率、很高的最大磁导率和极低的矫顽力。由于其性能特点,这类合金对微弱信号反应极灵敏,适于作扼流圈、音频变压器、高精度电桥变压器、互感器、录音机磁头铁芯等。主要牌号有 1J85、1J86 和 1J87 等。

铁镍合金的分类及性能分别见表 3.4 和表 3.5。

表 3.4 铁镍合金的类别、特性及主要用途

类　别	典型牌号	特　性	主要用途
高矩形系数	1J51 1J52 1J34	矫形系数高,B_s 较高,μ_m 较高	中、小功率的脉冲变压器和记忆元件
高磁感应强度	1J50 1J46 1J54	非取向材料,具有较高的 B_s 和 H_c 值	中、小功率变压器、扼流圈、继电器以及控制微电机铁芯
高磁导率	1J79 1J80 1J83 1J76	较高的 μ_i 和 μ_m 值,较低的 B_s 和 H_c 值	弱磁场下的各类小功率变压器、继电器、扼流圈的铁芯、磁头和磁屏蔽等
高直流磁导率	1J65 1J67	具有最高的直流磁导率和矫形磁滞回线	扼流圈和计算机元件,因电阻率低,不宜用于高频
高起始磁导率	1J85 1J86 1J87	很高的 μ_i 和 μ_m,极低的 H_c 和损耗	扼流圈、音频变压器的铁芯、磁头等

表3.5 铁镍合金的主要成分和性能

牌号	化学成分/%					厚度/mm	$\mu_m/$ $(10^{-3}H \cdot m^{-1})$	B_s/T	R_r B_r/B_m	$H_c/$ $(A \cdot m^{-1})$
	Ni	Mo	Cr	Cu	Fe					
1J34	33.5~35.0	2.80~3.20	28.5~30.0	—	余	0.1	62.5	1.5	0.90	20
1J51	49.0~51.0	—	—	—	余	0.1	75.0	1.5	0.90	14.4
1J52	49.0~51.0	1.80~2.20	—	—	余	0.1	87.5	1.4	0.90	16
1J46	45.0~47.0	—	—	—	余	0.1	31.3	1.5	—	20
1J50	49.0~51.0	—	—	—	余	0.1	40.0	1.5	—	14.4
1J54	49.0~51.0	—	3.80~4.20	—	余	0.1	31.3	1.0	—	12
1J76	75.0~76.5	—	1.80~2.20	4.80~5.20	余	0.1	175	0.75	—	2.8
1J79	78.0~80.0	3.80~4.10	—	0.70~1.20	余	0.1	162.5	0.75	—	2
1J80	79.0~81.0	—	2.60~3.00	0.70~ 1.20(Mn)	余	0.1	150	0.65	—	2.4
1J83	78.5~79.5	2.80~3.20	—	—	余	0.1	225	0.82	0.80	1.6
1J65	64.5~66.0	—	—	—	余	0.1	275	1.3	0.87	3.2
1J67	64.5~66.0	1.80~2.20	—	—	余	0.1	312.5	1.2	0.90	4
1J85	79.0~81.0	4.80~5.20	—	—	余	0.1	187.5	0.70	—	1.6
1J86	8.05~81.5	5.80~6.20	—	1.0(Mn)	余	0.1	225	0.60	—	2

(4)铁铝合金

铁铝合金是以铁和铝(6%~16%)为主要元素组成的软磁合金系列,研究表明:当铝含量在16%以下时,便可以热轧成板材或者带材;当含铝量在5%~6%以上时,合金冷轧非常困难。

1)铁铝合金的特点

铁铝系合金是较早研究的一种软磁材料,该类合金与其他金属软磁材料相比,具有如下特点:

①随着 Al 含量的变化,可以获得各种较好的软磁特性。如 1J16(Al16Fe)有较高的磁导率;1J13(Al13Fe)具有较高的饱和磁致伸缩系数;1J12(Al12Fe)既有较高的磁导率又有较高的饱和磁感应强度等。

②有较高的电阻率。1J16 合金的电阻率是目前所有金属材料中最高的一种,一般为150 $\mu\Omega \cdot cm$,是 1J79 铁镍合金的 2~3 倍,因而具有较好的高频磁特性。

③有较高的硬度、强度和耐磨性。这对磁头之类的磁性元件来说是很重要的性能,如1J16 合金的硬度和耐磨性要比 1J79 合金高。

④密度低,可以减轻磁性元件的铁芯质量,这对于铁芯质量占相当大比例的现代电器设备来说很有必要。

⑤对应力敏感性小,适于在冲击、振动等环境下工作。

⑥合金的时效性好,随着环境温度的变化和使用时间的延长,其磁性变化不大。

此外,铁铝合金还具有较好的温度稳定性和抗辐射性能。

2)铁铝合金的主要应用

铁和铝都是资源丰富而又价廉的金属,铁铝合金的磁性能在很多方面与铁镍合金相类似,而在物理性质上还具有一些独特的优点,因此,可用来代替铁镍合金,是一种很有发展前途的软磁材料。铁铝合金可以部分取代铁镍系合金在电子变压器、磁头以及磁致伸缩换能器等方面应用。

几种铁铝合金的牌号、主要成分、特点及用途见表3.6。

表3.6 铁铝合金的牌号、主要成分、特点和用途

牌号	铝含量/%	特 点	主要用途
1J6	5.5~6.0	在铁铝合金中,B_s 最高,磁性能不如硅钢片,但有较好的耐蚀性	微电机的铁芯等
1J12	11.6~12.4	μ 和 B_s 值介于 1J6 和 1J16 之间,与 1J50 属同类型合金,具有高电阻率、抗应力、耐辐射等特性	控制微电机、中功率音频变压器、脉冲变压器、继电器等铁芯
1J13	12.8~14.0	与纯镍相比,B_s 高,H_c 小,但抗蚀性稍差	水声器件和超声器件
1J16	15.5~16.3	在铁铝合金中,μ 最大,H_c 最小,但 B_s 值不高	弱磁场下工作的小功率变压器、互感器、磁屏蔽

(5)铁钴合金及应用

铁钴合金主要指含钴量为50%的铁钴合金,又称为坡明德(Premendur)合金。铁中加钴可提高饱和磁感应强度,当钴含量在36%左右时,可得到在所有磁性材料中最高的 B_s 值。

常用的铁钴合金是含钴50%,钒1.4%~1.8%,其余为铁的合金,其牌号为1J22,主要优点有:

①饱和磁感应强度最高,超过目前任何已知的软磁材料,因而适合作重量轻、体积小的空间技术器件(如微电机、电磁铁、继电器等)。

②很高的居里温度,在其他软磁材料已完全热退磁的温度下,仍能保持良好的磁稳定性,适于高温环境工作。

③很高的饱和磁致伸缩系数,利用它制作磁致伸缩换能器时,输出能量高。

此外,铁钴合金在经磁场热处理后,可成为各向异性材料,其剩磁比和矫顽力得到进一步改善。但这种合金的不足之处是:电阻率低,高频下铁损高,加工性差,容易氧化,且价格昂贵。

1J22合金的成分和主要性能参数见表3.7。

表3.7 铁钴合金(1J22)的成分和性能

化学成分/%			B_{8000}/T	H_c/ $(A \cdot m^{-1})$	$\rho/(\mu\Omega \cdot m)$	T_c/℃	λ_s
Co	V	Fe	2.2	128	0.4	980	60×10^{-6}
49~51	0.8~1.8	余量					

（6）软磁铁氧体

铁氧体是一种特殊的非金属磁性材料，属于亚铁磁性范围。铁氧体是将铁的氧化物（如 Fe_2O_3）与其他某些金属氧化物用特殊工艺制成的复合氧化物。最典型的是以三价铁为基本组成的复合氧化物系列，如 MFe_2O_4、$M_3Fe_2O_5$、$MFeO_3$、$MFe_{12}O_{19}$ 等。分子式中 M 为某些金属离子。

1）软磁铁氧体的特点

软磁铁氧体是现在应用最广、数量最大、经济价值最高的一种。通过改变材料中各种金属元素的比例，加入微量元素和改进制造工艺等办法，可以获得各种性能不同、适用场合不同的软磁铁氧体。

与金属磁性材料（如纯铁、硅钢片、铁镍、铁铝合金等）相比，软磁铁氧体的磁导率与磁化率之比很大，电阻率高（可达 $10^2 \sim 10^{12}\ \Omega \cdot m$），这是因为铁氧体中含有未被抵消的自旋磁矩金属离子的相互作用的结果），涡流损耗小，介质损耗小，故广泛地用于高频和微波领域。

铁氧体的起始磁导率和磁感应强度较低，其饱和磁感应强度通常只有纯铁的 $1/5 \sim 1/3$。因此，铁氧体中单位体积储存的磁能较低。

2）常用软磁铁氧体材料及应用

常用的软磁铁氧体主要有尖晶石型的 Mn-Zn 铁氧体、Ni-Zn 铁氧体、Mg-Zn 铁氧体、Li-Zn 铁氧体和磁铅石型的甚高频铁氧体（例如 $BaCO_2 \cdot Fe_{24}O_{41}$）等，有几十个品种。它们的主要性能见表3.8。

表3.8 几种软磁铁氧体材料的主要性能

种 类		适用频率 f /MHz	μ_i /(10^{-6}H·m^{-1})	B_s/T	$_BH_c$ /(A·m^{-1})	T_c/℃	ρ/($\Omega \cdot$m)
高磁导率	Mn-Zn 系	0.1	>18 750	0.35	2.4	100	0.02
		0.1	>18 750	0.40	4.8	120	0.08
高磁饱和强度	Mn-Zn 系	0.01～0.1	5 625	0.46	16	>200	—
		0.01～0.4	3 750	0.49	12	200	0.05
低损耗高频率	Mn-Zn 系	0.01～0.5	2 250	0.39	16	160	9
		0.01～0.5	1 000	0.40	40	200	5
	Zi-Zn 系	0.3～0.1	250	0.25	120	250	500
		0.5～20	125	0.30	240	>350	1 000
		0.5～30	50	0.26	560	>400	>1 000
		40～80	25	0.15	960	>400	10^5
		3～150	20	0.30	440	>500	>10^5
	甚高频系	100～2 000	12.5～62.5	—	—	300～600	$10^2 \sim 10^{14}$
其他	Mg-Zn 系	1～25	62.5～625		400～1 240	100～300	100～1 000
	Cu-Zn 系	0.1～30	63.5～625	0.29～0.15	40～32	40～250	$10^3 \sim 10^5$
	Li-Zn 系	10～100	25～250	—	—	100～500	—

①锰锌铁氧体

锰锌铁氧体($MnO \cdot ZnO \cdot Fe_2O_3$)具有尖晶石型结构,其晶粒粗大,结构比较紧密,常呈黑色,是一种重要的软磁铁氧体材料,可以制成中、高起始磁导率材料和高饱和磁感应强度材料及低损耗高稳定材料等。

随着材料中 Zn^{2+} 含量的增加,其 M_s 将得到提高,而 K_1 和 λ_s 值减小,因而可获得较大的 μ_i 值。但是,Zn^{2+} 含量增加,也会使材料的居里温度 T_c 下降;增加材料中的 Fe_2O_3 含量,会使 B_s 值增大,T_c 升高;此外,为了防止氧化,常加入具有助熔作用的少量 CuO;还可引入 Mg^{2+}、Ca^{2+},以阻止晶粒长大,提高 ρ 值,降低损耗。

锰锌铁氧体常用于制作 1 MHz 以下的磁性元件,如滤波器、中频变压器、偏转线圈、中波磁性天线等的磁心。它是目前高磁导率软磁铁氧体中性能最好的一种。

②镍锌铁氧体

镍锌铁氧体($NiO \cdot ZnO \cdot Fe_2O_3$)一般为晶粒细小的多孔结构,常呈棕色。按用途可将其分为高频、高起始磁导率及高磁化强度等 3 种类型。但目前都是按照材料的起始磁导率的大小分为以下三类。

a. $\mu_i < 100$ 的低磁导率材料,其特点是:具有良好的高频特性,如高电阻率、低损耗因子。主要用做高频固定电感或可调电感磁芯及短波天线。这类材料的成分接近纯 Ni 铁氧体或 Zn 含量较少,同时附加了少量 CoO 及其他氧化物如 $MnCO_3$、$BaCO_3$、SiO_2 等以改善性能。其中有一种高频大振幅的 NiZnCoPb 或 NiCoPb 铁氧体,特别适用于调频器中的磁芯,可以承受较大的功率。

b. $100 < \mu_i < 1\ 000$ 的中等磁导率的 Ni-Zn 铁氧体。这类材料具有较低的损耗因子和相当高的温度稳定性以及较大的 μ_m 值,其 μ_i 值随成分中 Zn 的含量升高而增加。应用频率在几千赫到几兆赫。主要用做高、中频电感线圈、滤波线圈、脉冲变压器、磁放大器以及高频天线中的磁芯。

c. $\mu_i > 1\ 000$ 的高起始磁导率镍锌铁氧体。这类材料具有特别高的 μ_m、B_s 值,较大的非线性,以及高电阻率和好的起始磁导率频率特性,特别适用于脉冲变压器及磁放大器等非线性电感器件中的磁芯。由于高起始磁导率的镍锌铁氧体中含 Zn 量较高,其 T_c 值较低,只能在较窄的温度范围内使用,当 $\mu_i > 5\ 000$ 时,T_c 已接近室温,失去使用意义。

与锰锌铁氧体相比,镍锌铁氧体的 μ_i 值仍较低,且在低频时损耗大,加之其价格较高,故一般不在低频范围内使用。但它具有较大的 μ_m 值,用做低频变压器的磁芯,其性能较好。镍锌铁氧体的最大特点是高频低损耗,是目前最好的高频软磁铁氧体材料,一般应用频率范围在 1~300 MHz,经特殊处理的材料,使用频率可达 800 MHz。

③镁锌铁氧体

这是一种只适用于 25 MHz 以下的范围内使用的高频铁氧体材料,其饱和磁矩低,高频特性不如镍锌铁氧体,低频时又不如锰锌铁氧体,但是,由于原料中不含有贵重金属,原料普遍,价格便宜,工艺制造方便,而且没有氧化问题,至今仍有一定实用价值。

④锂锌铁氧体

锂锌铁氧体是一种在高频范围(10~100 MHz)内应用的铁氧体,损耗较镍锌铁氧体大,居里温度高,磁导率也较高,烧结温度较低(一般在 1 100 ℃ 以下),加上价格便宜(氧化锂的用量不大),是一种较好的高频软磁材料。但是,锂在高温下的挥发严重,锂锌铁氧体的工艺稳定性和质量较之镍锌铁氧体稍差,因而应用范围尚不广泛。

⑤甚高频软磁铁氧体

这是一种适用于 100 ~ 2 000 MHz 的超高频和甚高频材料,属于平面型六方晶系。主要有 Y 型结构及含 Co 的 Z 型和 W 型结构两种类型,其一般化学式为 $nMO \cdot mBaO \cdot pFe_2O_3$,其中 M 代表 Co^{2+}、Ni^{2+}、Mg^{2+}、Zn^{2+}、Cu^{2+}、…等离子。这种材料具有较大的单轴各向异性和较高的自振频率,其磁特性比镍锌铁氧体好,在国内外已有不少应用,是一种很有发展前途的甚高频软磁材料。

(7)非晶态软磁合金

非晶态合金结构上的原子长程无序排列决定了其具有优良的软磁性能,它的矫顽力和饱和磁化强度虽然与铁镍合金基本相同,但含有质量比低于 20% 的非金属成分。非晶态合金不但具有高的比电阻,交流损失很小,而且制造工艺简单,成本也较低,同时还具有高强度,耐腐蚀等优点。

1)非晶态软磁合金的成分特点及主要种类

非晶态软磁合金的一般成分为 TM75 ~ 80-M15 ~ 30(TM 指过渡金属,M 指类金属),由于铁族过渡元素的存在,故极易出现磁性,又由于类金属的存在使其磁性发生变化而与晶态合金不同。目前,金属—类金属型非晶态软磁合金从成分上看可分为三类,即 Fe 基、Co 基和 FeNi 基。

①铁基非晶态软磁合金　这类合金的特点是:饱和磁感应强度 B_s 较高,损耗值比晶粒取向硅钢片的低很多,只有硅钢的 1/4 ~ 1/5,很适合于做功率变压器等。但是,非晶态软磁合金和硅钢相比也存在一定的缺点,即带厚度比硅钢薄很多,如在工频条件下使用的硅钢的厚度一般为 0.35 mm,而非晶态合金条带的厚度往往只有 0.04 ~ 0.05 mm,这样,使铁芯的填空系数低 10% ~ 15%。尽管如此,由于配电变压器的使用量极大,因而如果所有的配电变压器都改用铁基非晶态软磁合金薄带做的铁芯,则节电的效益是十分可观的。目前,由于制造成本高的原因,在规模使用上受到限制。

②钴基非晶态软磁合金　这类合金的特点是:饱和磁感应强度较低,起始磁导率很高,矫顽力很小,交流损耗低。它适合于做传递小功率能量及传递电压信号的磁性元件。另外,这类合金所具有的零磁致伸缩的特性,使其在磁头应用方面有较好的发展前途。

③铁镍基非晶态软磁合金　这类合金的饱和磁感应强度和起始磁导率等磁性参数基本上介于铁基和钴基非晶态合金之间,相应的用途也介于两者之间,即可用于传递中等功率及中等强度电压信号的变压器。

2)非晶态软磁合金的应用

非晶态软磁合金主要有两个方面的应用:一是高磁感合金用做功率器件,如配电变压器、高频开关电源等用于电子工业;二是具有零磁致伸缩的高磁导合金用做信息敏感器件或小功率器件,如磁头、磁屏蔽和漏电保护器等用于无线电电子工业和仪器仪表工业。

此外,非晶态软磁合金还可以用做高梯度磁分离技术中的磁介质材料,磁弹簧和磁弹传感器材料,微电机、磁放大器、磁调制器、脉冲变压器铁芯材料以及超声延迟线等。总之,在许多方面的应用中,非晶态软磁合金已取得明显的效益。

3.2　硬磁材料

硬磁材料是指将所加的磁化场去除后,仍能在较长时间内保持其强磁性的材料。与软磁材料相比,硬磁材料经饱和磁化后具有高的矫顽力,一般为 $H_c > 10^4$ A/m,其磁滞回线的面积也比较大,它又称为永磁材料、恒磁材料。

3.2.1　硬磁材料的基本性能

硬磁材料应用非常广泛,在所有应用硬磁材料的装置中,都是利用硬磁材料在特定的空间产生的磁场。因此,常用剩磁 B_r、矫顽力 H_c 和最大磁能积 $(BH)_{max}$ 等磁参数来表征硬磁材料的优劣。此外,硬磁材料在使用过程中对温度、振动或冲击等外界环境因素的稳定性也是衡量其品质的重要因素之一。

(1)剩余磁感应强度 B_r

剩磁 B_r 表示硬磁材料经外磁场磁化达饱和后,除去磁场,在闭合磁路中所剩留的磁感应强度。正是由于 B_r 的存在,硬磁材料才能在没有外磁场时对外保持一定的磁场,B_r 越大,则产生的磁场也越强。因此,对硬磁材料来说,要求 B_r 越大越好,一般要求 $B_r > 0.1$ T。

(2)矫顽力 H_c

硬磁材料的矫顽力 H_c 表示将剩磁 B_r 减到零时所需要的反向磁场的大小。硬磁材料在应用时,总要在磁路中开一定大小的空气间隙,以便在其中产生磁场以利用。由于这种空隙的存在,则必然在间隙两侧硬磁体的表面上产生磁极。这种磁极在磁体内部产生一退磁场,其方向与原来磁化的外磁场相反,而且空气隙越大,退磁场越强。因而,硬磁体实际上并不是处在磁场 $H = 0$ 的状态(即 B_r 点),而是处于一退磁场作用下的状态。由于退磁场与原来的磁化反向,所以硬磁体实际上是工作在 B_r 和 H_c 之间退磁曲线的某一点上。因此,希望硬磁体在退磁场作用下仍能保持高的 B_r,这就要求 H_c 要大。H_c 越大,就表示抵抗退磁场作用的能力越强。

(3)最大磁能积 $(BH)_{max}$

最大磁能积 $(BH)_{max}$ 越大,硬磁材料单位体积中储存的磁能也越大,材料的性能也越好,也就能够保证在给定的空间产生足够大的磁场强度 H。

从图 3.4 可以看出,决定 $(BH)_{max}$ 大小的因素有两个方面:一是 H_c 和 B_r,即 H_c 和 B_r 越大,则 $(BH)_{max}$ 越大;二是退磁曲线的形状,即退磁曲线越凸起,则 $(BH)_{max}$ 越大。退磁曲线的这种特性可用凸起系数 η 表示,$\eta = (BH)_m / B_r H_c$。一般硬磁材料的 η 为 0.25 ~ 0.85。

(4)磁稳定性

硬磁材料的磁稳定性是指其有关磁性能在使用过程中随时间的延长和外界条件(如温度、振动、应力、辐射、冲击以及与强磁性物质接触等)的作用时保持不变

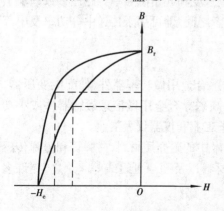

图 3.4　硬磁材料的退磁曲线

或变化很小的能力。通常用磁感应强度衰减率表示,即

$$\psi = \frac{B'_m - B_m}{B_m} \times 100\%$$

式中,ψ 即磁感应强度衰减率,简称衰减率;B_m 与 B'_m 分别为硬磁体受外界因素作用前后的磁感应强度。一般 ψ 是负值,即这种不可逆的变化常常反映为磁性能的下降,其绝对值越小,说明材料的磁稳定性越好。

3.2.2 硬磁材料的种类及应用

硬磁材料的种类很多,可以按不同的分类方法对其进行分类。目前产量较大,应用较为普遍的硬磁材料主要有以下几个系列,即铝镍钴永磁合金、稀土永磁材料、可加工的永磁合金、永磁铁氧体材料、单畴微粉永磁合金及塑料永磁材料等。下面分别介绍几类金属永磁材料。

(1)铝镍钴永磁合金

1)铝镍钴永磁合金的性能特点

铝镍钴系永磁合金具有高的磁能积($(BH)_m$ 为 40 ~ 70 kJ/m³),高的剩磁(B_r 为 0.7 ~ 1.35 T)以及较高的矫顽力(H_c 为 40 ~ 60 kA/m)。这类合金属于沉淀硬化型磁体,高温下呈单相状态(α 相),冷却时从 α 相中析出磁性相,使矫顽力增加。铝镍钴系合金硬而脆,难于加工,成型方法主要有铸造法和粉末烧结法两种。

2)铝镍钴永磁合金的成分特点

铝镍钴系永磁合金以 Fe、Ni、Al 为主要成分,通过添加 Cu、Co、Ti 等元素进一步提高合金性能。从成分角度可以将该系合金划分为铝镍型、铝镍钴型和铝镍钴钛型三种。其中铝镍钴型合金具有高的剩余磁感应强度,铝镍钴钛型则以高矫顽力为主要特征。这类合金的性能除与成分有关外,还与其内部结构有密切关系。铸造铝镍钴系合金从织构角度可划分为各向同性合金、磁场取向合金和定向结晶合金三种。这类合金中的典型代表是 $AlNiCo_5$,其价格适中,性能良好,成为这一系列中使用最广泛的合金。由于采用高温铸型定向浇注和区域熔炼,其磁性能获得很大提高。

铝镍钴系列永磁合金的化学成分及磁性能见表 3.9。

表 3.9 铝镍钴系列永磁合金的化学成分及磁性能

序号	工艺方法	牌 号	化学成分/%						磁性能			备 注
			Al	Ni	Co	Cu	Ti	Fe	$B_r/$ $\times 10^{-4}$T	$H_c/$ $(\times 79.6$A·m$^{-1})$	$(BH)_{max}/$ $(\times 7.96$ kJ·m$^{-3})$	
1	铸造	Alnico2	9 ~ 10	19 ~ 20	15 ~ 16	4	—	余	6 800	600	1.6	各向同性
2		Alnico3	9	20	15	4	—	余	7 500	600	1.6	各向同性
3		Alnico4	8	14	24	3	0.3	余	12 000	550	4.0	各向异性
4		Alnico5	8	14	24	3	0.3	余	12 500	600	5.0	各向异性
5		Alnico6	8	14	24	3	0.3	余	13 000	700	6.5	柱状晶
6		Alnico8	7	15	34	4	5	余	8 000	1 250	4.0	各向同性
7		Alnico8 I	7	15	34	4	5	余	9 500	1 300	7.0	柱状晶
8		Alnico8 II	7	15	34	4	5	余	10 500	1 400	9.0	柱状晶
9		Alnico9	7.5	14	38	3	8	余	7 400	1 800	4.0	各向异性

续表

序号	工艺方法	牌号	化学成分/%						磁性能			备注
			Al	Ni	Co	Cu	Ti	Fe	$B_r/$ $\times 10^{-4}$T	$H_c/$ $(\times 79.6$A·m$^{-1})$	$(BH)_{max}/$ $(\times 7.96$ kJ·m$^{-3})$	
10	烧结	Alni95	11~13	22~24	—	2.5~3.5	—	余	5 600	350	0.9	各向同性
11		Alni120	12~14	26~28		3~4	—	余	5 000	450	1.0	各向同性
12		Alnico100	11~13	19~21	5~7	5~6	—	余	6 200	430	1.25	各向同性
13		Alnico200	8~10	19~21	14~16	3.5~4.5	—	余	6 500	550	1.35	各向同性
14		Alnico400	8.5~9.5	13~14	24~26	2.5~3.5	—	余	10 000	550	3.5	各向异性
15		Alnico500	8.5~9.5	13~14	24~26	2.5~3.5	—	余	10 600	600	3.7	各向异性

3）铝镍钴永磁合金的应用

由于20世纪60~70年代永磁铁氧体和稀土永磁合金的迅速发展,铝镍钴合金开始被取代,其产量自70年代以来明显下降。但在对永磁体稳定性有高要求的许多应用中,铝镍钴系永磁合金往往是最佳的选择。铝镍钴合金被广泛用于电机器件上,如发电机、电动机、继电器和磁电机等;在电子工业中,铝镍钴合金则广泛用于制造扬声器、行波管、电话耳机和受话器等磁性部件。

（2）稀土永磁材料

稀土永磁材料是20世纪60~70年代迅速发展起来的最大磁能积最高的一类硬磁材料,主要是稀土元素与Fe、Co、Cu、Zn等过渡金属或B、C、N等非金属元素组成的金属间化合物。由于这类硬磁材料综合了一些稀土元素的高磁晶各向异性和铁族元素高居里温度的优点,因而获得了当前最大磁能积最高的硬磁性能。从60年代起,稀土永磁材料已经研究和生产了三代材料,即第一代的$SmCo_5$系材料,第二代的Sm_2Co_{17}系材料和第三代的Nd-Fe-B系材料。当前正在研究第四代的R-Fe-N系和R-Fe-C系材料。

1）稀土钴系永磁合金

稀土钴永磁合金是目前磁能积和矫顽力最高的硬磁材料,主要有1∶5型Sm-Co永磁合金、2∶17型Sm-Co永磁合金和粘接型Sm-Co永磁合金。普遍应用于电子钟表、微型继电器、微型直流马达和发电机、助听器、行波管、质子直线加速器和微波铁氧器件等。

①RCo_5型合金 这是研究得最早的一类稀土永磁材料,其中的R可以是Sm、Pr、Lu、Ce、Y及混合稀土（Mm）,包括$SmCo_5$、$PrCo_5$和（SmPr）Co_5。$SmCo_5$金属间化合物具有$CaCu_5$型六方结构,矫顽力来源于畴的成核和晶界处畴壁钉扎。其饱和磁化强度适中（$M_s = 0.97$ T）,磁晶各向异性极高（$K_1 = 17.2$ MJ/m^3）。采用高场取向和等静压技术,可使$SmCo_5$磁性能达到B_r为1.0~1.07T,$_BH_c$为0.78~0.85$\times 10^6$ A/m（$B = 0$,即矫顽力）,$_MH_c$为1.27~1.59$\times 10^6$ A/m（$M = 0$,称内禀矫顽力或本质矫顽力）,$(BH)_{max}$为1.99~2.33$\times 10^3$ kJ/m^3。由于Sm、Pr价格昂贵,为了降低成本,发展了一系列以廉价的混合稀土元素全部或部分取代Sm、Pr;用Fe、Cr、Mn、Cu等元素部分取代Co的RCo_5型合金,如:$MmCo_5$、（CeSm）（Cu、Fe、Co）$_5$、$Sm_{0.5}Mm_{0.5}Co_5$等。

②R_2TM_{17} 型合金　金属间化合物 Sm_2Co_{17} 也是六方晶体结构,饱和磁化强度较高(M_s = 1.20 T),磁晶各向异性较低($K_1 = 3.3$ MJ/m^3)。以 Sm_2Co_{17} 为基的磁体是多相沉淀硬化型磁体,矫顽力来源于沉淀粒子在畴壁的钉扎。R_2Co_{17} 型合金矫顽力 H_c 较低,但剩余磁感应强度 B_r 和饱和磁感应强度 B_s 均高于 RCo_5 型合金。在 R_2Co_{17} 的基础上又研制了 R_2TM_{17} 型永磁合金,其成分为 $Sm_2(Co,Cu,Fe,Zn)_{17}$,其磁性能优于 RCo_5 型合金,并部分取代了 RCo_5 型合金。

Sm-Co 系合金的性能见表 3.10。

表 3.10　钐钴永磁合金的特征

型　号	$B_r/\times10^{-4}$ T	$H_c/$ ($\times79.6$ A · m^{-1})	$(BH)_{max}/$ ($\times7.96$ kJ · m^{-3})	主要应用
H-13S	7.0	6.7	12	
H-18B	8.5	8.3	17	
H-22A	9.0	8.8	20	立体声耳机、呼叫装置和硬磁盘等高性能、小型化的高科技产品
H-20SV	9.2	8.3	20	
H-23CV	9.8	8.7	22	
H-30BV	10.4	7.5	24	
H-30CH	10.6	9.0	26	
H-30BH	11.2	7.5	28	

2)稀土铁系永磁合金

以 Nd-Fe-B 为代表的稀土铁系永磁材料是磁性能最高、应用最广、发展速度最快的新一代硬磁材料,它的优异的磁性能主要来自于成分为 $Nd_2Fe_{14}B$ 的硬磁化相。稀土铁系永磁材料大多是 $R_2Fe_{14}B$ 型,其中 R 可以是 Nd、Pr、Dy 和 Tb 等。自 20 世纪 80 年代钕铁硼永磁材料问世以来,由于其优异的磁性能和相对较低的原材料成本,很快得到了迅速的发展。可应用于汽车电动机、微特电机、办公自动化和工厂自动化装置、磁盘驱动器、MP3 播放器及家用电器等。

①Nd-Fe-B 系合金

由于 Nd-Fe-B 系合金不含 Sm、Co 等贵重元素,因此价格较 RCo_5 和 R_2TM_{17} 型合金等便宜,但磁性能却优于前者。目前 $(BH)_{max}$ 可达 400 kJ/m^3 以上,B_r = 1.48 T。该合金不像稀土钴合金那样易破碎,具有较好的加工性能,且合金密度较稀土钴低 13%,更有利于实现磁性元件的轻量化、薄型化。

应该指出的是,Nd-Fe-B 系合金虽然磁性能很好,但也存在一些缺点,主要有:a. 耐腐蚀性差;b. 居里温度低($T_c = 312$ ℃,而 RCo_5 型合金的居里温度高达 724 ℃);c. 磁感应强度温度系数大;d. 材料使用温度低(不超过 150 ℃)。

为了改善 Nd-Fe-B 的性能,国内外学者做了许多工作,主要有:a. 在合金中加入一定量的镍,或在磁体表面镀保护层,均可提高其耐腐蚀性;b. 用 Co 和 Al 取代部分 Fe 或用少量重稀土取代部分 Nd,可明显降低合金的磁性温度系数,如 $Nd_{15}Fe_{62.5}B_{5.5}Al$ 的居里温度可达 500 ℃;c. 在 Dy 和 Co 的共同作用下,加入 Al、Nb、Ga 可以提高合金的内禀矫顽力,加入一定量的 Mo 也可以提高矫顽力,同时还可改善合金的温度稳定性。

Nd-Fe-B 系合金有着广泛的市场应用前景,其最主要的用途是制造电机,具有体积小、重量轻、比功率大、效率高等优势。此外,电声器件中的传声器、高频扬声器和立体声耳机,磁流体密封器、磁水器、测量仪器、磁力器、磁传感器等都是 Nd-Fe-B 的主要应用领域。在医疗方面,核磁共振成像仪中,也要用到 Nd-Fe-B 磁体。

Nd-Fe-B 系合金的性能见表 3.11。

表 3.11　钕铁硼永磁合金的特征

型　号	$B_r/\times 10^{-4}$T	H_c /(×79.6 A·m^{-1})	$(BH)_{max}$ /(×7.96 kJ·m^{-3})	主要应用
HS-27CV	10.8	9.8	26	
HS-30C	11.0	10.8	30	小型化的电子设备
HS-30BV	11.5	9.5	30	
HS-30BH	12.0	11.0	34	

②Sm-Fe-N 系合金

以 Sm-Fe-N 为代表的第四代 R-Fe-N 系和 R-Fe-C 系稀土永磁合金是目前正在研究中的新型硬磁材料。Sm-Fe-N 系合金虽然磁性能略低于 Nd-Fe-B,但居里温度较高。由于 Sm-Fe-N 系列化合物 600 ℃以上发生不可逆分解,故只能用粘接法制备,因而限制了更广泛的应用。

Sm-Fe-N 系硬磁材料目前还没有商品化,但就其综合磁性能看,很有可能发展成新一代稀土永磁材料。由于 Sm 元素稀缺,价格昂贵,有人试图通过添加价格低、储量丰富的稀土元素,如 Nd、Ce、Y 等来部分取代 Sm。研究表明,稀土元素可能会不同程度地降低其磁性能,但稀土—铁与第三元素 M(如 Ti、Co、V、Mo、Cu、W、Si 等)形成金属间化合物,磁性能降低不多,有的反而提高(如 Co),这是改善 $Sm_2Fe_{17}N_x$ 硬磁性能,稳定结构的重要途径。另外,还可加 C,形成新型 Sm_2-$(Fe,M)_{17}$-C 或 Sm_2-$(Fe,M)_{17}$-(C-N)合金系。因此,调整化学成分,是 Sm-Fe-N 系硬磁体的主要发展方向;其次,制备方法对其磁性能的影响也很大。

部分系稀土硬磁材料的磁性能见表 3.12。

表 3.12　部分 Sm-Fe-N 系稀土硬磁材料的磁性能

材料种类	制备方法	B_r/T	$_BH_c$ /(kA·m^{-1})	$_MH_c$ /(MA·m^{-1})	$(BH)_{max}$ /(kJ·m^{-3})
	压实磁体	1.0	636.6		167.1
	铸造法粉体	1.41	716.2		270.6
$Sm_2Fe_{17}N_3$	树脂黏结磁体	0.9	517.3		135.3
	Zn 黏结磁体	0.65	477.5		85.9
	氢化歧化法粉体	1.19	—	1.13	198.9

续表

材料种类	制备方法	B_r/T	$_BH_c$ /(kA·m^{-1})	$_MH_c$ /(MA·m^{-1})	$(BH)_{max}$ /(kJ·m^{-3})
$Sm_2Fe_{17}N_x$	压实磁体	0.986	—	1.54	167.1
$Sm_2(Fe_{0.9}Co_{0.1})_{17}N_{2.9}$	机械合金法粉体	1.51	—	—	372.4
$Sm_{10}Fe_{82.5}V_{7.5}N_y$	粉末冶金法粉体	0.71	533.2	—	63.7
$Sm_2(Fe,Ti)_{17}N_3$	粉末冶金法粉体	0.73	—	1.59~2.00	89.1

(3)可加工的永磁合金

可加工永磁合金是指机械性能较好,允许通过冲压、轧制、车削等手段加工成各种带、片、板,同时又具有较高磁性能的硬磁合金。这类合金在淬火态具有良好的加工性能,合金的矫顽力是通过淬火塑性变形和时效(回火)硬化后获得的。

这类合金主要有以下几种:

1)α-铁基合金

主要有 Fe-Co-Mo、Fe-Co-W 合金,磁能积在 8 kJ/m³ 左右。这类合金以 α-Fe 为基,通过弥散析出金属间化合物 Fe_mX_n 来提高硬磁性能。Co 的作用是提高 B_s,Mo 则提高 H_c。实际上,在铁中加入能缩小 γ 区并在 α-Fe 中溶解度随温度降低而减小的元素,都有可能成为 α-Fe 基永磁合金。如 Fe-Ti、Fe-Nb、Fe-Be、Fe-P 和 Fe-Cu 等。

α-铁基合金主要用做磁滞马达、形状复杂的小型磁铁,也可以用在电话接收机上。

2)α/γ 相变型铁基合金

这类合金是在 Fe 中加入扩大 γ 区的元素,使合金在高温下为 γ 相,室温附近为 α + γ 相,利用 α/γ 相变来获得高矫顽力。主要为 Fe-Mn 系、Fe-Co-V 系等合金。

①Fe-Mn-Ti 合金　Fe-Mn 系一般含 Mn 量为 12% ~14%。添加少量 Ti 的 Fe-Mn-Ti 合金经冷轧和回火后,可进行切削、弯曲和冲压等加工,而且由于不含 Co,所以价格较低廉。一般用来制造指南针、仪表零件等。

②Fe-Co-V 合金　Fe-Co-V 永磁合金是最早研究和使用的硬磁合金之一,其成分为 50% ~52% 的 Co,10% ~15% 的 V,其余为 Fe,有时含少量的 Cr。它是可加工永磁合金中性能较高的一种,其 B_r 为 0.9 ~1.0 T,H_c 为 24 ~40 kA/m,磁能积为 24 ~33 kJ/m³。为了提高磁性能,回火前必须经冷变形,且冷变形度越大,含 V 量越高,磁性能越好。由于该合金延展性很好,可以压制成极薄的片,故可用于防盗标记。这类合金还广泛应用于微型电机和录音机磁性零件的制造。

部分 Fe-Co-V 永磁合金的性能见表3.13。

表 3.13　部分 Fe-Co-V 永磁合金的性能

牌号	线　材			带　材		
	B_r /$(\times 10^{-4}\,T)$	H_c /$(\times 79.6\,A\cdot m^{-1})$	$(BH)_{max}$ /$(\times 7.96\,kJ\cdot m^{-3})$	B_r /$(\times 10^{-4}\,T)$	H_c /$(\times 79.6\,A\cdot m^{-1})$	$(BH)_{max}$ /$(\times 7.96\,kJ\cdot m^{-3})$
2J13	7 000	400	3.0	6 000	350	2.3
2J12	8 500	350	3.0	7 500	300	2.4
2J11	10 000	300	3.0	10 000	220	2.4

3）铜基合金

包括 Cu-Ni-Fe 和 Cu-Ni-Co 两种合金,成分分别为 60% Cu-20% Ni-Fe 和 50% Cu-20% Ni-2.5% Co-Fe。它们的硬磁性能是通过热处理和冷加工获得的,其磁能积为 6~15 kJ/m^3,可用于测速计和转速计。

4）铁铬钴合金

Fe-Cr-Co 永磁合金是从 20 世纪 70 年代开始发展起来的可加工永磁合金,是当代主要应用的另一类金属硬磁合金。该系列合金的基本成分为 20%~33% 的 Cr,3%~25% 的 Co,其余为铁。通过改变组分含量或添加其他元素如 Ti 等,可改变其硬磁性能。该系列合金冷热塑性变形性能良好,可以进行冷冲、弯曲、钻孔和各种切削加工,制成片材、棒材、丝材和管材,适于制成细小和形状复杂的永磁体。

Fe-Cr-Co 合金的磁性能已经达到 AlNiCo₅ 合金的水平,B_r 为 1.0~1.3 T,H_c 为 48~80 kA/m,$(BH)_{max}$ 为 32~56 kJ/m^3,而原材料成本比 AlNiCo₅ 低 20%~30%,目前已部分取代 AlNiCo 系永磁合金及其他延性永磁合金。不过,Fe-Cr-Co 合金的硬磁性能对热处理等较为敏感,难以获得最佳的硬磁性能。Fe-Cr-Co 合金的成分及磁性能见表 3.14。

表 3.14　Fe-Cr-Co 合金的成分及磁性能

化学成分/%					B_r /$(\times 10^{-1}\,T)$	H_c /$(\times 79.6\,A\cdot m^{-1})$	$(BH)_{max}$ /$(\times 7.96\,kJ\cdot m^{-3})$	工艺特点
Cr	Co	Mo	Ti	Cu				
22	15	—	0.8	—	15.3	0.648	7.25	柱状晶,磁场热处理,回火
22	15	2	1	—	14.8	0.70	7.35	柱状晶,磁场热处理,回火
28	8	—	—	—	14.5	0.595	6.86	柱状晶,磁场热处理,回火
22	15	—	1.5	—	15.6	0.64	8.3	等轴晶,磁场热处理,回火
24	15	3	1.0	—	15.4	0.84	9.5	柱状晶,磁场热处理,回火
26	10	—	1.5	—	14.4	0.59	6.9	等轴晶,磁场热处理,回火
30	4	—	1.5	—	12.5	0.57	5.0	等轴晶,磁场热处理,回火
33	23	—	—	2	13.0	1.08	9.8	形变时效
33	16	—	—	2	12.9	0.88	8.1	形变时效
33	11.5	—	—	2	11.5	0.76	6.3	形变时效
27	9	—	—	—	13.0	0.58	6.2	磁场热处理,回火
30	5	—	—	—	13.4	0.53	5.3	磁场热处理,回火
25	12	—	—	—	14.0	0.55	5.2	烧结法

铁铬钴系永磁合金主要有 Fe-Cr-Co-Mo、Fe-Cr-Co-Si、Fe-Cr-Co-V、Fe-Cr-Co-V-Nb-Al、Fe-Cr-Co-Ti 以及一些低钴的 Fe-Cr-Co 合金,它已部分取代铝镍钴、铁镍铜、铁钴钒等合金,用于电话受话器、扬声器、电度表、转速表、空气滤波器和陀螺仪等方面。

(4)硬磁铁氧体

硬磁铁氧体是日本在 20 世纪 30 年代初发现的,但由于性能差,且制造成本高,而应用不广。至 50 年代出现钡铁氧体($BaFe_{12}O_{19}$),才使硬磁铁氧体的应用领域得到了扩展。硬磁铁氧体具有高矫顽力、制造容易、抗老化和性能稳定等优点。

1)硬磁铁氧体的种类

工业上普遍应用的硬磁铁氧体就其成分而言主要有两种:钡铁氧体和锶铁氧体。其典型成分分别为 $BaO \cdot 6Fe_2O_3$ 和 $SrO \cdot 6Fe_2O_3$,一般以 Fe_2O_3、$BaCO_3$ 和 $SrCO_3$ 为原料,经混合、预烧、球磨、压制成型和烧结而成。这类材料具有亚铁磁性,其晶体为六方结构,因而具有高的磁晶各向异性。铁氧体磁化以后,能保持较强的磁化性能,即 H_c 高,但 B_r 比金属硬磁材料要低一些。

钡铁氧体有各向同性和各向异性两种。各向同性钡铁氧体的 B_r 较小,$(BH)_{max}$ 值也不高。各向异性钡铁氧体是利用单畴结构的微细粉末在磁场下成型,再经烧结而制得的。在外磁场的作用下,粉末颗粒的易磁化方向旋转至与磁场一致,使每个颗粒的易磁化轴平行于磁场方向,在材料中形成与单晶的磁状态近乎相同的组织。当除去外磁场后,各微晶粒的磁矩仍保留在这个方向上,因而各向异性硬磁铁氧体的磁能积要比各向同性的铁氧体大 4 倍之多。

锶铁氧体和钡铁氧体的物理性能相近,其 B_r、$(BH)_{max}$、H_c 均稍高于钡铁氧体。目前我国已经大量生产的部分硬磁铁氧体材料的主要性能见表 3.15。

表 3.15 硬磁铁氧体材料的磁性能

牌 号	B_r/T	H_c /(kA·m^{-1})	$(BH)_{max}$ /(kJ·m^{-3})	T_c/℃	饱和磁化场 /(kA·m^{-1})
Y10T*	≥0.20	128~160	6.4~9.6	450	
Y15	0.28~0.36	128~192	14.3~17.5	450~460	
Y20	0.32~0.38	128~192	18.3~21.5	450~460	
Y25	0.35~0.39	152~208	22.3~25.5	450~460	
Y30	0.38~0.42	160~216	26.3~29.5	450~460	
Y35	9.40~0.44	176~224	30.3~33.4	450~460	800
T15H	≥0.31	232~248	≥17.5	460	
Y20H	≥0.34	248~264	≥21.5	460	
Y25BH	0.36~0.39	176~216	23.9~27.1	460	
Y35BH	0.38~0.40	224~240	27.1~30.3	460	

*表示各向同性,未加*为各向异性。

2)硬磁铁氧体的特点及应用

硬磁铁氧体因具有高矫顽力和低剩磁,所以合理的磁体形状为扁平形,短轴为磁化方向。由这类材料构成磁路时,磁路气隙的变化对气隙内磁通密度的影响不大,适用于动态磁路,如气隙改变的电动机和发电机等。

硬磁铁氧体具有高电阻率和高矫顽力的特性,适应在高频与脉冲磁场中应用。

硬磁铁氧体对温度很敏感,居里温度低,剩磁温度系数大约为 AlNiCo 系合金的 10 倍,因而不适合用于对磁通密度恒定性有严格要求的磁路,如精密仪器仪表等。在低温条件下,这类材料容易发生不可逆的低温退磁,故不适合于在低温条件下使用。

硬磁铁氧体的脆性很大,在使用中应避免冲击和振动。

硬磁铁氧体已部分取代铝镍钴永磁合金,用于制造电机器件(如发电机、电动机、继电器等)和电子器件(如扬声器、电话机等)。

3.3 磁记录材料

磁记录技术可以视为磁学的应用,与磁性材料发展关系十分密切。磁记录的发展已有100 多年的历史。1898 年丹麦人浦尔生(Polsen)制造了一台仪器,在圆柱上缠绕一根钢丝,钢丝在一个头的两极片之间移动。使用这个头记录,也用来放音,它能够从传声器(话筒)记录电流并使所录的信息用耳机收听,1900 年巴黎博览会上展出了这台录音电话机。此后的 40 年间,磁记录技术一直没有很大的发展,直到 1941 年出现了粉末涂覆的磁带记录技术。20 世纪 70 年代以来,在改造原磁记录技术及材料的同时,开拓出许多新型磁记录材料及磁头材料,使磁记录技术得到了更大的发展。

3.3.1 磁记录技术与原理

(1)磁记录模式

目前磁记录的模式可以分为三种:

①纵向(水平)记录模式　这是一种传统的磁记录模式,即利用磁头位于磁记录介质面内的磁场纵向矢量来写入信息。由于这种记录模式要求磁记录介质很薄,且磁头和介质的距离很窄,因此很难实现超高密度磁记录。

②垂直记录模式　这种记录模式是利用磁场的垂直分量在具有各向异性的记录介质上写入信息。

③磁光记录模式　磁光记录是用光学头,靠激光束加磁场来写入信息,利用磁光效应来读出信息。

(2)磁记录系统

无论是哪种模式,磁记录系统都包括以下几个基本单元:①存储介质,即磁记录介质材料,如磁带、磁盘等;②换能器,即电磁转换器件,如磁头;③传送介质装置,即磁记录介质传送机构;④匹配的电子线路,即与上述单元相匹配的电路。

(3)磁记录过程

磁记录介质是含有高矫顽力磁性材料的膜,它可以是连续的膜,也可以是埋在胶黏剂中的磁性粒子。以纵向记录模式为例,如图 3.5 所示,这种磁化的磁介质(磁带)以恒定的速度沿着与一个环形电磁铁相切的方向运动,工作缝隙对着介质。记录信号时,在磁头线圈中通入信号电流,就会在缝隙产生磁场溢出,如果磁带与磁头的相对速度保持不变,则剩磁沿着介质长度方向上的变化规律完全反应信号变化规律,这就是记录信号的基本过程。记录磁头能够在介质中感生与馈入结构的电流成比例的磁化强度,电流随时间的变化转化成磁化强度随距离的变化而被记录在磁带上。磁化的这种变化在磁带附近产生磁场,如磁带(已记录)重新接近一重放磁头,通过拾波线圈感生出磁通,磁通大小与带中磁化强度成比例。可见,磁头实际上是一种换能器。

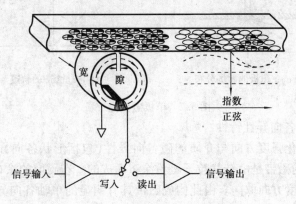

图 3.5　纵向记录示意图

(4)磁记录原理

1)记录场

常见电感式磁头有两种形式:一种是环形磁头,一种是单极磁头。在理想条件下,计算磁头的记录场时,都是假定环形磁头的缝隙宽度为无限窄,或单极磁头的磁极无限薄。理想的环形磁头所产生的磁场分布如图 3.6(a)所示。这种溢出场的分布是以缝隙为中心,形成半圆形分布。磁记录介质逐步向磁头靠近时,将受到不同方向的溢出场的作用,当介质刚进入溢出场的区域时受到垂直方向的磁场的作用,而到达缝隙的中心附近时,受到纵向磁场的作用,最后又受到垂直磁场的作用。介质离开磁头时,作用磁场很快变为零。磁头溢出场的轨迹如图3.6(b)所示,这种圆形轨迹的直径与介质、磁带之间的空间间隙成反比。

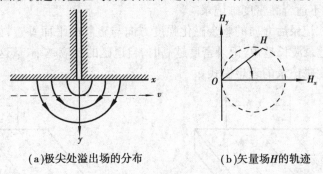

(a)极尖处溢出场的分布　　　　　(b)矢量场H的轨迹

图 3.6　环形磁头记录场

理想的单极磁头的场分布如图 3.7 所示。当介质逐步接近磁头时,先是受到水平方向和垂直方向两个场的共同作用,到达磁极位置正下方时,仅受到垂直场的作用,接着又受到水平和垂直两个方向磁场的作用。矢量场的轨迹是圆形,但圆心轨迹中心沿 y 轴移动。

由上述分析可知,无论哪种磁头,介质被磁化时都要受到沿水平和垂直两个方向的磁场的作用。因此,介质上必然有沿水平和垂直方向的磁化矢量。一般情况下,环形磁头主要产生沿水平方向的磁化矢量,单极磁头主要产生沿垂直方向的磁化矢量。虽然实际磁头都不能满足理想条件,但是磁场分布的规律是不会改变的。

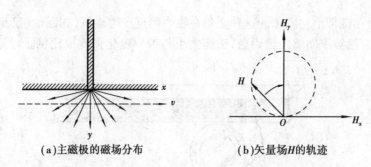

(a)主磁极的磁场分布　　　　　(b)矢量场H的轨迹

图 3.7　单极磁头记录场

2)磁记录介质的各向异性特性

记录介质中的磁化强度方向与介质的磁各向异性(包括形状各向异性)有密切关系。例如,目前应用最广泛的磁带是由针状粒子磁粉涂布而成的。在磁层的涂布过程中,设法使粒子长度方向沿磁带的长度方向取向。由此构成磁带具有明显的单轴各向异性,沿磁带长度方向上的剩磁强度最高,这种介质有利于纵向记录模式。

在制作合金薄膜时,由于柱状晶粒的轴线垂直于膜面,从而得到垂直膜面的各向异性,这种介质适合于做垂直记录用。

在制作磁介质时,如果所用磁粉体粒子的磁化方向多为易磁化方向,且可略去形状各向异性的影响,则此涂布成的介质是各向同性的。

3)纵向(水平)磁记录方式

纵向磁记录方式记录后介质的剩余磁化强度方向与磁层的平面平行,如图 3.8(a)所示,记录信号为矩形波。图中 λ 表示磁记录波长,δ 表示磁介质的厚度。从图中可以看出,对于纵向记录,δ 一定时,$\lambda \to 0$,则 $H_d \to 4\pi M_r$。H_d 表示铁磁体被磁化后磁体内部产生的磁场,与磁化强度方向相反,称为退磁场。显然,记录波长越短(即记录密度越高),自退磁效应越大。因此,纵向磁记录方式不适合高密度磁记录。

垂直磁记录方式记录后介质的剩余磁化强度方向与磁层的平面垂直,如图 3.8(b)所示,当 $\lambda \to 0$,$H_d \to 0$,即记录波长越短,记录密度越高时,自退磁的效应越小,从这一点看,垂直磁记录方式是实现高密度磁记录的理想模式。

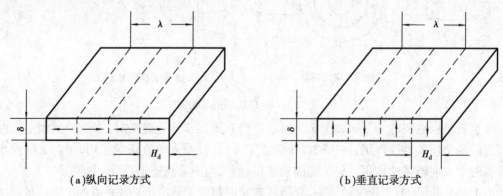

(a)纵向记录方式　　　　　　　　　(b)垂直记录方式

图 3.8　磁记录的磁化方式

3.3.2　磁记录介质材料

磁记录介质材料的发展是磁记录技术发展的要求,随着记录密度迅速提高,对记录介质的要求也越来越高。同时,磁记录介质材料也是电子工业领域磁性材料市场发展最快的部分。虽然这些材料是作为硬磁材料来应用的,但是与传统的硬磁材料相比,仍然在许多方面有所不同。例如,磁记录介质材料不是主要以块材形式应用的,而是作为粒子弥散在有机介质中,或是沉积成膜状态使用,因此,在制备装置上就有很大的差别。

(1)磁记录介质的基本性能

为了得到理想的记录特性,必须控制磁记录介质的各项技术指标。根据磁记录理论,磁记录密度 $D \propto \left(\dfrac{H_c}{t_m B_r} \right)$,其中,$t_m$ 是磁层厚度,H_c、B_r 分别为矫顽力和剩余磁感应强度,而输出信号幅度正比于 $B_r H_c$ 之积,因此,高密度磁记录介质必须具有较高的矫顽力和高的剩磁,否则由于退磁场的影响,记录密度会受到一定限制。

1)矫顽力 H_c 要高

磁介质矫顽力的大小与磁畴结构密切相关,磁化过程中磁畴壁的位移会降低矫顽力,因此,磁粉粒子呈单畴状态时,可以获得高的矫顽力,矫顽力高能使磁记录介质承受较大的退磁作用。

2)剩余磁感应强度 B_r 要高

高的剩磁可以在较薄的磁层内得到较大的读出信号,但同时退磁场强度也高。因此,必须兼顾考虑剩磁和退磁场对记录系统的综合影响。B_r 决定于磁粉特性和磁粉在介质中所占比例,通常随磁粉比例减少而线性下降。

3)磁层均匀且厚度适当

磁层越厚,退磁越严重,记录密度降低很快,而且磁层越厚,越不容易均匀化,降低读出信号幅度,加大读出误差。要提高记录密度,就要减小厚度,但厚度减小,使读出信号下降,且涂布工艺也很难做到均匀,为此,必须综合各种因素,选择最适当的厚度层。

4)磁滞回线矩形比要高

当矩形比 B_r/B_s 接近 1 时,磁滞回线陡直近于矩形,可以减少自退磁效应,使介质中保留较高的剩磁,提高记录信息的密度和分辨力,从而提高信号的记录效率。

5)饱和磁感应强度 B_s 要高

饱和磁感应强度高可以获得高的输出信号,提高单位体积的磁能积,提高各向异性导致的矫顽力。

(2)磁记录介质

目前使用的磁记录介质有磁带、磁盘、磁卡等。从结构上看,磁记录介质可以分为颗粒(磁粉)涂布型介质和连续薄膜型介质两大类。颗粒涂布型介质是由高矫顽力的磁性粒子(磁粉)及适当的助溶剂、分散剂和黏结剂混合后均匀涂布在带基或基板(如聚酯薄膜)上而形成的,磁粉在磁浆中仅占 30% ~40% 的体积。磁性颗粒被非磁性物质稀释,从而制约了记录密度的提高。现今使用的磁记录介质绝大部分属于这种类型的介质。连续薄膜型介质则是采用化学沉积或物理沉积方法而制成的连续性介质,由于无须采用黏结剂等非磁性物质,因而具有高的矫顽力和高的饱和磁感应强度,并且磁性层可以有效地减薄,这正是高密度记录介质所必备的性能。

从磁记录方式上看,磁记录介质则可以分为纵向磁记录介质和垂直磁记录介质两种。

1)纵向磁记录介质

纵向磁记录介质从20世纪50年代到80年代经历了三个重要发展阶段,即氧化物磁粉、金属合金磁粉(如Fe-Co-Ni等合金磁粉)和金属薄膜。矫顽力从氧化物磁粉的24 kA/m提高到金属薄膜的240 kA/m,提高了一个数量级;剩余磁感应强度从170 kA/m提高到1 100 kA/m,提高了近6倍。

①氧化物磁粉

氧化物磁粉包括γ-Fe_2O_3磁粉、Co-γ-Fe_2O_3磁粉、CrO_2磁粉和钡铁氧体磁粉等。

A. γ-Fe_2O_3磁粉　它是最早用于磁带、磁盘的磁粉,具有良好的记录表面,在音频、射频、数字记录以及仪器记录中都能得到理想的效果,而且价格便宜,性能稳定。γ-Fe_2O_3通常制成针状颗粒,长度为$0.1 \sim 0.9$ μm,长度与直径比为$(3 \sim 10):1$,具有明显的形状各向异性,为立方尖晶石结构。其基本磁性质为:$B_s = 0.14$ T,H_c为$24 \sim 32$ kA/m,居里温度$T_c = 385$ ℃,且具有好的温度稳定性。制备γ-Fe_2O_3的方法是:从α-FeOOH(针铁矿)成核和生长开始,然后通过脱水形成非磁性α-Fe_2O_3(赤铁矿),再还原成γ-Fe_3O_4,最后氧化成γ-Fe_2O_3。

B. Co-γ-Fe_2O_3磁粉　Fe_2O_3的主要缺点是矫顽力较低,难以满足高记录和视频及数字记录对矫顽力的要求,故从20世纪70年代开始,发展了含Co磁粉,将矫顽力从31.8 kA/m提高到79.6 kA/m,是目前录像磁带中应用最主要的一种磁粉。由于加Co的方式不同,这类材料又分为Co置换的γ-Fe_2O_3和包钴的γ-Fe_2O_3。Co置换的γ-Fe_2O_3材料随钴含量的增加,H_c明显增加,可达87.5 kA/m左右,但其温度稳定性差,并有加压退磁的缺点。包钴的γ-Fe_2O_3是将Co或CoO包在γ-Fe_2O_3上,这样可保持原γ-Fe_2O_3的针状及H_c的温度稳定性。

C. CrO_2磁粉　CrO_2是一种强磁性氧化物,结构为四方晶系,具有单轴各向异性,$H_c = 31.8$ kA/m,如果加入(Te + Sb)、(Te + Sn)等复合物,H_c可高达59.7 kA/m。正是由于它的高矫顽力可以提高记录密度,使介质中的退磁场增大,所以CrO_2主要用于高级录音带及录像带中。CrO_2的另一个特点是低的居里温度($T_c = 125$ ℃),它的这个特点使它成为目前唯一可用于热磁复制的一种材料,这是一种具有比磁记录速度快得多的高密度复制方法。CrO_2是在$400 \sim 525$ ℃和$50 \sim 300$ MPa压力条件下分解CrO_3而制得的。

D. 钡铁氧体磁粉　钡铁氧体磁粉为六方形平板结构,化学式为$MO \cdot 6Fe_2O_3$,M可以是Ba、Pb、Sr,其中钡铁氧体磁粉可以作为磁记录材料。钡铁氧体有较高的矫顽力和磁能积,抗氧化能力强,是广泛应用的永磁材料。钡铁氧体的矫顽力高于398 kA/m,本来不适合作为磁记录介质,但近年来由于高密度磁记录的发展需要及钡铁氧体材料本身的改进,已使它可以作为磁记录介质应用。钡铁氧体磁粉的生产方法有玻璃结晶法、高温助溶与共沉淀相结合制粉法两种。

②金属磁粉

与氧化物磁粉相比,金属磁粉具有更高的磁感应强度和矫顽力(例如,纯铁的饱和磁化强度大约为氧化铁的4倍),从理论上说是理想的磁记录材料,但金属磁粉的稳定性差且易氧化,通常采用合金化或有机膜保护的方法控制表面氧化。这种方法会使磁粉的磁化强度降低,其降低幅度取决于钝化层的厚度和粒子的尺寸。

金属磁粉的制备方法很多,通常的方法是还原法和蒸气法。还原法是将金属氧化物或盐类在还原气氛中还原,如将γ-Fe_2O_3磁粉在氢气中还原,制备微铁粉。蒸气法是将块状金属气化后凝结成金属粉末,通过控制冷凝速度得到不同颗粒大小的磁粉。

③金属薄膜

低成本和高密度的磁信息存储系统的发展要求加速研制连续薄膜磁记录介质。由于这种薄膜无需采用黏结剂等非磁性物质,所以剩余磁感应强度比涂布型高得多。表 3.16 对它们的性能做了比较。尽管薄膜在化学稳定性和磁稳定性方面存在缺点,但近 20 年来的研究结果,也使薄膜的应用取得了巨大进展,是今后磁记录介质的一个重要发展方向。

表 3.16　连续型薄膜与涂布型非连续薄膜介质性能的比较

介质特征	$Co\text{-}\gamma\text{-}Fe_2O_3$ 磁粉涂布型介质	连续膜介质
矫顽力 $(10^3/4\pi)/(A \cdot m^{-1})$	660	900
剩余磁感应强度/T	0.125 0	0.65
磁层厚度/μm	5.0	0.1
矩形比 (B_r/B_s)	0.8	0.9
在 0.75 MHz 时的射频输出/dB	0	+3
在 4.5 MHz 时的射频输出/dB	0	+17

早期的连续薄膜介质磁盘都是用化学沉积方法制备的,磁层以 Ni-Co 或 Co 为主,添加适量 P,表面再覆以 SiO_2 保护膜。连续斜蒸镀 Ni-Co 薄膜,也能获得优良的连续薄膜介质,并已成功用于视频和音频磁带。

根据单畴粒子理论,为获得高的矫顽力,连续合金介质磁盘的记录薄膜各向异性要大,Co 基合金薄膜为首选。同时,微粒子的尺寸要接近单畴的临界尺寸,粒子之间的相互作用小,对提高矫顽力有利。Co 基合金多数由溅射方法制备。直流溅射的 Co-20%(原子)Ni 合金薄膜,矫顽力可达 88 kA/m,但耐腐蚀性差,耐磨性能也不好。通过添加各种元素,可以改善薄膜介质的磁和力学性能,如添加 Cr,使耐磨性提高。在 CoCr、CoPt 合金中,添加 Ta 元素,不仅能细化晶粒,还能增大信噪比。在 CoCrPt 薄膜中添加 B 元素,可大幅度提高矫顽力至 240 kA/m,且 B 替代部分 Pt 也降低了成本。

在基板上覆盖一层 Cr 缓冲层,可提高 Co 基合金的磁性能。Co 基合金是六方结构,垂直于膜面的 c 轴为易磁化轴。薄膜生长时,通常的情况是(001)面(c 面)平行于衬底面。体心立方的 Cr 膜以(110)面方向沿衬底生长。Co 和 Cr 的晶格常数接近,Co 膜在 Cr 膜上基本是一种异质外延生长,生长面为(101)。这里 Co 基合金的 c 轴与衬底面成 30°夹角,提高了面内的矫顽力。进一步研究表明,Cr 生长时,(211)和(310)面也生长,为了消除其影响,在缓冲层 Cr 膜中添加 Ti,可抑制晶面的生长。

连续薄膜介质发展的几个阶段,也是矫顽力提高的阶段。例如,目前的 CoCrPt 系列薄膜中 CoNiCr($H_c \approx 100$ kA/m)、CoCrTa($H_c \approx 140$ kA/m)、CoCrPt($H_c \approx 200$ kA/m)。从经典磁畴理论分析,CoNiCr 和 CoCrTa 的 H_c 分别可以达到 240 kA/m 和 200 kA/m。而目前的工艺条件制备的这两种薄膜,H_c 只有 140 kA/m 和 120 kA/m。这表明,如能制备出较为理想结构的材料,即使同一成分的薄膜,用不同的工艺制备,也可较大幅度地提高存储介质的矫顽力。

综上所述,纵向磁化记录的高密度磁记录介质必须具备高的矫顽力和薄的存储膜层。此外,小的磁性晶粒尺寸、大的晶粒各向异性等除和薄膜的成分有关外,衬底是否光滑,衬底上选择哪种缓冲层,以及膜层机构、颗粒膜的制备也至关重要。

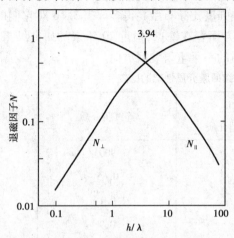

图 3.9　磁记录方式与退磁因子的关系
($N_\perp$ 和 $N_\parallel$ 分别是垂直磁记录和纵向磁记录退磁因子;h 和 λ 分别是介质厚度和记录波长。$h \approx 4\lambda$ 时,退磁因子相等。)

2)垂直磁记录介质

垂直磁记录的设想最早在 1930 年提出,1958 年 IBM 公司试图实现这种记录技术。它彻底消除了纵向磁记录方式随记录波长 λ 缩小和膜厚 h 减薄所产生的退磁场增大效应。因此,垂直记录无需要求高的矫顽力和薄的磁层,退磁场随厚度的增加而减小。图 3.9 给出了记录方式和退磁场的关系,显然,垂直记录方式有利于记录密度的提高,但当时由于没有找到适于记录用的磁化垂直膜面的薄膜介质而中断了研究。不过,科学家们已经查明了易磁化轴垂直于膜面的基本条件,这就是单轴各向异性常数 $K_1 \geqslant 2\pi M_s^2$。1967 年磁泡技术出现之后,日本东北大学的岩奇俊一首先开创了垂直磁记录技术,并最早选择 Co-Cr 薄膜作为垂直磁记录介质。

Co 是六方结构,易磁化轴为垂直于膜面的 c 轴。用高频溅射或电子束蒸发的 Co-Cr 薄膜,其柱状微粒垂直于衬底面长大,晶粒直径平均在 100 nm 以下。加入 Cr 能使薄膜的 $4\pi M_s$ 降低,对获得垂直于膜面的各向异性有利。进一步研究显示,Cr 在柱状晶体的表面偏析,形成一顺磁层,使晶粒之间不产生交换相互作用,从而提高矫顽力。

在早期,除 Co-Cr 薄膜外,还对 Co-Mo、Co-W、Co-Ti、Co-V 和 Co-Mn 等磁性进行了研究。虽然它们的易磁化轴都垂直于膜面,但各向异性不高,矫顽力偏小,无实用价值。如果在 Co-Cr 合金中添加各种元素,如 Mo、Re、V、Ta,发现 Ta 能抑制 Co-Cr 合金的晶粒长大和改善矩形比,并能抑制纵向磁化的矫顽力。

纵向记录与垂直记录在记录密度为 10 Gb/in² 时的部分薄膜和磁性能参数的比较见表 3.17,可以看出,垂直记录对薄膜厚度和矫顽力的要求比纵向记录宽松得多(矫顽力、存储薄膜厚度和剩磁仅比纵向记录密度为 0.110 Gb/in² 时略高)。

表 3.17　纵向记录与垂直记录部分参数的比较

部分参数	纵向记录		垂直记录
面密度/(Gb·in⁻²)	0.1	10	10
道密度/(Gb·in⁻²)	2.0	25	25
线密度/(Gb·in⁻²)	50	400	400
H_c/(kA·m⁻¹)	112	240	160
h(厚度)/nm	50	10	60
$B_{n\,max}$/T	6.4	3.8	9.6

注:$B_{n\,max}$ 为最大表面磁通密度。

由于记录薄膜的矫顽力大,高密度纵向记录可能使磁头达到饱和状态,这势必对磁头提出更高的要求。另外,由于磁性记录层薄,会出现锯齿畴壁,使相邻记录位置间的过渡区加宽,限制记录密度的进一步提高。其次,记录位的剩磁减小,进而降低了信噪比。表 3.17 的数据说明,垂直记录有很大的特点,这归结于纵向记录方式的退磁场随记录波长的缩短而减小的缘故。

近年来,由薄层高记录密度介质的热稳定性和热滞后效应研究的结果预测,纵向磁记录的记录密度极限为 10 Gb·in^2,而垂直磁记录介质的膜厚、抗热滞后效应强,记录密度极限可望超过 10 Gb·in^2。

3.3.3　磁头材料

如前所述,磁头是磁记录的一种磁能量转换器,即磁记录是通过磁头来实现电信号和磁信号之间的相互转换的。磁头的基本结构如图 3.10 所示,由带缝隙的铁芯、线圈、屏蔽壳等部分组成。磁头的基本功能是与磁记录介质构成磁性回路,对信息进行加工,包括记录(录音、录像、录文件)、重放(读出信息)、消磁(抹除信息)三种功能。为了完成这三种功能,磁头可以有不同的结构和形式。如按其工作原理,磁头可分为感应式磁头和磁阻式磁头两类;按记录方式,磁头可分为纵向磁化模式的环形磁头和垂直磁化模式的垂直磁头两种等。但无论磁头是哪种形式,磁头性能的好坏与磁头材料有极大的关系。必须注意的是,材料的选择要与使用的记录介质及记录模式相匹配。

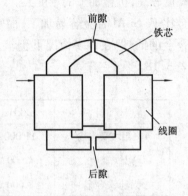

图 3.10　磁头基本结构

（1）磁头材料的基本性能

①高的磁导率　要求 μ_i 和 μ_m 较大,以便提高写入和读出信号的质量。

②高的饱和磁感应强度　B_s 要高,有利于提高记录密度,减小录音失真。

③低的剩磁和矫顽力　磁记录过程中,B_r 高会降低记录的可靠性。

④高的电阻率　电阻大可以减小磁头的损耗,改善铁芯频响特性。

⑤高的耐磨性　保证磁头的使用寿命和工作的稳定性。

（2）磁头材料

磁头同磁记录介质一样是磁记录中的关键元件,在磁记录发展进程中经历了三个重要的飞跃阶段,即体型磁头—薄膜磁头—磁阻磁头。薄膜磁头的主要优点是:工作缝隙小,磁场分布陡和磁迹宽度窄,故可提高记录速度和读出分辨率。磁阻磁头的特点是:读出电压由磁通感生,产生的输出电压电平高,特别是在低频信号下。而感应式磁头是对磁通变化率的响应,所以磁阻磁头适合于高记录密度的读出。1991 年使用磁阻磁头后,磁记录密度以每年 60% 的增长率提高,而在此以前的增长率为 40%。

1）体型磁头材料

体型磁头是磁记录中沿用很长时间的一种磁电转换元件。它的核心材料是磁头的磁心。为了减小涡流损耗,最初的磁头磁心由磁性合金叠加而成。

①磁性合金

磁性合金具有高的磁化强度,不受磁饱和效应制约,从而能产生强的记录磁场。最重要的三种合金是铁镍合金(坡莫合金)71J79(4% Mo、17% Fe-Ni),铁铝合金(16% Al-Fe)和铁硅铝合金(5.4% Al、9.6% Si-Fe)。1J79 是一种常用的磁头材料,具有高的饱和磁化强度,磁致伸缩接近于零,因而具有良好的记录特性,但磨损率相对较高,对腐蚀敏感,且磁导率随工作频率的提高而迅速下降,因而,必须碾压成薄片使用。为了进一步提高该合金的性能,在上述成分的基础上可加入 Nb、Al、Ti 等元素。加入 Nb 可提高磁性能,得到高硬度,Nb 的含量一般为3% ~8%;Al 的加入除提高合金磁性能和硬度外,还可增加合金的电阻率,Al 的含量以不超过 5% 为宜。Fe-Si-Al 合金的主要特点是磁晶各向异性常数 K_1 和磁致伸缩系数 λ_1 都趋近于零,因而具有良好的直流特性,且电阻率高,在高频下仍保持较好的磁性和较低的损耗。但由于合金硬度较高,机械加工的难度大。Fe-Al 合金的性能介于坡莫合金和铁硅铝合金之间,这类合金比 Fe-Si-Al 合金容易加工,而它的硬度又比坡莫合金高。Fe-Al 合金的磁导率比另外两种合金的低,但在许多情况下仍被广泛使用。这三种磁头用合金材料的磁、电和力学性能见表 3.18。

表3.18 磁头用合金的性能

材　料	μ/kHz	$H_c/(A \cdot m^{-1})$	B/T	$\rho/(\mu\Omega \cdot cm)$	H_v
4% 钼坡莫合金	11 000	2.0	0.8	100	120
铝铁合金	4 000	3.0	0.8	150	290
铝硅铁合金	8 000	20	0.8	85	480

②非晶态磁性合金

随着磁记录向高频、高密度方向发展,要求介质的矫顽力高,磁头的磁感应强度高,磁导率高,当介质的矫顽力已从原来的 24 kA/m 提高到 80 kA/m 时,原有的磁头材料如坡莫合金、铁硅铝和铁氧体的性能就难以满足要求,故必须寻找新材料,非晶态磁性材料应运而生。目前主要的非晶态磁性材料有两类:一类是 Fe 基非晶态材料,如 $Fe_{72}Cr_8P_{13}C_7$,$B_s \approx 0.9$ T,$\lambda_1 = 10 \times 10^{-6}$,由于 B_s 高,硬度(H_v 为850~900)比铁硅铝还高,成本低,所以是理想的视频磁头材料;另一类是 Co 基非晶态合金,此类材料磁导率高,$\lambda_1 \approx 0$,B_s 相当高,居里温度也高,很适于做磁头材料,但价格贵,在加工和其后处理过程中易产生各向异性,在磁头加工过程中,要严格控制温度,以防再结晶,音频磁头应控制在 200 ℃以下,视频磁头控制在 240 ℃以下。

虽然非晶态磁性合金具有一系列优点,但是必须注意其性质的稳定性,即由非晶态向晶态转变的问题。另一个问题是加工过程中的异性问题,对于非晶态材料来说比晶态材料更严重。

③铁氧体

目前广泛应用的高磁导率铁氧体有两种类型:镍锌(Ni-Zn)铁氧体和锰锌(Mn-Zn)铁氧体,成分分别为 $(NiO)_x(ZnO)_{1-x}(Fe_2O_3)$ 和 $(MnO)_x(ZnO)_{1-x}(Fe_2O_3)$。这两种材料具有尖晶石结构,它们的磁性随 Ni/Zn 或 Mn/Zn 比而变化。加入少量 Zn,其磁导率和磁感应强度增大,而矫顽力和居里温度下降,当 x 在 0.3~0.7 范围内时,磁特性最佳。

NiZn 铁氧体具有更高的电阻率,应用频率比 MnZn 的高。MnZn 铁氧体在几十兆赫时有较高的磁导率、较低的矫顽力以及较高的饱和磁感应强度,所以应用广泛。此外,两种铁氧体还具有良好的耐磨性,适于制作视频磁头。

铁氧体材料的加工应注意降低气孔率。气孔率低,加工和耐磨性都好。热压铁氧体的晶粒尺寸约为70 μm,气孔率可降到1%或更少。

2)薄膜磁头材料

薄膜磁头属于微电子器件。薄膜磁头几乎都是镍铁合金制成的,其组分的质量分数为80% Ni,20% Fe。它与块材 NiFe 有很大差别,其性能更多地依赖于制膜工艺、薄膜厚度、热处理工艺。它可以由真空蒸发、溅射或电解工艺来制作 NiFe 薄膜。最佳沉积条件下得到的 NiFe 薄膜性能为:各向异性场 H_k 为 200~400 A/m,饱和增感应强度接近 1.0 T,低频相对磁导率为 2 000~4 000。若不计涡流损耗,工作频率可以超过 16 MHz。$Ni_{81}Fe_{19}$ 合金除可作为感应磁头材料外,还是最好的磁阻磁头(MRH)材料,其 $\Delta\rho/\rho$ 达 2.5%,磁致伸缩很低,只有 5×10^{-7},因此,薄膜磁头音频响宽,分辨率高,存取速度快,能够满足高记录密度的要求。

3)磁阻磁头材料

磁性材料的电阻随着磁化状态而改变的现象称为磁阻效应(Magneto-Resistance effect)。1971 年有人提出利用铁磁多晶体的各向异性磁阻效应制作磁记录的信号读出磁头,1985 年 IBM 公司实现了这个设想,将磁阻磁头用于 IBM3480 磁带机上。磁阻磁头的读出电压比一般的感应式磁头大,间隙长度可以控制得很小,有利于提高道密度,并且这种磁头的线圈圈数少,电感和分布电容小,谐振频率高(可达50 MHz),加之磁阻磁头的阻抗较低,因此信噪比高。它的主要缺点是:只能读出,没有记录功能且需要足够大的电流或偏置磁场才能应用。不过,集磁阻磁头的诸多优点,硬磁盘自使用双元件读写薄膜磁头(记录头为薄膜感应磁头,读出头用磁阻磁头)后,记录密度每年都有大幅度提高。

Ni-(Co,Fe)系列的铁磁合金是沿用至今的磁阻磁头材料,其磁阻变化率的表达式为 $\Delta\rho/\rho_0$。其中 $\Delta\rho = \rho_{\parallel} - \rho_{\perp}$,$\rho_0 = (\rho_{\parallel} + 2\rho_{\perp})/3\rho_0$,$\rho_{\parallel}$ 和 $\rho_{\perp}$ 分别为电流与磁场方向平等和垂直时的电阻率。磁阻的各向异性是铁磁磁阻材料的特征,用 AMR(Anisotropy Magneto-Resistance)表示,其变化率一般可达 4%~5%。磁阻器件要求在微小磁场下有大的磁阻变化,磁阻灵敏度用 $AMR/\Delta H$ 表示,Ni-(Co, Fe)系合金可达(37.5%~62.5%)/(kA·m^{-1})。随着磁记录密度的进一步提高,要求开发更高灵敏度的磁阻材料。

正当高密度磁记录要求磁阻磁头有更大的信号输出和更高的灵敏度时,适逢发现巨磁阻效应 GMR(Giant Magneto-Resistance effect)材料,使磁记录有了新的突破。20 世纪 80 年代末期,法国巴黎大学 Fert 教授研究小组巴西学者 Baibich 首先提出了 GMR 效应,他们报道的 Fe/Cr 多层膜的磁电阻效应比 Ni-Fe 系列的大一个多数量级,引起了学术界的轰动。此后,有关巨磁阻效应研究成果报道接连不断,表明巨磁阻效应是一个较为普遍的物理现象。在磁性材料中输运电子时,当电子平均自由程和磁性薄膜或磁性颗粒尺寸相当(或更大)时,就不能将电子单纯地看成电荷的载体,还必须同时考虑它的自旋相对于局域磁化矢量的取向。巨磁阻效应的发现是近十年来磁电子学发展的飞跃,是多年来人们对电子在磁性金属中输运性质和多层膜中铁磁及反铁磁耦合作用研究的结果。表 3.19 为使用 MR 和 GMR 磁头逐年提高磁记录密度的情况,这足以证明 GMR 磁头的魅力。

表 3.19　MR 和 GMR 读出磁头的磁盘存储密度

发表时间	记录密度/$(Gb \cdot in^{-2})$	磁　头	公　司
1989 年	1	MR	IBM
1991 年	2	MR	日立
1995 年	3	MR	IBM
1996 年	5	GMR	富士通、东芝
1997 年	5	GMR	IBM
1998 年	10	GMR	IBM

3.3.4　磁记录材料的进展

随着信息技术的迅速发展,磁记录材料也取得了不少新进展,以下简介 20 世纪 90 年代以来的一些进展。当然,磁记录材料的进展和磁性材料的进展是紧密联系的,只是各有侧重。

(1)高记录密度磁膜材料

磁记录技术的发展要求有高记录密度的材料,近来报道了 CoCrPtTa 和 CoCrTa 磁膜材料,其磁记录密度分别为 $0.8\ Gb/cm^2$ 和 $0.128\ Gb/cm^2$。此外,利用有高矫顽力的铁氧体或稀土合金膜和有高饱和磁化强度的磁性金属膜组成双层膜,也可以得到兼有高矫顽力和高饱和磁化强度的高磁记录密度磁膜材料,如钴铁氧体/铁的饱和磁化强度达 1 000 kA/m,SmCo/Cr 的矫顽力达 155 kA/m。

(2)高频和自旋阀磁头材料

高频和自旋阀磁头材料是磁记录技术发展急需的材料。一般的磁头材料,在高频下性能要变坏。近年来出现了两种高频磁头材料:一种是用电镀法制成的 NiFe(80/20)磁头,其写入气息宽度和窄磁极厚度分别为 0.25 mm 和 3 mm;另一种是用测射法制成的多层 FeN 膜磁头,FeN 膜厚 29.7 nm,膜间用 2.5 nm 的 Al_2O_3 膜隔开,共有 102 层,其写入气息宽度和窄磁极厚度分别为 0.3 mm 和 3 nm。自旋阀巨磁电阻磁头比一般各向异性磁电阻磁头的磁电阻输出高,响应线性好,不需附加横偏压层,如 NiFe/CoFe 双层膜做软磁自由层,用测射法在玻璃基片上淀积的 Ta/NiFe/CoFe/Cu/CoFe/FeMn/Ta 多层膜,其磁电阻率为 7%。

(3)巨霍尔效应磁头材料

巨霍尔(Hall)效应磁性材料的霍尔效应比一般磁性材料高几倍到几十倍以上,它能显著提高霍尔效应器件的灵敏度。近年来,有报道$(NiFe)_x(SiO_2)_{1-x}$(x 为 0.53~0.61)颗粒型薄膜材料在 0.4 T 磁场中,异常霍尔电阻率达 200 $\mu\Omega \cdot cm$;$Fe_x(SiO_2)_{1-x}$ 颗粒型薄膜(膜厚约为 0.5 μm)在其 x 小于金属—绝缘体相变成分 x_c 时,室温下的正常霍尔系数和饱和异常霍尔电阻率分别为 10 $\mu\Omega \cdot cm/T$ 和 250 $\mu\Omega \cdot cm$。

(4)低磁场庞磁电阻材料

由于庞磁电阻材料有极高的磁电阻率,所以在磁头、磁传感器和磁存储器中有可能得到重要的应用。一般情况下,庞磁电阻都在很高磁场(1 T)中才产生,要在实际应用时,必须研制能在低磁场(如小于 0.1 T)下产生庞磁电阻的材料,目前已有所进展,如$(Nd_{1-x}Sm_y)_{0.5}Sr_{0.5}$-$MnO_3$ 系材料,在 $y=0.94$,温度略高于居里温度时,在 0.4 T 的外磁场中,其庞磁电阻率达 10^{-3} $\mu\Omega \cdot cm$

以上。

(5)巨磁阻抗材料

继发现巨磁电阻效应后,1994 年又报道了巨磁阻抗效应(GMI　Giant Magneto-Impedance effect):在一非晶态高磁导率软磁细线的两端施加高频电流(50 ~ 100 MHz),由于趋肤效应,感生的两端阻抗(或电压)随频率变化而有大的变化,其灵敏度高达 0.125% ~ 1%/μm。巨磁阻抗效应在磁信息技术中有很多潜在用途。有文献表明,直径 44 μm 的欧姆合金(Ni-Fe)丝在 16 kA/m 的直流磁场作用下,在 0.1 ~ 10^4 MHz 的频率范围内,有巨磁阻抗效应;在 0.1 ~ 50 MHz频率区内,磁阻抗率随频率升高而下降到负值;在 50 ~ 10^3 MHz 区,磁阻抗率随频率升高而升高;在频率为 4 × 10^3 MHz时,达到最大值 190%;频率大于 4 × 10^3 MHz 后,磁阻抗率又急剧下降。

将历来认为无用的趋肤效应应用于制作高灵敏磁阻抗器件,是开发磁性材料新应用的又一成功例子。因为 GMI 器件尺寸小,磁场灵敏度高,又在极高频率下运作,近年来备受研究工作者青睐,它有望用于超高密度磁记录用读出磁头。

第4章

光学材料

光学材料是用于光学装置和仪器中具有一定光学性质和功能的材料的统称。按照材料的光学效应的不同,光学材料可以分为两大类:一类是利用材料的非线性光学效应的光学材料,一般称非线性光学材料,也称为光功能材料;另一类是利用线性光学效应,传输光线的材料,是传统的或狭义上的光学材料,也称为光学介质材料,它以折射、反射和透射的方式,改变光线的方向、相位和偏振状态,使光线按预定的要求传输,也可以吸收或透过一定波长范围的光线而改变光线的强度和光谱成分。

光学介质材料的种类很多,包括激光材料、光纤材料、红外材料、发光材料和液晶材料等。

4.1　激光材料

1960年,世界上第一台红宝石激光器的诞生,标志着人们将受激辐射推广至光频领域。从此,人们开始了有关激光物理以及激光工作材料方面的研究和探索。在40多年的时间里,激光器以及激光工作物质方面的研究都取得了长足的进展。激光器的种类、光束质量、波长范围、置换效率等方面有很大提高。有关激光器的应用也取得了巨大进展,并给人类生活带来越来越大的变化。

4.1.1　激光的特性和激光器的基本结构

(1)激光的特性

激光较普通光有4个突出的特点:①定向性或准直性好,而普通光是发散开来的;②单色性好,其波长单一,而普通光是由不同频率的光组成的;③具有相干性,它的一系列光波都是同相位的,可以互相增强,而普通光是非相干的;④强度大,亮度高。激光的这4个特性都很重要,每一个特性都能开发出许多重要的应用。

(2)激光器的基本结构

激光是受激辐射的结果,它要求在激光介质中必须反复地发生这类辐射,并且被约束在一个方向上,这样才能得到强的激光束。因此,激光器必须具有三个基本的组成部分才能达到它的功能,如图4.1所示。

① 产生某一波长的激光活性介质,即激光材料。正是通过激光材料中原子能级的特点,得出不同波长的激光。

② 激励装置。这是激光产生的能源,它的作用是将很多原子源源不断地激励到高能级上,而且保证处在高能级的粒子要比处在低能级的数目多,即"粒子数反转"。有了大量的高能态粒子,才能保证光子的释放大于光子被无效的吸收。激励装置也称为"泵浦",它可以是光源泵、电流泵,也可以是激光器泵另一个激光器。

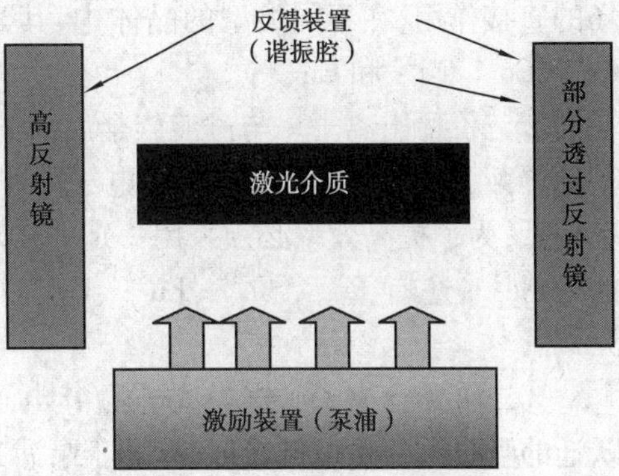

③ 反馈系统。反馈系统经常是两端各一个的反射镜,镜子能将激光介质所产生的相干光反射回到介质中。这返回的光可以进一步诱发更多的高能态粒子受激辐射而产生出同样波长与相位的光来。这样多次的来回振荡,使光子越积越多,产生了一种"放大"的作用。并且镜面对得很准,也起到对光束的准直作用和过滤作用。这两面镜子,一个是希望达到 100% 的反射作用,另一面镜子则是半透过性的,可以让腔内的一部分激光引导出来加以使用,这个腔也称为谐振腔。

图 4.1 激光器的三个基本组成部分

在激光从发明到现在的 40 多年间,激光材料的变化很大,但激光器的三个基本组成并无大变。在这几十年中,为了满足激光各种用途的要求,人们不断探索和追求新的激光材料,以得到各种各样新的波长,提高工作效率。可以说,激光材料是激光器的心脏或主体,每一次激光材料的突破都可以带来激光技术发展的一个新的里程碑。

激光材料按照材料的性质可以分为气体、固体、半导体和染料(液体)四种。本节将重点介绍固体激光器材料和半导体激光器材料。

4.1.2 固体激光器材料

在激光器中,固体激光器是指以固体物质(晶体或玻璃)为工作物质的激光器。1960 年梅曼的第一个激光器所用的激光工作物质便是红宝石晶体,至今红宝石仍然是应用十分广泛的激光材料。

固体激光材料应具有良好的物理化学性能,即要求热膨胀系数小,弹性模量大,热导率高,化学价态和结构组分稳定,以及良好的光照稳定性等。在光学性能方面,它应具有合适的光谱特性和良好的光学均匀性,以及对激发态的吸收要小等。

(1)固体激光工作物质

固体激光工作物质是激光技术的核心,其中激光晶体是一类应用广泛的固体激光工作物质,它通常是在基质晶体中掺入适量的激活离子,即由基质晶体和激活离子组成。

1)激活离子

激活离子的作用是在固体中提供亚稳态能级,由光泵作用激发振荡出一定波长的激光,即实现将低能级上的粒子"抽运"到高能级上去,它们是激光晶体的发光中心,激光的波长就是由激活离子的种类决定的。现有的激活离子已发展到 20 多种,主要有 4 类,它们是过渡族金属离子、三价稀土离子、二价稀土离子和锕系离子,其中前两类是应用最为广泛的激活离子。

①过渡族金属离子 过渡族金属离子的 3d 电子无外层电子屏蔽,在晶体中受到周围晶体

场的直接作用,在不同类型的晶体中,其光谱特性有很大的差异。这类离子包括:Ti^{3+}、V^{2+}、Cr^{3+}、Co^{2+}、Ni^{2+}和Cu^+等。

②三价稀土离子 与过渡族金属离子不同,三价稀土离子的4f电子受5s和5p外壳层电子的屏蔽,使得周围晶体场对4f电子的作用减弱。因此,这类激活离子对一般光泵的吸收效率较低,为了提高效率必须采用一定的技术,如敏化技术和提高掺杂浓度等。这类离子最常用的是Nd^{3+},还有Pr^{3+}、Sm^{3+}、Eu^{3+}、Dy^{3+}、Ho^{3+}、Er^{3+}、Tm^{3+}和Yb^{3+}等,它们均属于镧系稀土元素。

③二价稀土离子 这类离子的4f电子比三价稀土离子多一个,使5d态的能量降低,4f-5d跃迁的吸收带处于可见光区,有利于泵浦光的吸收。但这类离子不大稳定,会使激光输出特性变差。典型的有Sm^{2+}、Tm^{2+}、Er^{2+}和Dy^{2+}等。

④锕系离子 锕系离子大部分是人工放射性元素,不易制备,而且放射性处理复杂,因而应用较困难,目前也仅有U^{3+}离子在CaF_2中得到应用。

近年来,其他金属离子作为激活离子的可能性逐渐受到重视,如Po^{2+}离子已实现了受激发射。

2)基质晶体

固体激光介质一般是单晶体,由熔体中定向结晶出来。制备单晶要求工艺水平很高,特别是加入和控制掺杂离子的浓度难度很大。这些晶体都是一些"宝石"。一些激光晶体的外貌和颜色,如图4.2所示。

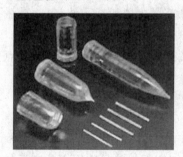

(a)Nd:YAG($Y_3Al_5O_{12}$)　　　　(b)KTP($KTiOPO_4$)　　　　(c)CLBO($CsLiB_6O_{12}$)

图4.2　一些激光晶体

基质晶体要求具有良好的机械强度、良好的导热性和较小的光弹性。为了降低热损耗和输入,基质对产生激光的吸收应接近零。用做基质的晶体应能制成较大尺寸,且光学性能均匀。

基质晶体种类很多,至今已有350多种。研究较多的主要是化合物,基本上分为3类。

①氟化物晶体 CaF_2、BaF_2、SrF_2、LaF_3、MgF_2等氟化物晶体具有像萤石(CaF_2)那样的立方形晶体结构。作为激光晶体需掺入二价稀土离子(如Tm^{2+})、三价稀土离子(如Nd^{3+}、Sm^{3+}、Dy^{3+}、Tm^{3+}等)或锕系离子U^{3+}。作为早期研究的激光晶体材料,这类晶体熔点较低,易于生长单晶。但是,它们大多要在低温下才能工作,现在较少应用。

②含氧金属酸化物晶体 含氧金属酸化物晶体(阴离子络合物)主要有$CaWO_4$、$CaMoO_4$、$LiNbO_4$、$Ca(PO_4)_3F$等,也是较早研究的激光材料之一,它们均以三价稀土离子为激活离子,掺杂时需要考虑电荷补偿问题。$Nd^{3+}:CaWO_4$是这类晶体中最早实现室温下受激发射的激光晶体。由于Nd^{3+}离子在工作温度下,激光终态几乎没有被粒子填充,因而产生激光的阈值极

低,并能实现连续运转。

③金属氧化物晶体 这类基质晶体通常熔点高、硬度大、物理化学性能稳定,如 Al_2O_3、$Y_3Al_5O_{12}$、Er_2O_3、Y_2O_3 等,是研究最多,应用最广泛的一类激光基质晶体。掺杂的激活离子多为三价过渡金属离子或三价稀土离子,如 Cr^{3+}、Nd^{3+} 等。这类晶体中最有实用价值的是红宝石($Cr^{3+}:Al_2O_3$)和钕钇铝石榴石($Nd^{3+}:YAG$),常用做连续激光器和高重点频率激光器的工作物质,需要量大,已实现产业化。

(2)红宝石激光晶体

红宝石激光器是典型的三能级激光器,激光晶体中的基质是氧化铝(Al_2O_3)晶体,其中掺杂了百分之几的氧化铬(Cr_2O_3)。

从激光器对工作物质的物化性能和光谱性能要求来看,红宝石激光晶体($Cr^{3+}:Al_2O_3$)堪称一种较为理想的材料。它的主要优点是:晶体的物化性能好,硬度高,抗破坏能力强,同时对泵浦光的吸收特性好,可在室温条件下获得 694.3 nm 的可见激光振荡。主要缺点是:属三能级结构,产生激光的阈值较高。

1)工作原理

红宝石激光器的基本构造如图4.3所示。红宝石激光器是一种脉冲激光,由闪光灯发出的光束将红宝石中的 Cr^{3+} 激发到一个高能级上,受激发的 Cr^{3+} 在两个镜片之间来回振荡,最后激光从一端射出,这个过程可以用图4.4的 Cr^{3+} 能级图加以说明。如前所述,Al_2O_3 中掺杂 Cr^{3+} 后,晶体中的一些 Al 原子的位置将被 Cr 所代替,正是这些 Cr^{3+} 构成了红宝石的发光中心。红宝石的发光是一个三能级两步过程,工作时,泵浦闪光灯给较低能态(E_0)上的 Cr^{3+} 足够的激发能量,使 Cr^{3+} 纷纷跃升到 E_2 和 E_3 上去。由于晶体自身的作用,E_2、E_3 的能级扩展成宽的能带,以吸收大量的 Cr^{3+}。在 E_2、E_3 上的 Cr^{3+} 稍停片刻,便跳回到中间站——能量较低的亚稳态能级 E_1 上去。这是一种自发的跃迁,所以不发光。亚稳态 E_1 在片刻间集聚了大量的 Cr^{3+},在此停留时间约为 1 ms,但这个瞬间对粒子运动来说是很长,而且很宝贵的时间。在这时间内,E_1 上能积累更多的 Cr^{3+},形成了粒子数反转。这时,当射到亚稳态 E_1 上的光的波长正好合适时,Cr^{3+} 就会离开亚稳态 E_1,而跃迁到基态 E_0 上,并在这个时候放射出一道强光。这种光在光学谐振腔(反射镜)内再经过千万次的振荡、放大,这个激光器就发出了激光。它的波长取决于 E_1 和 E_0 之间的能量差,等于694.3 nm,是鲜红的可见光。

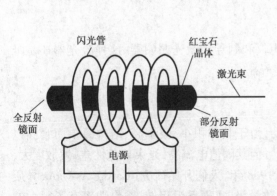

图4.3 红宝石激光器的基本构造

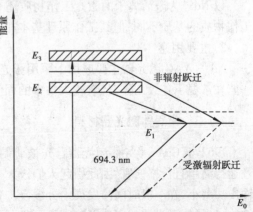

图4.4 红宝石中铬离子能级示意图

2）主要用途

红宝石激光晶体的用途十分广泛,可应用在激光器基础研究、强光光学研究、激光光谱研究、激光照相和全息技术以及激光雷达与测距技术等方面。

（3）钕钇铝石榴石激光晶体

钕钇铝石榴石晶体（Nd^{3+}：YAG）的激光工作物质是 YAG（$Y_3Al_5O_{12}$）作为基质,Nd^{3+} 作为激活离子。YAG 属立方晶系,Nd^{3+}：YAG 激光跃迁能级属于四能级系统,具有良好的力学、热学和光学性能。用 Nd^{3+} 取代 YAG 中的 Y^{3+},这不需要电荷补偿,而且它从基态被激发至吸收带（即高能态）的频率相当于钨灯的输出频率。这样就可以不用闪光灯和电容组,而只用白炽灯就可以作泵浦。

1）工作原理

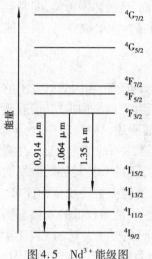

图 4.5 Nd^{3+} 能级图

图 4.5 所示为 Nd^{3+} 能级图。基态 Nd^{3+} 吸收不同波长的泵浦光被激发至 $^4F_{3/2}$、$^4F_{5/2}$、$^4F_{7/2}$ 等激发态能级。这些能级上的 Nd^{3+} 以非辐射跃迁的形式跃迁至亚稳态 $^4F_{3/2}$ 能级（寿命约 0.2 ms）。从 $^4F_{3/2}$ 可辐射跃迁至 $^4I_{9/2}$、$^4I_{11/2}$、$^4I_{13/2}$ 能级,分别发出 0.914 μm、1.06 μm 和 1.34 μm 的激光。其中由于能级距基态很近,激光器一般需在低温工作。

Nd^{3+} 的辐射中等通道有三条,在激光产生过程中,将发生竞争,由于 $^4F_{3/2} \rightarrow {}^4I_{11/2}$ 通道的荧光分支比最大,即产生荧光的几率最大,一般 Nd^{3+}：YAG 激光器以发出 1.06 μm 波长的激光为主,次之为 1.34 μm 的激光。

与红宝石相比,Nd^{3+}：YAG 晶体的荧光寿命较短,荧光谱线较窄,工作粒子在激光跃迁到高能级上不易得到大量积累,激光储能较低,以脉冲方式运转时,输出激光脉冲的能量和峰值功率都受到限制。鉴于上述原因,Nd^{3+}：YAG 器件一般不用来作单次脉冲运转。由于其阈值比红宝石低,且增益系数比红宝石大,因此适合于作重复脉冲输出运转。重复率可高达每秒几百次,每次输出功率达百兆瓦以上。

以 Nd^{3+} 为激活离子的激光工作物质还有 Nd^{3+}：YVO_4、Nd^{3+}：YIG（$Y_3Fe_5O_{12}$）等,尽管这些工作物质的基质不同,但其工作原理基本相同。

2）主要用途

Nd^{3+}：YAG 激光器主要应用于军用激光测距仪和制导用激光照明器。这种激光器还是唯一能在常温下连续工作,且有较大功率的固体激光器。

4.1.3　半导体激光器材料

1962 年 GaAs 半导体激光器首先被研制成功,由于其体积小、效率高、结构简单而紧固以及运行简单且价格便宜,因此引起人们极大重视。但其阈值电流高,光束单色性差,发散度大,输出功率小,在一段时间内发展十分缓慢。直到 1968 年,人们开始研究（GaAl）As-GaAs 异质结构,半导体激光器的阈值电流密度下降了两个数量级,实现室温运转,输出功率有了很大的提高,半导体激光器才取得了突破性的进展。至 20 世纪 70 年代末,光盘技术和光纤通信的发展推动了半导体激光器与半导体材料的发展和技术改进,激光波长与输出功率及激光器的寿命方面都取得了大幅度的提高。

（1）**基本结构和产生激光的条件**

半导体激光器的结构极为简单,仍然由激光介质、激励泵浦(电流)和谐振腔(反射镜)三部分组成,如图4.6所示。从图中可知,半导体激光器是半导体器件 PN 结二极管,在电流正向流动时会引起激光振荡。但是,在普通电路用的二极管中,即使有电流流动也不会产生激光振荡。可见,引起激光振荡是需要有一定条件的。引起激光振荡的第一个条件是:利用电流注入的少数载流子复合时放出的能量,必须以高效率变换为光。因此,在进行复合的区域(在 PN 结附近,称为活性区或激活区),一般必须是具有直接迁移型能带结构的材料,即直接跃迁半导体或称直接带隙半导体[①],如以 GaAs 为代表的许多 III_A-V_A 族化合物。这种类型的半导体,电子从导带底部可直接跃迁到价带顶部,而间接带隙半导体 Si、Ge 由于电子—空穴复合过程涉及光子和声子的参与,因此几率低,不能作为半导体激光器材料。

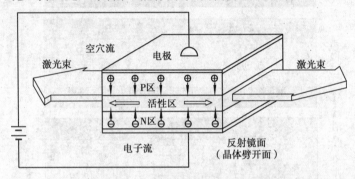

图4.6　半导体激光器的基本结构

半导体激光发射的第二个条件是:在引起反转分布时,要注入足够浓度的载流子。某阈值以下的电流,在普通的发光二极管中也会引起注入发光,但不会发生激光。

第三个条件是有谐振器。半导体激光器由于增益极高,不一定要求具有高反射率的反射镜,可利用垂直于结面而且平行的二极管两个侧面作为反射镜。

（2）**工作原理**

半导体 PN 结构成激光介质与红宝石的原理稍有不同。红宝石激光材料是利用 Cr^{3+} 的能级跃迁和光学谐振,而半导体的 PN 结则是提供了价带的空穴和导带的电子,利用它们越过带隙的复合而释放出光,这时,如进行泵浦和光学谐振,便可以实现受激辐射。这样,半导体受激发光的波长取决于半导体材料的禁带宽度。以上过程可以用图4.7加以说明。一个电子在无外界干扰的情况下,也会自发地和空穴复合,并放出一个光子(图4.7(a))。如果这个电子在自发复合还远没有发生时,就受到一个外界光子的激发而与空穴复合,这同样会放出一个光子(图4.7(b))。这个被激发出来的光子和激发它的光子能量是相同的,而且相位也相同,它们都射向右边的反射镜并反射回来(图4.7(c))。当这些光子在半导体内来回运动时,它们就

---

① 直接带隙半导体又称直接跃迁半导体,是导带的最小值和价带的最大值均位于布里渊区内同一波数处的半导体,毋须声子参与,自由电子和空穴间即能直接复合。它具有量子效率高的特点,GaAs 是一种典型的直接带隙半导体。间接带隙半导体又称间接跃迁半导体,是导带底和价带顶都不在布里渊区内相同波数处的半导体,自由电子和空穴间不能直接复合,必须有声子参与才能复合。它的量子效率低,GaP 是此类半导体之一。

激发出越来越多的光子,于是形成了相干的光束(图4.7(d)、(e))。这样,一部分激光束就被引导出来(图4.7(f))。与此同时,外加电流不断提供新的电子和空穴,当电流超过一个阈值时,相干光就越来越强,使激光器达到稳态。

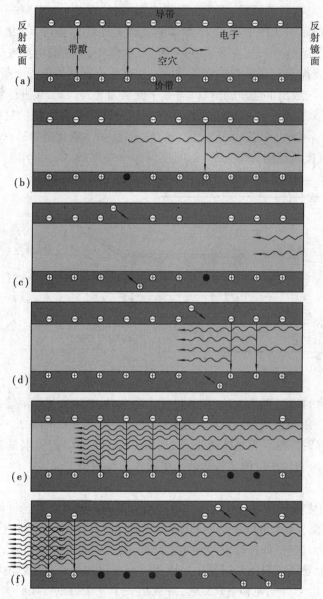

图4.7　半导体激光发射原理

(3)半导体激光材料

以上的例子是一个最简单的说明。它是一个同质结,用的是同一种材料GaAs,不过由于掺杂不同而形成了P型和N型的PN结,这可以说是一种"掺杂工程"。它所需要激励的电流密度阈值高达19 kA/cm^2,只能在低温下工作,室温时阈值电流更大。这种装置将电子和光子限制在发光区的能力很弱,功率和效率都很低,难以实用。

目前大部分半导体激光介质具有双异质结结构,如图4.8所示。这种结构可减小阈值电流密度,能够在室温下连续工作。P 型的 GaAs 夹在 GaAlAs 之间,GaAs 实际是激光器。GaAlAs 一个是 P 型,一个是 N 型,两层半导体比 GaAs 有高的带隙。因此,可以将电子限制在活性区内,这是借助于高带隙界面位垒的作用。由于电子及其产生的光被限制在活性区内,这就大大减小了器件的阈值电流密度。

双异质结激光器的 PN 结是用带隙和折射率不同的两种材料在适当的基片上外延生长形成的。不同种类的材料所形成的结,由于晶格常数不同而易于产生晶格缺陷。结面的晶格缺陷作为注入载流子的非发光中心会降低发光效率,使器件寿命缩短。因此,作为双异质结激光器材料,要求采用晶格常数大致相同的两种材料来组合。在上述双异质结中,由于增加 Al 到 GaAs 中形成二元固溶体,使材料性质能够满足器件设计要求,既提高了能隙,降低了折射率,而且在界面处没有引起过量的应变,其主要原因是 Ga 和 Al 有相近的原子尺寸,因此在整个二元成分范围内并没有引起晶格常数的显著改变。

近年来,多层异质结半导体激光器已引起人们的重视,如图 4.9 所示。它的核心仍是 GaAs,但外面又有一些其他的不同成分和不同掺杂程度的半导体材料。可以看出,这种多层异质结构从材料来说是一种很复杂的体系,要求按材料的不同带隙宽度和不同的折射率来一层层地设计好,而且它们的厚度和顺序都要严格控制。

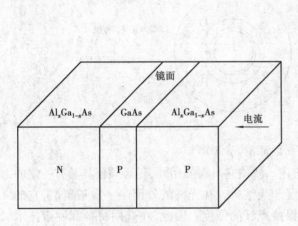

图 4.8 双异质结半导体激光器件的结构

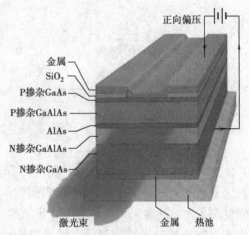

图 4.9 一种多层异质结半导体激光器

4.2 光纤材料

光导纤维(简称光纤)通信是将记录着声音等的电信号变成光信号,然后通过光纤将光信号传输到对方,最后又将光信号转变成电信号的通信技术。光纤通信具有通信容量大、不受电磁场干扰、保密性好、节省电缆通信方式中铜资源等优点。

20 世纪 60 年代发现了激光,这是人类期待已久的信号载体。但要实现光通信,摆在人们面前的问题就是,用什么办法能够将激光传送出去。早在 1958 年,英国科学家就提出了利用光纤的设想,但限于当时的技术,如果用来传输激光,由于玻璃的透光度太差,其传输损耗高达约 1 000 dB/km,当光从玻璃光纤的一头射入,到 1 m 之后就只剩下 80%,再过 1 m 就只有

64%,如果做成上百米长,那么透过的光就只有百亿分之一了。1966 年,在英国标准电讯研究所工作的英籍华人工程师高琨,论证了将光纤的光学损耗降低到 20 dB/km 以下的可能性。许多大学、研究所、公司以及工厂开始探索这一工作,以多组分玻璃系和高二氧化硅玻璃系光纤进行开发研究。1970 年,美国康宁公司拉制出世界上第一根低损耗光纤,这是一根高二氧化硅玻璃光纤,长数百米,损耗低于 20 dB/km。十多年后,高二氧化硅玻璃光纤的损耗又降低了两个数量级,约为 0.2 dB/km,几乎达到了材料的本征光学损耗(理论损耗值为0.18 dB/km)。现在,许多国家建造了光纤通信系统,横跨大西洋、太平洋的海底光缆已投入使用,使全世界进入信息时代。

4.2.1 光纤的结构

光纤是用高透明介电材料制成的非常细的低损耗导光纤维,其外径为 125 ~ 200 μm,它不仅具有束缚和传输从红外到可见光区域内的光的功能,而且也具有传感功能。

一般通信用光纤的横截面的结构如图 4.10 所示,光纤本身由纤芯和包层构成。其中纤芯为高透明固体材料,如高二氧化硅玻璃,多组分玻璃、塑料等制成。包层则由有一定损耗的石英玻璃、多组分玻璃或塑料制成。纤芯的折射率大于包层的折射率。这样就构成了能导光的玻璃纤维,即光纤。光纤的导光能力就取决于纤芯和包层的性质。

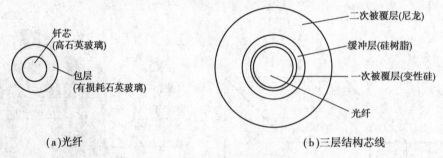

图 4.10　光纤横截面结构示意图

上述的光纤是很脆的,还不能付诸实际应用。要使它具有实用性,还必须使其具有一定的强度和柔性。通常采用图 4.10(b)所示的三层芯线结构。在光纤的外面是一次被覆层,它的作用是防止玻璃光纤的玻璃表面受损伤,并保持光纤的强度。因此,在选用材料和制造技术上,必须防止光纤的玻璃表面受损伤。通常采用连续挤压法将热可塑硅树脂被覆在光纤外而制成,这一层的厚度为 100 ~ 150 μm。在一次被覆层之外是外径约 400 μm 的缓冲层,目的是防止光纤因一次被覆层不均匀或受侧压力作用而产生微弯,带来额外损耗。基于此,缓冲层须选用缓冲效果良好的低杨氏系数材料。缓冲层的外面是二次被覆层,一般由尼龙制成,外径常为 0.9 mm。

4.2.2　光导原理

(1)光的全反射现象

光纤传输光的原理是光的全反射现象。如图 4.11 所示,当一束光投射到折射率为 n_1 和 n_2 的两种介质的交界面上时,入射角 θ_1 和折射角 θ_2 之间服从光的折射定律,即

$$\frac{\sin \theta_1}{\sin \theta_2} = \frac{n_2}{n_1} \tag{4.1}$$

由于 $n_1 > n_2$，即纤芯为光密介质，包层为光疏介质，因此当 θ_1 逐渐增大到某一临界角 θ_c 时，θ_2 就变为 $\pi/2$，此时光不再进入折射率为 n_2 的包层中，而是全部返回到纤芯中来，这就是光的全反射。

按照光的全反射原理，光将在光纤的纤芯中沿锯齿状路径曲折前进，而不穿出包层，从而完全避免了光在传输过程中的折射损耗，如图 4.12 所示。

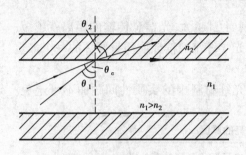

图 4.11 光的全反射原理

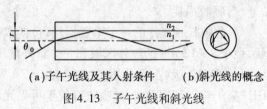

图 4.12 光在光学纤维中的传输路径

（2）光的传输模式

光在纤维中传输有一定的传输模式。光学上将具有一定频率、一定的偏振状态和传播方向的光波称为光波的一种模式，或称为光的一种波型。传输模式是光纤最基本的传输特性之一，根据模式不同，光纤有单模光纤和多模光纤之分。单模光纤的直径非常细，只有 3～10 μm，同光波的波长相近，只允许传输一个模式的光波；而多模光纤直径为几十至上百微米，允许同时传输多个模式的光波。有关光纤的种类，在后面还将详细讨论。

（3）子午光线和斜光线

如图 4.13 所示，如果光学纤维具有均匀的芯子（半径为 r，折射率为 n_1）和均匀的包层（折射率为 n_2，$n_2 < n_1$），则通过这种光学纤维的光线就有子午光线和斜光线两种。子午光线是在一个平面内弯曲行进的光线，它在一个周期内

（a）子午光线及其入射条件　　（b）斜光线的概念

图 4.13 子午光线和斜光线

和光学纤维的中心轴相交两次。斜光线是不通过光学纤维的中心轴的光线。

作为子午光线行进的条件为：

$$\sin\theta_0 < \sqrt{n_1^2 - n_2^2} \tag{4.2}$$

（4）数值孔径

习惯上将 $\sqrt{n_1^2 - n_2^2}$ 称为光学纤维的数值孔径 N. A，即

$$\text{N. A} = \sqrt{n_1^2 - n_2^2} \tag{4.3}$$

根据子午光线行进的条件，N. A 值越大，θ_0 可以越大，因而有较多的光线进入芯子，可见数值孔径是表征光纤集光本领的一种量度。但 N. A 太大时，对单模传输不利，因为它易激发光的高次模传播方式。

4.2.3 光纤的传输特性

光纤的传输特性通常用通过光纤的光脉冲质量的劣化程度来表示。这种光脉冲质量的劣

化包括两方面：一是由传输损耗引起的光脉冲振幅衰减，二是由于光学色散引起的光脉冲失真。

（1）传输损耗

传输损耗 Q 是指光在纤维中，在传输途中的损耗，用下式表示，即

$$Q = 10 \log \frac{I_0}{I} \quad (\text{dB/km}) \tag{4.4}$$

式中，I_0 为入射光强度，I 为出射光强度，Q 是传输损耗。$|Q|$ 越大，光信息传输的距离就越短；反之，则光信息传输的距离就越长。可见，Q 值是衡量光学纤维通信介质质量好坏的一个最重要的指标。

光纤产生传输损耗的主要原因是吸收与散射，是光纤材料中的实质性问题而不可避免。其分类见表4.1。

表4.1　光纤产生传输损耗的原因

全损耗	吸收损耗	本征吸收	电子迁移引起的紫外吸收 分子振动引起的红外吸收
		杂质吸收	金属离子吸收 OH^- 离子引起的吸收
	散射损耗		本征散射（瑞利散射） 结构不完整引起的吸收

1）吸收损耗

吸收损耗是光纤的一个重要损耗，包括本征吸收和杂质吸收。本征吸收是物质的固有吸收，位于 $8 \sim 12 \, \mu m$ 的红外区域和一个紫外波段，包括由电子迁移引起的紫外吸收和由分子振动引起的红外吸收；杂质吸收主要有 Cu^{2+}、V^{3+}、Cr^{3+}、Mn^{3+}、Fe^{2+}、Co^{2+}、Ni^{2+} 等金属离子和 OH^- 离子等引起的吸收，其吸收峰位于可见光和红外区域。在玻璃中产生 1 dB/km 的损耗时各种杂质离子的允许浓度见表4.2。当原料经过多次精制后，金属离子的吸收几乎可以完全消除，这时 OH^- 离子的吸收就成为一种重要的杂质吸收损耗。在熔融石英玻璃中，OH^- 的吸收带位于 $0.5 \sim 1.0 \, \mu m$ 波段，OH^- 的基本吸收峰位于 $2.7 \, \mu m$ 附近。

表4.2　在玻璃中，产生 1 dB/km 的吸收时的杂质允许浓度

离　子	产生 1 dB/km 的吸收时的杂质允许浓度（质量分数）
OH^-	1.25×10^{-6}
Cu^{2+}	2.5×10^{-9}
Fe^{2+}	1×10^{-9}
Cr^{3+}	1×10^{-9}

2）散射损耗

散射损耗包括本征散射和波导散射两个方面。本征散射是物质散射中最重要的，又称为瑞利散射。产生瑞利散射的原因，一是由玻璃熔制过程造成的密度不均匀而产生的折射率不

均匀所引起的散射。本征散射与波长的四次方成反比,因此,随波长的增加而很快减小;二是由于掺杂不均匀(如扩散不均匀)引起的散射。

波导散射是因光纤结构的不完整而导致的损耗,如纤芯的直径有起伏,界面粗糙,凹凸不平等,就会引起传导模的附加损耗。

关于杂质吸收引起的损耗和波导散射引起的损耗,可利用制造技术加以改进,如减少材料中的金属杂质和 OH^- 的含量等。此外,在光纤制造过程中,还应尽量避免小晶粒、小气泡等缺陷和光纤粗细不均或断面状态变形等不均匀现象出现。

(2)光学色散

在光纤通信中,光信号是以光脉冲的形式在光纤中传输的。信息通过调制方式加到光频载波上,然后将载波光按信息要求调制成一个光脉冲。光脉冲的调制频率愈高,传输频带越宽,它能传输的信息容量也愈大。如果输入的光信号经光纤传输后,脉冲受到延迟失真并随着距离的增加而逐渐展宽,则传递的脉冲信息之间就会互相重叠,发生干扰以致无法进行正常传输。一般来说,脉冲扩展宽度越大,传输频带被限制得越窄。

光纤的光学色散是影响光纤传输频带的重要因素,它主要包括材料色散、模式色散和波导色散。

1)材料色散

材料色散是指不同波长的光在介质中的折射率不一样,用数学式表示为:

$$n = f(\lambda) \tag{4.5}$$

式中,n 是材料的折射率,λ 为波长。

式(4.5)说明介质的折射率是波长的函数,即使是单色光,也都有一定的谱线宽度 $\Delta\lambda$,如 He-Ne 激光的 632.8 nm 的谱线宽度为 10^{-6} nm。波长越短的光波,材料色散越严重。

2)模式色散

模式色散是指不同模式的光脉冲在光学纤维中传播速度不同所产生的传输时间差。模式色散会使光脉冲展宽,其展宽的程度依赖于光纤的长度和模式数量。

3)波导色散

波导色散(又称结构色散)是指由于光纤结构的原因引起的光传播速度的变化。波导色散既与纤芯的直径(a)有关,也与光波长(λ)的大小有关。在纤芯直径一定时,波长越长的光波,波导色散越严重,这点与材料色散情况相反。如果入射波长一定,则 a 越小,波导色散越严重。因此,可以用 a/λ 来表示波导色散的大小。

显然,在单模光纤中不存在模式色散。在多模光纤中,模式色散占支配地位,其他两种是次要的;在单模光纤中,一般材料色散是主要的色散来源,但在材料色散很小的波段,波导色散则成为主要的色散机制。

4.2.4 光纤的种类

光纤的种类很多,下面按不同的方式给光纤分类。

(1)按纤芯的折射率

按纤芯折射率分布之不同,光纤可分为阶跃型光纤和梯度型光纤两大类。常用通信光纤的种类和光的传播如图4.14所示,主要有阶跃型多模光纤(图4.14(a))、梯度型多模光纤(图4.14(b))、单模光纤(图4.14(c))。

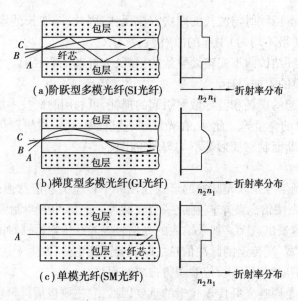

图 4.14 光纤的种类和光的传播

阶跃型多模光纤和单模光纤的折射率分布都是突变的,纤芯折射率均匀分布,而且具有恒定值 n_1,而包层折射率则为稍小于 n_1 的常数 n_2。

阶跃型多模光纤和单模光纤的区别仅在于,后者的芯径和折射率差都比前者小。设计时,适当地选取这两个参数,以使得光纤中只能传输最低模式的光,这就构成了单模光纤。

在梯度光纤中,纤芯折射率的分布是径向的递减函数,而包层折射率分布则是均匀的。

(2)按材料组分

按材料的组分不同,光纤可分为石英玻璃光纤、多组分玻璃光纤和塑料(聚合物)光纤等。

(3)按传输模式

按光的传输模式的不同,光纤可分为多模光纤和单模光纤两大类。

4.2.5 光纤材料及制造

(1)石英玻璃光纤

目前,通信用光纤都是石英玻璃光纤。石英玻璃光纤的组成以 SiO_2 为主,其主要优点是损耗低(小于 0.5 dB/km,传输距离可达 30 km),频带宽,失真小,线径细,可挠性好。

制造石英玻璃光纤有两个步骤:即首先制造石英玻璃预制棒,然后将预制棒加热熔融拉制成导光纤维——光纤。制备石英玻璃预制棒时,为了降低石英光纤的内部损耗,现在采用最多的方法是化学气相沉积法(CVD Chemical Vapor Deposition)。下面介绍改进的化学气相沉积(MCVD)制取石英玻璃预制棒的原理及工艺。

1)石英预制棒的 MCVD 法制备

MCVD 法是在石英玻璃管内壁淀积掺有 P_2O_5、B_2O_3 和 GeO_2 的 SiO_2,掺杂物质中的 GeO_2 使折射率增大,P_2O_5 和 B_2O_3 使折射率减小。气态原料包括:作为载气的超纯 O_2,作为原料气的超纯 $SiCl_4$,以及作为掺杂剂的 $GeCl_4$、BBr_3、$POCl_3$。如图 4.15 所示,将石英管装在玻璃车床的两个同步旋转的卡盘之间,然后将气态原料送入这根旋转着的管子中,氢氧焰在其下以一定的速度反复来回移动。在加热区,原料发生如下的气相反应:

$$SiCl_4 + O_2 \rightarrow SiO_2 + 2Cl_2$$
$$GeCl_4 + O_2 \rightarrow GeO_2 + 2Cl_2$$
$$4POCl_3 + 3O_2 \rightarrow 2P_2O_5 + 6Cl_2$$
$$4BBr_3 + 3O_2 \rightarrow 2B_2O_3 + 6Br_2$$

上述反应生成的氧化物玻璃微粒淀积在石英管内壁,形成多孔性氧化物薄层,当氢氧焰经过此处时,它就被烧结成透明玻璃,若氢氧焰每来回一次时有计划地增加 $GeCl_4$ 的流量,而 BBr_3 和 $POCl_3$ 的流量相对地不变,结果 GeO_2 的浓度就逐渐地增加。当沉积到一定厚度之后,停止原料供应,这样就可得到梯度折射率分布的淀积层,最后提高温度,并降低移动速度,结果在表面张力的作用之下淀积的玻璃层熔缩而形成透明的玻璃棒。制成的石英预制棒外径一般在 10 mm 以上。

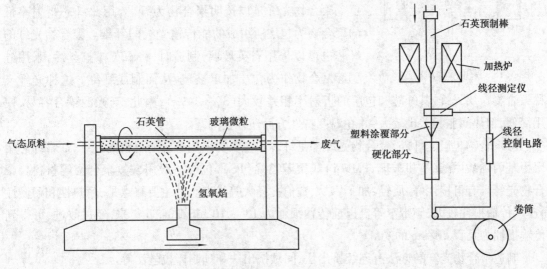

图 4.15 MCVD 法制备石英预制棒   图 4.16 石英光纤拉丝装置

2)拉丝工艺

拉丝装置如图 4.16 所示,从加热炉上方插入预制棒,在温度 1 800 ℃ 左右加热熔化顶端,在下方卷绕纤维。直径从预制棒到纤维急剧减小,但断面折射率分布保持原样(图 4.17)。因此,为了制作长度方向均匀的纤维,重要的是控制外径保持不变。一般来说,引起直径变动的主要原因有:拉丝炉内的温度,气氛的变动,以及预制棒直径的变化。前一个原因可通过稳定炉温和气体流加以控制,后一个则可通过测量线径,检测变动情况,并将其结果反馈给卷绕速度进行修正加以控制。采取上述措施后,直径变动量可保持在 1 μm 以下。

图 4.17 光纤拉出时保持折射率的分布

(2)多组分玻璃光纤

多组分玻璃光纤的成分除 SiO_2 外,还含有 Na_2O、K_2O、CaO、B_2O_3、TiO_2 等其他氧化物。这

类光纤材料的熔点低,制作设备简单,可以制成几十千米的长纤维,因其损耗较大(4~7 dB/km),通信上极少采用。但此类光纤易做到大数值孔径(N.A 可达0.5),与光源或光检测器的耦合效率高,可用于对损耗要求不是非常苛刻的传感器领域内。

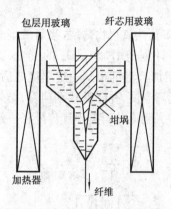

包层用玻璃　纤芯用玻璃

坩埚

加热器

纤维

图4.18　采用双坩埚的拉丝法

多组分玻璃光纤采用双坩埚法制造。坩埚是尾部带漏管的内外两层铂坩埚同轴套在一起所组成。首先将精制的原料微细粉末进行混合熔化,制成纤芯用或包层用的折射率不同的玻璃块,然后将其放入图4.18所示的双坩埚内,在熔化的同时从下部的漏孔拉出而直接成为纤维。在大多数情况下,这种方法制成的是阶跃型光纤。

(3)聚合物光纤

聚合物光纤是以透明聚合物为纤芯,用比纤芯折射率低的聚合物为包层所组成的能传输光线的纤维。聚合物光纤的纤芯也可以采用石英玻璃,制造时,将石英棒拉丝后,采用硅酮等聚合物作为包层加以被覆,从而制成纤维。这种光纤又称聚合物包层光纤,其纤芯和包层的折射率相差较大(3%~4%),因此,与光源耦合容易,使用简便,但热膨胀相差也较大,并在温度特性方面还存在问题。

除聚合物包层光纤外,聚合物光纤都是纤芯和包层均采用聚合物材料的光纤,通常纤芯用聚甲基丙烯酸甲酯(有机玻璃,PMMA)或聚苯乙烯(PS),包层一般用含氟聚合物等材料。聚合物光纤具有可挠性好、质轻、加工容易、数值孔径大等优点。其主要缺点是:耐热性和耐候性较差、传输损耗较大、频带窄等。以前传输损耗为 $10^3 \sim 10^4$ dB/km,近年来,经过改进,可得到传输损耗为几百 dB/km 的光纤。

制造聚合物光纤的方法有连续挤出法、间歇挤出法和预制棒拉丝法等。

1)连续挤出法

连续挤出法是将聚合、挤出纤芯和包层一体成型,为日本 MRC 开发的流程。将单体、少量引发剂和链转移剂连续加入反应器,在此聚合到一定转化率,形成浆液。经齿轮泵送入脱挥发分挤出机,除去单体后经机头挤出纤芯。这种方法在制成光纤前不与外界接触,减少了污染,生产效率也高,为较理想的工业化方法。关键是要控制转化率在 60%~80%,聚合温度150 ℃,避免 PMMA 降解增加光损耗。脱挥发分前为浆状物质,传输方便,但要严格控制,避免爆聚。该法的缺点是:设备复杂,聚合物接触金属太多,并剪切熔体,易引起聚合物分解。

2)间歇挤出法

这种方法从单体瓶中将单体蒸入反应器,再从另一瓶中将引发剂或链转移剂升华或蒸入反应器,密封加热到 180 ℃进行聚合。当转化率达 100%时,温度升到 200 ℃,熔融聚合物在干燥氮气下加压,从反应器通过喷嘴压出,再用相似于连续挤出法的包覆而得光纤。该法操作、设备的设计和制造均较简单,为了避免自加速聚合产生局部过热而爆聚,要使反应混合物温度足够高,黏度足够低。由于设备简单,避免了降解,可以生产出光损耗低达 55 dB/km 的PMMA 光纤。其缺点是生产效率不高。

3)预制棒拉丝法

预制棒拉丝法与石英光纤制法相似,但加热温度要低得多,仅 200 ~ 250 ℃。预制棒由本体法聚合制得,首先通过精密供料机构调整供料速度,通过夹具固定预制棒,经过拉丝炉拉出裸丝,经纤维径度控制器进入卷取鼓。外皮包覆既可在预制棒外被覆,又可在拉丝时在线涂敷。这种方法的优点是:不经长期加热,可降低降解几率,减小光损耗,还可生产不同断面、不同折射率的棒,可望制得梯度型光纤。

(4)晶体光纤

晶体光纤可分为单晶与多晶两类。主要有 YAG($Y_3Al_5O_{12}$)系、YAP(YAlO$_3$)系、Al$_2$O$_3$ 系、LN(LiNb$_2$O$_3$)系、LBO(LiB$_3$O$_5$)系、BSO(Bi$_{12}$SiO$_{20}$)系和卤化物系等晶体光纤。它的主要优点是:具有更宽的红外波段窗口,其器件与普通光纤间的耦合性能好。

单晶光纤的制造方法主要有导模法和浮区熔融法。导模法是将一支毛细管插入盛有较多熔体的坩埚中,在毛细管里的液体因表面张力作用而上升,将定向籽晶引入毛细管上端的熔体层中,并向上提拉籽晶,使附着的熔体缓慢地通过一个温度梯度区域,单晶纤维便在毛细管的上端不断生长。

浮区熔融法是先将高纯原料做成预制棒,然后使用激光束在预制的一端加热,待其局部熔融后将籽晶引入熔体,并按一定速率向上提拉便得到一根单晶纤维。

4.2.6　光纤的应用及展望

光纤用途很多,利用其透光性好、直径可调(几到几百微米)、可挠性好而制成各种规格的光纤传光束和传像束,用来改变光线的传输方向,移动光源的三维位置;用来改变图像(或光源)的形状、大小和亮度;还可以解决光通量从发射源到接收器之间的复杂传输通道问题。

光纤在光学系统中可以用于光学纤维潜望镜、自准直系统、平像场器、光学纤维换向器等方面,在光电系统中主要用于像增强器、X 射线像增强器、阴极射线管和变像管等。

在医学上利用光纤可制作内窥镜(如腹腔镜、胃镜等)和"光刀",用于诊断和手术。

光纤可用于传感技术,做成各种光纤传感器,如光纤声、光纤磁、光纤温度、光纤网络和光纤辐射类型的传感器。

光纤还可以做成光纤转换器,用于高空侦察系统和星光摄谱系统等方面。

光纤通信是光纤的重要应用领域。光纤通信具有通信容量大、抗干扰、保密性好、重量轻、抗潮湿和抗腐蚀等优点。

近年来,光纤不仅是被动的传导光束,而且还可以自身主动发出激光。这就是"有源光纤"。制造有源光纤是在石英或多组分玻璃光纤中掺入某些离子,这些离子可以在泵浦作用下也受激发射,例如,Er^{3+} 在用 0.98 μm 或 1.48 μm 光泵浦时,可以在它的特定能级间跃迁,产生出 1.54 μm 的光束。掺铒(Er)光纤有增益和放大的作用,因而称为掺铒石英光纤激光放大器,这将使更长距离的光纤通信成为可能。有人称它是光纤通信的第二个里程碑。

另一种"有源光纤"是制造高功率的光纤激光器,医学、航空、材料加工、军事的发展都需要高功率(5 ~ 10 W)或高脉冲能量(mJ)的小型全固化激光器。目前这类小型纤维激光器已经试验成功,高功率光纤激光系统有可能在相当大的范围内代替目前的一些商用激光器,它的小型化、灵活性预示着光纤材料仍有美好的前景。

4.3　发光材料

发光材料的种类很多,自然界中的很多物质都或多或少的可以发光。比较有效的发光材料中有无机化合物,也有有机化合物;有固体、液体,也有气体。但是,从当代的显示技术中所用的发光材料看,则主要是无机化合物,有机化合物的种类较少,而且主要是固体材料,少数也用气体材料。在固体材料中,又主要是用禁带宽度比较大的绝缘体(介电材料),其次是半导体。其中用得最多的发光材料是粉末状的多晶,其次是单晶和薄膜。

要得到有效的发光材料,都要在这些材料中掺进微量杂质。对杂质的选择有两点必须考虑:如果基质是半导体,又希望它有一定的导电能力,则需要从施主、受主的角度选择杂质,这些杂质同时在复合发光中发挥作用;在高阻半导体及绝缘体中,则需要从发光中心的角度选择杂质。常用的杂质有过渡族元素、类汞元素、重金属及稀土元素等。

发光材料可以提供作为新型和有特殊性能的光源,可以提供作为显示、显像、探测辐射场及其他技术手段。

4.3.1　光致发光材料

用紫外光、可见光及红外光激发发光材料而产生发光的现象称为光致发光,即在光照射下激发的发光,这种发光材料称为光致发光材料。

光致发光材料一般可以分为荧光灯用发光材料、长余辉发光材料和上转换发光材料。如果按发光弛豫时间分类,光致发光材料又可分为荧光材料和磷光材料两种。

(1)荧光材料

通常,荧光材料的分子并不能将全部吸收的光都转变为荧光,它们总是或多或少地以其他形式释放出来。将吸收光转变为荧光的百分数称为荧光效率。荧光效率是荧光材料的重要特性之一,在无干扰的理想情况下,材料的发射光量子数等于吸收光量子数,即荧光效率为1。而实际上,荧光效率总是小于1。

一般来说,荧光效率与激发光波长无关。在材料的整个分子吸收光谱带中,荧光发射对吸收的关系都是相同的,即各波长的吸收与发射之比为一常数。然而,荧光强度和激发光强度关系密切,在一定范围内,激发越强,荧光也越强。定量地说,荧光强度等于吸收光强度乘以荧光效率。

光的吸收和荧光发射均与材料的分子结构有关。材料吸收光除了可以转变为荧光外,还可以转变为其他形式的能量。因而,产生荧光最重要条件是分子必须在激发态有一定的稳定性,即如前所述的能够持续约 10^{-8} s 的时间。多数分子不具备这一条件,它们在荧光发射以前就以其他形式释放了所吸收的能量。只有具备共轭键系统的分子才能使激发态保持相对稳定而发射荧光。因而,荧光材料主要是以苯环为基的芳香族化合物和杂环化合物。例如:酚、蒽、荧光素、罗达明、9-氢基吖啶、荧光染料以及某些液晶。荧光材料的荧光效率除了与结构有关外,还与溶剂有关。部分荧光材料及它们在某种溶剂中的荧光效率见表4.3。

表 4.3 某些荧光材料和它们的荧光效率

荧光色素	溶 剂	荧光效率
荧光素	0.1 mol/L NaOH	0.92
荧光素	pH 7.0 的水	0.65
罗达明	甲醇	0.97
9-氢基吖啶	水	0.98
酚	水	0.22
蒽	苯	0.29

（2）磷光材料

磷光材料的主要组成是基质和激活剂两部分。用做基质的有第 Ⅱ 族金属的硫化物、氧化物、硒化物、氟化物、磷酸盐、硅酸盐和钨酸盐等，如 ZnS、BaS、CaS、$CaSiO_3$、$Ca_3(PO_4)_2$、$CaWO_4$、$ZnSiO_3$、Y_3SiO_3 等，用做激活剂的是重金属。所用的激活剂可以作为选定的基质的特征。针对不同的基质就选择不同的激活剂，例如，对 ZnS、CdS 而言，Ag、Cu、Mn 是最好的激活剂。碱土磷光材料可以有更多的激活体，除 Ag、Cu、Mn 外，还有 Bi、Pb 和稀土金属等。

就应用而言，磷光材料比荧光材料更为普遍一些。一些灯用荧光粉，实际上就是磷光材料。荧光灯最初使用的是锰激活的硅酸锌和硅酸锌铍荧光粉，但以后逐渐被卤磷酸盐系列的荧光粉所代替。一些较重要的灯用荧光粉见表 4.4。

表 4.4 一些较重要的灯用荧光粉

基 质	分子式	激活剂	发光颜色
硅酸锌	Zn_2SiO_4	锰	绿
硅酸钙	$CaSiO_3$	铅、锰	粉红
卤磷酸钙	$Ca(PO_4)_3(F \cdot Cl)$	锑、锰	蓝到粉红
磷酸锶镁	$(SrMg)_3(PO_4)_2$	锡	淡红白
磷酸钡钛	$Ba_4Ti(PO_4)_4$	—	蓝白
钨酸钙	$CaWO_4$	—	深蓝
钨酸镁	$MgWO_4$	—	淡蓝
镓酸镁	$MgGa_2O_4$	锰	蓝绿
氟锗酸镁	$Mg_4GeO_6MgF_2$	锰	深红
氟砷酸镁	$Mg_6As_2O_{11}MgF_2$	锰	深红
氧化钇	Y_2O_3	铕	红
钒酸钇	YVO_4	铕	红
铝酸镁	$RMgAl_{11}O_{19}$（R = 铈、铽）	铕	绿
铝酸钡镁	$BaMg_2Al_{16}O_{27}$	铕	蓝

下面介绍两种常见的磷光材料：

1）卤磷酸盐荧光粉

卤磷酸盐荧光粉是以锑、锰为激活剂的一种含卤素的碱土荧光粉,属于六方磷灰石晶体结构。碱土金属一般是钙,但锶也可代替一部分。发光的颜色可以通过改变其基质中所含的氟氯比例或调整锰的浓度来控制。卤磷酸盐荧光粉转换紫外线为可见光的效率较高,在长时间内能维持其发光特性。另外,也更易制成灯用涂层所需的细颗粒。卤磷酸盐荧光粉的致命弱点是:高亮度与较好的显色性不能同时获得,即光效和光色不能同时兼顾。

2）稀土三基色荧光粉

稀土三基色荧光粉分别是红粉、绿粉、蓝粉按一定比例混合而成。它解决了卤磷酸盐荧光粉长期存在的光效和显色性不能同时提高的矛盾,更由于这类材料具有耐高负荷和耐高温的优异性能,成为新一代灯用荧光粉材料。

稀土红粉的典型代表是 $Y_2O_3:Eu^{3+}$,它可以满足作为发红光荧光粉的所有条件,其特点是:效率高,色纯度好,光衰性能稳定。在提高材料性能上,加入一定量的 La、Gd、Ta、Nb 等元素,或者氧化物,如 In_2O_3、GeO_2 等,可提高其发光亮度和稳定性。加入一定量的硼酸盐,在降低材料的烧结温度条件下,仍可使材料的发光亮度提高。

在新的红粉探索研究上,已报道的有:$YVPO_4 \cdot BO_3:Eu^{3+}$、$InYBO_3:Eu^{3+}$、$LaMgB_5O_{10}:Eu^{3+}$、$LaSiO_3 \cdot (F \cdot Cl):Eu^{3+}$、$Ba_2(Gd_{2-x}Y_x)(Si_{4-y}Ge_y)O_{13}:Eu^{3+}$ 等。

绿粉在稀土三基色荧光粉中,对灯的光通量、显色性等起主要作用。这类材料品种最多,有 $MgAl_{11}O_{19}:Ce^{3+}$、Tb^{3+},$Y_2SiO_4:Ce^{3+}$、Tb^{3+},$LaPO_4:Ce^{3+}$、Tb^{3+} 和 $GdMgB_5O_{10}:Ce^{3+}$、Tb^{3+} 等。上述各体系均是 Ce-Tb 共激活的绿色材料,发绿光的离子是 Tb^{3+},Ce^{3+} 则是一种敏化剂。

稀土三基色荧光粉的蓝色部分已实用的有铝酸盐体系和卤磷酸盐体系。如 $Sr_{10}(PO_4)_6Cl_2:Eu^{2+}$,$(SrCa)_{10}(PO_4)_6Cl_2:Eu^{2+}$ 和 $(SrCaBa)_{10}(PO_4)_6Cl_2:Eu^{2+}$ 等。蓝粉中 Eu^{2+} 发光峰值明显地依赖于基质的改变。

（3）**上转换发光材料**

发光体在红外光的激发下,发射可见光,这种现象称为上转换发光,这种发光体称为上转换发光材料。

上转换发光现象有以下三种情况:第一种情况是,确实有一个中间能级,在光激发下处于基态的电子跃迁到这个中间能态,电子在这个中间能态的寿命足够长,以致它还可吸收另一个光子而跃迁到更高的能级,电子从这个更高的能态向基态跃迁,就发射出波长比激发光的波长更短的光束;第二种情况是,中间能级并不存在,但发光体可以连续吸收两个光子,使基态电子直接跃迁到比激发光光子的能量大得多的能级;第三种情况是,两个敏化中心被激发,它们将激发能按先后顺序或同时传递给发光中心,使其中处于基态的电子跃迁到比激发光光子能量更高的能级,然后弛豫下来,发出波长短得多的光。

上转换发光材料大多数是掺稀土元素的化合物或是稀土元素的化合物,它们均由稀土离子激活,其中以 Yb^{3+} 和 Er^{3+} 最为常见,Yb^{3+} 作敏化剂,Er^{3+} 作激活剂。也有 Yb-Tm 和 Yb-Ho 的共激活的发光材料。可吸收红外光而发出红光的典型发光材料有:$YOCl:Yb^{3+}$、Er^{3+},$Y_2O_3:Yb^{3+}$、Er^{3+},$Y_3OCl_7:Yb^{3+}$、Er^{3+},$La_4Ga_2O_2:Yb^{3+}$、Er^{3+}。发绿光的材料有:$LaF_3:Yb^{3+}$、Er^{3+},$YF_3:Yb^{3+}$、Er^{3+},$BaYF_5:Yb^{3+}$、Er^{3+},$Na(T、Gd、La)F:Yb^{3+}$、Er^{3+}。此外,也有发蓝光及发黄光的材料。

（4）**光致发光材料的应用**

光致发光材料主要用于显示、显像、照明及日常生活中。

在日常生活用品中,如洗涤增白剂、荧光涂料、荧光化妆品、荧光染料等都使用了荧光材料。一些灯用荧光粉材料都属于磷光材料,用它可制成高光效和高显色性的荧光灯。上转换发光材料可直接显示红外光,例如,显示红外激光的光场,已在 $1.06~\mu m$ 激光显示和 $0.9~\mu m$ 半导体激光显示中获得广泛应用。也可以涂在发红外光的二极管上,如 GaAs,将它的发光变成可见光。

4.3.2 电致发光材料

电致发光是指在直流或交流电场作用下,依靠电流和电场的激发使材料发光的现象,又称场致发光。这种发光材料称为电致发光材料或称场致发光材料。

(1)电致发光机理

电致发光机理分为两种:本征式和注入式。

1)本征式电致发光

简单地说,本征式电致发光就是用电场直接激励电子,电场反向后电子与中心(空穴)复合而发光的现象。

本征电致发光以硫化锌为代表,如图 4.19 所示,将电致发光粉 ZnS: Cu, Cl 或 (Zn, Cd)S: Cu, Br 混在有机介质中,然后将它夹在两片透明的电极之间,并加上交变电场使之发光。在硫化锌中,导带电子在电场作用下具有较大的动能,同发光中心相碰而使之离化。当电场反向时,这些因碰撞离化而被激发的电子又与中心复合而发光。实验已证明:硫化锌中还存在类似耗尽层的高场区,能使通过其中的电子获得足够的动能而使发光中心激发。

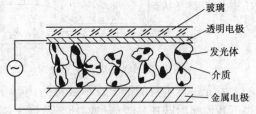

图 4.19 高场交流电致发光器件的结构

2)注入式电致发光

注入式电致发光是由 Ⅱ-Ⅳ 族和 Ⅲ-Ⅴ 族化合物所制成的有 PN 结的二极管,注入载流子,然后在正向电压下,电子和空穴分别由 N 区和 P 区注入结区并相互复合而发光的现象,又称 PN 结电致发光。

P 型半导体和 N 型半导体接触时,在界面上将形成 PN 结。由于电子和空穴的扩散作用,在 PN 结接触面两侧形成空间电荷区,称为耗尽层,形成了一个势垒,阻碍电子和空穴的扩散。因此,N 区的电子到 P 区必须越过势垒,空穴从 P 区到 N 区也要越过势垒。上述是没有加电场的情况,如图 4.20(a)所示。当在 PN 结施加正向电压时,如图 4.20(b)所示,会使势垒高度降低,耗尽层减薄,能量较大的电子和空穴分别注入 P 区或 N 区,同 P 区的空穴和 N 区的电子复合,同时以光的形式辐射出多余的能量。辐射复合可以发生在导带与价带之间,也可发生在杂质能级上。

(2)电致发光材料的发光特性

1)发光亮度

在使用电致发光材料时,最主要的依据是发光亮度随电压的变化规律。电致发光的发光亮度 L 随电压 U 的增加而急剧增高,随后趋于饱和。实验证明,亮度 L 与电压 U 的关系为:

$$L = L_0 \exp[-(U_0/U)] \tag{4.6}$$

式中,L 是发光亮度,cd/m^2;U 为外加电压;L_0、U_0 是与激励条件、发光单元结构和发光材料等有关的常数。从图 4.21 的实验结果可以看出,当 $U < U_0$ 时,几乎不发光,当 $U > U_0$ 时,发光随电压超线性地增长。

2)发光效率

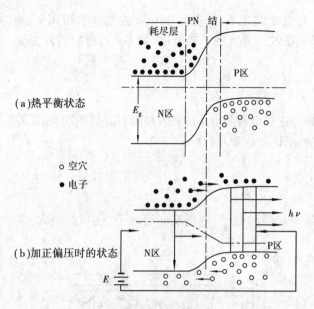

（a）热平衡状态

○ 空穴
● 电子

（b）加正偏压时的状态

图 4.20　PN 结电致发光原理

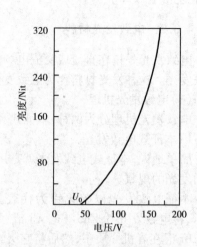

图 4.21　电致发光的实验结果

发光过程本身的量子效率被称为内量子效率 η_{int}，它在实用上是一个很重要的参量。它告诉我们辐射跃迁是否能很好地竞争过无辐射复合。辐射复合几率 P_r 与辐射寿命 τ_r 的关系是 $P_r = 1/\tau_r$；无辐射复合几率 P_{nr} 与无辐射复合寿命 τ_{nr} 的关系是 $P_{nr} = 1/\tau_{nr}$。内量子效率等于辐射跃迁几率与全部跃迁几率之比，即

$$\eta_{int} = \frac{1/\tau_r}{1/\tau_r + 1/\tau_{nr}} = \left(1 + \frac{\tau_r}{\tau_{nr}}\right)^{-1} \tag{4.7}$$

可见，只有当 $\tau_{nr} \gg \tau_r$，即无辐射复合几率远远小于辐射复合几率时，才能获得有效的光子发射。

在实际的器件中，由于种种损失（如吸收、反射等），它们会影响光从器件内部往外透射，总的效率也称外量子效率将进一步降低。当考虑吸收、反射等因素时，外量子效率 η_{ex} 可表示为：

$$\eta_{ex} = \eta_{int}(1 - R)(1 - \cos\theta_c)\exp(-\alpha d) \tag{4.8}$$

式中，R 是反射系数；θ_c 是临界角，典型值为 $16° \sim 23°$；α 是吸收系数；d 为发光在达到器件表面通过的距离。例如，在实际的发光二极管中，η_{int} 可以接近 100%，但 η_{ex} 通常不到百分之几。

（3）电致发光材料的种类

1）直流电压激发下的粉末发光材料

直流电致发光材料本身应该是一个可以传导电流的半导体，其中掺铜量较高，一般在 10^{-3} g/g。另外，要使这些材料具有很好的发光特性，还需经过包铜工艺处理。包铜工艺就是将已经焙烧好的材料包上一层铜，它的化学成分可表示为 Cu_xS，铜的价态不易测量。实验结果表明，在包铜工艺中，用二价铜的化合物比用一价铜的化合物所得结果更稳定，易于重复。常用的二价铜的化合物以醋酸铜为主。

最常用的直流电致发光粉末材料有 ZnS: Mn, Cu，可以发出橙红色光，亮度约 350 cd/m²，流明效率为 0.5 lm/W。其他如 ZnS: Ag 可以发出蓝光，(Zn, Cd)S: Ag 可以发出绿光，改变配比(Zn, Cd)S: Ag，可以发出红光。它们都是在约 100 V 电压下激发，给出约 70 cd/m² 的亮

度。另外,还有一些在 CaS、SrS 等基质中掺杂稀土元素的材料。

2)交流电压激发下的粉末发光材料

与直流电压激发下的发光材料相比,交流电压激发下的发光材料有较高的流明效率(约为 15 lm/W),因而应用更为普遍。

常用的交流粉末电致发光材料以 ZnS 系列为代表,将 ZnS 粉末掺入铜氯、铜锰、铜铅、铜等激活剂后,与介电常数很高的有机介质(如氰基纤维素、环氧树脂和氰乙基糖的混合物等)相混合后制成,可以发出红、橙、黄、绿、蓝等各种颜色的光。常用电致发光粉的特性见表 4.5,其中的激活剂以重量百分比计算,烧成时间都是 1 h。

表 4.5　几种电致发光粉的组成及特性

种　类	激活剂	烧成条件		发光颜色
		气　氛	温度/℃	
$ZnS : Cu, Cl$	$Cu\ 0.1\%$, $NH_4Cl\ 10\%$	N_2	1 075	蓝
$ZnS : Pb, Cu, Cl$	$Pb\ 0.3\%$, $Cu\ 0.06\%$, $ZnCl_2\ 5\%$	空气	950	蓝绿
$ZnS : Cu, Al$	$Am\ 0.2\%$, $Cu\ 0.2\%$	$H_2S + H_2O$	1 100	绿
$ZnS : Mn, Cu$	$Mn\ 0.7\%$, $Cu\ 0.3\%$	干的 H_2S	1 100	橙红
$Zn(S, Se) : Cu, I$	$ZnSe\ 100\%$, $Cu\ 2\%$, $NH_4I\ 10\%$	N_2	1 075	黄
$ZnS : Cu$	$Cu\ 0.3\%$	干的 H_2S	1 100	红

3)薄膜型电致发光材料

薄膜型电致发光材料的机理与粉末材料中的过程一样,只是它不需要介质,而且可以在高频电压下工作,发光亮度很高,发光效率也可达到几个流明每瓦。

早期的薄膜型电致发光器的名字称为"Lumocen",为英文"分子中心发光"的缩写。发光材料是 ZnS,发光中心是稀土卤素化合物分子(TbF_3),结构如图 4.22 所示。

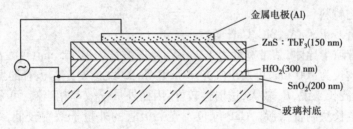

图 4.22　Lumocen 结构

现在薄膜型交流电致发光器件多采用双绝缘层 ZnS: Mn 薄膜结构。器件由三层组成,发光层被夹在两绝缘层之间,这样,一方面消除了不希望有的漏电流,另一方面在高电场作用下不会击穿。如图 4.23 所示,透明电极为掺杂的 SnO_2 或 In_2O_3;绝缘层用高介电常数和高介电强度的材料,如 Y_2O_3、Si_3N_4、Al_2O_3 等。发光层为锰掺杂的高纯 ZnS,将 ZnS 用锰掺杂后制成小球,用电子轰击制成电致发光薄膜,沉积时衬底温度在 250 ℃左右,然后在 550 ℃真空下热处理 1 h。

4)PN 结型电致发光材料——发光二极管

PN 结型电致发光材料主要指发光二极管(LED)所用材料。发光二极管是一种在低电压

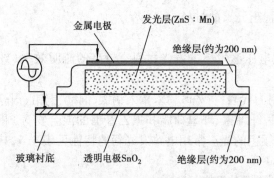

图4.23 双绝缘层薄膜型交流电致发光器件结构

下发光的器件,使用单晶或单晶薄膜材料,可以制成指示器、数字显示器、计算机及仪表。LED与半导体激光器(LD)的根本区别在于:LED没有谐振腔,它的发光基于自发辐射,发出的是荧光,是非相干光;而LD的发光基于受激辐射,发出的是相干光,即激光。

由前述PN结电致发光机理可知,PN结电致发光是由于载流子发生扩散复合的结果,而在复合过程中,既要求在跃迁前后的能量守恒,还要求动量守恒。能够产生符合这一选择定则的光学跃迁的材料主要是直接带隙材料,而间接带隙材料由于必须要有声子参加跃迁,因而几率就大为减小。然而,在容易做出两种导电性能的III_A-V_A族材料中,GaAs虽然是直接带隙材料,但其禁带宽度却只有1.43 eV,达不到可见光的波段。GaP的禁带宽度是2.24 eV,却是间接带隙材料,复合发光的跃迁几率小。因此,人们想出了混合两种材料的办法,以求得禁带宽度尽量大,又是直接带隙的材料。

理论研究和实验表明,作为发光二极管所用材料应该具有下述特性:

①发光在可见光区,$E_g \geq 1.8$ eV,$\lambda \leq 700$ nm;

②材料必须容易作成N型及P型;

③有效率高的发光中心或复合发光;

④效率降至初始值一半的时间要大于10^5 h,如果是多元化合物,这个时间至少还要大10倍左右;

⑤材料要能生长成单晶,并能大量生产且价廉。

经常使用的PN结型电致发光材料(主要指发光二极管材料)是III_A-V_A族化合物和II_A-IV_A族化合物。

①二元化合物材料

二元化合物有GaP、GaAs、SiC、GaN等。

GaP是间接带隙半导体,禁带宽度为2.24 eV,峰值波长约为565 nm,可发出绿光。在GaP中掺Zn、O,峰值波长为700 nm,可发出红光。Ga P:Zn,O红色发光二极管的发光机理为激子的复合,对于发光波长来说,E_g较大,透射性较好,因而外量子效率相当高,可采用气相外延生长法或液相外延生长法制备薄膜。GaP绿色发光二极管的外量子效率较低,约为0.05%,但具有视觉灵敏度较高的565 nm附近的峰值波长,因而可得到实用的亮度。一般采用液封直拉单晶作为基片,以液相外延生长法形成薄膜层。

GaN型半导体随组分的差异可发射红、绿、蓝、黄各色,甚至可发白光,但成本比GaP型半导体高。GaN具有较宽的直接带隙,热导率高,抗辐照能力强。

SiC型半导体的特点是其结构有各种多色形,发光波长受掺杂影响,可发出多种不同颜色的光。

②三元、四元化合物材料

将两种III_A-V_A族化合物做成混晶,便是三元化合物,如$Al_xGa_{1-x}As$、$GaAs_{1-x}P_x$、$In_{1-x}Ga_xP$、$In_{1-x}Al_xP$等。控制混晶的组分比可以改变其禁带宽度,从而制成适合于发光材料的直接带隙材料,使发光二极管多色化。

$Al_xGa_{1-x}As$ 是在 GaAs 中掺入 Al 的三元化合物,当 $0 \leqslant x \leqslant 0.35$ 时,为直接带隙材料,其最大直接带隙是 1.86 eV。制备时,在 GaAs 基片上利用掺有少量 Al 的 Ga-GaAs 溶液用液相外延生长法进行生长。x 值取 0.35 左右时,可得到峰值波长 660 nm 左右的 $Al_xGa_{1-x}As$ 红色发光二极管。$GaAs_{1-x}P_x$ 是由 GaAs 和 GaP 组成的混晶材料,当 $x > 0.45$ 之后,$GaAs_{1-x}P_x$ 由直接带隙材料变为间接带隙材料,其最大直接带隙是 1.96 eV。用它制作的发光二极管可以发出大于 10^4 cd/m^2 的亮度。用 $In_{1-x}Ga_xP$ 时,最大带隙可达 2.2 eV,$In_{1-x}Al_xP$ 可达 2.32 eV。

四元化合物比三元化合物具有更大的自由度,可以在相当宽的范围内控制禁带宽度与晶格常数。在 InP 单晶中掺入一定的 Ga 和 As,就成为 InGaAsP 四元化合物。改变掺杂浓度可以出现不同的禁带宽度,因而 InGaAsP 能发射 0.55 ~ 3.40 μm 波长的光,其峰值波长为 1.3 μm。

5)聚合物电致发光材料

自 1990 年有文献报道采用聚对苯乙炔(PPV)成功制备电致发光二极管以来,该领域的发展十分迅速。至今已报道的聚合物发光材料的发光范围已覆盖了整个可见光区,其制备的发光器件的各项性能已接近商业化水平。

聚合物电致发光材料主要有三大类:

①具有隔离发色团结构的主链聚合物。如聚芳香撑及其衍生物(聚苯撑及其衍生物、聚噻吩及其衍生物、聚吡咯及其衍生物、聚呋喃及其衍生物、聚烷基芴等)、聚芳香撑乙炔及其衍生物(聚对苯乙炔及其衍生物、聚噻吩乙炔及其衍生物、聚萘乙炔及其衍生物)、聚碳酸酯、聚芳香醚等。

②侧链悬挂发色团的柔性主链聚合物。

③由低分子量的电致发光材料分散在一般高分子材料中形成的共混材料。如羟基喹啉铝分散在甲基丙烯酸甲酯体系中等。

(4)电致发光材料的应用及进展

电致发光材料主要用途是制造电致发光显示器件。交流粉末电致发光显示板除了用做照明板使用外,主要用做大面积显示。直流粉末电致发光显示板可应用于数字显示器、直流电致发光显示电视(样机)等。发光二极管用途较广,它可以用于数字、文字显示,例如,小型计算器、电子手表、数字化仪表、计数器以及各种家用电器的显示等。

有机及聚合物电致发光材料经过几十年研究已取得了很大的进展,但是,距离实用化还有一定差距,主要是:①器件的稳定性差;②器件的寿命太短;③发光效率比较低,大部分电能转换成了热能;④聚合物电导率的最佳值还不清楚,一般说来,电导率高的聚合物处于绝缘状态时可能产生电致发光,但处于导电状态时,则不能产生电致发光;⑤发光机理还未完全清楚。

4.3.3 射线致发光材料

射线致发光材料可分为阴极射线致发光材料和放射线致发光材料两种。阴极射线致发光是由电子束轰击发光物质而引起的发光现象。放射线致发光是由高能的 α、β 射线或 X 射线轰击发光物质而引起的发光现象。本节主要介绍阴极射线致发光材料和 X 射线致发光材料两种。

(1)阴极射线致发光材料

阴极射线发光是在真空中从阴极出来的电子经加速后轰击荧光屏所发出的光,又称为电子束激发发光。它以 W. Crooks 在 1879 年所做的实验为基础,在这一实验中,确定了发光特性决定于被电子束轰击的物质。1929 年,V. K. Zworykin 表演了黑白电视接收机。1953 年开始有彩色电视广播。1964 年成功地发明了以稀土元素的化合物为基质和以稀土离子掺杂的发光粉,从而成倍地提高了发红光材料的亮度(如 Y_2O_3 : Eu ; Y_2O_2S : Eu),这就使它能够与三基色的蓝及绿色发光的亮度匹配,使彩色电视得到了迅速的推广。

1)阴极射线发光材料的发光特性

①阴极射线发光的基本过程

阴极射线发光主要包括三个基本过程:

a. 电离过程。当高能电子束激发发光物质时,晶体吸收激发能,由于基质大大多于激活剂,主要引起基质价带或满带电子的激发;

b. 电子和空穴的中介运动过程,满带中的电子被电离后进入导带,在满带中产生了空穴,电子和空穴分别在导带和满带中扩散;

c. 电子—空穴对复合发光过程。

②发光亮度

在荧光屏可连续激发的条件下,改变加速电压时,发光亮度也有相应的变化。由多种材料试验所得到的发光亮度的经验表达式为:

$$L = L_0 J (U - U_0)^n \qquad (4.9)$$

式中,L 为发光亮度;L_0 为常数;J 为电流密度;U 为加速电压;U_0 是起辉电压,即加速电压要超过这个最小值才能引起发光;n 是指数,一般在 $1 \sim 3$ 之间。

③发光效率

发光效率 η 可表示为:

$$\eta = (1 - R) \eta_f \frac{\overline{E_p}}{E} \qquad (4.10)$$

式中,R 为反射系数,约为 10%;η_f 是光致发光效率;$\overline{E_p}$ 为发光的平均光子能量;E 为产生一对电子及空穴所用的能量。

2)阴极射线致发光材料的基本性能要求

作为具有实用价值的显示用阴极射线材料需要具备以下条件:

①高的发光亮度和发光效率;

②有一定的辐射光谱特性,一定的余晖时间;

③有一定的颗粒尺寸,平均颗粒尺寸在 $0.2 \sim 20.0 \ \mu m$ 范围内;

④良好的稳定性和对屏玻璃有良好的黏着性能。

除此之外,还要考虑发光颜色及衰减两个重要的特性。

3)阴极射线致发光材料的种类及应用

如前所述,阴极射线致发光材料是由电子束激发材料发光,其电子能量通常在几千电子伏特以上,甚至几万电子伏特。而前述的光致发光时,紫外线光子能量仅 $5 \sim 6 \ eV$,甚至更低,因此,光致发光材料在电子束激发下都能发光。有些材料没有光致发光效应,却有电子束激发发光功能。常用的阴极射线致发光材料主要是荧光粉与激发剂组成的复合物质,根据基质材料的不同,它可以分为以下几种:

①氧化物荧光粉　这类材料以氧化锌为代表,应用较广泛。如锌激活的氧化锌荧光粉(ZnO : Zn)可发青绿光。

②硫化物荧光粉　这类材料以硫化锌和硫化镉为代表,常以银、铜作为激活剂。硫化物荧光粉的优点是亮度高,改变激活剂的用量能够改变发光颜色。例如:ZnS : Ag 与 $ZnCdS$: Ag 混合作用可以发出白光。

③硅酸盐荧光粉 这类材料以锰激活的正硅酸锌(Zn_2SiO_4:Mn,发绿光)为代表,还有 $CaSiO_3$:Ag、Mn、$MgSiO_3$:Ti 等。硅酸盐荧光粉的优点是具有高度的稳定性,对杂质的污染不敏感,能承受较大的过热和电流等。

④钨酸盐荧光粉 最典型的钨酸盐荧光粉是 $CaWO_4$:W,与硅酸盐荧光粉一样性能相当稳定。

⑤稀土族荧光粉 这类材料的优点是发光效率高,耐电子和离子的轰击性能好,近些年来发展较快。如 Y_2O_3:Eu 发红光,Y_2SiO_5:Eu 发绿光。尤其 Tb^{3+} 激活的发光材料,呈现良好的温度特性和亮度电流线性关系,主要有 YAG:Tb、$Y_3(Al,Ca)_5O_{12}$:Tb、YAG:Ge,Tb、LaOBr:Tb、LaOCl:Tb、Y_2SiO_5:Tb、$InBO_3$:Tb 等。

阴极射线致发光材料是发光材料中应用最广泛的一种,主要用于电视、示波器、雷达、计算机等各种荧光屏和显示器方面,其中以彩色电视的阴极射线管(CRT)发展最快。

(2)X 射线致发光材料

X 射线致发光材料在发光材料中使用较早,而且应用量很大。

1)X 射线致发光机理

发光材料在 X 射线照射下可以发生康普顿效应,也可以吸收 X 射线,它们都可产生高速的光电子。光电子又经过非弹性碰撞,产生第二代、第三代电子。当这些电子的能量接近发光跃迁所需的能量时,即可激发发光中心,或者离化发光中心,随后发出光来。因此,一个 X 射线的光子可以引起很多个发光光子。例如,发光体被一个 50 keV 的 X 射线光子激发时,如果材料的发光效率较高,可以产生近 5 000 个可见光的光子。

2)X 射线致发光材料

最早应用于 X 射线探测的发光材料是 $CaWO_4$,现仍然被广泛应用。$CaWO_4$ 具有吸收效率高、发光光谱和胶片灵敏波段相适应、物理化学性质稳定以及制备中对原料纯度的要求不是很高等优点。

硫化物也是一种较早就得到应用的材料,由于这类材料的发光效率较高,因而像 ZnS、CdS 等材料有较强的通用性,既可用于透视屏,又可用于增感屏和像加强器等。像加强器是一种电真空器件,它也用于显示。

碘化铯对 X 射线的吸收率高于硫化物,发光效率与硫化物相当,在 X 射线激发下,总的效率较高,是一种很好的材料,常用在像加强器中。

稀土材料的发光光谱和钨酸钙相近,在医用 X 射线(30～100 keV)的激发下,它的发光效率比钨酸钙还高。这类材料有两种类型:一种是以稀土化合物作为基质,如 Ln_2O_2S:Tb^{3+}(Ln 代表 Y、La、Gd、Lu)、LaOX:Tb^{3+}(X 代表 Cl、Br);另一种是以稀土元素作为材料的激活剂,如 $BaSO_4$:Eu^{2+}、$Ba_3(PO_4)_2$:Eu^{2+} 等。

3)X 射线致发光材料的应用

X 射线致发光材料的主要应用之一是制造 X 射线显示屏。X 射线发光屏是利用发光材料使 X 光转换为可见光,并显示成像的屏幕。具体地说,它是用发光材料做成荧光屏及增感屏,显示静态及动态图像。X 射线发光屏有三种应用:一是用于 X 射线透视及照相;二是用于由 X 射线像增强器及电视组成的 X 射线显示系统;三是用于 X 射线扫描及计算机配合组成的断层分析系统,也就是常说的 CT 系统(X-ray Computed Tomography)。

4.3.4 等离子发光材料

(1)等离子概念及发光机理

等离子体是高度电离化的多种粒子存在的空间,其中带电粒子有电子、正离子(也许还有负离子),不带电的粒子有气体原子、分子、受激原子、亚稳原子等。由于气体的高度电离,所以带电粒子的浓度很大,而且带正电与带负电粒子的浓度接近相等。

1)等离子体的特征

①气体高度电离。在极限情况下,所有中性粒子都被电离。

②具有很大的带电粒子浓度,一般为 $10^{10} \sim 10^{15}$ 个/cm^3。由于带正电与带负电的粒子浓度接近相等,等离子体具有良导体的特征。

③等离子体具有电振荡的特性。在带电粒子穿过等离子体时,能够产生等离子激元,等离子激元的能量是量子化的。

④等离子体具有加热气体的特性。在高气压收缩等离子体内,气体可被加热到数万摄氏度。

⑤在稳定情况下,气体放电等离子体中的电场相当弱,并且电子与气体原子进行着频繁的碰撞,因此,气体在等离子体中的运动可以看作是热运动。

2)等离子发光机理

等离子体发光主要是利用了稀有气体中冷阴极辉光放电效应。其发光的基本原理是:气体的电子得到足够的能量(大于气体的离化能)之后,可以完全脱离原子(即被电离),这种电子比在固体中自由得多,它具有较大的动能,以较高的速度在气体中飞行,而且电子在运动过程中与其他粒子会产生碰撞,使更多的中性粒子电离。在大量的中性粒子不断电离的同时,还有一个与电离相反的过程,就是复合现象,如图4.24所示。这里所说的复合就是两种带电的粒子结合,形成中性原子。在复合过程中,电子将能量以光的形式释放出来,即能辐射出频率为 ν 的光。自由电子同正离子复合时,辐射出的光能等于电子的离化能 E_i 与电子动能之和,即

$$h\nu = qE_i + \frac{1}{2}mu^2 \tag{4.11}$$

式中,q 为电子的电量,m 为电子的质量,u 为电子运动速度,h 为普朗克常数。

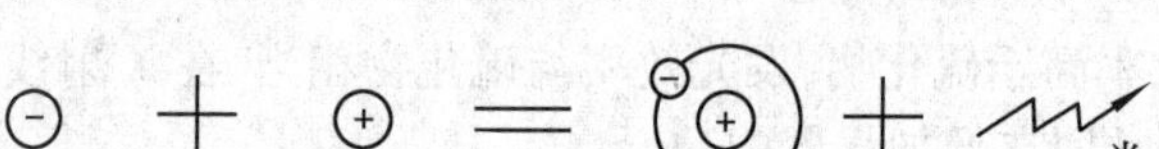

(a)电子同正离子复合

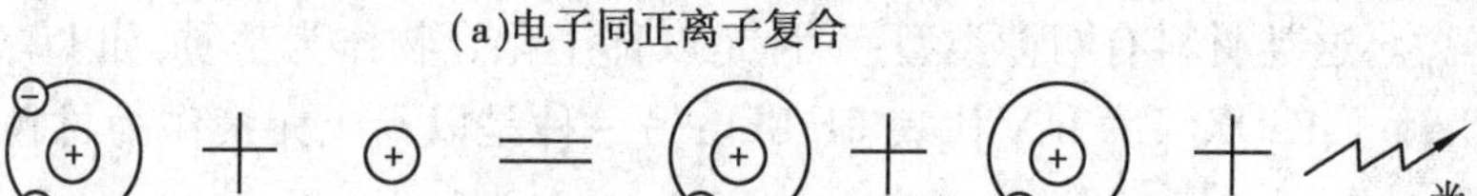

(b)正负离子的复合

图4.24 等离子体复合发光示意图

另外,正、负两种离子复合也可以发光。采用不同的工作物质,可以产生不同波长的光,这种工作物质就是等离子发光材料。

(2)等离子体发光显示屏及材料

等离子体发光材料的主要应用是制造等离子体发光显示屏,是目前显示技术中很受重视的显示方式之一。

等离子发光显示屏分交流驱动和直流驱动两种。直流等离子显示屏是在直流驱动方式下的发光屏。这种显示屏有灰度级,可显示彩色,但发光效率低,分辨率也不高,结构还较复杂。在交流驱动方式下的等离子体显示屏,发光亮度高,对比度好,寿命长,响应速度快,视角宽。但是,驱动电压较高,功耗大,实现灰度级及彩色显示有一定难度。

等离子体发光材料主要是惰性气体。采用以氖气为基质,另外掺一些其他气体(如氩气、氪气等),这些气体主要发橙红色光。如果掺加一些氙气,则可以发出紫外光,在放电管的近旁涂上发光粉后,便能实现彩色显示。

例如,采用 80.9% He + 11.1% Ar + 6.3% Xe + 1.7% Ne 的混合气体,得到约为过去常用的 Ne + 0.2% Xe 混合物发光强度的 4 倍。以上两种气体的混合物的发光最强的谱线值为 147 nm,实现了惰性气体的真空紫外辐射。

用 Y_2O_3:Eu、Zn_2SiO_4:Mn 和 Y_2SiO_3:Ce 做成的彩色自扫描等离子显示板,使用气压为 2.7×10^4 Pa 的 He + 2% Xe 混合气体,显示板实现了彩色电视图像显示。

等离子体发光显示具有高亮度、高对比度,能随机书写与擦除,长寿命,无视角,以及配计算机时有较好的互相作用能力等优点,因而发展速度很快。作为信息处理终端装置的显示板已开始普及,作为壁挂电视,也表现出较好的性能。另外,等离子发光材料还可用于照明,如氖灯、氙灯等。

4.4 红外材料

英国著名科学家牛顿在 1666 年用玻璃棱镜进行太阳光的分光实验,将看上去是白色的太阳光分解成由红、橙、黄、绿、青、蓝、紫等各种颜色所组成的光谱,称"太阳光谱"。在太阳光谱发现以后的相当长一段时间里,没有人注意到在太阳光中除了各种颜色可见光外,还存在不可见光。直到 1800 年,英国物理学家 W. 赫舍尔发现太阳光经棱镜分光后所得到光谱中还包含一种不可见光。它通过棱镜后的偏折程度比红光还小,位于红光谱带的外侧,所以称"红外线"。20 世纪 30 年代以前,红外线主要用于学术研究。其后又发现,除非炽热物体外,每种处于 0 K 以上的物体均发射特征电磁波辐射,并主要位于电磁波谱的红外区域。这个特征对于军事观察和测定肉眼看不见的物体具有特殊意义。此后,红外技术得到快速发展,第二次世界大战期间已使用了红外定位仪和夜视仪。现在,在国民经济各个领域都可以找到它的应用实例。

4.4.1 红外线的基本性质及其应用领域

(1)红外线的基本性质

红外线与可见光一样,在本质上都是电磁波。它的波长范围很宽,即 $0.7 \sim 1\ 000$ μm。红外线按波长可分为三个光谱区:近红外,波长范围为 $0.7 \sim 15$ μm;中红外,波长范围为 $15 \sim 50$ μm;远红外,波长范围为 $50 \sim 1\ 000$ μm。红外线与可见光相同,具有波的性质和粒子的性质,遵守光的反射和折射定律,在一定条件下产生干涉和衍射效应。红外线与可见光不同之处在于:红外线对人的肉眼是不可见的;在大气层中,对红外波段存在着一系列吸收很低的"透明窗",如 $1 \sim 1.1$ μm、$1.6 \sim 1.75$ μm、$2.1 \sim 2.4$ μm、$3.4 \sim 4.2$ μm 等波段,对大气层的透过率在 80% 以上,$8 \sim 12$ μm 波段,透过率为 60% ~ 70%。

（2）**红外线的应用领域**

红外线的上述基本性质和特点导致了红外线在以下四个方面有着重要的实际应用：

1）辐射测量、光辐射测量

如非接触温度测量，农业、渔业、地面勘察，探测焊接缺陷，微重力热流过程研究等。

2）对能量辐射物的搜索和跟踪

如宇航装置导航，火箭、飞机预警，遥控引爆管等。

3）制造红外成像器件

如夜视仪器、红外显微镜等，可用于火山、地震研究，肿瘤、中风早期诊断，军事上的伪装识别，半导体元件和集成电路的质量检查等。

4）通信和遥控

如宇宙飞船之间进行视频和音频传输，海洋、陆地、空中目标的距离和速度测量，这种红外通信比其他通信（如无线电通信）抗干扰性好，也不干扰其他信息，保密性好，而且在大气中传输，波长越长，损耗越小。

应用不同，红外仪器结构也不同，但其主要部件是类似的，主要是两部分：一是红外光学系统，二是红外探测器。光学系统好比仪器的门户，接受外来的红外辐射，进行光学过程处理（如透过、吸收、折射等），均由仪器设计的光学系统完成。探测器能将接收到的红外辐射转换成人们便于测量和观察的电能、热能等其他形式的能。红外探测器在测试系统中是关键部件，如果将红外系统比作人的眼睛，探测器就相当于视网膜，没有视网膜就不能"感光"了。

当然，介绍这些内容的目的不在于要设计红外系统，目的是要说明这两部分要使用什么样的红外材料来完成这些任务。红外材料就是主要用来制造红外光学系统中的窗口、整流罩、透镜、棱镜、滤光片、调制盘等的材料。

4.4.2 透过材料

在红外线应用技术中，要使用能够透过红外线的材料，对这些材料的要求，首先是红外光谱透过率要高，短波限要低，透过频带要宽，一般红外波段为 $0.7 \sim 20~\mu m$。如果材料对某波长的透过率低于 50%，那么可以定义此波长已为截止限。任何光学材料，只能在某一波段内具有高的透过率，对于各向同性的完整晶体，其透过率 T 可以表示为：

$$T = I/I_0 = e^{-\alpha L} \tag{4.12}$$

式中，I_0 为入射辐射强度；I 为透射强度；α 为吸收系数，cm^{-1}；L 为样品厚度，cm。α 是波长的函数，与材料结构有关。

不同用途的材料对折射率要求也不同，例如，对于制造窗口和整流罩的光学材料，为了减少反射损失，要求折射率低一些，而对于制造高放大率、宽场视角光学系统的棱镜、透镜及其他光学附件的材料，则要求折射率高一些。另外，材料的自身辐射要小，否则造成微信号。

选择任何光学材料，都要注意其力学性质、物理性质和化学性质。要求温度稳定性要好，对水、气体稳定。力学性能主要是弹性模量、扭转刚度、泊松比、拉伸强度和硬度。物理性质包括熔点、热导率、膨胀系数、可成型性等。

目前实用的光学材料只有二三十种，可以分为晶体、玻璃、透明陶瓷、塑料等四种。

（1）**晶体**

晶体（如石英晶体）很早就作为光学材料使用。在红外区域，晶体也是使用最多的光学材料。与玻璃相比,晶体的透射长波限较长(最大可达 60 μm),折射率和色散范围也较大。不少晶体熔点高,热稳定性好,硬度大,而且只有晶体才具有对光的双折射性能。但晶体价格一般较贵,且单晶体不易长成大的尺寸,因而应用受到限制。

常见的红外晶体主要有离子晶体、氧化物晶体、无机盐晶体及半导体单晶体等。

1)碱卤化合物晶体

碱卤化合物晶体是一类离子晶体,如氟化锂(LiF)、氟化钠(NaF)、氯化钠(NaCl)、氯化钾(KCl)、溴化钾(KBr)、碘化铯(CsI)等。这类晶体熔点不高,易生成大单晶,具有较高的透过率和较宽的透过波段。但碱卤化合物晶体易受潮解,硬度低,机械强度差,应用范围受限。因此,一般在做成器材时,必须用有机薄膜将其保护起来,主要用来制造远红外器材。

2)碱土—卤族化合物晶体

碱土—卤族化合物晶体是另一类重要的离子晶体,如氟化钙(CaF_2)、氟化钡(BaF_2)、氟化锶(SrF_2)、氟化镁(MgF_2)等,其中,MgF_2 做导弹整流罩时,多采用热压法制成的多晶体产品,具有高于 90% 的红外透过率,是较为满意的透红外窗口材料。这类晶体具有较高的机械强度和硬度,几乎不溶于水,适于窗口、滤光片、基板等应用。

3)氧化物晶体

这类晶体中的蓝宝石(Al_2O_3)、石英(SiO_2)、氧化镁(MgO)和金红石(TiO_2)具有优良的物理和化学性质,它们的熔点高,硬度大,化学稳定性好,作为优良的红外材料在火箭、导弹、人造卫星、通信、遥测等方面使用的红外装置中被广泛地用于窗口和整流罩等。

4)无机盐化合物单晶体

在无机盐化合物单晶体中,可作为红外透射光学材料使用的主要有 $SrTiO_2$、$Ba_5Ta_4O_{15}$、$Bi_4Ti_3O_2$ 等。其中,$SrTiO_2$ 单晶在红外装置中主要做浸没透镜使用,$Ba_5Ta_4O_{15}$ 单晶是一种耐高温的近红外透光材料。

5)金属铊的卤化物晶体

金属铊的卤化合物晶体,如溴化铊(TlBr)、氯化铊(TlCl)、溴化铊—碘化铊(KRS-5)和溴化铊—氯化铊(KRS-6)等也是一类常用的红外光学材料。这类晶体具有很宽的透过波段且只微溶于水,它是一种适于在较低温度下使用的良好的红外窗口与透镜材料。

6)半导体单晶体

重要的红外半导体单晶体主要是硅、锗及一些化合物半导体。硅在力学性能和抗热冲击性上比锗好得多,温度影响也小,对红外线有很高的透过率。如超纯硅对 1 ~ 7 μm 红外光的透过率高达 90% ~ 95%,它是夜视镜和夜视照相机的重要材料。但硅的折射率高,使用时需镀增透膜,以减少反射损失。ZnS(0.57 ~ 14 μm)和 ZnSe(0.48 ~ 22 μm)两种晶体具有较宽的红外透过波段,故可应用于 8 ~ 14 μm 范围内,它们都是中远红外导弹镇流罩材料的候选者。

(2)玻璃

玻璃具有光学均匀性好,易于加工成型,以及价格便宜等优点,但不足的是透过波长较短,使用温度一般低于 500 ℃。红外光学玻璃主要有以下几种:硅酸盐玻璃、铝酸盐玻璃、镓酸盐玻璃、硫属化合物玻璃等。其透过光学性能如图 4.25 所示。主要性能和应用见表 4.6。氧化物类玻璃的有害杂质是水分,其透过波长不超过 7 μm。硫族化合物玻璃透过红外波长范围加宽。例如,$Ge_{30}As_{30}Se_{40}$ 玻璃,可以透过波长为 13 μm 的波。但加工工艺比较复杂,而且常含有有毒元素。

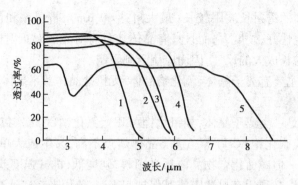

图 4.25　红外光学玻璃透过率
1—硅酸盐玻璃;2—锗酸盐玻璃;3—铝酸钙玻璃;
4—碲酸盐玻璃;5—铋酸铅玻璃

表 4.6　一些红外玻璃的成分和性能

名　称	化学组成	透射波段/μm
硅酸盐玻璃类:		
光学玻璃	SiO_2-B_2O_3-P_2O_5-PbO	0.3~3
非硅酸盐类:		
BS37A 铅酸盐玻璃	SiO_2-CaO-MgO-Al_2O_3	0.3~5
BS39B 铅酸盐玻璃	CaO-BaO-MgO-Al_2O_3	0.3~5.5
镓酸盐玻璃	SrO-CaO-MgO-BaO-Ga_2O_3	0.3~6.65
碲酸盐玻璃	BaO-ZnO-TeO_3	0.3~6.0
硫属化合物玻璃类:		
三硫化二砷玻璃	$As_{40}S_{60}$	1~11
硒化砷玻璃	$As_{38.7}Se_{61.3}$	1~15
20 号玻璃	$Ge_{33}As_{12}Se_{55}$	1~16
锗锑硒玻璃	$Ge_{28}Sb_{12}Se_{60}$	1~15
锗磷硫玻璃	$Ge_{30}P_{10}S_{60}$	2~8
砷硫硒碲玻璃	$As_{50}S_{20}Se_{20}Te_{10}$	1~13

(3)红外透明陶瓷

烧结的陶瓷由于进行了固态扩散,产品性能稳定,目前已有十多种红外透明陶瓷可供选用。Al_2O_3透明陶瓷不只是透过近红外,而且还可以透过可见光,它的熔点高达 2 050 ℃,性能与蓝宝石差不多,但价格却便宜得多。稀有金属氧化物陶瓷是一类耐高温的红外光学材料,其中的代表是氧化钇(Y_2O_3)透明陶瓷。它们大都属立方系,因而光学上是各向同性的,与其他晶体相比,晶体散射损失小。

塑料也是红外光学材料,但近红外性能不如其他材料,故多用于远红外,如聚四氟乙烯、聚丙乙烯等。

4.4.3　探测器材料

红外探测器材料可以分为两类:一类是无选择性辐射探测器材料,其中包括热释电材料、超导材料和光声材料;另一类是选择性辐射探测器材料,其中包括外光电效应材料、内光电效应材料(光敏材料)、光生伏特光电材料和光磁效应材料。前一类材料在有关章节中介绍,本节主要介绍外光电效应材料(光电发射探测器材料)和内光电效应材料(光电导材料、光伏探测器材料)。

(1)外光电效应材料

外光电效应材料主要应用于光电发射探测器,如充气光电管、光电倍增管、真空光电管等,其主要结构有光阴极,它发射光电子,阳极则接收其光电子。光电流与入射辐射功率成正比,是它们测试的原理。外光电效应(光电发射效应)的概念曾在第1章中做过简单的介绍,在此将详细讨论其产生的过程。

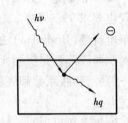

图4.26　外光电效应的过程

如图4.26所示,入射的光子(图中以"$h\nu$"表示)与材料晶格进行能量交换 hq,材料吸收了光子,并激发材料发射电子。要完成这个过程,前提是入射的光子能量等于或大于电子逸出功,其能量转换方程为:

$$h\nu_0 = e\phi + \frac{1}{2}m_e v^2 \tag{4.13}$$

式中,右边第一项是使电子以零速度逸出材料表面所给予电子的最低能量,称为逸出功,显然,在这一条件下,$h\nu_0 = e\phi_0$。此处,ν_0代表使电子逸出材料表面的电磁波辐射频率界限。相应的波长 λ_0 称为外光电效应的长波边界,称为"红限"。由上式可以算出红限 λ_0,即

$$\lambda_0 = 1.236/\phi_0 \tag{4.14}$$

金属的逸出功 ϕ_0 在 $1 \sim 5$ eV 之间。如果在金属表面加一层逸出功低的物质,则可以提高外光电效应灵敏度的长波边界。为此,具有外光电效应的敏感层均是由几种成分组成的,见表4.7。外光电效应材料常用于电子—光学变换及电倍增管中,高灵敏的夜间电视摄像管中也用这类材料。

表4.7　外光电效应光阴极材料

光阴极	最大灵敏度波长/μm	红限 $\lambda_{0.01}$[①]	光阴极	最大灵敏度波长/μm	红限 $\lambda_{0.01}$[①]
Ag-O-Cs	0.85	1.4	Bi-Ag-O-Cs	0.48	0.75
Sb-Cs	0.45	0.65	Sb-K-Na-Cs	0.4	0.82

①此处以灵敏度等于最大值1%的波长作为红限。

(2)内光电效应探测材料

如第1章中所述,内光电效应包括光电导效应和光伏效应。利用内光电效应制成的探测器主要有光电导探测器、光伏探测器和光电磁探测器等。有关能够产生光电导效应和光伏效应的材料(即光电导材料和光电动势材料),将在第5章中介绍,本节重点介绍比较成熟、也是重要的一种材料,即碲镉汞($Hg_xCd_{1-x}Te$)晶体。

碲镉汞($Hg_xCd_{1-x}Te$)一般以 MCT 表示,它是仅次于 Si 和 GaAs 之后排列第三的最重要的

半导体材料,是制作光电导、光伏探测器的主要材料。

MCT 是直接带隙半导体,它的能带结构的最大特点是带隙随成分线性变化,因此,带隙可由成分调节。由此可知,其工作的波长范围较宽,可以为 $2 \sim 20 \ \mu m$。据研究,成分为 $Hg_{0.795}Cd_{0.205}Te$ 的 MCT,工作在 77 K 时的带隙为 0.10 eV,其波长极限为 12.4 μm。成分与带隙关系的解析式为:

$$E_g = 1.59x - 0.25 + 5.233 \times 10^{-4} T(1 - 2.08x) + 0.327x^3 \qquad (4.15)$$

式中,E_g 为带隙,x 为成分,T 为绝对温度。

MCT 的制造技术要求很高,首先原料的成分必须很纯,通常要求纯度在 99.999 9% 以上,一般也要求 99.999%。目前采用的制造方法除通常制造单晶的方法——直拉法(Czochralski)和布里奇曼(Bridgman)法外,主要是液相外延法(LPE)和气相外延(VPE)法生长薄膜。制造大面积薄膜阵列是探测元件发展的趋势,尽管工艺复杂,但直接带隙结构是它的优点。

另外,膨胀系数和底材(Si)的膨胀系数相近,而且线路又易于表面钝化,是 MCT 材料的另一优点。

近年来新出现的一种红外探测器是低维固体探测器,元件制作采用 GaAs/GaAlAs 异质结和超晶格的制造工艺。通过合适的设计材料参数(如掺杂、成分、合适的超晶格结构的厚度),进行能带"裁剪",从而决定材料的吸收特征,以满足红外探测器的需要,但目前在制造大面积阵列方面还不如 MCT 的器件性能。

4.5 液晶材料

1888 年,奥地利植物学家莱尼茨尔(Renintzer)发现将结晶的胆甾醇苯甲酸酯加热到 145.5 ℃时,熔解为混浊黏稠的液体,当继续加热到 178.5 ℃时,则形成透明的液体。第二年,德国物理学家莱曼将 145.5 ~ 178.5 ℃之间的黏稠混浊液体用偏光显微镜观察时,发现它具有双折射现象。莱曼将这种具有光学各向异性、流动性的液体称为液晶。

由此可见,液晶与一般的物质不同。一般物质在较低温度时为晶体,加热后变为液体。而液晶在从固态转变为液态之前,经历了一个或多个中间态,它们的性质介于晶体与液体之间。液晶具有晶体的各向异性和液体的流动性,因此又称为流动晶体或液态晶体。液晶的流动性表明,液晶分子之间作用力是微弱的,要改变液晶分子取向排列所需外力很小。例如,在几伏电压和几微安每平方厘米电流密度下就可以改变向列型液晶分子取向。因此,液晶显示具有低电压、微功耗特点。另一方面,液晶分子结构决定了液晶具有较强的各向异性的物理性能,稍微改变液晶分子取向,就明显地改变液晶的光学和电学性能。上述特性使液晶得到广泛应用。

4.5.1 液晶分子结构和分类

根据几何形状的不同,液晶分子有棒状、板状和碗状分子等三种。板状分子液晶应用于液晶显示器的光学补偿膜,碗状分子液晶尚未应用。液晶显示主要用棒状分子液晶,本节重点介绍棒状液晶。

(1)棒状液晶

棒状液晶分子是由中心部和末端基团组成的。中心部是由刚性中心桥键连接苯环(或联苯环、环己烷、嘧啶环、醛环等）。中心桥键是双键、酯基、甲亚胺基、偶氮基、氧化偶氮基等功能团。这些功能团和苯环类组成 π 电子共轭体系,形成整个分子链不易弯曲的刚性体。末端基团有烷基、烷氧基、酯基、羧基、氰基、硝基、胺基等,末端基直链长度和极性基团的极性使液晶分子具有一定的几何形状和极性。中心部和末端基团的不同组合形成不同液晶相和不同物理特性。人们认识的液晶有 1 万多种。当棒状分子几何长度(L)和宽度(d)比 $L/d > 4$ 时,才具有液晶相。

（2）液晶的结构

液晶的结构按分子排列方式的不同,可以分为三种类型,即向列型、近晶型和胆甾型。

1）向列型液晶

如图 4.27（a）所示,在这种类型的液晶中,分子的形状像雪茄烟,分子的长轴近于平行,但分子重心随机分布。如图 4.28 中所示,取 δV 小区域,对微观液晶分子尺寸来说,δV 区域足够大,其区域内液晶分子平均取向表示为指向矢 n,液晶分子有序度 S 表示为:

$$S = \frac{1}{2}(3 < \cos^2\theta_i > - 1) \tag{4.16}$$

式中,$< \cos^2\theta_i >$ 表示 δV 内 $\cos^2\theta_i$ 的平均值,θ_i 表示指向矢 $\boldsymbol{n}$ 和某一液晶分子长轴之间的夹角。当液晶分子长轴与 $\boldsymbol{n}$ 完全平行,即 $\theta_i = 0$ 时,$< \cos^2\theta_i > = 1$,即 $S = 1$。当液晶分子无取向,随机分布时,$< \cos^2\theta_i > = 1/3$,$S = 0$。一般向列型液晶 S 为 0.5 ~ 0.6。

处于这种液晶态的分子,能上下、前后、左右移动,单个分子也能绕长轴旋转。

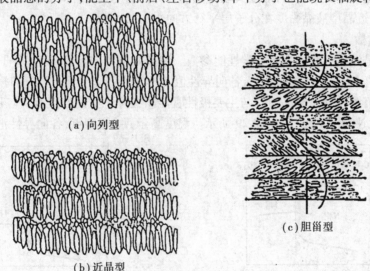

(a) 向列型

(b) 近晶型

(c) 胆甾型

图 4.27　液晶的分子排列

2）近晶型液晶

能形成这种液晶态的分子,形状也呈雪茄状,分子长轴互相平行,且排列成层,层与层之间相互平行,分子排列比较整齐,近似于晶体的排列状况,如图 4.27（b）所示。在这种液晶结构中,通常分子只能在层内前后左右移动,而不易在上下层之间越层移动。但是,单个分子也能绕其长轴旋转,由于层内分子之间有较大的约束力,该液晶态对电磁场等外界干扰不如向列型敏感。

3）胆甾型液晶

图 4.27（c）为胆甾型液晶分子排列,这种液晶态的棒状分子分层排列,在每一层中,分子

图 4.28 液晶指向矢和有序参数

的排列是平行的,取向是一致的。但相邻两层分子的排列方向扭转了一定的角度,因而多层分子链的排列方向逐层扭转,呈现螺旋形结构,分子层法线为螺旋轴,螺距表示指向矢旋转360°所经过的距离。胆甾型液晶可看作向列型液晶分子有规则旋转排列的特例。

4.5.2 液晶材料的物理性能

液晶分子几何形状、极性官能团位置和极性大小、苯环面向以及分子之间相互作用等诸因素决定了液晶物理性能和各向异性。在显示应用中,液晶材料主要物理参数有相变温度、黏度、介电常数、折射率、弹性常数等。

(1)相变温度

对热致性液晶,相变温度确定液晶态存在的温度范围和各相存在的范围。向列型液晶相变温度指晶体转变向列相温度(下限温度)和向列相转变各向同性液态温度(上限温度)。上、下限温度范围就是液晶存在的温度范围。用差热分析和偏光显微镜方法测量液晶相变温度。单体液晶很难满足显示需要的很宽温度范围,通常采用多组分液晶混合配方实现宽温度液晶。

(2)黏度

黏度与液晶响应关系密切,黏度大小与温度有关。黏度具有各向异性,向列型液晶黏度在指向矢方向小,近晶型液晶黏度在分子层平行方向小。

(3)介电常数

介电常数是液晶材料的主要电学性能参数。液晶介电各向异性分为:分子长轴方向介电常数为 $\varepsilon_{//}$,垂直方向介电常数为 $\varepsilon_{\perp}$,各向异性值 $\Delta\varepsilon = \varepsilon_{//} - \varepsilon_{\perp}$。当 $\varepsilon_{//} > \varepsilon_{\perp}$ 时,为正性(P 型)液晶;反之,为负性(N 型)液晶。这与主要极性官能团在分子中的位置有关。例如,氰基位置不同,分别出现 N 型和 P 型,如图 4.29 所示。温度高于 N-I 相变点,各向异性消失。

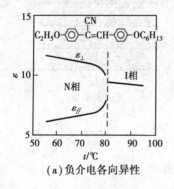

(a)负介电各向异性

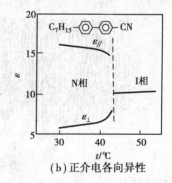

(b)正介电各向异性

图 4.29 介电各向异性与温度的关系

介电各向异性与有序参数 S 关系为:

$$\Delta\varepsilon = \frac{4\pi}{\varepsilon_0} NhF\left\{\Delta a_e - \frac{F\mu^2}{2K_B T}(1 - \cos^3\theta)\right\}S \tag{4.17}$$

式中,h、F 表示局部电场的修正系数,N 表示单位体积分子数,Δa_e 表示电极化各向异性,μ 表示磁化率,θ 表示分子长轴与主要极化基团之间的角度。式(4.17)表明,某一 θ 值为临界值,

$\Delta\varepsilon>0$ 或 $\Delta\varepsilon<0$。说明 $\Delta\varepsilon$ 值与分子结构有关。此外，$\Delta\varepsilon$ 符号与电场频率、相变有关。

在电场作用下，液晶分子取向的自由能表示为：

$$Fe = -\frac{1}{2}\varepsilon_0\Delta\varepsilon(\boldsymbol{n}\cdot\boldsymbol{E})^2 \tag{4.18}$$

式中，$\boldsymbol{n}$ 表示指向矢。对 P 型液晶，$\Delta\varepsilon>0$ 且 $\boldsymbol{n}$ 和 $\boldsymbol{E}$ 平行时，Fe 最小。因此，P 型液晶分子在电场作用下分子长轴平行于电场方向时最稳定；相反，N 型液晶，分子长轴垂直于电场方向时最稳定。在显示器件被选通时，液晶分子取向重新排列成最稳定状态。

（4）**折射率**

在光频率作用下，液晶分子电极化引起的介电常数 ε_∞^2 和折射率之间的关系为 $\varepsilon_\infty^2 = n$。折射率同样有各向异性。在液晶分子中苯环、联苯环、双重键等组成的中心部 π 电子在分子长轴方向上容易极化，因而分子长轴方向折射率 $n_\parallel$ 大于垂直方向折射率 $n_\perp$。当向列型液晶整齐排列时，认为单轴晶体除入射光平行于指向矢以外，均出现双折射。

单轴晶体有两个不同的主折射率 n_0 和 n_e，分别表示正常光和非常光折射率。在向列型液晶和近晶液晶中，它们的液晶分子的指向矢 $\boldsymbol{n}$ 的方向相当于单轴晶体的光轴。对于与指向矢 $\boldsymbol{n}$ 成垂直或平行振动的入射光就会产生 $n_\parallel$、$n_\perp$ 折射率，则

$$n_0 = n_\perp, n_e = n_\parallel \tag{4.19}$$

而且，折射率各向异性，即

$$\Delta n = n_0 - n_e = n_\parallel - n_\perp \tag{4.20}$$

向列型液晶和近晶型液晶三维空间上的折射率如图 4.30（a）所示。对于正常光表现为球面，非常光则表现为旋转的椭圆体。而且，$n_0 < n_e$，只有在指向矢的方向上才是一致的。通常，$n_\parallel > n_\perp$，Δn 为正值。因此，向列型液晶和近晶型液晶具有正光性。

对于胆甾型液晶，与指向矢垂直的螺旋轴相当于光轴，当光的波长比螺距大很多时，液晶的主折射率为：

$$n_0 = \left[\sqrt{\frac{n_\parallel^2 + n_\perp^2}{2}}\right]^{\frac{1}{2}}, n_e = n_\perp \tag{4.21}$$

即使在胆甾型液晶中，$n_\parallel > n_\perp$ 的关系仍然成立，但 $\Delta n = n_0 - n_e < 0$，故胆甾型液晶具有负光性。图 4.30（b）表示胆甾型液晶的正常光和非常光折射率的空间分布。

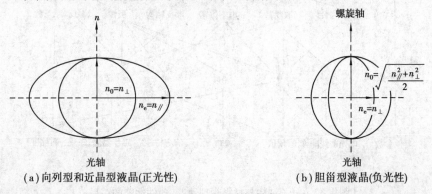

（a）向列型和近晶型液晶(正光性)　　　（b）胆甾型液晶(负光性)

图 4.30　液晶双折射率

（5）**弹性常数**

在向列型液晶情况下，分子沿着指向矢方向平移，不产生形变恢复力。但破坏分子取向有序时，出现指向矢空间不均匀性，使体系自由能增加，产生指向矢形变恢复能。用液晶弹性理

论描述液晶宏观物理现象,需要引入液晶弹性形变参数。弹性形变分为展曲形变、扭曲形变及弯曲形变,如图 4.31 所示。三种形变的弹性常数分别为 k_{11}、k_{22}、k_{33}。向列型液晶的弹性常数为 $10^{-11} \sim 10^{-12}$ 牛顿量级。向列型液晶弹性形变能很低,因此,在外场作用下液晶容易形变,液晶显示功耗很小。

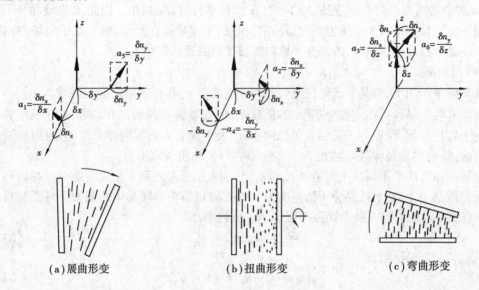

(a)展曲形变　　　　(b)扭曲形变　　　　(c)弯曲形变

图 4.31　向列型液晶弹性形变

上述液晶物理性能与液晶分子结构、官能团关系极密切。在实际显示应用中,单体液晶难以满足显示所需要的各种参数指标。因此,采用多种液晶混合,以改善和控制液晶工作温度范围、响应特性、阈值陡度、视角、对比度等。图 4.32 所示为液晶材料分子结构与液晶材料物理性能、器件参数的关系。图中的连线表示液晶分子中心桥键、取代基、末端基等分子结构基团与材料物理参数 $\Delta\varepsilon$、ν、k_{33}/k_{11}、Δn、T_{N1}、S 及器件性能(陡度、多路驱动能力、阈值、响应特性、视角、对比度、工作温度)的相互关系。

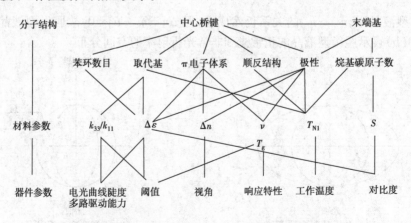

图 4.32　分子结构与材料物理性能、器件性能的关系
T_g—玻璃化转变温度;T_{N1}—向列相和各向同性液体相转变温度

4.5.3　液晶的效应

液晶结构很脆弱,微弱的外界能量或压力就能使液晶的结构发生变化,从而使其功能发生相应的变化,因此,液晶表现出许多奇妙的效应。

（1）温度效应

当胆甾型液晶的螺距与光的波长一致时,就产生强烈的选择性反射。白光照射时,因其螺距对温度十分敏感,就使它的颜色在几摄氏度温度范围内剧烈地改变,引起液晶的温度效应。该效应在金属材料的无损探伤、红外像转换、微电子学中热点的探测、医学诊断以及探查肿瘤等方面有重要的应用。

（2）电光效应

液晶分子对电场的作用非常敏感,外电场的微小变化,就会引起液晶分子排列方式的改变,从而引起液晶光学性质的改变。因此,在外电场作用下,从液晶反射出的光线在强度、颜色和色调上都有所不同,这是液晶的电光效应,该效应最重要的应用是在各种各样的显示装置上。

（3）光伏效应

在镀有透明电极的两块玻璃板之间,夹有一层向列型或近晶型液晶。用强光照射,在电极间出现电动势的现象称为光伏效应,即光电效应,该效应广泛应用于生物液晶中。

（4）超声效应

在超声波作用下,液晶分子的排列改变,使液晶物质显示出不同颜色和不同的透光性质。

（5）理化效应

将液晶化合物暴露在有机溶剂的蒸汽中,这些蒸汽就溶解在液晶物质之中,从而使物质的物理化学性质发生变化,这就是液晶的理化效应,利用该性质可以监测有毒气体。

此外,液晶还有应力效应、压电效应和辐照效应等。

4.5.4　液晶材料

常用液晶显示材料有几十种,按中心桥键归纳主要类型有如下十几种。

（1）甲亚胺（西夫碱）类

这类液晶应用于动态散射（DS）和电控双折射（ECB）模式。表 3.7 中 No1 MBBA 和 No2 EBBA 混合液晶具有负介电各向异性（$\Delta\varepsilon<0$）、黏度适中（$\nu\approx35\times10^{-6}\,m^2/s$）、双折射率大（$\Delta n=0.25$）等特点。在 DS 和 ECB 显示模式中广泛应用。表 4.8 中 No3 和 No4 具有 $\Delta\varepsilon>0$、黏度稍大、介电各向异性值双折射率大（$\Delta\varepsilon$ 为 15 ~ 20）、阈值电压低等特点,TN-LCD 初期用此类液晶材料。但西夫碱容易吸收水分解,稳定性差,未能得到实际应用。

表 4.8　甲亚胺类液晶化合物

序　号	Y—◯—CH=N—◯—Z				
	Y	Z	相变温度/℃		$\Delta\varepsilon$
			C—N	N—I	
No1	CH_3O—	C_4H_9—	22	47	负
No2	C_2H_5O—	C_4H_9—	37	80	负
No3	C_3H_7—	—CN	65	77	正
No4	C_4H_9O—	—CN	65	108	正

（2）安息香酸酯类

这类液晶化合物中心部两个苯环之间由酯类连接,其分子结构和典型化合物见表 4.9。这类液晶稳定性好,化合物品种丰富,具有多种性能,混合液晶的主要组分得到广泛应用。两端均为烷基时,黏度高($\nu \geqslant 45 \times 10^{-6}\,\text{m}^2/\text{s}$)。末端基为氰基时,液晶具有大的正介电各向异性($\Delta\varepsilon > 20$),应用于低阈值、多路驱动显示。

表 4.9 安息香酸酯类液晶化合物

$$Y\text{—}\langle\bigcirc\rangle\text{—CO—O—}\langle\bigcirc\rangle\text{—}Z$$

Y	Z	相变温度/℃		$\Delta\varepsilon$
		C—N	N—I	
CH_3O—	$C_6H_{13}O$—	55	77	负
CH_3O—	C_5H_{11}—	29	41	正
C_5H_{11}—	C_5H_{11}—	(33)	(12)	正
C_6H_{13}—	—CN	45	47	正

注:"（ ）"表示是单向相变。

（3）联苯类和联三苯类

这类液晶是正性液晶,是末端基为烷基和烷氧基的氰基联苯液晶化合物。它具有无色、化学性能稳定、光化学性能稳定、介电各向异性($\Delta\varepsilon \approx 13$)及黏度($\nu = 35 \times 10^{-6}\,\text{m}^2/\text{s}$)和双折射率($\Delta n \approx 0.2$)等数值适中的特点,广泛应用于 LCD。这类液晶的典型分子结构和性能见表 4.10。

表 4.10 联苯和联三苯类液晶化合物

$$Y\text{—}\langle\bigcirc\rangle\langle\bigcirc\rangle\text{—}Z$$

Y	Z	相变温度/℃		$\Delta\varepsilon$
		C—N	N—I	
$C_5H_{11}O$—	—CN	24	35	正
C_6H_{13}—	—CN	14	29	正
C_5H_{11}—	—CN	48	68	正
$C_7H_{15}O$—	—CN	54	74	正
C_3H_7—$\langle\bigcirc\rangle$	—CN	182	257	正

氰基联苯液晶和氰基联三苯液晶混配可增宽温度范围,增大双折射率及改进多路驱动性能。

（4）环己烷基碳酸酯类

环己烷基碳酸酯类液晶化合物见表 4.11。它们的特点是黏度低、温度范围宽。尤其表中 Z 末端基为烷基、烷氧基时,黏度很低($\nu < 20 \times 10^{-6}\,\text{m}^2/\text{s}$),是快速响应混合液晶的主要组分。此外,这种液晶 k_{33}/k_{11} 小,可用于多路驱动液晶材料。Z 末端基为氰基时,得到正性液晶,其双折射率小($\Delta n \approx 0.12$),介电各向异性也小($\Delta\varepsilon \approx 8$)。

（5）苯基环己烷基类和联苯基环己烷基类

几种典型的苯基环己烷基和联苯基环己烷基类液晶化合物见表 4.12。这类化合物的稳定性好,同时具有环己烷基碳酸酯类液晶的低黏度,因而是非常有用的 LCD 材料。联苯基环

表 4.11　环己烷基碳酸酯类液晶化合物

$$Y-\underset{H}{\bigcirc}-CO-O-\bigcirc-Z$$

Y	Z	相变温度/℃		$\Delta\varepsilon$
		C—N	N—I	
C_2H_9—	C_6H_{13}—	26	77	负
C_5H_{11}—	C_5H_{11}—	37	41	负
C_3H_7—	C_2H_5O—	47	78	负
C_4H_9—	$C_5H_{11}O$—	29	66	负
C_3H_7—	—CN	54	69	正

表 4.12　苯基环己烷基和联苯基环己烷基类液晶化合物

$$Y-\bigcirc-\bigcirc-Z$$

Y	Z	相变温度/℃		$\Delta\varepsilon$
		C—N	N—I	
C_3H_7—	—CN	43	45	正
C_5H_{11}—	—CN	30	55	正
C_5H_{11}—	—⬡—CN	95	219	正

己烷基类液晶向列相—各向同性相(N—I)温度高,用于宽温混合液晶。

(6)嘧啶类

嘧啶类液晶材料具有介电各向异性大($\Delta\varepsilon\approx8$)、温度范围宽、弹性常数比($k_{33}/k_{11}$)很小的特点,用于宽温度范围、低阈值、多路驱动显示。几种典型的嘧啶类液晶化合物见表 4.13。

表 4.13　嘧啶类液晶化合物

$$Y-\underset{N}{\overset{N}{\bigcirc}}-\bigcirc-Z$$

Y	Z	相变温度/℃		$\Delta\varepsilon$
		C—N	N—I	
C_7H_{15}—	—CN	44	50	正
C_4H_9—⬡—	—CN	94	246	正
C_6H_{13}—	$C_6H_{13}O$—	31	60	正
C_6H_{13}—	$C_9H_{19}O$—	37	61	正

(7)环己烷基乙基类

液晶化合物具有乙基中央桥键的环己烷基类化合物的特点,见表 4.14。随末端官能基团不同,介电各向异性或负或正。主要特点是黏度低,尤其两端末端基均为烷基或烷氧基时,黏度很低,为 $\nu_2\approx13\times10^{-6}m^2/s$,弹性常数比 k_{33}/k_{11} 约为 1.0。因此,这类液晶化合物是快速响应的多路驱动材料。

表 4.14　环己烷基乙基类液晶化合物

$$Y-\boxed{H}-CH_2CH_2-\bigcirc-Z$$

Y	Z	相变温度/℃			$\Delta\varepsilon$
		C—N(S)	S—N	N—I	
C_3H_7-	C_2H_5O-	21	—	34	负
$C_5H_{11}-$	C_2H_5O-	18	—	46	负
C_3H_7-	—CN	38		45	正
$C_5H_{11}-$	—CN	30		51	正
$C_7H_{15}-$	—CN	45		55	正

(8)环己烯类

环己烯类液晶的典型化合物见表 4.15。这类液晶特点是低黏度和低双折射率($\Delta n\approx0.08$)。TN-LCD 器件设计用光透射第一极小时,需要这类液晶材料,这是因为 Δn 值很小的缘故。

表 4.15　环己烯类液晶化合物

$$C_nH_{2n+1}-\boxed{H}-\bigcirc-C_mH_{2m+1}$$

n	m	相变温度/℃		
		C—N(S)	S—N	N(S)—I
3	5	(−11)	12	27
3	7	(29)	36	39
5	3	(4)	21	30

(9)二苯乙炔类

烷基烷氧基二苯乙炔类典型液晶化合物见表 4.16。这类液晶具有大双折射率($\Delta n\approx0.28$)、低黏度($\nu\approx20\times10^{-6}$ m²/s)、高相变温度(N—I 相变)的特点。设计薄层液晶显示器件时,使用 Δn 值大的液晶材料。

表 4.16　二苯乙炔类液晶化合物

$$C_nH_{2n+1}-\bigcirc-C\equiv C-\underset{X}{\bigcirc}-OC_mH_{2m+1}$$

n	m	X	相变温度/℃	
			C—N	N—I
3	2	—	89	96
4	2	—	54	80
4	2	F	45	51
5	2	—	62	89
5	2	CH₃	42	54

(10)二氟苯撑类

2,3-二氟苯撑类液晶化合物见表 4.17。这类液晶分子侧链引入两个氟原子,使介电各向异性为负,$\Delta\varepsilon$ 为 $-2\sim-6$;同时黏度低,ν 为 $15\times10^{-6}\sim35\times10^{-6}$ m²/s。这类液晶 Δn 值随中

央桥键变化很大,Δn 为 0.07 ~ 0.29。引入氟原子,使弹性常数比(k_{33}/k_{11})趋于增大。这类液晶应用于 ECB 和 STN 显示模式。

表4.17　二氟苯撑类液晶化合物

分子结构	相变温度/℃	$\Delta\varepsilon$	Δn	ν
C_5H_{11}—〇—COO—〇—OC_2N_5 (F F)	C51N631	-4.6	0.09	18
C_3H_7—〇—〇—COO—〇—OC_2H_5 (F F)	C87Sn(81)S_A98N222I	-4.1	0.11	37
C_5H_4—〇—C≡C—〇—OC_2N_5 (F F)	C57N61I	-4.4	0.25	17
C_3H_7—〇—〇—C≡C—〇—OC_2H_5 (F F)	C84N2291	-4.1	0.29	27

(11) 手性掺杂剂

向列液晶里掺入具有螺旋结构的手性材料,可以控制 TN-LCD 中液晶分子扭曲方向,防止向错缺陷,同时在 SBE 和 STN 显示中控制液晶分子扭曲角度和螺距等。初期手性剂用过胆甾液晶,后来都用人工合成的手性材料。

几种典型的手性剂化合物见表 4.18。$1/pc$ 为扭曲力,p 为螺距,c 为手性剂掺杂浓度。螺距随温度变化,手性剂种类不同,螺距随温度上升而变长或变短。例如,表中右旋手性剂(CB-15)和左旋手性剂(S-811)相混合使螺距具有热稳定性。

表4.18　典型的手性剂化合物

No		结构式	旋光方向	扭曲力[$1/pc(\mu m^{-1})$]
1	(S)	C_2H_5CH*—CH_2—〇—〇—CN (CH₃) (CB-15)	右	6.6
2	(S)	C_2H_5CH*—CH_2O—〇—〇—CN (CH₃) (C-15)	左	1.3
3	(S)	C_6H_{13}O—〇—COO—〇—COOCHC₆H₁₃* (CH₃) (S-811)	左	1.3
4	(S)	C_6H_{13}O—〇—COO—〇—COOCH₂CHC₂H₅* (CH₃) (S-1082)	右	2.8

续表

No	结构式	旋光方向	扭曲力[1/pc(μm⁻¹)]
5 (S)	C₅H₁₁—〈〉—〈〉—COCH₂CHC₂H₅ (CM-19)	右	4.1
6 (S)	C₂H₅CH—CH₂O—〈〉—COO—〈〉—CN (CM)	左	1.1
7 (S)	C₂H₅CHCH₂—〈〉—〈〉—COO—〈〉—C₅H₁₁ (CM-20)	右	5.5
8 (S)	C₂H₅CH—O—〈〉—COO—〈〉—C₅H₁₁ (CM-21)	左	1.2
9 (S)	C₂H₅CH—O—〈〉—COO—〈〉—C₅H₁₁ (CM-22)	右	1.2

(12)铁电液晶材料

铁电液晶分子具有三个条件:①分子具有手性基并非外消旋;②在分子长轴垂直方向上有永久偶极子;③具有 S^* 相(例如 S_c^*、S_1^* 相等)。具有这种特性的液晶化合物已合成了2 000多种。铁电液晶分子与向列液晶分子的中央部分结构一致,末端烷基或烷氧基比向列液晶稍长。主要差别在另一末端有间隙部和手性基。手性基和间隙部基团见表4.19、表4.20。间隙部极性基和手性基不对称碳越靠近,自发极化强度越大。间隙部极性基大小决定介电各向异性正负性。用 CN 基时,形成负介电各向异性。

表4.19 铁电液晶化合物的手性基种类

		X	n	m	l
(A)	—C_nH_{2n}—$\overset{H}{\underset{X}{C^*}}$—$C_mH_{2m+1}$	CH₃	0~5, 7	2	
		CH₃	0	3	
		CH₃	0,1	6	
		Cl	1, 2, 4, 5	1	
		Cl	1	2	
		F	1	4~6, 8, 12	
		CN	1	1	
		OCH₃	1	2	

续表

	X	n	m	l
(B) $-C_nH_{2n}-\overset{\text{H}}{\underset{\text{X}}{C^*}}-C_mH_{2m}(CH_3)_2$	CH_3	1,2	3	
	Cl	0,1	1	
	Cl	1	0	
	F	1	0	
(C) $-C_nH_{2n}-\overset{\text{H}}{\underset{\text{X}}{C^*}}-OC_mH_{2m+1}$	CH_3	1	2,3	
(D) $-C_nH_{2n}-\overset{\text{H}}{\underset{\text{X}}{C^*}}-C_mH_{2m}-C_6H_5$	Cl	1	1	
	CF_3	0	3	
(E) $-C_nH_{2n}-\overset{\text{H}}{C^*}\underset{\text{O}}{\diagup\diagdown}\overset{\text{H}}{C^*}-C_mH_{2m+1}$	—	1	3	
(F) $-C_nH_{2n}-\overset{\text{H}}{\underset{\text{X}}{C^*}}-C_lH_{2l}COOC_mH_{2m+1}$	CH_3	0	2	0
	CH_3	0	1,4	1
	CH_3	0	1	1
(G) $-C_nH_{2n}-\overset{\text{F}}{\underset{CH_3}{C^*}}-COOC_mH_{2m+1}$	—	1	2	
(H) $-C_nH_{2n}-\overset{\text{F}}{\underset{\text{X}}{C^*}}-CH_2COOC_mH_{2m+1}$	CF_3	0	2	
(I) $-C_nH_{2n}-\overset{\text{H}}{\underset{\text{X}}{C^*}}-C_lH_{2l}-\overset{\text{H}}{\underset{CH_3}{C^*}}-C_mH_{2m+1}$	Cl	0,1	2	0
	Cl	1	2	1
	Br	1	2	0
	F	0	2	0

表 4.20　间隙部的种类

(A)	—	(F)	—CO—
(B)	—O—	(G)	—$OC_nH_{2n}O$— ($n = 3 \sim 5$)
(C)	—COO—	(H)	—CH=CHO—
(D)	—OCO—	(I)	—CH=CXCOO—
(E)	—OCOO—		($X = H, CN, CI, CH_3$)

（13）混合液晶材料

上述单体液晶难以全部满足 LCD 器件要求的性能,因此,常采用混合液晶来调制物理性能,以满足器件要求。混合目的随器件种类和特性不同而不同。混合配制液晶时,重要的是积累每种液晶化合物的物理性能数据,掌握器件性能与液晶物理性能的关系,由此确定最佳混合配方。

4.6　光存储材料

光存储最早的形式——缩微照相,它是从 20 世纪初开始的,它一度成为文档资料长期保存的主要方式。20 世纪 60 年代初出现激光后,激光全息技术受到世人的瞩目,并具有更大的存储容量。但是,由于不能进行实时数据存取,且不能与计算机联机,因而不能与磁存储相比。20 世纪 70 年代,光盘存储技术研究成功,至 80 年代,便在声视领域内促成激光唱片(包括 CD 和 LD)和激光唱机产业的兴起。现在,光存储已成为当今公认的重大科学技术领域的前沿课题之一。

4.6.1　光存储技术的特点

光信息存储是利用激光的单色性和相干性,将要存储的信息、模拟量或数字量通过调制激光聚焦到记录介质上,使介质的光照微区(线度一般在 1 μm 以下)发生物理或化学的变化,以实现信息的"写入"。取出信息时,用低功率密度的激光扫描信息轨道,其反射光通过光电探测器检测、调解,从而取出所要的信息,这就是信息的"读出"。

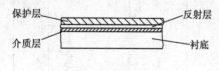

图 4.33　光盘的多层膜结构

光盘是目前光存储技术的典型形式,由具有光学匹配的多层膜材料组成,如图 4.33 所示。记录介质层是光存储材料的敏感层,根据光盘种类的不同由多层工作薄膜构成。为了避免氧化和吸潮,记录介质需要用保护层将它们封闭起来。光盘的多层膜结构通常用物理或化学方法沉积在衬底上。

与磁存储技术相比,光盘存储技术具有以下特点:

（1）高载噪比

载噪比是载波电平与噪声电平之比,以分贝(dB)表示。光盘的载噪比通常在 50 dB 以上,且多次读写不降低,因而音质和图像清晰度远高于磁带和磁盘。

（2）高存储密度

存储密度是指记录介质单位面积或信息道单位长度所能存储的二进制位数,前者是面密度,后者是线密度。光盘的线密度一般是 10^4 位/cm^2,信息道的密度约为 6 000 道/cm,故面密度可达

$10^7 \sim 10^8$ 位/cm^2。直径 20 cm 的光盘,单面可存储 640 MB;直径 30 cm 的光盘,容量在 1 GB 以上。

(3)长存储寿命

只要光盘存储介质稳定,一般寿命在 10 年以上,而磁存储的信息一般只能保存 3 ~ 5 年。

(4)非接触式读/写和擦

从光头目镜的出射面到激光聚焦点的距离有 1 ~ 2 mm,也就是说,光头的飞行高度较大,这种"非接触式读/写和擦"不会使光头或盘面磨损、划伤,并能自由地更换光盘。

(5)低信息位价格

光盘易于大量复制,容量又大,因而存储每位信息的价格低廉,是磁记录的几十分之一。

目前光盘存储技术也存在一些不足之处,如常见的光盘机(或称光盘驱动器)比磁带机或磁盘驱动器要复杂一些,且光盘机的信息或数据传输率比磁盘机低,平均数据存取时间在 20 ~ 100 ms 之间。

4.6.2　光盘的分类

(1)**按存储功能分类**

1)只读存储(ROM,Read only memory)光盘

这种光盘只能用来播放已经记录在介质中的信息,不能写入信息。人们熟知和广泛应用的只读式 CD,如 CD-ROM、VCD、DVD 等数字音、视光盘就属于此类。

2)一次写入存储(WORM,Write once read memory 或 DRAW,Direct read after write)光盘

这种光盘可以写读信息,但不能擦除。它可用来随录随放,也可用于文档存储、检索以及图像存储与处理。市售的"刻录盘"就是一次写入存储光盘。

3)可擦重写存储(E-DRAW,E 表示 Erasable)光盘

这类光盘具有写入、读出和擦除三种功能,但写入信息需用两次动作才能完成,即先将信息道上的旧有信息擦除,然后再写入新的信息。

4)直接重写存储(Overwrite)光盘

这类光盘可以在写入新信息的同时,旧信息自动被擦除,无须两次动作。

(2)**按存储机理分类**

1)磁光型(M-O)光盘

利用光热效应使记录下的磁畴方向产生可逆变化,不同方向的磁畴使探测光的偏振面产生旋转(即磁光克尔效应)作读出信号。这种由磁性相变介质制成的光盘,称为磁光光盘。

2)相变型(P-C)光盘

利用介质的光致晶态与玻璃态之间的可逆相变,因晶态与非晶态的反射率不同而作为探测信号。这是由结构相变介质制成的光盘,称为相变光盘。

上述两种光盘均属于可擦重写光盘,其可逆变化的稳定性决定了可擦重写的次数,一般要求在千次以上,甚至达百万次。目前专业计算机上以磁光型光盘应用为主,而 CD-RW 光盘采用相变型光盘。

4.6.3　光存储材料的记录和读出原理

光盘上的信息位由激光束径准直、整形、分束和聚焦后产生的微小光斑(直径约为 1 μm)进行擦除、记录和读取。图 4.34 所示为随录随放光盘系统及记录/读出原理框图。激光束通

过调制器受输入信号调制,成为载有信息的激光脉冲。经光学系统、偏振分束棱镜和$\frac{\lambda}{4}$波片导入大数值孔径物镜,在光盘介质表面汇聚成直径小于 1 μm 的光斑。激光束与介质相互作用后,在介质表面受激光作用与未受激光作用的区域就会形成某一物理性质有显著差别的两个状态,如介质表面烧蚀成孔或发生相变,致使反射率、折射率或透射率出现差别。这两个状态可分别规定为"1"和"0",这样就能够将输入的信息记录下来。读出信息时,当物镜沿镜像移动,光盘在转台上旋转时,在光盘表面形成螺旋状或同心圆信息轨道。这时用小功率激光束反射强度的变化,经解调后即可还原所记录的信息。

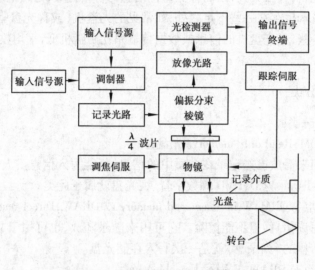

图 4.34　随录随放光盘系统原理框图

4.6.4　光盘存储材料的种类

根据光盘存储材料的特点可知,光盘存储技术的发展目标应该是提高存储密度和数据传输率,同时,多功能(即不仅能读出、记录,而且能可擦重写)也是光盘存储技术的发展方向。在过去的 20 年里,光盘产品主要以 CD(Compact Disk)系列光盘为代表,其存储容量为 650 MB。近年来,可录式 CD(CD-R)的商品化,已逐渐代替软磁盘用做复制节目和软件。可擦写 CD(CD-RW)的兴起,也可能代替磁带用做信息的外存、编辑和分配等。

(1)只读存储光盘材料

只读存储光盘由保护层(一般为有机塑料)、溅镀的金属反射层(一般为 Al 膜或 Ag 膜)、记录介质层和衬盘组成,记录介质是光刻胶。记录时,将音频、视频调制的激光聚焦在涂有光刻胶的玻璃衬底上,经过曝光显影,使曝光部分脱落,因而制成具有凹凸信息结构的正像主盘(Master),然后利用喷镀及电镀技术,在主盘表面生成一层金属负像副盘,它与主盘脱离后即可作为原模(Stamper),用来复制只读光盘。

光盘的衬盘材料通常用聚甲基丙烯酸甲酯(PMMA)或聚碳酸酯(PC),也可用转变温度较高的聚烯烃类非晶材料(APO)。

(2)一次写入光盘材料

一次写入光盘利用聚焦激光在介质的记录微区,产生不可逆的物理化学变化写入信息。在激光记录时,光盘表面产生的光斑因记录介质的不同而有多种光记录形式,如图 4.35 所示。

因此,这类光盘主要有以下几种。

1)烧蚀型

记录介质多为碲、铋、锗、硒等元素及其合金薄膜。利用激光的热效应,使光照微区熔化、冷凝并形成信息凹坑(图 4.35(a))。

2)合金化型

记录介质由两种不同材料的薄膜构成,如 Pt-Si、Rh-Si 等双层金属膜结构。在激光照射处,这两种材料相互作用可形成合金,以此记录信息(图 4.35(b))。

3)熔绒型

常用记录介质是硅。用离子束刻蚀硅表面,使形成绒面结构,激光照射后,使绒面熔成镜面,实现反差记录(图 4.35(c))。

4)颗粒长大型

记录介质是一种由微小颗粒组成的膜层,在激光作用下颗粒重新结合形成较大的颗粒,以此记录信息(图 4.35(d))。

5)起泡型

记录介质由高熔点金属(如金膜或铂膜)与易汽化的聚合物薄膜制成。光照使聚合物分解排出气体,两层间形成气泡使膜面隆起,与周围形成反射率的差异,以实现反差记录(图 4.35(e))。

6)相变型

记录介质多用硫系二元化合物制成,如 $As_2Se_3 \cdot Sb_2Se_3$ 等。在激光照射下,光照微区发生相变,可以是晶相→非晶相(图 4.35(f)),非晶态 1→非晶态 2(图 4.35(g)),还可以是晶相 1→晶相 2 的转变,利用两相反射率的差异鉴别信息。

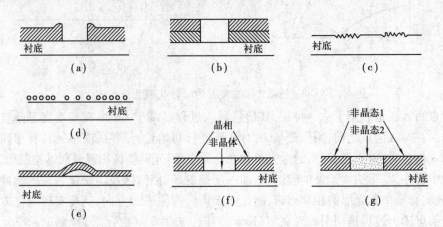

图 4.35 光盘的六种光记录形式示意

以上种类的光盘,烧蚀型最先有商品推出,即刻录光盘。其存储原理如图 4.36 所示。写入激光的光强具有高斯型空间分布,中心温度 T_c 大于介质熔点 T_m,能使光照微区熔融,表面张力将熔区拉开,撤去脉冲,孔缘冷凝形成带有信息结构的凹坑。

(3)可擦重写光盘材料

可擦重写光盘的存储介质能够在激光辐照下发生可逆的物理或化学变化。目前主要有两类,即磁光光盘和相变光盘,它们具有较高的信息存储密度。

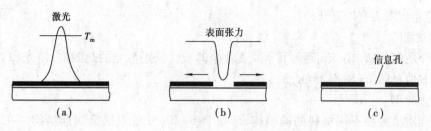

图 4.36　烧蚀型信息凹坑的形成

1）磁光型存储介质

经过近年来多方面的试验,已实用化和有希望能实用化的磁光存储材料主要有以下几种。

①稀土—钴合金和稀土—铁合金

稀土—钴合金主要有 GdCo、TbCo、GdTbCo 及 GdTb-FeCo 等,目前已经用来制成磁光光盘。

GdCo 薄膜是利用补偿点写入的典型材料。Gd 和 Co 的磁化强度对温度有不同的依赖关系。如图 4.37 所示,在补偿点 T_{comp},Gd 和 Co 的磁化强度正好等值反向,净磁化强度为零,故将 T_{comp} 称为材料补偿温度。GdCo 的矫顽力 H_c 随温度发生变化,在室温附近 H_c 很大,但在室温以上,H_c 随温度的升高以阶跃函数的规律减小。因此,制备时应选择 GdCo 的组分,使 T_{comp} 正好落在室温以下,这样就可以在比室温略高的情况下,例如,在 70 ~ 80 ℃之间,使 H_c 降至极小值。

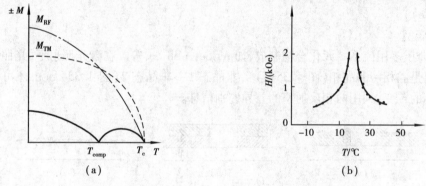

图 4.37　GdCo 的磁化强度 M 及矫顽力 H_s 随温度的变化

补偿点写入正是利用了这一特征,其信息写入过程是基于 GdCo 有一垂直于薄膜表面的易磁化轴。在写入信息之前,用强磁场 H_0 对介质进行初始化,使各磁畴单元具有相同的磁化方向。写入信息时,磁光读、写头的激光聚焦在介质表面,光照微区因温升而迅速退磁,此时通过磁光头中绕在读、写头物镜外的线圈,施加一反偏磁场,使微区反向磁化。写入脉冲很快拆去反偏磁场,介质中无光照的相邻磁畴,磁化强度仍保持原来的方向,从而实现磁化方向的反差记录。信息读出过程是利用磁光克尔(Kerr)效应(在第 5 章中介绍)检测记录单元的磁化方向。光盘在读取信息时,通过磁光头中的起偏器产生直线偏振光,用此光扫描信息轨道,然后通过检偏器检测各单元的磁化方向而读出信息。擦除信息时,用原来的写入光斑照射信息道,并施加与初始 H_0 方向相同偏磁场,记录单元的磁化方向又会复原。由于翻转磁畴的磁化方向速率有限,因此磁光光盘一般也需要两次动作来写入信息,即第一转擦除信息道上的信息,第二转写入新的信息。

稀土—铁合金是利用居里点写入的磁光存储材料,如 GdFe、TbFe、GdTbFe 及 TbNiFe 等。其写、读、擦除原理与补偿记录方式一样,所不同的是,这类介质有一个居里温度 T_c。当温度

高于 T_c 时,材料的 H_c 很快下降至极小值。因此,在记录时,应使光照微区的温度升至 T_c 以上,再用反偏磁场实现反向磁化。常用的材料,如 GdTbFe,$T_c = 150$ ℃;TbFe,$T_c = 140$ ℃。

②Co/Pt(Pd)合金

Co/Pt(Pd)作为磁光存储材料,属于成分调制的金属多层膜。Co 和 Pt(Pd)的膜厚分别为 $0.4 \sim 0.6$ nm 和 $0.9 \sim 1.2$ nm。调制多层膜容易形成磁各向异性而可以垂直存储。Co/Pt(Pd)膜为多晶膜,晶粒的控制十分重要。Co/Pt(Pd)多层模可达到的部分磁和磁光性能见表 4.21,如克尔旋转角 θ_K、各向异性值 K_U 和磁矫顽力 H_c 等。

表 4.21　Co/Pt(Pd)多层模的磁和磁光性能

合　金	多层膜结构	θ_K(630 nm) /(°)	K_U /(10^{-7} J · cm^{-3})	H_c /(A · m^{-1})
Pt/Co	Pt(60 nm)/[Co(0.3 nm)/Pt(0.8)nm]$_{25}$	0.26	6.0×10^6	$4.0 \times 10^6/4\pi$
Pd/Co	Pd(45 nm)/[Co(0.4 nm)/Pt(0.9)nm]$_{25}$	0.11	4.0×10^6	$2.6 \times 10^6/4\pi$

③MnBi 合金

MnBi 具有很大的 θ_K 值,但由于相变和晶粒大等问题,很难在磁光存储中应用。研究发现在 MnBi 中添加 Al、Si 等元素后,薄膜易于垂直记录,且热稳定性好、晶粒小并具有较大的 θ_K 值。如图 4.38 所示,在 633 nm 波长的 θ_K 值达 2.2°,并且在 400 nm 附近的 θ_K 值也接近 2°。在 MnBiAl 的小样品上已完成 10^6 次擦写损伤。图 4.39 所示为在不同脉宽的 633 nm 激光记录下,记录功率与读出信号强度的关系。进一步改进后,可获得实用。

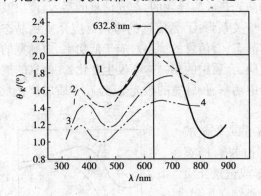

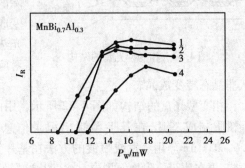

图 4.38　MnBi、MnBi$_{0.7}$Al$_{0.3}$ 和 MnBi$_{0.47}$Al$_{0.53}$、
MnBiAl 薄膜的克尔旋转角 θ_K 与波长的依赖关系
1—MnBi$_{0.47}$Al$_{0.53}$;2—MnBi$_{0.7}$Al$_{0.3}$;
3—MnBiAl;4—MnBi

图 4.39　MnBi$_{0.7}$Al$_{0.3}$ 薄膜在不同脉宽的
633 nm 激光记录下读出信号强度
I_R 与记录功率 P_W 的关系
1—脉宽,$t = 2.0$ μs;2—t 为 $1 \sim 2$ μs;
3—t 为 650 ns;4—t 为 500 ns

④钇铁石榴石(YIG)

YIG 薄膜是十分稳定的磁光薄膜。但是,它的克尔旋转角 θ_K 或法拉第(Faraday)旋转角 θ_F(在第 5 章中介绍)和矫顽力 H_c 太小。近年来,掺杂了 Bi 后使短波长的 θ_K 值提高,但 H_c 还小,垂直膜面存储比较困难。用 Al、Ga 替代 Fe 后,降低了饱和磁化强度和居里温度,进一步添加 Cu 后,提高了 H_c 值,因而有实用的可能性。图 4.40 所示为 Bi$_{1.2}$Dy$_{1.6}$Fe$_{5-x}$Al$_x$O$_{12}$ 薄膜的法拉第旋转角 θ_F 和波长的依赖关系,峰值位置在 510 nm 时,具有很大的 θ_F 值。用波长为 514.5 nm 的 Ar$^+$ 激光记录,在很小的记录功率下(小于 6 mW)能获得很高的读出信号,如图 4.41 所示。

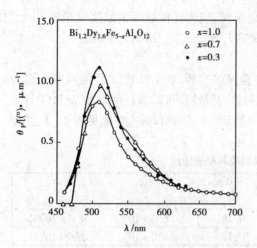

图 4.40 $Bi_{1.2}Dy_{1.6}Fe_{5-x}Al_xO_{12}$ 薄膜的法拉第
旋转角 θ_F 与波长的依赖关系

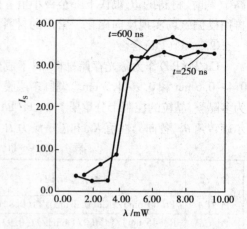

图 4.41 $Bi_{1.2}Dy_{1.6}Fe_{5-x}Al_xO_{12}$ 薄膜的
激光记录特性
（读出功率 0.8 mW，脉冲 300 ns，外磁场 $400 \times 10^3/4\pi$（A/m），记录激光波长 514.5 nm）

2）相变型存储介质

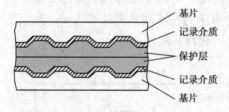

图 4.42 相变型光盘的结构

相变型光存储技术是利用记录介质在变晶态和非晶态之间的可逆相变实现信息的反复擦、写。这种相变是由激光热效应导致的，与光信息的写入、读出及擦除的对应关系为：①光信息的写入对应介质从晶态转变成非晶态；②信息的读出对应于低功率、短脉宽的激光热效应，介质中的相结构不发生变化；③信息的擦除对应于中功率、长脉宽的激光热效应，介质成核、生长，从非晶态转变成晶态。

相变型光盘的结构如图 4.42 所示。用丙烯酸或聚碳酸酯树脂制成基片，在其上预制出记录信息的导向槽，槽宽 0.6～0.7 μm。用蒸发或喷镀的方法在基片上形成记录介质薄膜，再在薄膜上附加保护层。将两片这样的盘黏结在一起，就可从两面使用，用半导体激光器在薄膜上聚集以记录信息。

相变型光存储介质主要是 Te 基和非 Te 基的半导体合金。它们的熔点较低，并能快速实现晶态和非晶态转变。对相变型存储介质，载噪比正比于记录点与周围的反射率对比度。对于匹配 400～700 nm 激光波长，某些 Te 基半导体薄膜就可以符合要求。图 4.43 为 In-Sb-Te 系统薄膜在热处理前后（非晶态—晶态）的反射率和透过率的光谱曲线，可以看出，从 400～800 nm 反射率的变化还是比较大的。

相变型存储介质已成功地应用于可擦写 CD，并工作于 780 nm 激光波长。它也将应用于可擦写 DVD，工作波长为

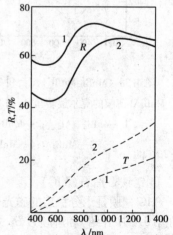

图 4.43 In32Sb40Te28 薄膜
相变前后的光谱图
1—晶态；2—非晶态
（实线为反射率 R，虚线为透过率 T）

630 nm。图 4.44 表示一些实验室制备的相变型光盘的记录特性。光盘的多层膜结构为：Al(100 nm)/80 ZnS + 20 SiO$_2$(20 nm)/Ge$_{47}$Sb$_{11}$Te$_{42}$(30,15,25 nm)/80 ZnS + 20 SiO$_2$(150)/PC 基片(1.2 mm)。括弧中为薄膜厚度。半导体激光波长为 680 nm,记录点读出信号的载噪比可以大于50 dB。图 4.45 所示为光盘的多次直接重写的性能,可以看出,在 100 次以内仍可保持高的载噪比,而到 1 000 次时载噪比下降了 20%,这是值得进一步改进的。

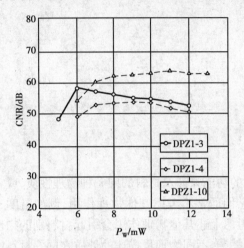

样品号	存储介质膜厚度/nm
DPZ1-3	30
DPZ1-4	15
DPZ1-10	25

图 4.44 多层结构的相变型光盘在 680 nm 波长的读出信号载噪比 CNR 与记录功率 P_W 的关系(载频:2 MHz,记录速度:8 m/s)

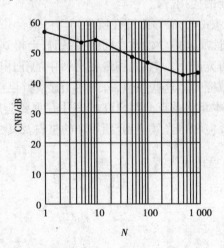

图 4.45 相变型光盘 DPZ1-3 的多次直接重写次数 N 与读出信号载噪比 CNR 的关系
(激光波长:680 nm,写入速度:8 m/s)

在短波长(蓝绿光)波段(450 ~ 500 nm),由于 Ge-Te-Sb 和 In-Sb-Te 系统半导体薄膜的晶态与非晶态的折射率相差还较大,所以仍可应用于光盘存储。从目前的实验结果来看,相变型光存储介质今后将应用于高密度光盘存储,工作于短波长激光,能写入和擦除。

第 **5** 章
功能转换材料

在前面章节中介绍的各种功能材料,它们的功能只涉及材料的同一种物理性质,或者是电学性质,或者是磁学性质,或者是光学性质。它们通常不考虑其他物理作用,例如温度、电压、磁场、声波等对其单一物理功能的影响,也不考虑上述其他物理作用会引起材料别的物理性质的改变。实际上,材料的功能往往表现得更为复杂,不同物理量描述的性质在同一材料中可以并存,而且不同性质之间还会相互影响和相互转换。这种同一种材料出现物理性质相互转换的特性在许多领域有着重要的应用。

在材料中,声(弹)、光、热、电、磁等物理性质之间均可耦合并产生多种交互效应,例如,在研究材料的弹性性质、热学性质及电学性质之间的关系时,会得到诸如压电效应、热释电效应、热电效应、热压效应等;在研究磁、力、电、光场量在材料中的作用时,会引出光电效应、磁光效应、磁致伸缩效应、磁介电效应等。这些效应,有的相当显著并已获得应用,有些并不显著或者目前尚未获得应用。因此,本章将重点介绍研究较多并有重要应用的压电效应、磁光效应、光电效应、热释电效应、热电效应和声光效应,介绍相应的材料及其主要应用。

5.1 压电材料

5.1.1 压电效应

(1)压电效应

当外加应力 T 作用于某些电介质晶体并使它们发生应变 S 时,电介质内的正负电荷中心会产生相对位移,并在某两个相对的表面产生异号束缚电荷。这种由应力作用使材料带电的现象称为正压电效应。与正压电效应产生的过程相反,当对这类电介质晶体施加外电场并使其中的正负电荷重心产生位移时,该电介质要随之发生变形。这种由电场作用使材料产生形变的现象称为逆压电效应。

正压电效应和逆压电效应统称为压电效应。具有压电效应的介质称为压电体。

例如,有一块垂直于 C 轴方向切下的石英单晶片,其厚度方向为 x,长度方向为 y。当在 x

方向施以压应力(或拉应力)T_1时,就会在与x轴垂直的两个表面上产生异号束缚电荷。当在y方向施以压应力(或拉应力)T_2时,也会在垂直于x轴的两个表面上产生异号束缚电荷,如图5.1所示。

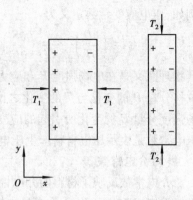

(2)压电效应的机理

介质具有压电效应的条件是其结构不具有对称中心。压电效应产生的机理可用图5.2加以说明。图5.2(a)所示为晶体中的质点在某方向上的投影,此时,晶体不受外力作用,正负电荷的重心重合,整个晶体的总电矩为零,晶体表面的电荷也为零;图5.2(b)、(c)分别所示为受压缩力与拉伸力的情况,此时正负电荷的重心将不再重合,于是就会在晶体表面产生异号束缚电荷,即出现压电效应。

图5.1　石英晶体切片的正压电效应

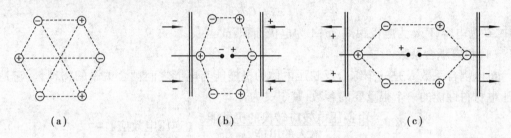

| (a) | (b) | (c) |

图5.2　压电晶体产生压电效应的机理

5.1.2　压电材料的主要特性

压电材料的主要特性参量有压电常数(或称压电系数、压电模量)、弹性常数、介电常数等,而其主要功能参数是机电耦合系数。

(1)弹性常数(弹性模量)

压电体是弹性体,也服从胡克定律,即在弹性极限内,应力与应变成正比。由于压电体多为三维物体,因此其弹性常数应该是由广义胡克定律决定的。在不同的电学条件下,表现出有不同的弹性模量。

①短路弹性模量　在外电路的电阻很小时,即相当于短路条件下测得的弹性模量。

②开路弹性模量　在外电路的电阻很大时,即相当于开路条件下测得的弹性模量。

(2)压电常数

压电效应是由于压电材料在外力作用下发生形变,电荷重心产生相对位移,从而使材料总电矩发生改变而造成的。实验证明,压力不太大时,由压力产生的电偶极矩大小与所加应力成正比。因此,压电材料单位面积极化电荷p_i与应力σ_{jk}间的关系如下:

$$p_i = d_{ijk}\sigma_{jk} \quad (i,j,k = 1,2,3) \tag{5.1}$$

式中,d_{ijk}为压电常数,是一个三阶张量。可见,压电常数反映了压电材料中的力学量和电学量之间的耦合关系。压电常数有四种,它们是d_{ij}、g_{ij}、e_{ij}和$h_{ij}(i = 1,2,3;j = 1,2,\cdots,6)$,分别称为"压电应变常数"、"压电电压常数"、"压电应力常数"和"压电劲度常数"。各压电常数的第一个下标"i"表示电场强度E或电位移D的方向,第二个下标"j"表示应力T或应变S的方向,

例如,压电应变常数定义为:

$$d_{ij} = \left(\frac{\partial D_i}{\partial T_j}\right)_{E,T_n} = \left(\frac{\partial S_j}{\partial E_i}\right)_{T,E_m} \quad (i = 1,2,3, m \neq i; n,j = 1,2,\cdots,6, n \neq j) \quad (5.2)$$

其物理意义是在电场强度 E 和应力分量 T_n 都为零(或常数)时,应力分量 T_j 的变化所引起的电位移分量 D_i 的变化与 T_j 的变化之比;或者是在应力 T 和电场强度分量 E_m 为零(或常数)时,电场强度分量 E_i 的变化所引起的应变分量 S_j 的变化与 E_i 的变化之比。d_{ij} 的单位是 C/N 或 m/V。压电常数是表示压电材料产生压电效应大小的一个重要参数。

(3)介电常数

介电常数反映了材料的介电性质(或极化性质),通常用 ε 表示。当压电材料的电行为用电场强度 E 和电位移 D 作变量来描述时,则有:

$$D = \varepsilon E \quad (5.3)$$

例如,对于压电陶瓷片,其介电常数 ε 可以表示如下:

$$\varepsilon = Cd/A \quad (5.4)$$

式中,C 为电容,F;d 为电极距离,m;A 为电极面积,m^2。

(4)机电耦合系数

机电耦合系数 K 是一个综合反映压电体的机械能与电能之间耦合关系的物理量,它是衡量压电材料性能的一个很重要的参数,其定义为:

$$K^2 = \frac{由逆压电效应转换的机械能}{输入的电能} \quad (逆压电效应) \quad (5.5)$$

或 $$K^2 = \frac{由正压电效应转换的电能}{输入的机械能} \quad (正压电效应) \quad (5.6)$$

K 是一个量纲一的物理量,其数值越大,则表示压电材料的压电耦合效应越强。

5.1.3 压电材料

压电材料包括压电晶体、压电陶瓷、压电聚合物和压电复合材料等。压电单晶有很强的各向异性,但测量晶体沿各晶轴的压电常数是一项复杂的工作。压电陶瓷是大量晶粒的聚集体,单个晶粒表现出压电性,但这样的晶粒聚集体通常是不呈现压电效应的。实际应用的压电陶瓷须经过极化处理,使其表现出压电性。

(1)压电晶体

1)石英

石英又称水晶,化学成分是 SiO_2,属三方晶系。压电效应出现在 x、y 轴上,在 z 轴上无压电效应。石英的特点是压电性能稳定,内耗小,但 K 值不是很大。

早期用做压电晶体的是天然水晶,然而天然水晶产量有限,能用来制作压电器件的天然水晶则更少。自 20 世纪 60 年代以来,已广泛应用的是采用水热法生长的人造水晶。

石英晶体目前被广泛应用于通信、导航、广播、时间和频率标准等领域,如彩色电视、频率稳定器、扩音器、电话、钟表等电子设备。

2)含氢铁电晶体

含氢铁电晶体也属三方晶系,其应变 S_x 与极化强度 P_x^2 呈直线关系。属于这类晶体的有磷酸二氢铵($NH_4H_2PO_4$,简记为 ADP)、磷酸二氢钾(KH_2PO_4,简记为 KDP)、磷酸氢铅($PbHPO_4$,

简记为 LHP)和磷酸氘铅($PbDPO_4$,简记为 LDP)晶体等。

3)含氧金属酸化物

如具有钙钛矿型结构的钛酸钡($BaTiO_3$)晶体、具有畸变的钙钛矿型结构的铌酸锂($LiNbO_3$)和钽酸锂($LiTaO_3$),以及具有钨青铜型结构的铌酸锶钡($Ba_xSr_{1-x}NbO_6$,简记为 SBN)。

铌酸锂($LiNbO_3$)是现在已知居里点最高(1 210 ℃)和自发极化最大(室温时约为 0.70 C/m^2)的铁电晶体,具有 K 值大、使用温度高、高频性能好以及传输损耗小等特点。钽酸锂($LiTaO_3$)的晶体结构与铌酸锂相同,居里点 T_c 为 630 ℃。作为压电晶体,钽酸锂也具有 K 值大、高频性能好的特点。铌酸锂和钽酸锂都是用提拉法从熔体中生长的。

石英、铌酸锂和其他几种压电晶体的主要特性见表 5.1。需要说明的是,这些数值都与晶体的切型相关。具体晶体的实测值与表中所列数据可能有偏差。

表 5.1　几种重要压电晶体的主要性能

材　　料	点群	耦合系数 K /%(不同切割方式)	压电常数 d /(10^{-12} C · N^{-1})	相对介电常数 $\varepsilon/\varepsilon_0$	弹性常数 s/(10^{-12} m^2 · N^{-1}) c/(10^{11} N · m^{-2})	声速 v /(m · s^{-1})	密度 ρ /(10^3 kg · m^{-3})
水晶	32	10(x) 14(y)	2.3 −4.6	4.6 4.6	12.8(s_{11}^E) 9.6(s_{33}^E)	5 700 3 850	2.65
$LiNbO_3$	3 m	17(z,伸缩) 68(x,切变)	6(d_{33}) 68(d_{15})	30($\varepsilon_{33}^T/\varepsilon_0$) 84($\varepsilon_{11}^T/\varepsilon_0$)	5.78(s_{11}^E) 5.02(s_{33}^E)	4 160	4.7
罗息盐 (30 ℃)	2	65($x-45°$) 32($y-45°$)	275 30	350($\varepsilon_{11}^T/\varepsilon_0$) 9.4($\varepsilon_{22}^T/\varepsilon_0$)	52.0(s_{11}^E) 36.8(s_{22}^E)	3 100 2 340	1.77
$NH_4H_2PO_4$, (ADP)	4 m	28($z-45°$)	24	15.3($\varepsilon_{33}^T/\varepsilon_0$)	18.1(s_{11}^E) 43.5(s_{33}^E)	3 250	1.80
$Bi_{12}GeO_{20}$	23	15.5(111 片,伸缩) 23.5(110 片,切变)	$e_{14}=$ 1.14 C · m^{-2}	38	1.28(c_{11}) 0.305(c_{12})	3 340(纵波) 1 680(表面波)	9.2

近年来在压电新晶体研究中,弛豫型铁电单晶铌镁酸铅—钛酸铅(($1-x$)Pb($Mg_{1/3}Nb_{2/3}$)O_3-$xPbTiO_3$,简记为 PMN-PT)和铌锌酸铅—钛酸铅(($1-x$)Pb($Zn_{1/3}Nb_{2/3}$)O_3-$xPbTiO_3$,简记为 PZN-PT)特别引人注目。1996 年和 1997 年,Park 和 Shrout 报道了利用熔盐法生长 PZN-PT 单晶的技术工艺和晶体各种切向晶片的介电、压电和电致伸缩特性,发现当切向为(001)时,晶体具有最佳的性能。例如,组分为 0.92PZN-0.08PT 的晶体,当按(010)切向时,压电性能为 d_{33} =2 500 pC/N(为锆钛酸铅(PZT)材料的 3~6 倍),k_{33} =0.94(为现有压电材料中最高的)。该类晶体的耐高电压特性也很好,电场诱导应变(电致伸缩特性)高达 1.75%(为 PMN-PT 陶瓷的十几倍),且场诱应变滞后很小,甚至接近于零。这些特性使研究高性能大应变驱动器成为可能。世界著名杂志《Science》评论说,这类材料将是新一代超声换能器和高性能微位移和微驱动器的理想材料。我国相关单位也在研制 PMN-PT、PZN-PT 弛豫铁电单晶,并已取得重

要进展。

(2) 压电半导体

压电半导体大都属于闪锌矿或纤锌矿结构,主要有 CdS、CdSe、ZnO、ZnS、ZnTe、CdTe 等 Ⅱ-Ⅵ族化合物和 GaAs、GaSb、InAs、InSb、AlN 等Ⅲ-Ⅴ族化合物。其中,最常用的是 CdS、CdSe 和 ZnO,它们的共同特点是 K 值大,并兼有光电导性。目前,在微声技术上主要用来制造换能器,如水声换能器,通过发射声波或接受声波(分别对应于正、逆压电效应)来完成水下观察、通信和探测工作。

压电晶体作为体材料已在机电转换和声学延迟方面广泛使用。为了使它们能用于高频及有更广泛的用途,压电晶体常制成薄膜,现已制备出铌酸锂、锆钛酸铅及半导体压电薄膜。

(3) 压电陶瓷

压电陶瓷比压电晶体便宜但易老化。它们多是 ABO_3 型化合物或几种 ABO_3 型化合物的固溶体。应用最广泛的压电陶瓷是钛酸钡系和锆钛酸铅系陶瓷。

1) 钛酸钡

钛酸钡($BaTiO_3$)是第一个被发现可以制成陶瓷的铁电体,其晶体属钙钛矿型结构,在室温下属四方晶系,120 ℃时转变为立方晶相,此时铁电性消失。

钛酸钡陶瓷的第一个实用商品是拾音器,至今在制造声呐装置的振子、声学测量装置和滤波器等方面仍有应用。钛酸钡具有较好的压电性,是在锆钛酸铅陶瓷出现之前广泛应用的压电材料。但是,钛酸钡的居里点不高(120 ℃),限制了器件的工作温度范围。它还存在第二相变点(0 ℃),相变时压电、介电性显著改变以及常温介电性和压电性不稳定的缺点。为了扩大钛酸钡压电陶瓷的使用温度范围,并使它在工作温度范围内不存在相变点,出现了以 $BaTiO_3$ 为基的 $BaTiO_3$-$CaTiO_3$ 系和 $BaTiO_3$-$PbTiO_3$ 系陶瓷。在 $BaTiO_3$ 中加入 $CaTiO_3$,第二相变点明显向低温移动,但对居里点的影响不大。$PbTiO_3$ 加入 $BaTiO_3$ 中,可以使陶瓷的居里温度移向高温。

2) 锆钛酸铅

锆钛酸铅($Pb(Zr,Ti)O_3$,简记为 PZT)是 $PbTiO_3$ 与 $PbZrO_3$ 形成的固溶体,化学式为 $Pb(Zr_xTi_{1-x})O_3$,具有钙钛矿型结构,是一种应用很广泛的压电陶瓷材料。

锆钛酸铅的居里点随锆钛比而变化,在居里点以上,晶体为立方相,无压电效应。在锆钛比为 55/45(摩尔分数)时,结构发生突变,此时平面耦合系数 K_p 和介电常数 ε 出现最大值。

对锆钛酸铅压电陶瓷的改性途径主要是在化学组成上作适当地调整,即离子置换或添加少量杂质,以获得所要求的电学性能和压电性能。

3) 钛酸铅

钛酸铅($PbTiO_3$)具有高的居里温度(490 ℃),在居里点以上为顺电立方相,居里点以下为四方相。$PbTiO_3$ 烧结性差,各向异性较大,晶界能高,当冷却通过居里点时晶粒易分离。添加 Li_2CO_3、NiO、Fe_2O_3 或 MnO 可获得致密陶瓷,Li_2CO_3、Cr_2O_3 或 MnO 可抑制 $PbTiO_3$ 的晶粒长大。改性钛酸铅陶瓷用做高频滤波器的高频低耗振子、声表面波器件、红外热释电探测器、无损探伤和医疗诊断探头等。

一些重要的压电陶瓷及其主要性能参数见表 5.2。

表 5.2　一些重要压电陶瓷的性能参数

材料	居里温度 T_c/℃	密度 ρ /(10^3 kg·m^{-3})	耦合系数/%		相对介电常数 $\varepsilon_{33}^T/\varepsilon_0$	介质损耗 $\tan\delta$/%	压电常数 /(10^{-12} C·N^{-1})		压电常数 /(10^{-3} V·m^2·N^{-1})		弹性柔顺系数 s /(10^{-12} m^2·N^{-1})	
			K_p	K_{31}			d_{33}	d_{31}	g_{33}	g_{31}	s_{33}^E	s_{11}^E
$BaTiO_3$	约120	5.7	36	21	1 700	1.0	190	−78	12.6	−5.2	9.5	9.1
$PbTiO_3$	460~520	7.7	7~9.6	4.2~6.0	约150	0.8~1.1	45~56	−4.2~ −6.8	33	−3.2~ −4.2	9.6	7.8
$PbTiO_3$-$PbZrO_3$	180~350	7.5~7.6	25~65	15~39	460~ 3 400	1.4~2.0	71~590	−27~ −274	17~40	−5.2~ −16	9~20	9~ 16.5
$Pb(Mg_{1/3}Nb_{2/3})O_3$- $PbTiO_3$-$PbZrO_3$	170~350	7.6~7.8	30~76	22~43	550~ 9 000	0.2~2.5	280~460	−79~ −250	约30	−6.5~ −12.6	—	6.3~ 15.9
$Pb(Co_{1/3}Nb_{2/3})O_3$- $PbTiO_3$-$PbZrO_3$	220~320	7.5~7.7	24~64	14~39	350~ 3 900	—	—	—	—	—	—	—
$Na_{0.5}K_{0.5}NbO_3$ （热压的）	420	4.46	46	27	496	1.4	127	−51	29.0	−11.6	10.1	8.2
$Pb_{0.6}Ba_{0.4}Nb_2O_6$	260	5.9	38	22	1 500	1.0	220	−90	16.6	−6.8	—	11.5

5.1.4 压电材料的应用

压电材料是一种重要的功能转换材料,压电体在被发现不久就得到了重要的应用。

公认的一个早期工作可以说明压电材料的重要性,这就是水声发射和接受装置。1916 年朗之万利用石英晶体制造出"声呐",用于探测水中的物体,至今仍在海军中有重要应用。

利用压电材料的逆压电效应,在高驱动电场下产生高强度超声波,并以此作为动力,是压电材料在超声技术方面的重要应用,如超声清洗、超声乳化、超声焊接、超声粉碎等装置上的机电换能器。利用压电材料的正压电效应,将机械能转换成电能,从而产生高电压,也是压电材料最早开拓的应用之一,如压电点火器、引燃引爆装置、压电开关等。

压电材料与人们的日常生活密不可分,从电子手表、打火机,到收音机、彩色电视机,到处都有压电器件。当然,压电材料最主要的应用还是在信息技术等高新技术领域。压电材料在信息技术领域及其他技术领域的一些主要应用,其中部分应用涉及压电材料的电光效应、光折变效应等性质,见表 5.3。

表 5.3 压电材料在信息技术及其他技术中的主要应用

应用类型		代表性器件
信号发生	电信号发生	压电振荡器
	声信号发生	送受话器、拾音器、扬声器、蜂鸣器、水声换能器、超声换能器
信号发射与接收		声呐、超声测声器、超声探测仪、超声厚度计、拾音器、扬声器、传声器
信号处理		滤波器、鉴频器、放大器、衰减器、延迟线、混频器、卷积器、光调制器、光偏转器、光开关、光倍频器、光混频器
信号存储与显示		铁电存储器(FRAM、DRAM)、光铁电存储显示器、光折变全息存储器
信号检测与控制	传感器	微音器、应变仪、声呐、压电陀螺、压电加速度表、位移器、压电机械手、助听器、振动器
	探测器	红外探测器、高温计、计数器、防盗报警器、湿敏探测器、气敏探测器
	计测与控制	压电加速度表、压电陀螺、微位移器、压力计、流量计、流速计、风速计、声速计
高压弱流电源		压电打火机、压电引信、压电变压器、压电电源

5.2 热释电材料

5.2.1 热释电效应

与压电效应类似,有些晶体可以因温度变化而引起晶体表面产生电荷,这一现象称为热释电效应。具有热释电效应的材料称为热释电体。实际上,热释电体是具有自发极化的电介质。

热释电效应反映了材料的电学量与温度之间的关系,可用下式简单地表示,即

$$\Delta \boldsymbol{P} = \boldsymbol{p}\Delta T \tag{5.7}$$

式中,$\boldsymbol{P}$ 是电介质材料的自发极化强度,$\boldsymbol{p}$ 为热释电系数,T 是温度。

可见,电介质中存在热释电效应的前提是具有自发极化现象,即在晶体结构的某些方向存在固有电矩,因此,具有对称中心的晶体将不可能具有热释电效应,这一点与压电晶体一致。但是,压电晶体不一定都具有自发极化,因为压电效应反映的是晶体电量与机械应力之间的关系,机械应力沿一定方向作用,引起正负电荷中心的相对位移。一般说来,这种电荷中心的相对位移,在不具中心对称的压电晶体的不同的方向将不相等,因此引起晶体总电荷变化,产生压电效应。对热释电效应,晶体的电荷变化来自于晶体的温度变化,与机械应力不同,物体均匀受热时所引起的膨胀在各个方向是同时发生的,并在相互对称的方向上必定具有相等的膨胀系数,这些方向上引起的正负电荷中心的相对位移也相等。一般的压电晶体,即使在某一方向上电矩会有一定变化,但总的正负电荷中心并没有发生相对位移,因而不会有热释电效应。只有晶体的结构中存在着与其他极轴不相同的唯一极轴(极化轴)时,才有可能因热膨胀而引起总电矩的变化,即出现热释电效应。由此可见,压电晶体不一定具备热释电效应,但热释电晶体中一定存在压电效应。

5.2.2　热释电材料的主要特性

衡量热释电材料的热释电效应大小的参数主要有热释电系数、优值指数、吸热流量和居里点等。

(1)热释电系数

热释电系数反映的是热释电材料受到热辐射后产生自发极化强度随温度变化的大小。由于温度为一个标量,所以晶体的热释电效应是用矢量 $\boldsymbol{P}$ 描述的物理性质,一般有三个分量,即

$$p_m = \frac{\partial P_m}{\partial T} \quad (m = 1,2,3) \tag{5.8}$$

热释电系数的单位是 $C/(m^2 \cdot K)$。

(2)优值指数

优值指数(又称优质因子)是热释电材料应用于探测器方面的重要参数。从探测器的应用来看,往往用三个优值指数反映对热释电材料的要求。这三个优值分别是:

1)电流响应优值 F_i

$$F_i = \rho/c' \tag{5.9}$$

式中,c' 是热释电材料单位体积的热容;ρ 是热释电系数。显然 ρ 较大,即 F_i 较大,意味着较高的面束缚电荷变化率。常用热释电材料的 c' 约为 $2.5 \times 10^6 \, J/(m^3 \cdot K)$。

2)电压响应优值 F_v

$$F_v = p/(c'\varepsilon) \tag{5.10}$$

式中,ε 为热释电材料的介电常数。由于不同热释电材料的 c' 差别不大,为了简捷地衡量,常常只比较材料的 p/ε 或 p/ε_r,并简称为材料的热释电优值。

3)探测率优值 F_d

$$F_d = p/(c'\varepsilon\sqrt{\tan \delta}) \tag{5.11}$$

式中,$\tan \delta$ 为热释电材料的电学损耗因子。

（3）吸热流量 Φ

吸热流量 Φ 代表单位时间吸热的多少，一般要求热释电材料具有大的吸热流量。

（4）居里点或矫顽场

热释电效应是所有具有自发极化的固体电介质的共性。在热释电体中，还有一部分不仅具有自发极化，而且自发极化有两个或多个可能的取向，自发极化强度可以随外加电场的反向而反向，其电极化强度 P 与外加电场 E 之间，具有与铁磁体中的磁滞回线类似的电滞回线关系，如图 5.3 所示（图中符号用标量表示）。由于这类电介质的介电性质（P-E 关系）在许多方面与铁磁物质的磁性行为平行类似，因此，图 5.3 所示的极化特性称为铁电性。具有铁电性的电介质称为铁电材料。在图 5.3 中，E_c 为矫顽场，P_s 为自发极化强度，P_r 为剩余极化强度，P_{max} 为电介质处于饱和极化状态下的最大极化强度。

铁电材料的铁电性与温度有关，超过某一温度 T_c，铁电性消失，转变为顺电性。T_c 称为铁电材料的居里温度或居里点。

由以上讨论可以看出，铁电材料是自发极化可以随外加电场的反向而反向的热释电材料。换言之，凡是铁电材料必定具有热释电效应，但热释电材料则不一定是铁电材料。

综合上述分析可知，电介质、压电体、热释电体和铁电体之间有图 5.4 所示的关系。

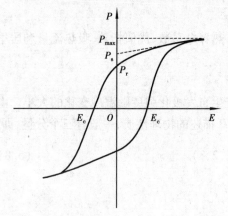

图 5.3 铁电材料的极化特性曲线

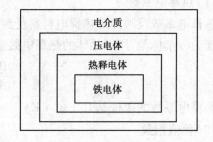

图 5.4 电介质、压电体、热释电体和铁电体的关系

5.2.3 热释电材料

到现在为止，已知具有热释电效应的材料在 1 000 种以上，但真正符合实际需要的材料为数不多。一些代表性热释电材料的性能见表 5.4。

表 5.4 一些代表性热释电材料的性能

材 料	$p/(10^{-4} \text{ C} \cdot \text{m}^{-2} \cdot \text{K}^{-1})$	ε_r /kHz	$\tan\delta$ /kHz	$c'/(10^6 \text{ J} \cdot \text{m}^{-3} \cdot \text{K}^{-1})$	F_v /(m² · C⁻¹)	F_d /(10⁻⁵ Pa⁻¹ᐟ²)
TGS(35 ℃)	5.5	55	0.025	2.6	0.43	6.1
DTGS(40 ℃)	5.5	43	0.020	2.4	0.60	8.3
ATGSAs(25 ℃)	7.0	32	0.01	—	0.99	16.6
ATGSP(25 ℃)	6.2	31	0.01	—	0.98	16.8

材　料	$p/(10^{-4} C \cdot m^{-2} \cdot K^{-1})$	ε_r /kHz	$\tan\delta$ /kHz	$c'/(10^6 J \cdot m^{-3} \cdot K^{-1})$	F_v /(m^2 \cdot C^{-1})	F_d /(10^{-5} Pa^{-1/2})
LiTaO₃	2.3	47	0.005	3.2	0.17	4.9
SBN-50[①]	5.5	100	0.003	2.34	0.07	7.2
PZ-FN 陶瓷[②]	3.8	290	0.003	2.5	0.06	5.8
PT 陶瓷[③]	3.8	220	0.011	2.5	0.08	3.3
PVDF	0.27	12	0.015	2.43	0.10	0.88

注:① SBN-50 是 $Sr_{0.5}Ba_{0.5}NbO_6$;

②PZ-FN 陶瓷是改性的 $PbZrO_3$-$PbFe_{1/3}Nb_{2/3}O_3$;

③ PT 陶瓷是改性 $PbTiO_3$。

(1)热释电晶体

热释电晶体的 p 值高,性能稳定,其自发极化在外电场作用下不发生转向。主要有电气石 $((Na,Ca)(Mg,Fe)_3B_3Al_6Si_6(O,OH,F)_{31})$、$CaS$、$CaSe$、$Li_2SO_4 \cdot H_2O$、$ZnO$ 等。

(2)铁电晶体

这类晶体同样具有 p 值高、性能稳定的特点,但与热释电晶体不同的是在外电场作用下其自发极化会改变方向。典型的有硫酸三甘肽(TGS)及其改性的材料,包括 DTGS(氘化的 TGS)、ATGS(掺丙氨酸的 TGS)、ATGSAs(掺丙氨酸并以砷酸根取代部分硫酸根的 TGS)和 ATGSP(掺丙氨酸并以磷酸根取代部分硫酸根的 TGS)、$LiTaO_3$、$Sr_{1-x}Ba_x$、$BaNb_2O_6$、$LiNiO_3$、$PbTiO_3$、$Pb(Zr,Ti)O_3$、$BaTiO_3$ 等。

1)硫酸三甘肽(TGS)类晶体

硫酸三甘肽又称三甘氨酸硫酸盐,是一类最重要最常用的热释电材料,分子式为 $(NH_2CH_2COOH)_2 \cdot H_2SO_4$。TGS 是由甘氨酸和硫酸以 3:1 的摩尔比例配制成饱和水溶液,然后用降温生长单晶而获得,较容易得到大的优质单晶体。其结构属单斜晶系,居里点约为 49 ℃。TGS 是典型的二级相变铁电体,通常铁电体需极化才具有热释电性质。

TGS 晶体的极化强度大,相对介电常数小,材料的电压响应优值也大,是一种重要的热释电探测器材料,而且方便器件的制作。这类晶体主要缺点是:易吸潮,机械强度差,存在退极化现象以及介电损耗较大(探测率优值较低)等。采用密封封装可以避免材料受潮。

为了进一步提高 TGS 的热释电性质,特别是提高其居里点,防止退极化,采用在重水中培养或掺入有益杂质的方法生长 TGS 晶体,例如:

①DTGS(氘化的 TGS)

将 TGS 用重水 D_2O 进行重结晶实现氘化,可使 T_c 提高到 60 ℃以上。

②ATGS(掺丙氨酸的 TGS)

这类晶体具有锁定极化性质,即晶体不需极化就具有热释电效应。将晶体加热超过 T_c 后,再冷却到 T_c 以下,仍能恢复其热释电性,具有较高的稳定性。掺丙氨酸后晶体的介电常数和介电损耗都减小,故电压响应优值和探测率优值有所提高。

③DATGS(氘化的 ATGS)

兼有 DTGS 和 ATGS 两种晶体的优点，T_c 高，具有锁定极化性质。

此外，将 ATGS 中的硫酸根以砷酸根部分取代后得到的 ATGSAs 和以磷酸根部分取代而得到的 ATGSP，其热释电系数增高，介电常数降低，介电损耗减小，因此，性能全面优于 TGS。

2）金属酸化物晶体

金属酸化物晶体可在高温下用提拉法生长，获得高质量的单晶。这类晶体物化性质稳定，机械强度高，但生长设备较复杂。已得到实际应用的晶体有如下两种：

①钽酸锂（$LiTaO_3$）晶体　$LiTaO_3$ 属三方晶系，具有钙钛矿的 ABO_3 晶格结构。其介电损耗低，T_c 高，为 620 ℃，不易退极化。因此，$LiTaO_3$ 在很宽温度范围内优值指数都较高，且变化不大，适合制作工作温度范围大的高稳定性器件。

②铌酸锶钡（$Sr_{1-x}Ba_x$，$BaNb_2O_6$）晶体　$Sr_{1-x}Ba_x$，$BaNb_2O_6$ 是一种钨青铜结构的晶体，与 $LiTaO_3$ 相比，虽然电极化大，但介电常数也大，电压响应优值不高，适合做小面积或多元器件。掺入少量 La_2O_3 或 Nd_2O_3 可克服其退极化的问题。

（3）**热释电陶瓷**

热释电陶瓷与单晶体比较，制备容易，成本低。常用的有如下几种：

①钛酸铅（$PbTiO_3$）陶瓷在压电陶瓷中已述及，其居里温度高，热释电系数随温度的变化很小，是一种较好的红外探测器材料。

②锆钛酸铅（PZT）陶瓷是用量很大的压电陶瓷。$PbZr_{1-x}Ti_xO_3$ 系陶瓷，在 $x = 0.1$ 附近存在复杂相变，可制成性能良好的热释电陶瓷。$PbZr_{0.91}Ti_{0.09}O_3$ 在 70 ℃ 和 255 ℃ 均有相变。添加 Bi_2O_3 后，使低温相变点接近室温，并改善了热释电性能。$Pb_{0.96}Bi_{0.04}Zr_{0.92}Ti_{0.08}O_3$ 陶瓷在室温附近具有较大的热释电系数。

③$Pb_{0.99}Nb_{0.02}(Zr_{0.68}Sn_{0.25}Ti_{0.07})_{0.98}O_3$ 陶瓷（PZST）用做热—电能量转换热机，其卡诺效率可达 38%。

④锆钛酸铅镧（PLZT）陶瓷的居里点高，在常温下使用不退化，热释电性能良好。

（4）**有机高聚物晶体**

典型代表是聚偏二氟乙烯（PVDF），具有较小的热释电系数 c' 和电容率 ε，电压响应优值并不很低，但介电损耗大，故探测率优值严重下降。其优点是易于制得大面积的很薄（6 μm 以下）的膜，不需减薄和抛光等工序，从而使成本降低。

5.2.4　热释电材料的应用

热释电材料的最重要应用是热释电传感器和红外成像焦平面。室温红外探测器与列阵的主要工作原理是：当热释电元件受到调制辐射加热后，晶片温度将发生微小变化，由此引起晶体极化状态的变化，从而使垂直于自发极化轴方向的晶体单位表面上的电荷（即 P_s 值）发生改变。

利用热释电材料制作的单元热释电探测器在国内外均已形成相当规模的产业。这些室温红外探测器在防火、防盗、医疗、遥测以及军事等方面具有广泛的应用。

热释电材料器件应用的最新发展是用于红外成像系统，即"夜视"装置，这种装置基于各种物体在黑暗的环境中随其温度的变化而发射具有不同强度和波长的红外线的原理，使红外摄像机能够接收到来自物体不同部位的不同强度和波长的红外线，从而产生不同强度的电信号，最后被还原成可视图像。

热释电红外成像系统的最大优点是：不需要低温条件，可在室温下工作，因而可大大降低重量和成本，可以制成用于轻武器的夜间瞄准器等夜视器件。

5.3 光电材料

5.3.1 光电导材料

光电导材料是指具有光电导效应的材料，又称内光电效应材料、光敏材料。光电导材料是制造光电导探测器的重要材料。

（1）光电导材料的主要特性

反映光电导材料主要特性的参量包括积分灵敏度、长波限、光谱灵敏度及灵敏阈等。

1）积分灵敏度

光电导材料的积分灵敏度 S 代表了光电导产生的灵敏度，即单位光入射通量产生的电导率变化的大小，可表示为：

$$S = \frac{\Delta \sigma}{\Phi} \tag{5.12}$$

式中，σ 是材料的电导率，Φ 为光入射通量。

2）"红限"或长波限

根据光电导效应产生的原理可知，并非任何波长的光照射在某种材料上时都会导致其电导率的变化，只有当入射光子的能量（与波长或频率有关）足够大时，才能将材料价带中的电子激发到导带，从而产生光生载流子。因此，"红限"或长波限的意义就是产生光电导的波长上限。

3）光谱灵敏度

光电导材料的光谱灵敏度又称为光谱响应度，可用 δ-λ 曲线表示，它反映光电导材料对不同波长的光的响应。一般定义光电探测器的光谱灵敏度达到 δ-λ 曲线峰值的 10%（有时也定义为 50%）时，在短波长侧和长波长侧的光波长分别为光电探测器的起峰波长和截止波长（即长波限）。在此波长范围之外光电探测器的响应度太低，以至无法应用。图 5.5 就是典型半导体材料锗的本征光电导的光谱分布。

4）灵敏阈

灵敏阈表示能够测出光电导材料产生光电导的最小光辐射量。

（2）光电导材料的种类及应用

光电导材料按组成的不同可分为光电导半导体、光电导高分子和光电导陶瓷等三类。

光电导半导体种类繁多，应用广泛，如 Ge、Si 等单晶体，ZnO、PbO 等氧化物，CdS、CdSe、CdTe

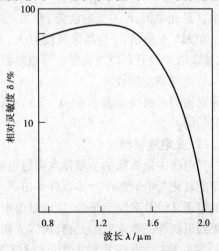

图 5.5 锗的本征光电导的光谱分布

等镉化物,PbS、PbSe、PbTe 等铅化物,以及 Sb_2S_3、InSb 等半导体化合物。

采用半导体材料制作的光电导探测器是最具活力的器件。与其他材料相比,半导体光电导探测器一般具有制作工艺简单(无需制成 PN 结)、响应速度快、量子效率高、体积小、重量轻、耗电少等特点,适合大批量生产。目前利用各种不同的半导体材料已发展出从紫外、可见光到近、中、远红外各种波段的光电导探测器。

有机高分子光电导体主要有两类:一类是聚乙烯基咔唑及其衍生物与掺杂的电子受体(又称增感剂,如 I_2、$SbCl_5$、2,4,7-三硝基芴酮等)构成的高分子电荷转移络合物。其光致电导原理为:聚乙烯咔唑类高分子受光照射后分子处于激发态,在高分子链上产生带正电荷的中心(阳离子自由基)发生电子由高分子给体向受体的迁移,正电荷很容易沿高分子链迁移,从而使高分子材料成为导电体。另一类是聚酞菁金属络合物,其光电导性能随酞菁类大环配体结构的变化及中心金属的不同而有所不同,中心金属多用铜、铁、镍、钴等。

光电导高分子材料在太阳能电池、全息摄影、信息存储、静电复印等方面有重要用途。

5.3.2　光电动势材料

光电动势材料是能够产生光生伏特效应的材料,主要指光电池材料。

(1)光电池的主要特性

表征光电池主要特性的参量有开路电压、短路电流、转换效率和光谱响应曲线等。

1)开路电压

开路电压 U_0 表示的是光电池在开路时的电压,也就是光电池的最大输出电压。

2)短路电流

短路电流 I_0 表示的是光电池在外电路短路时的电流,也就是光电池的最大电流。

3)转换效率

转换效率 η 是反映光生电动势转换效率的参数,是光电池的最大输出功率与入射到光电池结面上的辐射功率之比,即

$$\eta = \frac{\text{光电池最大输出功率}}{\text{入射到结面上的辐射功率}} = \frac{IE}{\Phi S} \tag{5.13}$$

式中,I 是光电流,E 为光电动势,Φ 为光入射通量,S 是相关灵敏度。

如图 5.6 所示,η 与禁带宽度有关,当 E_g 为 $0.9 \sim 1.5$ eV 时,η 可获得最高值。此外,温度、掺杂浓度及分布以及光强度等也是影响 η 的因素。

4)光谱响应曲线

光谱响应曲线是表示 U_0-λ、I_0-λ、η-λ 的关系曲线,反映了光电池的几个重要参量与入射光波长的关系。

(2)光电池材料

光电池中最活跃的领域是太阳能电池。目前所应用的太阳能电池是一种利用光伏效应将太阳能转化为电能的半导体器件。由于只有能量高于半导体禁带宽度的光子,才能使半导体中的电子从价带激发至导带,生成自由电子和空穴对而产生电势差,而太阳辐射光谱是一个从紫外到近红外的非常宽的光谱,所以太阳能向电能的转化就取决于半导体的禁带宽度。从图5.6 可知,制造太阳能电池的半导体材料的禁带宽度应在 $1.1 \sim 1.7$ eV 之间,最好是 1.5 eV 左右。由于直接带隙半导体的光吸收效率比间接迁移型高,故最好是直接带隙半导体。此外,材

料还应稳定、无毒和容易大面积制造。目前,太阳能电池的主要类型有硅太阳能电池、薄膜太阳能电池、PN 异质结太阳能电池等。尽管硅的带隙宽度仅 1.1 eV,且为间接带隙半导体,但硅的蕴藏量十分丰富,而且对硅器件的加工有着深入的研究。因此,目前的太阳能电池主要还是用硅材料。

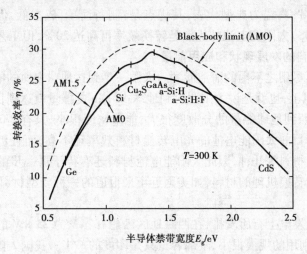

图 5.6 转换效率与禁带宽度的关系曲线

本节仅就太阳能电池材料作简要的介绍,详细内容将在第 6 章中叙述。

1)硅太阳能电池材料

硅太阳能电池按照结晶类型的不同主要有单晶硅太阳能电池、多晶硅太阳能电池和非晶硅太阳能电池等几种。

①单晶硅太阳能电池材料 这类太阳能电池的优点是 E_g(约 1.1 eV)大小适宜,其实际转换效率可达 18%,转换效率较高。同时,单晶硅太阳能电池的反射损失小,易掺杂。其缺点主要是价格昂贵,使用寿命不长。

②多晶硅太阳能电池材料 多晶硅比单晶硅容易获得,但不易控制其均匀性。多晶硅太阳能电池材料的实际转换效率低,仅有 2% ~ 8%。对多晶硅进行表面改性,在其表面形成理想的织构来增强其对光的吸收,可以将多晶硅电池的转换效率提高至 13.4%。

③非晶硅太阳能电池材料 用非晶硅制造太阳能电池是一种有前途的方法,近年来发展很快。其优点是:工艺简单,对杂质的敏感性小,而且可制成大尺寸。其缺点主要是:转换效率不高(η 在 10% 左右),性能不够稳定。将非晶硅与晶体硅相结合,制备成非晶硅/晶体硅异质结构,能够有效提高其转换效率(转换效率可达 20.7%),而且这种结构还具有表面复合速率低、成本低等优点。

2)化合物半导体薄膜太阳能电池材料

化合物半导体薄膜是薄膜中产生光生载流子的活性材料,其中 GaAs、CdTe、$CuInSe_2$(CIS)等的禁带宽度在 1 ~ 1.6 eV 之间,与太阳光谱匹配较好,同时这些半导体是直接带隙材料,对太阳光的吸收系数大,只要几个微米厚就能吸收太阳光的绝大部分,因而是制作薄膜太阳能电池的优选活性材料。

化合物半导体薄膜太阳能电池具有的特点:①光电转化效率高,转换效率提高空间大。如 $CuIn(Ga)Se_2$ 的光电转化效率为 18.8%,CdTe 为 16%,InGaP/GaAs 为 30.28%;②耗材少。由

179

于化合物电池与太阳光谱更匹配,对太阳光吸收系数更大,使得这些材料适合制作薄膜电池,几十微米即可;③品种多,应用广泛;④抗辐射性好。适合于空间飞行器电源等特殊应用。

3)陶瓷太阳能电池和金属—氧化物—半导体(MOS)太阳能电池材料

陶瓷太阳能电池和金属—氧化物—半导体(MOS)太阳能电池正在不断发展之中。陶瓷太阳能电池材料以 CdS 陶瓷为典型代表,其优点是:制备简单,成本低,但稳定性差。金属—氧化物—半导体(MOS)太阳能电池的优点是转换效率可高达 20%,但工艺比较复杂。

(3)光电动势材料的发展现状和应用前景

太阳能是取之不尽用之不竭的清洁能源。太阳一年到达地球表面的能量是人类一年所消耗能量的 10 000 倍以上,也就是说太阳照射到地球 40 min 的能量就达到目前全球一年的能源消耗量。但是,太阳照到地球能量的分散度很大,能量密度很小,只有 1 000 W/m²,而且受自然因素影响大。由于目前太阳能电池的光电转换材料效率还不高,而且仍只局限于单晶硅材料、薄膜材料、非晶硅材料等几种,因此太阳能电池材料还有待于进一步的发展。今后的发展方向是寻求基于新的转换机理的材料,如美国近年来报道的一种新型材料,效率高达 60%,具有极好的应用前景。

我国已在太阳能发电上有所安排,在西藏地区已建有容量为 25 kW 的双湖光伏电站。但是,中国太阳能发电利用的规模很小,全部容量只是印度的一半。我国太阳能发电的关键是要研制和生产出高效、大面积、低价格的太阳能材料,目前与国际先进国家相比,在转换效率、生产成本和大规模试验方面都有较大的差距。

太阳能电池材料可以探索和开发的新途径还很多,巨大潜力和长远意义应该受到更大的重视,在这一领域的突破将会给人类文明带来更大的光明。

5.4　电光材料

5.4.1　电光效应

在外加电场的作用下,某些材料的光学性质会发生变化,例如电场会改变这些材料的折射率。尽管折射率的变化一般都不大,但已经足以引起光在这些材料中传播的特性发生改变,从而可以通过电场的变化达到光电信号互相转换或光电相互控制、相互调制的目的。

电光效应就是指在外加电场的作用下,介质的折射率发生变化的现象。具有电光效应的介质称为电光材料。

(1)电光效应的类型

研究表明,介质的折射率与外加电场 E 之间的关系一般可以展开为级数形式,即

$$n = n_0 + aE + bE^2 + \cdots \tag{5.14}$$

或

$$n - n_0 = aE + bE^2 + \cdots \tag{5.15}$$

式中,n_0 为 $E = 0$ 时的折射率,a、b 等均为常数。

式(5.15)右边的第一项为一次电光效应,又称泡克耳斯(Pockels)效应,第二项为二次电光效应,又称克尔(Kerr)效应。

1）一次电光效应

一次电光效应（泡克耳斯（Pockels）效应）只存在于没有对称中心的晶体中，可以表达为：

$$\Delta n = n - n_0 = aE \tag{5.16}$$

即介质折射率的变化与外电场强度成正比。所有具有压电效应的晶体都具有一次电光效应。

如图5.7所示，当压电晶体受光照射并在与入射光垂直的方向上加上一电场时，晶体将呈现双折射现象，这时，一束入射光变成了两束出射光，此即泡克耳斯效应。

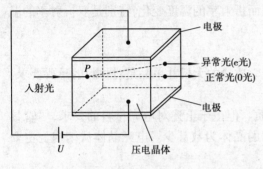

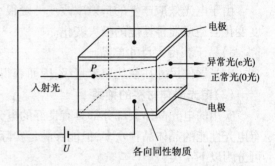

图5.7 泡克耳斯效应

图5.8 克尔效应

2）二次电光效应

由二次项bE^2引起的电光效应称为二次电光效应（克尔（Kerr）效应），可以表达为：

$$\Delta n = n - n_0 = bE^2 \tag{5.17}$$

即介质折射率的变化与外电场强度的二次方成正比。

克尔效应与泡克耳斯效应的差别除表现在电场与物质折射率的变化成二次方关系外，还表现在所用的材料不是压电晶体，而是各向同性物质，有时是液体。克尔效应如图5.8所示，即在与入射光垂直的方向加上电场，各向同性体便呈现双折射特性，这时，一束入射光变成两束出射光。

（2）**电光效应的机理**

介质的折射率是直接和介质的介电常数有关系的。介质在外电场作用下产生电极化，会导致其介电常数发生变化。根据电学知识可知，对于一般非导磁介质，其相对光频介电常数等于该介质对光的折射率的平方，即$\varepsilon / \varepsilon_0 = n^2$。由此可见，正是由于介电常数$\varepsilon$的变化，使折射率$n$发生改变，从而出现电光效应。

5.4.2 电光材料的种类

电光材料大部分是无机晶体，而Ⅲ-Ⅴ族半导体和有机聚合物材料也在迅速发展中。

（1）**电光材料应具备的性质**

通常对电光材料的性能要求有以下几个方面。

1）品质因子

品质因子表征的是电光材料的有效电光效应的大小。电光材料的品质因子大，则反映出电光材料具有大的电光系数和高的折射率。

2）光学均匀性

电光材料制成的器件都基于电光晶体中特征模间的偏光干涉，因而要求材料具有高的光学均匀性。材料的消光比（即器件关断时剩余透过率与打开时最高透过率之比值）是衡量器件光学均匀性的一个重要指标。好的电光开关器件要求消光比达 80 dB 以上。

3）透明波段

电光晶体要求对所用光波透明。宽的透明波段能展伸材料所应用的波长。为了避免双光子吸收，要求材料具有低的短波吸收限。吸收常与过渡金属元素杂质以及晶体中的散射颗粒有关。

4）温度稳定性

由于电光效应产生的折射率改变一般很小，因而折射率的温度变化，特别是双折射率的温度变化会造成器件性能的极大变化。

5）易于获得大尺寸单晶

电光器件尺寸往往达厘米量级，因而获得高光学质量的大尺寸单晶是对材料的重要要求。

（2）电光晶体材料的种类

实用的电光晶体大部分都具有良好的电光性质。但由于上述对电光材料的要求，尽管具有电光性能的晶体品种众多，但能够满足实际应用的晶体为数甚少。电光晶体从结构上主要可分为以下 4 类：

1）磷酸二氢钾型晶体

磷酸二氢钾（KH_2PO_4，简记为 KDP）型晶体包括磷酸二氢钾（KH_2PO_4，KDP）、磷酸二氘钾（KD_2PO_4，DKDP）、磷酸二氢铵（$NH_4H_2PO_4$，ADP）、砷酸二氢钾（KH_2AsO_4，KDA）等。DKDP 和 ADP 晶体具有高的光学质量和高的光损伤阈值，其中 DKDP 最为常用，其特点是：光学均匀性好，在 $0.19 \sim 2.58\ \mu m$ 波段范围内透过率高达 95% 以上，易获得大尺寸晶体。但这类晶体最大的缺点是容易潮解，因此，在制作器件时必须采用防潮解措施。

DKDP 通常采用缓慢降温法从重水中生长。由于在生长温度之间，有用的四方相 DKDP 晶体为亚稳相，而无用的单斜相晶体则为稳定相，因此，我国在国际上首创了亚稳相生长 DKDP 的工艺，容易稳定获得大尺寸单晶，并相应发展了亚稳相生长理论。

2）钙钛矿 ABO_3 型晶体

ABO_3 型晶体主要有铌酸锂（$LiNbO_3$，LN）、钽酸锂（$LiTaO_3$，LT）、钽铌酸钾（$K(Ta,Nb)O_3$，KTN）、钛酸钡（$BaTiO_3$，BT）、钽酸钾（$KTaO_3$，KT）等。这些晶体通常采用熔体提拉或熔盐提拉法生长，都具有良好的机械性质和较强的电光效应，而且不吸潮。除 LT 和 LN 较易获得大尺寸单晶外，一般都因为成分复杂，单畴化困难，光损伤阈值低，以及生长高质量晶体相当困难等原因，很难制作成实用的电光器件。

3）闪锌矿 AB 型晶体

AB 型化合物晶体的典型代表是 ZnS、CdS、GaAs 和 CuCl 等，前三者还兼有压电和半导体性质，而 CuCl 则是一种较为重要的电光晶体，其透过波长范围在 $0.4 \sim 20.5\ \mu m$，不足之处在于很难生长高质量的大尺寸单晶。

4）钨青铜型晶体

这类晶体包括 $Sr_{0.75}Ba_{0.25}Nb_2O_6$（SBN）、$K_3Li_2Nb_5O_{15}$（KLN）、$Ba_2NaNb_5O_{15}$（BNN）等，其特点是光损伤阈值高，但难以生长优质单晶。

主要电光晶体及其性质见表 5.5。

表5.5 主要电光晶体及其性质

晶体种类		电光系数 $\gamma/(m \cdot V^{-1})$	折射率 n	介电常数 ε	半波电压 /V	居里点 /K
KDP型	KDP(KH_2PO_4)	10×10^{-12}	1.51	21	7 650	123
	DKDP(KD_2PO_4)	26×10^{-12}	1.51		3 400	222
	ADP($NH_4H_2PO_4$)	24×10^{-12}	1.53	15	9 600	148
	KDA(KH_2AsO_4)	13×10^{-12}	1.57	21	6 200	97
	ADA($NH_4H_2AsO_4$)			14	13 000	216
	RDA(RbH_2PO_4)		1.56		7 300	110
ABO₃型	KTN($KTa_x,Nb_{1-x}O_3$)	$16\,000 \times 10^{-12}$	2.29	约10^4	380	2 283
	$BaTiO_3$	$1\,640 \times 10^{-12}$	2.40	3 600	480	393
	$SrTiO_3$		2.38			33
	LN($LiNbO_3$)	32×10^{-12}	2.27	43	2 800	1 483
	LT($LiTaO_3$)	33×10^{-12}	2.18		840	933
AB型	GaAs	1.2×10^{-12}	3.30	13.2	5 600	
	InP	1.45×10^{-12}	3.29	12.6		
	ZnS	1.5×10^{-12}	2.36	8.3	10 400	
	ZnSe		2.43	9.1	780	
	CdTe	6×10^{-12}	2.69	9.4		
	CuCl		2.00	7.5	6 200	
钨青铜型 及其他	SBN($Sr_{0.75}Ba_{0.25}Nb_2O_6$)	$1\,304 \times 10^{-12}$	2.30	3 400	37	333
	BNN($Ba_2NaNb_5O_{15}$)	92×10^{-12}	2.32	51	1 570	833
	BSO($Bi_{12}SiO_{20}$)	5×10^{-12}	2.54	47	3 900	
	BGO($Bi_{12}GeO_{20}$)	9.7×10^{-12}	2.55	40	5 660	
	KLN($K_3Li_2Nb_5O_{15}$)	79×10^{-12}	2.28	100	330	693
	KTP($KTiOPO_4$)	36×10^{-12}	1.80	17	1 460	

5.4.3 电光材料的应用

电光材料可以在激光技术中获得广泛的应用,常见的器件包括电光调制器、电光开关、电光偏转器等。其中电光开关是最常用的,而最常用的电光材料是磷酸二氘钾(DKDP)晶体。另外,电光材料在大屏幕激光显示、汉字信息处理等方面也具有良好的应用前景。

(1)电光快门

电光快门的基本思想是利用脉冲信号来控制光信号,因此,在通信和激光技术中十分重要。它由一对正交偏光器及置于其中纵向通光的 DKDP 晶体组成,在 DKDP 晶体的通光面镀电极并施加电场,可以施加脉冲电压来调制光强。

如图 5.9 所示,入射光通过起偏镜变成纵向振动的平面偏振光,如果电光晶体没有受外电场作用,这束偏振光通过晶体时将不发生振动方向的偏转,即仍是纵向振动的平面偏振光。但检偏镜只允许水平振动的偏振光通过,纵向振动的偏振光不能通过,因而此时没有光输出,相当于快门关闭。如果在电光晶体上施加一个电压,由于电光效应使光的振动方向发生偏转,于是开始有光输出。随着施加电压大小的改变,光输出的大小也在变化。当所加电压调到某一电压值使光振动方向偏转到水平方向时,光输出达到最大,相当于快门全部打开。这个电压称为半波电压。由此可见,电光晶体在这里起着光开关的作用,而打开这个开关的则是半波电压。

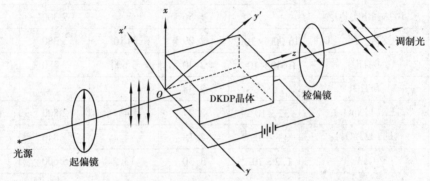

图 5.9　电光快门工作原理图

将这一电光开关置于激光器腔内,即组成调 Q 激光器,这一电光开关即称为 Q 开关,它在激光通信、激光显示、激光雷达以及高速摄影中有重要的应用。

(2)电光调制器

当在电光晶体上施加交变调制信号电压时,由于电光效应,晶体的折射率随调制电压即信号而交替变化。此时,若有光波通过晶体,则原来不带信号的光波就含有了调制信号的信息。若是强度受到调制,则称为电光强度调制器;若是位相受到调制,则称为电光位相调制器。

(3)电光偏转器

利用晶体的电光效应使激光束实现偏转的器件称为电光偏转器。电光偏转器根据施加电压形式不同而造成的偏转方式的不同,分为数字偏转器和连续偏转器。前者使激光束在特定的间隔位置上离散,后者使光束传播方向产生连续偏转而形成光束光点在空间按预定要求连续移动。

5.5　磁光材料

5.5.1　磁光效应

光与磁场中的物质或光与具有自发磁化特性的物质发生相互作用后所引起的光学特性变化的现象,称为磁光效应。磁光效应的本质是在外加磁场和光波电场共同作用下产生的非线性极化过程。磁光材料就是指在磁场作用下,入射光经过材料时会发生某些光学性质(如旋光性、折射性、偏振性等)的变化的材料。磁光效应主要有以下几种：

(1)法拉第效应

1846 年法拉第(Faraday)发现平面偏振光(直线偏振光)通过带磁性的物体时,其偏振光面将发生偏转,即呈现旋光性,这种现象称为磁光法拉第效应,又称磁致旋光效应,如图 5.10 所示。偏振光面的偏转角 θ 称为法拉第偏转角,它与带磁物体的长度 l、磁场强度 H 有如下关系,即

$$\theta = VlH \tag{5.18}$$

式中,V 是与物质有关的特性常数,称为维尔德(Verdet)常数;H 是磁场强度;l 是带磁物质的长度。

法拉第效应产生的原因是:由于物质内部原子或分子中的电子,在强外磁场作用下引起旋进式运动所致。当平面偏振光在带磁物体中通过时,被分解成左旋圆偏振光和右旋圆偏振光,由于磁场的作用,左、右旋两圆偏振光的传播速度各异,于是从带磁物体端面出射的合成偏振光产生了偏转。

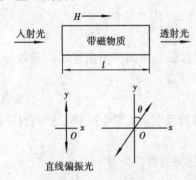

图 5.10　磁光法拉第效应

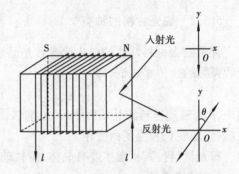

图 5.11　磁光克尔效应

(2)克尔效应

克尔(Kerr)发现,照射到强磁性介质表面上的直线偏振光在反射时,其偏振面也会随磁场强度变化而发生偏转,即呈现旋光性,这一现象称为克尔效应,如图 5.11 所示。

比较法拉第效应和克尔效应可知,两者之间有一些类似之处,但不同的是:法拉第效应是透射光呈旋进性,而克尔效应则是反射光呈旋进性,这就使得它们有不同的用法,如图 5.12所示。显然,前者适用于有较好穿透性的物质,后者则只能用于入射光不能穿透的物质上。

(3)科顿—蒙顿效应

在强磁场作用下,一些各向同性的透明磁介质会呈现双折射现象,即在与入射光垂直的方向上加上外磁场,则该磁介质中的一束入射光会变成两束出射光——正常光(0 光)和异常光(e 光),这种现象称为科顿—蒙顿效应,又称磁致双折射效应,如图 5.13 所示。

研究表明,这种磁光效应所产生的双折射率与磁场强度 H 的平方成正比,即

$$\Delta n = n_e - n_0 = K'H^2 \tag{5.19}$$

式中,K' 为科顿—蒙顿常数。

科顿—蒙顿效应是由于分子在外磁场作用下产生定向排列所致。仅在少数纯液体(如硝基苯)中表现得较明显,而在一般固体中则不明显。

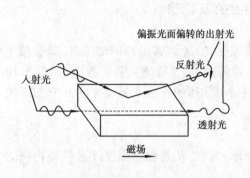

图 5.12　法拉第效应与克尔效应的比较

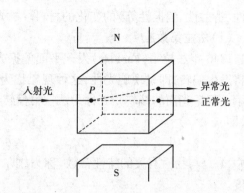

图 5.13　科顿—蒙顿效应

所有材料都具有磁光效应,而且多种磁光效应同时存在,但有些材料的效应太复杂,而有一些效应又太小,没有实用价值。利用材料的磁光效应,可制作成各种磁光器件,可对激光束的强度、相位、频率、偏振方向及传播方向进行控制。

5.5.2　磁光材料的种类

评价磁光材料性能的最主要参数是品质因子。磁光材料的品质因子可用维尔德常数与光吸收系数的比值来表征,即

$$\upsilon = V/\alpha \qquad\qquad (5.20)$$

式中,υ 为磁光材料的品质因子,V 是维尔德常数,α 为光吸收系数。υ 综合反映了磁光材料的性能,它随波长和温度而变化。

磁光材料按其状态主要有晶体材料、玻璃材料和液体材料三种。

(1)磁光晶体

磁光晶体材料主要发生法拉第效应和科顿—蒙顿效应,其主要性能要求有:在常温下有大而纯的法拉第效应,对使用波长的吸收系数低,大的磁化强度和高的磁导率。这些要求与晶体的组成、结构和磁性能密切相关。

低对称晶体有复杂的磁性,其磁光性能受自然双折射的干扰,不易获得纯的法拉第效应。具有高的磁化强度的铁磁和亚铁磁晶体有强的法拉第效应,即使在无外场时也有大的法拉第旋转,它们适于制作光隔离器、光非互易元件以及磁光存储器。具有逆磁和顺磁特性的晶体,其磁化强度较低,必须用外磁场来感生法拉第旋转,这些材料只适于制作磁光调制器。某些含有磁性元素的铁氧体具有较高的法拉第效应,而且有较好的透明波段,是目前最实用的磁光材料。铁、钴、镍和铕金属及其金属间化合物单晶一般具有比大多数铁氧体大 100 倍的法拉第效应,但是,这些晶体有自由电子吸收,对可见光和红外波段不透明,从而限制了其磁光应用。

1)稀土石榴石

稀土石榴石又称为磁性石榴石,其分子式一般可写作 $RE_3Fe_5O_{12}$,当稀土 RE 为 Sm、Eu、Gd、Tb、Dy、Ho、Er、Tm、Y、Lu 时,可以单稀土组分的 RIG 存在,如 $Y_3Fe_5O_{12}$、$Gd_3Fe_5O_{12}$、$Dy_3Fe_5O_{12}$、$Ho_3Fe_5O_{12}$、$Er_3Fe_5O_{12}$、$Tm_3Fe_5O_{12}$ 等;当稀土 RE 为 La、Pr、Nd 时,则以 $RE_xY_{3-x}Fe_5O_{12}$ 型混晶存在(RYIG)。它们属于体心立方晶系,每个晶胞内有 8 个分子,共计 160 个原子。

这类晶体中的典型代表是钇铁石榴石($Y_3Fe_5O_{12}$,YIG)以及由此发展起来的一系列材料。

YIG 是一种非常重要的磁光晶体材料,具有法拉第旋转角 θ 较大、对近中红外波段透明以及物化性能优良等特点。在近红外波段,YIG 的法拉第旋转可达 $200°/cm$ 左右,是该波段最好的磁光晶体。如果在该晶体中以 Bi^{3+} 或 Pr^{3+} 去替代稀土(Y)的位置,更能显著增加 θ 角。

2)钆镓石榴石

钆镓石榴石($Gd_3Ga_5O_{12}$,GGG)不仅是一种重要的磁光晶体,同时还具有激光、超低温磁致冷性质,并可制作人造宝石。

3)磁光单晶膜

磁光单晶膜是随着光通信和光信息处理需要而发展起来的新材料,它被用做小型紧固的非互易元件、光隔离器、磁光存储器和磁光显示器。在 GGG 衬底上,外延生长的钇铁石榴石(YIG)是最实用的磁光单晶膜。它在 633 nm 波长法拉第旋转角为 $835°/cm$,制成的光隔离器光路长约半毫米。但作为光集成回路的元件,还必须缩短两个数量级。因而近年来又在研究开发具有更大法拉第旋转的单晶膜,如在 GGG 衬底上,外延生长 $Bi_3Fe_5O_{12}$、$Gd_{0.2}Y_{2.8}Fe_5O_{12}$、$(BiGd)_3Fe_5O_{12}$、$(YLa)_3Fe_5O_{12}$ 等石榴石型铁氧体单晶膜。

4)其他磁光晶体

硫属化合物 $CdCr_2S_4$、$CoCrS_4$ 等是正尖晶石晶体结构的铁磁性材料,它们的光、电、磁性能适宜制作成红外波段($1\sim10$ μm)的磁光器件,但由于它们只能用于液氮温度以下,应用受到了限制。

二价铕有大的自旋—轨道互作用,其氟化物(如氟化铕(EuF_2)晶体)在可见光波段透明,是较好的可见波段磁光晶体。稀释的磁性半导体 $Cd_{1-x}Mn_xTe$ 具有很大维尔德常数。此外,在 CO_2 激光波段(10.6 μm),InSb、$CdCr_2S_4$、KRS-5 也是磁光法拉第旋转的候选材料。

(2)磁光玻璃

玻璃是一种原子排列长程无序的非晶固体,其维尔德常数主要取决于原子的自旋—轨道互作用的强弱。有大的原子序数,又有未成对的成键电子的一些原子可以形成大的磁致旋光效应。但按玻璃形成的结晶化学规则,并不是所有磁性原子及其氧化物和硫化物都能形成稳定的玻璃。常用的优质磁致旋光玻璃,主要是一些重原子铅的氧化物玻璃、砷的三硫化物玻璃、重原子铽的硼酸盐和磷酸盐玻璃等。

氧化物玻璃在可见光和近红外有低的吸收系数,其法拉第效应品质因子较高,是这些波段重要的磁致旋光材料。硫化物玻璃有半导体特性,可见光波段吸收系数大,但在红外波段则有高的品质因子,是红外波段重要的磁致旋光材料。

重要的磁致旋光玻璃材料的一些性能见表 5.6。这些磁光玻璃除制作隔离器外,还常制作磁光调制器,对激光的强度实行磁场或电流的调制。

此外,稀土和过渡金属的非晶态金属玻璃薄膜在磁光型存储材料领域呈现了良好的应用前景,已开发出一些高密度的磁光光盘。这类材料已在第 4 章中进行了介绍,在此不再赘述。

(3)磁光液体

磁光液体主要是一些呈现科顿—蒙顿效应的液体,如水、丙酮、氯仿、苯等。

表 5.6　几种磁光玻璃的法拉第效应

材　　料	波段/μm	维尔德常数[①]/[min·(cm·Oe)$^{-1}$]	吸收系数/(cm^{-1})	品质因子[①]/(min·Oe^{-1})
Schott SFS-6 重火石玻璃	0.5	0.17	0.02	8.5
	1.0	0.032	0.006	5.3
	1.5	0.014	0.011	1.0
Corning 8363 重火石玻璃	0.5	0.17	0.063	2.5
	1.0	0.032	0.014	2.3
	1.5	0.014	0.024	0.7
硼酸铽玻璃	0.4	−0.51	0.75	0.6
	0.5	−0.29	0.04～0.15	1.9～7
	0.67	−0.14	0.01～0.1	1.4～14
磷酸铽玻璃	0.4	−0.56	0.75	0.7
	0.5	−0.32	0.04～0.15	28
	0.7	−0.15	0.01～0.1	1.5～15
Hoya Fr-5 硼硅酸铽玻璃	0.4	−0.76		
	0.6	−0.27		
三硫化砷玻璃	0.6	0.3		
	1.0	0.081	0.04	2.2
	1.5	0.033	0.027	1.4

①　1 Oe 与 SI 单位中 $B_0 = 10^{-4}$ T 相当。

5.5.3　磁光材料的应用

目前,磁光材料应用最多的是:利用磁光材料的法拉第旋转,将其用于激光系统作快速光开关、调制器、循环器及隔离器;在激光陀螺仪中,用做非互易元件;同时,可以利用磁光材料作为磁光存储介质制作高密度存储器。目前,应用最实际、最广泛的是制作光隔离器。

光隔离器的示意图如图 5.14 所示。当激光束通过起偏镜成为直线偏振光,经磁光晶体后偏振面旋转一角度(如 45°),则可通过与其偏振方向相同的检偏镜 P_2。若此光被反射回来,则再次通过 P_2 和磁光晶体,再旋转 45°,两次共旋转 90°,则不可能通过 P_1,从而达到反射光与激光器隔离的目的。这种光隔离器还可用于其他场合,如光通信等。

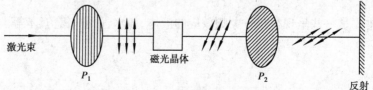

图 5.14　光隔离器原理图

5.6　热电材料

5.6.1　热电效应

在用不同导体构成的闭合电路中,若使其结合部出现温度差,则在此闭合电路中将有热电流流过,或产生热电势,这种现象称为热电效应。热电效应有塞贝克(Seebeck)效应、珀尔帖(Peltier)效应和汤姆逊(Thomson)效应三种类型,如图 5.15 所示。

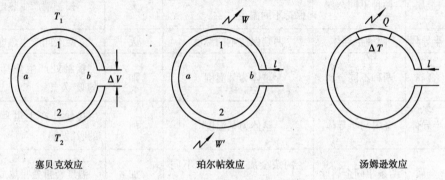

图 5.15　热电效应

(1)塞贝克效应

塞贝克效应是热电偶的基础。由 a、b 两种导体构成电路开路时,如果接点 1、2 分别保持在不同的温度 T_1(低温)、T_2(高温)下,则回路内将产生电动势(热电势),这种现象是塞贝克在 1821 年发现的,因此称为塞贝克效应。其热电势 ΔU 正比于接点温度 T_1 和 T_2 之差,即

$$\Delta U = a(T) \cdot \Delta T \quad (\Delta T = T_2 - T_1) \tag{5.21}$$

式中,比例系数 $a(T)$ 称为塞贝克系数。

(2)珀尔帖效应

1834 年珀尔帖发现,在热电回路中,与塞贝克效应相反,当通电时,在回路中则会在接点 1 处产生热量 W,而在接点 2 处吸收热量 W',产生的热量正比于流过回路的电流,即

$$W = \pi_{ab}I \tag{5.22}$$

式中,比例系数 π_{ab} 称为珀尔帖系数,其大小取决于两种导体的种类和环境温度,它与塞贝克系数有如下关系:

$$\pi_{ab} = a(T) \cdot T \tag{5.23}$$

式中,T 为环境绝对温度。

珀尔帖效应会使回路中一个接头发热,一个接头致冷。由此可见,珀尔帖效应实质上是塞贝克效应的逆效应。

(3)汤姆逊效应

这种热电效应是汤姆逊于 1854 年发现的。在由一种导体构成的回路中,如果存在温度梯度 $\dfrac{\partial T}{\partial x}$,则当通过电流 I 时,导体中也将出现可逆的热效应,即产生热的现象,此即汤姆逊效应,

其热效应的大小与电流 I、温度梯度 $\dfrac{\partial T}{\partial x}$ 和通电流的时间 Δt 成正比,即

$$\frac{\partial Q}{\partial x} = \tau(T) \cdot I \cdot \frac{\partial T}{\partial x} \cdot \Delta t \tag{5.24}$$

式中,比例系数 $\tau(T)$ 称汤姆逊系数。

三种热电效应的比较见表5.7。

表5.7　三种热电效应的比较

效　应		材　料	加温情况	外电源	所呈现的效应
塞贝克	金属	两种不同金属	两种不同的金属环,两端保持不同温度	无	接触端产生热电势
	半导体	两种半导体	两端保持不同温度	无	两端间产生热电势
珀尔帖	金属	两种不同金属	整体为某温度	加	接触处产生焦耳热以外的吸、发热
	半导体	金属与半导体	整体为某温度	加	接触处产生焦耳热以外的吸、发热
汤姆逊	金属	两条相同金属丝	两条金属丝各保持不同温度	加	温度转折处吸热或发热
	半导体	同种半导体	两端保持在不同温度下	加	整体发热(温度升高)或冷却

5.6.2　金属热电性的微观机理

(1)电子热扩散机理

在第1章中曾讨论过处于平衡态的金属,其电子服从费米分布。当金属导体上建立起温度差时,金属中的电子分布将偏离平衡分布而处于非平衡态,即在高温端金属有较多的高能传导电子,在低温端金属有较多的低能传导电子。两端传导电子的数目并无变化。传导电子在金属导体内扩散时,由于扩散速率是其能量的函数,因而在金属内形成一净电子流,其结果使电子在金属的一端堆积起来,产生一个电动势,它的作用是反抗净电流的流动。当此电动势足够大时,净电流最后被减小至0。这种由于温差而引起的热电动势称为扩散热电动势(E_d),其对温度的导数称为扩散热电势率(S_d)。由此可见,金属中传导电子的热扩散将造成热电势的扩散贡献 S_d。利用玻耳兹曼输运方程可以推导出 S_d,即

$$S_d = \frac{\pi^2}{3}\left(\frac{k_B}{e}\right) \times k_B T \frac{\partial(\ln\sigma)}{\partial E} \tag{5.25}$$

式中,S_d 为绝对热电势率的扩散贡献,k_B 为玻耳兹曼常数,σ 为金属的电导率,e 为电子电荷。

(2)声子拖曳机理

当金属两端存在温差时,声子的分布也将偏离平衡态分布,而处于非平衡分布。非平衡分布的声子系统将通过电子—声子相互作用,在声子热扩散的同时拖曳传导电子流动,产生热电势的

声子拖曳贡献。在珀尔帖效应中反过来电子的流动也会拖曳声子流动。这两种机理对热电势的贡献在金属、半金属、半导体中都存在。但对低温下的超导态物质,绝对热电势率为 0。

5.6.3　热电材料的种类及应用

热电材料是指利用其热电性的材料,其中,金属热电材料主要是利用塞贝克效应制作热电偶的材料,因而是重要的测温材料之一;半导体热电材料则是利用塞贝克效应、珀尔帖效应或汤姆逊效应制作热能转变为电能的转换器以及反之用电能来制作加热器和制冷器的材料。

(1)金属及合金热电材料

金属及合金热电材料是最重要的热电材料之一,它最广泛的应用是测量温度,材料均被制成热电偶,不同金属或合金的组合,适用于不同的温度范围。

对于金属热电偶材料,一般要求具有高的热电势及高的热电势温度系数,以保证高的灵敏度;同时,要求热电势随温度的变化是单值的,最好呈线性关系;还要求具有良好的高温抗氧化性的抗环境介质的腐蚀性,在使用过程中稳定性好,重复性好,并容易加工,价格低廉。完全达到这些要求比较困难,各种热电偶材料也各有优缺点,通常可以根据使用温度范围来选择使用热电偶材料。

较常用的非贵金属热电偶材料有镍铬—镍铝、镍铬—镍硅、铁—康铜和铜—康铜等。贵金属热电偶材料最常用的有铂—铂铑及铱—铱铑等。低于室温的低温热电偶材料常用铜—康铜、铁—镍铬、铁—康铜及金铁—镍铬等。常用国际标准化热电极材料的成分和使用温度范围见表 5.8,其中使用了国际标准化热电偶正、负热电极材料的代号。一般用两个字母表示,第一个字母表示型号,第二个字母中的 P 代表正电极材料,N 代表负电极材料。

表 5.8　常用热电极材料

序　号	型　号	正电极材料		负电极材料		使用温度范围/K
		代号	成分(质量分数)/%	代号	成分(质量分数)/%	
1	B	BP	Pt70Rh30	BN	Pt94Rh6	273 ~ 2 093
2	R	RP	Pt87Rh13	RN	Pt100	223 ~ 2 040
3	S	SP	Pt90Rh10	SN	Pt100	223 ~ 2 040
4	N	NP	Ni84Cr14.5Si1.5	NN	Ni54.9Si45Mg0.1	3 ~ 1 645
5	K	KP	Ni90Cr10	KN	Ni96Al2Mn2Si1	3 ~ 1 645
6	J	JP	Fe100	JN	Ni45Cu55	63 ~ 1 473
7	E	EP	Ni90Cr10	EN	Ni45Cu55	3 ~ 1 273
8	T	TP	Cu100	TN	Ni45Cu55	3 ~ 673

(2)半导体热电材料

典型的半导体热电材料有碲化铋(Bi_2Te_3)、硒化铋(Bi_2Se_3)、碲化锑(Sb_2Te_3)、碲化铅(PbTe)等。它们的使用温度为:Bi_2Te_3:200 ℃左右;PbTe(包括 GeTe、$AsSbTe_2$、SnTe):500 ℃左右;$FeSi_2$ 和 GeSi:1 000 ℃左右使用。其中,碲化铅是研究较多的半导体,它的塞贝克系数随掺杂量、温度的变化而变化,并存在一个极值。研究表明,若得到温差器件的最佳性能,必须从冷接头到热接头渐次增加掺杂浓度。

半导体热电材料在致冷和低温温差发电方面具有重要的应用。尽管其效率低,价格昂贵,但因体积小,结构简单,因此,尤其适合于科研领域的小型设备。例如,在供电不方便的地方(如高山、南极、月球等处),半导体温差发电装置则显示出其优越性。

(3)其他热电材料

一些氧化物、碳化物、氮化物、硼化物和硅化物有可能用于热电转换,其中硅化物较好,塞贝克系数较高,如 $MnSi_2$、$CrSi_2$ 的塞贝克系数分别为 180 和 120,且工作温度也高。

5.6.4 热电导材料

热电导材料又称热敏材料或温敏材料,是重要的传感器材料,其重要的特征是热电导效应,即当温度升高时,材料的电导率发生变化的现象。

(1)热电导材料的主要特征

1)电导率的温度系数 α_σ

α_σ 是热电导材料的重要参数,其表达式为:

$$\alpha_\sigma = \frac{\partial\sigma}{\sigma\partial T} \tag{5.26}$$

式中,α_σ 为电导率的温度系数,σ 为电导率。

与 α_σ 有联系的另一个热电材料的特征参量是电阻率的温度系数 α_ρ,其表达式与 α_σ 类似,即

$$\alpha_\rho = \frac{\partial\rho}{\rho\partial T} \tag{5.27}$$

α_σ 与 α_ρ 满足以下的关系,即

$$\alpha_\sigma = -\alpha_\rho \tag{5.28}$$

这一关系式可以简单地推导如下:

由于 $\sigma = 1/\rho$,所以

$$\frac{\partial\sigma}{\partial T} = \frac{\partial(1/\rho)}{\partial T} = -\frac{\partial\rho}{\rho^2\partial T}$$

将这一结果代入到式(5.26)中,则有:

$$\alpha_\sigma = \frac{\partial\sigma}{\sigma\partial T} = -\frac{\partial\rho}{\sigma\rho^2\partial T} = -\frac{1}{\sigma\rho}\cdot\frac{\partial\rho}{\rho\partial T} = -\alpha_\rho$$

2)耗散系数 H

热电导材料的耗散系数可由下式决定,即

$$H = \frac{P}{T_t - T_0} \tag{5.29}$$

式中,P 为热电导材料中耗散的输入功率,T_t 为热电导材料的温度,T_0 为周围介质的温度。H 与温敏元件的结构有关。

3)功率灵敏度 ε_ρ

$$\varepsilon_\rho = \frac{C}{100\alpha_\rho} \tag{5.30}$$

式中,α_ρ 为电阻率的温度系数,C 为材料的热容。可见,ε_ρ 的物理意义是降低热电导材料的电

阻率的 1/100 所需的功(率)值。

4)灵敏阈值

灵敏阈值是可测出电阻变化的最小(热值)功,其数量级在 10^{-9} W 左右。

(2)**热电导材料的种类及应用**

热电导材料的重要应用之一是制作热敏电阻,利用材料的电阻随温度变化的特性,用于温度测定、线路温度补偿和稳频等元件。电阻随温度升高而增大的热敏电阻称为正温度系数热敏电阻;电阻随温度升高而减小的称为负温度系数热敏电阻;电阻在某特定温度范围内急剧变化的称为临界温度电阻;电阻随温度呈直线关系的称为线性热敏电阻。

1)正温度系数(PTC)热敏电阻材料

这类材料主要是掺杂半导体陶瓷,其中,掺杂 $BaTiO_3$ 陶瓷是主要的 PTC 热敏电阻材料。$BaTiO_3$ 的 PTC 效应与其铁电性相关,其电阻率突变同居里温度 T_c 相对应。但是,没有晶界的 $BaTiO_3$ 单晶不具有 PTC 效应。只有晶粒充分半导化,晶界具有适当绝缘性的 $BaTiO_3$ 陶瓷才具有 PTC 效应。

$BaTiO_3$ 陶瓷中,加入 Nb_2O_5 在烧结时铌进入钛晶格位置,造成施主中心,形成电导率高的 N 型半导体。若加入 $SrCO_3$,可使 T_c 向低温移动,而加入 Pb,则使 T_c 向高温移动。添加 SiO_2、Al_2O_3、TiO_2 形成玻璃相,容纳有害杂质,促进半导化,抑制晶粒长大。MnO_2 可提高电阻率和电阻温度系数。Sb_2O_3 或 Bi_2O_3 可细化晶粒。Li_2CO_3 可加大 PTC 温区内的电阻率变化范围。加入 Ca 可控制晶粒生长,提高电阻率。

$BaTiO_3$、$(Ba_2Pb)TiO_3$ 和 $(Sr,Ba)TiO_3$ 陶瓷的烧结温度都在 1 300 ℃以上。最近,发现化学沉淀工艺制备的 $(Sr,Pb)TiO_3$ 陶瓷,具有典型 PTC 特性,可在 1 100 ℃烧结。

PTC 热敏陶瓷具有许多实用价值:电阻率—温度特性、电流—电压特性、电流—时间特性、等温发热特性、变阻特性和特殊启动性能等,已广泛应用于温度控制、液面控制、彩色电视消磁、马达启动器以及等温发热体等。

2)负温度系数(NTC)热敏电阻材料

常温 NTC 热敏电阻材料绝大多数是尖晶石型过渡金属氧化物半导体陶瓷,主要是含锰二元系和含锰三元系氧化物。二元系有 $MnO-CuO-O_2$、$MnO-CoO-O_2$、$MnO-NiO-O_2$ 系,三元系有 Mn-Co-Ni、Mn-Cu-Ni、Mn-Cu-Co 系氧化物等。

$MnO-CoO-O_2$ 系陶瓷含锰量 23%～60%,主晶相是立方尖晶石 $MnCo_2O_4$ 和四方尖晶石 $CoMn_2O_4$。主要导电相是 $MnCo_2O_4$,这一系列陶瓷的热敏电阻常数和电阻温度系数比 $MnO-CuO-O_2$ 和 $MnO-NiO-O_2$ 系高。

$MnO-CuO-O_2$ 系含锰量 60%～90%,主晶相和导电相是 $CuMn_2O_4$。该系的电阻值范围较宽,温度系数较稳定,但电导率对成分偏离敏感,重复性差。

$MnO-NiO-O_2$ 系陶瓷的主晶相是 $NiMn_2O_4$,电导率和热敏电阻常数值较窄,但电导率稳定。

含锰三元系热敏陶瓷在相当宽的范围内能形成一系列结构稳定的立方尖晶石($CuMn_2O_4$、$CoMn_2O_4$、$NiMn_2O_4$、$MnCo_2O_4$ 等)或其连续固溶体,它们的晶格参数接近,互溶度高。因此,这类陶瓷的电性能对成分偏离不敏感,重复性、稳定性较好,避免了二元系陶瓷生产稳定性差的缺点。

NTC 陶瓷主要用于通信及线路中温度补偿、控温和测温传感器等。

3)临界温度电阻(CTR)材料

CTR 材料主要是以 V_2O_5 为基础的半导体陶瓷材料。这类材料常掺杂 MgO、CaO、SrO、BaO、B_2O_3、P_2O_5、SiO_2、GeO_2、NiO、WO_3、MoO_3 或 La_2O_3 等稀土氧化物来改善其性能。通过对 V_2O_5 的适当处理,可制得四价 V^{4+} 离子存在的 VO_2 陶瓷。

VO_2 基陶瓷在 67 ℃左右电阻率突变,降低 3~4 个数量级,可用于温度控制、火灾报警和过热保护等,是一种具有开关特性的材料。VO_2 的 CTR 特性同相变有关。在 67 ℃以上,VO_2 为四方晶系的金红石结构;在 67 ℃以下,晶格发生畸变,转变为单斜结构,使原处于金红石结构中氧八面体中心的 V^{4+} 离子的晶体场发生变化,导致 V^{4+} 的 3d 层产生分裂,导电性突变。

5.7 声光材料

5.7.1 声光效应

声和光是两种完全不同的振动形式,声是机械振动,而光是电磁波。20 世纪 20 年代人们发现了光被声波散射的现象。随着高频声学和激光的发展,声光相互作用机理及声光技术的研究逐渐为人们所重视,并取得了重大进展。

（1）声光效应

声光效应,就是声波作用于某些物质之后,使该物质的光学性质发生改变的现象。在各种声波中,超声波引起的声光效应尤为显著。超声波是机械波,当作用在物质上时,能够引起物质密度的周期性疏密变化,即在物质内形成密度疏密波(起光栅作用),从而导致其折射率发生周期性改变。当光通过这种超声波光栅时,就会发生折射和衍射,产生声光交互作用。

声光交互作用可以控制光束的方向、强度和位相,因此,利用声光效应能制成各种类型的器件,如偏转器、调制器和滤波器等。

（2）声光效应的两种形式

光波被超声波光栅衍射时,有两种情况:一种是外加超声波频率较低时产生的拉曼—纳斯(Raman-Nath)衍射,另一种是外加的超声波频率较高时产生的布拉格(Bragg)衍射。两种形式的声光效应如图 5.16 所示。

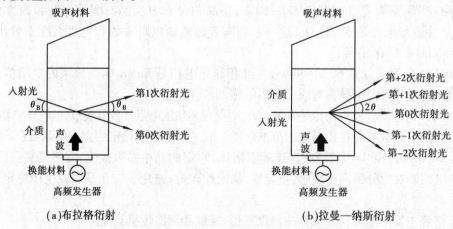

图 5.16 声光效应的两种衍射形式

1）拉曼—纳斯衍射

当超声波频率较低（$\omega \leqslant 20$ MHz），声光交互作用长度较短（即声束窄，$L \leqslant \Lambda^2/2\lambda$，其中 L 为超声波柱的宽度，Λ 为超声波波长，λ 为入射光波波长），光束与超声波波面平行时，产生拉曼—纳斯声光衍射。类似于平面光栅的夫琅和费衍射，拉曼—纳斯声光衍射中平行光束垂直通过超声波柱相当于通过一个很薄的声光栅，再通过会聚透镜可在屏上观察到各次衍射条纹，可写成：

$$\Lambda \sin\theta = \pm m\lambda \quad (m = 0,1,2) \tag{5.31}$$

式中，λ 为介质中光波的波长。上式表示出各次衍射 θ 与光束的波长 λ 以及超声波的波长 Λ 的关系，以入射光前进方向的第 0 次衍射光为中心，产生在超声波前进方向上呈对称分布的 ± 1 次、± 2 次等高次衍射光，其强度逐级减弱。

2）布拉格衍射

布拉格衍射是声光作用的另一种物理过程。当超声波频率较高（$\omega > 20$ MHz），声光交互作用长度较大（即声束宽，$L > \Lambda^2/2\lambda$），光波从与超声波波面成布拉格角 θ_B 的方向射入，以同样的角度反射，其 θ_B、Λ 及 λ 之间的关系为：

$$2\Lambda \sin\theta_B = \pm \lambda_0/n \quad (m = 0,1,2) \tag{5.32}$$

式中，λ_0 为光波在真空中的波长，λ_0/n 为光波在介质中的波长。此时的声光效应与晶体中 X 射线的一级布拉格衍射完全相同。

5.7.2 声光材料的种类

声光器件对声光材料的要求是多方面的，如要求具有高的声性能指数（品质因素）和低的声损耗，在使用波段内光学透明，物理化学性质稳定，机械强度高，易于加工。对晶体材料还要求可以用适当方法获得大尺寸单晶体等。声光材料可以分为玻璃和晶体材料两大类。

（1）声光玻璃材料

最常用的声光介质玻璃有熔融石英玻璃、Te 玻璃、重火石玻璃、$As_{12}Se_{55}Ge_{33}$、As_2S_3、As_2Se_3 等。玻璃介质的优点是：易于生产，可获得形状各异的大尺寸块体；退火后，光学均匀性好，光损耗小，易于加工，价格低。其主要缺点是：在可见光谱区，难以获得折射率大于 2.1 的透明玻璃，玻璃的弹光系数小。

一般地说，玻璃只适用于声频低于 100 MHz 的声光器件。

（2）声光晶体材料

声光晶体主要是氧化物晶体，是最重要的一类声光材料，适宜制造频率高于 100 MHz 的高效率声光器件。单晶介质材料的物理性质是各向异性的，可通过选择声模和光模的最佳组合，获得从材料的平均性质所预想不到的有益的声光性能。

1）钼酸铅晶体

钼酸铅（$PbMoO_4$，PM）属四方晶系，晶胞参数为 $a = 0.543$ nm，$c = 1.210$ nm；密度为 6.95 g/cm^3，熔点为 1 065 ℃。PM 是应用最广泛的声光材料之一，具有相当高的声光优值，通光波段宽，为 $0.42 \sim 5.5$ μm，同时声损耗系数相当小。

$PbMoO_4$，可以采用提拉法、水热法或凝胶法生长。其中提拉法应用最多，可以生长无色透明或浅黄色晶体。主要缺陷为包裹体存在引起的光散射，有时因 Fe 等杂质离子的存在而在光照下变黑。通过控制原料纯度及生长条件可以改善晶体质量。该晶体适合制作声频500 MHz

以下的声光调制器和声光偏转器。

2）二氧化碲晶体

二氧化碲（TeO_2）属于四方晶系，具有金红石结构，晶胞参数为 $a = 0.479$ nm，$b = 0.763$ nm；密度 6.0 g/cm^3，熔点 733 ℃。二氧化碲也是一种优良的声光晶体，具有旋光性和折射率大的特点，可用于要求具有大带宽、高分辨率的各向异性声光偏转器和可调声光滤波器。

TeO_2 晶体可以用提拉法或坩埚下降法生长，可以得到大尺寸优质单晶体。

3）硅酸铋晶体

硅酸铋（$Bi_{12}SiO_{20}$，BSO）属立方晶系，晶胞参数为 $a = 1.010$ nm；密度 9.21 g/cm^3，熔点 900 ℃；透过波段 $0.45 \sim 7.5$ μm。BSO 不仅具有声光性质，还具有压电、电光和光电导效应，可用以制作普克尔调制器、平面滤波器、相干光—非相干光转换器等。

硅酸铋一般采用提拉法以 Bi_2O_3 和 SiO_2 为原料生长晶体，可以获得大尺寸黄色透明的优质单晶体。

4）锗酸铋晶体

锗酸铋（$Bi_{12}GeO_{20}$，BGO）可以看作 BSO 晶体中的 Si 为 Ge 取代而成，其晶胞参数为 $a = 1.0146$ nm；密度 9.23 g/cm^3，熔点 930 ℃，也是优良的声光和电光材料，已被充分研究。而当 Bi_2O_3-GeO_2 体系中，二者比例不同的同素异构体 $Bi_4Ge_3O_{12}$，则是一种优良的闪烁晶体。

氧化物晶体一般具有长波吸收带，很难用于红外区，特别是 10.6 μm 波段。随着红外技术的发展，人们认识到红外声光器件的重要性。对于红外声光扫描和调制应用来说，锗是一种较好的材料，易生长成优质大单晶。另一类是硒砷铊（Tl_3AsSe_3）及其同类型 Ⅲ-Ⅴ-Ⅵ 族化合物。

5.7.3 声光材料的应用

在 20 世纪 60 年代前，尽管声光效应早已被发现，但由于技术上的原因，仅用于物理性质的测量及基础研究。随着激光和超声技术的发展，声光效应在电子学的各个领域被广泛采用。声光材料的应用，主要借助于声光衍射，其基本功能包括强度调制、偏转方向控制、光频（波长）移动、光频滤波四类。据此，可制作相应声光器件。声光器件一般均由三部分组成，将高频电信号转变成超导波的换能器，引入声波并与光产生干涉的声光介质及吸收声波的吸声材料，其基本构成如图 5.17 所示。

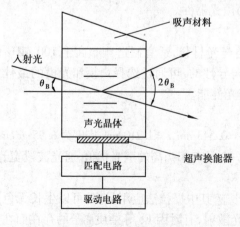

图 5.17　声光器件的结构

（1）声光调制器

衍射效率与超声功率有关，采用强度调制的超声波可对衍射光强度调制，如曾采用碲化物玻璃成功地传送中心频率为 4 MHz、带宽 17 MHz 的彩色电视信号。声光调制器消光比大，体积小，驱动功率小，并在激光领域用做光开关、锁模等技术。图 5.18 所示为声光调 Q 装置，其结构简单，输出光脉冲窄，无机械振动，稳定可靠。

（2）声光偏转器

声光衍射时，声波频率改变会使衍射光束

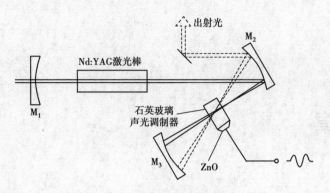

图 5.18　声光调制 Q 开关激光器

方向改变。因此,采用调频声波,就可做成随机偏转器和连续扫描偏转器,用于光信号的显示和记录。将声光调制器和声光偏转器结合,在激光印刷系统、记录、传真方面已有广泛实际的应用。

（3）声光滤波器

声光衍射的分光作用类似于透射光栅,可用做滤波器来进行光谱分析,声光栅的光栅常数可以用电控改变,可用以制作电子调谐分光计。声光滤波器包括共线滤波器和非共线滤波器等,可用相应方法获得所需要窄带光输出。

声光滤波器分辨率高,在宽的光谱范围内具有电子调谐能力,因此,在多光谱成像、染料激光器调谐及电子调谐等方面可以采用。

（4）声光信息处理器

利用声光栅作实时位相光栅或利用声光调制功能实现乘法和"与"操作,则可制成乘法器,用于高速并行计算,还可用于脉冲压缩、光学相关器和射频频谱分析等方面。

声光器件自 20 世纪 70 年代起步,目前已大有发展,已有多种高技术系统,如与声光频谱分析相关的声光雷达预警系统和宇宙射电分光仪、微波扫描接收仪、射线探测仪;声光空间与时间积分相关器/卷积器;用于军用雷达提高分辨率、灵敏度及保密性。此外,声光器件在光纤陀螺、光纤水听器等方面也有广阔的应用前景。

第 **6** 章
能源材料

能源是指直接或经过转换而获得某种能量的自然资源,它是人类生存和发展的重要物质基础,是人类从事各种经济活动的原动力,也是人类社会经济发展水平的重要标志。随着生产力和科学的发展,能源的消耗急剧增加,人们长期使用的主要能源——石油和煤,难以满足需求,并且对它们大量的开采和使用已对自然环境造成破坏和污染。解决能源和环境问题的途径是"开源节流",即一是提高燃烧效率,以减少资源消耗;二是开发新能源,并积极利用再生能源;三是开发新材料、新工艺,以实现最大限度的节流。这三方面都与材料有着极为密切的关系,因此,开发新能源材料面临着艰巨的任务。新能源材料使得能源的能量得以传递,它主要包括能量转换、能量储存和能量传输。能源材料的种类很多,由于篇幅的限制,本章主要介绍储氢材料、金属氢化物镍电池材料、锂离子电池材料、燃料电池材料和太阳能电池材料等。

6.1 储氢材料

氢能具有储量丰富、无毒环保、发热值高(如燃烧 1 kg 氢可发热 1.25×10^6 kJ 的热量)等优点,引起了世界各国的极大关注。从 20 世纪 90 年代起,美、日、德等发达国家均制定了系统的氢能研究与发展规划。其短期目标是氢燃料电池汽车的商业化,并以地区交通工具氢能化为前导。长期目标是在化石能源枯竭时,氢能自然地承担起主体能源的角色。

氢能系统是一个有机的系统工程,它包括氢源开发、制氢技术、储氢和输氢技术、氢的利用技术等系统。在这一系统中,储氢是关键的环节。目前,氢的存储方式主要有两种方式:一种是气态储氢,如采用压缩、冷冻、吸附等方式,将压缩氢气存储于钢瓶中,但这种方式有一定的危险性,且储氢量小(15 MPa,氢气重量尚不到钢瓶重量的 1/100),使用也不方便;二是液态储氢,液态氢比气态氢的密度高许多倍,但氢的液化温度是 -253 ℃,深冷液化能源高(液化 1 kg 氢气约需耗电 12 kW·h),并且为了使氢保持液态,还必须有极好的绝热保护,绝热层的体积和重量往往与储箱相当。为了解决上述问题,人们想到了用金属储氢。20 世纪 60 年代后期,美国布鲁克海文国立研究所和荷兰菲利浦公司分别发现了 Mg_2Ni、$TiFe$ 和 $LaNi_5$ 等金属化合物的储氢特性,因而引起了世界各国极大的重视,发展迅速。

6.1.1　金属储氢原理

（1）金属氢化物的生成反应

在一定温度和压力下,许多金属、合金和金属间化合物能与氢气可逆反应生成金属氢化物。反应分三步进行,即

①开始吸收少量氢,形成含氢固溶体（α 相）,其固溶度$[H]_M$与固溶体平衡氢压的平方根成正比:

$$p_{H_2}^{\frac{1}{2}} \propto [H]_M \tag{6.1}$$

②固溶体进一步与氢反应,生成金属氢化物（β 相）:

$$\frac{2}{y-x}MH_x + H_2 \rightleftharpoons \frac{2}{y-x}MH_y + \Delta H$$

式中,MH_x 和 MH_y 分别是含氢金属固溶体和金属氢化物;x 是固溶体中的氢平衡浓度;y 是金属氢化物中氢的浓度;ΔH 是反应热,也就是金属氢化物的生成热。

③再提高氢平衡压,金属中的氢含量略有增加。

（2）金属—氢体系的相平衡

金属与氢的反应是一个可逆过程,正向反应吸氢、放热,逆向反应放氢、吸热。温度和压力条件可使反应按正向、逆向反复进行,实现材料的吸放氢功能。根据 Gibbs 相律,温度一定时,反应有一定的平衡压力。因此,金属—氢体系的相平衡可用图 6.1 的压力—组成（浓度）等温线（即 p-C-T 曲线）表示。

在图 6.1 中,从 O 点开始,随着氢压的增加,氢溶于金属的数量使其组成变为 A,OA 段为吸氢过程的第一步,金属吸氢,形成含氢固溶体,即 α 相。点 A 对应于氢在金属中的极限溶解度。达到 A 点后,α 相与氢发生氢化反应,此时金属中氢浓度显著增加,而氢压几乎不变,反应生成金属氢化物相,即 β 相。当所有的 α 相都转变为 β

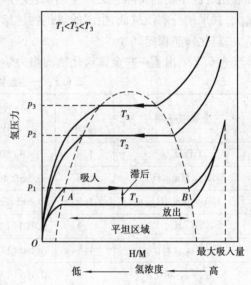

图 6.1　金属—氢体系的 p-C-T 曲线

相时,组成达到 B 点,氢化反应结束。AB 段为吸氢过程的第二步,此时,α、β 两相共存,体系的压力恒定,等温线上出现一个平台区,其对应的压力即氢的平衡压力,称为平台压,对应的氢浓度（H/M）为金属氢化物在相应温度时的有效氢容量。显然,高温生成的氢化物具有较高的平衡压力,同时,有效氢浓度减少。在全部组成变成 β 相组成后,如再提高氢压,则 β 相组成就会逐渐接近化学计量组成,氢化物中的氢仅有少量增加,B 点以后为第三步,氢化反应结束,氢压显著升高。

由图 6.1 可以看出,金属在吸氢和放氢时,虽然在同一温度,但压力不同,这种现象称为滞后。由于"滞后现象"导致吸放氢曲线不完全重合,实际的 p-C-T 曲线偏离理想状态,呈现不同程度的倾斜。

（3）金属氢化物的反应焓和反应熵

p-C-T 曲线是衡量储氢材料热力学性能的重要特性曲线，通过该图可以了解金属氢化物中能含多少氢（%）和任一温度下的分解压力值。p-C-T 曲线的平台压力、平台宽度与倾斜度、平台起始浓度和滞后效应，既是常规鉴定储氢合金吸放氢性能的主要指标，又是探索新的储氢合金的依据。同时，利用 p-C-T 曲线也可求出热力学函数。

根据式（6.2）的平衡，可近似地求出温度与分解压的关系，即

$$\Delta G^{\ominus} = \Delta H^{\ominus} - T\Delta S^{\ominus}$$

$$\Delta G^{\ominus} = -RT \ln K_p = RT \ln p_{H_2}$$

$$\ln p_{H_2} = \frac{\Delta H^{\ominus}}{RT} - \frac{\Delta S^{\ominus}}{R}$$

（6.2）

式中，$\Delta G^{\ominus}$、$\Delta H^{\ominus}$、$\Delta S^{\ominus}$ 和 K_p 分别为氢化反应的标准 Gibbs 自由能变化量、标准焓变化量、标准熵变化量和平衡常数，并假定 $\Delta H^{\ominus}$、$\Delta S^{\ominus}$ 与温度无关，R 为气体常数，T 为热力学温度。

储氢合金形成氢化物的反应焓和反应熵，不但有理论意义，而且对储氢材料的研究、开发和利用有极重要的实际意义。生成熵表示形成氢化物反应进行的趋势，在同类合金中，若数值越大，其平衡分解压越低，生成的氢化物越稳定。生成焓就是合金形成氢化物的生成热，负值越大，氢化物越稳定。

表 6.1 列出了一些金属氢化物的热力学性质。

表 6.1　一些金属氢化物的热力学性质

金属氢化物	吸氢量 /wt%	分解压 /MPa	$\Delta H^{\ominus}$ /(kJ·mol^{-1} H$_2$)	$\Delta S^{\ominus}$ /(J·K^{-1}·mol^{-1} H$_2$)
TiFeH$_{0.1}$	1.8	1.01（50 ℃）	−23.0	−90.4
TiFe$_{0.85}$Mn$_{0.15}$H$_{0.1}$	1.8	0.507（40 ℃）	—	—
TiFe$_{0.8}$Mn$_{0.2}$H$_{2.0}$	1.9	0.881（80 ℃）	—	—
TiCoH$_{1.4}$	1.3	0.101（130 ℃）	−57.8	−143.2
Ti$_{0.9}$La$_{0.1}$CoH$_{1.3}$	1.1	0.101（115 ℃）	−55.3	−142.3
Ti$_{0.9}$V$_{0.1}$CoH$_{1.4}$	1.3	0.101（132 ℃）	−66.6	−164.5
TiCo$_{0.5}$Mn$_{0.5}$H$_{1.7}$	1.6	0.101（90 ℃）	−49.9	−129.3
TiCo$_{0.5}$Fe$_{0.5}$H$_{1.2}$	1.1	0.101（70 ℃）	−42.3	−123.1
TiCo$_{0.5}$Fe$_{0.5}$V$_{0.05}$H$_{1.4}$	1.3	0.405（120 ℃）	−42.3	−119.3
TiCo$_{0.5}$Fe$_{0.5}$Zr$_{0.05}$H$_{1.4}$	1.3	0.284（120 ℃）	−46.9	−128.1
TiCo$_{0.75}$Cr$_{0.18}$H$_{1.3}$	1.2	0.101（119 ℃）	−50.7	−129.3
TiCo$_{0.75}$Ni$_{0.25}$H$_{1.5}$	1.4	0.101（156 ℃）	−63.2	−148.2
TiFe$_{0.8}$Be$_{0.2}$H$_{1.3}$	1.4	0.253（50 ℃）	−30.6	−102.1
TiFe$_{0.8}$Ni$_{0.15}$V$_{0.05}$H$_{1.6}$	1.6	0.101（79 ℃）	−45.2	−128.5
TiMn$_{1.5}$H$_{2.5}$	1.8	0.507（20 ℃）	−28.5	−110.5

续表

金属氢化物	吸氢量 /wt%	分解压 /MPa	$\Delta H^{\ominus}$ /($kJ \cdot mol^{-1} H_2$)	$\Delta S^{\ominus}$ /($J \cdot K^{-1} \cdot mol^{-1} H_2$)
$Ti_{0.8}Zr_{0.2}Mn_{1.8}Mo_{0.2}H_{3.0}$	1.7	0.203(20 ℃)	−29.3	−105.9
$Ti_{0.9}Zr_{0.1}Mn_{1.4}V_{0.2}Cr_{0.4}H_{3.2}$	2.1	0.810(20 ℃)	−29.3	−117.6
$Ti_{0.8}Zr_{0.2}Cr_{0.8}Mn_{1.2}H_{3.0}$	1.8	0.507(20 ℃)	−28.9	−111.8
$TiCr_{1.8}H_{3.6}$	2.4	0.203(−78 ℃)	—	—
$Ti_{1.2}Cr_{1.2}Mn_{0.8}H_{3.2}$	2.0	0.709(−7 ℃)	−25.5	−112.2
$Ti_{1.2}CrMnH_{3.4}$	2.1	0.507(−10 ℃)	−24.7	−107.2
$Ti_{0.75}Al_{0.25}H_{1.5}$	3.4	0.101(−100 ℃)	−47.3	−273.3
$Ti_{0.96}Fe_{0.96}Zr_{0.04}Nb_{0.04}H_{1.9}$	1.8	0.182(30 ℃)	−31.8	−109.7
$TiFe_{0.9}Al_{0.1}H_{1.3}$	1.3	0.365(50 ℃)	−30.1	−104.2
$TiFe_{0.8}Mn_{0.18}Al_{0.02}Zr_{0.05}H_{0.2}$	1.9	0.557(80 ℃)	—	—
$TiFe_{0.8}Mn_{0.2}Zr_{0.05}H_{2.2}$	2.0	0.557(80 ℃)	—	—
$Ti_{1.2}Cr_{1.2}V_{0.8}H_{4.8}$	3.0	0.405(140 ℃)	−38.1	−103.8
$Ti_{0.5}Zr_{0.5}(Fe_{0.2}Mn_{0.8})_{1.5}H_{1.5}$	1.0	0.304(150 ℃)	—	—
$ZrMn_2H_{3.5}$	1.7	0.101(210 ℃)	−38.9	−80.8
$VH_{7.0}$	3.8	0.810(50 ℃)	−40.2	−14.9
$V_{0.8}Ti_{0.2}H_{1.6}$	3.1	0.304(100 ℃)	−49.4	−141.5
$LaNi_5H_{6.0}$	1.4	0.405(50 ℃)	−30.1	−105.1
$MmNi_5H_{6.3}$	1.4	3.44(50 ℃)	−26.4	−110.9
$MmCo_5H_{3.0}$	0.7	0.304(50 ℃)	−40.2	−133.5
$Mm_{0.5}Ca_{0.5}Ni_5H_{5.0}$	1.3	1.92(50 ℃)	−31.8	−123.1
$Mm_{0.3}Ca_{0.7}Ni_5H_{5.9}$	1.6	0.405(25 ℃)	−26.8	−101.7
$Mm_{0.9}Ti_{0.1}Ni_5H_{4.5}$	1.1	2.74(50 ℃)	−31.0	−123.5
$MmNi_{4.5}Mn_{0.5}H_{6.6}$	1.5	0.405(50 ℃)	−17.6	−66.1
$MmNi_{2.5}Co_{2.5}H_{5.2}$	1.2	0.609(50 ℃)	−35.2	−123.9
$MmNi_{4.5}Al_{0.5}H_{4.0}$	1.2	0.507(50 ℃)	−23.0	−84.6
$MmNi_{4.5}Cr_{0.5}H_{6.3}$	1.4	1.42(50 ℃)	−25.5	−101.3
$MmNi_{4.5}Si_{0.5}H_{3.3}$	0.9	2.13(50 ℃)	−27.6	−110.9
$MmNi_{4.15}Fe_{0.85}H_{5.3}$	1.2	1.11(50 ℃)	−25.1	−104.2
$MmNi_{4.5}Cr_{0.25}Mn_{0.25}H_{6.9}$	1.6	0.507(50 ℃)	−29	−105.5
$Mm_{0.5}Ca_{0.5}Ni_{0.5}Co_{2.5}H_{4.5}$	1.1	0.911(50 ℃)	−34	−126.0
$MmNi_{4.5}Al_{4.45}Ti_{0.05}H_{5.3}$	1.3	0.304(30 ℃)	—	—

续表

金属氢化物	吸氢量 /wt%	分解压 /MPa	$\Delta H^{\ominus}$ /(kJ·mol^{-1} H$_2$)	$\Delta S^{\ominus}$ /(J·K^{-1}·mol^{-1} H$_2$)
MmNi$_{4.7}$Al$_{0.3}$Ti$_{0.05}$H$_{5.0}$	1.3	0.609(30 ℃)	—	—
MmNi$_{4.5}$Mn$_{0.45}$Zr$_{0.05}$H$_{5.2}$	1.2	0.609(50 ℃)	−33.1	−118.0
MmNi$_{4.5}$Mn$_{0.5}$Zr$_{0.05}$H$_{7.0}$	1.6	0.405(50 ℃)	−33.1	−114.7
MmNi$_{4.7}$Al$_{0.3}$Zr$_{0.1}$H$_{5.0}$	1.2	0.911(30 ℃)	−39.3	−148.2
LaNi$_{4.6}$Al$_{0.4}$H$_{5.5}$	1.3	0.203(80 ℃)	−38.1	−113.9
LaNi$_{4.7}$Al$_{0.3}$H$_{5.9}$	1.4	0.405(50 ℃)	−30.1	−105.1
MgH$_{2.0}$	7.6	0.101(290 ℃)	−74.5	−132.3
Mg$_2$NiH$_{4.0}$	3.6	0.101(250 ℃)	−64.5	−123.1
MgCaH$_{3.7}$	5.5	0.507(350 ℃)	−72.8	−130.2
Mg$_2$CuH$_{3.0}$	1.4	0.101(239 ℃)	−72.8	−142.3
CeMg$_{12}$H$_{17}$	4.0	0.304(325 ℃)	—	—
Mg$_{1.2}$La$_{0.8}$NiH$_{1.6}$	3.2	0.101(309 ℃)	−63.2	−108.4
La$_2$Mg$_{17}$H$_{17}$	2.4	0.507(30 ℃)	—	—
CaNi$_5$H$_{4.0}$	1.2	0.041(30 ℃)	−33.5	−103.0

(4)储氢合金的吸氢反应机理

储氢合金的吸氢反应机理如图6.2所示。氢分子与合金接触时,就吸附于合金表面上,氢分子的 H—H 键离解为原子态氢(H),H 原子从合金表面向内部扩散,进入比氢原子半径大得多的金属晶格的间隙中而形成固溶体。固溶于金属中的氢再向内部扩散,这种扩散必须有由化学吸附向溶解转换的活化能。固溶体一旦被氢饱和,过剩 H 原子与固溶体反应生成氢化物,这时,产生溶解热。

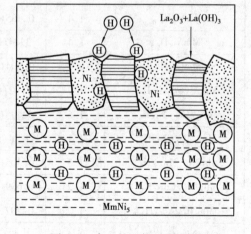

图6.2 合金的吸氢反应机理

一般来说,氢与金属或合金的反应是一个多相反应,这个多相反应由下列基础反应组成:

①H$_2$ 传质;

②化学吸附氢的解离:H$_2$ $\rightleftharpoons$ 2H$_{ad}$;

③表面迁移;

④吸附的氢转化为吸收氢:H$_{ad}$ $\rightleftharpoons$ H$_{abs}$;

⑤氢在 α 相的稀固态溶液中扩散;

⑥α 相转变为 β 相:H$_{ads}$(α) $\rightleftharpoons$ H$_{abs}$(β);

⑦氢在氢化物(β 相)中扩散。

了解氢在金属本体中扩散系数的大小,有助于掌握金属中氢的吸收—解吸过程动力学参数。

6.1.2　储氢合金材料

(1)储氢合金应具备的条件

理论上,能够在一定温度、压力下与氢形成氢化物并且具有可逆反应的金属或合金都可以作为储氢材料。但是,要使储氢合金材料达到实用的目的,必须满足以下要求:

①容易活化,储氢量大,能量密度高。储氢合金第一次与氢反应称为活化处理,活化的难易直接影响储氢合金的实用价值。

②吸收和释放氢的速度快,氢扩散速度大,可逆性好。

③有较平坦和较宽的平衡平台压区,平衡分解压适中。室温附近的分解压应为 0.2 ~ 0.3MPa。

④氢化物的生成热,做储氢或电池材料时应该小,做蓄热材料时则应大。

⑤氢吸收、分解过程中的平衡压差,即滞后要小。

⑥寿命长,在反复吸放氢的循环过程中,合金的粉化小,性能稳定性好。

⑦对杂质(如氧、水汽和二氧化碳等)敏感性小,抗中毒能力强。

⑧有效热导率大,电催化活性高。

⑨价格低廉,不污染环境,容易制造。

(2)储氢合金的分类

迄今为止,人们对许多金属和合金的储氢性质进行了系统研究,现已开发出稀土系、钛系、锆系和镁系等几大类。典型的储氢合金一般由 A、B 两类元素组成,其中,A 是容易形成稳定氢化物的金属,如 Ti、Zr、Ca、Mg、V、Nb、稀土等,它们控制着储氢合金的储氢量,与氢的反应为放热反应($\Delta H < 0$);B 是难于形成氢化物的金属,如 Ni、Fe、Co、Mn、Cu、Al、Cr 等,它们控制着储氢合金吸放氢的可逆性,起调节生成热与金属氢化物分解压力的作用,氢溶于这些金属时为吸热反应($\Delta H > 0$)。A、B 两类元素按照不同的原子比组合起来,就构成了几种典型的储氢合金,如 AB_5 型稀土系、AB_2 型 Laves 相系、AB 型钛系和 A_2B 型镁系等。另外,一些新型合金如体心立方固溶体钒系合金、AB_3 型合金以及复合储氢合金等已引起人们极大的关注。

1)AB_5 型稀土系及钙系储氢合金

①$LaNi_5$ 系合金

$LaNi_5$ 是稀土系储氢合金典型代表,由荷兰菲利浦实验室首先研制开发。$LaNi_5$ 的优点是:活化容易,平衡压力适中、平坦,吸放氢滞后小以及动力学和抗杂质气体中毒特性优良。$LaNi_5$ 的最大缺点是:在吸放氢循环过程中,晶胞体积膨胀大(约 23.5%)。

$LaNi_5$ 具有 $CaCu_5$ 型的六方结构,其点阵常数 $a = 5.017 \times 10^{-10}$ m,$c = 3.987 \times 10^{-10}$ m。在室温下,$LaNi_5$ 与几个大气压的氢反应,即可被氢化,其氢化反应如下:

$$LaNi_5 + 3H_2 \Longrightarrow LaNi_5H_6$$

$LaNi_5$ 吸氢生成具有六方晶体结构的 $LaNi_5H_6$,储氢量约 1.4 wt%,25 ℃的分解压力(放氢平衡压力)约 0.2 MPa,分解热为 -30.1 kJ/mol H_2,很适合于室温环境下操作。

储氢合金最重要的应用之一,就是作为镍氢电池的负极材料(将在 6.2 节中详细介绍)。将 $LaNi_5$ 作为电池负极材料,与 $Na(OH)_2$ 电极组成电池,充电时,负极上的氢与 $LaNi_5$ 形成 $LaNi_5H_6$,常温下电池工作压力为 $(2.53 \sim 6.08) \times 10^5$ Pa,$LaNi_5$ 的理论电化学容量为

372 mA·h/g。但电极的容量随充放电循环次数增加而下降,因此电池寿命很短。

为了克服 $LaNi_5$ 的缺点,各国学者曾致力于改善其储氢及电化学性能的研究,加之当时金属 La 的价格较贵,降低成本也是重要的研究工作之一。这些研究工作主要是,在 $LaNi_5$ 的基础上通过合金元素对 A 组元 La 和(或)B 组元 Ni 进行部分元素替代,开发稀土类多元合金,如 $La_{1-x}Re_xNi_5$(Re:Ce、Pr、Nd、Sm、Y、Gd、Th、Zr 等,$x = 0.25 \sim 1.0$)系和 $LaNi_{5-x}M_x$(M:A1、Mn、Cr、Fe、Co、Cu、Ag、Pd、Pt,$x = 0.1 \sim 2.5$)系。研究表明,第三组元的添加,可改变 $LaNi_5$ 氢化物的分解压力和生成热。例如,对于 $La_{1-x}Re_xNi_5$ 系列,合金的氢化物分解压都比 $LaNi_5$ 高。对于 $LaNi_{5-x}M_x$ 系列,其氢化物的分解压按照 M 为 Cr、Fe、Co、Cu、Ag、Ni、Pd 的顺序增加。图 6.3 所示为 $LaNi_4M$ 系合金的氢化物分解压力—组成等温线。从图中可以看出,Cr、Fe、Co、Cu、Ag 均可降低 $LaNi_5$ 的平衡压力,而 Pd 则使平衡压增加。因此,可根据实际需要选择取代元素来获得所需平衡压的合金。第三组元元素的引入,还对合金的抗中毒性、循环寿命有较大影响,并对合金产生催化作用。如 $LaNi_5$ 中加入少量 Al,循环寿命大幅提高,加入 Cu、Fe、Mn,在 $H_2\text{-}O_2$ 反应的催化活性次序为 $LaNi_5H_n > LaNi_4MnH_n >$

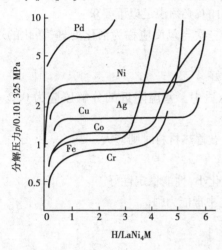

图 6.3 $LaNi_4M$ 系合金的 $p\text{-}C\text{-}T$ 曲线

$LaNi_4FeH_n > LaNi_4CuH_n$。

目前,在 $LaNi_{5-x}M_x$ 系列中,应用较多的是 $LaNi_{5-x}Al_x$。Al 加入后,使晶胞体积增大,随着 x 的增大,晶胞体积从 87.83×10^{-30} m^3 增加至 90.55×10^{-30} m^3,吸氢量从 137.2 mL/g 降低到 97.8 mL/g。标准焓变 $\Delta H^\ominus$ 由 -16.7 kJ/mol 减少到 -28.7 kJ/mol,标准熵变 $\Delta S^\ominus$ 由 -68.5 J/(mol·K)减少到 -78.3 J/(mol·K)。

②$MmNi_5$ 系合金

$MmNi_5$ 系合金是在 $LaNi_5$ 的基础上,以富含 Ce(Ce% ≥40%,含有 La、Ce、Pr、Nd)的混合稀土 Mm 或富含 La(提 Ce 富 La 和 Nd,La% + Nd% ≥70%)的混合稀土 Ml 或高 La(La% ≥80%)混合稀土 Mn 代替 La 而形成的一系列合金。$MmNi_5$ 系合金的出现是基于两个方面的原因:一是从历史的角度看,当时 La 的价格比混合稀土贵,为了降低成本而采用的,但从现在来看,La 的价格甚至比混合稀土还便宜,价格已不是主要原因;二是通过对以混合稀土为基体的合金进行系统研究,发现 $MmNi_5$ 合金在室温和 6 MPa 氢压下能与氢迅速反应,生成 $MmNi_5H_6$ 氢化物。其储氢量与 $LaNi_5$ 基本相同,标准焓变和放氢的表观活化能均比 $LaNi_5$ 小。但其活化性能不如 $LaNi_5$,且室温吸氢平衡压力太高(1.3 MPa),用于储氢尚不合适。

为了改善 $MmNi_5$ 系合金的储氢性能,用其他金属元素取代部分稀土元素混合物或镍,开发了 $Mm_{1-x}A_xNi_5$、$MmNi_{5-y}B_y$ 和 $Mm_{1-x}A_xNi_{5-y}B_y$ 等系列合金。其中,A 一般为 Ti、Zr、Cr 等元素,x 为 $0.01 \sim 0.1$,B 一般为 Al、Mn、Co、Cu、Fe、Zr、Ti、Zn、V、Si 等元素,y 为 $0.1 \sim 1.0$。一般来说,用金属元素取代部分稀土金属混合物,可使 $MmNi_5$ 氢化物的分解压力增高。用金属元素取代部分 Ni,会使 $MmNi_5$ 氢化物的分解压力降低,其降低幅度取决于取代镍的金属种类及取代量 y,而且分解压随 y 值增大而降低。因此,选择适当的 y 值,可获得所需的分解压力。

图 6.4 所示为 $MmNi_{5-y}B_y$-H 系的分解压与金属取代量 y 间的关系,从图中可以看出,改变分解压的效果,按 $Mn > Al > Cr > Si > Fe > Co > Cu$ 的顺序而减小。

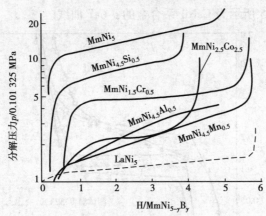

图 6.4　$MmNi_{5-y}B_y$-H 系统的 p-C-T 曲线

$MmNi_{5-y}B_y$($B = Al、Co、Cr、Mn、Si;y = 0.5$ 或 $M = Co;y = 2.5$)系合金与 $LaNi_5$ 和 $MmNi_5$ 一样,具有六方结构,容易活化,活化后的合金在室温、6 MPa 氢压下很快吸氢,生成相应的氢化物。研究发现,用 B 替代后,除 Mn 以外,$MmNi_{5-y}B_y$ 的吸氢量均低于 $LaNi_5$ 和 $MmNi_5$,Si 的替代使吸氢量下降较大;分解压低于 $MmNi_5$,但高于 $LaNi_5$;标准焓变值均低于 $LaNi_5$ 和 $MmNi_5$,说明这些材料适于储氢。

综上所述,可以得出如下结论:

a. $MmNi_5$ 系合金用其他元素替代时,不同元素有不同影响,以 Mn、Al 降低平台压最有效,其他元素也有不同效果;

b. 随着替代量的增加,分解压降低越大;

c. 大原子半径的元素降低平台压较大;

d. 随温度增加,平台压增加;

e. 合金晶格体积越大,分解压越低;

f. 随替代量增加,平高线部分倾斜,经过热处理可使平台变平坦。

目前,在储氢、输氢容器中多采用 $MmNi_{4.5}Mn_{0.5}$、$MlNi_{4.75}Al_{0.25}$、$Ml_{0.82}Y_{0.18}Ni_{4.95}Mn_{0.05}$,而在热泵中采用 $LaNi_{4.7}Al_{0.3}$、$MmNi_{4.5}Al_{0.5}$ 等合金;镍—金属氢化物电池(Ni-MH)多采用 Ml(Mm、Ln)$(NiCoMnAl)_{4.8~5.2}$ 合金,如 $MmNi_{3.5}Co_{0.7}Al_{0.8}$、$MmNi_{3.55}Co_{0.75}Mn_{0.4}Al_{0.3}$、$MlNi_{3.65}Co_{0.85}Mn_{0.3}Al_{0.3}$、$MmNi_{3.5}Mn_{0.6}Co_{0.3}Al_{0.3}Cu_{0.3}$、$MmNi_{3.95}Co_{0.64}Mn_{0.3}Al_{0.26}Zr_{0.01}$ 等。

③CaNi$_5$ 系合金

$CaNi_5$ 具有六方晶格结构,其点阵常数 $a = 4.95 \times 10^{-10}$ m,$c = 3.936 \times 10^{-10}$ m,与氢反应生成六方结构的 $CaNi_5H_{5~6}$ 氢化物,体积膨胀率为 17%,吸氢量约 1.2wt%。20 ℃时的平衡分解压为 0.03 MPa,100 ℃时,分解压为 0.5 MPa,标准焓变 $\Delta H^{\ominus}$ 为 -33.48 kJ/mol。$CaNi_5$ 的稳定性较差,其氢化物在室温下储存数年,吸氢量将减少 1/2。若在 49~100 ℃下,使用 1 周后,其等温线发生倾斜,而且吸氢量减少,但在减压加热下可以再生。无需特殊的活化处理,在常温下即能迅速吸氢,作为吸氢合金,在吸氢量、滞后性、平台平坦性方面具有优良的特性。

用 Mm(混合稀土金属)替代部分 Ca,或者用 Al 替代部分 Ni,可以进一步改善 $CaNi_5$ 的性能,形成的合金有(CaMm)Ni$_5$、Ca(NiAl)$_5$和(CaMm)(NiAl)$_5$等。研究表明,用 Mm 替代 Ca 后,平台压升高,用 Al 替代 Ni,可使平台压降低,两者同时替代时,平台压介于 CaNi$_5$和 (CaMm)Ni$_5$之间。图 6.5 所示为 CaNi$_5$系合金的 p-C-T 曲线。

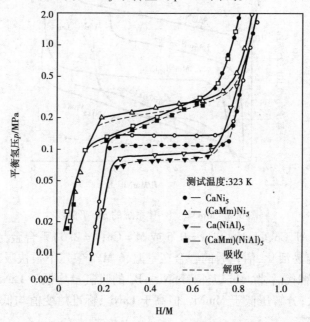

图 6.5　(CaMm)(NiAl)$_5$-H 系的 p-C-T 曲线

CaNi$_5$;Ca$_{0.85}$Mm$_{0.15}$Ni$_5$;CaNi$_{4.85}$Al$_{0.15}$;Ca$_{0.85}$Mm$_{0.15}$Ni$_{4.85}$Al$_{0.15}$

Mm;Ce47.04%;La31.27%;Nd14.76%;Pr4.45%;

Fe1.73%;Mg1.22%;其他 0.38%

元素取代对 CaNi$_5$特性的改善还表现在对其吸放氢循环稳定性的影响。图 6.6 所示为 CaNi$_5$、(CaMm)Ni$_5$、Ca(NiAl)$_5$和(CaMm)(NiAl)$_5$在 353 K 下反复吸放氢的放氢量变化,从中可以看出,合金放氢量的减少,以 CaNi$_5$最大,其他依次按(CaMm)Ni$_5$ > Ca(NiAl)$_5$ > (CaMm)(NiAl)$_5$顺序减小。下降至初期放氢量的 60%的循环次数,CaNi$_5$是3 500次,(CaMm) Ni$_5$约 4 600 次,而 Ca(NiAl)$_5$和(CaMm)(NiAl)$_5$则分别达到 9 300 次和 10 700 次,为 CaNi$_5$或(CaMm)Ni$_5$的 2 ~ 3 倍。这说明 Mm 置换对吸氢量的衰减改善并不大,Al 则可以显著提高合金的吸放氢的循环寿命。

浙江大学根据我国稀土资源丰富的特点,开发出 Ml$_{1-x}$Ca$_x$Ni$_5$系三元合金,并系统研究了其储氢特性。结果发现,该系列合金吸氢量较大,活化性能好、动力学性能优良,当 x 为 0.1 ~ 0.9 范围,所有合金组成的储氢量均达到 1.6wt%,而 20 ℃的分解压为 0.1 ~ 1.0 MPa,处于工业应用的最佳范围,可以满足车用供氢的要求。

CaNi$_5$合金除了用 Al 替代 Ni 外,尚可用其他元素代替 Ni,形成 CaNi$_{5-x}$M$_x$(M = Cr、Mn、Fe、Co、Cu、Zn 和 Sn,x 为 0.5 或 1)合金。电化学性能测试表明,所有元素替代均达不到改善 CaNi$_5$的循环稳定性的目的。

2)AB$_2$型 Laves 相钛、锆系储氢合金

AB$_2$型 Laves 相储氢合金有锆系和钛系两大类。20 世纪 60 年代,二元锆基 Laves 相储氢

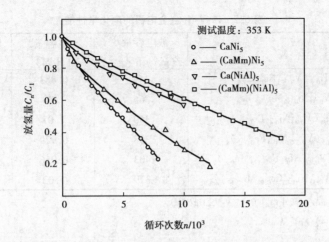

图 6.6　$CaNi_5$、$(CaMm)Ni_5$、$Ca(NiAl)_5$ 和 $(CaMm)(NiAl)_5$ 合金
在 353 K 下在压力循环测试时放氢量与循环次数的关系

合金 $ZrMn_2$、ZrV_2、$ZrCr_2$ 等被发现能大量吸氢而形成 $ZrMn_2H_{3.6}$、$ZrV_2H_{5.3}$、$ZrCr_2H_{4.0}$ 等氢化物。这类合金的特点是：储氢量大，易活化，动力学性能好，可用在热泵、空调等方面。但在碱性溶液中电化学性能极差，不适合用于电极材料。后来又开发出钛基二元合金 $TiMn_2$、$TiMn_{1.5}$，以及在 $TiMn_2$、$ZrMn_2$ 二元合金的基础上用其他元素替代 A(Ti、Zr) 或 B(Mn) 而形成的一系列 AB_2 合金。

①锆系合金

锆系 AB_2 型 Laves 相合金主要有 Zr-V、Zr-Cr 和 Zr-Mn 系。这类合金(例如 $ZrMn_2$)具有立方结构，晶胞体积比六方晶系的 AB_5 型稀土系合金约大一倍，因此，储氢量一般比 AB_5 型合金大，可达到 1.7~2.0 wt%。该系列合金平衡分解压较低，其 p-C-T 曲线的平衡压力随吸氢量的增加而升高(这个特点对于镍—金属氢化物电池(Ni-MH)方面的应用无太大影响)。20世纪 80 年代末，为了适应电极材料的发展，在 $ZrMn_2$ 合金的基础上开发了一系列电极材料，使这类合金在电池中的应用日益增多。

Laves 相确有较好的吸氢能力，但因形成的氢化物稳定，使其放氢性变差。因而，如何提高 Laves 相的放氢能力成为该类合金能否取代 $LaNi_5$ 系列的关键。近年来的研究工作主要集中在多元合金化改性方面，即在二元 $ZrMn_2$、ZrV_2、$ZrCr_2$ 等合金中用 Ni、Mn、Cr 和 V 等元素进行替代，获得多元合金。多元合金化后，合金中出现一系列 Zr-Ni 相。研究表明，Zr-Ni 相合金具有很高的气态吸氢容量，在室温下，这些合金氢化物非常稳定，吸放氢平台很低，可逆吸放氢性能差，故电化学容量低。但 Zr-Ni 相易于活化，且具有良好的催化活性和耐腐蚀性能，因此，使合金析出 Zr-Ni 相，与合金中的 Laves 相起协同效应，提高合金的综合电化学性能。

锆系多元合金主要有 Zr-V-Ni、Zr-Mn-Ni 和 Zr-Cr-Ni 三个系列。Zr-V-Ni 系是研究得较多的作为电极材料用的 AB_2 合金，对 $Zr(V_xNi_{1-x})_2$ 合金的研究表明，合金的充电容量随 Ni 含量的增加而下降，尤其在 $x \leqslant 0.25$ 及 $x \geqslant 0.67$ 区域急剧下降，且在 $x \leqslant 0.25$ 时，吸收的氢无法放出。以 Ti、Co、Mn、Fe 等元素对 Zr-V-Ni 系合金进行多元替代可以改善其电化学性能。一些 Zr-V-Ni 系 Laves 相储氢合金电极的电化学性能见表 6.2。

表6.2　Zr-V-Ni 合金电极的电化学性能

合　金	放电容量[1] /(mA·h·g^{-1})	充电容量[2] （H/M）	放、吸氢量比 /%
$Zr_{0.5}Ti_{0.5}(V_{0.375}Ni_{0.625})_2$	349	0.883	89
$Zr(V_{0.33}Ni_{0.50}Mn_{0.17})_{2.4}$	366	1.33	67.9
$Zr_{0.9}Ti_{0.1}(V_{0.33}Ni_{0.42}Co_{0.25})_2$	350	1.07	81.4
$Zr_{0.5}Ti_{0.5}(V_{0.375}Ni_{0.5}Fe_{0.125})_2$	398	0.920	87.1
$Zr_{0.5}Ti_{0.5}(V_{0.375}Ni_{0.4}Fe_{0.125}Mn_{0.1})_2$	403	0.956	94.2
$Zr_{0.9}Ti_{0.1}(V_{0.33}Ni_{0.42}Co_{0.08}Mn_{0.17})_{2.4}$	379	1.02	89.6

[1]电流密度 16 mA/g，截止电压 0.75 V VS Hg/HgO。
[2]电流密度 16 mA/g，25 ℃。

　　Zr-Mn-Ni 系合金是在 $ZrMn_2$ 基础上通过元素替代发展起来的。研究发现，只有当 Ni 含量在 30% ~60%时，电极才可得到较高容量，超出此范围时，容量反而下降。这说明镍的电催化活性对电极材料的放电性能影响很大。进一步研究表明，Mn/Cr 比率及 Zr 的含量对电化学性能也有较大影响。经调整添加的元素及比率，性能较好的成分为 $ZrMn_{0.3}Cr_{0.2}V_{0.3}Ni_{1.2}$，其理论容量为 395 mA·h/g，实际放电容量达 360 mA·h/g，已用于松下电器公司的 C_s 型 Ni-MH 电池。

　　在 $ZrCr_2$ 基础上以其他元素替代形成的 Zr-Cr-Ni 系合金在储氢性能上大为改善。$ZrCr_2$ 具有较好的循环特性，但活化性能较差。当在 Zr-Cr-Ni 合金中添加微量稀土元素 La、Mm、Nd 等，发现合金的活化性能得到显著改善。研制的 $ZrCr_{0.8}Mn_{0.2}NiMm_{0.05}$，容量在 300 ~370 mA·h/g，低温放电和高倍率放电性能良好。

　　总之，锆基 Laves 相合金作为储氢电极，具有电化学容量高、循环寿命长等优点。它也存在一些缺点：活化困难，高速放电能力差，以及价格贵等。但经过科研人员的努力，其性能正在逐步提高，已越来越受到人们的重视。

　　②钛系合金

　　钛系 AB_2 型 Laves 相储氢合金主要有 TiMn 基和 TiCr 基两大类。

　　A. TiMn 基合金

　　TiMn 基合金是在金属间化合物 $TiMn_2$ 的基础上发展起来的。$TiMn_2$ 是一种 Laves 相合金，具有 $MgZn_2$ 型结构，其氢化物分解压力高、在碱液中电化学性能也很差，在室温下几乎不吸氢，只有当钛的含量高于 36%（mol）时，合金才开始与氢反应。日本松下公司在优化 Ti-Mn 成分时发现，当 Mn/Ti = 1.5 时，储氢量达到最大值，因此，$TiMn_{1.5}$ 成为 Ti-Mn 二元合金中储氢性能最佳的合金。该合金在室温下即可活化，与氢反应生成 $TiMn_{1.5}H_{2.4}$ 氢化物，0 ℃时的分解压约 0.3 MPa，20 ℃时分解压力为 0.5 ~0.8 MPa，吸氢量 1.8 wt%，生成熔为 28.5 kJ/mol。$TiMn_{1.5}$ 的吸放氢平衡压随钛含量增加而明显降低，退火可使其平台区变平，储氢量也略有增加。

　　与其他合金系一样，用其他元素部分代替 Ti 或 Mn，获得以 TiMn 为基的多元合金，可使其性能得到改善。替代元素主要以 Zr 部分取代 Ti，用 Cr、V、Fe、Cu、Ni、Co、Mo 等部分代替 Mn，开发出 $Ti_{1-x}Zr_xMn_{1.5-y}M_y$ 或 $Ti_{1-x}Zr_xMn_{2-y}M_y$ 等合金，例如 $TiMn_{1.4}M_{0.1}$（M = Fe、Co、Ni 等），

$Ti_{0.8}Zr_{0.2}Mn_{1.8}M_{0.2}$（M = Co、Mo 等），$Ti_{0.9}Zr_{0.1}Mn_{1.4}V_{0.2}Cr_{0.4}$ 等。其中，$Ti_{0.9}Zr_{0.1}Mn_{1.4}V_{0.2}Cr_{0.4}$ 为日本松下公司开发的产品，储氢性能最佳。该合金不需高温退火而能获得斜率小的平台，而且放氢率也高于其他 AB_2 合金，其室温最大吸氢量可达 2.1 wt%，氢化物在 20 ℃时的分解压力为 0.9 MPa，生成热为 – 29.3 kJ/mol。

Ti-Mn 基 Laves 相储氢合金的成本较低，而且与其他储氢合金相比，具有良好的吸放氢性能，较高的储氢量，易活化，抗中毒性能较好等优点。各种 Ti-Mn 基合金有着不同的应用。如日本中央研究所将 $TiMn_{1.5}$ 用于氢气的储存和净化，用 $Ti_{0.9}Zr_{0.1}Mn_{1.6}Cr_{0.2}V_{0.2}$ 与 $LaNi_5$ 配对用于热泵，还用 $Ti_{0.8}Zr_{0.2}Mn_{0.8}Cr_{1.2}$ 与 $Ti_{0.35}Zr_{0.65}Mn_{1.2}Cr_{0.6}Co_{0.2}$ 配对研制快速冷冻机。联邦德国 Benz 公司研制的 $Ti_{0.98}Zr_{0.02}V_{0.43}Fe_{0.09}Cr_{0.05}Mn_{1.5}$ 用于燃氢汽车的储氢，安全行驶 2.5×10^5 km。美国 Carnegie-Mellon 大学将 $Ti_{0.9}Zr_{0.3}Cu_{0.05}Mn_{0.05}V_{0.2}Fe_{0.09}Cr_{0.2}$ 用做负极材料。

B. TiCr 基合金

TiCr 基合金的典型代表是 $TiCr_2$。$TiCr_2$ 以两种同素异构体存在，两者均为 Laves 相：低温型同素异构体为 $MgCu_2$ 型立方结构，高温型同素异构体为 $MgZn_2$ 型立方结构，与氢反应后生成氢化物。低温相在室温下的均匀组成为 TiCr1.75（65.5 wt% Cr）~ TiCr1.95（68.0 wt% Cr）。具有 $MgZn_2$ 型相结构的 $TiCr_2$ 合金的平衡离解压，在 213 K 下为 0.1 MPa，是一种在很低温度下具有平衡离解压的合金，作为冷冻用合金有非常好的特性。但在平台区上的有效氢移动量只有 100 cm^3/g，而且从平衡离解压的控制来看，实际应用仍有困难，因此，进行了以 $TiCr_2$ 为基础的 $Ti_{1-x}Zr_xCr_{2-y}M_y$ 系合金的研究，即将 $TiCr_2$ 中的 Ti 一部分用 Zr 置换，或者将 Cr 的一部分用 Fe、Mn、V 等置换，或者用两种以上元素同时置换 Cr，或者再添加 Cu 等，使合金的储氢性能得到改善。如 $Ti_{0.5}Zr_{0.5}Cr_{1.2}Mn_{0.5}Fe_{0.3}$，与 $TiCr_2$ 相比，其 p-C-T 的平台部变得更清晰，平台的倾斜度减小，吸氢量增加，平衡离解压也变低。如果添加微量 Cu，可使平台部的倾斜进一步变小。

3）AB 型钛系储氢合金

自 1974 年美国布鲁克海文国立研究所的 Reilly 和 Wiswall 发现 TiFe 的吸氢特性后，TiFe 合金作为一种储氢材料，逐渐受到人们的重视。TiFe 合金活化后在室温下能可逆吸放大量的氢，理论值为 1.86wt%，平衡氢压在室温下为 0.3 MPa，接近工业应用，而且价格便宜，资源丰富，在工业生产中占有一定优势。但也存在较大的缺点，如活化困难，滞后较大，抗杂质气体中毒能力差，以及反复吸放氢后性能下降等。为了克服这些缺点，在 Ti-Fe 二元合金的基础上，采用元素替代，开发出一系列易被活化、滞后小的性能优良的合金。

①TiFe 系合金

铁和钛反应可以形成 TiFe 和 $TiFe_2$ 两种稳定的金属间化合物。其中，只有 TiFe 活化后在室温下能可逆地吸收和释放氢，与氢反应生成氢化物 $TiFe_{1.04}$（β 相）和 $TiFe_{1.95}$（γ 相），$TiFe_{1.04}$（β 相）为正方晶格，其晶格常数：$a_0 = 0.318$ nm，$c_0 = 0.873$ nm，$c_0/a_0 = 2.74$，$\Delta H^{\ominus}$ 为 – 28 kJ/mol；$TiFe_{1.95}$（γ 相）具有立方晶格，其晶格常数：$a_0 = 0.661$ nm，$\Delta H^{\ominus}$ 为 – 31.4 kJ/mol。

图 6.7 所示为 Ti-Fe 合金在不同温度下的 p-C-T 曲线。从图中可以看出，当温度低于 55 ℃时，曲线有两个平台，分别对应两种氢化物相。在 H/M 原子比较小的一段范围内，有一平台区，该区表示进行式（1）的反应，如继续增大 H/M 原子比，则压力以很大斜率上升或下降，表示在进行式（2）的反应。

$$2.13TiFeH_{0.1} + H_2 \Longleftrightarrow 2.13 TiFeH_{1.04} \tag{1}$$

$$2.20 \text{TiFeH}_{1.04} + H_2 \Longrightarrow 2.20\ \text{TiFeH}_{1.95} \tag{2}$$

式中,$\text{TiFeH}_{0.1}$ 是 H 溶解于 TiFe 合金而形成的固溶体相(α 相)。当温度高于 55 ℃ 时,$p\text{-}C\text{-}T$ 曲线中的高平台区逐渐消失,说明在 55 ℃ 以上 β 相和 γ 相不共存。

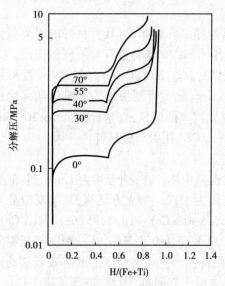

图 6.7　TiFe-H 系不同温度下的 $p\text{-}C\text{-}T$ 曲线

TiFe 合金作为储氢材料的最大缺点是很难活化。为了活化,需要高温高压氢(450 ℃,5 MPa)才能实现,即首先将试样破碎至 10 目以下,在 400 ~ 450 ℃ 下减压后,通入 5 MPa 以上的氢压才能被氢化,而且需经十几次吸放氢循环,才能完全被活化。另外,TiFe 合金对气体杂质(如 CO_2、CO、O_2、H_2O、Cl_2 等)非常敏感。活化的 TiFe 合金很容易被这些杂质毒化而失去活性,如当氢气氛中含 O_2 量达到 10×10^{-6} 时就会影响合金的活化。含量达 0.1 ~ 1.1 wt% 时,合金会很快中毒,而在含有 0.03% CO 的氢气中循环若干次后就完全失去活性。

鉴于上述缺点,为了 TiFe 合金改善的储氢性能,特别是活化性能,人们一直在致力于改进。最基本的手段仍然是元素的替代,即用过渡族金属、稀土金属等部分替代 Fe 或 Ti;其次是一改传统冶炼方式,采用机械合金化法制取合金;再者是对 TiFe 合金进行表面处理。研究较多的是元素的替代,如以过渡元素 M 置换部分铁的 $\text{TiFe}_{1-x}\text{M}_x$ 三元系合金,其中 M = Cr、Mn、Mo、Co、Ni、V、Nb、Cu 等。结果表明,M 的加入,改善了钛铁系储氢合金的活化性能,氢化物的稳定性增加,但平台变得倾斜。这一系列合金中具有代表性的是 $\text{TiFe}_{1-x}\text{Mn}_x$($x$ 为 0.1 ~ 0.3),其中 $\text{TiFe}_{0.8}\text{Mn}_{0.2}$ 可在室温和 3.04 MPa 氢压下活化,生成 $\text{TiFe}_{0.8}\text{Mn}_{0.2}\text{H}_{1.95}$ 氢化物,储氢量 1.9 wt%,但是,$p\text{-}C\text{-}T$ 曲线平台倾斜度大,这可通过扩散退火得以改善。

②Ti-Ni 系合金

Ti-Ni 系合金的研究始于 20 世纪 70 年代初,被认为是一种具有良好应用前景的储氢电极材料,曾与稀土镍系储氢材料并驾齐驱。Ti-Ni 系有三种化合物,即 Ti_2Ni、TiNi 和 TiNi_3。TiNi 是一种高韧性的合金,难于用机械粉碎。而组成稍偏富钛侧,就会在 TiNi 母相的表面以包晶形式析出脆性 Ti_2Ni 相,较易粉碎。TiNi 合金在 270 ℃ 以下与氢反应生成稳定的氢化物 $\text{TiNiH}_{1.4}$,因 Ni 含量高,氢离解压高,反应速度也加快,但容量只有 245 mA·h/g。Ti_2Ni 与氢反应生成 TiNiH_2,吸氢量达 1.6 wt%,理论容量达 420 mA·h/g,但离解压低,只能放出其中的 40%。TiNi_3 相在常温下不吸氢。与 AB_5 及 AB_2 型储氢合金相比,Ti-Ni 系合金尚存在可逆容量小且循环寿命短的问题。

近年来,人们一直在寻求改进 Ti-Ni 性能的途径。例如,制备混相合金,使合金中既含有储氢量大的相,又含有电催化活性高的相,也就是包含上述 TiNi 和 Ti_2Ni 的混合相。另外,用原子半径大的 Zr 部分替代 TiNi 中的 Ti,以提高 TiNi 合金相的晶胞体积,增大可逆储氢量。选择与 Ti 能固溶且吸氢量大的 V 部分替代 Ti,或采用 Zr、V 部分替代 Ti,制取 $(\text{Ti}_{0.7}\text{Zr}_{0.2}\text{V}_{0.1})\text{Ni}$,合金的电化学容量达到 350 mA·h/g,不仅比 TiNi 二元合金高得多,也比目前实用化的 AB_5 型合金(320 mA·h/g)要高。但该合金的循环稳定性较差,经 10 次充放电循环后容量迅速衰退至 200 mA·h/g。

戴姆勒—奔驰公司对使用 Ti-Ni 系合金作为可逆电池的研究发现,将 Ti_2Ni 和 TiNi 混合粉末烧结成的电极,最大放电容量为 300 mA·h/g,充放电效率近 100%,但 Ti_2Ni 在电解液中的循环寿命很短。如果在 Ti_2Ni 中加入 Co 和 K,则可使 Ti_2Ni 电极的循环寿命大大提高。另外,用 Al 代替部分 Ni,在 $Ti_2Ni_{1-x}Al_x$ 电极材料中,随合金中 Al 量的增大,电极比容量降低,但循环寿命提高。

4)A_2B 型镁系储氢合金

镁系储氢合金是最早研究的储氢材料,也是很有发展前途的储氢材料之一,其典型代表是 Mg_2Ni。这类合金的主要优点有:密度小,仅为 1.74 g/cm;储氢容量高,MgH_2 的含氢量达 7.65 wt%,Mg_2NiH_4 的含氢量也达到 3.6 wt%;资源丰富,价格低廉,Mg 是地壳中储量列第六位的金属元素;环境负荷小。因此,引起各国科学家的高度重视,纷纷致力于开发新型镁系合金。但镁及其合金作为储氢材料也存在吸放氢速度慢、温度高和反应动力学性能差等缺点,因而严重阻碍了其实用化的进程。为了改进镁氢化物的这些缺点,开发出实用合金,迄今已对镁系合金进行了多元合金化、制取工艺、表面改性及合金复合化等方面的研究工作。

镁与氢在 300~400 ℃ 和较高的氢压下反应生成 MgH_2,即

$$Mg + H_2 \Longleftrightarrow MgH_2$$

MgH_2 具有四方金红石结构,$\Delta H^{\ominus}$ 为 –74.48 kJ/mol,0.1 MPa 分解压时的温度为 287 ℃,稳定性强,释氢困难,分解温度高。若在 Mg 中添加 5%~10% 的 Ni 或 Cu,可对镁氢化物的形成起催化作用,使氢化反应速度加快。

镁与镍可以形成 $MgNi_2$ 和 Mg_2Ni 两种金属间化合物,其中 $MgNi_2$ 不与氢发生反应,Mg_2Ni 在一定条件下(1.4 MPa,约 200 ℃)与氢反应生成 Mg_2NiH_4,其稳定性比 MgH_2 低,使其吸氢温度降低,反应速度加快,但储氢量大大降低。Mg_2Ni 的氢化反应式如下:

$$Mg_2Ni + 2H_2 \Longleftrightarrow Mg_2NiH_4$$

该反应的 $\Delta H^{\ominus}$ 为 –64.48 kJ/mol,0.1 MPa 分解压时的温度为 253 ℃。图 6.8 所示为 Mg_2NiH_4-H 系统的 p-C-T 曲线。

作为电池材料用时,Mg_2Ni 理论电化学容量为 999 mA·h/g,大大高于 $LaNi_5$(370 mA·h/g),但实际应用时,由于 Mg_2Ni 形成的氢化物在室温下稳定而不易脱氢,放氢量低,且与强碱性电解液(6 mol/L 的 KOH)接触,合金粉表面易形成惰性的 $Mg(OH)_2$ 膜,从而阻止氢的转移和扩散,致使 Mg_2Ni 的电化学容量和循环寿命还不如 $LaNi_5$。因此,镁系合金尚未应用于 Ni-MH 电池。

镁系储氢合金的改性主要集中在多元合金化方面。如用 M(M = Al、Zr、Ti、V、Ca、Re 等)部分取代 Mg_2Ni 中的 A 侧元素 Mg 获得的新型 $Mg_{2-x}M_xNi$ 系储氢合金,虽然控制着储氢量的 Mg 所占的比例缩小,导

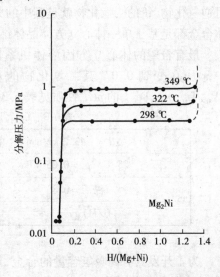

图 6.8 Mg_2Ni-H 系的 p-C-T 曲线

致合金储氢容量的下降,但是,合金的吸放氢性能则得到明显改善,如降低了氢化物的生成热和放氢温度,提高了合金循环稳定性等。其中,Al 的添加提高了合金表面电催化性能,强化了合金中氢原子的扩散,而且含 Al 的合金表面形成的 Al_2O_3 膜保护合金内部免受腐蚀,从而延长了合金充放电循环寿命。机械合金化制备的 $Mg_{1.8}Zr_{0.2}Ni$ 合金呈非晶结构,在 30 ℃下可吸氢 2.3 wt%,合金电极的放电容量达 465 mA · h/g,200 ℃下的吸氢量为 3.0 wt%,可逆放氢量为 2.0 wt%,平衡氢压为 2.0×10^{-2} MPa。

采用 M(M = Cu、Pd、Cr、Zr、Fe、Mn、Co、Zn、W、Ti、V 等)部分取代 B 侧元素 Ni,获得 $Mg_2Ni_{1-x}M_x$ 型合金,也取得了较好的结果。如 $Mg_2Ni_{0.75}M_{0.25}$(M = Ti、Cr、Mn、Fe、Co、Ni、Cu 和 Zn)型三元合金,经氟化处理后合金经 2 次吸放氢循环,250 ℃下的放氢容量即可达到最大值,其 H/M 之比约为 1.18(约 3.3 wt%)。生成的氢化物为单斜结构相,其单胞体积越大,氢化物越不稳定,而且氢化物的分解焓和分解温度随单胞体积的增大而降低。研究发现,以 Cr、Mn 和 Co 部分取代 Mg_2Ni 中的 Ni,可以降低氢化物分解平台压,Ti 和 Cu 则使平台压升高,而 Fe 和 Zn 的影响不大。

另外,对 Mg_2Ni 系合金的 A、B 侧同时进行元素取代改性的研究,也是近年来的重要研究方向之一。如 $Mg_{2-x}Ni_{1-y}Ti_xMn_y$(0 < x < 1,0 < y < 1)合金,X 射线分析结果表明在合金中出现了一种新相,即 Mg_3MNi_2,其 Mg—Ni 间键长为 0.292 1 nm,远比六方结构 Mg_2Ni 合金中的 0.264 2 nm 和 0.268 2 nm 长,这意味着 H 原子更易于在合金中扩散,从而成为改善合金吸放氢性能的关键因素。在 523 K 下,该系合金经 4 次循环,放氢量即达到 355.26 mLH_2(S.T.P)/g,约为 3.3 wt%,其 p-c-T 曲线很平坦,平台压约为 0.9 atm。

5)体心立方固溶体钒系储氢合金

从冶金角度上讲,固溶合金是指一个或一个以上的元素(溶质)溶入一个基体元素中(溶剂)的固体互溶物。与金属间化合物不同,溶质不必对溶剂以整体或接近整体的化学计量关系存在,而是以随意的替换物或间隙分布在基本晶体结构内而存在。有几种固溶合金可形成可逆氢化物,钒的二氢化物就是其中的典型代表,适于室温下储氢。这些二元或多元钒基固溶体合金都是基于单一体心立方体晶体结构,而它们的二氢化物通常都形成面心立方结构。

最有希望的体心立方固溶体钒系储氢合金是 V-Ti-Fe 合金。例如,在 $(V_{0.9}Ti_{0.1})_{1-x}Fe_x$ 中,x 从 0 变到 0.07,其二氢化物的平台压可以在一个数量级内变化,而不影响容量。$(V_{0.9}Ti_{0.1})_{0.95}Fe_{0.05}$ 的 pCT 性质见表 6.3。

表 6.3　$(V_{0.9}Ti_{0.1})_{0.95}Fe_{0.05}$ 氢化物的 pCT 性质

$\Delta H = -43.2$ kJ/mol	$\Delta S = -0.140$ kJ/(mol · K)
25 ℃　$p_d = 0.05$ MPa	1 MPa p_d 的温度 = 36 ℃
滞后 = 0.80	平台斜率 = 0.45
(H/M)$_\text{最大}$ = 1.95	含量$_\text{最大}$ = 3.7 wt%

为了开发具有高吸氢容量的合金,对 V-Zr-Ti-M(M = Fe、Mn、Ni)系列合金进行的研究表明,合金的具体组成为 V-11.1%Zr-11.1%Ti-11.1%M(M = Fe、Mn、Ni),从其 p-C-T 曲线可知,含 Mn 和 Fe 的样品平台压降低,而含 Ni 的样品吸收氢量最大,且平台最平坦。其中,热处理的 V_x-$(Zr_{0.33}$-$Ti_{0.33}$-$Ni_{0.33})_{100-x}$(x = 75,77.8,80)合金具有最好的性质,如吸氢容量高,平台斜

率最小。当 V 含量超过 80% 时，$p\text{-}C\text{-}T$ 图上产生两个平台区，而且吸氢容量减少。这一合金的优点是吸氢容量高，在 1 MPa 氢压和室温下约 2 wt%，且平台压合适，容易活化。

另外，具有双相结构的 V_3TiNi 固溶体合金，其主相 VTi 基体能大量吸储氢气，第二相 TiNi 析出于主相晶界，以微集流体和电催化相提高合金电化学反应速度，可以应用于电池材料。但将 $V_3TiNi_{0.56}$ 用于 Ni-MH 电池时，由于 TiNi 相逐渐溶入碱液，影响电极寿命。通过添加合金元素 M（如 Al、Si、Mn、Fe、Co、Nb、Mo、Pd 和 Ta 等）可提高 $V_3TiNi_{0.56}M_x$ 电极的循环稳定性。尤其是添加 Nb、Ta、Co 可在不影响电极初容量和活性的情况下，有效提高氢电极循环稳定性。

根据以上对各种 A-B 类型合金储氢材料的简单介绍，可以对各类合金做简要的定性评价，见表 6.4。

表 6.4　各类 A-B 合金的定性评价

性　　质	AB_5	AB_2	AB	A_2B	V 基 BCC
氢含量	中	中/良	中/良	良	良
$p\text{-}C\text{-}T$	良	良	良	差	良
活化性能	良	中	中/差	中	中
循环稳定性	良/中	中/差	中/差	中/?	?
通用性	良	良	良	中/差	中
抗毒化	良	中	差	中	差/?
制造难易	良	良	良	良	中
自燃性	中	差	良	良	良/中
成本	中	良	良	良	中/差

注：? 为不确定。

从表中可以看出，就综合性能而言，AB_5 合金是较好的；AB_5、AB_2、AB 合金在室温附近的 $p\text{-}C\text{-}T$ 性能最全面；AB_2、AB 和 A_2B 的吸氢容量较大，成本低；V 基固溶体容量高，但价格贵，而且对环境有毒害影响。总之，至今还没有一种理想的氢化物合金，需要进一步在上述几种合金的基础上继续研究发展，并寻求新的和不同的途径，包括非晶和纳米晶合金、准晶合金、过渡金属和非过渡金属络合物以及碳等储氢材料。在非晶和纳米晶方面，通常用溅射法和球磨法来制取，这在增加吸放氢动力学已取得了较大的进步。非晶合金没有平台，其性质是亚稳定的，有形成平衡晶和更大的晶粒的倾向。准晶合金也只有有限的几种可用，已形成氢化物的合金是高 Ti 含量的合金，这导致解氢温度高而无法使用。Mg_2NiH_4 是一种过渡金属络合氢化物，Mg 和 Fe 也可形成络合氢化物 Mg_2FeH_6，其吸氢量较高，可达 5.5 wt%，作为储氢材料是有潜力的。问题是如何使过渡金属氢化物的可逆性更大，特别是在低温下释放氢。另一种主要的络合氢化物，如 $LiAlH_4$、$NaBH_4$、$NaAlH_4$、$Mg(AlH_4)_2$ 等，它们都具有很高的吸氢量，长期以来只习惯于用它们同水反应产生氢气，殊不知从气相观点出发，它们是可逆性很强的氢化物。研究发现，$LiAlH_4$ 通过添加催化剂可使其按下式进行可逆反应，即

$$NaAlH_4 \Longleftrightarrow \frac{1}{3}Na_3AlH_6 + \frac{2}{3}Al + H_2 \Longleftrightarrow NaH + Al + \frac{3}{2}H_2$$

上述反应的氢容量为 5.6 wt%,在 150 ℃ 以下的循环条件下,可达 4% 的可逆容量。催化络合氢化物为低温、高容量可逆氢化物提供了一个崭新的领域。

根据未来工业技术的发展趋势,今后能够实际应用的金属储氢材料的性能应达到:在 60 ~ 120 ℃ 的温和环境下,循环吸放氢最小容量在 5.0 wt% 以上,并且兼顾经济、环保等因素。最近报道的 Mg-Li-N-H、Mg-Na-N-H 体系储氢材料给人们展示了在未来汽车工业中美好的应用前景。如 MgH_2-$LiNH_2$ 以 1.1∶2 的比例混合获得的 Mg-Li-N-H 系材料,100 ℃ 时开始放氢,放氢量接近 4.5 wt%,氢平台压为 0.02 MPa,100 次循环吸放氢后储氢容量衰减了 11%,基本满足了汽车用氢的压力和温度条件。$Mg(NH_2)_2$-LiH 以 3∶8 的比例混合获得的 Mg-Li-N-H 系材料,吸放氢温度小于 200 ℃,储氢容量达到 6.9%,非常适合汽车工业的需求。$Mg(NH_2)_2$-NaH 按 2∶3 的比例混合获得的 Mg-Na-N-H 系材料,吸氢温度在 60 ℃,最大吸氢量可以达到 2.17%,120 ℃ 时开始放氢,10 个循环后吸放氢量没有衰减。

总之,可逆金属氢化物的开发已有很长的、有益的和成功的历史,很多合金和金属间化合物在工业应用方面有真正的商业价值和经济效益。然而,那些在室温下能容易释放出它们中的氢的氢化物,其可逆质量氢密度也超不过 2 wt%,这对于用燃料电池的电动车及一些新的应用来说是很不够的。对一些小型、轻质的便携式电器来说,也希望有小型、轻质、大功率的配套电池,这自然就要求储氢合金可逆氢容量大,价格性能比合适,寿命长。然而,从气体反应的观点来看,传统合金和金属间化合物,在 p-C-T 特性和 H 容量方面似乎已达到它们的热力学极限,因此,希望较大的恐怕还要寄托在催化的络合氢化物以及诸如 Mg-Li-N-H 系等材料上。

6.1.3 储氢合金的制备

储氢合金的制备方法对其性能有着重要的影响,各种类型的合金也有不同的制取方法,其中包括感应熔炼法、电弧熔炼法、粉末烧结法、机械合金化法、还原扩散法、共沉淀还原法、置换扩散法和燃烧合成法等。本节主要介绍感应熔炼法、机械合金化法和燃烧合成法。

(1)感应熔炼法

目前工业上最常用的是高频电磁感应熔炼法,其熔炼规模从几公斤至几吨不等。因此,它具有可以成批生产、成本低等优点。缺点是耗电量大、合金组织难控制。

1)感应电炉的工作原理

感应电炉的熔炼工作原理是:通过高频电流流经水冷铜线圈后,由于电磁感应使金属炉料内产生感应电流,感应电流在炉料中流动并产生热量,从而使金属炉料被加热和熔化。具体加热过程如下:

①交变电流产生交变磁场　当交变电流通过水冷线圈时,在线圈所包围的空间和四周就产生了磁场。该交变磁场的极性、强度、磁通量变化率取决于水冷线圈的电流强度、频率和线圈的匝数和几何尺寸。

②交变磁场产生感应电流　一部分磁力线穿透金属炉料,当磁力线的极性和强度产生周期性的交替变化时,磁力线被金属炉料所切割,就在金属炉料之间所构成的回路内产生感应电动势 E 和感应电流 I,其大小分别为:

$$E = 4.44 f\Phi \tag{6.3}$$
$$I = 4.44 f\Phi/R \tag{6.4}$$

式中,Φ 为交变磁场的磁通量,Wb;f 为交变电流的频率,Hz;R 为金属炉料的有效电阻,Ω。

③感应电流转化为热能　金属炉料内产生的感应电流在流动中要克服一定的电阻,从而由电能转化为热能,使金属炉料被加热和熔化。感应电流产生热量的大小服从焦耳楞次定律,即

$$Q = 0.24I^2Rt \tag{6.5}$$

式中,I 为通过炉料的感应电流,A;t 为通电时间,s;R 为金属炉料的有效电阻,Ω。

2)合金熔炼技术

用熔炼法制取合金时,一般都在惰性气氛中进行。加热方式多采用高频感应,该方法由于电磁感应的搅拌作用,熔液顺磁力线方向不断翻滚,使熔体得到充分混合而均质地熔化,易于得到均质合金。但熔炼过程中,由于熔融的金属与坩埚材料反应,有少量坩埚材料溶入合金中。例如,用氧化镁坩埚熔炼稀土系合金时,有 0.2 wt% 的 Mg 溶入;用氧化铝和氧化锆坩埚时,分别有 0.06% ~ 0.18% Al,0.05% Zr 溶入。采用高频感应熔炼时,一般流程如图 6.9 所示(虚线框为不一定处理工序)。

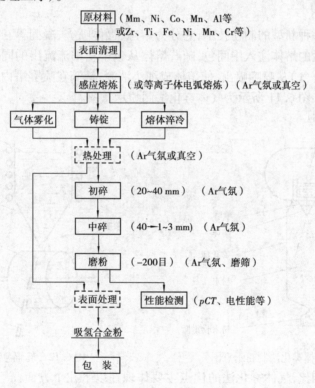

图 6.9　储氢合金制取工艺

3)合金铸造技术

合金经熔炼后需冷却成型,即使熔体冷却固化。常用的合金铸造技术主要有以下几种:

①锭模铸造法

现代锭模铸造技术常采用水冷铜模或钢模,为了提高冷却速度,采用了一面冷却的薄层圆盘式水冷模和双面冷却的框式模。这种方法是目前大规模生产储氢合金常用的、较合适的方法,其熔炼铸造示意图如图 6.10 所示。锭模铸造法对多组元合金而言,因锭的位置不同,合金凝固时的冷却速度不一样,容易引起合金组织或组成的不均质化,因此,使 p-C-T 曲线的平台变倾斜。

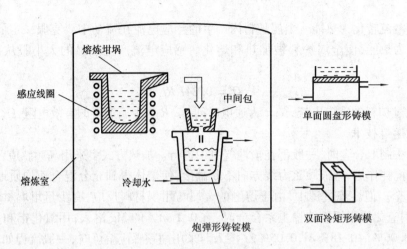

图 6.10　锭模铸造示意图

②气体雾化法

气体雾化法是一种新型的制粉技术,它分为熔炼、气体喷雾、凝固等三步进行。这种方法是将高频感应熔炼后的熔体注入中间包,随着熔体从包中呈细流流出的同时,在其出口处,以高压惰性气体(如 Ar 气)从喷嘴喷出,使熔体成细小液滴,液滴在喷雾塔内边下落边凝固成球形粉末收集于塔底。图 6.11 所示为气体雾化法制粉示意图。

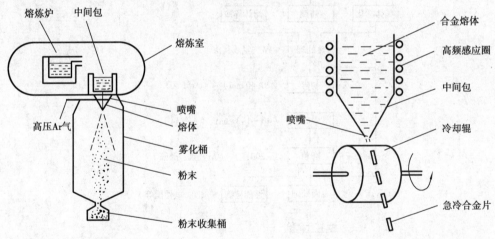

图 6.11　气体雾化法制粉示意图　　　　图 6.12　轧辊急冷示意图

与锭模铸造法相比,气体雾化法的优点主要体现在以下几个方面:a.直接制取球形合金粉。而熔铸—破碎法制备的合金粉末为不规则多边形。一般认为,球形粉末有利于提高电极的循环寿命。b.防止组分偏析,均化、细化合金组织。晶粒显著细化,使氢气扩散通道增加,减少晶胞在吸放氢过程中的膨胀与收缩,可以提高合金的吸氢量和循环寿命。c.工艺周期短,对环境污染小。气体雾化法的不足之处在于,制得的合金粉的氢压平台平坦性差,由于冷却速度大,使粉末中容易产生晶格变形,常需采用热处理予以消除。

③熔体淬冷(急冷)法

熔体淬冷法是在很快的冷却速度下,使熔体固化的方法。例如,将熔融合金喷射在旋转冷却的轧辊上,冷却速度为 $10^2 \sim 10^6$ K/s,由急冷凝固制成薄带。轧辊有单辊和双辊两种,目前用得最多的是单辊法,如图 6.12 所示。这种方法有以下一些特点:a.抑制宏观偏析,析出物细化,电极寿命长。在急冷凝固时,凝固时间短,很难产生宏观偏析,组织均匀、细小。b. 组织均匀,吸放氢特性好。通过急冷得到均质的组织,平台的平坦性得到改善,吸氢量大,电极耐腐蚀性优良,容量高。c. 晶粒细化,合金特性改善。急冷能够产生更多的微晶晶界,增加了氢扩散的路径,使氢扩散速度增大,吸放氢速度提高。

轧辊急冷时,由于从辊面急速夺走热量,存在散热的方向性,形成 30～50 μm 厚的带状合金,垂直冷却面生成柱状晶组织。用这种柱状晶组织发达的吸氢合金作电极时,寿命长、耐腐蚀性优良。如果将这种急冷合金再进行低温热处理,其氢压平台变平坦,电极循环寿命提高。

(2)机械合金化法

机械合金化(Mechanical Alloying,简称 MA)是由美国 J. C. Benjamin 在 20 世纪 60 年代末发展起来的一种制备合金粉末的技术。它是将不同成分的粉末在高能球磨机中进行较长时间的研磨,使其在固相状态下达到合金化的目的。

1)机械合金化过程及特点

机械合金化是利用机械作用使原料发生强烈的变形及粉碎,并在不断的变形、粉碎及焊合的循环中发生合金化,形成均匀的所需成分的合金。由于是在机械作用下实现合金化,因而其产物与普通冶金技术熔配的合金不同,其工艺过程也与粉末冶金方法有所差异。

①机械合金化的工艺因素

由于球磨法容易实现原料的连续反复变形,因此目前所采用的机械合金化方法一般在高能球磨机中进行。

A. 球磨设备　球磨设备决定着对原料施加作用的能力的大小。目前用于机械合金化的球磨机主要有振动式、搅拌式、行星式、滚筒式,如图 6.13 所示。滚筒式球磨由于球运动速度偏低,要产生机械合金化需要有足够长的球磨时间,故主要用于混料。搅拌式球磨效率较高,研磨强度可在较大范围内调整,合金化时间适中。振动式球磨能量大,合金化时间可大幅度缩短,在其他条件相同的情况下,相对搅拌式球磨,合金化时间可以缩短 5～6 倍。行星式球磨与振动式相似,但却存在装料量少的缺点。

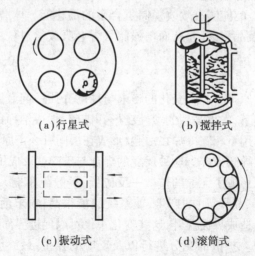

(a)行星式　　　　(b)搅拌式

(c)振动式　　　　(d)滚筒式

图 6.13　机械合金化球磨设备

B. 磨球与球料比　常用的磨球有不锈钢球、硬质合金球、玛瑙球、陶瓷球等。由于磨球在使用过程中会被磨削或产生剥落,对合金组成带来影响,因而应尽量选用与粉料成分大致相同或相近的磨球。磨球的密度和尺寸对球磨效果有影响,通常密度大的磨球效果较好。就尺寸而言,大球在球磨初期作用较大,主要是对粉料进行搅拌和砸碎,而小球则对获得最终细小的产物起主要作用。因此,实际球磨过程中大、中、小球配合使用,可得到较好的球磨效率。球料比的选择也要适中,过大则粉料被碰撞捕获的几率小,磨球自身的损耗增大;过小则磨球之间碰撞减小,滑动数量增多,球磨效率下降。常用球料比为 5～10。

C. 球磨强度　当球磨强度提高时,在一定范围内,合金化效果会更好。球磨强度主要受球磨设备及转速的影响。但是,若球磨强度过高,研磨介质损失大,粉末污染严重。

D. 球磨气氛　当球磨在大气下进行时,由于球磨后的粉末直径在微米级,存在着极大的比表面积,因而活性很大,极易发生严重的氧化,所以一般需要惰性气体(如 Ar 气)的保护或在真空下进行球磨。

E. 添加剂　添加剂的作用是防止球磨中不过分冷焊,以利粉碎,同时,防止粉末大量黏附在磨球及球磨罐壁上。添加剂应易于挥发,且不与原料和磨球等介质发生反应,对粉末的湿润性好。常用的添加剂有甲醇、硬脂酸、四氢呋喃、烷烃等有机物。但是,添加剂也可能成为污染源,因而添加剂的选用及用量应视具体的 MA 过程而定。

②机械合金化的特点

与传统的熔炼法、烧结法和近年来采用的高温自曼延法等比较,机械合金化有其自身的特点:a. 工艺技术简单,过程容易控制。球磨设备制造工艺成熟,产量大,生产成本低,适于工业化,且无需高温熔炼及破碎设备。b. 能够在室温下实现合金化。特别适于熔点或密度相差很大的金属系的合金化,避免偏析和合金烧损,如 Mg-Ni 系,Mg 的熔点为 650 ℃ ,密度为 1.74,而 Ni 的熔点为 1 453 ℃ ,密度为 8.9。熔点和相对密度相差如此之大的两种以上的金属是很难用常规的高温熔炼法制备的。c. 不受混料均匀化的制约,混合及合金化一次完成。d. 制备体系范围大。突破了熔铸法及快速凝固技术的局限,拓宽了合金成分范围,既能制备稳态相,又能制备亚稳、非晶相等。e. 能够有效改善储氢合金的活化能。球磨过程中金属颗粒不断细化,产生大量的新鲜表面及晶格缺陷,从而增强储氢合金吸放氢过程中的反应,有效地降低活化能。

2)机械合金化原理

①机械合金化的基本原理　当合金化的粉末与球磨介质一起装人球磨机后,在磨球的碰撞冲击和摩擦的反复作用下,发生强烈的塑性变形并破碎,形成洁净的原子化表面,这些相互接触的新鲜表面在压力作用下相互冷焊在一起,形成在层间有一定原子结合力的复合颗粒,复合颗粒变形到一定程度又导致破碎。这种反复的焊合与破碎就形成了具有多层结构的复合颗粒,且平均尺寸不断细化,形成了无数的扩散—反应偶,扩散距离也大大缩短。应力应变和大量点阵缺陷(如空位、位错、晶界等)的产生,使系统储能很高,粉末活性被大幅提高;同时,磨球及颗粒间的碰撞瞬间会造成界面温升,这些变化不仅可以促进界面处的扩散,而且可以诱发某些系统的多相化学反应。扩散的充分进行以及反应的伴生,最终会导致均匀合金的形成。因此,机械合金化过程是一个缺陷激励固态原子扩散的过程。

②机械合金化的四个阶段　机械合金化可大致分为 4 个阶段:a. 金属粉末在磨球的作用下产生冷焊及局部层状组织的形成;b. 反复的破裂及冷焊过程产生微细粒子,且复合结构不

断细化绕卷成螺旋状,同时开始进行固相粒子间的扩散及固溶体的形成;c.层状结构进一步细化、卷曲,单个粒子逐步转变成混合体系;d.粒子最大限度地畸变为一种亚稳结构。

3)机械合金化在制取储氢材料上的应用

①在 Mg-Ni 系中的应用　Mg-Ni 合金过去多采用熔炼法、粉末烧结法等制取,但这些方法制备的 Mg-Ni 系合金性能均不理想。因此,采用 MA 制取 Mg-Ni 系合金就成为目前的研究热点。MA 法制取的镁系储氢合金,其储氢性能明显优于传统方法制备的产物。这种方法通常采用行星式球磨机,将 Mg 粉和 Ni 粉等金属粉末按一定比例混匀后,在 Ar 气氛下球磨一定时间而制得合金。这种合金具有准晶、纳米晶,甚至非晶结构。有研究表明,由于机械合金化过程增加了合金的比表面积及晶格缺陷,从而使合金的吸放氢动力学行为等到改善。

②在 Ti-Fe 系中的应用　Ti-Fe 合金虽然可以采用熔炼法制取,但制备出的合金活化条件比较苛刻,初期活化必须在 450 ℃和 5 MPa 的氢压下反复多次才能成为可供使用的储氢合金,而用 MA 合成的 Ti-Fe 合金只需在 400 ℃的真空下加热 0.5 h 就足够了。不仅如此,用 MA 合成的合金的吸放氢性能也优于传统方法制取的合金,如果再添加少量的 Pd,则不经活化处理,在室温下即可吸氢,而且表现出很快的吸氢速率。

③在稀土系合金中的应用　稀土系储氢材料主要用高频感应熔炼法制取。近年来,随着 MA 制取储氢合金的普及,也有研究者用 MA 方法制备该体系的储氢材料,并且多数用于制取复合储氢材料。一些研究结果显示,利用 MA 制备的 $MmNi_{5-x}(CoMnAl)_x/Mg$ 复合储氢合金,与用熔炼法制取的 $Mm(NiCoMnAl)_5$ 相比,活化性能有较大的提高,不需活化或只需活化 1 次即可吸氢,且吸氢动力学性能也有很大的提高。常温下,含 30% Mg 的复合储氢材料的最大吸氢量比铸态合金提高 1.5 倍。

(3)燃烧合成法

燃烧合成法(Combustion Synthesis,简称 CS)又称自蔓延高温合成法(Self-Propagating High Temperature Synthesis,简称 SHS)是 1967 年由苏联科学家 A. G. Merzhonov 等在研究钛和硼粉压制样品的燃烧烧结时发明的一种合成材料的高新技术。它是利用高放热反应的能量使化学反应自发地持续下去,从而实现材料合成与制备的一种方法。

1)燃烧合成法的基本过程

用燃烧合成法制取储氢合金是近年来自蔓延高温合成技术在储氢合金制备领域中新的应用,目前见诸报道的多是制备 Mg-Ni 系合金,称氢化燃烧合成法。该方法的基本过程是:采用高纯镁粉(纯度 99.9%,粒径小于 177 μm)和镍粉(纯度 99.9%,粒径 2～3 μm),按规定比例用超声均质器在丙酮中混合均匀,经充分干燥后,将样品在一定的压力下压成尺寸约为 $\phi100$ mm ×5 mm 的圆柱形坯块;然后将这种坯块用机械破碎加工成小于 3 mm 的碎块,经真空(1.33×10⁻⁴ Pa)除气后,于 1 MPa 纯氢气氛下缓慢加热至 823 K 保温 30 min 后自然冷却,即可完成氢化燃烧合成。

图 6.14 所示为氢化燃烧合成法制取 Mg_2NiH_4 合金的装置示意图。炉承受压力最大 6.0 MPa,最高温度 1 073 K,均温区长度 200 mm。为了保持长的均温区,炉中有 3 个加热区,各为 1 区、2 区和 3 区。每个区有一套电阻丝,用两组热电偶独立控制。一组在炉管内,另一组在炉管外。反应用瓷舟宽 20 mm,深 15 mm,长 150 mm,用于装样品。将其放于内径 50 mm 的炉管中,试验前将其用旋转抽空系统抽至 10⁻⁵ Pa。

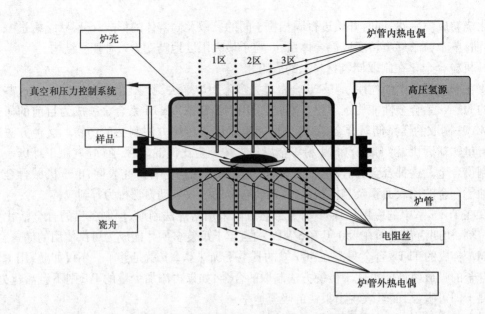

图 6.14 Mg_2NiH_4 氢化燃烧合成用炉示意图

2)燃烧合成法的特点

相比其他合金制备技术,燃烧合成法主要有以下几个方面的特点:a. 燃烧合成法制取的合金不需要经过活化处理即可大量吸氢。金属粉料在氢气气氛中可直接通过高放热化学反应生成合金氢化物(如 Mg_2NiH_4)。b. 材料合成能耗小、速度快、时间短。除了需要提供少许的点火能量外,反应基本上是在自身所产生的热量推动下进行的,最大限度地利用了原子间的化学能,具有明显的节能效果。整个过程通常在几秒钟或几分钟之间就完成,生产效率极高。c. 制备的合金纯度高。反应过程燃烧波前沿的温度极高,可蒸发掉原始坯样中的杂质元素,得到高纯度的合成产物。d. 制备的合金活性大,具有高的吸氢能力。由于升温及冷却速度快,易于形成高浓度缺陷和非平衡结构,从而生成高活性的亚稳态产物,也使合金的吸氢能力显著提高。有研究表明,用氢化燃烧合成法合成的 Mg-1% Ni 储氢合金,不必进行活化处理,其吸氢量高达 7.2wt% 。

6.1.4 储氢合金的应用

储氢合金是一种新型功能材料,也是一种高密度储能材料,广泛应用于氢的储存、运输,氢气的分离和净化,合成化学的催化加氢和脱氢,镍氢电池(Ni-MH),氢能汽车,以及金属氢化物热泵、空调与制冷等。有的已形成产业,有的应用领域正在不断拓宽,而且储氢材料应用的工程技术不断取得新进展。

储氢材料的应用主要是基于储氢合金所具有的下列基本特性:

①选择性吸氢特性;

②原子态方式的高密度储氢能力;

③吸氢放热与放氢吸热的热效应;

④碱液中的电化学吸放氢及电催化活性;

⑤氢同位素分离效应;

⑥氢平衡压力与温度呈指数关系等。

（1）储氢合金在能量转换技术中的应用

储氢合金是一种多功能能量变换材料，应用前景十分广泛，除了在电池上的应用已进入商业化阶段，在电动汽车、燃料电池方面也进行了广泛的研究、开发和应用，产生了广泛的社会效益和经济效益。

1）在储氢与输氢技术中的应用

①金属氢化物的储氢特点

氢能源是未来社会的新能源和清洁能源之一，它的关键技术之一就是安全而经济地储存和输送。目前，就储氢技术而言，主要有物理储氢和化学储氢两类，前者如高压钢瓶储氢、液化储氢、碳纳米管储氢、玻璃微球储氢等，其中，高压钢瓶储氢和液化储氢是工业上常用的储氢方式，它们均存在着许多缺点，这在本章前言中已有述及。后者包括金属氢化物储氢、有机液态氢化物储氢、无机物储氢和铁磁性材料储氢等，其中，金属氢化物储氢是最有前景的储运氢气的方式之一。由于在这种储氢技术中，氢是以原子态储存在合金中的，因此，当它们重新放出来时，经历扩散、相变、化合等过程，受到热效应与速度的制约，不易爆炸，安全程度高，而且金属氢化物储氢密度比液氢还高。

②金属氢化物储氢装置

利用储氢材料储氢主要是将储氢材料装入一种特殊结构的密闭容器中，使储氢材料充分吸氢后以备利用或储运。这种容器就是金属氢化物储氢装置，它是一种金属—氢系统反应器，由于存在氢化反应的热效应，储氢装置一般为热交换器结构。有固定式和移动式两种类型，其中，移动式储氢装置主要用于大规模储存和输送氢气以及车辆氢燃料箱等供氢场合。储氢合金有 AB 系、AB_2 系、AB_5 系等，典型合金系列为 Mm-Ni-Mn 系、Ml-Ni-Al 系、Ti-Zr-Mn-V-Cr 系和 Ti-Zr-Fe-Cr-Mn 系。

图 6.15 所示为我国自主开发的一种小型便携式金属氢化物储氢器，其储氢密度为 1.5～2wt%，与液氢相当，氢气纯度高达 99.999 9%，储氢压力低于 3 MPa，可在 60 ℃以下实现吸放氢，适于作为燃料电池氢源，可应用在手机、电动工具、电动自行车、摩托车以及电动汽车上，也可用做半导体拉单晶、离子溅射等的高纯氢源。

图 6.15 金属氢化物储氢器

金属氢化物储氢装置的结构多种多样，有内部间隔型、单元层叠型、双螺旋管式热交换型、分割型以及套筒形翅片型等。图 6.16 所示为日本研制的一种汽车用储氢桶结构略图。该装置为 SUS 钢制卧式圆筒形，直径 320 mm，长 2 100 mm，内部容积为 140 L，储氢合金为 $LaNi_5$ 型，合金充填量为 480 kg（约 60 L），容器质量为 183 kg，总质量 663 kg，热交换形式为温水加热式内部热交换器，传热面积 21.5 m^2。该储氢桶的储氢量约为 80 Nm^3，有效储氢量约为 70 Nm^3。在 2.5 MPa 压力下，充填时间为 1.5 h。

2）在蓄热与输热技术中的应用

①金属氢化物蓄热装置

金属氢化物在高于平衡分解压力的氢压下，金属与氢的反应在生成氢化物的同时，要放出

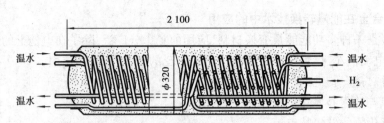

图 6.16　金属氢化物储氢桶略图

相当于生成热的热量 Q,如果向该反应提供相当于 Q 的热能,使其进行分解反应,则氢就会在相当于平衡分解压力的压力下释放出来。这一过程相当于热—化学(氢)能变换,称为化学蓄热。这些能量变换过程就是利用了储氢材料的吸收与释放氢的化学反应过程。利用这种特性,可以制成蓄热装置,储存工业废热、地热、太阳能热等热能,即将这类能源通过储氢合金置换成化学能并储存起来,在需要时提供稳定的热能。

对于作为化学蓄热的储氢材料来说,其基本要求与吸氢合金最大的不同就在于:单位质量或单位体积的蓄热量要大,即合金氢化物的生成热要大;除此之外,这类合金还应具备与氢反应的速度快,可逆性好,工作温度范围宽(-20 ~ 1 000 ℃)和平衡分解压范围宽(0.1 ~ 几十兆帕)等条件。

由储氢材料构成的蓄热系统要使用两种金属氢化物,一是蓄热介质的氢化物,二是储氢介质用氢化物。两种氢化物的平衡特性应该不同,氢气由前者流向后者时蓄热,反方向流动时放热。目前,用金属氢化物制作蓄热装置的实际应用报道不多,日本有几家单位进行了开发,如日本化学技术研究所开发的氢化物蓄热装置,蓄热槽为管束结构,由 19 根气瓶组成,里面充填 6.27 kg Mg$_2$Ni 合金,蓄热容量约为 8 371 kJ,装置的总传热系数为 837 kJ/(h·m^2·K)。该系统可有效利用 300 ~ 500 ℃的工厂废热和用于间歇式反应槽热源的节能系统中。

②金属氢化物热泵

新型金属氢化物热泵空调系统被认为是最有前景的替代产品之一,它具有以下优点:a. 可利用废热、太阳能等低品位的热源驱动热泵工作,是唯一由热驱动、无运动部件的热泵;b. 系统通过气固相作用,因而无腐蚀,由于无运动部件,因而无磨损、无噪声。c. 系统工作范围大,且工作温度可调,不存在氟利昂对大气臭氧层的破坏作用。d. 可达到夏季制冷、冬季供暖的双效目的。因此,氢化物热泵成为近年来的开发热点。

金属氢化物热泵是以氢气为工作介质,以储氢合金作为能量转换材料,由同温度下分解压不同的两种储氢合金组成的热力学循环系统,利用它们的平衡压差来驱动氢气流动,使两种氢化物分别处于吸氢(放热)和放氢(吸热)状态,从而达到升温增热或制冷的目的。已开发的氢化物热泵按其功能分为升温型、增热型和制冷型三种,按系统使用的氢化物种类可分为单氢化物热泵、双氢化物热泵和多氢化物热泵三种。

氢化物热泵所用储氢合金材料主要有 AB$_5$ 型合金,以 LaNi$_5$、MmNi$_5$ 等为典型代表,用 Zr、Mn、Fe、Cr、Al、Cu 等元素部分取代 Ni,调整平台压力,改善氢化物的 ΔH 值,还有抑制合金粉化的作用。AB$_2$ 型合金,以 ZrMn$_2$、ZrCr$_2$ 系多元合金最具应用前景。AB 型合金,主要是 TiFe 及其合金化产物。

（2）储氢合金在热—机械能转换中的应用

金属氢化物平衡分解压力随温度变化而差别很大。利用低温热源和高温热源改变氢化物的温度，并将产生的压力变化传给活塞，就可使吸收的热能变为机械能后输出，制造出各种压力传动机械；或者制出高压氢，直接装入钢瓶；制成传感器通过压力来测温等。可见，金属氢化物的热—机械能转换功能是十分有用的，特别是对利用低品位热源有着重要的意义。

储氢合金在热—机械能转换中的重要应用之一就是金属氢化物氢压缩机。传统的氢压缩方法是采用往复式机械压缩机，它们不但能耗高，而且有磨损、振动大、噪声高等缺点。另外，由于润滑剂的污染和密封衬垫的泄漏，很难用以制取高纯氢。利用金属氢化物进行氢的压缩是一种化学热压缩，其优点是：①运转安静，无振动；②无驱动部件，易维修；③器件体积小，质量轻，其质量和体积可减至机械压缩机的 1/5；④释放氢的纯度高，氢气里绝无油、水和空气；⑤可以利用废热，耗电量少，运输费低；⑥多段压缩可产生高压。唯一的缺点是氢流量受合金吸收、释放氢的循环速度限制。

金属氢化物氢压缩机是利用氢化物的压力—温度特性进行工作的。储氢材料在室温和较低压力下吸收氢气形成金属氢化物，饱和后提高金属氢化物的温度，则其平衡压力将相应提高，因此，处于高温的氢化物可以释放相应高压的氢气，实现热能与机械能之间的转换，这就是金属氢化物的化学热压缩原理。

目前，大多数氢压缩机均采用 AB_5 系和 AB 系储氢合金，也有用 V 系氢化物。几种金属氢化物在 25 ℃ 和 85 ℃ 时的热压缩比和生成热见表 6.5。可见，氢化物的平衡分解压力随温度上升而增高，而且 25 ℃ 和 85 ℃ 时的热压缩比按生成热绝对值大小顺序增加。

表 6.5　几种金属氢化物 25 ℃ 和 85 ℃ 时的热压缩比和生成热

储氢合金	氢化物的平衡分解压/MPa		热压缩比	生成热 /(kJ/mol)
	25 ℃	85 ℃		
TiFe	0.48	2.8	5.8	−28
$MmNi_{4.5}Al_{0.5}$	0.39	2.4	6.2	−28
$Fe_{0.9}Mn_{0.1}Ti$	0.28	1.9	6.8	−29.3
$LaNi_5$	0.17	1.3	7.6	−31.0
$CaNi_5$	0.05	0.44	8.8	−31.8
$LaNi_{4.7}Al_{0.3}$	0.045	0.40	8.9	−33.9

（3）储氢合金在其他方面的应用

1）氢的分离、回收与净化

在工业生产中，有大量含氢的废气被排放到空气中，含氢量有些达到 50% ~ 60%，而目前很多是排空或白白燃烧处理。如果能对其加以分离、回收，则可节约巨大的能源，同时还能够减轻工业废气对环境的污染。储氢材料具有选择性吸氢特性，对工业含氢废气中的 Ar、N_2、CH_4、CO、CO_2、NH_3 等气体吸附量很低。因此，利用储氢合金不但可以分离、回收废气中的氢，还可以制备 99.999 9% 以上的高纯氢气，而且价格便宜、安全，具有十分重要的社会效益和经济意义。

利用储氢材料分离、净化氢的原理：一是金属与氢反应生成金属氢化物，加热后放氢的可逆反应；二是储氢材料对氢原子有特殊的亲和力，对氢有选择性吸收作用，而对其他气体杂质则有排斥作用。氢化反应时，氢被储氢材料吸收，而杂质气体除极少数物理吸附于氢化物颗粒表面外，绝大多数将浓缩于容器的死空间。将浓缩杂质的氢气排出，然后加热氢化物层，就可以得到高纯氢。如果将得到的氢气再送到吸氢合金里，反复进行多段精制，最后就会得到纯度极高的氢气。

用于氢的分离、回收和净化的合金要求与储氢用合金一样，需要储氢量大、易活化、反应迅速、耐毒化、抗粉化能力强、成本低等。目前常用的合金有：$LaNi_5$、$LaCu_4Ni$、$MmNi_{4.5}Al_{0.5}$、$TiFe_{0.85}Mm_{0.15}$、$LaNi_{4.7}Al_{0.3}$、$TiFe_{0.85}Ni_{0.15}$、Mg_2Ni、$TiMn_{1.5}$、$CaNi_5$、$Ti_{0.8}Zr_{0.2}Cr_{0.8}Mn_{1.2}$、$MmNi_5$ 等。

2）金属氢化物氢同位素分离

核工业中常常大量应用重水（D_2H）作原子裂变反应堆的冷却剂和中子减速剂，氚则是核聚变反应的主要核燃料。同时，由于氚具有放射性，回收核裂变反应废物的氚，以减少氚释放进入大气环境。因此，氢同位素分离在核工业中具有重要意义。

一般金属氢化物都表现出氢的同位素效应。金属或合金在吸气、氘、氚的平衡压力和吸附量上有差异，气、氘、氚在合金中的扩散速度和吸收速度也存在着差异，因而利用这些特性可以分离氢（H_2）与氘（D_2）。例如，TiNi 合金吸收 D_2 的速度为 H_2 的 1/10。将含 7% D_2 的 H_2 导入到充填 TiNi 合金的密闭容器里，并加热到 150 ℃，每操作一次可使 D_2 浓缩 50%。这样，通过多次压缩和吸收或通过料柱，氘的浓度可迅速提高，最终实现 H_2 和 D_2 分离。

3）金属氢化物催化剂

储氢材料与氢反应时，由于氢是被吸附后分解成单原子而进入材料中的，这说明储氢材料的表面具有相当大的活性。有氢参与的反应，有望产生高的活性和特殊性。如果能灵活应用储氢材料的吸氢能力，就可以将加氢和脱氢结合起来，将储氢材料应用于合成化学中加氢与脱氢反应的催化剂。

目前报道的储氢材料作为催化剂的应用主要有下列几方面：烯烃、有机化合物的氢化反应；一氧化碳、二氧化碳的氢化反应（炭化氢与乙醇合成）；氨合成；乙醇、炭化氢的脱氢反应；氢化分解反应；结构异性化反应等。这些催化剂反应分别利用吸氢合金的不同特征和功能。

已研究的用于催化反应的储氢合金有几十种，分别有不同的用途。例如，$LaNi_4M$（M = Mn、Fe、Co、Cu）、TiFe 合金在合成氨反应中具有良好的催化活性，特别是在 TiFe 合金中加入少量 Ru，可使 TiFe 的活性提高 5 倍。$LaNi_5$、$ThNi_5$ 等储氢合金对 CO 甲烷化反应具有较高的催化活性，在 250 ℃，当 CO：H_2 物质的量比为 1：3，通过 $LaNi_5$ 粉末时，很快生成了 CH_4。实验表明，$LaNi_5H_x$ 的活性比工业用镍粉高。Mg_2Cu 合金用于天然脂肪酸合成 C_{18} 醇中的催化剂，可克服传统 Cu-Cr 催化剂需要高温高压的苛刻反应条件，产率可达 100%。采用 $MmNi_5$、$CeNi_5$ 等作催化剂，能使异戊二烯加氢全部转变为异戊烷。$LaNi_{5-x}Cu_x$ 合金适当处理后，对硝基苯加氢反应也具有较高的活性。TiFe、$TiFe_{0.9}Mn_{0.1}$、$LaNi_{4.7}Al_{0.3}$ 等合金对甲醇脱氢反应具有较高的催化活性。

总之，储氢材料的应用远不止这些方面。随着储氢材料新品种的研究开发和性能的不断改进，其应用领域必将进一步扩大，尤其是高技术领域的应用，必将促进储氢材料的快速发展。

6.2　金属氢化物镍电池材料

金属氢化物镍电池是在研究能源基础上发展起来的一种高科技产品,它是集能源、材料和环境于一体的新型化学能源,是继 1859 年发明的铅—酸电池和 1899 年发明的镍—镉电池之后,于 20 世纪 90 年代发明的第三代实用二次电池。

镍—金属氢化物电池(Ni-MH)是以储氢合金做负极,$Ni(OH)_2$ 做正极,KOH 水溶液做电解液的二次电池或蓄电池。20 世纪 70 年代初,Justi 等发现 $LaNi_5$ 和 TiNi 系合金不仅具有阴极储氢能力,而且对氢的阳极氧化也有催化作用。但由于当时材料本身性能方面的原因,未能使储氢合金作为电池负极的新材料而走向实用化。1984 年以来,荷兰 Philips 公司、日本松下电池公司以及国内一些科研院所致力于多元储氢合金电极材料的研究开发,使 $LaNi_5$ 基多元合金在循环使用寿命方面获得突破。1990 年,Ni-MH 电池首先由日本商业化,为储氢材料的实用化展现了光明前景。

6.2.1　Ni-MH 电池的工作原理

Ni-MH 电池是利用储氢合金的电化学吸放氢特性和电催化活性原理研制的,它以 $Ni(OH)_2$ 电极为正极,以金属氢化物电极为负极,KOH 水溶液为电解质组成。其充放电机理非常简单,仅仅是氢在金属氢化物(MH)电极和 $Ni(OH)_2$ 电极之间在 KOH 水溶液中的运动。或者说,充放电过程只是氢(原子)从一个电极转移到另一个电极的反复过程。如图 6.17 所示,充电时,因负极电解水的作用,产生氢原子,于是在负极(即金属氢化物电极上),氢原子被吸附,继而扩散进入电极材料(M)中,形成氢化物,实现负极储氢;在正极上,电极材料 $Ni(OH)_2$ 与电解液中的 OH^- 反应生成 NiOOH,OH^- 则转变为 H_2O,并释放出一个电子流向负极。放电时,氢化物发生分解,放出氢原子并被氧化生成 H_2O,并放出电子流向正极;而在正极,NiOOH 与 H_2O 反应逆转变为 $Ni(OH)_2$。其电极反应为:

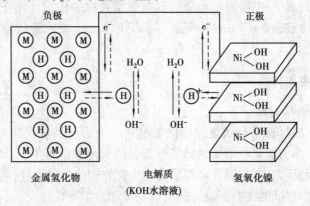

图 6.17　Ni-MH 电池的工作原理

正极　　$Ni(OH)_2 + OH^- \underset{\text{放电}}{\overset{\text{充电}}{\rightleftharpoons}} NiOOH + H_2O + e^-$

负极　　$M + H_2O + xe^- \underset{\text{放电}}{\overset{\text{充电}}{\rightleftharpoons}} MH_x + xOH^-$

电池反应为： $$M + x\mathrm{Ni(OH)}_2 \underset{\text{放电}}{\overset{\text{充电}}{\rightleftharpoons}} \mathrm{MH}_x + x\mathrm{NiOOH}$$

式中,M 代表储氢材料,MH_x 为金属氢化物。从上述三式可以看出,电池反应的最大特点是:无论是正极还是负极,都是在氢原子进入到固体内进行的反应,不存在过去水溶液二次电池所共有的溶解、析出反应的问题。在 Ni-MH 电池反应中,从表面上来看,只是氢原子在正、负极间的移动;也就是说,储氢合金本身并不作为活性物质进行反应,而是作为活性物质氢的储藏体和电极反应触媒而起作用的。因此,即使高密度的填充氢化物,也能使电极反应顺利进行,并能确保高的活性物质利用率。

6.2.2 Ni-MH 电池的特点

与至今仍在应用的 Ni-Cd 电池相比,Ni-MH 电池具有以下显著优点:
①能量密度高。对于同外形尺寸的电池,Ni-MH 电池的容量是 Ni-Cd 电池的 1.5~2 倍。
②不污染环境。无重金属 Cd 对人体的危害,Ni-MH 电池又被称为绿色电池。
③充放电速度快。可实现大电流快速充、放电。
④耐过充、放电能力强。
⑤记忆效应少。基本上不需要完全放电后再进行充电。
⑥可与 Ni-Cd 电池互换。Ni-MH 电池的主要特性与 Ni-Cd 电池相近,工作电压同为1.2 V,因此,与 Ni-Cd 电池有互换性。

6.2.3 Ni-MH 电池的结构

目前市售 Ni-MH 电池主要有圆筒形、方形和扣式三类。图 6.18 是圆筒形 Ni-MH 电池的结构示意图和断面示意图。可以看出,电池由外壳、正极片、负极片以及正负极极耳(导电带)、密封圈、放气阀帽(正极)和隔膜等组成。电解液被吸附于各极片及隔膜中间,其中负极极耳有时省去,单靠负极与外壳内部及底部接触而导电。其导电性要比有极耳的负极差,特别是要求大电流放电的电池,这种导电极耳是不可少的,否则将严重影响大功率放电性能。另外,正极帽中放气阀现多采用橡皮球,也可达到与弹簧同样的作用。外壳多采用镀镍薄钢板,即优质低碳钢,外表层镀镍 3~5 μm,内表层不小于 0.2 μm,要求镀层均匀、致密、无锈点、擦伤、划痕等机械缺陷。

6.2.4 Ni-MH 电池材料

(1)Ni-MH 电池负极材料

Ni-MH 电池的负极材料是金属氢化物储氢材料。决定金属氢化物电极性能的最主要因素是储氢材料本身。作为氢化物电极的储氢合金必须满足如下基本要求:①高的阴极储氢容量;②合适的室温平台压力;③在碱性电解质溶液中良好的化学稳定性,电极寿命长;④良好的电催化活性和抗阳极氧化的能力;⑤良好的电极反应动力学特性。

目前,在大规模电池生产中,Ni-MH 电池负极用材料主要采用稀土系 AB_5 型(中国和日本及德、法等国),美国和日本个别厂家采用 AB_2 型储氢合金,典型组成见表 6.6。其他类型的储氢合金尚未在 Ni-MH 电池中得到应用。

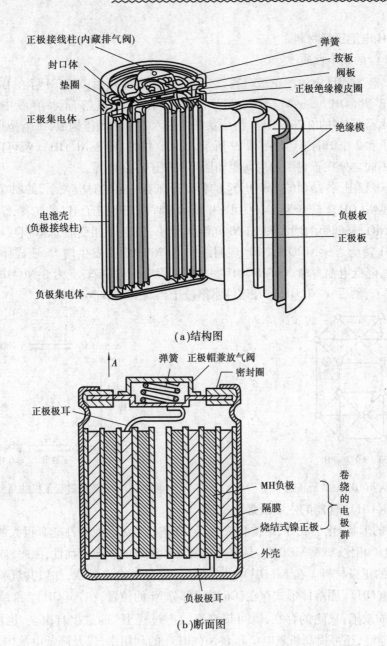

（a）结构图

（b）断面图

图 6.18　圆筒形 Ni-MH 电池的结构示意图和断面示意图

表 6.6　Ni-MH 电池负极用储氢合金

合金类型	组　成	储氢量 /wt%	理论容量 /[（mA·h）·g⁻¹]	有效容量 /[（mA·h）·g⁻¹]
AB₅	$MmNi_x(MnAl)_yCo_z$ （$x = 3.5 \sim 4.0$；$y = 0.3 \sim 0.8$；$z = 0.4 \sim 0.75$； $x + y + z = 4.8 \sim 5.2$）	1.3	348	330
AB₂	$Zr_{1-x}Ti_xNi_a(Mn、V)_b(Co、Fe、Cr)_c$ （$a = 1.0 \sim 1.3$；$b = 0.5 \sim 0.8$；$c = 0.1 \sim 0.2$； $a + b + c = 2$）	1.8	482	420

(2) Ni-MH **电池正极材料**

1) $Ni(OH)_2$ 的基本性质

$Ni(OH)_2$ 是 Ni-MH 电池的正极材料,它存在 α、β 两种晶相,NiOOH 存在 β、γ 两种晶相。目前使用的 β-$Ni(OH)_2$, α-$Ni(OH)_2$ 极不稳定,在碱性电解质水溶液中很快转变成 β-$Ni(OH)_2$。结晶完好的 β-$Ni(OH)_2$ 由层状结构的六方单元晶胞构成,每个晶胞有 3 个 Ni 原子、2 个 O 原子和 2 个 H 原子,如图 6.19 所示。α-$Ni(OH)_2$和 β-$Ni(OH)_2$ 都可以看成是 NiO_2 的层状堆积,不同之处在于它们的层间距和层间的粒子存在差异。

在充放电过程中,各晶型的 $Ni(OH)_2$ 的转变存在着一定的对应关系,如图 6.20 所示。在正常充电时,β-$Ni(OH)_2$ 转变为 β-NiOOH,相变的过程中产生质子 H^+ 的转移,结合到 NiO_2 结构中,伴随着 NiO_2 层间距的增大和 Ni-Ni 间距的减小,以至于相变后总体积减小。在过充条件下,β-NiOOH 转变为 γ-NiOOH, NiO_2 层间距和 Ni-Ni 间距都发生增大,造成体积发生膨胀,导致电池开裂,降低电池寿命。γ -NiOOH 在放电过程中,不直接转变为 β-$Ni(OH)_2$,而是先转变为 α-$Ni(OH)_2$,然后 α-$Ni(OH)_2$ 在碱性水溶液中再转变为 β-$Ni(OH)_2$。

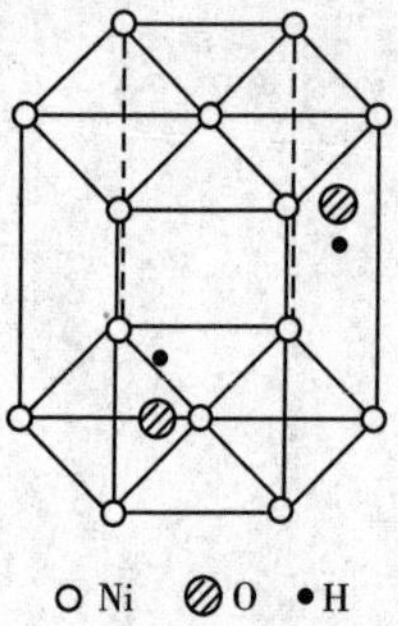
○ Ni ◍ O • H

图 6.19 β-$Ni(OH)_2$ 单元晶胞

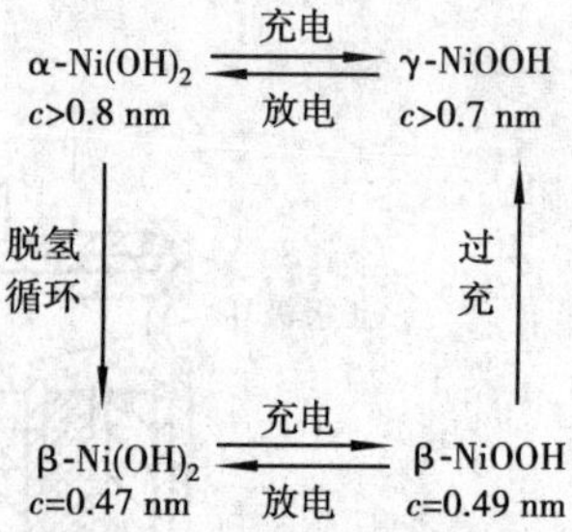
充电
α-Ni(OH)2
c>0.8 nm
放电
γ-NiOOH
c>0.7 nm
脱氢
循环
过
充
充电
β-Ni(OH)2
c=0.47 nm
放电
β-NiOOH
c=0.49 nm

图 6.20 充放电过程正极的晶型转变关系

2) 影响 $Ni(OH)_2$ 性能的主要因素

$Ni(OH)_2$ 的形状、化学成分、结构和缺陷、粒径分布等对电池的性能有很大的影响。同无规则的 $Ni(OH)_2$ 相比,球型$Ni(OH)_2$具有高的密度和良好的填充流动性,因此,球型 $Ni(OH)_2$ 成为广泛应用的正极材料。在 $Ni(OH)_2$ 中,添加一定量的合金元素,如以共沉积方式添加的钴,以 $Ni_{1-x}Co_x(OH)_2$ 固溶体形式存在,Co 取代部分 Ni 的位置,在 $Ni(OH)_2$ 和 NiOOH 晶格中形成阳离子杂质缺陷,缺陷的存在,既可提高充放电过程 H^+ 的进出自由度,也可提高 Ni^{2+}/Ni^{3+} 反应的可逆性,还可提高析氧电位和 β-$Ni(OH)_2$ 的利用率,以及降低电池内压等,使得电池的综合性能得到提高。Co 的添加量在 3% 以下较为合适,过高的 Co 添加量对电化学性能的提高无益。Watanabe 等的研究认为,小微晶的 $Ni(OH)_2$ 表现出质子扩散系数大和充放电性能好的特性。也有学者研究了纳米 $Ni(OH)_2$ 作为电极材料的性能,表现出许多优点,如平均粒径小、比表面积大、压实密度高以及比容量高等,它的性能见表 6.7。其他因素(如温度、时效时间的影响等)可进一步阅读其他的文献。

3) 球型 $Ni(OH)_2$ 的制备方法

球型 $Ni(OH)_2$ 的制备方法主要有化学沉淀法、高压水解法、氧化法和金属镍电解沉积法等。其中,化学沉淀法是目前广泛应用的一种方法。它是将镍盐或镍络合物与碱反应形成 $Ni(OH)_2$晶核,并在特定条件下使晶核形成球形的 $Ni(OH)_2$ 晶粒。化学沉淀反应是在特定结

表6.7 Ni(OH)$_2$的物理性质

类 型	平均粒径/μm	比表面积/(m^2·g^{-1})	压实密度/(g·mL^{-1})	比电容量/[(mA·h)·mL^{-1}]	质子扩散系数/(cm^2·s^{-1})
纳米Ni(OH)$_2$	0.005~2.2	36.5	2.3~2.5	700	1.1×10^{-10}
普通球镍	10~20	9.9	2.0~2.1	500	3.5×10^{-11}

构反应器中进行的,主要通过调节反应温度、pH值、加料量、添加剂、进料速度和搅拌强度等工艺参数控制晶核的形成速率和长大,Ni(OH)$_2$晶粒长大到一定尺寸时流出釜体,经干燥、洗涤、再干燥、筛分等程序形成球型Ni(OH)$_2$颗粒。原材料一般采用硫酸镍、氢氧化钠、氨水和少量添加剂。下面是采用控制结晶法制备高密度高活性球形Ni(OH)$_2$的方法,结晶法制备Ni(OH)$_2$的化学反应为:

$$NiSO_4 + 2NaOH = Ni(OH)_2\downarrow + NaOH$$
$$K_{sp} = [Ni^{2+}]\cdot[OH^-]^2 = 2.02\times10^{-15} \tag{6.6}$$

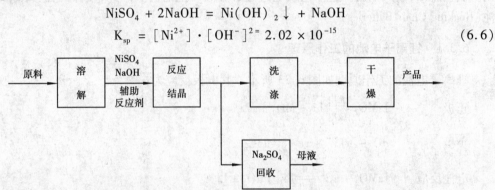

图6.21 制备球形Ni(OH)$_2$工艺流程示意图

这种方法的特点是通过严格控制母液的酸度,进而控制Ni(OH)$_2$在溶液中的过饱和度,最终实现对晶体的成核和长大速度的有效控制。二者速度比例合适时,从溶液中不断析出的Ni(OH)$_2$,在搅拌情况下即可经成核、长大、集聚和融合过程,逐渐生长成大小合适、比较密实的球形或类球形颗粒,其工艺流程和反应器分别如图6.21和图6.22所示。原料液连续进入反应器,生成的Ni(OH)$_2$及母液连续排出,经固液分离、洗涤和干燥得到产品。

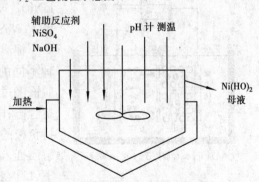

图6.22 球形Ni(OH)$_2$结晶反应器示意图

NiSO$_4$溶液中可加入各种添加剂,例如:Co^{2+}、Zn^{2+}、Cd^{2+}等。常用的辅助反应剂是氨水或铵盐等,其作用是帮助调节溶质的过饱和度。

高压水解法是:在高压下,镍与水反应形成Ni(OH)$_2$;氧化法是:镍粉在硝酸水溶液中,直接转化为Ni(OH)$_2$,金属镍电解沉积法是:在外电流作用下,镍阳极氧化为Ni^{2+},水在阴极产生OH$^-$,二者反应形成Ni(OH)$_2$。

（3）Ni-MH 电池的电解质

电解质需要有高的离子传导能力,目前使用的电解质主要是 KOH 水溶液,也有用 LiOH 水溶液作为电解质。它们具有强的碱性,对电极有很强的腐蚀作用。同时,液体电解质也给电池加工带来不便。开发高导电性能的固体或凝胶电解质来代替碱性水溶液,将是 Ni-MH 电池发展的一个方向。

6.3 锂离子电池材料

锂离子电池是 20 世纪 90 年代发展起来的新一代高性能二次电池,这种电池的正负极均采用可供锂离子(Li^+)自由嵌脱的活性物质,充电时,Li^+ 从正极逸出,嵌入负极;放电时,Li^+ 则从负极脱出,嵌入正极。这种充放电过程,恰似一把摇椅。因此,这种电池又称为摇椅电池(Rocking Chair Batteries)。

6.3.1 锂离子电池的工作原理

锂离子电池的工作原理如图 6.23 所示。其电极反应为:

正极 $\qquad LiMO_2 \underset{\text{放电}}{\overset{\text{充电}}{\rightleftharpoons}} Li_{1-x}MO_2 + xLi^+ + xe$

负极 $\qquad nC + xLi^+ + xe \underset{\text{放电}}{\overset{\text{充电}}{\rightleftharpoons}} LiC_n$

电池反应 $\quad LiMO_2 + nC \underset{\text{放电}}{\overset{\text{充电}}{\rightleftharpoons}} Li_{1-x}MO_2 + Li_xC_n$

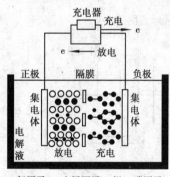

○氧原子;● 金属原子;● 锂;● 碳原子

图 6.23 锂离子电池工作原理

反应式中,M 为 Co、Ni、Fe、W 等;正极化合物有 $LiCoO_2$、$LiNiO_2$、$LiFeO_2$、$LiWO_2$ 等;负极化合物有 Li_xC_6、TiS_2、WO_3、NbS_2、V_2O_5 等。

锂离子电池实质上是一浓度差电池,正负电极由两种不同的锂离子嵌入化合物组成。充电时,Li^+ 从正极脱嵌经过电解质进入负极,负极处于富锂态,正极处于贫锂态,同时,电子的补偿电荷从外电路供给到负极,保持负极的平衡。放电时则相反,Li^+ 从负极迁出,经过电解质插入正极,正极处于富锂态。在正常充放电的情况下,Li^+ 在层状结构的碳材料和层状结构氧化物的层间嵌入和脱出,一般只引起层间距的变化,不破坏晶体结构,在充放电的过程中,负极材料的化学结构基本不变。

锂离子电池的工作电压与构成电极的 Li^+ 嵌入化合物和 Li^+ 的浓度有关。目前用做锂离子电池的正极材料是过渡金属和锰的离子嵌入化合物,负极材料是锂离子嵌入碳化合物,常用的碳材料有石油焦和石墨等。

锂离子蓄电池的一般特性是:①工作电压高(3.6 V);②比能量密度高;③自放电率小;④无记忆效应;⑤不含有毒物质;⑥循环寿命长等。

6.3.2　锂离子电池材料

(1)锂离子电池正极材料

锂离子电池正极材料主要有:层状 $LiMO_2$ 和尖晶石型 LiM_2O_4(M＝Co、Ni、Mn、V 等过渡金属离子)以及 $LiNi_xCo_{1-x}O_2$ 等锂的过渡金属氧化物,它们的工作电压在 4 V(相对锂电极)左右。这些锂金属复合氧化物正极材料可以可逆地脱出插入锂,称为锂的插入化合物,同时作为锂离子电池所需锂源,在充放电过程中,在正负极之间往返进行锂离子的脱出插入可逆过程。

1)$LiMO_2$ 型化合物

①$LiCoO_2$

$LiCoO_2$ 属于 α-$NaFeO_2$ 六方型结构,具有二维层状结构,适宜锂离子脱嵌。它的理论组成为锂含量7.1%,钴含量60.2%,商品中它们的含量会有少许变化。$LiCoO_2$ 的结构如图6.24所示,由紧密排列的氧离子与处于八面体间隙位置的 Co 形成稳定的 CoO_2 层,嵌入的锂离子进入 CoO_2 层间,占据空的八面体间隙位置,这些位置连成一维隧道,二维、三维空间,便于锂离子的传输。锂离子和 Co 可以占据所有八面体间隙位置,因此,$LiCoO_2$ 有较大的比容量。

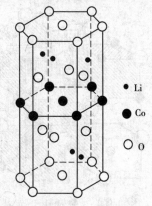

图6.24　$LiCoO_2$ 六方晶系结构

在充电过程中,$LiCoO_2$ 有两个平台,在较低电压的主平台是由缺锂的 α 相和富锂的 β 相共存所致,而在较高电压的小平台是由于六方晶型与单斜晶型之间发生的相变所致。$LiCoO_2$ 的充电电压高于4.3 V 时,晶格 c 轴急剧下降,容易造成晶格结构的变化。由于其制备工艺简便,性能稳定,比容量高,循环性好,目前商品化锂离子电池大都采用 $LiCoO_2$ 作为正极材料。

$LiCoO_2$ 的合成方法主要有高温固相合成法和低温固相合成法。高温固相合成法以 Li_2CO_3 和 $CoCO_3$ 为原料,按 Li/Co 的摩尔比为1∶1配制,在700~900 ℃下灼烧而成。低温固相合成法是将混合好的 Li_2CO_3 和 $CoCO_3$ 在空气中匀速升温至400 ℃,保温数日,以生成单相产物。此法合成的 $LiCoO_2$ 具有较为理想的层状中间体和尖晶石型中间体结构。层状氧化钴锂的制备方法一般为固相反应,高温下离子和原子通过反应物,中间体发生迁移。尽管迁移需要活化能,对反应不利,但是,延长反应时间,制备出的电极材料的电化学性能均比较理想。另外,还可以采用溶胶—凝胶法和喷雾干燥法等。

②$LiNiO_2$

由于 Co 的成本较高,并且有毒,以及锂离子电池过充电时易导致不可逆容量损失和极化电压增大,因此,人们不断寻找和研究高比能、低成本、稳定性好的新型正极材料。其中,$LiNiO_2$ 是目前广泛研究的一种锂离子电池正极材料。尽管在充放电过程中存在着复杂的相变,但成本较低,并且其制备工艺较简单,与 $LiCoO_2$ 的制备类似,因而具有一定的实用价值。$LiNiO_2$ 与 $LiCoO_2$ 一样,为六方型结构,具有层状结构,比能量也较高。其主要差别是在缺氧的情况下,Ni^{3+} 结构的不稳定性。它的实际容量已达 190~210 mA·h/g,远高于 $LiCoO_2$(可逆容量为 140~160 mA·h/g),工作电压范围为 2.5~4.2 V,不存在过充电和过放电的限制,并且其自放电率低、对环境无污染,更有价格和资源上的优势,因而获得广泛深入的研究。但其实用化进程一直较缓慢,主要存在缺点:难合成计量比产物,循环容量衰退较快,热稳定性较差。

③LiMnO₂

由于锰来源广泛,价格不到钴的10%,且低毒,易回收,各种嵌锂的氧化锰材料备受重视。层状的 LiMnO₂ 一般用层状的岩盐结构化合物 Li₂MnO₃(Li₂OMnO₂)酸处理制备,与 LiCoO₂ 不同,这种 LiMnO₂ 属正交晶系,在2.15~4.3 V 之间充电,可逆容量为200 mA·h/g 左右,经过第一次充电,正交晶系的 LiMnO₂ 转变为尖晶石型的 LiₓMn₂O₄。因这种 LiMnO₂ 在空气中稳定,而尖晶石型的 LiₓMn₂O₄ 在空气中不稳定,Dahn 等认为这可作为尖晶石型 LiₓMn₂O₄ 的前体。

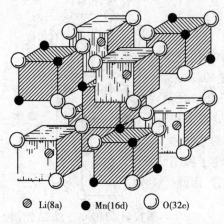

◎ Li(8a)　● Mn(16d)　○ O(32e)

图 6.25　LiMn₂O₄ 的晶体结构

2)尖晶石型 LiM₂O₄

LiMn₂O₄ 是尖晶石型嵌锂化合物的典型代表,有众多的研究者对其进行过广泛而深入的研究。LiMn₂O₄ 中的氧原子呈面心立方密排,Mn 交替位于氧原子堆积的八面体间隙位置,如图6.25 所示。LiMn₂O₄ 中的 Mn₂O₄ 结构具有立方对称性,为 Li⁺ 扩散提供了一个由共面的四面体和八面体框架构成的三维网格,Li⁺ 直接嵌入由氧原子构成的八面体间隙位置,即 Mn 离子占据八面体位置(16d),氧离子占据面心立方位置(32e),Li⁺ 占据四面体位置(8a),而且该结构在锂的嵌入和脱嵌过程中向各个方向同性地膨胀和收缩。LiMn₂O₄ 的理论容量为148 mA·h/g,实际可逆容量一般在100~120 mA·h/g,电压平台为4.15V。

与 LiCoO₂ 和 LiNiO₂ 相比,LiMn₂O₄ 的优点有:锰的资源丰富,成本低廉;锰的毒性小,对环境基本无污染;体积效应好,充电时的体积收缩,与碳负极体积膨胀相适应;对过充不敏感,不需要过充保护。其缺点主要是:在电解液中会逐渐溶解,发生歧化反应;深度放电过程中,当锰的平均化合价为3.5 时,会发生 Jahn-Tellar 扭曲,使尖晶石晶格在体积上发生变化,电极成分丢失;电解液在高压充电时不稳定,这会导致电池经多次循环后发生容量衰减。

LiMn₂O₄ 的合成方法有固相法和液相法。采用固相合成法时,流程较为简单,容易操作。一般以 Li₂CO₃ 和电解 MnO₂ 为原料,将两者混合,均匀研磨,在380~840 ℃下烧结并保温1天后,降至室温后取出。也有采用分段灼烧的办法,但效果并不理想。固相反应所得的 LiMn₂O₄ 正极材料的比容量一般都不太高。液相合成方法较多,有溶胶—凝胶法、乳液干燥法、Pechini 法等。Pechini 法采用 LiNO₃ 和 Mn(NO₃)₂ 与柠檬酸混合成黏液,发生酯化反应,经真空干燥、氧化焙烧、球磨粉碎等工艺可得到符合要求的产品。经过改进,选择的较佳工艺条件为:Li/Mn 摩尔比为1:2,氧化焙烧温度为840 ℃。这样合成的 LiMn₂O₄ 为完整的尖晶石结构,作为 AA 型锂离子电池正极,可使电池容量达400 mA·h/g,平均工作电压达3.8 V。

(2)锂离子电池负极材料

锂离子电池作为一种新型的高能电池在性能上的提高仍有很大的空间,而负极材料性能的提高是其中的关键。负极材料应具备容量大、充放电循环特性良好、放电电压平稳、不可逆容量损失小以及对电解液稳定等性能。

早期的负极材料采用的是金属锂,它是比容量最高的负极材料。锂电极与非水有机电解质反应,并在其表面形成一层固态电解质界面膜(钝化膜),从而使得锂在电解质中能够稳定存在。但是,充电时,锂又回到负极,以至于新沉积的锂不能够受到钝化膜的保护而形成游离态的锂,其晶粒长大后在负极表面会形成枝晶,造成电池软短路,使电池局部温度升高而熔化钝化膜,软短路变成硬短路,电池被毁甚至爆炸起火。解决这一问题的有效途径就是寻求一种能替代金属锂的负极材料。

1)碳负极材料

最先被用来取代金属锂而作为锂离子电池负极材料的是碳材料。由于碳材料具有比容量高($200 \sim 400$ mA·h/g)、电极电位低、循环效率高($>95\%$)、循环寿命长和安全性能良好等优点,因此,碳材料被广泛地用做锂离子电池的负极材料。目前,用做锂离子电池负极的主要碳材料有石墨、热解碳(硬碳)、焦炭(软碳)等。

①石墨

石墨是最早用于锂离子电池的碳负极材料。石墨可以分为天然石墨和人造石墨,为层状结构,其碳原子呈六角形排列并向二维方向延伸,层间距为 0.335 nm。在石墨中,锂离子可逆地嵌入石墨层间,形成一级锂化合物 LiC_6。嵌入的锂离子完全离子化,即一个锂原子转移一个电子到石墨层间,使得层间距增大到 0.370 nm。石墨类材料的插锂特性为:插锂电位低且平坦,可为锂离子提供高的、平稳的工作电压,大部分插锂容量分布在 $0 \sim 0.20$ V 之间(相对于 Li^+/Li 参比电极);插锂容量高,LiC_6(通常情况下,锂在碳材料中形成的化合物的理论表达式)的理论容量为 372 mA·h/g;与有机溶液相容能力差,易发生溶剂共插入现象,从而降低插锂性能。

石墨层间的嵌入性质决定了石墨类电极的容量主要取决于石墨化程度,随着石墨化程度的提高,容量增大。在石墨化程度相同时,石墨材料的微观结构对容量的影响很大,球形最好,其次为纤维状和片状。

由于石墨电极存在一定缺陷,必须对其进行改进,解决方法有很多,一是选择能与所用的碳电极匹配的溶剂,或在溶液中加入一些有机或无机添加剂如 CO_2、NO_2、CO 等,可以加速 SEI 膜(钝化膜)的形成,从而抑制溶剂的共嵌与分解,同时可降低电池的自放电量;二是对石墨进行改性处理,如对碳材料进行表面氧化还原处理,或在碳电极上人工沉积一层锂离子导通的固体电解质薄膜,这些都是提高石墨类碳电极性能的有效方法。

②焦炭

焦炭属于软碳,是经液相炭化形成的一类碳素材料。在炭化过程中,氢原子以及氧、氮、硫等杂质原子逐渐被驱除,碳含量增大,并经过一系列脱氢、环化、缩聚、交联等化学变化,其电子的非定域能也逐渐增加。焦炭本质上可认为是完整的石墨结构,碳层大致呈平行排列,但网面小,积层不规则,为乱层结构,层间距为 $0.334 \sim 0.335$ nm。焦炭可经过进一步的高温热处理($>2\,000$ ℃)进行石墨化,通常热处理温度越高,其石墨化程度越高。大多数报道的 1 000 ℃ 左右处理的焦炭嵌锂容量较低,一般为 $200 \sim 250$ mA·h/g;也有的报道将煤系沥青焦经 600 ℃ 的热处理,可得到近 500 mA·h/g 的容量。焦炭具有热处理温度低、成本低、锂离子的嵌脱速率较石墨大、有较好的载荷特性等优点。

③硬碳

硬碳是由固相热解形成的无定形结构碳,其无序度大,碳层之间和内部的微孔都可储存锂,因此,硬碳的容量较大,目前已有可逆容量达到 1 000mA·h/g 的报道。

④碳纳米管

碳纳米管是日本的 Iijima 在 1991 年发现的,它可以看作是由单层或多层的石墨片状结构卷曲形成的纳米级管,长度一般为微米量级,直径为几个至几百个纳米,层间距约为 0.34 nm,略大于石墨的层间距。碳纳米管的特殊结构使其可能成为一种良好的锂离子电池负极材料。用膜板法制备的多壁碳纳米管具有高于石墨的 Li^+ 充放容量(490 mA·h/g)。实验还发现多壁碳纳米管具有较高的 Li^+ 贮放容量,但释放曲线明显滞后。虽然纳米级复合材料氧化铜/多壁碳纳米管的 Li^+ 贮放容量相对较低(268 mA·h/g),但没有明显滞后。这主要是由于碳纳米管的管径仅为纳米尺寸,因而管子之间相互交错的缝隙也是纳米级,锂离子不仅可以嵌入到管内的管径和管芯,而且可以嵌入到管间的缝隙中,从而为锂离子提供的嵌入空间很大,有利于提高锂离子电池的嵌锂容量。同时,碳纳米管可以起到桥梁作用,增强了材料的导电性,避免了石墨在充放电过程中产生"孤岛效应"。

2)复合物负极材料

为了提高电池的性能,替代金属锂而作为锂离子电池负极材料,人们研究和开发了复合物负极材料。目前,复合物负极材料主要有 $Li_{3-x}M_xN$(M:Co、Ni 或 Cu)系和 $Li_2MTi_6O_{14}$(M: Sr、Ba)系等复合材料。$Li_{3-x}M_xN$ 具有图 6.26 所示的六边形结构,A 层由 Li-N 组成,B 层由 Li-M 组成,A 层中的一半锂离子和 B 层中的所有锂离子可发生脱嵌。$Li_{3-x}M_xN$ 系列中的 $Li_{2.6}Ni_{0.4}N$ 和 $Li_{2.6}Cu_{0.4}N$ 的最大可逆容量分别为 760 mA·h/g 和 650 mA·h/g。$Li_2MTi_6O_{14}$ 系复合材料是最近新研究出的替代金属锂而作为锂离子电池的负极材料,它是由 $[TiO_6]$ 八面体、配位为 11 的碱—土离子和 $[LiO_4]$ 四面体组成的如图 6.27 所示的三维网络结构。在网络结构中,$[TiO_6]$ 八面体位于中心和边缘,$[LiO_4]$ 四面体位于通道内,碱—土离子形成笼体。$Li_2SrTi_6O_{14}$ 的晶格常数为:$a = 1.6566$ nm,$b = 1.1148$ nm,$c = 1.1468$ nm;$Li_2BaTi_6O_{14}$ 的晶格常数为:$a = 1.6575$ nm,$b = 1.1268$ nm,$c = 1.1579$ nm。它们在充放电过程中,在 0.5～1.4 V(相对于金属锂)的电压范围内,一次可有 4 个锂原子进行脱嵌,循环 40 次的实际容量约为 140 mA·h/g。

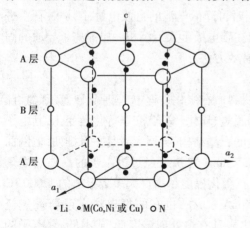

图 6.26 $Li_{2.5}M_{0.5}N$ 的结构

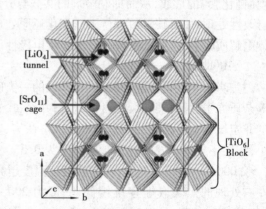

图 6.27 $Li_2MTi_6O_{14}$ 的结构

（3）**锂离子电池电解质材料**

电解质是电池内部担负着传递正负极间电荷作用的物质,它的作用是在正负极之间形成良好的离子导电通道。凡是能够成为离子导体的材料如溶液、熔盐或固体材料,均可作为电解质。

1)液体电解质

在锂离子电池中,电解质主要采用锂盐和混合有机溶剂所组成的材料,如 $LiClO_4$(PC,碳酸丙烯酯)+DME(二甲基乙二醇)、$LiAsF_6$(EC,碳酸乙烯酯)+THF(四氢呋喃)等。有专家认为 $LiClO_4$ 有强氧化性,在生产和使用中存在不安全因素。在众多的有机溶剂中,较好的组分有 1.0 mol/L $LiPF_6$ 的 PC-DME($1:1$)溶液、1.0 mol/L $LiPF_6$ 的 EC-DMC 或 EC-DEC 溶液(DMC 为碳酸二甲酯,DEC 为碳酸二乙酯)等。一般认为 PC 为基的电解质可形成低沸点的混合溶剂,适用于非晶碳(例如焦炭),而以 EC 为基的电解质,能保证以结晶碳(如石墨)作阳极的电池实现安全运作。

2)固态电解质

锂离子电池中的固态电解质是含锂离子的固溶体。目前研究较多的固态电解质主要是 LISICON(LIthium SuperIonic CONductor)导体,是在 Li_2ZnGeO_4 系中合成出来的电解质,LISICON(Li_2ZnGeO_4)的结构与 γ-Li_3PO_4 的结构相近,它由 GeO_4、SiO_4、PO_4、ZnO_4,VO_4 四面体或 LiO_6 八面体构成。由于它有较大的固溶范围,可引入间隙锂离子或锂空位进行替代,因此,在高温下有高的离子电导率。但在室温下离子电导率较低($Li_{3+x}Si_xP_{1-x}O_4$ 的离子电导率约为 10^{-6} S/cm)。Kanno 等于 2000 年在 Li_2S-GeS_2、Li_2S-GeS_2-ZnS、Li_2S-GeS_2-Ga_2S_3 系中发现新的含硫 LISICON 导体 $Li_{4+x+\delta}(Ge_{1-\delta'-x}Ga_x)S_4$,它在室温下的离子电导率为 6.5×10^{-5} S/cm,并且电化学性能测试表明它的性能在电压为 5 V 时也是稳定的。Murayama 等 2002 年在 Li_2S-SiS_2-Al_2S_3 和 Li_2S-SiS_2-P_2S_5 系中发现离子电导率更高的含硫 LISICON 导体 $Li_{4-x}Si_{1-x}P_xS_4$,它在 $x=0.6$ 时的离子电导率为 6.4×10^{-4} S/cm,并且性能稳定的电压也达到 5 V。

6.4 燃料电池材料

燃料电池(FC,fuel cells)是将储存在燃料中的化学能直接转换为电能的电化学装置,是英国物理学家 William R. Grove 于 1839 年发明的,在他研究的电池单元中,金属铂用做电极,氢为燃料,氧为氧化剂。燃料电池由阳极(负极)、阴极(正极)和电解质组成,阴极和阳极由电解质隔开。燃料电池在工作过程中,燃料(通常是氢)通过阳极提供,氧化剂(通常是氧气)通过阴极提供,燃料在阳极催化电解形成电子和离子,电子通过外电路用于负载,而离子通过电解质到达阴极形成副产品水或 CO_2。燃料不同,发生的化学反应也不相同。

燃料电池产生的电流是直流电,负载所获得的电流大小取决于化学活性、电池中的燃料种类和电池内部所消耗的电能。一个电池单体所产生的电压是很小的,为 $0.5\sim0.9$ V,根据需要可将多个电池单体进行组装产生高电压。

6.4.1 燃料电池的类别及主要特征

燃料电池的分类方法较多。根据所用电解质的不同,可以将燃料电池分为五种类型,即

①碱性燃料电池(AFC,alkaline fuel cells);

②磷酸燃料电池(PAFC,phosphoric acid fuel cells);

③质子交换膜燃料电池(PEMFC,proton-exchange membrane fuel cells);

④熔融碳酸盐燃料电池(MCFC,molten carbonate fuel cells);

⑤固体氧化物燃料电池(SOFC,solid oxide fuel cells)。

每种燃料电池中,电极上的化学反应是不相同的,共同的特点是电极必须是多孔的,这是由于气体必须同时与电极和电解质接触。五种电池的主要特性见表6.8。

表6.8　燃料电池的主要特性

电池类型	AFC	PAFC	PEMFC	MCFC	SOFC
阳极	Pt/Ni	Pt/C	Pt/C	Ni/Al	Ni/ZrO_2
阴极	Pt/Ag	Pt/C	Pt/C	Li/NiO	$Sr/LaMnO_2$
电解质	KOH(液)	H_3PO_4(液)	Nafion(膜)	K_2/Li_2CO_3(液)	YSZ(固)
腐蚀性	强	强	无	强	弱
CO_2、N_2 相容性	不相容	相容	相容	相容	相容
工作温度/℃	约100	约200	<100	约600	约1 000
比功率/($W \cdot kg^{-1}$)	35~105	120~180	340~3 000	30~40	15~20
启动时间	<10 min	<10 min	<5 s	>10 min	>10 min
寿命/h	10 000	15 000	100 000	13 000	7 000

6.4.2　燃料电池的工作原理简介

(1)碱性燃料电池的工作原理和结构

碱性燃料电池以 KOH 水溶液为电解液。在阳极发生的氧化反应为:

$$H_2 + 2OH^- \rightarrow 2H_2O + 2e^-$$

阴极发生的还原反应为:

$$O_2 + 2H_2O + 4e^- \rightarrow 4OH^-$$

电池的总反应为:

$$2H_2 + O_2 \rightarrow 2H_2O$$

碱性燃料电池的结构如图6.28所示。

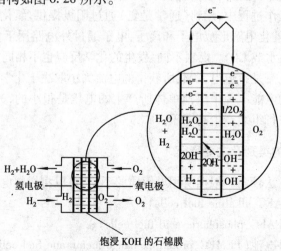

图6.28　AFC 电池的结构示意图

（2）**磷酸燃料电池的工作原理和结构**

磷酸燃料电池是以磷酸为电解质的电池。在阳极的氧化反应为：

$$H_2 \rightarrow 2H^+ + 2e^-$$

阴极发生的还原反应为：

$$\frac{1}{2}O_2 + 2H^+ + 2e^- \rightarrow 2H_2O$$

电池的总反应为：

$$H_2 + \frac{1}{2}O_2 \rightarrow H_2O$$

磷酸燃料电池的结构如图 6.29 所示。

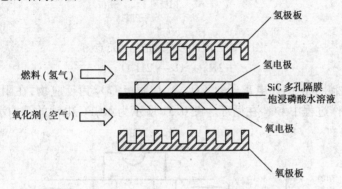

图 6.29　PAFC 电池的结构示意图

（3）**质子交换膜燃料电池的工作原理和结构**

质子交换膜燃料电池是以固体聚合物膜为电解质的电池。阳极的氧化反应为：

$$H_2 \rightarrow 2H^+ + 2e^-$$

氢分子解离为带正电的氢离子，并释放出带负电的电子。氢离子穿过电解质（质子交换膜）到达阴极，电子则通过外电路到达阴极。在阴极，氧气与氢离子及电子发生反应生成水，阴极的反应为：

$$\frac{1}{2}O_2 + 2H^+ + 2e^- \rightarrow H_2O$$

电池的总反应为：

$$H_2 + \frac{1}{2}O_2 \rightarrow H_2O$$

生成的水不稀释电解质，而是通过电极随反应尾气排出。

质子交换膜燃料电池的结构如图 6.30 所示。

（4）**熔融碳酸盐燃料电池的工作原理和结构**

熔融碳酸盐燃料电池的电解质为熔融碳酸盐，燃料为氢气或空气，氧化剂为空气。阳极反应为：

$$2H_2 + 2CO_3^{2-} \rightarrow 2CO_2 + 2H_2O + 4e^-$$

阴极反应为：

$$O_2 + 2CO_2 + 4e^- \rightarrow 2CO_3^{2-}$$

电池的总反应为：

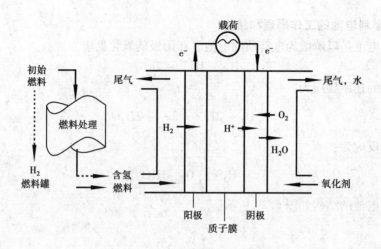

图 6.30 PEMFC 电池的结构示意图

$$2H_2 + O_2 \rightarrow 2H_2O$$

熔融碳酸盐燃料电池的导电离子是 CO_3^{2-}，在阴极 CO_2 为反应物，在阳极 CO_2 是反应产物。因此，电池工作过程中 CO_2 在循环。图 6.31 所示为 MCFC 电池的结构示意图。

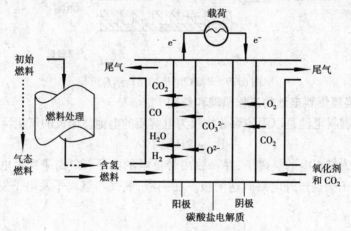

图 6.31 MCFC 电池的结构示意图

（5）固体氧化物燃料电池的工作原理和结构

固体氧化物燃料电池采用固体氧化物作为电解质。固体氧化物在高温下具有传递氧离子的能力，在电池中起到传递 O^{2-} 和分离空气与燃料的作用。阳极上的反应为：

$$H_2 + O^{2-} \rightarrow H_2O + 2e^-$$
$$CO + O^{2-} \rightarrow CO_2 + 2e^-$$

阴极上的反应为：

$$O_2 + 4e^- \rightarrow 2O^{2-}$$

总反应为：

$$H_2 + CO + O_2 \rightarrow H_2O + CO_2$$

SOFC 电池的结构如图 6.32 所示。

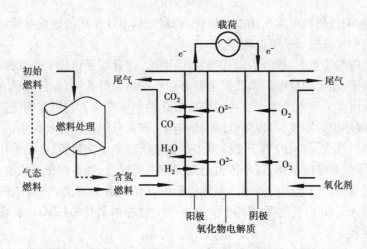

图 6.32 SOFC 电池的结构示意图

6.4.3 燃料电池的材料

（1）构成燃料电池的关键材料

构成燃料电池的关键材料是电极、隔膜和双极集流板。

1）电极

电极是燃料电池发生电化学反应的场所,而燃料电池是以气体为燃料和氧化剂,气体在电解质中的溶解度很低,为了提高电池的功率,必须增大电极与气体的接触面积,同时还应尽可能地减小液相传质的路径。多孔气体扩散电极就是为了满足这种要求而设计的,它由气体扩散层和催化反应层构成。气体扩散层是由多孔材料制备,并起到支撑催化反应层、收集电流与传导气体和反应产物的作用。催化反应层是由催化剂和防水剂等经混合、碾压、喷涂和适当热处理后制成。选择催化剂时,催化剂应对特定的化学反应有良好的催化活性和高的选择性,并且还要有良好的导电性能和耐腐蚀性能。由于铂具有良好的催化活性、导电性能和耐腐蚀性,因此铂黑是首选的催化剂。镍的耐酸腐蚀性弱,但镍价廉,镍基氧化物均是良导体,用镍基合金为催化剂的也比较多。也有用钨基合金如碳化钨、钨青铜作为催化剂。防水剂使催化电极中含有润湿接触角大于 90° 的疏水组分,以至于电极内部的一部分气孔不被液体充满。防水剂一般为聚四氟乙烯等。根据所用的黏结剂和相关碳或金属粉末的性能可决定电极是亲水性还是疏水性。亲水电极由金属粉末烧结而成,其扩散层孔隙大于反应层,使得气体的外加压力大于或等于毛细作用力时,气体就可进入电极的小孔。多孔金属扩散电极具有良好的导电性能,可使平面电极的电流汇聚到电极的接头上。据此,可将单体电池进行组合,达到所需要的燃料电池。疏水扩散电极是由微细碳粉和塑料材料结合而成,电极中含有疏水剂,使得电极不能够完全被湿润。碳粉的比表面积大,适合于活性催化剂的沉积,因而黏结有碳粉的聚四氟乙烯可制成大型的电极。

2）隔膜

燃料电池中隔膜的功能是传导离子,并将燃料与氧化剂隔开。在燃料电池工作的条件下,隔膜材料必须耐电解质的腐蚀,以保证其结构稳定,确保电池的寿命。它不允许有电子导电性,否则会导致电池内部漏电而降低电池的效率。构成隔膜的材料中至少有一种主成分能够为所采用的电解质很好地浸润,靠毛细作用力能够保存主电解液。因此,隔膜一般是无机或有机的绝缘材料,如碱性燃料电池所用的石棉膜、磷酸燃料电池所用的碳化硅膜以及质子交换膜燃料电池所用的全氟磺酸质子交换膜等。

隔膜按其结构的特点,一般分为微孔膜和无孔膜。微孔膜是借助于毛细作用力,浸泡电解质溶液或熔盐离子,以实现导电。微孔膜的孔必须小于电极的孔,以保证电极在工作时被电解质浸泡。无孔膜由离子导电的离子交换树脂或氧化物制备而成。它可以耐受隔膜两侧反应气体的较大压差,减小膜的厚度,可以降低隔膜的电阻,提高分隔燃料和氧化剂的性能,从而提高电池的输出功率。目前,常用的质子交换膜多是全氟磺酸质子交换膜,它是采用聚四氟乙烯为原料,合成全氟磺酰氟烯醚单体,该单体再与聚四氟乙烯聚合,制备成全氟磺酰氟树脂,最后以该树脂制膜。制备氧化物电解质隔膜的氧化物根据其结构分为两类:一类是萤石结构的固体氧化物,如氧化铱(Y_2O_3)、氧化钙(CaO)等,另一类是掺杂的氧化锆(ZrO)、氧化钍(ThO_2)等。

3)双极集流板

双极集流板是分隔燃料和催化剂的材料,应具有阻气功能,同时还起着集流、导热、抗腐蚀作用。目前采用的双极集流板材料是无孔的石墨和各种表面改性的金属板。在碱性燃料电池中,常采用镍板作双极集流板材料,因为镍板在碱性燃料电池的工作条件下是稳定的。对于酸性燃料电池,通常采用石墨作为双极集流板的材料。石墨双极集流板有两种:一种是由石墨粉和树脂经模注成型的石墨双极集流板,另一种是由碳粉或石墨粉与可石墨化的树脂制备而成的无孔石墨双极集流板。石墨双极集流板的加工工艺复杂、成本高,金属双极集流板的加工工艺简单、成本低,耐腐蚀性弱,但可通过金属的表面改性(如镀金、银等),以提高金属的耐腐蚀性。

(2)碱性燃料电池材料

1)电极材料

Pt-Pd/C、Pt/C、Ni 或硼化镍等对氢电化学氧化具有良好的催化活性,碱性燃料电池中常采用它们作为制备阳极的材料。由于 Pt、Pd 等是贵重金属,为了提高 Pt 的利用率,充分发挥 Pt 的催化性能,制备出高度分散、载量低的 Pt/C 催化剂。研究表明,Pd、Ni、Bi、La 对 Pt/C 催化剂有影响,而 Pt-Ni-La/C 则是一种制备阳极很好的材料。直径为 8 ~ 12 mm 的颗粒铝也是制备阳极很好的材料,以颗粒铝为阳极,KOH 为阳极电解液,过氧化氢为阴极电解液,在 2M 的 KOH 电解液中可以获得电流密度为 $10.02\ mA/cm^2$ 的电流。而 Pt/C、Ag、Ag-Cu、Ni 等对氧电化学还原具有良好的催化活性,常采用它们作为制备阴极的材料。也有采用非贵重金属制备阴极,如用化学还原法制备的 Ag-Ni-Bi-Hg/C 催化剂对氧的阴极还原具有较高的活性。助催化剂 Ni、Bi、Hg 可以显著提高 Ag/C 催化剂的活性。为了降低成本,提高催化剂的使用率,一般要将催化剂担载到导电良好的碳担体上,碳担体一般为活性炭。

2)双极集流板材料

碱性燃料电池常以无孔炭板,镍板或镀镍、镀银、镀金的金属板为双极板材料,在板面上可加工成各种形状的气体流动通道。

3)隔膜材料

隔膜采用石棉膜,其主要成分为氧化镁和氧化硅($3MgO \cdot 2SiO_2 \cdot 2H_2O$)。由于石棉具有致癌作用,不少国家提出禁止石棉在碱性燃料电池中的使用。目前,人们已研究出了几种替代材料:聚苯硫醚(PPS)、聚四氟乙烯(PTFE)、聚砜(PSF)和 Zirfon(85% ZrO_2,15% PSF,质量比)等材料,发现它们在碱性溶液中具有与石棉非常接近的特性,即允许液体穿透而又有效阻止气体的通过,具有较好的抗腐蚀性和较小的电阻,其中 PPS 甚至还优于石棉,并且它们对人体没有损害。

(3)**磷酸燃料电池材料**

1)电极材料

目前,磷酸燃料电池的气体扩散电极所用的材料主要是贵金属铂或铂的合金,如阴极使用的 Pt-Cr、Pt-Co-Cr、Pt-Fe-Mn 和 Pt-Co-Ni-Cu 等合金,以及阳极使用的 Pt-Ru 等合金。它们具有良好的电催化活性和耐燃料电池中电解质的腐蚀性,从而具有长期的稳定性。由铂或铂的合金以高分散金属微粒的形式分散在高表面积的碳担体上,从而构成合金电催化剂。

为了降低贵金属铂的用量,或取代贵金属及其合金的电催化剂,过渡金属有机大环化合物正逐渐向磷酸燃料电池的阴极材料方面应用,特别是 CoTMPP、CoPPY 加热处理在载体碳上后,与 Pt/C 相比具有电催化活性和稳定性,但在热的浓磷酸电解质条件下,它们的化学稳定性只能在 100 ℃ 左右。因此,不断改进金属有机大环化合物新材料的性质,并有可能取代贵金属及其合金的电催化剂材料,从而大大降低燃料电池的造价。

电极的电催化剂层由担在碳担体上的铂或铂的合金和疏水性高聚物聚四氟乙烯组成,并涂布在透气性的支撑物上。聚四氟乙烯一是起疏水作用,防止电极被电解质淹没,二是起黏合剂作用,使电极结构保持整体性。透气性支撑物通常用碳纸,它不仅作为电催化剂层的支撑物,而且还是电流集极,同时使气体流畅通过。

2)隔膜材料

在磷酸燃料电池中,SiC 多孔隔膜用做隔膜材料。SiC 是化学惰性,具有很好的化学稳定性。磷酸电解质在电池中不是以自由流体形式使用,而是包在由 SiC 制成的多孔基质中。

3)双极集流板材料

磷酸燃料电池中的集流双极板采用模注工艺由石墨粉和酚醛树脂或聚苯硫醚树脂模注而成。

(4)**质子交换膜燃料电池材料**

1)电极材料

质子交换膜燃料电池中,当燃料是氢气或空气时,Pt 纳米粉高度分散在导电、耐腐蚀的炭黑上为构成阴阳两极的主要材料。如果燃料是碳氢化合物时,则用 Pt 合金作为制备阳极的材料,这主要是电池工作过程中形成的 CO 能够吸附在 Pt 上而导致电极中毒,在 Pt 中加入合金元素(如 Ru),可对 CO 进行氧化。Pt/C 电催化剂的制备方法主要有浸渍法、离子交换法、溶胶—凝胶法和溅射法等。离子交换法是首先用各种氧化剂(如 $KMnO_4$、浓 HNO_3 等)对碳担体进行处理,使得碳表面形成强、弱两种酸性官能团,再与 $[Pt(NH_3)_4]^{2+}$ 离子进行交换,制备成纳米级高度分散的 Pt/C 电催化剂。浸渍法是将碳载体浸入含 Pt 源的 $H_2PtCl_6 \cdot 6H_2O$ 的异丙醇水溶液中,滴加还原剂甲醛,在惰性气体的保护下制备 Pt/C 电催化剂。溶胶—凝胶法是用碳酸钠溶液和铂氯酸溶液生成橙红色的 $Na_2Pt(Cl)_6$ 溶液,再以亚硫酸氢钠调整溶液,使 pH = 4,溶液先转化为淡黄色至无色,再加入碳酸钠调整溶液,使 pH = 7,生成白色沉淀。将沉淀物与水调成浆状物,经两次与氢型离子交换树脂进行交换,可制得亚硫酸根络合铂酸化合离子。空气中于 135 ℃ 加热这一络合物,得到黑色的玻璃状溶胶,其铂粒子绝大部分在 $1.5 \sim 2.5$ nm 之间。将其按一定比例担在碳担体上,即可形成 Pt/C 电催化剂。溅射法是以 Pt 溅射源为阴极,电极扩散层的碳纸为阳极,在两极加上高压,可使得 Pt 纳米粉分散在碳纸上而形成 Pt/C 电催化剂。

质子交换膜燃料电池的电极是一种多孔气体扩散电极,它一般由扩散层和催化层组成。目前电极制备的主要方法有:无载体纯铂黑法、加载体铂碳法、浸渍法、沉积法和糊膏法。这些方法各有优缺点,但相比较而言,糊膏法是较为理想的电极制作方法,该法将 Pt/C 催化剂、Nafion 溶液和 NaOH 溶液混合成糊膏涂在质子交换膜上,烘干后在 H_2SO_4 溶液中质子化。由于涂上的催化层很薄,并且 Nafion 溶液使整个催化剂成为三相反应区,提高了催化剂的利用率。

2)质子交换膜材料

质子交换膜是质子交换膜燃料电池的核心组成,它不仅是一种隔膜材料,还是电解质和电极活性物质(电催化剂)的基底,也是一种选择透过性膜,主要起传导质子分隔氧化剂与还原剂的作用。质子交换膜燃料电池中,质子交换膜曾采用过酚醛树脂磺酸型膜、聚苯乙烯磺酸型膜和全氟磺酸型膜等几种。目前,大多数采用美国 Dupont 公司生产的 Nafion 系列全氟磺酸型膜,其分子结构为:

$$-(CF_2-CF_2)_n-(CF-CF_2)_m$$
$$|$$
$$(OCF_2CF)_z-O(CF_2)_2SO_3H$$
$$|$$
$$CH_3$$

3)双极集流板材料

质子交换膜燃料电池的双极板材料是无孔石墨,正在开发的材料包括金属双极板和复合双极板。

(5)熔融碳酸盐燃料电池材料

1)电极材料

目前熔融碳酸盐燃料电池中的阴极一般采用多孔的 NiO,它是多孔金属 Ni 在电池升温过程中经高温氧化而成。阴极气氛一般采用空气加 CO_2 或氧气加 CO_2。在电池实际运行过程中,通常需在室温下对阴极气氛进行加湿处理。但是,NiO 在电池运行过程中可溶解于熔盐电解质中,产生的 Ni^{2+} 扩散进入电池的电解质板,并被电解质板阳极一侧渗透过来的 H_2 还原成金属 Ni 而沉积在电解质板中,最终可导致电池短路。这一过程可表示为:

溶解过程　　　　　　　　$NiO + CO_2 \rightarrow Ni^{2+} + CO_3^{2-}$

金属 Ni 的析出过程　$Ni^{2+} + CO_3^{2-} + H_2 \rightarrow NiO + CO_2 + H_2O$

为了减少 NiO 的溶解,一些学者采用 $LiFeO_2$、$LiCoO_2$ 作为阴极材料,但由于其具有脆性,不适合用做小型的电极,为此,可将 $LiCoO_2$ 涂敷在 NiO 上来制备电极。目前,利用该方法制备的电极有 $MgFe_2O_4/NiO$、ZnO/NiO、$LiFeO_2\text{-}LiCoO_2/NiO$ 等。

作为熔融碳酸盐燃料电池中的阳极,要求材料具有良好的催化活性、导电性、抗腐蚀性及高温蠕变性等综合性能。当用 Ni 作为阳极材料时,由于 Ni 在工作时的蠕变较大,一般采用添加 Cr、Cu 和 Al 等元素的镍合金,以增大电极 Ni 的稳定性和降低 Ni 发生的蠕变。目前,大多数研究的阳极材料采用的是氧化物陶瓷材料(如 La_2O_3/Sm_2O_3),也有的向阳极材料中加入不易变形的 Al_2O_3、$SrTiO_3$、$LiAlO_2$ 等。

2)隔膜材料

熔融碳酸盐燃料电池中的电解质隔膜要求强度高和耐高温熔盐的腐蚀,在浸入电解质后起到电子绝缘、离子导电、阻气密封等作用,是构成电池最关键的核心部件。曾用过 MgO 和 Al_2O_3 作为电解质隔膜材料,但由于 MgO 在熔融碳酸盐中微量溶解且其本身在高温下易于烧结,而 Al_2O_3 和熔融碳酸盐会发生反应,所制备出来的隔膜易于破裂。目前,利用 $LiAlO_2$ 所具备的很强的抗高温溶解性,熔融碳酸盐燃料电池中所使用的电解质隔膜材料主要为 $\alpha\text{-}LiAlO_2$ 和 $\gamma\text{-}LiAlO_2$ 两种晶相材料。

3)双极集流板材料

双极板主要起到三种作用:一是将氧化剂与还原剂分离,二是提供气体流动通道,三是起到集流导电作用。由于电池的工作温度高,熔盐电解质的腐蚀性强,因此双极板会遭受到腐蚀,并且阳极一侧腐蚀现象较为严重。双极板的材料有镍合金、钴合金、铁合金、铬合金或铅合金。但它们的性能都不太好。目前双极板材料一般采用不锈钢如 316 和 310 等,不过,它们的耐腐蚀性能远满足不了实用化要求,且在阳极一侧的腐蚀速度可比阴极一侧高 2 个数量级,因此,必须寻求适当的表面防护技术。

(6)固体氧化物燃料电池材料

固体氧化物燃料电池的工作温度高,因而对构成电池的元件和材料要求也很高,主要包括在高温氧化还原环境中的化学稳定性、导电性和密封性。构成固体氧化物燃料电池的关键部件是阴极、阳极、隔膜和连接材料。

1)阴极材料

用做固体氧化物燃料电池中的阴极材料有贵金属(如金、银、铂等)、掺锡的 In_2O_3、掺杂 ZnO 和掺杂 SnO_2 等。由于这些材料要么价格昂贵,要么热稳定性差,因此人们不断地探索新的阴极材料。目前发现钙钛矿结构氧化物是一类性能较好的阴极材料。钙钛矿结构氧化物材料的种类较多,电子电导率的差异也很大。其中 $LaCoO_3$、$LaFeO_3$、$LaMnO_3$、$LaCrO_3$ 掺入碱土金属氧化物(碱土金属离子取代 La)后,显示出极高的电子电导率,它们的电子电导率大小顺序为 $LaCoO_3 > LaFeO_3 > LaMnO_3 > LaCrO_3$。尽管 $LaCoO_3$ 有最大的电子电导率,但研究发现对于 YSZ(Y_2O_3 掺杂的 ZrO_2)电解质,$LaMnO_3$ 是较好的阴极材料,因为在高温下,它与电解质不发生反应。对于电解质 CeO_2,La_2CoO_3 将成为最佳的电极材料。另外,掺杂的 $YMnO_3$、$Ag\text{-}Bi_{1.5}Y_{0.5}O_3$ 等复合材料也被认为可用做制备阴极的材料。

2)阳极材料

对于阳极,人们最先使用焦炭作阳极,而后又使用金属作阳极材料。由于电池的工作温度约为 1 000 ℃,使用于作阳极的金属材料仅限于 Ni、Co 和贵金属。在这些金属中,Ni 的价格最便宜,因而 Ni 被普遍采用。但在工作温度下,Ni 与 YSZ 电解质发生反应,同时 Ni 很容易发生烧结,一般采用将 Ni 与 YSZ 粉混合制成多孔金属陶瓷。$Y_2O_3\text{-}ZrO_2$ 既是 Ni 的多孔载体,又是 Ni 相的烧结抑制剂,同时该多孔金属与 YSZ 电解质的黏着力好,热膨胀系数匹配。因此,$Ni/Y_2O_3\text{-}ZrO_2$ 金属陶瓷是当前主要制备阳极的材料。CeO_2 对甲烷具有较好的电化学氧化性能,因而对于甲烷燃料,普遍采用掺杂的 CeO_2 如 $Ce_{0.9}Cd_{0.1}O_{1.95}$、$Ce_{0.9}Sm_{0.1}O_{1.95}$、$Ce_{0.887}Y_{0.113}O_{1.9435}$、$Ce_{0.8}Cd_{0.2}O_{1.9}$ 等作为制备阳极的材料。

3)隔膜材料

隔膜通常采用 Y_2O_3 和 ZrO_2 的混合粉料经带铸法或刮膜法来制备,也可采用其他方法(如电化学气相沉积、喷涂等技术)来制备成更薄的电解质膜。Y_2O_3 的作用是保持结构的稳定性,而 ZrO_2 的引入可在其晶格内形成大量的氧离子空位,以保持材料整体的电中性。

4)双极连接材料

双极连接板在 SOFC 中起连接阴、阳电极的作用,特别在平板式 SOFC 中同时起分隔燃料与氧化剂和构成流场与导电作用,是 SOFC 平板式中的关键材料之一。双极连接板在高温和氧化、还原气氛下,必须具备良好的力学性能、化学稳定性、高的电导率和接近 YSZ 的热膨胀系数。目前主要有 LCC($La_{1-x}Ca_xCrO_3$)材料和 Cr-Ni 合金材料两类。

6.5 太阳能电池材料

组成太阳的物质中 75% 是氢,其内部不断地在进行核聚变反应。科学家认为太阳内部进行的核反应为: $4^1_1H \rightarrow ^4_2He + 2\beta^+ + \Delta E$ 。氢持续地聚变成氦,释放出巨大的能量,并以辐射方式向宇宙空间发射。太阳中心附近的温度约为 10^7 K,辐射的光谱波长为 10 pm ~ 10 km,其中 99% 的能量集中在 0.276 ~ 4.96 μm 之间,辐射的总功率约为 3.8×10^{26} W,照射到大气层之上的功率密度约为 1.35×10^3 W/m²。太阳光进入大气层后,经大气成分和尘埃颗粒的散射以及太阳光中的紫外线被臭氧、氧气和水蒸气吸收后,到达地面的功率密度仍有 1×10^3 W/m²。地球上每年接受太阳的总能量约为 1.8×10^{18} kW·h,仅为太阳辐射总能量的 20 亿分之一,但却是人类每年消耗能源的 12 000 倍。太阳的半衰期寿命还有 7×10^{12} 年以上,如果太阳辐射维持不变,可以说太阳能是取之不尽,用之不竭的能源。

6.5.1 太阳能电池的工作原理

太阳能电池本质上是一个大面积半导体二极管,它利用光伏效应原理将太阳辐射能转换成电能。当太阳光照射到太阳电池上并被吸收时,其中能量大于禁带宽度 E_g 的光子能将价带中的电子激发到导带上去,形成自由电子,价带中留下带正电的自由空穴,即电子—空穴对,通常称为光生载流子。自由电子和空穴在不停的运动中扩散到 PN 结的空间电荷区,被该区的内建电场分离,电子被扫到电池的 N 型一侧,空穴被扫到电池的 P 型一侧,从而在电池上下两面(两极)分别形成了正、负电荷积累,产生光生电动势。若在电池两侧引出电极并接上负载,负载中就有光生电流通过,得到可利用的电能,这就是太阳能电池的工作原理,如图 6.33 所示。

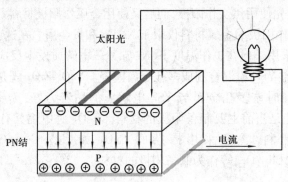

图 6.33 太阳能电池的工作原理

(1)光与半导体的作用

在光照射到半导体材料的表面上时,光将发生反射、吸收和透射。反射系数 R、透射系数 T 和吸收系数 A 满足关系: $R + T + A = 1$ 。对于高效太阳能电池,希望反射系数越小越好。由于大多数半导体材料的折射率比较大,而反射率是折射率的函数,半导体材料表面的反射系数比较大。为了降低反射系数,通常要使用减反射膜或绒面技术等。光穿过半导体时将发生衰减,强度为 I_0 的单色光垂直照射到半导体表面上时,距表面为 x 处的光强 I_x 为:$I_x = I_0(1-R)\exp(-\alpha x)$,$\alpha$ 为与波长有关的吸收系数。半导体对光的吸收取决于半导体的禁带宽度和能带结构。对于直接带隙半导体,只有光子的能量大于或等于禁带宽度,光子才能够被吸收并产生电子—空穴对,而能量小于禁带宽度的光子不被半导体吸收,也就不产生电子—空穴对,吸收边为:$h\nu_0 = E_g$。对于间接带隙半导体,吸收过程需要额外的声子,吸收的几率比直接半导体要小得多。

（2）载流子的复合

对于半导体,载流子有两种类型:即带负电荷的电子和带正电荷的空穴。就其产生的机制而言,本征半导体的载流子是靠热激发而产生,而非本征半导体（杂质半导体）靠杂质的电离提供载流子。由热激发或杂质电离所形成的载流子浓度在一定的温度下处于平衡状态,称为平衡载流子。由辐照、电注入等形成的载流子称为非平衡载流子。在这些激发形式下,载流子不断地产生与复合。一旦去掉这些激发源,载流子则将很快地被复合掉,只剩下平衡载流子。对于太阳能电池,如果光生载流子在输出前就被复合掉,这部分载流子就不能够提供电能,因此,非平衡载流子的寿命对太阳能电池非常重要。载流子的寿命一般指的是少数载流子的寿命,其影响处于主导的地位。

载流子的寿命取决于复合机制,它包括直接复合、间接复合、俄歇复合和表面复合。直接复合指的是导带上的电子直接跃迁到价带上与空穴复合,它对直接带隙半导体是主要的,对间接带隙半导体则是次要的。在含有杂质或缺陷的半导体中,杂质或缺陷会在禁带中形成一定的能级,有促进非平衡载流子复合的作用,使得非平衡载流子的寿命明显缩短。这些促进复合过程的杂质或缺陷称为复合中心,非平衡载流子通过复合中心的复合称为间接复合。影响间接带隙半导体载流子寿命的主要机制是间接复合机制。当载流子从高能级向低能级跃迁发生电子—空穴复合时,将多余的能量转移给另外一个载流子,并将其激发到高能级上,而该载流子重新跃迁到低能级后,多余的能量以声子的形式释放出来,该复合过程称为俄歇复合。俄歇复合主要发生在重掺杂的半导体材料中。半导体的表面有悬挂键、杂质、缺陷等,它们在禁带中形成能级,有促进复合的作用,载流子的复合过程与半导体的表面状态有关,称为表面复合,而复合机制属于间接复合机制。总之,载流子的寿命 τ 是体内寿命和表面寿命的综合结果,即 $1/\tau = 1/\tau_{内} + 1/\tau_{表}$。

（3）太阳能电池的电学特性

太阳能电池可处于 4 种状态:无光照;有光照,短路;有光照,开路;有光照,有负载。太阳能电池作为电源处于第 4 种状态,但负载的选择要与短路电流和开路电压相匹配,因此,这两个参数是表征太阳能电池的重要参数。

1）短路电流

将太阳能电池短路所得到的电流称为短路电流。如果辐射太阳能电池的能量大于禁带宽度的光子全部形成电子—空穴对,且全部被收集,这时最大电流密度应为 $J_{L(max)} = qFE_g$,其中 F 为光量子的数,q 为电子电荷。在实际中,考虑到光的反射、电池的厚度等,实际收集到的电流为:

$$J_L = \int_0^\infty \left\{ \int_0^H qF_{(\lambda)}[1-R_{(\lambda)}]\alpha_{(\lambda)}e^{-\alpha(\lambda)x}dx \right\}d\lambda \tag{6.7}$$

式中, H 为电池的厚度; x 为离开电池表面的距离。

如果少数载流子的寿命足够长,使得载流子到 PN 结前未被复合,短路电流 J_{SC} 则为光生电流 J_L, 即 $J_{SC} = J_L$。而短路电流是由光在 N 区、P 区和结区产生电流的总和,即

$$J_{SC} = J_n + J_p + J_{dr} \tag{6.8}$$

式中, J_n、J_p、J_{dr} 分别是光在 N 区、P 区和结区产生的电流。

2)开路电压

当电池处于光照下,通过二极管的电流为短路电流同与之相反的正向电流之和 $I_{(U)} = I_{SC} - I_0 [\exp(qA/kT) - 1]$, 其中 U、A、I_0 分别为二极管的电压、曲线因子和反向电流, k、T 分别为波尔兹曼常数和温度。$I_{(U)} = 0$ 时的电压为开路电压,则开路电压为:

$$U_{OC} = \frac{AkT}{q}\ln\left(\frac{I_{SC}}{I_0} + 1\right) \tag{6.9}$$

3)填充因子

当太阳能电池接上负载时,改变负载可得到最大输出功率,最大功率所对应的电流和电压分别为 I_m 和 U_m, 填充因子 FF 定义为:

$$FF = \frac{P_m}{I_{SC}U_{OC}} = \frac{I_m U_m}{I_{SC}U_{OC}} \tag{6.10}$$

填充因子也是电池的重要参数, FF 越大,输出的功率越接近极限输出功率 $I_{SC}U_{OC}$。

（4）**转换效率及其影响因素**

太阳能电池的转换效率是首要的关键指标,决定着电池的成本、质量、材料消耗、辅助设施等许多方面。太阳能电池的转换效率定义为太阳能电池的最大输出功率与辐照到太阳能电池的总辐射能之比,它可写为:

$$\eta = \frac{P_m}{P_{in}} = \frac{U_{OC}I_{SC}FF}{A_t P_{in}} \tag{6.11}$$

式中, A_t 为电池面积; P_{in} 为单位面积的太阳能强度。在解决了电池表面反射膜后,太阳能电池的转换效率取决于电池的材料与结构。

影响转换效率的因素主要有半导体材料的禁带宽度、温度、掺杂浓度及其分布、光强和载流子寿命等。

1)禁带宽度

禁带宽度对转换效率的影响是双向的,一方面禁带宽度的增大,减小短路电流;另一方面禁带宽度的增大,导致开路电压的增大。因此,存在一较合适的禁带宽度使得转换效率最高。转换效率与禁带宽度关系如图 5.6 所示,由图可知,制造太阳能电池的半导体材料的禁带宽度应在 1.1~1.7 eV 之间,最好是 1.5 eV 左右。

2)温度

温度升高会导致禁带宽度减小,因此,转换效率则随温度的升高而下降。

3)掺杂浓度及其分布

在一定的掺杂浓度范围内,掺杂浓度的提高能够导致开路电压的增大,有利于转换效率的提高。但是,对于过高的掺杂,由于载流子的简并效应,反而会降低开路电压,同时也会降低载流子的寿命。另外,当掺杂浓度从电池表面的扩散区向结的方向不均匀降低时,可提高载流子的收集效率,有利于转换效率的提高。

4）光强

提高光的强度，有利于转换效率的提高。

5）少数载流子寿命

光生载流子产生后，少数载流子要运动到 PN 结的另一方。在这期间，载流子不被复合才能够产生光生电流。少数载流子的寿命与材料的特性有关，主要是材料中复合中心的浓度，由材料的缺陷、有害杂质的浓度决定。长的载流子寿命对减少暗电流和提高开路电压非常有益。

6.5.2　太阳能电池的种类

现今所应用的太阳能电池是一种利用光伏效应将太阳能转化为电能的半导体器件。只有能量高于半导体禁带宽度的光子才能使半导体中的电子跃迁到导带，生成自由电子和空穴对而产生电势差。而太阳辐射光谱是一个从紫外到近红外的非常宽的光谱，太阳能向电能的转化取决于半导体的禁带宽度，这一禁带宽度最好在 1.5 eV 左右。

目前，按所用半导体材料的形态可将太阳能电池分为结晶型和薄膜型两类。结晶型太阳能电池材料有单晶硅（c-Si）、多晶硅（ploy-Si）、砷化镓（GaAs）等；薄膜型太阳能电池材料有非晶硅（a-Si）、铜铟镓硒（CuIn-GaSe）、碲化镉（CdTe）等。硅的带隙宽度 1.1 eV，且是间接迁移型半导体，本来不是最合适的材料，但硅的蕴藏量十分丰富，而且对硅器件的加工有着深入的研究。因此，目前的太阳能电池主要还是用硅材料。砷化镓带隙宽度 1.4 eV，是直接迁移型半导体，光电转换效率高，但价格较贵，仅用于太空。非晶硅薄膜太阳能电池价格便宜，但转换效率不高，而且性能容易劣化。铜铟镓硒薄膜太阳能电池开发时间还不长，是较有前途而被寄予厚望的新型低成本太阳能电池。为了清楚起见，下面将按照晶体硅太阳能电池材料、非晶硅太阳能电池材料、化合物太阳能电池材料进行介绍。

（1）晶体硅太阳能电池材料

晶体硅太阳能电池包括单晶硅电池、多晶硅电池、带状硅电池和多晶硅薄膜电池。图 6.34 所示为晶体硅太阳能电池的结构示意图，它主要包括：单结的 PN 结、指形电极、减反射膜和完全用金属覆盖的背电极。各种硅太阳能电池的基本结构相同，主要各部件的材料结构不同。其制备工艺包括：硅片的制备和处理、掺杂扩散形成 PN 结、沉积减反射膜和钝化膜、制成电极和封装。

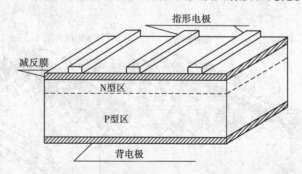

图 6.34　晶体硅太阳能电池的结构

1）单晶硅太阳能电池材料

单晶硅太阳能电池是研究和开发得最早的太阳能电池。它以高纯的单晶硅棒为原料，纯度要求极高，达 99.999%。最常用的单晶硅生长技术有丘克拉斯基（Czochralski）提拉法和区熔法。丘克拉斯基法用于制备单晶硅棒，区熔法主要是用于材料提纯，也可用于单晶的制备，利用该方法可得到高质量的单晶硅。

由于制备单晶硅的成本较高,为了降低成本,多使用半导体工业的次品多晶硅或单晶硅的头尾料作为制备单晶硅的原料。在制备单晶硅的过程中,通过生长工艺控制硅晶体中的缺陷和杂质,以提高它的纯度。在一定的掺杂浓度范围内,掺杂浓度的提高能够导致开路电压的增大,有利于转换效率的提高。但是,过高的掺杂会降低开路电压,同时也会降低载流子的寿命。因此,存在一个最佳的掺杂浓度可使得太阳能电池的转换效率最高。地面上太阳能电池一般采用0.3~2 Ω·cm 的硅片,空间太阳能电池一般采用10 Ω·cm 的硅片,硅片的厚度一般在0.3 mm。

图6.35 化学刻蚀在硅表面形成的倒金定塔

为了降低硅表面的反射,提高电池的转换效率,除了沉积减反层外,人们研究出对硅表面进行织构处理。理想的表面织构(绒面)为倒金字塔形,利用机械刻槽法和化学腐蚀法处理。机械刻槽利用 V 形刀在硅表面摩擦,以形成规则的 V 形槽,从而形成规则的、反射率低的表面织构。研究表明,尖角为35°的 V 形槽反射率最低。用单刀抓槽能得到优质的表面织构,但是成形速度太低,采用多刀同时抓槽又容易破坏硅片。化学腐蚀法可以在硅表面形成不规则的倒金字塔形织构,但它只能够处理单晶硅的表面织构。图6.35 所示为化学刻蚀制备的倒金字塔形照片。

2)高效单晶硅太阳能电池

太阳能电池经过多年的发展,许多新技术的采用和引入使太阳电池效率有了很大提高,目前已研究出如下的高效单晶硅太阳能电池。

①发射极钝化及背面局部扩散太阳能电池 如图6.36 所示,电池的正反两面都进行钝化形成氧化硅层,采用光刻技术将电池表面的氧化硅层制成倒金字塔结构,降低反射率。两面的金属接触面积都进行缩小,其接触点进行了硼或磷的重掺杂,以减小接触电阻,该结构的综合结果使电池效率大大提高。目前太阳能电池的最高转换效率是利用该方法获得的,达到24%。

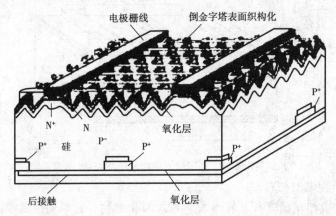

图6.36 发射极钝化及背面局部扩散太阳能电池

②埋栅太阳能电池　图 6.37 所示为埋栅太阳能电池的结构,它是用激光在前面刻出 20 μm宽、40 μm 深的沟槽,用化学镀在槽内植入金属电极,减少了栅线的遮光面积,电池效率达到 19.6 %。

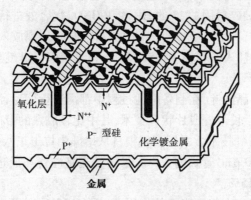

图 6.37　埋栅太阳能电池的结构

3)多晶硅太阳能电池材料

多晶硅太阳能电池的成本比单晶硅太阳能电池低得多,其优点是制备简单,可以形成工业化规模,利用简单设备和纯度比较低的硅可以制备出大型硅锭,在电池工艺方面采取措施可降低晶界和有害杂质的影响。缺点是它的转换效率比单晶硅太阳能电池低。

①多晶硅的性能

影响多晶硅电池性能的主要因素是晶粒的尺寸、形态、晶界、基体中有害杂质的浓度和分布。电池的转换效率随晶粒的尺寸的减小而降低。由于缺陷和杂质在禁带中形成能级,它们能够导致载流子的复合,减小载流子的寿命,特别是微量深能级的中心杂质能够显著地缩短载流子的寿命,这就降低了电池的性能。同时,位错以及杂质在位错上的聚集都是复合中心,导致载流子寿命的缩短而降低电池的性能。因此,制备多晶硅电池时,期望多晶硅具有较大的晶粒,并且晶粒有良好的形态且定向生长以及尽量降低杂质和缺陷的含量。

②多晶硅电池的吸杂和钝化

由于多晶硅表面和晶界在能级中能够形成表面态和界面态,杂质在晶界上的富集在能级中形成缺陷态,这将形成表面势垒和界面势垒,影响载流子的输运和寿命,对电池的性能不利。为了提高电池的性能,采用吸杂和钝化的方法来减少或消除杂质的影响。吸杂是在多晶硅表面沉积磷或铝层,或在高温下用三氯氧磷液态源进行预扩散,使得表面产生缺陷,以致杂质在缺陷区富集,该层去掉后可消除部分杂质。吸杂可以在一定程度上消除杂质,特别是对金属杂质的消除,能够提高载流子的寿命和电池的性能。钝化是提高多晶硅质量的有效方法,可采用氢钝化硅体内的悬挂键等缺陷。在晶体生长的过程中,受压力的影响造成缺陷多的硅材,氢钝化效果较好。对于高效电池,目前采用表面氧钝化来提高电池的性能。

③多晶硅的表面改性

由于多晶硅中各个晶粒的晶向不同,不像单晶硅那样,很容易利用腐蚀的方法在其表面形成理想的织构,以增强其对光的吸收。因此,需对其表面进行处理,以达到减反射的作用。沉积减反层是降低表面反射率的一种有效方法。用激光或多刀砂轮进行刻槽,也能够降低表面反射率。在多晶硅的表面制备多孔硅,也是降低表面反射率非常有效的方法。采用该方法制备的多晶硅电池的转换效率达到13.4%。

④多晶硅的制备

多晶硅的制备采用的浇铸技术,其工艺过程是选用电阻率为 $100 \sim 300 \ \Omega \cdot cm$ 的多晶硅块材或单晶硅头尾材,经破碎后用 1∶5 的 HF 酸和 HNO_3 混合液进行适当的腐蚀,然后用蒸馏水清洗并烘干,将料放入石英坩埚中,加入适量的硼硅,再将坩埚放入浇铸炉中,在真空下加热熔化,之后进行保温,然后注入石墨模中,待冷却后,可形成多晶硅锭。

⑤带硅

无论是单晶硅还是多晶硅锭,在制备电池过程中都需进行切片,浪费较大。为了减少切片过程的损失,人们研究出生长带硅或片状硅技术,其中比较成熟的带硅技术有以下几种:

A. 限边喂膜(EFG)带硅技术　采用石墨模具从熔硅中拉出正八面硅筒,总管径约 30 cm,管壁(硅片)厚度 $200 \sim 400 \ \mu m$,管长约 5 m。采用激光将硅管切成边长 $10 \sim 15$ cm 的方形硅片,电池效率可达 13% ~ 15%。

B. 枝蔓蹼状带硅技术　在表面张力的作用下,插在熔硅中的两条枝蔓晶的中间会同时长出一层如蹼状的薄片,因而称为蹼状晶。切去两边的枝晶,用中间的片状晶制作太阳电池。蹼状晶为各种硅带中质量最好的,但其生长速度相对较慢。

C. Astropower 多晶带硅制造技术　该技术基于液相外延工艺,衬底为可以重复使用的廉价陶瓷,实验室太阳电池效率达到 15.6%,该技术实现了小规模的商业化生产。

⑥多晶硅薄膜电池　近年来,多晶硅薄膜电池的研究受到重视,这是由于多晶硅薄膜电池的厚度减小,开路电压增大,电池的性能能够得到提高。同时,薄膜电池节省材料,大幅度降低成本。膜的厚度一般在 $50 \ \mu m$ 以下,生长的衬底多用冶金级硅片、石墨、玻璃和陶瓷等材料,生长技术主要有等离子体、液相外延和化学气相沉积等方法。等离子体方法可在导电陶瓷衬底上制备厚度为 $100 \ \mu m$ 的多晶硅薄膜,电池的效率可达 12%。利用化学气相沉积等方法制备的多晶硅薄膜晶粒较小,载流子的扩散长度小,需通过重熔和再结晶使晶粒长大,电池的效率才能够达到提高。

(2)非晶硅太阳能电池材料

1)非晶硅的结构和性能

非晶硅材料与晶体硅材料的不同之处在于,它的原子排列是长程无序,短程有序,原子之间的键长和键角与晶体硅类似,但小的偏离导致了长程有序的排列完全丧失。由于非晶硅材料中缺乏周期性的束缚力,使硅材料中含有一定量的结构缺陷(如悬挂键、断键、空洞等),再加上由于原子的非周期性排列,增加了禁带中的允许态密度,因此能够有效地掺杂半导体或得到适宜的载流子寿命。然而,1975 年报道了利用辉光放电分解硅烷产生的非晶膜可以掺杂形成 PN 结。此膜中含有氢,氢在膜中占有相当的比例(5% ~ 10%)。一般认为氢起到了补偿悬挂键及其他结构的缺陷,减少了禁带中的态密度,并能够允许材料进行掺杂。

由于非晶硅薄膜是硅与氢的合金,它的光学和电学性能相对晶体硅发生了变化,光学禁带宽度从 1.1 eV 增大到 1.7 eV。非晶硅薄膜中载流子的迁移率比晶体硅小,但由于原子排列长程无序,电子发生跃迁不再受准动量守恒定则的限制,可以更有效地吸收光子。

2)非晶硅电池的构造

非晶硅太阳电池的工作原理与单晶硅电池类似,都是利用半导体的光伏效应实现光能向电能的转换。但由于非晶硅中缺陷较多,载流子的迁移率很小,光生载流子的收集需要依赖内建电场。为了促进光生载流子的收集,电池设计为如图 6.38 所示的 PIN 型结构。其中 P 层是入射光层,I 层是本征吸收层,处在 P 区和 N 区产生的内建电场中。插入本征吸收层后,由于功函数差形成的高电场可位于较大的空间内,为了形成高电场,要求电池的厚度比较薄,一般为几百纳米的厚度。采用适当的光俘获技术,可获得高转换效率且稳定的单结非晶硅太阳电池。

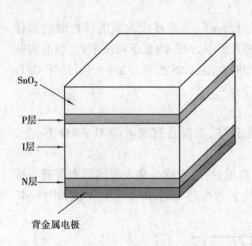

图 6.38　PIN 型非晶硅电池的结构

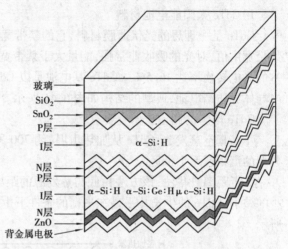

图 6.39　叠层电池的结构

由于任何一种半导体材料都只能吸收能量比其禁带宽度大的光子,而太阳光谱中的能量分布较宽,可以被分成连续的若干部分,用禁带宽度与这些部分有最好匹配的材料做成电池,并按禁带宽度从大到小的顺序从外向里叠合起来,让波长最短的光被最外边的宽带隙材料电池利用,波长较长的光能够透射进去让较窄带隙材料电池利用,这就有可能最大限度地将光能变成电能,提高电池的转换效率,这样的电池结构称为叠层电池。典型的结构如图 6.39 所示。

还有一种非常特殊的高效太阳能电池结构,它是非晶硅/晶体硅异质结构,在此将它归为非晶硅电池中。它具有转换效率高、表面复合速率低、成本低等优点,其结构如图 6.40 所示。目前,用丘克拉斯基法制备的单晶硅所制备的该结构的电池,转换效率可达 20.7%。

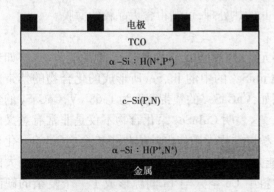

图 6.40　非晶硅/晶体硅异质结构电池

图 6.41　CdTe 基太阳能电池的结构

3)非晶硅太阳能电池的沉积技术

非晶硅是由气相沉积法制备的,气相沉积法可分为辉光放电分解法、溅射法、真空蒸发法、光化学气相沉积法、热丝法和电子共振化学气相沉积法等。等离子体增强化学气相沉积法已经普遍被应用,在该方法中,一般采用 SiH_4 和 H_2 作为反应气体,制备叠层电池时,用 SiH_4 和 GeH_4,加入 B_2H_6、PH_5 可同时实现掺杂。SiH_4 和 GeH_4 在低温等离子体的作用下,分解形成非晶硅膜和非晶 SiGe 膜。

(3)化合物太阳能电池材料

1)CdTe 太阳能电池材料

CdTe 是一理想的光伏薄膜材料,它的禁带宽度为 1.5 eV,非常接近太阳能转换时的最佳禁带宽度值,对光的吸收非常强,能量大于禁带宽度的光子中,99%的光子可被吸收,目前实验室的光电转换率达 16.5%。CdTe 基电池是以 CdTe 为吸收层,CdS 为窗口层的 N-CdS/P-CdTe 半导体异质结电池,典型的结构如图 6.41 所示。

CdTe 薄膜的制备技术主要有:

①高真空蒸发法,CdTe 从加热坩埚(约 700 ℃)中升华,冷凝在衬底上(300～400 ℃)上,典型的沉积速率 1 nm/s。

②近距离升华法,该方法衬底与蒸发源的距离非常近,衬底温度与蒸发源的温度仅有一很小的差别,CdTe 的生长几乎是在平衡的条件下生长,生长速率达 10 μm/min,其原理如图 6.42 所示。

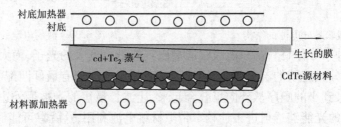

图 6.42 近距离升华制备 CdTe 的原理

③电镀沉积,CdTe 和 CdS 膜都可 90 ℃中的水溶液进行沉积,然后在 400 ℃以上进行退火,调整其计量比。

④丝网印刷法,由含 CdTe、CdS 的浆料进行丝网印刷,制得 CdTe、CdS 膜,然后在约 600 ℃(CdTe)、700 ℃(CdS)于可控气氛下进行约 1 h 的热处理,可制得含大晶粒的薄膜。

2)$CuInSe_2$ 太阳能电池材料

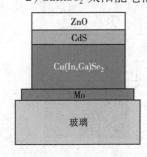

图 6.43 $CuInSe_2$ 电池结构

$CuInSe_2$ 是多元化合物材料,它的禁带宽度为 1.01 eV。如果用其他元素替代 $CuInSe_2$ 的中的 In、Se,所形成的化合物的禁带宽度将发生变化,例如,$CuGaSe_2$ 的禁带宽度为 1.68 eV,$CuGaS_2$ 的禁带宽度为 2.4 eV。这表明 $CuInSe_2$ 系化合物不仅是非常有意义的材料,而且为制备叠层结构太阳能电池提供了机会。$CuInSe_2$ 化合物的一个优良性能是,其电性能不因组成偏离定量比而受很大的影响,这是由于材料中 Cu 空穴与 In 间隙形成了一个复杂的缺陷 $2(V_{Cu})^- + (In_{Cu})^+$。$CuInSe_2$ 电池结构如图 6.43 所示,它的衬底是一沉积有 Mo 的苏打玻璃,异质结是化学沉积一层 CdS 薄层来构成,沉积 CdS 用的溶液是含有 Cd 离子的硫脲水溶液。

$CuInSe_2$ 薄膜的制备技术主要有硒化法和共蒸法两种:共蒸法是在衬底上用 Cu、In(Ga)Se

进行蒸发、反应;硒化法则是先在衬底上生长 Cu、In(Ga)层,然后在 Se 气氛中进行硒化。两种方法的原理如图 6.44 所示。

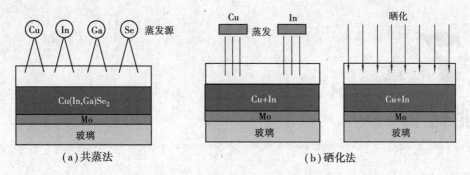

(a)共蒸法　　　　　　　　　　　　(b)硒化法

图 6.44　CuInSe$_2$ 薄膜的制备技术

3)GaAs 太阳能电池材料

GaAs 的禁带宽度为 1.425 eV,是直接跃迁半导体材料,吸收光的系数很大,对于能量大于禁带宽度的光子,只需要 4 μm 厚就可几乎对其吸收限内的全部光子吸收。因此,GaAs 也为理想的太阳能电池材料,相对于其他太阳能电池材料,GaAs 的成本高。

在 GaAs 太阳能电池中,是以 $Al_xGa_{1-x}As$ 为电池的窗口材料,当 $x > 0.8$ 时,$Al_xGa_{1-x}As$ 为间接带隙半导体,其禁带宽度约 2.1 eV,光的透过率高。当 Al 组分的含量增加时,材料在紫外区的损失很小,但太高时由于外延过程中微量氧的影响,电池的性能下降,x 的最佳范围为 0.8~0.85。GaAs 太阳能电池以 GaAs 为衬底材料,用液相外延生长 GaAs 薄膜制成电池,或以 Ge 衬底材料,用金属有机气相外延生长 GaAs 薄膜制成电池,它的基本结构如图 6.45 所示。

GaAs 的制备技术主要有液相外延生长系统和金属有机气相外延系统两种。液相外延生长系统由外延炉、石英反应管、石墨生长舟、氢气发生器和真空系统组成。

图 6.45　GaAs 太阳能电池结构

它是利用 Ga 的饱和母液在缓慢降温的过程中在 GaAs 衬底上析出饱和基质,实现材料的外延生长。金属有机气相外延系统所采用的有机金属源为液态三甲基镓、液态三甲基铝和电子级纯氢稀释的砷烷。P 型掺杂剂为二甲基锌,N 型掺杂剂为电子级纯氢稀释的硒化氢。由于气源有剧毒,对生长系统的密封性有严格的要求,以防止气体的泄露。从报道可知,金属有机气相外延生长的 GaAs 薄膜在均匀性和 PN 结的性能方面都比液相外延生长的好,因此,有机气相外延生长是目前普遍采用的技术。

第7章
智能材料

20世纪70年代,美国弗吉尼亚理工学院及州立大学的Claus等人将光纤埋入碳纤维增强复合材料中,使材料具有感知应力和断裂损伤的能力。这是智能材料的首次实验,当时称这种材料系统为"adaptive materials"(自适应材料)。从1985年开始,在Rogers和Claus等人的努力下,智能材料系统逐渐受到美国各部门和世界各国研究者重视,先后提出了机敏材料(smart materials)、机敏材料与结构(smart materials and structures)、自适应材料与结构(adaptive materials and structures)、智能材料系统与结构(intelligent materials systems and structures)等名称。从表面上看,各自的名称有所不同,但研究的内容大体相同,都含有"智能"特性。从20世纪90年代开始,智能材料迅速发展起来。

7.1 智能材料的定义与内涵

7.1.1 智能材料的定义

Rogers在《智能材料系统——新材料时代的曙光》一文中认为,生物结构系统难于区分材料与结构,智能材料与结构只是尺度上的差别,即材料的智能与生命特性存在于材料微结构中,而结构是在制造过程中集成的。因此,Rogers认为智能材料系统(Intelligent Materials Systems,IMS)的定义可归结为两种。第一种定义是基于技术观点:"在材料和结构中集成有执行器、传感器和控制器"。这一定义叙述了智能材料系统的组成,但没有说明这个系统的目标,也没有给出制造这种系统的指导思想。另一种定义是基于科学理念观点:"在材料系统微结构中集成智能与生命特征,达到减小质量、降低能耗并产生自适应功能目的。"该定义给出了智能材料系统设计的指导性哲学思想,抓住材料仿生的本质,着重强调材料系统的目标,但没有定义使用材料的类型,也没有叙述其具有传感、执行与控制功能。由此可见,Rogers关于智能材料的定义并不完善。

事实上,目前就智能材料而言,还没有统一的定义,或者说智能材料的定义说法较多。不过,这些定义从根本上说是大同小异。针对Rogers的两种定义,如果将二者结合在一起,就能形成一个较完整、科学的定义,即智能材料是模仿生命系统,能感知环境变化,并能实时地改变自身的一种或多种性能参数,作出所期望的、能与变化后的环境相适应的复合材料或材料的复合。或者说,智能材料是指具有感知环境(包括内环境和外环境)刺激,对之进行分析、处理、判断,并采取一定的措施进行适度响应的材料。

7.1.2　智能材料的内涵

智能材料的构想来源于仿生,即模仿大自然中生物的一些独特功能来制造人类使用的工具,如模仿蜻蜓制造飞机等,其目标是研制出一种材料,使之成为具有类似于生物各种功能的"活"的材料。具体来说,智能材料需具备以下内涵:

①具有感知功能,能够检测并且可以识别外界(或者内部)的刺激强度,如电、光、热、应力、应变、化学、核辐射等;

②具有驱动功能,能够响应外界变化;

③能够按照设定的方式选择和控制响应;

④反应灵敏、及时和恰当;

⑤当外部刺激消除后,能够迅速恢复到原始状态。

由此可见,智能材料必须具备 3 个基本要素。即感知、处理(驱动)、执行(控制)。但是,现有的材料一般比较单一,难以满足智能材料的要求,因此,智能材料一般由两种或两种以上的材料复合构成一个智能材料系统。这就使得智能材料的设计、制造、加工和性能结构表征等涉及了材料学的最前沿领域,使智能材料代表了材料科学的最活跃方面和最先进的发展方向之一。

7.2　智能材料的分类与智能材料系统

7.2.1　智能材料的分类

智能材料是最近十几年才出现的新型功能材料,它的研究呈开放和发散性,涉及的学科包括化学、物理学、材料学、计算机、海洋工程和航空等领域学科,其应用范围广泛。智能材料的分类方法有多种,若按功能来分,可以分为光导纤维、形状记忆合金、压电、电流变体和电(磁)致伸缩材料等;若从智能材料的自感知、自判断和自结论、自执行的角度出发,可以将智能材料分为自感知智能材料(传感器)、自判断智能材料(信息处理器)和自执行智能材料(驱动器)等;也可以按照组成智能材料的基材不同,将其分为金属系智能材料、无机非金属系智能材料和高分子系智能材料等。

目前研究开发的金属系智能材料主要有形状记忆合金材料和形状记忆复合材料两大类;无机非金属系智能材料在电流变体、压电陶瓷、光致变色和电致变色材料等方面发展较快;高分子系智能材料的范围很广泛,作为智能材料的刺激响应性高分子凝胶的研究和开发非常活跃,其次还有智能高分子膜材、智能高分子黏合剂、智能型药物释放体系和智能高分子基复合材料等。

7.2.2　智能材料系统

一般来说,智能材料系统由基体材料、敏感材料、驱动材料和信息处理器 4 部分构成,如图7.1 所示。

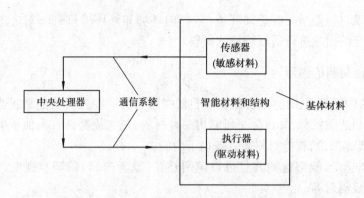

图 7.1　智能材料的基本构成和工作原理

①基体材料　担负着承载的作用,一般宜选择轻质材料,如高分子材料,具有重量轻、耐腐蚀等优点,尤其是具有黏弹性的非线性特征。另外,也可以选择强度较高的轻质有色合金。

②敏感材料　担负着传感的任务,其主要作用是感知环境变化(包括压力、应力、温度、电磁场、pH 值等)。常用敏感材料如形状记忆材料、压电材料、光纤材料、磁致伸缩材料、电致变色材料、电流变体、磁流变体和液晶材料等。

③驱动材料　因为在一定条件下驱动材料可产生较大的应变和应力,所以它担负着响应和控制的任务。常用有效驱动材料如形状记忆材料、压电材料、电流变体和磁致伸缩材料等。可以看出,这些材料既是驱动材料,又是敏感材料,显然起到了身兼二职的作用,这也是智能材料设计时可采用的一种思路。

④其他功能材料　包括导电材料、磁性材料、光纤和半导体材料等。

7.2.3　智能材料系统的智能功能和生命特征

因为设计智能材料的两个指导思想是材料的多功能复合和材料的仿生设计,所以智能材料系统具有或部分具有如下的智能功能和生命特征。

①传感功能(sensor)　能够感知外界或自身所处的环境条件,如负载、应力、振动、热、光、电、磁、化学、核辐射等的强度及其变化。

②反馈功能(feedback)　可以通过传感网络,对系统输入与输出信息进行对比,并将其结果提供给控制系统。

③信息识别与积累功能(discernment and accumulation)　能够识别传感网络得到的各类信息并将其积累起来。

④响应功能(responsive)　能够根据外界环境和内部条件变化,适时动态地做出相应的反应,并采取必要行动。

⑤自诊断能力(self-diagnosis)　能通过分析比较,系统地了解目前的状况与过去的情况,对诸如系统故障与判断失误等问题进行自诊断并予以校正。

⑥自修复能力(self-recovery)　能通过自繁殖、自生长、原位复合等再生机制,来修补某些局部损伤或破坏。

⑦自调节能力(self-adjusting)　对不断变化的外部环境和条件,能及时地自动调整自身结构和功能,并相应地改变自己的状态和行为,从而使材料系统始终以一种优化方式对外界变化做出恰如其分的响应。

7.3　金属系智能材料与形状记忆合金

智能金属材料是指具有自检知、自诊断和自行动功能,并且能够对变形、振动和损伤等进行适当控制的金属材料。形状记忆材料是指具有一定起始形状,经形变并固定成另一种形状后,通过热、光、电等物理刺激或者化学刺激处理又可以恢复初始形状的材料。这类材料包括晶体和高分子,前者与马氏体相变有关,后者借玻璃态转变或其他物理条件的激发呈现形状记忆效应。形状记忆材料包括形状记忆合金、形状记忆陶瓷和形状记忆高分子。形状记忆合金(Shape Memory Alloys,SMA)是目前形状记忆材料中形状记忆性能最好的材料,在智能材料系统中是一种重要的执行器材料,可以用其控制振动和结构变形。本节主要介绍形状记忆合金。

7.3.1　形状记忆效应

金属中发现形状记忆效应可追溯到 1938 年。当时美国的 Greningerh 和 Mooradian 在 Cu-Zn 合金中发现了马氏体的热弹性转变。随后,苏联的 Kurdjumov 对这种行为进行了研究。1951 年美国的 Chang 和 Read 在 Au47.5Cd(at%)合金中发现了形状记忆效应。直至 1962 年,美国海军军械研究所的 Buehler 发现了 TiNi 合金中的形状记忆效应,才开创了"形状记忆"的实用阶段。

(1)形状记忆效应

具有一定形状的固体材料,在某一低温状态下经过塑性变形后,通过加热到这种材料固有的某一温度以上时,材料又恢复到初始形状的现象,称为形状记忆效应(Shape Memory Effect,SME)。合金材料中出现形状记忆效应与热弹性马氏体相变或应力诱发马氏体相变有关,当这类材料在马氏体状态下进行一定限度的变形后,在随后的加热并超过马氏体相消失温度时,材料能完全恢复到变形前的形状和体积。合金可恢复的应变量达到 7% ~ 8%,比一般材料要高得多。对一般材料来说,这样的大变形量早就发生永久变形了,而形状记忆合金的变形可以通过孪晶界面的移动实现,马氏体的屈服强度又比母相奥氏体要低得多,合金在马氏体状态比较软,这点与一般的材料很不同。

(2)形状记忆效应的类型

形状记忆效应可分为 3 种类型,即单程形状记忆效应、双程形状记忆效应和全程形状记忆效应。图 7.2 所示为三种不同形式的形状记忆效应。

单程形状记忆效应又称为单向形状记忆效应,是指将母相冷却或加应力使其转变为马氏体相,然后在马氏体状态使合金发生塑性变形,再重新加热或撤去应力,马氏体发生逆转变,合金完全恢复母相的原始形状的现象,如图 7.2(a)所示。有些合金发生马氏体向母相的逆转变后,形状恢复,若将母相再次冷却,使其发生马氏体转变,则母相又恢复至马氏体状态时的形状,这种现象称为双程形状记忆效应,如图 7.2(b)所示。双程形状记忆效应又称为双向形状记忆效应或可逆形状记忆效应。全程形状记忆效应又称为全方位形状记忆效应,是一种特殊的双程形状记忆效应,是合金发生马氏体向母相逆转变,形状恢复后,如果将母相再次冷却至马氏体转变温度以下,则其形状变为与母相相同但取向完全相反的现象,如图 7.2(c)所示。全程形状记忆效应只在富镍的 TiNi 合金中出现。

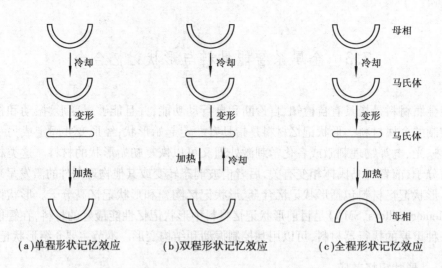

(a)单程形状记忆效应　　(b)双程形状记忆效应　　(c)全程形状记忆效应

图7.2　形状记忆效应的三种形式

（3）形状记忆效应的机理

1）热弹性马氏体和应力弹性马氏体

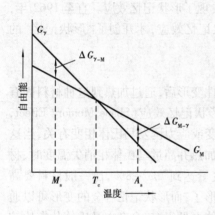

图7.3　马氏体与母相的平衡温度

大部分合金和陶瓷记忆材料是通过马氏体相变而呈现形状记忆效应。马氏体相变往往具有可逆性，即把马氏体（低温相）以足够快的速度加热，可以不经分解直接转变为母相（高温相）。母相转变为马氏体相的开始温度和终了温度分别称为 M_s 和 M_f，马氏体经加热时逆转变为母相的开始温度和终了温度分别称为 A_s 和 A_f。图7.3为马氏体与母相平衡的热力学条件。具有马氏体逆转变，且 M_s 与 A_s 温度相差（称为转变的热滞后）很小的合金，将其冷却到 M_s 点以下，马氏体晶核随着温度下降逐渐长大，温度上升时，马氏体相又反过来同步地随温度升高而缩小，马氏体相的数量随温度的变化而发生变化，这种马氏体称为热弹性马氏体。

在 M_s 以上某一温度对合金施加外力也可引起马氏体转变，形成的马氏体称为应力诱发马氏体。有些应力诱发马氏体也属弹性马氏体，应力增加时马氏体长大，反之，马氏体缩小，应力消除后马氏体消失，这种马氏体称为应力弹性马氏体。应力弹性马氏体形成时会使合金产生附加应变，当除去应力时，这种附加应变也随之消失，这种现象称为超弹性或伪弹性（Pseudoelasticity，PE）。

将母相淬火得到马氏体，然后使马氏体发生塑性变形，变形后的合金受热（温度高于 A_s）时，马氏体发生逆转变，开始回复母相原始状态，温度升高至 A_f 时，马氏体消失，合金完全恢复到母相原来的形状，呈现形状记忆效应。如果对母相施加应力，诱发其马氏体形成并发生形变，随后逐渐减小应力直至除去时，马氏体最终消失，合金恢复至母相的原始形状，呈现伪弹性。上述两种使应变回复为零的现象均起因于马氏体的逆相变，只不过是诱发逆相变的方法不同而已。在伪弹性中，卸载使产生塑性应变的马氏体相完全逆转变成母相，而形状记忆效应中，通过加热使马氏体产生逆相变导致应变完全复原。它们都是由于晶体学上相变的可逆性引起的,因此,事实上,具有热弹性马氏体相变的合金不仅有形状记忆效应,也都呈现伪弹性特征。但是,需要指出的是,具有热弹性马氏体相变的材料并不都具有形状记忆效应。

2) 形状记忆效应的微观机理

具有形状记忆效应的合金应具备的条件:马氏体相变是热弹性的;马氏体点阵的不变切变为孪变,亚结构为孪晶或层错;母相和马氏体均为有序点阵结构;相变时在晶体学上具有完全可逆性。

马氏体相变是一种典型的非扩散型相变,母相向马氏体转变可理解为原子排列面的切应变。由于剪切形变方向不同,而产生结构相同、位向不同的马氏体,即马氏体变体。以 Cu-Zn 合金为例,合金相变时围绕母相的一个特定位向常形成 4 种自适应的马氏体变体,其惯习面以母相的该方向对称排列。4 种变体合称为一个马氏体片群,如图 7.4 所示,(a)实线:孪晶界及变体之间的界面,虚线:基准面;(b)在 $(01\bar{1})$ 标准投影图中,4 个变体的惯习面法线的位置。通常的形状记忆合金根据马氏体与母相的晶体学关系,共有 6 个这样的片群,形成 24 种马氏体变体。每个马氏体片群中的各个变体的位向不同,有各自不同的应变方向。每个马氏体形成时,在周围基体中造成了一定方向的应力场,使沿这个方向上变体长大越来越困难,如果有另一个马氏体变体在此应力场中形成,它当然取阻力小、能量低的方向,以降低总应变能。由 4 种变体组成的片群总应变几乎为零,这就是马氏体相变的自适应现象。图 7.5 所示是形状记忆合金的 24 个变体组成 6 个片群及其晶体学关系,惯习面绕 6 个(110)分布,形成 6 个片群。每片马氏体形成时都伴有形状的变化。这种合金在单向外力作用下,其中马氏体顺应力方向发生再取向,即造成马氏体的择优取向。当大部分或全部的马氏体都采取一个取向时,整个材料在宏观上表现为形变。对于应力诱发马氏体,生成的马氏体沿外力方向择优取向,在相变同时,材料发生明显变形,上述的 24 个马氏体变体可以变成同一取向的单晶马氏体。将变形马氏体加热到 A_s 以上,马氏体发生逆转变,因为马氏体晶体的对称性低,转变为母相时,只形成几个位向,甚至 1 个位向,即母相原来的位向。尤其当母相为长程有序时,更是如此。当自适应马氏体片群中不同变体存在强的力学偶时,形成单一位向的母相倾向更大,逆转变完成后,便完全回复了原来母相的晶体,宏观变形也完全恢复。

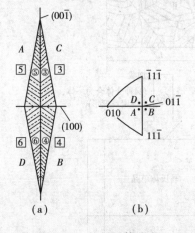

图 7.4　一个马氏体片群

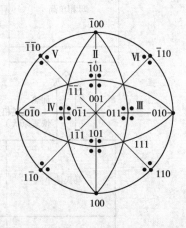

图 7.5　24 个自适应马氏体

形状记忆合金在形状记忆过程中发生的晶体结构变化如图 7.6 所示。由于有序点阵结构的母相与马氏体相变的孪生结构具有共格性,在"母相→马氏体→母相"的转变循环中,母相完全可以恢复原状。借助图7.7能够更好地说明形状记忆效应的简单过程。在图7.7中,(a)将母相冷却到M_f点以下进行马氏体相变,形成24种马氏体变体,由于相邻变体可协调地生成,微观上相变应变相互抵消,无宏观变形;(b)马氏体受外力作用时(加载),变体界面移动,相互吞食,形成马氏体单晶,出现宏观变形ε;(c)由于变形前后马氏体结构没有发生变化,当去除外应力时(卸载)无形状改变;(d)当加热到高于A_f点的温度时,马氏体通过逆转变恢复到母相形状。

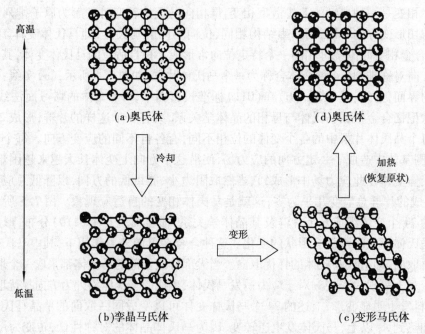

图7.6 形状记忆过程中晶体结构的变化

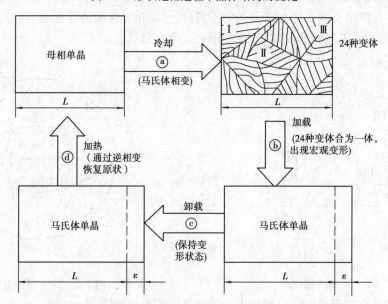

图7.7 形状记忆机制示意图(拉应力状态)

由上述讨论可知,相变在晶体学上的可逆性是产生形状记忆效应的必要条件,而有序合金的点阵由于异类原子排列受有序性严格控制,因此,马氏体相变在晶体学上的可逆性完全得以保证。以具有 CsCl 立方晶体结构(又称 B2 结构)的母相 γ 转变为 B19 型马氏体(γ₂)为例(图 7.8)。γ₂ 马氏体是以 2H 方式周期性堆垛的结构。图 7.8(a)是 γ₂ 马氏体晶体沿[001]的投影图,其中,黑白点分别代表两种原子,大、小点代表原子处于相邻不同层。由投影图可见,如果不考虑原子品种差异,则晶体属于密排六方结构。根据其对称性,等价点阵的取法可以有 A、B、C 三种,用箭头代表马氏体逆相变时,阵点(或原子)的切变方向。由 A 方式而产生母相结构如图 7.8(b)所示,与 B2 结构的[101]方向的投影图相吻合。若以 B 或 C 的方式进行逆相变,则母相的晶体结构如图 7.8(c)所示,明显区别于母相。可见,有序合金中逆相变的途径是唯一的受严格限制的。有序点阵结构使母相的晶体位向自动得以保存,这也是热弹性相变多半在有序合金中出现的原因。因此,大部分形状记忆效应出现在母相有序的合金中。

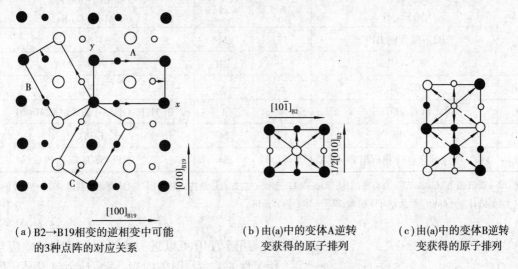

（a）B2→B19相变的逆相变中可能　　　（b）由(a)中的变体A逆转　　　（c）由(a)中的变体B逆转
　　的3种点阵的对应关系　　　　　　　　变获得的原子排列　　　　　　变获得的原子排列

图 7.8　有序结构同晶体学可逆性的关系

正在开发中的铁系等少数合金通过非热弹性马氏体相变也可显示形状记忆效应,因此,热弹性马氏体并不是具有形状记忆效应的必要条件。马氏体的自协作是马氏体减少应变的普遍现象,只是不同金属中协同程度不同,自协调好的合金在形变时容易再取向,形成单变体或近似单变体的马氏体,并且在形状改变和相变中不产生不利于形状回复的位错。在加热时,由于晶体学上的可逆性,转变为原始位向的母相,使形状回复。

形状记忆合金母相的结构比较简单,一般为具有高对称性的立方点阵,且绝大部分为有序结构。马氏体的晶体结构较母相复杂,对称性低,且大多为长周期堆垛,同一母相可以有不同的马氏体结构,见表 7.1。如果考虑内部亚结构,马氏体结构则更为复杂,如 9R、18R 马氏体的亚结构为层错,3R 与 2H 马氏体的亚结构为孪晶。目前已知的一些形状记忆合金,除 In-Tl、Fe-Pd 和 Mn-Cu 合金为无序结构外,其余都是有序结构。一般地说,形成有序晶格和热弹性型马氏体相变是形状记忆合金的基本条件。

3)形状记忆效应与伪弹性

形状记忆效应和伪弹性的出现与温度和应力有直接关系。图 7.9 是 Cu-14.5%Al-4.4%Ni合金单晶体在各种温度下拉伸时的应力—应变曲线,图中(a)表示合金在 M_f 温度以下的拉伸。在 M_f 以下，马氏体相在热力学上是稳定的，应力除去后，有一部分应变残留下来。这时，如果在 A_s 以上温度加热，变形会消失，即出现形状记忆效应。图中(b)表示合金在 M_s 和 A_s 之间的温度范围拉伸，由于应力诱发马氏体相变，使合金产生附加应变，加热可使变形消失，与(a)相同，属于形状记忆效应。图中(c)、(d)表示合金在 A_f 以上温度进行拉伸，此时，马氏体只有在应力作用下才是稳定的，合金的变形是由于应力诱发马氏体相变引起的，应力卸除，变形即消失，马氏体逆转变为母相，即出现伪弹性。

表 7.1　形状记忆合金母相和马氏体相结构

组别	母相和马氏体相结构	等效对应的点阵数	等效的惯习面数	合　金
A	B2→9R DO$_3$→18R	12	24	CuZn、Cu-Zn-X（X = Al、Sn、Ga、Si） Cu-Au-Zn
	B2→2H DO$_3$→2H	6	24	Ag-Cd、Au-Cd Cu-Al-Ni、Cu-Sn
	B2→畸变的 B19	12	24	TiNi
	B2→3R	3	24	NiAl
B	B2→R	3	3	TiNi
C	FCC→FCT	4	4	In-Tl、In-Cd、Fe-Pd、Mn-Cu、Mn-Ni
D	L$_{12}$→BCT	12	24	FePt
E	FCC（微细的超点阵相析出）→BCT	12	24	Fe-Ni-Ti-Co

注：B2—CsCl 或 β′-Cu-Zn 型立方有序结构；DO$_3$—BiLi$_3$ 型面心立方有序结构；B19—β′-AuCd 型正交晶格；FCT—面心正交晶格；L$_{12}$—AuCu$_3$ 型立方有序结构；BCT—体心四方晶格。

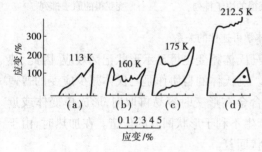

图 7.9　Cu-14.5% Al-4.4% Ni（重量）合金单晶体在不同温度拉伸时的应力—应变曲线

用图 7.10 可以进一步说明形状记忆效应与伪弹性的关系。图中的 M_d 表示应力诱发马氏体形成的最高温度。由图可知，当 $T > M_d$ 时，合金的 σ-ε 曲线与普通金属无本质差别（图 7.10(a)）。当 $T < M_f$ 时，马氏体在热力学上是稳定的，应力除去后，有残余应变。若加热至 A_s 以上，变形将逐渐消失，即出现形状记忆效应（图 7.10(c)）。当 $A_f < T < M_d$ 时，马氏体只有在应力作用下才是稳定的，合金的变形因应力诱发马氏体相变引起。故应力卸除，变形消失，马氏体逆转变为母相，即合金呈现伪弹性（图 7.10(b)）。当 $A_s < T < A_f$ 时，合金中将同时出现形状记忆效应和伪弹性。

7.3.2　形状记忆合金

迄今为止，已发现的形状记忆合金有 10 多个系列，50 多个品种。按照合金组成和相变特征，具有较完全形状记忆效应的合金可分为 3 大系列，即 TiNi 系形状记忆合金；Cu 系形状记忆合金；Fe 系形状记忆合金。具有代表性的几种形状记忆合金的有关性能参数见表 7.2。

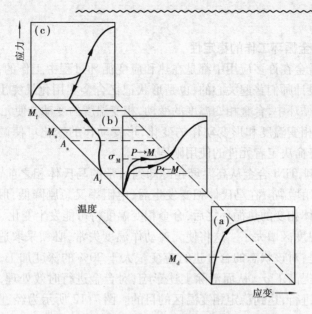

图 7.10　形状记忆合金不同温度下的 σ-ε 曲线特征

表 7.2　几种形状记忆合金性能比较

项　目	量　纲	TiNi	Cu-Zn-Al	Cu-Al-Ni	Fe-Mn-Si
熔点	℃	1 240～1 310	950～1 020	1 000～1 050	1 320
密度	Kg/m^3	6 400～6 500	7 800～8 000	7 100～7 200	7 200
电阻率	$10^{-6}\Omega\cdot$m	0.5～1.10	0.07～0.12	0.1～0.14	1.1～1.2
热导率	W/(m·℃)	10～18	120(20 ℃)	75	—
热膨胀系数	10^{-6}/℃	10(奥氏体) 6.6(马氏体)	16～18	16～18	15～16.5
比热容	J/(kg·℃)	470～620	390	400～480	540
热电势	10^{-6}V/℃	9～13(马氏体) 5～8(奥氏体)	—	—	—
相变热	J/kg	3 200	7 000～9 000	7 000～9 000	—
E-弹性模量	GPa	98	70～100	80～100	—
屈服强度	MPa	150～300(马氏体) 200～800(奥氏体)	150～300	150～300	35($\sigma_{0.2}$)
抗拉强度(马氏体)	MPa	800～1 100	700～800	1 000～1 200	700
延伸率(马氏体)	%应变	40～50	10～15	8～10	25
疲劳极限	MPa	350	270	350	—
晶粒大小	μm	1～10	50～100	25～60	—
转变温度	℃	−50～100	−200～170	−200～170	−20～230
滞后大小(A_s-A_f)	℃	30	10～20	20～30	80～100
最大单程形状记忆	%应变	8	5	6	5
最大双程形状记忆	%应变				
N＝10^2		6	1	1.2	—
N＝10^5		2	0.8	0.8	—
N＝10^7		0.5	0.5	0.5	—
上限加热温度(1 h)	℃	400	160～200	300	
阻尼比	SDC−%	15	30	10	
最大伪弹性应变(单晶)	%应变	10	10	10	
最大伪弹性应变(多晶)	%应变	4	2	2	
回复应力	MPa	400	200	—	190

（1）形状记忆合金循环工作的稳定性

由于形状记忆合金在许多应用中都是在热和应变循环过程中工作的，因此材料可以反复使用到什么程度是设计师们普遍关心的、也是形状记忆合金实用化最突出的问题。这些问题包括：在加热—冷却循环中，合金相变温度的变动，相变温度的变动会使元件动作温度失常；反复形变过程中，合金相变温度和形变动作的变化，形变动作的变化可使调节器的作用力不稳定；疲劳寿命，疲劳寿命决定着元件的使用限度。

以 TiNi 合金为例，TiNi 合金从高温母相冷却到通常的马氏体相之前，要发生菱形结构的 R 相变，使电阻率陡峭增高。在马氏体相变发生后，电阻率又急剧降低，形成一个独特的电阻峰，在反复进行马氏体相变的热循环之后，合金相变温度将可能发生变化。如图 7.11 所示，热循环使 M_s-M_f 相变温度区增大了。这将使元件动作温度失常，必须采取适当的措施消除这种影响。具体的方法是：对该状态的合金进行应变量大于 20% 的深度加工，加工的结果使合金中产生高密度位错，提高了 σ_s，从而消除上述影响；对合金进行时效处理，使合金中析出稳定相，阻止滑移变形的进行，达到稳定相变温区的目的。图 7.12 所示为经过时效处理的 TiNi 合金相变热循环对电阻率的影响，由此可见，经过适当的时效处理后，合金在经过 100 次反复热循环后，相变温度 M_s 和 M_f 变化非常小。

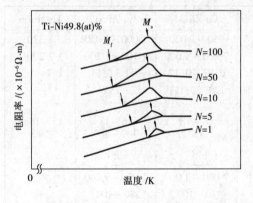
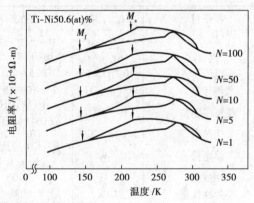

图 7.11　热循环对 TiNi 合金电阻—温度曲线的影响（1 273 K/3.6 ks 固溶）　　图 7.12　Ti-Ni50.6(at)% 合金时效处理后的相变热循环（1 273 K/3.6 ks 固溶，673 K/3.6 ks 时效）

除了热循环的影响外，反复变形（即形变循环）下工作的合金同样存在伪弹性的稳定性问题。形变循环对伪弹性的影响除应力大小外，与形变方式也有很强的依存关系。如果对时效处理合金进行冷加工的综合处理或"训练"，可以维持更稳定的伪弹性动作，如图 7.13 所示。同时，冷加工与时效的复合处理也可以改善 TiNi 合金的疲劳寿命。

（2）形状记忆合金及性能

1）TiNi 系合金

TiNi 系合金是目前所有形状记忆合金中研究最深入的合金材料，其中，等原子比的 TiNi 合金最早得到应用。TiNi 系合金具有良好的力学性能，抗疲劳、磨损、腐蚀的能力高，形状记忆恢复率高，尤其是具有良好的生物相容性，因而得到广泛的应用，特别在医学与生物上的应用是其他形状记忆合金所不能替代的。

①TiNi 系合金的记忆效应及有关相变

实用的具有形状记忆效应的 TiNi 合金的成分是在近等原子比的范围内，即 Ni 元素的含

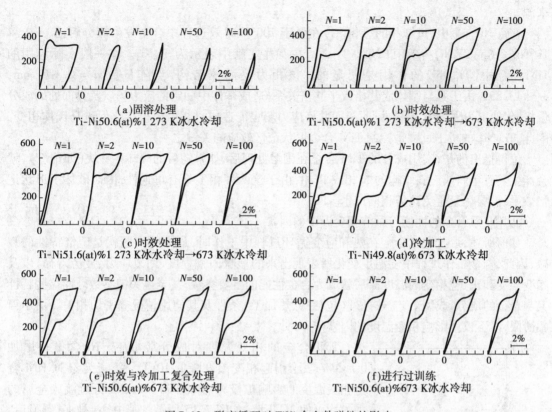

图 7.13　形变循环对 TiNi 合金伪弹性的影响

量约 55 ~ 56wt%。根据使用目的不同，可适当选取准确的合金成分。

TiNi 合金的母相具有 CsCl 型的 B2 结构（称 β 相），点阵常数 a 为 0.301 ~ 0.302 nm。它是由两个简单立方晶格交叠而成的准体心立方点阵，在体心及顶角分别被不同元素的原子所占据。在室温附近，发生马氏体相变。马氏体相为单斜结构，点阵常数 $a = 0.288\ 9$ nm，$b = 0.412\ 0$ nm，$c = 0.462\ 2$ nm，$\beta = 96.8°$，在母相向马氏体转变过程中，往往还有一种被称为 R 相的相变。R 相为简单六方结构，$a = 0.738$ nm，$c = 0.532$ nm。最能反映 TiNi 合金相变过程的是电阻—温度曲线，如图

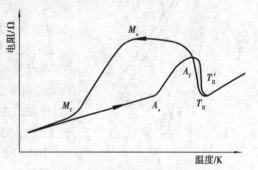

图 7.14　TiNi 合金的电阻—温度曲线示意图

7.14 所示。当母相冷却到 T_R 时，电阻突然升高，此时晶格不发生变化，只有原子极小的位移。继续冷却时出现 R 相。R 相是切变相变产物，也有浮凸出现，但该类相变变形量只及马氏体相变的 1/10。温度降到 M_s，电阻开始下降，出现马氏体相，并在 M_f 温度马氏体相变结束。加热时，当温度达到 A_s，马氏体逆相变开始，到 A_f 时，马氏体全部转变成 R 相或部分母相，继续升温电阻下降，表示 R 相逆转变开始，最后在 T_R 温度全部回复成母相。上述过程是一个比较完全的相变过程，实际上由于合金成分不同，相变可以有不同路径。

含有 3% Fe 的 TiNi 合金中 R 相变更为突出。R 相变是可逆的弹性相变，温度滞后仅为 1 ~ 2 ℃，相变重复性好，这种相变也可应力诱发。因此，R 相变与马氏体相变均为形状记忆的

来源。

在富 Ni 合金中，过饱和的母相（β）在低于 700 ℃时效过程中合金发生相分解：$\beta_0 \rightarrow \beta_1 + Ti_{11}Ni_{14} \rightarrow \beta_2 + Ti_2Ni_3 \rightarrow \beta_3 + TiNi_3$。$Ti_{11}Ni_{14}$ 在有些文献中表示为 Ti_3Ni_4。在一般实际应用的 TiNi 合金中，$Ti_{11}Ni_{14}$ 的作用是明显的。该相为菱面体结构，点阵常数 $a = 0.670$ nm，$\alpha = 113.85°$。由于其与基体成共格或半共格关系，造成基体中一定的应力场以及界面处的成分偏析，促使 R 相的择优形核，同时界面共格应力场也能造成母相声子模软化促进马氏体相变。因此，$Ti_{11}Ni_{14}$ 的析出过程是控制 TiNi 合金形状记忆效应的关键之一。

值得指出的是，实用成分的 TiNi 合金在固溶处理后，如果随后的冷却不够快（如炉冷），就会产生具有单斜或三斜结构的 X 相或 R′相，由于这两种相不具有可逆性，因而破坏了形状记忆效果，需要尽量避免该类相的产生。

②TiNi 系合金的性能与影响相变温度的因素

如前所述，形状记忆合金在热和应变循环过程中工作时，最大的问题就是记忆特性的衰减，因此，合金工作过程中随温度变化所表现出来的形状回复程度、回复应力、疲劳寿命，以及相变温度和正、逆相变的温度滞后就成为合金性能的主要参数，甚至是关键参数。而这些特性又与合金的成分、成型工艺、热处理（包括冷、热加工）条件及其使用情况等密切相关。由于篇幅所限，以下仅就影响相变温度的因素作一讨论。

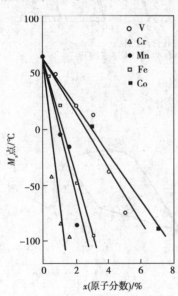

图 7.15　3d 过渡族元素对
TiNi 合金 M_s 的影响

TiNi 合金的相变温度对成分最敏感。Ni 含量每增加 0.1wt%，就会引起相变温度降低 10 ℃。第三元素对 TiNi 合金相变温度的影响也极为引人注目。Fe、Co 等过渡族金属的加入均可使 M_s 下降，如图 7.15 所示。其中，Ni 被 Fe 置换后，扩大了使 R 相稳定的温度范围，使 R 相变更为明显。用 Cu 置换 Ni 后，M_s 变化不太大，但形状记忆效应却十分显著，因而可以节约合金成本。并且由于减少相变滞后，使这类合金具有一定的使用价值。Nb 的加入将使相变滞后明显增加，2at% 的 Nb 即可使相变滞后由 30 ℃增大到 150 ℃。而杂质元素 C、H、O 等均降低 M_s。由上述讨论可知，在 TiNi 合金中添加第三元素，可以改变合金的相变温度。因此，近年来在 TiNi 合金的基础上，加入 Nb、Cu、Fe、Al、Si、Mo、Pb、V 等元素，开发了 Ti-Ni-Cu、Ti-Ni-Nb、Ti-Ni-Fe 等新型 TiNi 系合金，以满足不同应用场合的需要。

时效温度和时间也明显影响相变温度。例如，对于富 Ni 合金，通过比较在不同条件下时效 1 h 试样的 M_s 后，发现 500 ℃时效条件下 M_s 最高。在用 TiNi 合金制造记忆元件过程中，往往通过选取合适的时效条件，以调整到理想的相变温度。

③TiNi 系合金形状记忆效应的获得

TiNi 合金的记忆功能必须通过形状记忆处理实现。形状记忆处理过程首先是在一定的条件下（通常大于 M_d 温度）热成形，随后进行热处理，以达到所需温度条件下的形状记忆功能。同样，也可以在低温下变形，并约束其变形后的形状在一定温度下（$\gg M_d$）热处理，以获得同样的结果。

A. 单程记忆效应

为了获得记忆效应,一般将加工后的合金材料在室温加工成所需要的形状并加以固定,随后在 400 ~ 500 ℃加热保温数分钟到数小时(定形处理)后空冷,就可获得较好的综合性能。

对于冷加工成型困难的材料,可以在 800 ℃以上进行高温退火,这样在室温极容易成形,随后于 200 ~ 300 ℃保温使之定形。这种在较低温度处理的记忆元件其形状恢复特性较差。

富 Ni 的 TiNi 合金需要进行时效处理,一是为了调节材料的相变温度,二是可以获得综合的记忆性能。处理工艺基本上是在 800 ~ 1 000 ℃固溶处理后淬入冰水,再经 400 ~ 500 ℃时效处理若干时间(通常为 500 ℃、1 h)。随着时效温度的提高或时效时间的延长,相变温度 M_s 相应下降。此时的时效处理就是定形记忆过程。

B. 双程记忆效应

获得双程记忆效应最常用的方法是进行记忆训练。首先如同单程记忆处理那样获得记忆效应,但此时只能记忆高温相的形状。随后在低于 M_s 温度,根据所需的形状将试件进行一定限度的可以回复的变形。加热到 A_f 以上温度,试件回复到高温态形状后,降温到 M_s 以下,再变形试件使之成为前述的低温所需形状,如此反复多次后,就可获得双程记忆效应,在温度升、降过程中,试件均可自动地反复记忆高、低温时的两种形状。这种记忆训练实际上就是强制变形。

C. 全程记忆效应

如前所述,全程记忆效应只在富 Ni 的 TiNi 合金中出现,例如,Ti-51at% Ni 合金。这种记忆效应的获得是由于与基体共格的 $Ti_{11}Ni_{14}$ 相析出而产生的某种固定的内应力所致。应力场控制了 R 相变和马氏体相变的"路径",使马氏体相变与逆转变按固定"路径"进行。因此,全程记忆处理的关键是通过限制性时效,根据需要选择合适的约束时效工艺。图 7.16 所示为 500 ℃时效不同时间的全程记忆处理元件在变温过程中自发变形情况。纵坐标为形状变化率,它是约束记忆薄片的曲率半径 r_i 和任意温度下的曲率半径 r_T 的比值。由图可见,时效时间越长,自发形变就越难以发生。因此,全程记

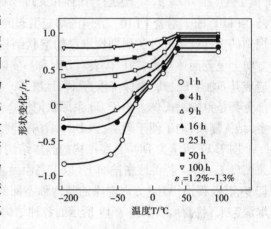

图 7.16　Ti-51at% Ni 合金 500 ℃时
效时间对全程记忆的影响

忆处理的最佳工艺为:将 Ti-51at% Ni 合金在 500 ℃(< 1 h)或 400 ℃(< 100 h)进行约束时效,要求约束预应变量小于 1.3%。

值得指出的是,无论上述哪种记忆处理,为了保持良好的形状记忆特性,其变形的应变量不得超过一定值。该值与元件的形状、尺寸、热处理条件、循环使用次数等有关,一般为 6%(不包括全程记忆处理)。同时,在使用中,在形状记忆合金受约束状态下,要避免过热,也即记忆高温态的温度只需稍高于 A_f 温度即可。

2)Cu 系合金

尽管 TiNi 系合金具有诸多的优点,但由于成本约为 Cu 系合金的 10 倍而使其应用受到一定限制。因而近 30 年来以 Cu-Zn-Al、Cu-Al-Ni 等为代表的 Cu 系形状记忆合金逐渐走入工业

应用领域,并得到了快速发展。与 TiNi 合金相比,Cu-Zn-Al 制造加工容易,价格便宜,并有良好的记忆性能。但 Cu 系合金也存在着一些亟待解决的问题,如提高材料塑性、改善对热循环和反复变形的稳定性及疲劳强度等。

①Cu 系合金的种类及相变

Cu 系形状记忆合金种类很多,是目前发现的记忆合金中种类最多的一类合金,主要包括 Cu-Zn-Al 及 Cu-Zn-Al-X(X = Mn、Ni)、Cu-Al-Ni 及 Cu-Al-Ni-X(X = Ti、Mn)和 Cu-Zn-X(X = Si、Sn、Au)等系列。由于母相都是有序相,故热弹性马氏体相变的特性很明显。其中研究最多并已得到实际应用的是 Cu-Zn-Al 和 Cu-Al-Ni,尤其是 Cu-Zn-Al 合金应用更为广泛。

Cu-Al-Ni 合金的成分范围要求确保其在高温时仅以 β 单相存在,故仅限于 Cu-14wt% Al-4wt% Ni 附近的很窄的区域。在热平衡状态下,β 相于 550 ℃发生共析转变,分解为面心立方结构的 α 相和 γ_2 相(γ 黄铜结构)。但是从 β 单相区淬火,共析分解受阻,并在 M_s 以上温度自发完成无序 β 向有序 DO_3 结构(β_1 相)的无序—有序相变,当温度低于 M_s,发生马氏体相变:$DO_3(\beta_1) \rightarrow 2H(\beta'_1)$。

Cu-Zn-Al 合金在快速冷却中经无序—有序转变产生 CsCl 型的 B2 结构的 β_2 相,根据成分不同,在较高温区又会自发产生 B2 向 DO_3 的有序转变,因此,在常温下往往具有 DO_3 结构。由此而产生马氏体的相变过程分别为:无序 β→有序 B2(β_2)→9R(β'_2)或无序 β→有序 B2(β_2)→有序 $DO_3(\beta_1)$。这些马氏体相变过程基本上是由有序母相点阵的(110)本身的畸变以及在(110)面上沿着 $[\bar{1}10]$ 方向的切变引起的结构变化。这种切变后的密排面以各种顺序有规则的重叠就组成各类周期性堆垛的层状结构。其中"R"表示在垂直于堆垛面(即密排面)方向上呈菱面体对称,"H"代表六方对称。实际上,由于形成有序点阵的两种原子半径的差别造成其 c 轴不能与底面保持垂直,因此,在 Cu 系合金中的长周期堆垛层状结构的马氏体绝大部分都是单斜马氏体。由于 Cu 系形状记忆合金出现的相变马氏体或应力诱发马氏体种类较多,结构复杂,为了便于理解,以 DO_3 结构为例,对其马氏体相变过程略作简介。

图 7.17 所示为 DO_3 有序结构的晶体结构(a)以及 $[110]$ 堆垛上、下两个(110)晶面的示意图(b)、(c)。若将该密排面上(以上底面做基准)原子沿着图 7.18 中箭头所示的方向进行切变,就获得沿 $[110]$ 方向堆垛的共六种不同的堆垛面。如果将这六种面以各种可能的顺序堆垛起来,就会形成如图 7.19 所示的各种结构的马氏体。

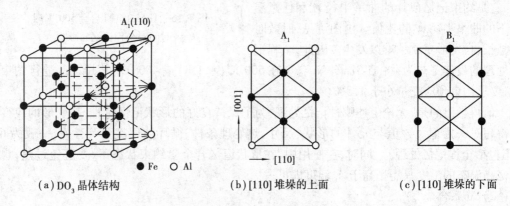

| (a)DO_3 晶体结构 | (b)[110]堆垛的上面 | (c)[110]堆垛的下面 |

图 7.17　DO_3 晶体结构及 $[110]$ 方向上的两个(110)面

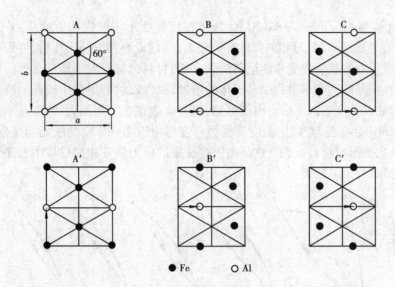

● Fe　　○ Al

图 7.18　由 DO_3 的(110)面上切变产生的可能堆垛面

在 Cu 系形状记忆合金中,无论哪种马氏体,在相变过程中为了使整体的应变降为最小,马氏体变体的相对分布均呈现菱形状片群结构。在 M_f 以下温度加载,将使相对于外应力有利的变体择优长大而成为单一变体的马氏体。由于 Cu 系合金中马氏体结构的多样化,使应力诱发相变更复杂,在合适的条件下,被诱发的马氏体可以在应力下诱发出另一种马氏体,由于这些马氏体的可逆相变,因此 Cu 系记忆合金中往往出现多阶相变伪弹性。根据应力与温度条件的不同,其诱发相变过程有: $DO_3 \rightleftharpoons 2H \rightleftharpoons 18R(2) \rightleftharpoons 6R$、$DO_3 \rightleftharpoons 2H \rightleftharpoons 18R(1) \rightleftharpoons 6R$ 和 $DO_3 \rightleftharpoons 18R \rightleftharpoons 6R$。

②Cu 系合金的性能及影响因素

Cu 系形状记忆合金的相变温度对合金成分和处理条件极敏感。例如,Cu-14.1Al-4.0Ni 合金在 1 000 ℃固溶后分别淬入温度为 15 ℃和 100 ℃介质中,合金的 M_s 对应为 – 11 ℃与 60 ℃。因此,实际应用中,可以利用淬火速度来控制相变温度。Cu-Zn-Al 和 Cu-Al-Ni 合金中的 Al 含量对相变温度影响也很大。

Cu 系合金的热弹性马氏体相变是完全可逆的,但在热循环中,随着马氏体正、逆相变的反复进行,必定不断地引入位错,导致母相的硬化,从而提高滑移变形的屈服应力,使相变温度和温度滞后等发生变化。对于不同合金,位错形成的地点以及位错对母相及马氏体相的影响的差异,使热循环对材料相变温度等的影响趋势不尽相同。如 Cu-21.3Zn-6.0Al 合金的 M_s 和 A_f 随着循环次数的增加而下降,经过一定周期,才趋于稳定。

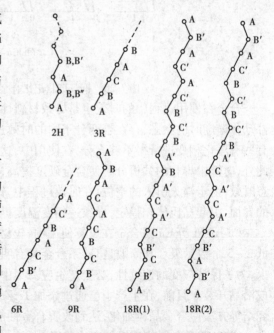

图 7.19　各种周期性堆垛的层状结构

图 7.20 所示为 Cu-Zn-Sn 与 Cu-Al-Ni 合金在反复变形不同周期后的应力—应变曲线。Cu-Zn-Sn 合金在首次变形时，母相的弹性变形较大，一旦应力诱发马氏体后，变形就可在几乎恒定的应力下进行。卸载后应变未能全部消除，说明材料内部已发生滑移变形。由于这种位错应力场的存在促使随后变形过程中马氏体的诱发，故在以后的周期中较低的外应力就可诱发马氏体，使母相弹性变形区变窄。由图可见，这类合金在 5 个周期后，性能基本稳定。与此不同的是 Cu-Al-Ni 合金在 M_s 以上温度反复循环变形中应力—应变曲线无明显变化，具有稳定性，但在第 9 次变形时材料断裂。这是由于在反复的应力诱发相变过程中在晶界处所产生的应力集中导致试样沿晶断裂。

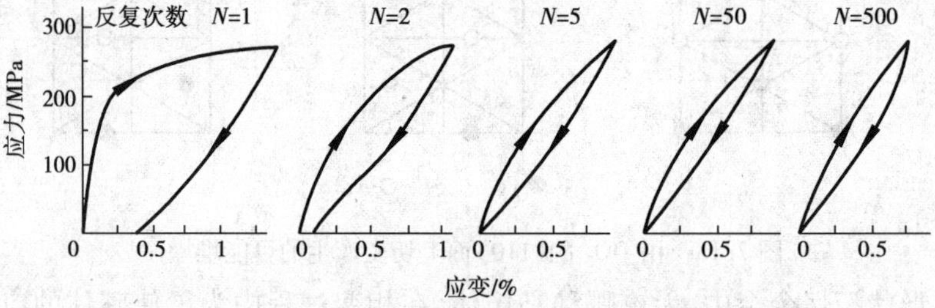

(a)Cu-Zn-Sn

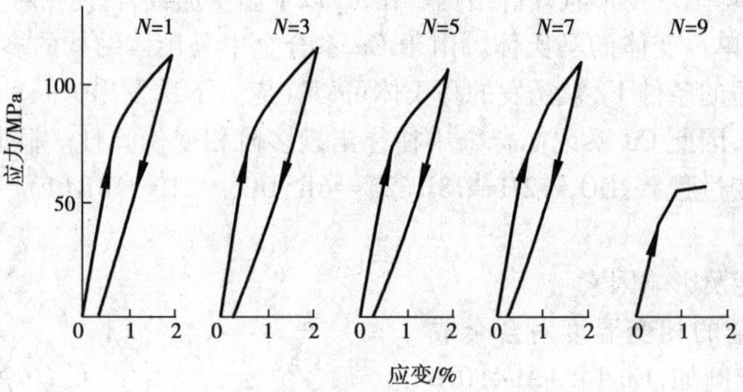

(b)Cu-Al-Ni

图 7.20　铜系形状记忆合金反复变形的应力—应变曲线

合金在使用过程中的时效也是导致材料性能波动的重要原因之一。根据材料在记忆元器件动作温度时的状态，存在着两种不同的时效过程：一是母相状态下的时效，这是由于快冷中有些有序化相变进行得不够充分，在使用中，这一过程将继续进行，从而影响马氏体相变温度。此外，时效中母相的共析分解使合金硬度提高，从而使形状记忆效应明显下降；二是马氏体状态时效，由于淬火引入的空位，在时效过程中，钉扎了母相与马氏体相的界面以及马氏体之间的界面，引起马氏体相稳定，导致逆相变温度提高。

Cu-Al-Ni 等 Cu 系合金在反复使用中，较易出现试样断裂现象，其疲劳寿命比 TiNi 系合金低 2 ~ 3 个数量级。其原因是 Cu 系合金具有明显的各向异性。在晶体取向发生变化的晶界面上，为了保持应变的连续性，必会产生应力集中，而且晶粒越粗大，晶面上的位移越大，极易造成沿晶开裂。目前，在生产中已通过添加 Ti、Zr、V、B 等微量元素，或者采用急冷凝固法或粉末烧结等方法使合金晶粒细化，达到改善合金性能的目的。

③Cu 系合金形状记忆效应的获得

在 Cu 系合金中，单程记忆处理是将成形后的合金元件加热到 β 相区保温一段时间（对

Cu-Zn-Al 合金是在 800~850 ℃,保温 10 min),使合金组织全部转变为 β 相,随后直接淬入室温水或冰水中(淬火介质温度在 A_s 以上)。为了防止淬火空位在使用中的扩散,将淬火后的元件立即放入 100 ℃ 水中保温适当时间,使组织稳定化。也可以采用分级淬火的方法,将全部为 β 相的元件先淬入 150 ℃ 油中,停留一定时间(超过 2 min),再淬入室温水中,这种处理可以使 Cu-Zn-Al 合金在 327 ℃ 附近的 B2→DO₃ 转变充分。这样既可以避免由于时效引起的性能不稳定,又由于 DO₃ 向 18R 的马氏体相变而获得良好的热弹性。

双程记忆效应可以通过与 TiNi 系合金类似的训练获得。

3)Fe 系合金

Fe 系合金发展较晚,最早发现的 FePt 和 FePd 等由于价格昂贵而未能得到应用。直至 1982 年 Fe-Mn-Si 的出现,才引起了研究者们极大的兴趣。Fe 系形状记忆合金具有成本低廉、加工容易等优点,但存在回复应变量小、相变滞后大等问题,因此,其在未来的开发应用前景就取决于这些问题是否能够得到解决。

①Fe 系合金的种类及相变

Fe 系形状记忆合金主要分为三类:第一类是由面心立方 γ⇌体心立方 α′(薄片状马氏体)驱动,如 Fe-Ni-C、Fe-Ni-Ti-Co 和 Fe-25at% Pt(母相有序);第二类是经面心立方 γ⇌密排六方 ε 马氏体呈现形状记忆效应,如 Fe-Cr-Ni 和 Fe-Mn-Si 系合金;第三类是通过面心立方 γ⇌面心正方马氏体(薄片状),如 Fe-Pt 和 Fe-Pd 等。目前的研究主要集中在 Fe-Mn-Si 系合金上,许多学者在这方面做了大量研究。

与 TiNi 和 Cu 系形状记忆合金不同,Fe-Mn-Si 等 Fe 系合金的结构是无序的,并不呈现热弹性马氏体相变的特征,因此,其记忆效应机理具有特殊性。它们是利用 ε-马氏体相变具有体积变化小,能抑制滑移变形等特点,使其在逆相变时呈现形状记忆效应。Fe-Mn-Si 合金的母相是具有面心立方结构的 γ 相,冷却时,在 $\{111\}_γ$ 晶面上切变 1/6 <112> 即可以得到具有密排六方结构的 ε-马氏体。相变前后,原子面上的相邻关系保持不变,只是使得原来面心立方晶体(111)面的堆垛次序由 ABCABC…变为 ABAB…。有关 ε-马氏体的形核过程可以用层错来理解,在 ABCABC 的正常堆垛中,若引入一个位移矢量 **R** 为 1/6[11$\bar{2}$] 的层错,如堆垛到 C 层处原子面有一位移,则该层原子就成了 A 层位置,这样就形成了 ABAB…堆垛的小片 ε-马氏体。目前关于 ε-马氏体层错形核的机制有极轴机制和自发形核机制,尽管这两种机制的位错模型不同,各能解释一些现象,但都存在某些不足。不过,两种机制有一个共同点,这就是均包含有肖克莱不全位错的运动。作为形状记忆材料的 Fe-Mn-Si 合金,必须使应力诱发的 ε-马氏体具有可逆性,而正是肖克莱不全位错的可逆运动限制了形状改变过程中奥氏体中的永久变形,使 ε-马氏体界面具有可动性,在加热时肖克莱不全位错逆向运动使马氏体发生逆相变。现有研究表明,Fe-Mn-Si 记忆合金的形状记忆效应是由应力诱发 ε-马氏体的逆转变引起的,而冷却引起的相变并无贡献。

②Fe 系合金的性能及影响因素

Fe 系合金的最大回复应变量为 2%,超过此形变量将产生滑移变形,导致 ε-马氏体与奥氏体界面的移动困难,在大应变时,不同位向的 ε-马氏体变体交叉处会形成少量具有体心立方结构的马氏体,后者将会使逆相变温度提高 400 ℃ 左右,明显影响形状记忆效应。

为了增加回复应变量,一般在试样经过百分之几的变形后,在高于 A_f 的温度下进行加热,再冷却到室温附近(<M_s),如此反复多次(称为热处理训练)就可以使回复应变量提高 1 倍左

右。图 7.21 为 Fe-32wt% Mn-6wt% Si 合金在 600 ℃进行热处理训练后的形状记忆效应。训练处理前的变形量为 2.5%。随着训练次数的增加,回复应变量大幅度提高,5 次训练后,已达到完全记忆的效果。实验证明,热训练可以提高奥氏体母相的屈服强度,因而抑制了滑移变形的发生。图 7.22 为 Fe-24Mn-6Si 合金经热训练后屈服强度与训练次数的关系。随着循环次数增加,母相屈服强度增加,不同温度热处理的效果不同,873 K 热处理的效果不及 573 K。由此可见,要获得好的记忆性能,必须选择合适的训练温度及训练周期。

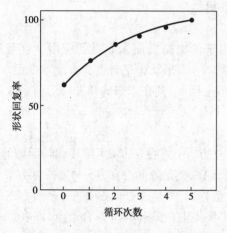

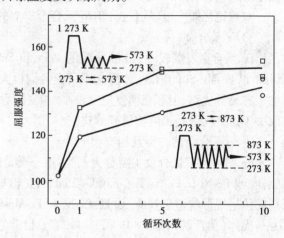

图 7.21　Fe-32Mn-6Si 合金热训练后的形状记忆效应　　　图 7.22　奥氏体强度与热训练次数的关系(Fe-24Mn-6Si)

由于 Fe 系合金的形状记忆效应依赖于 ε-马氏体的可逆性,而 ε-马氏体与层错有关,因此,凡是降低层错能的元素(如 Cr、Si、Ni 等)均有利于 ε-马氏体的形成,也即对记忆效应有贡献。Cr 的加入可改善 Fe 系合金的耐腐蚀性。如果适当调节 Mn 含量,可使相变温度在室温附近,而且具有更佳的形状记忆性能。但是,Cr 的存在会产生 σ 相而造成合金脆性。加入适当的 Ni,可避免 σ 相的形成。故目前研究最多的 Fe-Mn-Si 系合金是 Fe-Mn-Si-Cr-Ni 合金。Co 能明显降低层错能,它既可保证合金能够含较高的 Cr,又可调节 M_s,使其在室温附近,便于加工、使用。Fe-Cr-Ni 系合金中的 Fe-13Cr-6Ni-8Mn-6Si-12Co 合金经热训练后,在室温下变形,形状记忆效应可达 80%。

目前,Fe 系形状记忆合金的形状记忆特性比 TiNi 系合金要差一些,但其原材料丰富,且可以采用现有的钢铁工艺进行冶炼和加工,成本低廉,因而是一种很有发展潜力的形状记忆合金材料。

具有形状记忆效应的合金系已达 20 多种,但其中得到实际应用的仅集中在 TiNi 系合金和 Cu-Zn-Al 合金,Cu-Al-Ni 及 Fe-Mn-Si 系等合金正在开发应用中。这些合金由于成分不同,生产和处理工艺存在差异,其性能有较大的差别。即使同一合金系,成分的微小差异也会导致使用温度的较大起伏。在记忆元件的设计、制造及使用中,不仅关心材料的相变温度,还必须考虑其回复力、最大回复应变、使用中的疲劳寿命及耐腐蚀性能等。一般来说,TiNi 系合金记忆特性好,但价格昂贵。Cu 系合金成本低,有较好的记忆性能,但稳定性较差。而 Fe-Mn-Si 系合金虽然价格便宜、加工容易,但记忆特性稍差,特别是可回复应变量小。

常用记忆合金的主要特征参数见表 7.3。

表 7.3　常用记忆合金的组织结构及有关特性

项　目	TiNi	Cu-Zn-Al	Cu-Al-Ni	Fe-Mn-Si
母相晶体结构	B2	B2，DO_3	DO_3	FCC
弹性各向异性因子	2	15	13	—
相变应变对取向依赖性	大	大	大	大
滑移变形开始应力/MPa	约 100	约 200，高	约 600	约 500
断裂方式	穿晶断裂	穿晶，沿晶	沿晶	穿晶
加工性	不良	不太好	不太好	较好
记忆处理	较易	相当难	相当难	—
回复应变	≤8%	≤4%	—	≤2%
回复应力/MPa	≤400	≤200	—	较小
疲劳寿命 $\varepsilon=0.02$，$\varepsilon=0.005$	10^5 10^7	10^2 10^5	—	—
相变温度 M_s/℃	−50~100	−180~100	−140~100	−200~50
相变滞后 A_f-M_s/℃	30(M)，2(R)	10	35	较大
耐蚀性	良好	不良，有应力腐蚀破坏	不良，有应力腐蚀破坏	不良，有待改进

7.3.3　形状记忆合金的应用

作为一类新型功能材料，形状记忆合金从 20 世纪 70 年代开始得到真正的应用。经过 30 多年的发展，从精密复杂的机器到较为简单的连接件、紧固件，从节约能源的形状记忆合金发动机到过电流保护器等，处处都可反映出形状记忆合金的奇异功能及简便、小巧、灵活等特点，其应用领域已遍及航空航天、仪器仪表、自动控制、能源、医学等领域。形状记忆合金的一些应用实例见表 7.4。

表 7.4　形状记忆合金的应用实例

工业上形状恢复的一次利用	工业上形状恢复的反复利用	医疗上形状恢复的利用
紧固件	温度传感器	消除凝固血栓过滤器
管接头	调节室内温度用恒温器	管椎矫正棍
宇宙飞行器用天线	温室窗开闭器	脑瘤手术用的夹子
火灾报警器	汽车散热器风扇的离合器	人造心脏、人造肾的瓣膜
印刷电路板的结合	热能转变装置	骨折部位固定夹板
集成电路的焊接	热电继电器的控制元件	矫正牙排用的拱形金属线
电路的连接器夹板	记录器用笔驱动装置	人造牙
密封环	机械手、械器人	

（1）工程应用

形状记忆合金在工程上的应用很多，最早的应用是作为各种结构件，如紧固件、连接件、密封垫等。另外,也可以用于一些控制元件,如一些与温度有关的传感器和自动控制部件等。

1)自适应连接件

用做连接件是形状记忆合金用量最大的一项用途。图 7.23 为 TiNi 记忆合金在紧固销上的一种最简单的应用,从外部不能接触到的地方可以利用这种方法,这是其他材料不能代替的。它可应用于原子能工业、真空装置、海底工程和宇宙空间等方面。

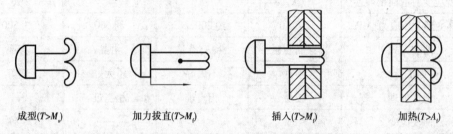

成型($T>M_f$)　　　　加力拔直($T>M_f$)　　　　插入($T>M_f$)　　　　加热($T>A_f$)

图 7.23　TiNi 合金在紧固销上的应用实例

选用记忆合金做管接头可以防止用传统焊接所引起的组织变化,更适合于严禁明火的管道连接,而且具有操作简便、性能可靠等优点。1968 年美国加州的 Raychem 公司用 TiNi 合金生产出第一个自动紧固件,即用做受热收缩的管接头,取名为“Cryofit”,意思是低温下的紧固。管接头的使用如图 7.24 所示,待接管外径为 ϕ(图 7.24(a)),将内径为 ϕ(1 − 4%)的 TiNi 合金管经过单向记忆处理后(图 7.24(b)),在低温下($<M_f$)用锥形模具扩孔,使其直径变为 ϕ(1 + 4%)(图 7.24(c)),扩径用润滑剂可采用聚乙烯薄膜。在低温下,将待接管从管接头两头插入(图 7.24(d)),去掉保温材料,当管接头温度上升到室温时,由于形状记忆效应,其内径恢复到扩管前尺寸,从而起到连接紧固作用。如果这类管子在室温或室温以下工作,它们的结合极为牢固。美国海军军用飞机采用这种高效 TiNi 接头已超过 30 万个,至今无一例失败。我国也研制出 Ti-Ni-5Co、Ti-Ni-2.5Fe 形状记忆合金管接头,它们具有双程记忆效应,密封性好,耐压强度高,抗腐蚀,安装方便。

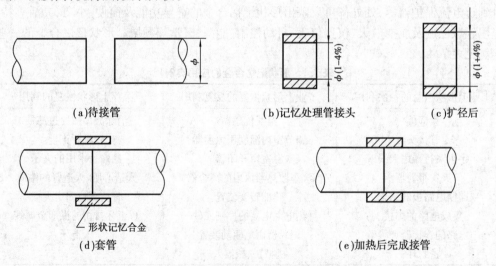

(a)待接管　　　　　　　(b)记忆处理管接头　　　　　(c)扩径后

形状记忆合金
(d)套管　　　　　　　　　　　　(e)加热后完成接管

图 7.24　形状记忆管接头使用示意图

形状记忆合金连接结构为计算机、数据储存、通信和发射等军用或民用系统提供了可靠连接。在光通信中,光导纤维的对中连接就采用了一种称为闷头连接器的连接件,如图 7.25 所示。当加热时,形状记忆合金的闷头连接器的小塞头就与大的环圈连锁。冷却时,两个元件很牢固地连接在一起,保证了光导纤维的对中。

2)温控器件

形状记忆合金是一种热敏材料。它可以按环境条件选取适当的合金,控制其 M_s、A_f 及变温范围,借助形状记忆合金的形状记忆,达到控温目的。显然,它与常见的光电、压电、热电等感知器的原理不同,后者是在感知信号后输出电信号(或其他信号),仅具有"感知"功能。形状记忆合金不仅可作为感知器,更重要的是可兼负驱动作用。

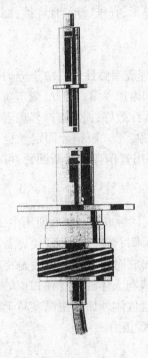

图 7.25　闷头连接器

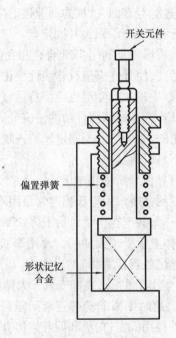

图 7.26　用形状记忆合金
制成的温度敏感开关

图 7.26 所示为一种用双程形状记忆合金制成的温度敏感开关。一只普通的偏置弹簧与形状记忆合金做成的弹簧被串联起来,当温度升高到上限温度时,形状记忆合金收缩,切断开关;当温度达到下限温度时,偏置弹簧的力超过了形状记忆合金弹簧的力,使电路接通。这种温度敏感装置将敏感元件和促动器的驱动部分做成一体,使其结构要比传统装置简单得多,具有小型化、轻量化的特点。

形状记忆合金温控器件可应用于温室天窗的自动开闭器(图 7.27)、室内空调器的阀门、汽车散热器的风扇离合器、防火用的灭火

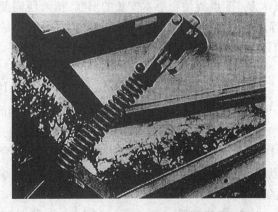

图 7.27　铜系形状记忆合金弹簧
制作的天窗自动控制器

器等,有广阔的开发前景。

（2）**医学应用**

用于医学领域的记忆合金除了具备所需要的形状记忆或超弹性特性外,还必须满足化学和生物学等方面可靠性的要求。一般植入生物体内的金属在生物体液的环境中会溶解成金属离子,其中某些金属离子会引起癌病、染色体畸变等各种细胞毒性反应,或导致血栓等,总称为生物相容性。只有那种与生物体接触后会形成稳定性很强的钝化膜的合金,才可以植入生物体内。在现有的实用记忆合金中,经过大量实验证实,仅 TiNi 合金满足上述条件。因此,TiNi 合金是目前医学上使用的唯一形状记忆合金,主要应用于牙齿整形、脊椎矫形、骨连接、血管扩张、凝血过滤等方面,已成为商业性的生物医用材料。

1）牙齿矫形丝、眼镜片固定丝

牙齿矫形丝是利用 TiNi 合金相变伪弹性特点,将合金丝处理成超弹性丝。由于应力诱发马氏体相变,使弹性模量成非线性变化,当应变增大时,矫正力却增加不多。因此,佩带矫形丝时,即使产生很大的变形也能保持适宜的矫正力,不仅操作方便,疗效好,而且可减轻患者的不适感。TiNi 合金的超弹性功能使应变高达 10% 仍不会产生塑性变形。眼镜片固定丝也是伪弹性应用的一个例子,当固定丝装入眼镜片凹槽内时并不紧,利用其伪弹性逐渐绷紧,可使镜片冬季不易脱落。

2）脊柱侧弯矫形用哈氏棒

脊柱侧弯矫形用哈氏棒通常是用不锈钢制成,但由于植入人体后以及在随后使用中,矫正力明显下降,甚至在半个月后下降 55%,故通常必须进行再次手术以调整矫正力,使患者在精神上、肉体上承受较大痛苦。改用形状记忆合金棒,只需一次安放固定手术。一般是将 TiNi 合金棒记忆处理成直棒,然后在 M_s 以下温度（通常在冰水）弯成与人体畸形脊柱相似的形状（弯曲应变小于 8%）,立即安放于人体内并加以固定。手术后通过体外加热使温度高于体温 5～10 ℃,这时 TiNi 合金棒逐渐回复到高温相状态,产生足够的矫正力。

3）外科用固定钉、板和假肢连接套管

骨折、骨裂等所需要的固定钉或固定板以及假肢连接套管等,是将 TiNi 合金的 A_f 温度定在体温以下。先将合金板等按所需要形状记忆处理定形,在手术时,将定形板在冰水中（ $<M_s$ ）变形成便于手术安装的形状,植入所需部位固定,靠体温回复固定板形状。用记忆合金固定骨折等患处,患者痛苦少,功能恢复快,是非常行之有效的方法。图 7.28 所示为采用 TiNi 合金套管连接铝合金假肢的示意图。

4）内科用血凝过滤器、连接内窥镜的螺线导管

在内科方面,形状记忆合金可作为消除凝固血栓用的过滤器。如图 7.29 所示,将细的 TiNi 合金丝插入血管,由于体温使其恢复到母相的网状,阻止 95% 的凝血块流向心脏。用记忆合金丝制成的螺线导管还应用于一种柔软并能自由弯曲的"能动型"内窥镜上。在这种装置中,形状记忆合金螺线导管的前端装有内窥镜,穿入光纤用做显示图像,其形状可随器官的形状自如地变化,极易插入人体内,同时可提高尖端工作部分的操作性能,还可大大减小受检者的痛苦。

（3）**智能应用**

形状记忆合金是一种集感知和驱动双重功能为一体的新型材料,因而可以广泛应用于各种自调节和控制装置,如各种智能和仿生机械。形状记忆薄膜和细丝可能成为未来机器人和

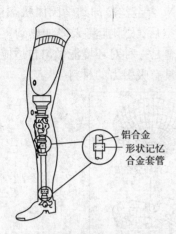

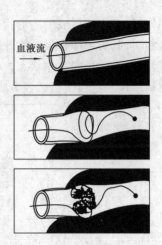

图 7.28　形状记忆合金套管连接的铝合金假肢　　　图 7.29　形状记忆合金制成的血凝过滤器

机械手的理想材料,它们除温度外不受任何其他环境条件的影响,可望在核反应堆、加速器、太空实验室等高科技领域大显身手。

这方面的应用主要是利用形状记忆合金可以感知材料中的内应力分布、裂纹的产生和扩展,并自动改变结构外形,主动控制结构振动,以及抑制裂纹扩展等。通常金属材料在使用过程中会产生疲劳裂纹和蠕变,从而导致结构件的损伤,甚至发生破坏。一般金属材料的产品都允许有不影响力学性能(如强度和塑性等)的微小缺陷和空穴,例如,钢和铝合金中允许存在 1 μm 大小的微小缺陷,如果这些缺陷和空穴发展为较大裂纹时,金属材料的力学性能就会明显下降,甚至发生破坏。因此,利用形状记忆合金的特点将金属材料制成金属基智能结构,使其具有自检知、自报警甚至自修复的能力。但是,目前看来金属基智能结构的智能化程度还比较低,需要做的研究工作还很多。

形状记忆合金在智能机械上的重要应用主要有以下几个方面。

1)在汽车制造中的应用

用形状记忆合金制造汽车外壳,当车体遭到碰撞变形时,只要对损坏部分加热,就可自动恢复汽车的原来模样。如果将形状记忆合金丝夹制在汽车轮胎内,当紧急刹车时,因轮胎与地面摩擦产生大量热,使夹在轮胎中的合金丝动作,从而有效地刹车。

2)做记录笔的驱动装置

形状记忆合金已成功地用于工业记录仪表中的记录驱动装置。这种装置装有一根保持在拉应力下的 TiNi 丝。输入信号改变电流,可以加热 TiNi 形状记忆合金丝,被加热的丝改变长度时就可控制杆的移动。这种设计减少了许多运动部件且极为可靠。

3)用做色调记忆元件

含 12 ~ 15wt% Al 和 1 ~ 5wt% Ni 的铜合金是具有热弹性马氏体相变的色调记忆元件,在 200 ~ 400 ℃ 范围内具有相变特性温度。通过相变,合金的色调从红色变为镏金黄色。随着合金中 Al 量的改变,相变特性温度最低可降到 - 200 ℃。因此,通过加入适当 Al 和外加负荷,相变特性温度可在 - 200 ~ 400 ℃ 间任意调整,这样就可以用色调记忆特性开发温度指示器和在交变应力作用下的指示器。

(4)宇航空间技术应用

用 TiNi 记忆合金已成功地制成了人造卫星中的折叠式展开天线,如图 7.30 所示。它以小体积发射,于太空展成所需形状。其工作程序是,将 TiNi 合金丝冷却到马氏体状态,制成半球形天线,将其折成体积很小的球体放入卫星中,送入太空后,太阳能将天线加热到奥氏体状态,并展开成半球形的工作状态。由此可见,形状记忆合金是一种对环境能做出自适应反应的智能材料。这一特性使记忆合金成为宇航空间站建设中具有吸引力的材料。

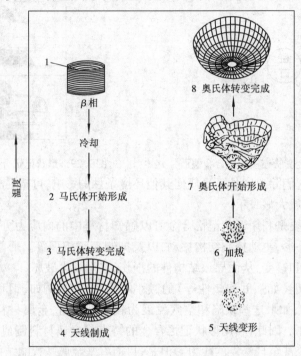

图 7.30 折叠式展开天线示意图

7.4 无机非金属系智能材料

迄今为止,自适应系统依赖的智能陶瓷(压电陶瓷、电致伸缩陶瓷、形状记忆陶瓷、生物陶瓷)、电(磁)流变体、电致变色材料、压敏电阻器等均属于无机非金属系智能材料。本节主要介绍电流变体、磁流变体、电致变色材料。

7.4.1 电流变体

电流变体或称电流变液(Electro-rheological Fluid)是一种悬浮液,在电场作用下呈现电流变现象。1947 年 W. Winslow 最早开始研究这一新型功能材料,因此,电流变现象又称为 Winslow 现象。起初,人们将因电场的作用使体系流动阻力的增加归之于其黏度的增加,便将这种物质称为电黏度液(Electroviscous Fluid)。随着研究的深入,发现这种物质在电场下呈宾汉姆塑性(Bingham Plasticity)液体特性,主要还是屈服应力的变化。因此,人们将具有 Winslow 现象的悬浮液改称电流变液或电流变体。名称的变换表明对这种现象有了进一步的认识。

(1)电流变体的概念

电流变体是粒径为微米级的高介电常数、低电导率的微小颗粒分散于低介电常数绝缘油中形成的一种悬浮状液体,它可以快速和可逆地对电场做出反应。在外加电场作用下,当场强大大低于某个临界值(通常是几 kV/mm 左右,电流 $10^{-6} \sim 10^{-3} \mathrm{A/cm^3}$),电流变体呈液态;大大高于这个临界值时,由于粒子和绝缘油的介电常数不匹配,粒子便会发生极化,沿电场方向形成粒子链或柱,使流体的黏度显著提高,变成凝胶状的固态。液固态间的转变时间可达毫秒量级,而且转变可逆。这种在电场作用下,流变性能的迅速可逆变化称为电流变效应。

进一步的研究发现,电流变体不仅可以通过改变电压控制机械传动,而且这种控制具有能耗小、响应快、结构紧凑、连续可调的范围宽、经济耐用等特点。但由于存在一些技术难题,例如,使用温度范围不宽和分散体系不够稳定等问题,因此一直没有得到实际应用。直至 20 世纪 80 年代,这些技术难题得到部分解决,其应用前景才逐渐明朗,有关电流变体的研究工作也重新引起重视。目前国外已有电流变体商品出售,但其性能仍有待改进。可以认为,电流变技术发展所受到的最大制约主要在于电流变体本身。

(2)电流变效应的机理

关于电流变体的转变机理,已提出的理论有微粒极化成纤机理、双电层变形机理、水桥机理、电泳机理等。

1)微粒极化成纤机理

微粒极化成纤机理首先是由 Winslow 提出的,现在正逐步发展和完善。该机理将电流变效应归因于分散相微粒相对于分散介质发生极化。极化所产生的偶极矩由极化率 χ 和外加电场 E 所决定,即

$$p = \chi \cdot E \tag{7.1}$$

而
$$\chi = 4\pi \cdot \varepsilon_0 \cdot R^3 \cdot \varepsilon_s \cdot \beta \tag{7.2}$$

式中,R 为颗粒半径;ε_0 为真空介电常数;ε_s 为分散介质的相对介电常数;β 为偶极系数,其值为 $(\varepsilon_P - \varepsilon_s)/(\varepsilon_P + 2\varepsilon_s)$,表示电场作用下颗粒的极化能力,其中 ε_P 为颗粒的相对介电常数。

只有当分散介质与颗粒的介电常数有差异时,在电场作用下,颗粒才能积累电荷,产生偶极矩。而具有偶极矩的颗粒之间必然产生相互作用偶极力 f_d。偶极作用力具有各向异性,可分为 3 个方向上的作用力,如图 7.31 所示。当两颗粒中心连线平行于电场方向时,偶极作用力为吸引力(图(a));当两颗粒中心连线垂直于电场方向时,表现为排斥力(图(b));当两颗粒中心连线既不平行又不垂直于电场方向时,颗粒同时受到吸引力与排斥力的作用,结果产生使颗粒沿电场方向排列的扭转力(图(c))。

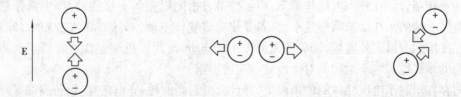

(a)颗粒中心连线平行于电场方向　　(b)颗粒中心连线垂直于电场方向　　(c)颗粒中心连线既不平行又
　　　　　　　　　　　　　　　　　　　　　　　　　　　　　　　　　　　　　不垂直于电场方向

图 7.31　极化颗粒间相互作用力示意图

由此可见,极化力最终会使颗粒沿电场方向排列成链状结构,这一链状结构使得体系黏度增大,当颗粒链长长至横跨电极间时,在剪切作用下则能观察到屈服应力 τ_y,当施加应力小于

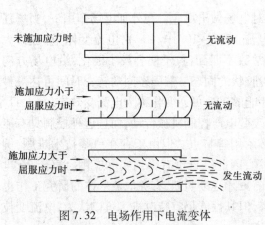

图 7.32　电场作用下电流变体
对施加应力的响应示意图

τ_y 时,颗粒链结构发生形变,此形变具有黏弹性;当施加应力大于 τ_y 时,颗粒链结构破裂,体系开始流动,如图 7.32 所示。因此,用电流变材料传递剪切力时,其所受应力应小于 τ_y。为了使电流变材料能传递较大的应力,其本身应具有较大的屈服应力 τ_y,而 τ_y 随颗粒链结构强度的增大而增大,颗粒链结构强度则随颗粒间极化力的增大而增大,因此,颗粒间极化力除了使体系具有电流变效应外,还决定了电流变体的屈服应力 τ_y 的大小,即电流变效应的大小。

2)双电层变形机理

双电层由两部分组成:一是紧密吸附在微粒表面的单层离子,二是延伸到液体中的扩散层。Klass 和 Martinck 认为,电流变体的响应时间极短,不足以使微粒排列成纤维状结构。他们提出了双电层变形机理解释电流变效应。

在电场作用下,双电层诱导极化导致扩散层电荷不平衡分布,即双电层发生形变。变形双电层间的静电相互作用,使流体发生剪切流动时耗散的能量增加,因而黏度增大。当双电层交叠时,静电相互作用更大。双电层变形和交叠引起的悬浮液黏度增大分别称为第一电黏效应和第二电黏效应。这一机理定性地解释了一些实验现象,例如,电流变效应对电场频率和温度的依赖性。但是,由电黏效应引起的黏度增大幅度都不太大,一般在 2 倍以内,它与电流变效应引起的黏度增大有本质的区别。

这一机理只是定性地解释了一些实验现象,并没有发展为定量的理论。

3)水桥机理

早期的电流变体分散相中都含有水,水的含量对电流变效应有显著的影响,当它低于某一定值时,体系不再发生电流变效应;在该值以上,电流变效应随水含量的增加而增强,达到某一最大值以后又呈下降趋势。对于水活化电流变体,水是引发电流变效应不可缺少的条件。

Strangroom 提出了电流变效应的水桥机理。他认为,体系具有电流变效应的基本条件为:①分散介质为憎水性液体;②分散相为亲水性且多孔的微粒;③分散相必须含吸附水且其含量显著影响电流变体的性质。在电流变体中,分散相微粒孔中存在可移动的离子,并且这些离子与周围的水相结合。在外加电场作用下,离子携带着水向微粒的一端移动,产生诱导偶极子。聚集在微粒一端的水在微粒间形成水桥,若要使电流变体流动,必须破坏水桥做功,导致剪切应力和黏度增大。撤去外电场,诱导偶极消失。Strangroom 用该机理定性地解释了水的含量、固体微粒的多孔性和电子结构等对电流变效应的影响。

水的存在限制了电流变体的使用温度,并且会引起高能耗、介电击穿、设备腐蚀等问题,因而出现了无水电流变体。正确地理解水在电流变效应中所起的作用,对于无水电流变体的研究具有重要意义。

4)电泳机理

悬浮液中的微粒带有静电荷就会向着带异号电荷的电极移动,即发生电泳现象。在稀悬浮液中,微粒电泳到达电极后,由于离子迁移出微粒或者发生电化学反应,微粒改变电性并向着另一个电极移动,就这样在电极间往复运动。微粒的运动速度与介质的流动速度不同,介质对微粒施加力的作用使其产生额外的加速度,消耗的能量增加,导致电流变体黏度增大。

然而,当体系浓度增大或外加交流电场的频率足够高时,微粒的这种往复运动消失,在这些条件下,仍然会产生电流变效应。因此,微粒电泳并不是产生电流变效应的主要原因。

(3)电流变体的组成及稳定性

从材料的角度来看,性能优良的电流变体应该具有以下特点:导电性低、消耗功率小和介电击穿电压高;工作温度范围宽;性能稳定,不沉降;开/关特性好,响应时间快;不通电时,黏度尽可能小。

1)电流变体的组成

①分散相

为了得到高性能的电流变体,一般认为,分散相和分散介质的介电常数相差越大越好,分散相的粒径在几微米到几十微米的范围。常用的有活性硅胶,一些氧化物如 Al_2O_3、TiO_2、CoO 和 Cr_2O_3 也可以使用。

粒子大小及其形状对电流变体性能的影响目前尚不十分清楚。有人认为,粒径在 5 ~ 50 μm 的粒子比较合适,在此范围内,粒径的影响并不显著。如果粒径过小(< 1 μm),Brownian 运动显著,可能破坏粒子链状结构的建立;如果粒径过大,电流变体的沉降稳定性又难以控制。

有人认为棒状粒子比球状粒子的极化能力大,也有人认为球状比链状粒子的响应速度更快。粒子形状、粒径大小和分布、孔隙率等因素对电流变体性能的影响仍需进一步研究。

粒子的表面状态对电流变体性能影响很大。一种方法是吸附水以改善粒子的极化能力,这就是含水的电流变体,制备简单但存在许多问题。另一种方法是在粒子表面吸附一些离子或直接用某些高分子材料(如含有大 π 键等富电子的高聚物)改性,这些材料的制备比较麻烦,但电流变体性能得到改进。由于高分子材料比较柔软,机械性能难以保证,因此,有人设想通过在无机粒子表面接枝高偶极性的高分子碎片,这样,不仅有利于增强电流变效应,也有利于改善沉降稳定性。

②分散介质

分散介质的选用,应满足以下几个方面的要求:高沸点、低凝固点,使电流变体具有较宽的工作温度范围,理想状况是 -40 ~ 200 ℃,另外,正常工作温度下,蒸汽压要小;低黏度,一方面是为了电流变体在无电场时黏度低,提高响应速度,同时,还可在不使体系黏度过大的情况下,增加分散相的浓度,从而增强电流变效应;高电阻率、高介电强度,这样才能保证通过的电流尽可能小,所加场强尽可能大;高密度(一般为 1.3 ~ 1.6 g/cm^3),使分散相和分散介质的密度相匹配,以改善体系的沉降稳定性;化学稳定性要好,不因储存或使用而分解。

③添加剂

电流变体中除了分散介质和分散相以外,一些添加剂也是必不可少的。实际上,电流变体性能提高的关键还是在添加剂的使用上。前面提到的含水体系中的水,实际上就是一种电流变增强剂,它吸附在粒子表面改善了粒子的极化能力。其他一些高介电常数的物质,如二甲亚砜、乙二醇、丙二醇、碳酸酯等,也具有这种功能。为了改善沉降稳定性,还要加入一些表面活性剂,这些表面活性剂对电流变体性能也有一定影响,甚至有时会起一些不好的作用,如施加电场后会增加粒子间的电荷传递或产生不可逆的絮凝。同时,这也意味着如果使用得当,也许会起一些增强剂的作用。

2）体系的稳定性

电流变体为悬浮体系,较易聚沉。怎样长时间保持其稳定性,同时又具有较大的电流变性质是相当困难的,有许多工作要做,尤其在化学领域,具有相当大的研究价值。克服沉降最容易想到的方法就是使分散介质和分散相的密度相匹配,但这样做比较困难,因为分散相密度一般较大(如 SiO_2、$BaTiO_3$ 等),即使能找到密度大的分散介质,一般毒性也大(如卤代碳氢化合物),同时也不可能严格地使密度相等。对于高聚物粒子,在某一温度下密度匹配虽然容易达到,但由于分散介质和分散相的膨胀系数不同,也难以达到所有温度下都匹配。胶体化学中,常利用 Brownian 运动克服沉降。但分散相粒径在胶体尺寸时,Brownian 运动又会妨碍电场作用下粒子链的形成。另外,偶极矩 $\mu = q \times d, d$ 受粒子大小限制,因此,电流变体中比较合适的粒子大小应大于 $1~\mu m$。另外一种方法是对分散相表面改性,或添加适当的表面活性剂。为了避免增大体系的导电性,一般使用非离子表面活性剂为宜。这方面的研究是电流变体实用化的关键,值得充分重视。近年来,有人发现某些单相溶液也具有电流变效应,如聚(γ-苄基-L-谷氨酸)或聚(己基异氰酸盐)溶液。这样就彻底解决了沉降问题。目前这方面的工作刚刚开始,有待进一步改进。

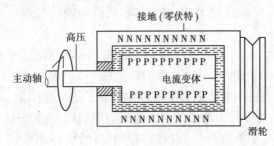

图 7.33 电流变离合器示意图

（4）电流变体的应用

由于电流变体的快速电场响应性,它可用于振动控制、自动控制、扭转传输、冲击控制等方面。其主要应用之一就是用做汽车制造业中的传动装置和悬挂装置(如离合器、制动器、发动机悬挂装置等)。用电流变体制备的离合器,通过电压控制离合程度,可实现无级可调,易于用计算机控制。如图 7.33 所示,未施加电场时,电流变体为液态,而且黏性低,不能传递力矩;当施加电场后,电流变体的黏度随电场强度的增大而增大,能传递的力矩也相应地增大,当电流变体变成固态时,主动轴与滑轮结合成为一个整体。

电流变体还可用于阻尼装置、防震装置,如车用防震器、精密定位阻尼器等。

电流变体也可看作液体阀,用于机器人手臂等的控制中。用电流变体制得的装置有着传统机械无法比拟的优点,如响应速度快、阻尼设备精确可调、结构简单等。随着电流变体的不断开发研究,它将取代传统机电机械元件,作为电子控制部分和机械执行机构的连接纽带,使设备更趋简单、灵活,实现动力的高速传输和准确控制的目的,这将给某些领域带来革命性的变化。

7.4.2　磁流变体

尽管电流变体在许多方面显示了广泛的应用前景,但由于需要几千伏的工作电压,因而安全性和密封是电流变体存在的严重问题。磁流变体(Magneto-Rheological Fluid)由于剪切应力比电流变体大一个数量级,且具有良好的动力学和温度稳定性,因而磁流变体近年来更受关注。

（1）磁流变体的概念

磁流变体又称磁流变液,由磁性颗粒、载液和稳定剂组成,是具有随外加磁场变化而有可控流变特性的特定的非胶体性质的悬浮状液体。磁流变体的黏度可以由磁场控制,无级变化,当受到一中等强度的磁场作用时,其表观黏度系数增加两个数量级以上;当受到一强磁场作用时,就会变成类似"固体"的状态,流动性消失。一旦去掉磁场后,又立即恢复成可以流动的液体。

磁流变体最早在 1948 年由美国国家标准局 Rabinow 首先提出。Winslow 在提出电流变体的同时也提出了磁流变效应和电磁流变效应。然而,在 20 世纪 50 年代到 80 年代期间,由于没有认识到它的剪切应力的潜在性,以及存在悬浮性、腐蚀性等问题,磁流变体发展一直非常缓慢。进入 90 年代,磁流变体研究重新焕发了生机。寻找具有强流变学效应、快速响应以及稳定性和耐久性好、低能量输入的磁流变材料成为材料学的重点课题。许多科学家及一些企业,如美国 Lord 公司、福特公司,德国 BASF 等纷纷开展研究。近几年,国内先后有复旦大学、中国科技大学、重庆大学、西北工业大学等开展磁流变体及应用研究。

(2)磁流变体的转变机理

磁流变体在外磁场作用下的行为与电流变体有许多类似之处,即它的黏滞性可以随外场的改变在毫秒级时间内变化,并且这种变化是可逆的。图 7.34 所示为电、磁流变体的转变过程。颗粒被当作一些刚性微球,它们可分别代表介电颗粒和磁性颗粒,在外加电场或磁场情况下,可表征电流变效应和磁流变效应。可以看出,两者有许多相同的地方。图 7.35 所示为两者的不同之处。在电流变体情况,外电场通过导体极板施加。由于镜像作用,链可以无限长,对电荷偶极矩的限制是介质的电击穿。但是,对于磁流变体,外加磁场由螺线管提供,它没有镜像极子和磁饱和限制磁矩。

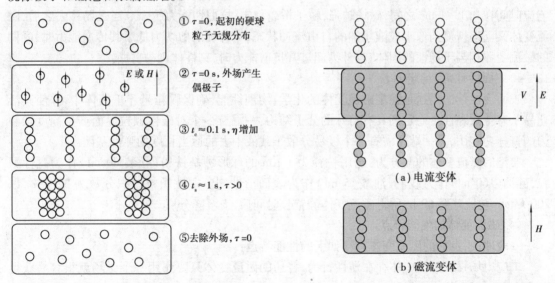

图 7.34　电、磁流变体转变过程示意图　　　　图 7.35　电、磁流变体行为比较

依照磁畴理论可以解释磁流变效应。在磁流变体中,每一个小颗粒都可当作一个小的磁体,在这种磁体中,相邻原子间存在着强交换耦合作用,它促使相邻原子的磁矩平行排列,形成自发磁化饱和区域即磁畴。没有外磁场作用时,每个磁畴中各个原子的磁矩排列取向一致,而不同磁畴磁矩的取向不同,磁畴的这种排列方式使每一颗粒处于能量最小的稳定状态。因此,所有颗粒平均磁矩为零,颗粒不显示磁性。在外磁场作用下,磁矩与外磁场同方向排列时的磁

能低于磁矩与外磁场反方向排列时的磁能,结果是自发磁化磁矩成较大角度的磁畴体积逐渐缩小。这时颗粒的平均磁矩不等于零,颗粒对外显示磁性,按序排列相接成链。当外磁场强度较弱时,链数量少、长度短、直径也较细,剪断它们所需外力也较小。随外磁场不断增大,取向与外场成较大角度的磁畴全部消失,留存的磁畴开始向外磁场方向旋转,磁流变体中链的数量增加,长度加长,直径变粗,磁流变体对外所表现的剪切应力增强;再继续增加磁场,所有磁畴沿外磁场方向整齐排列,磁化达到饱和,磁流变体的剪切应力也达到饱和。

与电流变体相比,由于磁性颗粒具有一定的固有磁矩,因此磁流变体的流变学性质的变化较电流变体更显著。

(3)磁流变体的组成

磁流变体由载液、离散的可极化的分散粒子、表面活性剂(又称稳定剂)组成。

1)载液

载液通常是油、水或其他复杂的混合液体,如硅油、煤油、合成油等。载液一般要求热稳定性好,挥发性低,适用温差宽,非易燃且不会造成污染,用来提供磁流变体的基体。

2)离散的可极化的分散粒子

离散的可极化的分散粒子是磁流变体中最重要的部分,能够使磁流变体获得明显的磁流变效应。这种分散粒子一般为球形金属(如铁、钴、镍)及铁氧体磁性材料等多畴材料,其平均尺寸在 $1 \sim 10 \ \mu m$ 范围内。无磁场作用时,粒子自由分散在载液中,当有磁场作用时,这些粒子在磁场力作用下相互吸引,沿着 N 极和 S 极之间的磁力线在二者之间形成粒子桥而产生抗剪应力的作用(外观表现为黏稠的特性,液体的黏度随磁场变化而无级变化),液体对磁场的响应时间在 $0.1 \sim 1 \ ms$ 之间,磁场越强,粒子桥越稳定,抗剪切能力越强。当磁场移去之后,磁流变体又立即恢复到像水或液压油的自由流动状态;当外加的剪切力低于其传递能力时,凝稠的磁流变体相当于韧性的固体;当外力超过其抗剪能力时,韧性体则被剪断。

3)表面活性剂(稳定剂)

表面活性剂的用途是稳定磁流变体的化学、物理性能,确保颗粒悬浮于液体中,并使其活化易于产生磁黏性。稳定剂具有特殊的分子结构:一端有一个对磁性颗粒界面产生高度亲和力的钉扎功能团,另一端还需有一个极易分散于载液中去的适当长度的弹性基团。

典型的磁流变体的配方为:选用粒径为 $1 \ \mu m$ 的球形羰基铁粉(松装 80 ml)作为磁性颗粒,硅油(160 ml)作为载液,油酸(5 ml)作为表面活性剂。磁性颗粒体积分数为 32.7%,以 200 r/min 转速球磨 60 h,所得磁流变体静置长时间后,无沉降分层。

(4)磁流变体的性能特点

一般地说,良好的磁流变体具有如下的性能特点:

①应力场强。磁流变体存在塑性行为,普通的磁流变体只要作用一个磁场就很容易获得几十个 kPa 以上的应力场。

②工作温度范围宽。磁流变体能在 $-40 \sim 150 \ ℃$ 范围内进行工作,在这样宽的温度范围内仅仅由于载液体积的膨胀与收缩引起体积百分比的变化,而使场强有微小的变化。

③无场时的黏度低。可控制液体的磁流变效应越好,则要求无场强时的黏度越小,磁流变体的黏度不超过 $1.0 \ Pa \cdot s$。

④稳定性好。磁流变体不易为制造或应用过程中通常存在的化学杂质所影响,而且原材料无毒,环保安全,与多数设备兼容。

⑤器件的结构简单,可靠性高。多数可控制磁流变体装置不要求特殊加工,装置中没有运动部件,更没有金属之间的碰撞和冲击,工作平衡可靠。磁流变体装置只需要普通的低电压,利用基本的电磁感应回路就可以产生用来激活和控制磁流变体的磁场,这样的回路由于成本低、使用安全,可以广泛应用。

⑥对现有液压系统的兼容性好。由于磁流变体中固体颗粒的尺寸很小,无磁场作用时,其流动特性和工作特性等与传统液压油没有多大区别,磁流变体可以代替普通液压油而直接在现有液压系统中应用。

(5)磁流变体的应用

工程上已经设计和制造了许多种磁流变体器件。图7.36所示为磁流变体器件的三种基本工况。其中阀式器件有液压控制伺服阀、阻尼器、振动吸收器和驱动器;剪切式器件有离合器和制动器、夹(销)装置、散热装置等;挤压式器件有小运动大力式振动阻尼器、振动悬架等。

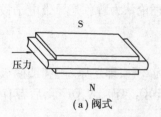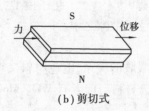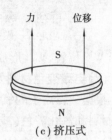

(a) 阀式　　　　　(b) 剪切式　　　　　(c) 挤压式

图7.36　磁流变体器件的三种基本工况示意图

图7.37所示为轻负载阻尼器SD-1000-2的结构,它具有一个可控制的液体阀。其特点是:机械结构简单,没有运动部件,仅由低电压控制(输入功率小于5 W),控制力大且不受相对速度的影响,连续可控,并有环境适用性。图7.38所示为一种装备有磁流变体减振器的车座振动传输曲线,可以看出,与软、硬阻尼相比,可控阻尼有更好的行为。

此外,磁流变体还可用于光学仪器、陶瓷和半导体行业的抛光、密封等。

7.4.3　电致变色材料

电致变色材料中最具实用性的是电化学变色性(Electrochemichromism)材料,即在电化学反应条件下对可见光吸收有重大改变的材料。可分为2大类:一类是无机电色材料,另一类是有机电色材料,其光吸收的变化来自氧化还原反应。

(1)电致变色现象及机理

电致变色现象(Electrochromism)是指材料在电场作用下所引起的颜色变化,这种变化是可逆、连续可调的。颜色的连续可调意味着透过率、吸收率、反射率三者比例关系的可调。

关于电化学变色材料电色效应的机制至今仍未完全解释清楚。对于研究得最充分的材料WO_3,提出了如下的还原着色反应:

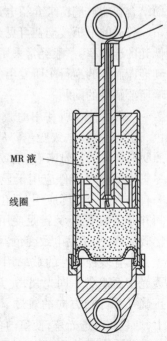

MR液

线圈

图7.37　轻负载阻尼器
SD-1000-2的结构示意图

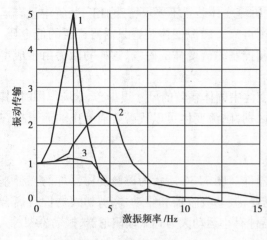

图 7.38　车座振动传输曲线
1—软阻尼;2—硬阻尼;3—可控阻尼

$$WO_3 + xA^+ + xe^- \rightarrow A_xWO_3 \quad (0 < x < 1)$$

其中,A^+是正离子(如 H^+、Li^+ 等),A_xWO_3 是钨青铜,即产物不是低价钨的氧化物,而是金属(氢或锂)钨青铜。其蓝颜色来自 2 种不同晶格位置(M、N)上的钨的电子跃迁,即

$$W^{5+}(M) + W^{6+}(N) + hv \rightarrow W^{6+}(M) + W^{5+}(N)$$

因为 WO_3 有钙钛矿结构 ABO_3,阳离子位 A 是空的,B 位被占据,每个 W^{6+} 由 6 个氧离子成八面体包围,注入的正离子在 A 次晶格中无序地分布,引起注入电子在其附近的局域,影响到邻近 W 的价态,从而有(M)、(N)2 种钨晶格位置的区别。与此模型相似的有小极化子模型,这个理论认为着色是导带电子被局域于 W^{5+} 位置,W^{5+} 形成缺陷带,位于带隙之中。

(2)电致变色材料及其应用

根据金属离子的氧化态与光吸收的关系,电色材料又可分为 2 种,即还原着色(或阴极着色)材料和氧化着色(或阳极着色)材料。前者有 WO_3、MoO_3、Nb_2O_3、TiO_2、V_2O_5 等,后者有 $Ni(OH)_2$、$Ir(OH)_2$、$MnO(OH)$ 等。

由于电色材料的特殊功能,它将在建筑、运输及电子等工业领域有着广泛的应用前景。下面结合智能玻璃窗来介绍电致变色材料的一些用途。

普通的平板玻璃在可见光区和近红外光区几乎没有吸收,会透过 80% 以上的光。为了降低光的透过率,一般经常采用茶色玻璃。但是,在某些特殊情况下(例如,汽车夜间行驶时碰到迎面而来的逆行车所发出的强烈的照射光),需要能人为地改变光的透过率,这正是智能玻璃所要解决的问题。

一般智能窗所利用的激励方式分为 3 种:热致变色、光致变色和电致变色。从 3 种激励方式对致冷和照明所需求的能量来看,电致变色器件节能效果最佳。尽管电致变色器件应用于显示装置的响应时间太慢,一直未能投入实际应用,但在应用于智能窗时,响应时间并非至关重要,关键是使用寿命、循环次数和好的记忆效应,这些正是电致变色器件的优势。

具有该种特性的玻璃用在汽车上,可以通过调节透光率而避免不同光强,尤其是强光照射下司机不能正确判断行驶方向的难题。智能窗也可以用在建筑上,通过调节透光率,使室内冬暖夏凉,减轻空调负荷,达到节约能源的目的;或者用在军用飞行器上,通过调节透光率,使探测照射光完全被吸收而达到隐身的目的。

智能玻璃的结构如图 7.39 所示。

电场作用下,电致变色层产生着色和消色的可逆

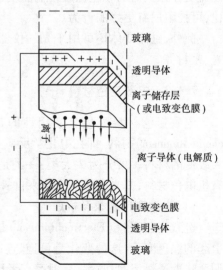

图 7.39　智能玻璃窗的基本结构
(箭头描述电场下正离子的运动)

变化,电场强度或电流大小的不同,其着色和消色程度也不同,表现出透过率、吸收率和反射率三者关系的变化。影响这些光学性能的因素很多,由于着色和消色是一个动态可逆过程,物质在变化($WO_3 \rightleftharpoons M_xWO_3$);温度在变化(由电流及光吸收等引起),物质的密度、折射率及反射率都不同;表面状态在变化(由离子的注入或移出引起),这些给上述三者关系的讨论带来困难。Lampert 在忽略光吸收的情况下,讨论了电致变色装置的调光调热原理。如

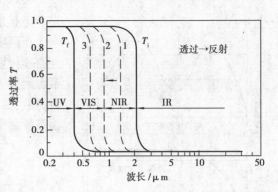

图 7.40　可调透过边光窗的光谱特性(忽略光吸收)

图 7.40 所示,在透明状态(透过率 T_i),小于 2 μm 波长的光都能透过。随着着色的发生,透过率向短波方向移动,透过率减少,反射率增大。着色程度不同,透过率可以连续变化(从 $T_i \rightarrow T_f$),如变到 1,可反射掉全部红外光和部分近红外光;如移到 3,则可反射掉全部近红外光和部分可见光。也就是说,由于透过率可调,可实现其调光功能,由于反射率可调,可实现其调热功能(控制外部热量进入)。

电色材料的另一用途是用于电色储存器件。作为显示屏,电色材料因有响应时间长(几百 ms)、功耗高、寿命较低(小于 10^9 循环,手表要求 10^{12} 循环)等缺点,而在手表显示中让位于液晶,但其具有着色对比度大且与视角无关、可无功耗储存、低工作电压,以及制作成本低等特点,因此在大屏幕显示(证券交易所、车站等公共场所)中具备很大的应用价值。

7.5　高分子系智能材料

智能高分子材料品种多,应用领域广,研究手段新,呈蓬勃发展的趋势。本节将结合高分子系智能材料在不同方面的应用,着重介绍药物控制释放、智能凝胶等的智能机制和特性。

7.5.1　药物控制释放体系

智能高分子材料作为生物医用材料,其应用前景十分广阔。植入型生物医用材料可以替代或修补遭受损伤的人工脏器,其中高分子材料比金属材料和陶瓷材料的使用更广泛,可以替代包括肾、肺、肝等人体多种组织和器官,也可以作为骨假体等。在药物的控制释放方面已经取得了良好的进展。

一般的给药方式,使人体内的药物浓度只能维持较短的时间,血液中或是体内组织中的药物浓度上下波动较大,时常超过药物最高耐受剂量或低于最低有效剂量,如图 7.41 所示。这样不但起不到应用的疗效,而且还可能产生副作用。频繁的小剂量给药可以调节血药浓度,但这使患者难以接受。药物控制释放体系(Drug Deliver System,DDS)是药物学发展的一个新领域,能使血液中的药物浓度保持在有效治疗指数范围内,具有安全、有效、使用方便的特点。

(1)程序式药物释放体系

程序式药物释放体系是指药物释放不受外界环境变化的影响,释药的速率、滞后时间由自身的结构决定。最典型的程序式药物释放体系有以下几种情况:

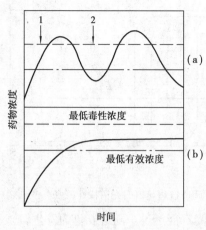

图 7.41　常规(a)和控释药物
(b)制剂的药物水平

1)扩散控制

在药物释放体系中,很重要的一部分就是药物被聚合物膜包埋,做成胶囊或微胶囊;或者药物均匀地分散在聚合物体系中,此时药物需经聚合物网络密度涨落的间隙扩散、渗出,空隙减小,同种药物的扩散系数降低。药物释放速率可由稳态菲克方程描述,即

$$J = -D\frac{\mathrm{d}C}{\mathrm{d}l} \tag{7.3}$$

式中,D 是与浓度无关的药物在膜中的扩散因子;J 是药物摩尔迁移通量;$\mathrm{d}C/\mathrm{d}l$ 是膜中的药物浓度梯度。对于与浓度无关的扩散因子和一定的膜厚度,方程(7.3)可写为:

$$J = D\frac{\Delta C}{L} \tag{7.4}$$

式中,L 是膜厚。为了得到固定迁移通量,ΔC 必须是常数,这可以通过控制药物在膜内壁的高浓度而获得。为了达到这一目的,装载大量药物,使内壁的药物浓度达到饱和,就可以获得恒速释放。

2)化学反应控制

药物不仅能通过扩散从药物释放体系中释放,还能借助聚合物的生物降解释放得到控制。在这种情况下,水和酶使包埋药的聚合物降解(即生物可降解聚合物体系),或使药物与聚合物间断键(对聚合物侧链体系)从而释放药物。

生物可降解体系分为3种机理:①交联聚合物降解成可溶于水的高分子;②不溶于水的聚合物通过侧基的水解、离子化或质子化等成为水溶性聚合物;③通过主链断裂产生低分子量的水溶性分子。这是几种极端情况,通常降解是几种情况的综合。

3)溶剂活化体系控制

在这种情况下,药物被聚合物所包埋,直到外部溶剂将聚合物溶胀,或通过水渗透产生渗透压。一种重要的渗透压控制释放体系是含有渗透剂(可以是药物本身,也可以是另外加入的盐)的药片。药片被半透膜包围,膜上用单束激光钻孔,外面的溶剂、水以恒速穿过膜,进入药片,驱使药物以恒速穿出激光孔。

药物释放持续时间的控制方法有利用聚合物溶蚀速度控制和利用药物在聚合物的扩散释放控制。

Allcock 和 Langer 制备了用 Ca^{2+} 离子交联的对羟基苯甲酸聚膦腈水凝胶控制释放材料。该水凝胶的制备方法是:将对羟基苯甲酸聚膦腈钠盐的水溶液滴入 $CaCl_2$ 水溶液,即可形成钙离子交联的水凝胶微球。由于制备条件温和,不会导致生物大分子在包埋过程中的活性丧失,是多肽、蛋白质药物的理想控释材料。随着上述凝胶化过程的逆过程,即水凝胶钙离子与体液中的钠离子发生交换,聚合物逐渐溶蚀而药物逐渐释放。在此,水凝胶的交联度即钙离子浓度是控制释药速度的重要因素。

Wuthrich 利用常温下为油膏状的聚原酸酯作为蛋白质的载体材料,制成了一种蛋白质药物脉冲释放系统。在常温下将蛋白质药物直接混合到聚原酸酯中,开始由于大分子药物在油膏状的聚原酸酯中很难扩散,不能从系统中释放出来,当聚原酸酯降解到一定分子量时,药物在聚原酸酯的扩散系数增大,从系统中释放,并随聚原酸酯的进一步降解而逐步释放。改变聚原酸酯的结构或分子量,可改变药物释放的滞后时间及药物释放的持续时间。应当看到这种脉冲释放系统药物释放的滞后时间及释放的持续时间均由聚原酸酯的降解速度决定,不能独立控制,这在有些场合不能适用。

Jimoh 等人设计了一种埋植剂,在一端开口的聚乳酸(PLA)中空圆柱管内加入发泡剂及药物,然后用聚乳酸—羟基醋酸共聚物(PLGA)膜将圆柱管的开口封住,系统浸入释放液中后,水由 PLGA 膜浸透到圆柱管中与发泡剂反应产生大量的气体。当圆柱管内气压大到足以胀破 PLGA 膜时,药物就从系统中释放出来。通过改变系统中发泡剂的用量、中空圆柱体的大小及 PLGA 膜厚,可获得暴释滞后时间从 2 h 到 168 h 的释放系统,但这时他们也忽视了对药物脉冲释放持续时间的控制。

Amer 等报道了另外一种利用不载药聚合物层阻止内层药物而获得药物滞后释放的方法。药物微球分核、壳两层,核为载药的花粉粒,在花粉粒的表面上通过涂膜法包覆一层水溶性聚合物如 HPC、HPMC 等,膜厚由涂覆时聚合物的浓度决定。系统置于释放液中后,聚合物逐渐溶解,最后花粉粒与水接触,吸附在花粉粒上的药物从花粉上以一定速度释放到外界环境中。

随着研究的深入,人们发现有些药物只有一种脉冲的释放方式给药才能更好地发挥药效。据 Forse 等人的研究,这是由于药物受体内"去敏"及"下调"效应所致。在上例中,控制外层聚合物膜厚或聚合物种类可控制药物释放滞后时间。将具有不同药物释放时间的微球混合,即可得到脉冲型释放系统。图7.42所示的微球最内层为载药花粉粒,外层为交替的药物层及水溶性聚合物层,药物释放的滞后时间同样由聚合物的溶解时间控制,药物有几层则有几次脉冲,但这种系统药物释放的持续时间不能控制。

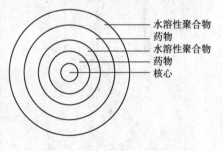

水溶性聚合物
药物
水溶性聚合物
药物
核心

图7.42 药物的脉冲释放系统

(2)智能式药物释放体系

为了克服程序式释药体系的缺点,人们设计了智能药物释放体系。智能式药物释放体系是:根据生理和治疗需要,随时间、空间来调节释放程序,它不仅具有一般控制释放体系的优点,而且最重要的是能根据病灶信号而自反馈控制药物脉冲释放,即需药时药物释出,无必要时,药物停止释放,从而达到药物控制释放的智能化目的。高分子材料作为药物释放体系的载体材料,集传感、处理及执行功能于一体,在药物释放体系中起着关键的作用。

1)外部调节式药物脉冲释放体系

在外部调节式药物脉冲释放体系中,外部刺激的信号主要有光、热、pH 值、电、磁、超声波等,下面就各种信号的刺激具体说明。

Mathiowitz 等制备了一种光照引发膜破裂的微胶囊,微胶囊由对苯二甲酰乙二胺通过界面聚合制得,在微胶囊中包含有 AIBN 及药物,当光照时 AIBN 分解产生氮气,氮气产生的压力将膜胀破,药物得以释放。Kitano 等合成了一种光降解的聚合物,结构如图 7.43 所示。当紫外光照射时偶氮键断裂,交联聚合物变为水溶性聚合物,进而降解为小分子。用此材料制得的微胶囊,药物包埋于其中,当紫外光照射时聚合物降解或溶解,药物得以释放。以上两例药物均只能一次释放,Ishihara 等则制备了一种能可逆光敏释药的系统,所采用的聚合物结构如图

7.44所示。

紫外光照时,由于聚合物侧基上的偶氮异构化,使聚合物的极性增大,亲水性增加并发生溶胀,包埋在其中的药物释放速度加快,改用可见光照,释药速率下降到与在黑暗中的情况相同,实验进一步表明,如果改变侧链偶氮苯的物质的量比,可调整药物的释放速率。

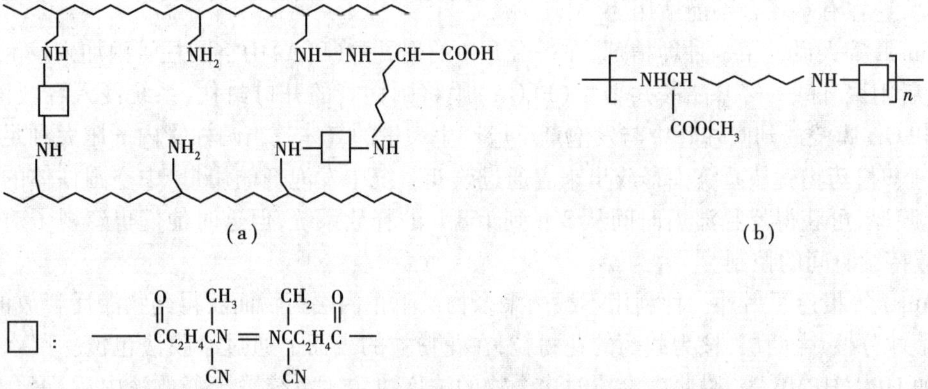

(a)

(b)

图7.43 光敏聚合物的结构图

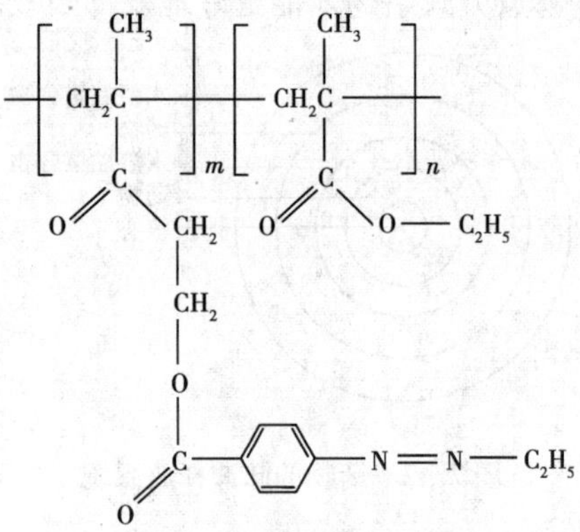

图7.44 可逆光敏聚合物的结构图

用聚烯丙胺接枝异丙基丙烯酰胺(PAA-g-PNIPA)微囊化阿霉素,研究表明,当温度低于35 ℃时,接枝在PAA表面的PNIPA溶胀,使微球表面无缝隙,将药物包在球内,不能释放;温度高于35 ℃时,接枝在PAA表面的PNIPA收缩,使PAA表面露出缝隙,药物从药球里释放出来,实现了温敏控制释放的目的。

有些聚合物(如聚电解质、由氢键作用的高分子复合物等),在电场作用下,发生解离或者使其解体为两个单独的水溶性高分子而溶解,实现药物的释放。此外,磁响应、pH响应、超声波作用等均易引起药物的有控释放,由于在智能凝胶中另有描述,在此不再赘述。

2)自调节式智能药物释放体系

人体在发病时就会产生某些特异的信号,根据自身产生的这些信号来控制药物的释放,真正做到需要时给药,不需要时自动停药的智能药物释放体系。在治疗糖尿病的过程中,人们逐渐认识到:要使血糖浓度维持在正常值范围,胰岛素的释放需完全模拟体内胰岛素的释放过程,即血糖浓度超过正常值时,胰岛素释放,而血糖正常时不释放胰岛素。

由于葡萄糖和糖基化的胰岛素对刀豆球蛋白(ConA)的亲和性高,具有竞争和互补性,当血糖浓度超过正常值时,葡萄糖就经膜扩散进入药物释放体系中,并与糖基化胰岛素竞争ConA上的糖结合部位,此时ConA就释放一定量的糖基化胰岛素,从而使血糖水平恢复到正常值。

Horbett及Ratnet将葡萄糖氧化酶及胰岛素包埋到交联的聚(N,N-二甲基胺乙基甲基丙烯酸酯/羟乙基丙烯酸酯共聚物)膜中,制备成一种胰岛素智能释放的装置。其原理为:当外界葡萄糖浓度增高,在葡萄糖酸的催化作用下,装置内部pH值降低,使得聚合物侧基上的叔胺质子化,聚合物膜由于季铵间电荷的排斥作用而溶胀,包埋于膜内部的胰岛素释放。Heller等也设计了类似的装置,所不同的是他们将胰岛素包埋于 pH 敏感的聚原酸酯中,当系统 pH 值降低,聚原酸酯降解加速,从而使胰岛素很快释放。Ishihara 等则另辟蹊径,他们利用一种氧化还原聚合物膜作为胰岛素及葡萄糖氧化酶的载体材料,当外界葡萄糖浓度增大时,系统中 H_2O_2 浓度增大,氧化聚合物,使得聚合物侧基上氮质子化,聚合物膜因氮的电荷排斥作用而溶胀,胰岛素由系统中释放出来,实现糖尿病的稳定控制。

3) 靶向药物释放体系

有些药物的毒性太大且选择性不高,在抑制和杀伤病毒组织时,也损伤了正常组织和细胞,特别是在抗癌药物方面。因此,降低化学和放射药物对正常组织的毒性,延缓机体耐药性的产生,提高生物工程药物的稳定性和疗效是智能药物需要解决的问题之一。对药物靶向制导,实现药物定向释放,是一种理想的方法。

靶向制剂就是利用特异性的载体,将药物或其他具有杀伤肿瘤细胞的活性物质有选择性地运送到病灶部位(如肿瘤部位),以提高疗效,降低毒副反应的制剂。

根据载体的靶向机理可以分为:①主动靶向,即载体能与肿瘤表面的肿瘤相关抗原或特定的受体发生特异性结合,这样的导向载体多为单克隆抗体和某些细胞因子;②被动靶向,即具有特定粒径范围和表面性质的微粒,在体内吸收与运输过程中能被特定的器官和组织吸收,此类体系主要有脂质体、聚合物微粒、纳米粒等。

自 20 世纪 80 年代以来,以单克隆抗体为导向载体,与药物等连接而成化学免疫偶联物,结果显示在体内呈特异性分布。特别是近几年来通过基因工程技术改性单抗,降低单抗偶联物的免疫原性,提高了偶联物在肿瘤部位的浓度。脂质体作为药物载体,利用体内局部环境的酸性、温度及受体的差异而构造的 pH 敏脂质体、温敏脂质体及免疫脂质体等具有较好的靶向作用。

以上所说的是载体型靶向药物制剂,此外,根据药物在体内的代谢动力学以及导向药物的设计思想,Ringsdrof 提出用于结合型药物载体的聚合物。该聚合物主链至少含有 3 个功能单元,即增溶单元、药物连接单元和定向传输单元。增溶单元使整个药物制剂可溶且无毒;药物连接单元必须考虑将药物连接在高分子主链上的反应条件温和,在蛋白质合成领域里普遍采用的一些络合方法,可应用于聚合物连接药物分子,同时,为了屏蔽或减弱高分子化合物与抗肿瘤药物间的相互作用,通常引入间隔臂;而定向传输系统是通过各种生理及化学作用,使整个高分子药物能定向地进入病变部位。

肿瘤组织能选择吸收磺胺类药物,利用磺胺类单元作为定向传输系统可制备高分子靶向药物。黄骏廉等用稳定的磺胺钠盐引发环氧乙烷开环聚合,然后接上与放射性同位素 ^{153}Sm 螯合的二正乙基五己酸(DTPA),制备高分子药物制剂。实验结果表明,高分子药物能在昆明小白鼠的肉瘤组织中富集,6 h 后在小白鼠肿瘤组织与肝、肌肉、血液等组织的放射剂量之比为 $(2\sim4):1$。

在这里还要特别介绍一种高分子材料——聚膦腈。聚膦腈是一族由交替的氮磷原子以交替的单、双键构成主链的高分子,通过侧链衍生化引入性能各异的基团可以得到理化性质变化范围很广的高分子材料。由于其生物相容性好(甚至超过硅橡胶),能够生物降解,因此用于药物控制释放及高分子药物是一项很有前景的工作。

通过侧链的修饰可以得到亲水性相差很大的、不同降解速率的聚膦腈,以满足不同的药物控制释放系统。例如,已合成侧链分别为甘氨酸乙酯、羟基乙酸乙酯、氨基酸-2-羟基丙酸酯的聚膦腈。通过侧基的微交联也能得到聚膦腈水凝胶等,也应用于药物的控释体系。

顺铂[Cis-Pt(NH$_3$)$_2$Cl$_2$]是临床常用且有效的癌症化疗药物,但副作用大。Allcock 小组选用生物相容性好、水溶性的氨基(—NHCH$_3$)聚膦腈为载体,将顺铂结合在聚膦腈主链的氮原子上,形成顺铂—聚膦腈衍生物,的确具有抗癌效果。

高分子在智能药物的应用已经显示了巨大的潜力和优势,通过分子设计,理论上可以得到满足各种不同需要的高分子材料,实现药物控制释放的要求。

7.5.2 智能凝胶

高分子在凝胶上的应用是智能高分子的又一重要表现。生物体的大部分是由柔软而含有水的物质——凝胶组成的。简单地说,凝胶是由液体与高分子网络所构成,由于液体与高分子网络的亲和性,液体被高分子网络封闭,失去流动性,正如生物体一样,用凝胶材料构成的仿生系统也能感知周围环境的变化,并作出响应,因此对这个领域的探索已经引起了人们的高度重视。

凝胶按来源可分为天然凝胶和合成凝胶,按高分子网络里所含液体可分为水凝胶与有机凝胶,按高分子交联方式可分为化学凝胶与物理凝胶等。在这些凝胶中,水凝胶是最常见也是最重要的一种,绝大多数的生物、植物内存在的天然凝胶均属水凝胶。

凝胶构成生物体的最主要的原因是:它能在外界条件(如 pH 值、温度、光、电场、离子强度、溶剂组成等)的刺激下,发生膨胀与收缩,这种膨胀有时能达到几百倍甚至几千倍,这就是智能凝胶。例如,以聚阴离子构成的凝胶,在纯水中,由于带有负离子的高分子链斥力的存在呈伸展状态,因此凝胶能吸收大量的水分。如果此时加入一些低分子的无机盐,带有正电性的盐离子就会在高分子离子附近集中,屏蔽高分子链上的负电子,导致整个凝胶呈收缩状态,因此,高分子电解质凝胶在纯水中体积大量膨胀,而在盐水中又迅速收缩。

进一步研究发现,凝胶体积的变化是不连续的。比如:凝胶体积开始随环境(如 pH 值)的变化,由膨胀至收缩而连续变化,但在一定条件下,pH 值微小的变化导致凝胶体积变化达数十倍至数千倍,这种转变类似于物质的气液相变,称为凝胶的体积相变。某些高分子凝胶正是因为发生体积相变,才具有智能行为的。

(1)刺激—响应水凝胶的种类

已研制出的各种新型凝胶随环境因素的改变而发生体积相变。通常,随温度变化的凝胶称为温敏凝胶;随 pH 值变化的凝胶称为 pH 敏凝胶;随盐浓度变化的凝胶称为盐敏凝胶;随光强度变化的凝胶称为光敏凝胶。此外,还有形状记忆凝胶、电场响应凝胶等。

1)pH 敏凝胶

姚康德等合成了[聚乙二醇—共聚—丙二醇—星型嵌段丙烯酰胺]交联—聚丙烯酸互穿聚合物网络水凝胶(Ⅰ:Ⅱ IPN)。以网络Ⅰ中醚键上的氧和网络Ⅱ中羧基上氢间氢键的生成与解离作为传感部分,可响应介质由 pH 为 1.0~12 的变化而发生纵向变形,而且这种由化学能直接转变为机械能的化学机械行为具有可逆性。他们将智能凝胶的研究开拓至具有凝胶相转变的天然高分子材料,特别是生物相容性良好而且可生物降解的壳聚糖(CS)。CS 由蟹壳或虾壳制取的甲壳素脱乙酰化而制得,它是 β(1→4)连接的 2-氨基-2-脱氧-β-D-葡聚糖。将壳聚糖用戊二醛交联和聚醚(PE)组成 CrCS:PE 半互穿聚合物网络水凝胶。利用其中 CS 上的—NH$_2$氢和 PE 上醚键中的氧间氢键的形成和离解,作为 pH 敏感部分,构成 pH 响应高分子凝胶。研究结果表明,其响应特性可由 CS 的交联密度和 Cr-CS/ PE 组成比来调控。

由此可见,具有 pH 响应性的凝胶,一般均是通过交联形成大分子网络。凝胶中含有弱酸或(和)碱基团,这些基团在不同 pH 值及离子强度的溶液中,相应地离子化,使凝胶带电荷,并使网络中氢键断裂,导致发生不连续的体积变化。也就是说,当 pH 值变化时,水凝胶体积随之变化。

2)温敏水凝胶

自 1978 年 Tanaka 首先报道了用 N,N-亚甲基双丙烯酰胺交联的聚丙烯酰胺体系是一种温敏水凝胶以来,它的独特性能得到了很大的发展。

N-异丙基丙烯酰胺的聚合物(PNIPA)经 N,N-亚甲基双丙烯酰胺微交联后,其水溶液在高于某一温度时发生收缩,而低于这一温度时,又迅速溶胀,此温度称为水凝胶的转变温度、浊点,对应着不交联的 PNIPA 的较低临界溶解温度(Lower Critical Solution Temperature,LCST)。一般解释为,当温度升高时,疏水相相互作用增强,使凝胶收缩,而降低温度,疏水相间作用减弱,使凝胶溶胀,即热缩凝胶。

轻微交联的 N-异丙基丙烯酰胺(NIPA)与丙烯酸钠共聚体是比较典型的例子。其中丙烯酸钠是阴离子单体,其加量对凝胶溶胀比和热收缩敏感温度有明显影响。一般的规律是阴离子单体含量增加,溶胀比增加,热收缩温度提高,因此,可以从阴离子单体的加量来调节溶胀比和热收缩敏感温度。NIPA 与甲基丙烯酸钠共聚交联体也是一种性能优良的阴离子型热缩温敏水凝胶。

由 NIPA、乙烯基苯磺酸钠及甲基丙烯酰胺三甲胺基氯化物共聚制得的水凝胶,因其共聚单体由含阴、阳两种离子单体组成,故称两性水凝胶。在测定其组成与溶胀比的关系时,发现其收缩过程是不对称的。即改变相同物质的量的阴离子或阳离子单体时,阳离子引起的体积收缩要比阴离子的大。最近报道的以 NIPA、丙烯酰胺-2-甲基丙磺酸钠、N-(3-二甲基胺)丙基丙烯酰胺制得的两性水凝胶,其敏感温度随组成的变化在等物质的量比时最低,约为 35 ℃,而只要正离子或负离子的物质的量比增加,均会使敏感温度上升。

阳离子的水凝胶研究相对较少,最近用乙烯基吡啶盐与 NIPA 共聚,用 N,N-亚甲基双丙烯酰胺作交联剂,发现随着阳离子单体含量增加,溶胀比增加,LCST 提高。

鉴于温敏水凝胶及 pH 敏水凝胶的各自不同特点,Hoffman 等研究了同时具有温度和 pH 双重敏感特性的水凝胶,所得水凝胶与传统温度敏感水凝胶的"热缩型"溶胀性能恰好相反,属"热胀型"水凝胶。这种特性对于水凝胶的应用,尤其是在药物的控制释放领域中的应用具有较重要的意义。以 pH 敏感的聚丙烯酸网络为基础,与另一具有温度敏感的聚合物 PNIPA 构成 IPA 网络。先将丙烯酸及交联剂进行均聚得 PAAC 水凝胶,干燥后,浸入 5wt% 的 NIPA 水溶液中,加入交联剂、引发剂等后,复聚得 IPN。实验结果表明,在酸性条件下,随着温度升高,IPN 水凝胶的溶胀率 SR 也逐渐上升,形成"热胀型"温度敏感特性。

3)电场响应凝胶

大部分凝胶的高分子网络上都带有电荷。诸如高分子电解质凝胶这样的离子性高分子网络,则能在电场下产生收缩、变形,在直流电场下能产生电流振动等。

如果将一块高度吸水膨胀的水凝胶放在一对电极之间,然后加上适当的直流电压,凝胶将会收缩并放出水分。网络上带正电荷的凝胶,在电场下,水分从阳极放出,否则从阴极放出。如果将在电场下收缩的凝胶放入水中,则又会膨胀到原来大小。

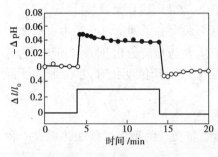

图 7.45　凝胶的压电效应

凝胶的这种电收缩效应,实际上反映了一个将电能转换成机械能的过程。与此相反,通过凝胶还可以将机械能转换成电能。如果给一块由弱电解质构成的凝胶加上一定的压力使其变形,凝胶内的弱电解质电离基团则会因为它们相互之间的相对位置发生变化而产生新的电离平衡,凝胶内的 pH 值就会发生变化。图 7.45 中显示了丙烯酸(AA)和丙烯酸胺(AAm)的共聚合凝胶在受压变形时产生的变位与 pH 值变化的关系。

以聚[(乙二醇—共聚—丙二醇)—接枝—丙烯酰胺]和聚丙烯酸组成互穿聚合物网络(IPN),网络中醚键上的氧和羧基的氢可形成氢键,使大分子链缔合,形成的水凝胶的溶胀行为具有对 pH 值、离子强度的敏感性。这种聚电解质凝胶在电解质溶液中施加直流电场时,试样可响应并且弯曲(图 7.46),其弯曲程度与电场强度及电解质种类有关。

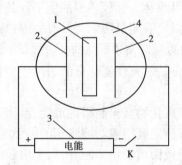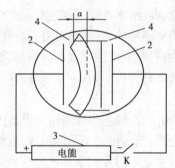

图 7.46　聚电解质凝胶在直流电场下弯曲示意图
1—试样;2—钛电极;3—电源;4—溶液

温敏水凝胶、pH 敏水凝胶以及电场刺激响应水凝胶是目前研究最多,又最具实用价值的水凝胶。

(2)智能凝胶的应用前景

利用凝胶在外部环境刺激下的变形,人们设想出各种各样的"化学能⇌机械能"转变系统。例如,人造肌肉模型、化学阀、药物释放系统等。

1)人工爬虫

人工爬虫实现了凝胶材料像动物一样的动作。图 7.47 表示了人工爬虫的动作原理。电解质凝胶在带相反电荷的表面活性剂溶液中,因为形成不溶于水的复合物,导致凝胶的体积收缩。在没有电场时,凝胶与表面活性剂的相互作用是等方向性的,因而整个凝胶均一收缩。然而,在电场下,带正电荷的表面活性剂分子向阴极运动,途中遇到带负电荷的凝胶后被吸附在它的表面,中和凝胶的负电荷,从而使面向阳极的凝胶表面收缩。吸附在面向阴极的凝胶表面的表面活性剂分子,则在电场下脱离凝胶向阴极运动,使得这个凝胶表面产生膨胀。凝胶的膨胀、收缩由于上下不对称,从而产生弯曲。当变换电场方向时,原来被吸附在表面的表面活性剂分子脱离凝胶,在相反方向的表面吸附,凝胶向相反方向弯曲。由于凝胶被挂在带有不对称齿纹的杆子上,在极性变化的电场下凝胶以屈伸运动方式向前移动。

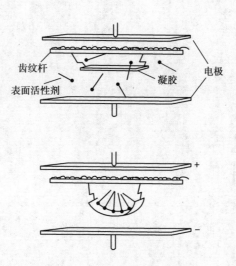

图 7.47　人工爬虫的动作原理

人工爬虫的运动原理虽然简单,可它与迄今为止人们用钢铁之类坚硬的固体材料做成的机械有着本质的区别。它使人们联想起肌肉的运动,柔软而富有弹性。

如果将电解质凝胶在外加压力下产生的静电能取出,凝胶可以成为压力传感器而使用,可以实现人的手指那样的人工触角系统。

2)化学阀

根据凝胶在电场下迅速收缩的特性,人们又提出了化学阀的设想。将多孔性凝胶膜的边缘固定在一个圆形环上,当有电场时膜就收缩。因为它们的边缘被固定,膜的孔径就会变大,所以液体或液体中的分子、微粒子就能通过。如果将电场切断,凝胶就会变小,液体就被塞住。通过调节电场的大小,凝胶膜的孔径就能被适当地控制,从而可自由选择哪些粒子可通过,哪些不能,实现分离物质的目的。

3)药物释放系统

利用凝胶的 pH 值、温度、电场等的不同响应特性,如果将药物埋植于凝胶中,就可以通过调节 pH 值、温度等实现药物的控制释放。

在不久的将来,人们会利用凝胶的这些特性,创造出各种各样的自我感知、自我调节的智能机器。

高分子材料由于品种和合成方法的多样性,在智能材料中占有极其重要的地位,事实上,以上介绍的智能药物控释系统以及智能凝胶只是智能高分子的两个重要方面,而形状记忆聚合物、聚合物电流变体、聚合物电致变色材料以及光活性聚合物材料等在高分子系智能材料系统中,也具有一定的应用前景。由于篇幅所限,在此不作介绍。

第8章 梯度功能材料

梯度功能材料(functionally gradient materials,FGM)是指由两种或多种材料经复合而成的结构和组分呈连续梯度变化的一种新型复合材料。它主要包括梯度光折射率材料和热防护梯度功能材料两种。

最早研究的FGM是光学梯度功能材料。1900年美国的Wood用明胶做成了光折射率沿径向连续变化的圆柱棒,称之为梯度折射率材料(Gradient-index materials,GIM)。由于制作工艺没有解决,未能实际应用,因而也未引起人们的注意。1969年,日本板玻璃公司的北野等人用离子交换工艺制成玻璃梯度折射率棒材和光纤,达到了实用水平,梯度折射率材料的研究才迅速发展,并推动了一个新的光学分支——梯度折射率光学的形成。

1984年日本国立宇航实验室为适应宇航技术的发展,提出了梯度功能材料的设想。1987年日本学者新野正之、平井敏雄和渡边龙三人提出了使金属和陶瓷复合材料的组分、结构和性能呈连续变化的热防护梯度功能材料的新概念,很快引起世界各国科学家的极大兴趣和关注。1990年10月在日本召开了第一届梯度功能材料国际研讨会。1993年美国国家标准技术研究所开始了一个以开发超高温耐氧化保护涂层为目标的大型FGM研究项目。俄罗斯、法国和英国等许多国家也相继开展了FGM的研究。其后梯度功能材料的应用逐步扩展到核能源、电子材料、化学工业以及生物医学工程等领域,从而使梯度功能材料的概念成为一种材料的通用概念,FGM也开始成为一类新型的材料。

我国从1980年开始梯度功能材料的研究。先研究的是光学梯度功能材料,随后也开展了热防护梯度功能材料的研究。1991年梯度功能材料及其应用列入了国家863计划和国家自然科学基金项目中。我国梯度功能材料的研究发展较快,并取得了较好的进展。

8.1 梯度功能材料的分类及其特点

梯度功能材料是一种集各种组分(如金属、陶瓷、纤维、聚合物等)、结构、物性参数和物理、化学、生物等单一或综合性能都呈连续变化,以适应不同环境,实现某一特殊功能的新型材料,它与通常的混杂材料和复合材料有明显的区别,见表8.1。

表 8.1　梯度功能材料与混杂材料及复合材料的比较

材　料	混杂材料	复合材料	梯度材料
设计思想	分子、原子级水平合金化	材料优点的相互复合	特殊功能为目标
组织结构	$0.1\ nm \sim 0.1\ \mu m$	$0.1\ \mu m \sim 1\ m$	$10\ nm \sim 10\ \mu m$
结合方式	分子间力	化学键/物理键	分子间力/化学键/物理键
微观组织	均质/非均质	非均质	均质/非均质
宏观组织	均质	均质	非均质
功能	一般	一般	梯度化

8.1.1　梯度功能材料的分类

从材料的组合方式来看,梯度功能材料可分为金属—陶瓷、金属—非金属、陶瓷—陶瓷、陶瓷—非金属以及非金属—塑料等多种结合方式。从组成变化来看,梯度功能材料可分三类,即

①梯度功能整体型　组成从一侧到另一侧呈梯度渐变的结构材料。

②梯度功能涂覆型　在基体材料上形成组成渐变的涂层。

③梯度功能连接型　黏结两个基体间的接缝的组成呈梯度变化。

8.1.2　梯度功能材料的特点

梯度功能材料的主要特征有以下三点:

①材料的组分和结构呈连续梯度变化;

②材料的内部没有明显的界面;

③材料的性质也相应呈连续梯度变化。

更具体地说,功能梯度材料能够以下列几种方式来改善一个构件的热机械特征:

①热应力值可减至最小,而且适宜地控制热应力达到适宜的临界位置;

②对于一给定的热机械载荷作用,推迟塑性屈服和失效的发生;

③抑制自由边界与界面交接处的严重的应力集中和奇异性;

④与突变的界面相比,可以通过在成分中引入连续的或逐级的梯度来提高不同固体(如金属和陶瓷)之间的界面结合强度;

⑤可以通过对界面的力学性能梯度进行调整来降低裂纹沿着或穿过一个界面扩展的驱动力;

⑥通过逐级的或连续的梯度可以方便地在延性基底上沉积厚的脆性涂层(厚度一般大于1 mm);

⑦通过调整表面层成分中的梯度,可消除表面锐利压痕根部的奇异场,或改变压痕周围的塑性变形特征。

8.2　梯度光折射率材料

在传统的光学系统中,各种光学元件所用的材料都是均质的,每个元件内部各处的折射率

为常数。梯度折射率材料则是一种非均质材料,它的组分和结构在材料内部按一定规律连续变化,从而使折射率也相应呈连续变化。

8.2.1 梯度折射率材料的折射率梯度类型

梯度折射率材料按折射率梯度基本分为三种类型:径向梯度折射率材料、轴向梯度折射率材料和球向梯度折射率材料。

(1)径向梯度折射率材料

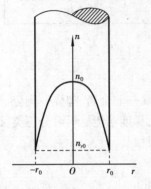

图8.1 径向梯度折射率棒的抛物线形分布

径向梯度折射率材料为圆棒状,其折射率沿垂直于光轴的半径从中心到边缘连续变化,等折射率面是以光轴为对称轴的圆柱面。沿垂直于光轴方向截取一定长度的梯度折射率棒,将两端加工成平面,就制成一个梯度折射率棒透镜。光线在镜内以正弦曲线的轨迹传播,如果折射率从轴心到边缘连续降低,就是自聚焦透镜,相当于普通凸透镜;如果折射率从轴心到边缘连续增加,就是自发散透镜,相当于凹透镜。

为了获得理想的成像,对梯度折射率的具体分布形式做了许多理论研究。目前使用比较普遍的仍然是抛物线形的分布式,并作为径向梯度折射率棒设计的基础。下式给出了一个抛物线形的分布式,其抛物线形的分布如图8.1所示。

$$n(r) = n_0\left(1 - \frac{A}{2}r^2\right) \tag{8.1}$$

式中,n_0 为棒光轴处的折射率,r 是离开光轴的距离,A 为与折射率分布有关的常数。

如果径向梯度折射率棒的长径比远小于1,则它就成为梯度折射率薄透镜。如果径向梯度折射率棒的长径比极大,则它就成为梯度折射率光纤或称自聚焦型光纤,关于它的特征已在4.2节光纤材料中介绍过。

(2)轴向梯度折射率材料

轴向梯度折射率材料的折射率沿圆柱形材料的轴向呈梯度变化,其折射率分布用下式表示,即

$$n(z) = n(0)(1 - Az^\beta) \tag{8.2}$$

式中,$n(z)$ 为沿轴向 z 处的折射率,$n(0)$ 为端面处的折射率,A 是分布系数,z 为轴处任一点离端面的距离,β 为分布指数。

将轴向梯度折射率材料加工成图8.2所示的平凸透镜,其厚度为 d,则 $0 \leq z \leq d$。理论计算表明,$\beta = 1$,即折射率沿轴向以线性分布时,成像质量最为理想。

(3)球向梯度折射率材料

球向梯度折射率材料的折射率对称于球内某点而分布,这个对称中心可以是球心,它的等折射率面是同心球面。早在1854年Maxwell就提出了球面梯度透镜的设想,即著名的 Maxwell 鱼眼透镜。他提出折射率分布式为下式时,可以理想聚焦,即

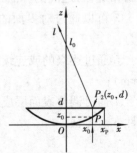

图8.2 轴向梯度折射率平凸透镜

$$n(r) = n_0\left[1 + (r/a)^2\right]^{-1} \tag{8.3}$$

式中, r 为离开球心的距离; n_0、a 为常数。

这种球透镜只有在它内部或表面的点能够成像, 因而难以制作和应用, 但至今仍有理论意义。其后曾提出了 Luneberg 球透镜的折射率分布式, 要求球表面的折射率与周围介质(如空气)的折射率相同, 因而也无法实现。1985 年祝颂来等人报道了一种直径约 5 mm 的玻璃梯度折射率球, 1986 年 Koike 等人报道了直径为 0.05～3 mm 的高分子梯度折射率球, 他们都提出折射率分布可近似于抛物线分布, 这与径向梯度折射率材料的要求基本相同。

8.2.2　梯度折射率材料的种类

梯度折射率材料的制作和元件的制作是同步进行的。由于这一特点, 其种类除按化学成分分类外, 还经常按其元件的构造来分类。按化学成分, 梯度折射率材料可分为无机材料和高分子材料两大类; 按元件的构造, 可分为径向梯度折射率棒透镜、轴向梯度折射率棒透镜、球向梯度折射率球透镜、平板透镜、平板微透镜阵列和梯度折射率光波导元件等。

(1)无机梯度折射率材料

无机梯度折射率材料特别是无机玻璃梯度折射率材料的研究较早。从 1854 年开始, 一些学者提出了许多理论模型, 但是, 由于当时制备工艺不能解决, 这些模型都没有实用。直到 1969 年日本用离子交换工艺制作出玻璃梯度折射率棒和光纤, 才引起了一些发达国家的普遍重视, 利用无机材料制作梯度折射率材料的研究也迅速发展起来。

无机梯度折射率材料主要有玻璃, 锗砷、硫和硒的化合物, 以及氯化银和氮化硅等, 其中用离子交换法制成的玻璃梯度折射率棒已经达到实用化。其优点是: 透过率高、折射率差大、像差和色差小、分辨率高。其缺点是: 密度大、尺寸小、冲击强度差、制作过程较复杂。

(2)高分子梯度折射率材料

高分子梯度折射率材料的研究较晚。1972 年日本首次报道用高分子盐离子交换法研制出高分子径向梯度折射率材料, 开辟了该类材料的新领域, 立即受到了人们的广泛重视。在随后的十余年间, 日本、美国和苏联等国家相继开展了高分子梯度折射率材料的研究, 并取得了进展。

高分子梯度折射率材料目前主要有甲基丙烯酸甲酯、间(或邻)苯二甲酸二烯丙酯、二缩乙二醇二碳酸二烯丙酯(CR-39)、甲基丙烯酸三氟乙酯、甲基丙烯酸四氟丙酯、苯乙烯和苯甲酸乙烯酯的二元和三元共聚物等。这类材料的优点是: 密度小、价格低、易加工、抗冲击强度大, 可制成大尺寸产品和三维光波导元件。其缺点是: 透过率和分辨率较低、折射率可调范围小、色差大和热性能差等, 这些缺点都影响了它的实用性。到目前为止, 高分子梯度折射率材料仍处于实验室研究阶段, 离实用化仍有相当的距离。

8.2.3　梯度折射率材料的制备

梯度折射率材料的制备方法较多, 共有 20 多种, 见表 8.2。

在表 8.2 中, 只有制备玻璃梯度棒的离子交换法达到了实用水平, 其余方法均处于实验室阶段, 相关报道较多, 各具特色。

表 8.2　梯度折射率材料的制备方法

GIM 类型	无机 GIM		高分子 GIM	
	制备方法	参　数	制备方法	参　数
径向梯度棒透镜	离子交换法	$\Delta n = 0.01 \sim 0.10$，N. A ≈ 0.5	高分子盐离子交换法	$\Delta n = 0.01$，$\phi = 0.01 \sim 5.00$ mm
	中子辐射法		共混高分子溶出法	$\Delta n = 0.01$，$\phi = 0.01 \sim 5.00$ mm
	化学气相沉积法	$\Delta n \approx 0.52$	单体挥发法	$\Delta n = 0.02 \sim 0.03$，$\phi = 10$ mm
	分子填充法	$\Delta n = 0.025 \sim 0.060$，N. A ≈ 0.6	薄膜层合法	
	溶胶—凝胶法	$\Delta n = 0.016$	扩散法	$\phi = 10$ mm
			扩散化学反应法	$\phi = 1 \sim 5$ mm
			扩散共聚法	$\Delta n = 0.01 \sim 0.03$，$\phi = 3 \sim 10$ mm
			离心力法	$\Delta n = 0.07$，$\phi = 2 \sim 30$ mm
			光共聚法	$\Delta n = 0.004 \sim 0.030$，$\phi = 1 \sim 4$ mm
轴向梯度透镜	晶体增长法		沉淀共聚法	$\Delta n = 0.010 \sim 0.025$，$z = 10$ mm
			扩散共聚法	$\Delta n = 0.03 \sim 0.07$，$z = 15$ mm
			蒸气转移—扩散法	$\Delta n = 0.04$，$z = 12$ mm
			共聚法	
球向梯度透镜	离子交换法		悬浮共聚法	$\Delta n = 0.02 \sim 0.04$，$\phi = 0.05 \sim 3.00$ mm
梯度板透镜	分子填充法	N. A $= 0.22$		
梯度光波导元件和透镜阵列			界面凝胶共聚法	
梯度平板微透镜阵列	光刻—离子交换法	$\Delta n = 0.27$，N. A ≈ 0.30	扩散共聚法	
	化学气相沉积法	$\Delta n \approx 0.52$		
	光化学反应法	$\Delta n = 0.03$		
	感光性玻璃法	N. A $= 0.15 \sim 0.30$		

（1）无机梯度折射率材料的主要制备方法

1）离子交换法

在玻璃软化温度以下的熔盐中,玻璃中的金属离子与熔盐中的金属离子进行扩散交换,逐步形成所交换离子的浓度梯度,从而形成折射率的梯度。常用的盐类有硼酸盐、硼硅酸盐、锌硅酸盐、钠硼硅盐和银盐等。玻璃也可以用不同的种类,还可以外加电场,以促进极性离子的扩散交换速率。这种方法经过 20 多年的研究,工艺已经成熟,产品已商品化。但该法也存在一些缺点,如扩散深度小、不能制出大尺寸的梯度材料等,其应用限于微型光学系统。

2)化学气相沉积法

将具有不同折射率的材料逐层地沉积于管内壁或圆棒外,得到折射率呈阶梯形分布的材料。当拉成光纤后,因为阶梯厚度小于光波长,径向折射率就形成近似的连续分布。这种方法已广泛用于制备梯度光纤的预制棒,在第 4 章光纤材料中已有叙述,但化学气相沉积法难于制作大尺寸的梯度材料。

3)分子(离子)填充法

选择加热后可分成两相的玻璃,其中一相可用酸溶出,从而生成多孔玻璃。再将它放入另一化合物溶液中,使其分子(离子)向多孔玻璃中扩散,形成组分的梯度变化,再通过烧结并除掉挥发性物质,使组分固定。该方法可得到大的梯度深度,因而可制得大尺寸的梯度材料,但相分离不易均匀,制作过程比较复杂,不易实用化。

4)晶体增长法

将两种可以形成共晶的物质的混合溶液,先加入一种晶种,使这种晶体开始生长。而液体中另一种物质的浓度相对增加,到一定程度后也开始结晶,形成共晶中两种物质的浓度呈梯度变化,相应形成折射率梯度。常用的有氯化钠—氯化银、硅—锗等。这种方法是制作晶体类梯度折射率材料唯一的方法,可用于制作红外光学梯度元件,颇引人注意,但共结晶过程不易控制。

5)溶胶—凝胶法

溶胶—凝胶法是 1986 年 Yamane 等人报道的。先将基质玻璃和掺杂物质溶解成溶胶液体,使其凝胶化后做成棒体,再溶出其中的掺杂物质,使之具有梯度分布,再经干燥、烧结,固定其梯度组分。该方法的最大优点是可做大口径梯度折射率材料。据报道,美国已用这种方法制得直径为 50 mm 的梯度棒,引起了人们的极大兴趣,其缺点是折射率梯度和尺寸不易控制。

6)光刻—离子交换法

该方法是日本在 20 世纪 80 年代初期提出的。在基质玻璃板表面上先制作 1~2 μm 厚的掩蔽层,再用光刻法制作成排列规则的圆形开口阵列。将基板放入熔盐中进行离子交换,也可外加电场来加快离子交换速率。其优点是可以一次制成梯度折射率平面微透镜阵列,缺点是基板制作过程比较复杂。

(2)高分子梯度折射率材料的主要制备方法

1)扩散法

将完全聚合的高分子加工成棒材后,放入大的圆筒形模具中,注入稀释剂,加热使稀释剂向棒中扩散,形成组分和相应的折射率梯度。由于该方法工艺简单,所以在高分子梯度折射率材料制备方法中占有主要地位,不少方法(如扩散化学反应法、扩散共聚法等)均是从这种方法改进而成。其缺点是:稀释剂不参与反应,故稳定性差,另外,完全聚合的高分子中扩散稀释剂的速度极慢,制作时间太长。

2)扩散化学反应法

扩散化学反应法是在扩散法的基础上改进的方法。使高分子棒带有反应性基团,可使稀释剂与该反应基团发生化学反应,这样可增加稳定性。但由于稀释剂一般需用溶剂溶解成溶液,溶剂残留在梯度棒中不易完全挥发,将影响性能。

3）扩散共聚法

这种方法是先将折射率高的、含两个能聚合双键（如活性—C═C—键）的单体在模具中制成凝胶状的预聚棒，再放入折射率低的单体中，保温扩散，同时伴随共聚反应，形成组分和折射率的梯度分布，然后取出扩散共聚后的棒，经过保温完全聚合后即制得梯度材料。该方法消除了上述两种方法的缺点，扩散梯度深度大，可制作大口径的棒材，但此法的制作步骤多，不易控制。

4）光共聚法

将两种单体混合物注入圆筒模具中，使其绕中心轴转动，同时用紫外线照射，引发光共聚反应。由于光在边缘比中心强，以及有离心力的作用，共聚物先在圆筒内壁附近生成，然后逐步向中心处生长。因各单体竞聚率不同，转化率和共聚物的组成将随时间而变化，从而形成径向的组分和折射率的梯度变化。单体的数目可以多于两种，形成三元或多元共聚物，可以制得最符合要求的折射率分布形式。所得的棒材是线性高分子类，可以用热拉伸法制得自聚焦型光纤。但这种方法存在设备较复杂、棒径较小（一般为 1～4 mm）的缺点。

5）悬浮共聚法

这种方法用于制作梯度折射率球透镜。先将折射率高的单体预聚成溶胶，倒入加有稳定剂的热水中，搅拌并悬浮聚合成预聚球，再加入折射率低的单体向预聚球扩散，进行扩散共聚而制成梯度球透镜。该方法可一次制得数量很大的光滑的球透镜，但球的尺寸很小，不易控制球径和梯度分布，球径的分布呈多散性。

6）沉淀共聚法

选择单体之间相溶性好、单体混合物与共聚物之间相溶性差的几种单体，将它们在圆筒形模具中混匀后，加热聚合，先生成的共聚物沉淀至底部，随着共聚反应的进行，沉淀物逐步由底部向上生长。由于竞聚率的不同，共聚物的组成和折射率由底部向上呈梯度变化，而制得轴向梯度棒。该方法工艺简单，梯度深度大，但单体不易符合要求。

7）蒸气转移—扩散共聚法

该方法由我国北京理工大学葛炳恒、周馨我于 1990 年提出。选择两种蒸气压相差很大的单体，分别放在圆筒形模具中，将两个模具放在一个容器中，使蒸气压低的单体先引发预聚，然后保持适当温度，使蒸气压高的单体不断蒸发并转移到蒸气压低的预聚物中进行共聚，从而制得轴向梯度棒。这种方法工艺简单，梯度深度大，但影响因素多，不易控制准确的分布。

8）界面凝胶共聚法

选择三种或更多种单体，其竞聚率 γ 满足 $\gamma_{ij} > 1$，$\gamma_{ji} < 1$，溶度参数相近。选择一溶度参数与混合单体相近的高分子基体加工成具有圆孔阵列的板。在圆孔中注入混合单体，引发聚合。开始时，混合单体溶胀高分子壁，形成凝胶相薄层。凝胶相内的共聚反应速度大于混合液相中的共聚反应速度，因而孔壁处先形成共聚物，逐渐向中心增长。由于竞聚率不同，形成组分和折射率的梯度分布。该方法可一次制成梯度光波导元件和透镜阵列，但尺寸和折射率差都较小。

8.2.4 梯度折射率材料的应用前景

用 GIM 制成的光学元件具有显著的特点，如梯度折射率透镜体积小、数值孔径大、焦距短、端面为平面、水像差性好等。因此，组成的光学系统可大大减少组件总数和非球面组件数，使结构简化。另外，梯度折射率光纤可以自聚焦，能提高耦合效率。梯度折射率微型光学元件是集成光学和光计算机的主要组件。

GIM 的一些设计或应用例子见表 8.3，可以看出它在光学系统中良好的应用前景。

表 8.3　梯度折射率材料的应用

系　统	设计或应用
成像系统	准直透镜、斯密特校正镜、摄影透镜、显微镜、望远镜、费涅尔透镜、眼镜
复印机系统	棒透镜阵列
内窥镜系统	医用内窥镜
光通信系统	自聚焦光纤、连接器、分路器、光开关、光衰减器、光波导元件、激光二极管
光盘系统	拾音透镜、拾像透镜
光计算机系统	微型光学元件

8.3　热防护梯度功能材料

热防护梯度功能材料是应现代航天航空工业等高技术领域的需要，为了满足在极限环境（超高温、大温度落差）下能反复地正常工作而发展起来的。早期提出这种材料的应用目标主要是用做航天飞机和宇宙飞船的发动机材料和壳体材料。当航天飞机往返大气层，马赫数为 8，飞到 27 000 m 高空时，据推算飞机头部和机翼前沿的表面温度可达 1 800℃以上，而燃烧室的温度更高，燃烧气体温度可超过 2 000℃，燃烧室的热流量大于 5 MW/m^2，其空气入口的前端热通量达 50 MW/m^2，对如此巨大的热量必须采取冷却的措施。当用液氢对其进行冷却时，燃烧室壁内外温差仍大于 1 000℃，这对传统的金属材料来说是难以满足这种苛刻条件的，而金属表面陶瓷涂层材料或金属与陶瓷复合材料在此高温环境中使用时，由于二者的热膨胀系数相差较大，往往在金属和陶瓷的界面处产生较大的热应力，导致出现剥落或龟裂现象而使材料失效。如果将金属和陶瓷组合起来，使其组分和结构呈连续变化，可以充分发挥两者的优点，使其成为可在高温环境下应用的新型耐热材料，能够有效地解决热应力缓和问题。

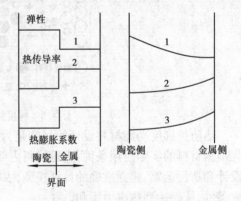

图 8.3　金属及陶瓷构成的材料的特性

如图 8.3 所示，对高温侧壁采用耐热性好的陶瓷材料，低温侧壁使用导热和强度好的金属材料，材料从陶瓷逐渐过渡到金属，其耐热性逐渐降低，机械强度逐渐升高，热应力在材料两端均很小，在材料中部达到峰值，从而具有热应力缓和功能。

8.3.1　热防护梯度功能材料的设计

热防护梯度功能的开发研究涉及多学科、多产业的交叉和合作，这是一项很大的系统工程，它一般包括材料的设计、材料的合成（制备）和材料的特性评价三个部分，如图 8.4 所示。

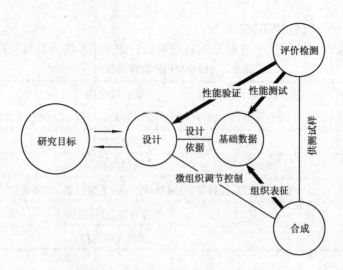

图 8.4　热防护梯度功能材料的研究体系

(1)热防护梯度功能材料的设计概念

热防护梯度材料主要是陶瓷—金属系,其设计概念如图 8.5 所示,这种复合材料的一侧由陶瓷赋予耐热性,另一侧由金属赋予其机械强度及热传导性,并且两侧之间的连续过渡能使温度梯度所产生的热应力得到充分缓和。

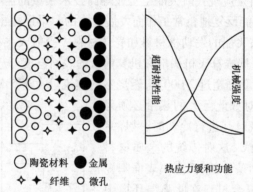

图 8.5　梯度热防护功能材料设计概念

热防护梯度功能材料设计的目的是为了获得最优化的材料组成和组成分布(曲线)。首先根据材料的实际使用条件,进行材料内部组成和结构的梯度分布设计,然后借助计算机辅助设计和迭代运算,建立准确的计算模型,求得最佳的材料组合、内部组成分布、微观组织以及合成条件,从而达到热应力缓和。

(2)热防护梯度功能材料的设计程序

热防护梯度功能材料一般采用逆设计系统,其设计过程如下:

①根据指定的材料结构形状和受热环境,得出热力学边界条件。

②从已有的材料合成及性能知识库中,选择有可能合成的材料组合体系(如金属—陶瓷材料)及制备方法。

③假定金属相、陶瓷相以及气孔间的相对组合比及可能的分布规律,再用材料微观组织复合的混合法则得出材料体系的物理参数。

④采用热弹性理论及计算数学方法,对选定材料体系组成的梯度分布函数,进行温度分布

模拟和热应力模拟,寻求达到最大功能(一般为应力/材料强度值达到最小值)的组成分布状态及材料体系。

⑤将获得的结果提交材料合成部门,根据要求进行梯度功能材料的合成。

⑥合成后的材料经过性能测试和评价再反馈到材料设计部门。

⑦经过循环迭代设计、制备及评价,从而研制出实用的梯度功能材料。

图 8.6 所示为热防护梯度功能材料的逆设计框图。

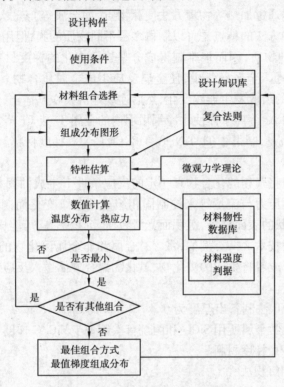

图 8.6 热防护梯度功能材料的逆设计框图

在热防护梯度功能材料的设计中,梯度功能材料所需的物性数据的推定方法和梯度功能材料的理论模型与热应力解析方法是两项主要研究内容,它们在很大程度上影响设计的正确和精确程度。同时,从目前水平看梯度功能材料的设计,往往不是一次设计就可完成的,而是要经过多次的设计→合成→性能评价的反复过程,才能得到较好的结果。

8.3.2 热防护梯度功能材料的种类和制备方法

如前所述,热防护梯度功能材料主要是陶瓷—金属系梯度材料,已报道的有 TiC/Ni、TiC/Ti、TiC/NiAl、TiN/Ti、TiB_2/Ni、TiB_2/Cu、TiB_2/Al、ZrO_2/Ni、ZrO_2/Mo、ZrO_2/W、ZrO_2/$3Y_2O_3$/Ni 等,也有陶瓷—非金属系(如 SiC/C)和合金—非金属系(如 TiAl/MO_2Si_2)的梯度功能材料,品种还在不断发展。

对于热防护梯度材料的制备技术和方法,国内外科学工作者进行了大量的研究和开发。其制备技术综合了超细、超微细粉、均质或非均质复合材料等微观结构控制技术和生产技术,使用的原材料可为气相、液相或固相,制备方法有气相沉积法、等离子喷射沉积法、颗粒梯度排列法、薄膜叠层法、自蔓延高温合成法、粉末冶金法、激光倾斜烧结法、电解析出法、化学气相渗透法等。本节介绍目前国内外用于制备热防护梯度功能材料的一些主要方法。

(1)气相沉积法

气相沉积(VD)法可分为物理气相沉积(PVD)法、化学气相沉积(CVD)法和物理—化学气相沉积(PVD-CVD)法。

1)物理气相沉积法

物理气相沉积法是通过加热等物理方法使源物质(如金属等)蒸发,进而使蒸气沉积在基体上成膜的方法。这种方法的特点是可以制得多层不同物质的膜,但用该方法制得的膜较薄,而且每层只能是某一种物质,因而很难制得成分呈连续变化的梯度材料。因此,采用改进的PVD法,即将反应气体通入金属蒸气中,使金属反应生成金属化合物。控制反应气体的组成和流量,使金属化合物的组成发生连续变化,然后连续地沉积在基体上,形成梯度材料。

日本金属材料所用 Ar 等离子体使水冷铜坩埚内的金属 Ti 或 Cr 蒸发,通过调节通入金属蒸气中 N_2 或 C_2H_2 的流量,制得了 Ti/TiN、Ti/TiC、Cr/CrN 等梯度材料。

2)化学气相沉积法

化学气相沉积法是将气相的化合物在一定的反应条件下生成的固相沉积在基体上,通过选择反应温度和气体的压力与流量等来控制固相组成的连续变化而制成梯度材料。CVD法的特点是:可镀复杂形状的表面材料,沉积面光滑致密,沉积率高,可能成为制备复杂结构的梯度材料的表观涂层关键技术之一。例如,将含有金属和非金属卤化物的原料气体进行加热分解,使其沉积在基体上,或者将生成的碳化物、氮化物混合气体送入反应器中,使加热反应生成的化合物沉积在基体上。

目前,国外已用 CVD 法制备出厚度为 0.4 ~ 2 mm 的 SiC/C、TiC/C、SiC/TiC、Al/C 系梯度功能材料。日本东北大学金属所用 $SiCl_4$ 和丙烷首次制备了 SiC/C 梯度材料。其后用 $TiCl_4$ 和甲烷体系又制备了 TiC/C 梯度材料。

3)物理—化学气相沉积法

物理—化学气相沉积法综合了 PVD 和 CVD 法的优点。因为 CVD 法的沉积温度一般高于 PVD 法的沉积温度,故在基体的低温侧采用 PVD 法,高温侧采用 CVD 法。日本住友公司将PVD-CVD 法用在 C/C 复合材料基体上,用 PVD 法在低温侧沉积了 Ti/TiC 梯度层,用 CVD 法在高温侧沉积了 C/SiC 梯度层,据报道是一种耐高温、耐氧化性能优良的梯度材料。

气相沉积法的优点是:不用烧结,沉积层致密牢固,可连续变化组成。缺点是:设备较复杂,沉积速度慢(在 mm/h 数量级),不易制备大尺寸的梯度材料。此外,分子束外延(MBE)、化学束外延(CBE)、真空蒸发等也可用于气相沉积法。

(2)等离子喷射沉积法

等离子喷射沉积法又称为等离子喷涂法,是用喷枪发射出等离子射流,将陶瓷和金属粉末有控制地送入等离子射流中,粉末在被加热熔融后进一步加速,直接喷到基体上,形成梯度膜层。通过连续调节陶瓷与金属以及其他组分的比例、输入条件及等离子射流的温度与流速等,可以得到所需的组成梯度分布。这种方法的优点是:调节比较方便,沉积效率高,较易制得大面积的块材,尤其适合于几何形状复杂的器材表面梯度涂覆和加工;缺点是:材料的孔隙率较高,层间结合力较差,易剥落,材料强度较低,梯度层较薄。

等离子喷射沉积法又可分为异种粒子单独喷射的双枪法和异种粒子同时喷射的单枪法。

双枪法比较容易精确控制粉末的混合比和喷射量,但在双枪喷射时易发生互相干扰,喷射条件变化不同步也可造成异种粒子黏结力差的问题。日本金属所用双枪法制得了 Ni-Cr-Al-Y/ZrO$_2$-8Y$_2$O$_3$ 梯度材料。单枪法要兼顾两种不同粒子所需的喷射条件比较困难,但可以避免双枪法存在的互相干扰。日本新日铁公司制得的厚度为 4 mm 的 ZrO$_2$-8Y$_2$O$_3$/Ni-20Cr 梯度材料就是用的单枪法。

（3）颗粒梯度排列法

颗粒梯度排列法是类似于粉末冶金法的一种烧结方法。该方法是将金属、陶瓷或晶须等颗粒(粒度约为 0.1 μm 至几十 μm),按一定的梯度分布直接填充到模具中经过加压、烧结而成。加压和烧结的工艺可采用热压法或热等静压法。对热防护梯度功能材料,日本东北大学条厚嘉一等人提出了金属颗粒层—中间过渡颗粒层—陶瓷颗粒层的梯度模型。耐高温一侧采用氧化物、氮化物和碳化物系耐热陶瓷颗粒,在低温侧采用比强度高的 Al、Ti 合金颗粒或难熔金属 W、Mo 和导热性好的 Cu、Ni、Co 等颗粒,中间层为金属和陶瓷颗粒,其组成浓度按一定梯度分布配制。由于中间层的存在,缓和了热应力,解决了金属与陶瓷结合不牢和易开裂的问题。这种方法的一个技术关键是梯度层中颗粒的铺设方法,一般有阶梯式填充法和连续式填充法。前者各层的组成易于控制,但缺点是:组成不连续部位匹配不好,容易裂开,也难以实现组成的精细控制。后者虽避免了前者的缺点,但工艺复杂。

日本东北大学用颗粒梯度排列法制 Si$_3$N$_4$/不锈钢系、ZrO$_2$/W 系和 ZrO$_2$/Mo 梯度材料获得了成功。其后又制得了 ZrO$_2$-3% Y$_2$O$_3$(PSZ)/SUS304 系和 SiC-AlN/Mo 系梯度材料。中国学者也用此法制得了 ZrO$_2$/Mo 和 MgO/Ni 系梯度材料。日本国防研究院曾开发过一种新的颗粒排列法以制造 PSZ/TiAl 系梯度材料,该工艺是由机械融合生产高质量的非晶 TiAl 粉末和低应力的等离子烧结组成,据报道该工艺烧结时间只需 300 s,压力只有 29～59 MPa,产品致密,无裂纹。

颗粒梯度排列法的技术关键是在具体制备过程中如何有效地控制各组分的混合比,以使压制后所得的粉坯材料的梯度层间任一组分浓度的变化量最小。该方法的优点是比较适合制备大体积的梯度材料,缺点是工艺比较复杂,制品有一定的孔隙率,尺寸受模具限制。

（4）薄膜叠层法

薄膜叠层法类似于颗粒梯度排列法。该方法是在不同配比的金属颗粒和陶瓷颗粒中添加黏结剂混合之后,在减压条件下经脱泡处理,并调节黏度制得浆料,用刮浆刀在胶片上形成厚度为几十 μm 到 2 mm 的薄膜,再将不同配比的薄膜进行叠层压实,经脱黏结剂处理后,加压烧结成阶梯状梯度功能材料。这种方法的优点是:梯度层的组成较易控制,阶梯的厚度和梯度也易于调节。其缺点是:不能得到连续的组成梯度分布,层与层之间易开裂,孔隙率较高,机械性能偏低。目前,日本钢管公司已用这种方法制得直径为 3 cm 的 PSZ/Ni 系梯度材料。

鉴于颗粒梯度排列法和薄膜叠层法的缺点,日本正在研究连续喷射颗粒梯度排列加激光烧结法和用陶瓷粒子悬浮的电解液通过电镀使金属和陶瓷同时析出法等新工艺,以得到更好的连续组成梯度分布的梯度功能材料。

（5）自蔓延高温合成法

自蔓延高温合成法(self-propagating high-temperature syntheses,SHS)是苏联 Merzhanov 等人于 1967 年提出的。它是一种利用粉末状混合物间化学反应产生的热量和反应的自行传播性进行材料合成的方法。该方法的特点是:利用高放热反应的能量,使化学反应自动持续下去,最适合于生成热大的化合物的合成,可简便地合成多种新材料,特别是硼化物、碳化物、氮化物一类的金属间化合物和复合陶瓷。用 SHS 法合成梯度材料时,在参加反应的原料粉中,按一定的梯度分布混入不参加反应的金属和陶瓷粉,并通过冷等静压等加压成形后装入反应器中,从成形体的一端点火燃烧,反应自行向另一端传播,最终烧结成梯度功能材料,因此,该法又称为自燃烧合成法。

日本大阪大学将 Ti、B 和 Cu 粉按一定梯度比例填充压实后点火燃烧 Ti 和 B 生成 TiB_2,Cu 则不参与反应,最后制成 TiB_2/Cu 梯度材料。

SHS 法的优点是:过程简单,反应迅速,耗能少,纯度高;并且在燃烧过程中,金属一侧发热量小,陶瓷一侧发热量大,形成一种具有温度梯度的烧结,使制品在冷却到室温后,金属侧处于压应力状态,陶瓷侧处于拉应力状态,更有利于梯度功能材料的热应力松弛。其缺点是:制品的孔隙率较大,机械强度较低和反应不易控制。针对这些缺点,国外开展了 SHS 法的反应控制技术、加压致密化技术和宽范围控制技术。如大阪大学在合成 TiB_2/Cu 和 TiC/Ni 系梯度材料时,预先添加 TiB_2 和 TiC,以抑制过量反应热的生成。日本东北工业技术所将静水加压法或热等静压法与 SHS 法结合起来,研制了 TiC/Ni 等梯度材料,其组织结构呈现连续式梯度变化。大阪大学采用电磁加压式 SHS 法合成了 TiB_2/Cu,用气压燃烧合成法研制形状复杂的大型梯度材料。我国武汉工业大学傅正义等也报道了用 SHS 法制得含 $TiAl_3$ 金属间化合物的 TiB_2/Al 系梯度材料。

(6)离心铸造法

离心铸造法是利用不同合金组成的密度不同,在离心力作用下,使凝固后的组成呈梯度分布。我国李克平等利用初生相 Al_3Fe 与液相的密度差,在离心力作用下,使 Al_3Fe 富集于外壁,制得 Al_3Fe 径向梯度分布材料。该方法的优点是可制得高密度和大尺寸的梯度材料,缺点是不适合于高熔点的陶瓷系梯度材料。

除上述制备方法外,梯度材料的制备还有等离子氮化、渗碳和喷焊及电沉积法等。由此可见,热防护梯度功能材料的制备方法很多,各有特点。表 8.4 概括了这种新型材料的制备方法,并给出了一些范例。

表 8.4 热防护梯度功能材料的制备方法及范例

相 态	反应性质	制备方法	材料范例
气相	化学	化学气相沉积法(CVD)	SiC/C、C/TiC、SiC/TiC
	物理	物理蒸镀法(PVD): 离子喷涂 等离子体溅射 分子束外延	Ti/TiN YSZ/NiCr、Al/Zr 合金
液相 (融体)	化学	电沉积法	YSZ/Al_2O_3
	物理	等离子体溅射法 共晶反应法	YSZ/NiCr Ti-Al/TiB_2、Al/SiC
固相	化学	自蔓延高温合成法(SHS) 涂抹法	Nb/NbN、TiB_2/Ni TiC/Ni,($MoSi_2$-SiC)/TiAl
	物理	烧结扩散法	ZrO_2/Ni、Al_2O_3/W、PSZ/Mo

8.3.3　热防护梯度功能材料的特性评价

热防护梯度功能材料是一种全新的材料,它是否具有耐热性能和预期的功能,必须进行材料的特性评价,目的就是为了进一步优化成分设计和梯度分布,为设计知识数据库提供实验数据。

由于热防护梯度功能材料的组成和性能是呈梯度变化的,因此不能采用一般常规材料的测试评价方法。日本热防护梯度功能材料评价小组提出了三个方面包括六项材料特性的评价,简介如下:

(1)局部热应力评价

采用激光和超声波的方法来评价局部热应力的分布和大小。

(2)热屏蔽性能评价

它包括热性能评价和模拟环境下的热屏蔽性能评价。主要是后者,即通过高温落差基础试验与模拟实际环境下的隔热性能和耐久性试验来评价其隔热性能。

(3)破坏强度评价

它包括断裂强度评价、热冲击评价和热疲劳评价。采用小孔穿孔试验法、激光加热和声发射监测法来测试,具体包括:

①采用激光加热冲击法及声发射探测法,确定梯度功能材料的耐冲击性能;

②在 2 000 K 以上的环境中,测定其破坏强度,以考察其耐超高温的机械强度;

③在 2 000 K 高温条件下,通过模拟真实运行环境的风洞试验,考察其热疲劳机理和热疲劳寿命。

对于热防护梯度功能材料的特性评价,目前尚无统一的标准,因此,首要的任务是建立制订统一的标准和试验方法,并且逐步建立标准的数据库。

8.4　梯度功能材料的应用

梯度功能材料作为一种新型功能材料,在航天工业、能源工业、电子工业、光学材料、化学工程和生物医学工程等领域具有重要的应用,见表8.5。

表 8.5　梯度功能材料的应用

工业领域	应用范围	材料组合
航天工程	航天飞机的耐热材料 陶瓷引擎 耐热防护材料	陶瓷和金属 陶瓷、碳纤维和金属 陶瓷、合金和特种塑料
核工程	核反应堆内壁及周边材料 控制用窗口材料 等离子体测试 放射线遮蔽材料 电绝缘材料	高强度耐热材料 高强度耐辐射材料 金属和陶瓷 碳纤维、金属和特种塑料

续表

工业领域	应用范围	材料组合
光学工程	高性能激光棒 大口径 GRIN 透镜 多模光纤 多色发光元件 光盘	光学材料的梯度组成 透明材料与玻璃 折射率不同的光学材料
电子工程	永磁、电磁材料 磁头、磁盘 三维复合电子元件 陶瓷滤波器 陶瓷振荡器 超声波振子 混合集成电路 长寿命加热器	金属和铁磁体 多层磁性薄膜 压电体陶瓷 金属和陶瓷 硅与化合物半导体
传感器	固定件整体传感器 与多媒体匹配音响传感器 声呐 超声波诊断装置	传感器材料与固定件 材料间的梯度组成 压电体的梯度组成
生物医学工程	人造牙齿、人造骨 人造关节 人造器官	HA 陶瓷和金属 HA 陶瓷、氧化铝和金属 陶瓷和特种塑料
化学工程	功能高分子膜 膜反应器、催化剂 燃料电池 太阳能电池	陶瓷和高分子材料 金属和陶瓷 导电陶瓷和固体电解质 硅、锗和碳化硅陶瓷

8.4.1 航天工业超耐热材料

航天飞机在往返大气层的过程中,机头的前端和机翼的前沿处于超高温状态。过去航天飞机采用以陶瓷为主而组合成的复合材料防热系统,除了重复使用性差外,整个系统的可靠性也存在很大的问题。采用热应力缓和梯度材料,有可能解决上述问题。从 1987 年到 1991 年这 5 年里,日本科学家成功地开发了热应力缓和型 FGM,为日本 HPOE 卫星提供小推力火箭引擎和热遮蔽材料。由于该研究的成功,日本科技厅于 1993 年又设立为期 5 年的研究,旨在将 FGM 推广和实用化。

8.4.2 核反应堆材料

为了有效地利用核能,开发核聚变反应堆使用的材料十分必要,因为核反应堆的内壁温度高达 6 000 K,其内壁材料采用单纯的双层结构,热传导不好,孔洞较多,在热应力下有剥离的倾向。若采用金属—陶瓷结合的梯度材料,能消除热传递及热膨胀引起的应力,解决界面问题,可能成为替代目前不锈钢/陶瓷的复合材料。

8.4.3 无机膜反应器材料

将无机膜与催化反应相结合而构成的无机膜催化反应器,被认为是未来催化学科的发展方向之一。无机膜反应器若采用梯度功能材料进行制备,不仅可以提高反应的选择性,而且可以改善反应器的温度分布,优化工艺操作,有利于提高反应生成物的产率。

8.4.4 生物材料

由羟基磷灰石(HA)陶瓷和钛或 Ti-6Al-4V 合金组成的梯度功能材料可作为仿生活性人工关节和牙齿,图 8.7 所示为用 FGM 制成的人工牙齿示意图,完全仿照人的真实牙齿构造,齿根的外表面是布满微孔的磷灰石陶瓷。因为 HA 是生物相容性优良的生物活性陶瓷,钛及其合金是生物稳定性和亲和性好的高强度材料。采用烧结法将它们制成含有 HA 陶瓷涂层的钛基材料(HA-G-Ti),特别适于植入人体,如图 8.8 所示。

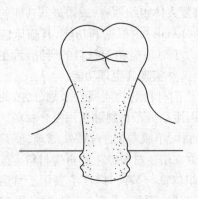

图 8.7　梯度功能材料
制成的人造牙

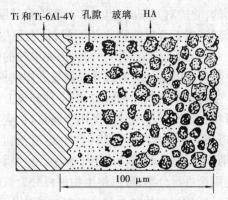

图 8.8　HA-玻璃—钛功能梯度复合
材料截面示意图

8.4.5 电子材料

随着电子仪器日趋轻量化、高密度化和微型化,迫切需要电子元件的基板一体化、二维或三维复合型电子产品。FGM 制造技术非常适合于制造此类电子产品。例如,PZT 压电陶瓷广泛用于制造超声波振子、陶瓷滤波器等电子元件,但其在温度稳定性和失真振荡方面存在问题。通过调整材料的组成,使其梯度化,就能使压电系数和温度系数等性能得到最恰当的分配,提高压电器件的性能和寿命。

总之,梯度功能材料是一种设计思想新颖、性能极为优良的新材料,其应用领域非常广泛。但是,从目前来看,除宇航和光学领域已部分达到实用化程度外,其余离实用还有很大距离。由于所用材料的面很广,材料组合的自由度很大,即使针对某个具体应用目标,研究工作的量和难度都很大。因此,研究出一种更新的更快速的梯度功能材料的设计、制备和评价方法显得非常迫切。如果将梯度功能材料的结构和材料梯度化技术与智能材料系统有机地结合起来,将会给材料科学带来一场新的革命。

第 **9** 章

生物医学材料

生物医学材料(Biomedical Materials)是指以医疗为目的,用于与生命系统接触和发生相互作用的,并能对其细胞、组织和器官进行诊断治疗,替换修复人体组织器官,或增进其功能的一类天然或人工合成的特殊功能材料,也称生物材料(Biomaterials)。根据其功能,其临床应用时,一般要加工成与药物一起使用或单独的部件,人们致力于对该类功能材料的研究,旨在使该材料制成的器件能够代替或修复人体病损的组织和器官,并实现其生理功能。

生物医学材料品种繁多,有多种分类方法,最常见的是按材料的物质属性来划分,按此方法可将生物医学材料分为医用金属材料、生物陶瓷材料、医用高分子材料和医用复合材料。另外,近来一些天然生物组织(如牛心包、猪心瓣膜、牛颈动脉、羊膜等)通过特殊处理,使其失活,消除抗原性,已成功应用于临床。这类材料通常称为生物衍生材料或生物再生材料。按材料的用途进行分类,可以将生物材料分为口腔材料,硬组织修复与替换材料(主要用于骨骼和关节等),软组织修复与替换材料(主要用于皮肤、肌肉、心、肺、胃等)及医疗用材料。医疗用材料是指用在人体上以医疗为目的与人体不接触或短暂接触的材料,如一次性注射器、导液管等。按作用效果可以将生物材料分为生物相容性材料(包括血液相容性材料、组织相容性材料和生物降解吸收材料),硬组织相容材料,血液净化材料,药用(高分子)材料。有些生物材料同时兼有多种功能,不同功能之间可以相互转换,如聚乙烯吡咯烷酮(PVP)既具有血浆的医用功能(人工血浆组分),又具有载药的药用功能(药用辅料),还可作复合材料的组分。

生物医学材料在20世纪60年代兴起,80年代获得高速发展。它最早的使用可以追溯至18世纪末,从1886年用钢片和镀镍钢治疗骨折以来,迄今,人工器官比较广泛应用于临床;人工心瓣膜已拯救了成千上万人的生命;人工关节替代各种损坏的关节,使许多患者能进行正常的活动;人工肺使胸外科手术进入一个全新的境界;人工肾挽救了许多尿毒患者的生命;人造角膜、人工晶体给众多的眼疾患者带来光明;人工喉头、人工食道、人造肠、人造肛门、人造膀胱、人造乳房、人工鼻等使器官先天畸形或患恶性肿瘤病人的生活质量提高或生命得到延长。高分子医疗用品如输血输液用具、注射器、导管已被临床广泛采用,不仅使用方便,而且安全卫生;医用缝线在外科手术使用中,有利组织创伤生长愈合;医用胶黏剂在医疗领域的前景广阔,用于皮肤的胶接、牙齿的胶接、人工关节和骨的胶接、人工角膜和人工晶体与周围组织的胶接等;人造血液将因外伤及其他原因大量失血或处于休克状态的生命从死神手中夺回;人工合成或半合成药用高分子材料在新型的药物传递系统中几乎成了不可缺少的组成成分,并显示出其特殊的优良性能。如对药物的渗透性、成膜性、黏着性、润湿性、溶解性、吸水膨胀化性和增稠性等有明显的影响,使药剂学的发展提高到一个新的水平。

由于生物医学材料的重大社会效益和巨大经济效益,已被许多国家列为高技术材料发展计划,并迅速成为国际高技术的制高点之一,其研究与开发得到了飞速发展。此外,生物医学材料是生物医学科学中的最新分支学科,也是生物、医学、化学和材料科学交叉形成的边缘学科。具体涉及化学、物理学、高分子化学、高分子物理学、生物物理学、生物化学、生理学、药物学、基础与临床医学等很多学科。以生物医学材料为基础的医疗器械——生物医学工程产业,近 10 年来以每年高于 10% 的速度增长。但我国生物医用材料与制品所占世界份额较低,因此,加速我国的生物医用材料产业的发展,保障人民的身体健康已迫在眉睫。

9.1　生物医学材料的性能要求

生物医学材料的性能包含的内容很广泛,不同用途的材料对性能的要求不同。现代医药学的发展对医用生物材料的性能提出了复杂而又严格的多功能要求,除了应满足各种生物学功能等理化性质要求外,生物材料还必须具备生物学性能,它因使用的目的、显示的功能、与生物体是否接触、接触时间的长短等因素而异,这是生物材料区别于其他功能材料的最重要的特征。生物材料植入机体后,通过材料与机体组织的直接接触与相互作用而产生两种反应:一是宿主反应,即材料对活体系统的作用,包括局部和全身反应,如炎症、细胞毒性、凝血、过敏、致病、畸形和免疫反应等,其结果可能导致对机体的中毒和机体对材料的排斥。二是材料反应,即活体系统对材料的作用,包括生物环境对材料的腐蚀、降解、磨损和性质退化,甚至破坏。因此,生物材料应满足生物相容性与生物功能性的基本要求。

9.1.1　生物相容性要求

生物相容性是指植入人体内的生物医用材料及各种人工器官、医用辅助装置等医疗器械,必须对人体无毒性、无致敏性、无刺激性、无遗传毒性和无致癌性,对人体组织、血液、免疫等系统不产生不良反应。

各种人工器官、医用制品所用的生物医用材料,植入体内后都将与组织、细胞直接接触。一些人工血管、人工心瓣膜、人工心脏和各种血管内导管、血管内支架等材料还与血液直接接触。植入物材料表面与组织、细胞、血液等短期或长期接触时,它们之间的相互作用将产生各种不同的反应。

(1)宿主反应与材料反应

1)宿主反应

生物医用材料及装置植入人体后,主要引起组织反应、血液反应和免疫反应等三种生物学反应。材料和制品引起宿主反应的主要原因是:材料中残留有毒性的低分子物质;材料聚合过程残留有毒性、刺激性的单体;材料及制品在灭菌过程中吸附了化学毒剂和高温引发的裂解产物;材料和制品的形状、大小、表面光滑程度;材料的酸碱度;等等。残留在材料中的引发剂、催化剂、添加剂及中间产物、单体等,在材料植入体内后逐渐溶出或渗出,对局部的组织、细胞乃至全身产生毒性、刺激性、致敏性、局部炎症,长期接触产生致突变、致畸、致癌作用,与血液接触产生凝血和形成血栓。

宿主反应可以分为五类:局部组织反应,全身毒性反应,过敏反应,致癌、致畸、致突变反应和适应性反应。

局部组织反应是指机体组织对植入手术创伤的一种急性或炎性反应,是最早的宿主反应,其反应程度与创伤的性质、轻重和组织反应的能力、患者年龄、体质、防御系统的损伤、药物应用与体内维生素缺乏程度等因素有关。全身毒性反应通常是由于植物学试验结果的判断,多无绝对的标准,通常是对参照(对比)材料在相同条件下进行试验,将试验材料和参照材料引起的宿主反应与材料反应水平进行对比来作出结论。参照材料是按标准方法试验能够重现符合要求结果的材料。

标准试验的程序一般由简到繁,由体外到体内,先动物后人体。首先根据材料的组成与结构,结合材料的理化特性和临床应用要求进行体外试验,包括材料溶出物测定、溶血试验、细胞毒性试验等。溶血试验通常是使受试材料与血液细胞直接接触一定时间后测定红细胞释放出的血红蛋白量,以此判断材料的溶血作用。细胞毒性试验是通过细胞与试验材料的直接接触来观察材料对细胞生长的抑制和对细胞形态的改变。体外试验是用于生物材料的初期筛选,以便早期淘汰有毒性的材料。

经体外试验合格的材料可进行动物体内试验。检测的项目有急性全身毒性试验、刺激试验、致突变试验、肌肉埋植试验、致敏试验、长期体内试验等。急性全身毒性试验是将一定量的试验材料浸提液注射到小白鼠体内,在规定的时间内观察小白鼠致残情况。刺激试验是将试验材料与有关组织接触或将材料的浸提液注入有关组织内,观察组织是否出现红肿、出血、变性、坏死等症状及反应程度。

上述体外与动物体内试验是非功能性试验,侧重于考察材料与植入环境之间的相互作用,是评价生物相容性最基本的试验。非功能性试验完成后,需要在动物体内进行功能性或"使用"状态的试验,其目的在于考察用于人体的种植部件在种植部位的情况,以检验其设计是否合理。动物试验完成后,可以在人体进行临床初试,以考察植入材料与部件实际使用的情况,最后进行人群试验,以便做出总的评价。

2)材料反应

生物医用材料及制品植入体内,在人体复杂的内环境中,长期受到体内的物理、化学、生物学等多种综合因素的作用,多数医用材料很难保持植入时的形状和物理、化学性能,引起材料发生变化。主要原因有:生理活动中骨骼、关节、肌肉的力学性动态运动;细胞生物电、磁场和电解、氧化作用;新陈代谢过程中生物化学和酶、细胞因子、蛋白质、氨基酸、多肽、自由基对材料的生物降解作用。材料反应的结果可能使材料出现变形、老化、降解等情况。

(2)生物相容性分类

生物材料与生物体接触时,在生物体方面往往出现血栓、炎症、毒性反应以及致癌等各种生物化学性拒绝反应。因此,作为医药用生物材料必不可少的条件是生物相容性,它包括血液相容性、组织相容性和生物降解吸收性。若材料用于心血管系统与血液直接接触,主要考察与血液的相互作用,即血液相容性;与心血管系统外的组织和器官接触,主要考察与组织的相互作用,即组织相容性。

1)血液相容性

血液相容性是指材料与血液接触时,不发生溶血或凝血。

血液流动通常在以下两种情况发生异常:一是当血管损伤时,血液进入组织就会自动凝血;二是当血液与异物(如血管内表面以外的材料)接触时,可能会产生溶血或在异物材料表面凝结产生血栓(即凝血)。后一种情况是医药用材料植入人体或与血液接触时容易发生的问题。凝血过程是一个非常复杂的生物化学变化过程,既与血液中的多种成分(如血浆蛋白质、凝血因子、血小板等)有关,也与异物材料的结构相关。前者是生物体自身固有的,这就要求医药用材料要有与良好的抗血栓性能和一定的抗凝血时间相适应的结构。大量的科学研究表明,材料表面的化学组成、结构、形态、相分离程度、表面自由能、亲疏水性平衡以及表面所带电荷等都不同程度地影响材料的血液相容性。

改变材料表面的性能或结构有助于提高材料的血液相容性。常见的材料表面肝素化有明显的抗凝血和抗血栓性能,它是通过肝素与血小板第Ⅲ因子共同作用于凝血酶,抑制了纤维蛋白原向纤维蛋白的转化反应;材料表面肝素化还能阻止血小板在材料表面的黏附、聚集,达到抗凝血的目的。材料表面亲水疏水微相分离结构具有优良的抗凝血性能。我国研制的新型聚醚聚氨酯抗凝血材料 AT-PU 系列,是具有表面亲水—疏水微相分离结构的聚合物。改变嵌段中亲水性单体的分子量和含量,材料表面的血液相容性可优于同类医用嵌段聚醚聚氨酯抗凝血材料 1 ~ 2 倍。亲水性的材料表面与血小板相互作用微弱,不易引起血小板在材料表面的黏附,可阻止血小板血栓的形成。一些表面带负电荷的生物医用材料也有良好的抗凝血性能。

2)组织相容性

组织相容性是指用材料植入体内后与组织、细胞接触无任何不良反应。

当医用材料与装置植入体内某一部位时,局部的组织对异物的反应处于一种机体防御性对答反应,植入物体周围组织将出现白细胞、淋巴细胞和吞噬细胞聚集,发生不同程度的急性炎症。当材料有毒性物质渗出时,局部炎症不断加剧,严重时出现组织坏死。长期存在植入物时,材料被淋巴细胞、成纤维细胞和胶原纤维包裹,形成纤维性包膜囊,使正常组织和材料隔开。如果材料无任何毒性,性能比较稳定,组织相容性良好,则在半年、一年或更长时间包膜囊变薄,其中的淋巴细胞消失,在显微镜下只见到很薄的 1 ~ 2 层成纤维细胞形成的无炎症反应的正常包膜囊。如果植入材料组织相容性差,材料中残留小分子毒性物质不断渗出,就会刺激局部组织细胞形成慢性炎症,材料周围的包囊壁增厚,淋巴细胞浸润,逐步出现肉芽肿或发生癌变。

3)生物降解吸收性

对于生物降解材料,人们会关注它在生物体内逐渐分解或破坏的行为和程度,即其降解吸收性。生物降解吸收性是指材料在活体环境中可发生速度能控制的降解,并能被活体在一定时间内自行吸收代谢或排泄。这类材料用于只需要暂时存在体内最终应降解消失的医疗中。如吸收型缝合线、药物缓释基材料、导向药物载体、医用胶黏剂、人造血浆等。按照在生物体内降解方式可分为水解型和酶解型两种。合成的聚酯、聚酐和聚乙内酯等属水解型,聚氨基酸(多肽)、交联的白蛋白、骨胶原、明胶等大多数天然高分子则属于酶解型。它们都是在 37℃ 近中性的活体环境中降解,其降解产物对机体无毒无刺激性,可直接排出体外或被吸收,进一步参与生物体的新陈代谢。

生物相容性是生物材料能否应用于临床的关键因素之一,评价一个生物材料的生物学性能,主要看材料与机体的相互作用。国外对生物材料器件评价根据体外、体内及体外和体内之间的位置,分为短期和长期,它们的方法各不同。较为复杂的是体内植入材料,它的短期的评价方法有刺激实验、致敏实验、细胞毒性实验、全身急性毒性实验、血液相容性实验、热原实验、植入实验和致突变遗传毒性实验,长期的评价方法包括亚慢性毒性实验、慢性毒性实验、致癌实验、生殖和发育毒性实验及体内降解实验。材料的生物学性能的评价系统是一个极其复杂而又处于动态变化的,其方法也是极其复杂,并随研究内容的发展而变化。经过各国学者与标准部门的重视和努力,生物医用材料的评价项目不断完善,有了标准和相应的试验方法。

9.1.2　生物功能性要求

作为生物医学材料,除要求具有生物相容性外,还必须具有显示其医用效果的功能(即生物功能性)。由于使用的目的、所处的位置和功能不同,对材料的要求也各不相同。

①辅助治疗疾病的功能。如注射器、缝合线和手套等手术用品材料。

②维持各脏器或延长生命的功能。例如,作为人工肾脏的材料,要具有高度的选择透过功能;作为人工心脏和人工血管材料,要具有高度的机械性能和耐疲劳性能;作为人工皮肤材料,要具有细胞亲和性与透气性;作为人工血液,要具有吸、脱氧功能;作为人工晶体(玻璃体),要有适度的高含水率和高度的透光性能。

③检查、诊断疾病的功能。作生物传感器、医疗测定仪器零件和检查用材料应具备这种功能。如将由梅毒心磷脂、胆固醇和卵磷脂组成的抗原材料固定在醋酸纤维膜上形成免疫传感器,可感知血清中梅毒抗体发生反应,产生膜电位,从而用来诊断梅毒。

④支持活体,保护软组织、脑和内脏的功能。如人工关节、人工骨骼、人工牙、人造肌腱、人造齿根、人造肌肉、人造修补材料等。

⑤改变药物吸收途径,控制药物释放速度、部位,并满足疾病治疗要求的功能。如药用高分子材料作为药物控释体系的载体,可以控制药物的释放速度,增加药物对器官组织的靶向性,提高疗效,降低毒副作用。将低分子药物与高分子材料(特别是生物降解性材料)共价结合修饰的高分子药物改变了低分子药物代谢快、血液浓度不恒定、无靶向性的缺点,在抗癌药物设计、研究、开发和应用中具有特殊的重要意义。

9.2　生物金属材料

作为生物体用金属材料必须具备以下条件:①在生物学上不发生排异反应;②必要的物理性能;③耐蚀性能、耐磨性能好;④不发生疲劳现象;⑤无毒性及变态反应;⑥抗血栓。金、银、铂等贵重金属都具有良好的化学稳定性和易加工性能,是最先应用于临床的金属材料。早在1829年人们通过对多种金属的系统的动物实验,得出了金属铂对机体组织刺激性最小的结论。它们主要用于骨和牙等硬组织修复和替换,心血管和软组织修复,以及人工器官制造中的结构元件。已应用于临床的医用金属材料主要有不锈钢、钴基合金和钛基合金等三大类。

9.2.1　不锈钢

最初制作人工关节及骨折结合板采用的不锈钢是304奥氏体不锈钢,随后采用了含Mo的316和317奥氏体不锈钢,不形成贫Cr的316L及317L超低碳奥氏体不锈钢。开发的XM19、ORTRON90、COP-1等合金已用于人工关节、骨折连接板及手术用螺丝。

一些主要的不锈钢的成分、性能及其组织见表 9.1。按显微组织的特点可将不锈钢分为奥氏体不锈钢、铁素体不锈钢、马氏体不锈钢、沉淀硬化型不锈钢等类型,奥氏体不锈钢的典型牌号是 0Crl8Ni9、铁素体不锈钢的典型牌号是 0Crl3。

表 9.1　几种主要不锈钢的组成、性能与组织

| 牌　号 | 成分/wt% | | | | | 力学性能 | | 组织 |
	C	Cr	Ni	Ti	Fe	σ_s/MPa	δ/%	
0Cr13	≤0.08	12~14	—	—	余量	500	24	铁素体
1Cr17	≤0.12	16~18	—	—	余量	400	20	铁素体
1Cr25Ti	≤0.12	24~27	—	0.6~0.8	余量	450	20	铁素体
3Cr13	0.25~0.34	12~14	—	—	余量	—	—	马氏体
4Cr13	0.35~0.45	12~14	—	—	余量	—	—	马氏体
1Cr17Ni2	0.11~0.17	16~18	1.5~2.5	—	余量	1 100	10	马氏体
0Cr18Ni9	≤0.06	17~19	8~11	—	余量	500	45	奥氏体
1Cr18Ni9Ti	≤0.12	17~19	8~11	0.6~0.8	余量	550	40	奥氏体
00Cr18Ni10	≤0.03	17~19	8~12	—	余量	490	40	奥氏体

Fe、Cr、C 是铁素体和马氏体不锈钢中的主要成分,其中 Cr 具有扩大铁素体 α 相区的作用,而 C 具有扩大奥氏体 γ 相区的作用。当 C 含量较低而 Cr 含量较高时,可使合金从低温到高温都为单相 α,故称为铁素体不锈钢。当 C 含量较高而 Cr 含量较低时,合金在低温时为 α 相,在高温时为 γ 相,可通过加热到高温的 γ 相区后,经淬火实现 γ 相→α 相的转变,这一转变属马氏体相变,这种不锈钢称为马氏体不锈钢。铁素体和马氏体不锈钢的耐蚀性随含碳量的降低和铬含量的增加而提高,提高碳含量,形成马氏体组织有利于提高合金的硬度。目前用于医疗器械,如刀、剪、止血钳、针头等的材料主要是 3Crl3 和 4Crl3 不锈钢。

Ni 具有扩大奥氏体相区的作用,含 Cr 18%、Ni 9% 是奥氏体不锈钢最典型的成分。与铁素体和马氏体不锈钢相比,奥氏体不锈钢除了具有更良好的耐蚀性能外,还具有高的塑性,易于加工变形制成各种形状、无磁性、韧性好等优点。因此,奥氏体不锈钢长期以来在医疗上有广泛的临床应用。

9.2.2　钴基合金

与不锈钢相比,钴基合金的钝化膜更稳定,耐蚀性更好,而且其耐磨性是所有医用金属材料中最好的,因而钴基合金植入体内不会产生明显的组织反应。在医用不锈钢发展的同时,医用钴基合金也得到很大发展。铸造钴铬钼合金最先在口腔科得到应用,20 世纪 30 年代末又被用于制作接骨板、骨钉等固定器械,20 世纪 50 年代又成功地制成人工髋关节。20 世纪 60 年代,为了提高钴基合金的力学性能,又研制出锻造钴铬钨镍合金和锻造钴铬钼合金,并应用于临床。为了改善钴基合金抗疲劳性能,20 世纪 70 年代又研制出锻造钴铬钼钨铁合金和具有多相组织的 MP35N 钴铬钼镍合金,并在临床中得到应用。铸造 Co 基合金中易于出现铸造缺陷,其性能低于锻造 Co 基合金。几种 Co 基合金的性能见表 9.2。相对不锈钢而言,医用钴

基合金更适合用做体内承载苛刻条件的长期植入件。

表9.2　几种主要钴基合金的组成与性能

种　类	成分/%							性　能	
	Ni	Cr	Mo	W	Fe	C	Co	σ_s/MPa	δ/%
铸造 CoCrMo	<2.5	26.5~30	4.5~7	—	<1.0	<0.35	余量	725	9
锻造 CoCrMo	<1.0	26~28	5~7	—	<0.75	<0.05	余量	1 507	28
锻造 CoCrWNi	9~11	19~21	—	14~16	<3.0	<0.05~0.15	余量	1 507	12
锻造 MP35N	33~37	19~21	9~10.5		<1.0	<0.025	余量	1 793	8
锻造 CoNiCrMoWFe	15~25	18~22	3~4	3~4	4~6	<0.05	余量	1 000	18

9.2.3　钛及钛合金

重金属元素离子(如 Ni、Cr 离子)在人体组织内含量过高时,会对人体组织产生一定的毒性。例如:铬能与机体内的丝蛋白结合,机体过量富积镍有可能诱发肿瘤的形成。合金植入体内,其合金元素会通过生理腐蚀和磨蚀而导致金属离子溶出,在一般情况下人体中只能允许微量的金属离子存在,如果不锈钢在肌体中发生严重的腐蚀可能会引起水肿、感染、组织坏死或过敏反应。采用钛合金则有利于进一步提高植入金属材料的性能。

钛(Ti)的密度为 4.5 g/cm³,约为不锈钢、Co-Cr 合金的 1/2,接近人体硬组织的密度,因此在骨科领域应用较广。通过在 Ti 中加入一些合金元素可产生固溶强化和相变强化等效应,Ti 合金的强度可达到很高的水平。Ti 合金的比强度是不锈钢的 3.5 倍。Ti 与氧反应形成的氧化膜致密稳定,有很好的钝化作用,因此,Ti 合金具有很强的耐蚀性。在生理环境下,Ti 合金的均匀腐蚀很小,也不会发生点蚀、缝隙腐蚀和晶间腐蚀,但是 Ti 合金的磨损与应力腐蚀较明显。总体上看,Ti 合金对人体毒性小,密度小,弹性模量接近于天然骨,是较佳的金属生物医学材料。20 世纪 40 年代已用于制作外科植入体,20 世纪 50 年代用纯钛制作的接骨板与骨钉已用于临床。随后,一种强度比纯钛高,而耐蚀性和密度与纯钛相仿的 Ti6Al4V 合金研制成功,有力地促进了钛及其合金的广泛应用。

纯 Ti 在常压下有两种同素异构体:在 882.5 ℃以下是密排六方晶格的 α-Ti,在 882.5 ℃以上是体心立方晶格的 β-Ti。Ti 的同素异构转变温度随添加的合金元素种类和数量而变化,使同素异构转变温度升高的称为 α 相稳定元素,反之,则称为 β 相稳定元素。经典的钛合金分类方法是按合金退火后的组织来分,根据所得的组织,Ti 合金可分为 α、β 和 α + β 三类。α 钛合金中添加的合金元素主要有 Al、Sn、Zr 等,在 800 ℃以下合金通常都是 α 相,因此,一般不能通过热处理改变性能。其强化的途径主要有两个:一是加工硬化;二是添加合金元素,以实现固溶强化。α 钛合金具有良好的塑性、可加工性和可焊性。β 钛合金中添加的主要元素有 Cu、V、Nb、Zr、Mo、Fe 等,当 β 稳定元素含量较高时,通过淬火可将 β 相保留到低温,获得合金元素过饱和固溶的亚稳 β 相,同时有 ω 相形成,使合金得到强化。

用于生物医学的钛合金基本都是 α + β 钛合金,这些合金中除含 6% 以上的 Al 和一定量的 Sn 和 Zr 外还含有一定数量的 Mo 和 V 等 β 稳定元素。适量的 β 稳定元素的加入,使合金中含有较多的 β 相,可在一定程度上进行热处理强化,提高室温强度。几种 Ti 合金的成分与性能见表 9.3。Ti 合金广泛用于制作各种人工关节、接骨板、齿根种植体、牙床、人工心脏瓣膜、头盖骨修复等许多方面。

表 9.3　几种主要 Ti 基合金的组成与性能

合金牌号	成分/%							力学性能	
	Fe	B	Cr	Sn	V	Al	Ti	σ_s/MPa	δ/%
TC4	—	—	—	6	4	余量		1 180	10
TC7	0.4	0.01	0.6	—	—	6	余量	980	10
TC10				2	6	6	余量	1 050	10

9.2.4　形状记忆合金

目前在临床医学领域得到广泛应用的形状记忆合金是钛镍合金。这类合金是等原子比的金属间化合物,高温相呈体心立方 CsCl 型 B2 结构,具有良好的耐磨耐蚀性;低温相马氏体呈单斜 B19 型结构,具有优良的阻尼性;中间相 R 呈菱形结构,相变时发生 B2⇌R⇌M,B2⇌M 转变。在相变区镍钛合金具有奇特的形状记忆效应和超弹性,以及高的强度与疲劳性能。

医用形状记忆合金有多种临床应用,在整形外科中主要用于制作脊椎侧弯症矫形器械、人工颈椎间关节、加压骑缝钉、人工关节、膑骨整复器、颅骨板、颅骨铆钉、接骨板、髓内钉、髓内鞘、接骨超弹性丝、关节接头等;在口腔科中用于制作齿列矫正用唇弓丝、齿冠、托环、颌骨铆钉等;在心血管系统用于制作血栓过滤器、人工心脏用的人工肌肉和血管扩张支架、脑动脉瘤夹、血管栓塞器等;在介入性治疗中用于制作各种食道、气道、胆管和前列腺扩张支架;在计划生育中用于制作节育环、输卵管绝育夹等。另外,医用形状记忆合金还用于制作耳鼓膜振动放大器、人工脏器用微泵、人工肾用瓣等。

9.2.5　钽、铌、锆

钽是化学活性很高的元素,在生理环境中,甚至在缺氧条件下也能在其表面生长一层稳定的钝化膜,使钽具有优异的化学稳定性与耐蚀性。钽植入骨内能与新生骨直接结合,但在软组织中引起的组织反应要比钛与钴基合金强一些。钽的氧化物基本上不被吸收,不呈毒性反应。钽具有半导体性质,可用做刺激脑和肌肉组织的电极。钽可加工成板、带、箔、丝,钽片用于修补颅盖骨,钽丝用于缝合神经、肌腱和血管,钽板和钽带用于修补骨缺损,用钽丝编制网可修补肌肉组织。钽在介入性治疗中有广泛用途,在血管内支架表面复合钽涂层能有效地提高抗凝血性能。

近年开发了多孔质钽材,用于骨的修补、骨折固定、脊椎和关节固定、人工关节部件等硬组织以及软组织治疗材料,这种材料具有优异的生物体适应性、耐蚀性、强度及耐久性,孔径 500 μm 的多孔材料具有相当高的强度,可植入 50 年以上。

铌与钽同属于元素周期表第 V_B 族元素,具有极相似的化学性质。纯铌与纯钽一样具有很强的耐蚀性、良好的加工性能和生物相容性,用铌制成的骨髓内钉已应用于临床。

锆与钛同属于元素周期表第 IV_B 元素,具有相似的组织结构与化学性质。致密金属锆与钛一样,具有很强的耐蚀性,良好的冷加工性能和生物相容性。金属锆可加工成板、带、线材,理论上可取代钛在临床上的应用,但因锆价格较贵,广泛应用受到限制。

9.2.6　贵金属

医用贵金属是指用做生物医用材料的金、银、铂及其合金的总称。贵金属具有高的化学稳定性和良好的耐蚀性与抗蠕变性能,对机体组织无毒、刺激性小、导电性优异。

金及其合金具有美丽的色泽和良好的生物相容性,在口腔科应用广泛。$0.5 \sim 1.0~\mu m$ 厚的纯金箔可做牙齿的全包覆牙套。金合金在颅骨修复与植入电极、电子装置等方面也得到了临床应用。由于金及其合金价格高,因此仿金合金的研制得到了加强,现已研制出的铜锌仿金合金,其熔点约 950 ℃,具有良好的加工性能与铸造性能,强度、耐蚀性与色泽均满足临床要求,有望获得应用。

纯银具有优异的导电性能,已用于植入型电极与电子装置。银汞合金(也称汞齐合金)是龋齿充填材料。传统的汞齐合金是采用高银低铜的设计方案制备的,通常含有 $\gamma_2(Sn_8Hg)$ 有害相,会严重地降低合金的力学性能与耐腐蚀性。现在得到广泛应用的是按高铜低银设计方案制备的新型汞齐合金,不含 γ_2 有害相,是比较理想的龋齿充填材料。

铂与铂合金具有优异的抗氧化性能与耐蚀性。在铂中添加金、银、钯、铑等金属,可使色泽美丽素雅,具有极佳的耐蚀性与加工性能。常用的铂合金有铂铱合金、铂金合金、铂银合金等。用铂与铂合金制造的微探针广泛应用于神经系统检测;铂或铂铱合金导线电极用于心脏起搏器;镀铂的钛阳极用于血液净化处理;含铂植入电极可直接在动脉内测量血液成分与性能变化;用铂族金属作为放射性同位素源外壳植入人体肿瘤部位,可使全部辐射释放于恶性细胞处,同时不损伤或少损伤周围的健康细胞。

9.2.7　多孔金属材料

生物医用多孔金属材料具有独特的多孔结构,可以提高植入体的生物相容性:①多孔结构有利于成骨细胞的黏附、分化和生长,促使骨长入孔隙,加强植入体与骨的连接,实现生物固定;②多孔金属材料的密度、强度和弹性模量可以通过改变孔隙度来调整,达到与被替换硬组织相匹配的力学性能(力学相容性),如减弱或消除应力屏蔽效应,避免植入体周围的骨坏死、新骨畸变及其承载能力降低;③开放的连通孔结构有利于水分和养料在植入体内的传输,促进组织再生与重建,加快痊愈过程。此外,多孔金属还具有多孔聚合物和多孔陶瓷不可比拟的优良强度和塑性组合,因而作为一种新型的骨、关节和齿根等人体硬组织修复和替换材料,具有广阔的应用前景。

为了保证生物医用多孔金属材料的力学相容性和生物相容性,要求材料具有合适的孔形、孔径、孔隙度及高纯度。目前,生物医用多孔金属材料的制备工艺仍不完备,由于粉末冶金方法可较好地控制孔参数,因此为多数研究者采用。采用粉末冶金工艺制备生物医用多孔金属材料,获得孔结构的途径主要有两个:疏松粉坯的直接烧结和添加空隙材料。前者通过控制压坯相对密度来获得不同的孔隙度,工艺流程中污染较少,但孔径、孔隙难以控制,需要有合适的工艺;后者通过适当选取孔隙材料的粉末粒度、形态和含量来有效控制孔径和孔隙度,可获得连通孔结构。空隙材料包括陶瓷、聚合物、盐和金属,根据制备的多孔金属材料成分具体选取,要求在制备过程中不污染金属。此外,烧结时压坯孔隙中气体的膨胀和合金组元 Kirkendall 效应对孔隙形成有重要贡献。多孔金属的孔形、孔径和孔隙度的影响因素贯穿于整个工艺流程,包括粉末尺寸、粉末形态,压力大小、压力方向,烧结温度、时间、气氛以及后处理等。自蔓延高温烧结(SHS)利用合金化反应热驱动烧结过程继续进行,具有效率高、污染小的优点,可获得比普通热压烧结更高的孔隙度,已在制备医用多孔 TiNi 合金方面取得了较好效果。

多孔金属的强度与材料类型、孔径、孔结构与分布等因素有关,其强度低于相应密实的金属,下降主要来源于薄孔隙壁。随着孔隙度增大,强度几乎呈直线下降。强度也对孔隙形状敏感,不规则孔隙的尖锐部分往往是应力集中区,由此降低材料的强度和塑性。弹性模量的降低主要由于孔的易压缩性,当孔壁部分形变达到相应致密块体合金的弹性极限时,由于孔的压缩使合金整体形变增大,压力解除,随着孔壁形变恢复,孔隙也恢复原貌。弹性模量对孔隙敏感,即便 25% 的孔隙度也会引起弹性模量下降 50%。此外,从医用多孔金属应力—应变曲线上能看出泡沫金属变形特征,即有一个较长的应力平台,因而能有效缓冲外来应力,起到减震、抗冲击作用,这对多孔金属材料在人体承载部位的应用具有重要意义。

多孔结构导致金属的局部腐蚀,因而多孔金属的耐蚀性普遍比不上同成分的密实金属。多孔金属腐蚀速率与表面积等因素有关。通常缝隙腐蚀依赖于材料几何形状,而点蚀依赖于材料成分和结构,因而多孔金属植入体的腐蚀行为是一种复杂的局部腐蚀,腐蚀速率并不与金属真实表面积成正比,而是与孔的形貌、结构和孔隙度有密切联系。

生物医用多孔金属材料以其优良的力学相容性和生物相容性在骨、牙齿等硬组织修复领域有良好的应用前景。

9.3　生物陶瓷材料

生物陶瓷是指主要用于人体硬组织修复和重建的生物医学陶瓷材料。与传统陶瓷材料不同的是,它不是单指多晶体,而且包括单晶体、非晶体生物玻璃和微晶玻璃、涂层材料、梯度材料、无机与金属复合、无机与有机或生物材料的复合材料。它不是药物,但它可作为药物的缓释载体,它们的生物相容性、磁性和放射性,能有效地治疗肿瘤。在临床上已用于胯、膝关节、人造齿根、额面重建、心脏瓣膜、中耳听骨等,从而在材料学和临床医学上确立了"生物陶瓷"这一术语。

9.3.1　生物陶瓷的分类

广义的生物陶瓷可以分为与人体相关的陶瓷(种植类陶瓷)和与生化学相关的陶瓷(生物工程类陶瓷)两大类。与人体相关的陶瓷是指通过植入人体或是与人体组织直接接触,使机体功能得以恢复或增强的陶瓷,其应用包括:人造齿根、牙冠,人工骨(颅、颌骨,长骨,脊椎骨等),颈椎融合器,义眼座,人工关节,骨水泥,人工血管,人工心脏瓣膜,人工尿管,人工喉管,骨组织工程支架等。一般狭义地称生物陶瓷就是指这类陶瓷。与生化学相关的陶瓷是指在使用过程中与人体组织不直接接触,其应用包括:酶固定,细菌、微生物分离,液相色谱柱,蛋白质、核酸、DNA、RNA,氨基酸牙膏等的精制,以及生化反应催化剂等。

陶瓷材料最早被正式用于医学领域可追溯到 18 世纪,1788 年法国人 Nicholas 成功地完成了瓷牙修复,并在 1792 年获得专利。然而,生物陶瓷在医学上真正受到重视并广泛开展研究的历史并不长,较系统的基础研究和临床应用研究还只有近 30 年的历史。之后,国内外学者先后对碳素材料、生物玻璃、氧化铝陶瓷、磷酸三钙、羟基磷灰石等材料进行了大量的研究,使生物陶瓷在临床许多领域得到广泛应用。

根据种植材料与生物体组织的反应程度,可将种植类陶瓷分为以下三类。

(1)生物惰性(Bioinert)陶瓷

这类陶瓷在生物体内化学性质稳定,无组成元素溶出,对机体组织无刺激性。植入骨组织后,能与骨组织产生直接的、持久性的骨性接触,界面处一般无纤维组织介入,形成骨融合。包括:氧化铝(Al_2O_3)、氧化锆(ZrO_2)、碳素(C)、氧化钛(TiO_2)、氮化硅(Si_3N_4)、碳化硅(SiC)、硅铝酸盐($Na_2O \cdot Al_2O_3 \cdot SiO_2$)、钙铝系($GaO \cdot Al_2O_3$)等。

(2)生物活性(Bioactive)陶瓷

生物活性是指移植材料能够在材料的分界面激发特定的生物反应,最终导致在材料和组织之间的骨形成。这类陶瓷在生物体内基本不被吸收,材料有微量溶解,能促进种植体周围新骨生成,并与骨组织形成牢固的化学键结合。包括:高结晶度羟基磷灰石($Ca_{10}(PO_4)_6(OH)_2$)、生物玻璃($SiO_2 \cdot CaO \cdot Na_2O \cdot P_2O_5$)、玻璃陶瓷($SiO_2 \cdot CaO \cdot MgO \cdot P_2O_5$)、磷酸钙陶瓷($CaO \cdot P_2O_5$)等。

(3)生物吸收性(Biodegradable)陶瓷

这类材料在生物体内能逐步降解、吸收,被新生骨取代。也有研究者将种植类陶瓷分为生物惰性和生物活性两大类,在生物活性陶瓷类中再细分成非吸收性陶瓷和吸收性陶瓷。包括:磷酸三钙($Ca_3(PO_4)_2$)、可溶性钙铝系($CaO \cdot Al_{12}O_3$)、低结晶度羟基磷灰石($Ca_{10}(PO_4)_6(OH)_2$)、掺杂型羟基磷灰石($Ca_{10-n}Sr_n(PO_4)_6(OH)_2$)等。

9.3.2 生物惰性陶瓷

(1)氧化铝

氧化铝的熔点为 2 050 ℃,密度约为 3.95 g/cm^3。氧化铝具有三种结晶形态:α、β 和 γ。其中只有 α-Al_2O_3 最稳定,而且在自然界中存在,β 和 γ 形态只能用人工方法获得。1924 年,德国人鲁夫用纯氧化铝粉末成型,在 2 000 ℃左右的高温炉中烧结,得到了世界上第一块纯氧化铝制品,但是一直没有命名,直到 1933 年才由西门子公司正式命名,中国人取其白如玉而坚硬不凡,将它译为"刚玉"。一般的医用氧化铝均是指 α-Al_2O_3,α-Al_2O_3 晶体属三方晶系,单位晶胞是一个尖的菱面体,氧离子组成六方最紧密堆积,铝离子占据氧八面体间隙中,铝氧之间为牢固的离子型结合。氧化铝的晶体结构赋予其完全不同于金属的一些特性。氧化铝陶瓷的化学稳定性非常好,具有耐高温、高强度、高硬度、高绝缘和高气密性等优良性能,特别对强酸、强碱具有很强的耐腐蚀性。氧化铝陶瓷属生物惰性陶瓷,具有热力学稳定的化学结构,在体内不释放可溶性化合物,也不引起毒性反应,因此被认为是一种生物相容性材料,在人体内长期植入也不会发生化学变化。氧化铝还具有亲水性,晶体表面易形成水膜,在与机体接触时,氧化铝材料由于表面 Al-OH 的存在,使机体隔着 OH 层与材料接触,改善了二者的亲和性。氧化铝之所以具有良好生物相容性和良好的摩擦、润滑性能,与这层水膜有很大的关系。

1）氧化铝的制备方法

①Al₂O₃粉末的制备

医用氧化铝陶瓷的原料是纯度高、均匀性好、颗粒微细（$<1~\mu m$）的氧化铝粉末，制备Al₂O₃粉末的方法主要有焙烧法、热分解法、水解法、放电氧化法等。

a. 焙烧法 此法用于生产普通氧化铝粉末，是Al₂O₃粉末最基本的制造方法，所用原料及工艺流程如图9.1所示。

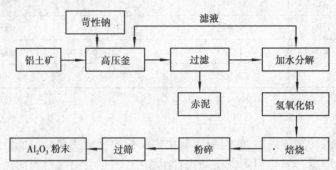

图9.1 焙烧法工艺流程图

铝土矿的主要成分是一水氧化铝（$Al_2O_3 \cdot H_2O$）和二水氧化铝（$Al_2O_3 \cdot 2H_2O$），存在的杂质主要为Fe_2O_3、SiO_2、TiO_2等，需进行脱杂质处理。具体的工艺操作是：将粉碎的铝土矿与浓度为13%~20%的苛性钠在200~250 ℃下于高压釜中进行水热处理，将氧化铝的水化物溶解为铝酸钠，不溶的各种杂质形成赤泥，经过滤除去；然后将滤液中加水分解沉淀，沉淀物$Al(OH)_3$经焙烧而变成Al_2O_3，粉经过机械粉碎和筛分，即得Al_2O_3粉末原料。

b. 热分解法 将高纯度的铵明矾和铝的铵碳酸盐加热分解，可以制得纯度达99.9%的Al₂O₃粉末。

c. 有机铝盐分解法 首先将烷基铝和铝醇盐加水分解制得氢氧化铝，再将$Al(OH)_3$进行焙烧，即得Al_2O_3粉末。

d. 放电氧化法 将高纯度铝粒子（含铝99.9%）浸入纯水中，进行火花放电，微粉铝在粒子接触点发生的放电点上形成并脱落，同时在放电点进行水解生成OH^-离子发生反应，形成$Al(OH)_3$，经焙烧而制得Al_2O_3粉末。

上述方法制备的Al_2O_3粉末为多晶体，需要经过进一步处理变成单晶氧化铝。

②单晶氧化铝的制备

单晶氧化铝的合成方法有两种：一种是维努依法，将高纯度Al_2O_3粉末高温熔融，然后使其沉积，促使单晶合成；另一种是将熔融的氧化铝缓缓地向上提拉，形成单晶体。单晶氧化铝呈无色透明态，强度优于多晶体氧化铝，是人造齿根的实用化材料。氧化铝单晶具有优良的热学、电学、光学和力学性能，因此人们往往将氧化铝单晶称为"人造宝石"，但合成方法特殊，加工成形难，致使成本升高。

2）氧化铝陶瓷的性能

①机械性能

氧化铝的机械强度较高，莫氏硬度为9，仅次于金刚石，并具有良好的耐磨性和润滑性。氧化铝的弹性模量相对于其他生物陶瓷也是相当高的。单晶氧化铝和多晶氧化铝的部分物理性能数据和种植用氧化铝的ISO标准（ISO 6474—1981（E）Implants for surgery-ceramic materials based on alumina）见表9.4。

表9.4　单晶与多晶氧化铝的物理性能

	单晶氧化铝	多晶氧化铝	ISO 标准（多晶）
纯度/%	99.9	99.8	99.5 以上
密度/(g·cm⁻³)	3.95	3.94	3.90 以上
平均粒径/μm	—	2.0	7.0 以下
弹性模量/GPa	392	392	380 左右
抗弯强度/MPa	1 270	510	400 以下
维氏硬度	2 100	1 800	2 300 左右

②生物学性能

氧化铝陶瓷植入动物体内后,软组织对氧化铝陶瓷的反应主要是形成纤维组织包膜,在体内可见成纤维细胞增生。氧化铝陶瓷在动物骨组织中,不是骨结合材料而是骨接触材料,植入骨组织后,在负重区与骨组织接触,但非负重区有纤维组织形成。将颗粒状氧化铝陶瓷植入动物腹膜内、肌肉内、皮下、关节内和静脉内,小于 $5\ \mu m$ 的颗粒被巨噬细胞吞噬,而大于 $10\ \mu m$ 的颗粒则留在细胞外引起粒细胞和淋巴细胞增生,并逐渐被纤维和血管组织包裹。氧化铝陶瓷在体内被纤维组织包裹或与骨组织之间形成纤维组织界面的特性影响了该材料在骨缺损修复中的应用,因为骨与材料之间存在纤维组织界面将阻碍材料与骨的结合,也影响材料的骨传导性,长期滞留体内产生结构上的缺陷,使骨组织产生力学上的薄弱结构。氧化铝的生物学性能可大致归纳为以下三个特点:

a. 氧化铝在体液中完全稳定,在生物体内不会发生溶解和变性;

b. 氧化铝对周围机体组织呈惰性反应,对骨组织生长无抑制作用,生物相容性比金属和有机高分子材料好;

c. 孔径大于 $100\ \mu m$ 的多孔体植入骨组织后,可看到新骨很快长入气孔中。

3)氧化铝陶瓷的应用

1963 年 Smith 将氧化铝陶瓷材料用于矫形,自此以后在临床上逐渐推广应用于人造骨、人造关节、人造齿根等。

①人造齿根

1975 年,日本研究以多结晶体氧化铝制作人造齿根,但在进入临床应用后却发现其硬度差,适用范围较窄。后来改用单晶氧化铝材料,这种状况得到改善,使氧化铝人造齿根进入实用化阶段。根据人造齿根临床用途的不同,氧化铝可以加工成螺钉形、T 字形、U 字形等几种形状。当单颗牙齿缺损时,一般用螺钉形,多颗牙齿缺损时,则选用 U 字形和 T 字形。

②人造骨及人造关节

氧化铝材料制作的人造骨及人造关节,可用于骨、关节肿瘤手术切除后的修复,也可用于严重的慢性风湿性关节病、变形性关节症,以及骨折外伤所需的人工关节、人工骨的植入。Al_2O_3 制作人工关节的普遍方式是:在凸关节头、凹关节窝两侧都用氧化铝材料,但凹侧的关节面上需附有高密度聚乙烯(HDP)层。

氧化铝是惰性材料,用于假肢和人工牙种植体时,与骨间没有化学结合力,仅靠机械结合,长期使用易发生松动而破坏。目前,已应用临床的是 Al_2O_3 陶瓷与金属及其他材料复合使用。

③单晶氧化铝材料的应用

单晶 Al_2O_3 的许多性能如机械强度、硬度、耐酸碱性、生物相容性、在体内的安定性、耐磨损性等都优于 Al_2O_3 多晶陶瓷。最显著的差别还是体现在机械强度方面,因而在医学领域和人造宝石方面获得特殊应用。

在临床医学中,无色透明的 $\alpha\text{-}Al_2O_3$ 单晶材料,用于要求高强度、耐磨损、耐腐蚀的部位。可制作各种人工关节柄,作为损伤骨的内固定材料,如人工骨螺钉等。单晶 Al_2O_3 材料制作的牙根与多晶体 Al_2O_3 相比,除机械强度大外,在使用时,Al_2O_3 表面水化后与生物体的蛋白质和糖原蛋白形成稳定的氢键缔合结构,增强了种植异齿材料与牙龈黏膜结合能力,在牙科方面的应用引起了全世界的关注,许多国家已大量用于临床。单晶氧化铝制作成本较高,国内仅有少数机构开展过单晶氧化铝人工牙根的临床研究,而较多的都是采用多晶氧化铝陶瓷材料。

(2)碳素材料

在生物陶瓷中,碳素材料较早实用化。碳有三种同素异构体:无定形碳、石墨和金刚石。其中无定形碳为非晶态,石墨和金刚石则具有晶体结构。一般将从无定形碳到构成完全石墨化晶体之间的中间物称为碳素材料。石墨晶体属于六方晶系,其晶体构造为层状结构,层之间的结合为很弱的范德华力,因此,石墨晶体在性能上呈明显的各向异性。

碳素材料可由有机物经高温碳化或石墨化处理制得。在热处理过程中,形成的六角形网面是构成碳素材料内部结构的基本单元。由于各网面之间不同的堆积方式对碳素材料的形态和物理性质有很大的影响,所以碳素材料存在很多种类。作为生物材料应用的碳素材料主要有玻璃碳、碳纤维、热分解碳和碳碳复合物。

1)碳素材料的制备方法

制备碳素材料的碳化过程根据原料状态的不同可分为固相碳化、液相碳化和气相碳化。根据不同的生产工艺,可得到不同结构的碳素材料,主要的类型有玻璃碳、热解碳(LTIC)和低温气相沉积碳(ULTIC)。

固相碳化是制备玻璃碳和碳纤维的常用方法。玻璃碳是一种玻璃状态物质,可由某些聚合物在惰性气体中热解,然后在真空中加工而制得,含碳率可高达99.9%。碳纤维的制备主要采用碳化有机纤维的方法。以低温(200 ~ 300 ℃)弱键断裂和主键架桥,中温(400 ~ 500 ℃)芳香环缩合和高温(800 ℃以上)结晶化,从而将无规则有机结构转变成晶体排列较规整的无机型碳纤维。常用的有机纤维原料主要有黏胶、聚丙烯腈、聚氯乙烯、木质素等。热解碳可通过气相碳化、沉积的方法制取。用纯烃气在高温下分解成碳,沉积在预先做成的耐火基质(如石墨)上形成热解碳。

2)碳素材料的性能

①机械性能

碳素材料具有优良的耐磨损性能,在模拟人工心脏瓣膜的荷载条件下进行的耐磨实验表明,耐磨性明显取决于碳的显微结构,耐磨性随着硬度和密度的增加而增加。热解碳的弹性模量为20 GPa,抗弯强度高达275 ~ 620 MPa,并且韧性好,断裂能为5.5 MJ/m³,而氧化铝陶瓷仅为0.18 MJ/m³,即碳的韧性比氧化铝陶瓷高25倍。碳材料耐磨性好,能承受大的弹性应变,本身不至擦伤和损伤。碳没有其他晶态固体材料的可移动缺陷,其抗疲劳性能好。而玻璃碳的密度低,其耐磨性和化学稳定性好,但强度与韧性均不如 LTIC,只能用于力学性能要求不高的场合。UTLIC 具有高密度和高强度,但仅作为薄的涂层材料使用。UTLIC 涂层与金属的结合强度高,加上涂层的耐磨性良好,因此成为制造人工机械心脏瓣膜的理想材料。

玻璃碳的外观和性质似黑玻璃,具有致密、高硬度和一定的强度等优点,也具有脆性大、易碎的缺点。碳纤维的机械强度很大程度上取决于构成纤维的碳六角形网面的取向和大小。当六角形网面的取向与纤维平行时,显示高的机械强度,网面大的较网面小的弹性模量大,强度略低。碳素材料的弹性模量和致密度与人体骨相近,因而生物力学适应性要比其他材料好。

②生物学性能

碳素材料是一种生物惰性陶瓷,在生理环境中具有较高的化学稳定性,不发生溶解,生物相容性良好,无毒,异物反应少,且材料表面的多孔粗糙结构有利于组织附着生长。碳素材料之所以能在生物材料领域得到大量应用,是与 V. L. Gott 最早发现碳具有良好抗血栓性能这一实验结果分不开的。1961 年 Gott 将多种材料制成直径 7 mm、长 9 mm、壁厚 0.5 mm 的人工血管,插入狗静脉,接通血流,结果发现碳材料具有最佳抗血栓性,动物实验证实,其抗血栓性的强弱与材料表面的粗糙程度和由于氧化生成的亲水性基团(-OH,-COOH)的量有很大的关系。

3)碳素材料的应用

碳素材料在 1967 年被开发并用做生物材料,虽历史不长,但因其独特的优点,发展迅速。碳素材料质轻,而且具有良好的润滑性和抗疲劳特性,弹性模量与致密度与人骨大致相同。碳材料的生物相容性好,特别是抗凝血性佳,与血细胞中的元素相容性极好,不影响血浆中的蛋白质和酶的活性。在人体内不发生反应和溶解,生物亲和性良好,耐腐蚀,对人体组织的力学刺激小,因而是一种优良的生物材料。自 1969 年应用于人工心脏瓣膜以来,碳素材料被不断得到开发研究和应用。如作为软组织材料研究应用的有:人工血管、人工气管、人工尿管、人工胆管、人工肌腱、人工韧带等,作为硬组织材料研究应用的有:人工骨、人工关节、人造齿根等。但由于碳素材料存在性能上的不足,所以除了在人工心脏瓣膜方面应用较普及之外,在其他方面的真正实用化还有待人们进一步的努力和探索。

碳素材料的缺点是:在机体内长期存在会发生碳离子扩散,对周围组织造成染色,但至今尚未发现由此而引发的对机体的不良影响。

(3)氧化锆

氧化锆陶瓷是指以 ZrO_2 为主要成分的陶瓷材料,它不但具有普通陶瓷材料耐高温、耐腐蚀、耐磨损、高强度等优点,而且其韧性也是陶瓷材料中最高的,与铁及硬质合金相当。氧化锆陶瓷还具有优良的热性能和电性能,因此,氧化锆陶瓷的研究、开发和应用早已引起世界各国的高度重视。尤其是自 1975 年澳大利亚科学家 Garvie 首先发明氧化锆增韧陶瓷以来,这方面的研究开发获得更大进展,其应用领域已遍及包括医学临床在内的各个方面。

高纯氧化锆为白色粉末,密度为 5.49 g/cm^3,熔点高达 2 715 ℃。氧化锆具有两种晶体结构,即低温型和高温型。低温型属单斜晶系,在 1 000 ℃ 以下稳定,到更高的温度就转变成较致密的四方晶系的高温形态。当冷却时,四方氧化锆($t\text{-}ZrO_2$)在 900 ℃ 左右又可逆地转变为单斜氧化锆($m\text{-}ZrO_2$)。由于四方氧化锆的密度为 5.73 g/cm^3,单斜氧化锆的密度为 5.49 g/cm^3,因此,当氧化锆从高温型冷却至低温型时,体积约增加 9%,产生剪切应变,使材料抗热震性大大降低。通常制备纯氧化锆制品时都要产生开裂,很难制造出制件。为了避免这种现象的发生,需采取稳定晶型的措施,工艺上一般通过添加稳定剂的办法加以解决,如添加 CaO、MgO、Y_2O_3、CeO_2、ThO_2 等化合物,这样就能得到立方晶系的氧化锆固溶体。这种称为稳定氧化锆的固溶体在任何温度下都是稳定的,没有多晶型转变和体积变化。如果减少稳定剂的添加量,就可以得到部分稳定氧化锆(Partially stabilized zirconia,PSZ)。部分稳定氧化锆由四方相(t 相)和立方相(c 相)两种晶相混合组成。其中 c 相是稳定相,是母体;t 相是亚稳定相,分散在 c 相中,在外应力作用下有可能诱发 t→m 相的马氏体相变,同时伴有少量体积膨胀效应而产生压应力,可使裂纹闭合,并且其颗粒可阻止裂纹的扩展或使裂纹分岔和转向,从而消耗断裂能,起到强化增韧的效果。

1)氧化锆的制备方法

烧结体用的氧化锆粉末通常是以氯化锆为原料,经化学沉淀法或加水分解法制取,粉末粒径大小和结晶程度与溶液的初始浓度、pH 值、温度等因素有关。如果在溶液中预先加入含有稳定剂元素的化合物,控制工艺条件,就可以直接合成出稳定化的氧化锆粉末,氧化锆粉末经煅烧得到氧化锆陶瓷,其烧成温度一般在 1 300~1 600 ℃。

2)氧化锆陶瓷的性能

①机械性能　PSZ 陶瓷在常温下的机械强度是所有陶瓷材料中最高的,挠曲强度为800~1 200 MPa,抗压强度为 3 500 MPa,断裂韧性为 7~10 MPa·$m^{1/2}$,弹性模量为 240 GPa。其断裂韧性和挠曲强度约是氧化铝陶瓷的 2 倍,远远高于其他结构陶瓷,因而有人将部分稳定氧化锆称为"陶瓷钢"。

②生物学性能　氧化锆的生物相容性以及与骨组织的结合状况大体与氧化铝相似,是一种生物惰性陶瓷,具有良好耐腐蚀性。

3)氧化锆陶瓷的应用

氧化锆陶瓷的应用范围大体与氧化铝相似,可用做人造齿根、人工关节和骨折固定用螺钉等。利用氧化锆具有高强度、高韧性的特性,采取氧化锆与生物活性陶瓷复合,可提高生物活性陶瓷种植体的强度。

PSZ 陶瓷较多的被用做全瓷口腔修复体材料。如瑞士 DCS 公司生产的 DCS 氧化锆,在制备时加入约 5% 的 Y_2O_3。该材料一般还要经过高温等渗压挤压工艺处理,以形成非常致密的结构,从而提高其强度,可制备出大跨度的冠桥材料。

由于氧化锆材料具有优异的抗弯强度、负载能力及抗断裂能力等机械性能,该材料可被用于制备侧牙区的修复体。在色泽方面,它略具透光性,颜色呈白色到淡黄色。氧化锆的耐化学腐蚀性也非常好,在口腔环境中,能保持长期的化学稳定性。另一方面,由于氧化锆强度很高,所以加工比较困难。不同的加工方式也会对修复体的最终强度带来很大影响。有经验表明,只有在经过高温等渗压挤压工艺处理后,其强度才能达到临床要求的水平。有些加工方式,如先在氧化锆预制件较软的状态下加工成型,然后再将修复体进行硬化处理等,这样制得的修复体,其强度就要低很多。

此外,使用 CAD/CAM 技术制备高强度氧化锆冠桥也是当前口腔修复的一种新方法。将烤瓷与 CAD/CAM 技术相结合制造全瓷冠桥已在临床上得到了验证。

由此可见,氧化锆全瓷修复体与金属烤瓷修复体相比具有很高的强度。随着氧化锆加工技术的不断改进,新材料的不断完善,相信它将会有广阔的应用发展前景。

9.3.3 生物活性陶瓷

(1)羟基磷灰石

羟基磷灰石(hydroxyapatite,HAP)分子式为 $Ca_{10}(PO_4)_6(OH)_2$,密度为 3.16 g/cm^3,具有脆性,折射率为 1.61~1.65,微溶于纯水,呈弱碱性(pH 值为 7~9),易溶于酸而难溶于碱。HAP 是强离子交换剂,分子中的 Ca^{2+} 易被 Cd^{2+}、Hg^{2+} 等有害金属离子和 Sr^{2+}、Ba^{2+}、Pd^{2+} 等重金属离子置换,也可与含羧基(COOH)的氨基酸、蛋白质、有机酸等产生交换反应。按照分子式计算 HAP 的理论 Ca/P 值为 1.67,但由于受到制造过程的影响,其组成相当复杂,Ca/P 比值有所变化。

HAP 是脊椎动物的骨和齿的主要成分,如人体骨的成分中含约 65% 的 HAP,人牙齿的珐琅质表面则含 HAP 在 95% 以上,与其他的生物材料相比,人工合成 HAP 陶瓷的机体亲和性最为优良,置入人体后不会引起排斥反应,毒性试验证明,HAP 是无毒性物质,因而应用广泛,成为医用生物陶瓷的"明星"。

HAP 的来源有三种:动物骨烧制而成、珊瑚经热化学液处理转化而成和人工化学合成法制备。

1)羟基磷灰石的制备方法

①HAP 粉末的合成与制备

制备 HAP 粉末有许多方法,大致可分为湿法和干法。湿法包括沉淀法、水热合成法、溶胶—凝胶法、超声波合成法及乳液剂法等。干法也称固态反应法。这些方法各有优点和不足。HAP 的合成原料是钙盐和磷酸盐,干法、湿法、水热法的比较见表9.5。

表9.5　HAP 的合成方法比较

合成方法	反应式	特　点
湿　法	$Ca(NO_3)_2 + (NH_4)_2HPO_4 \rightarrow Ca_{10}(PO_4)_6(OH)_2$ $Ca(OH)_2 + H_3PO_4 \rightarrow Ca_{10}(PO_4)_6(OH)_2$	利用溶液反应控制温度,可大量高效的合成低晶质 HAP
干　法	$CaP_2O_5 + CaCO_3 \rightarrow Ca_{10}(PO_4)_6(OH)_2$ $Ca(PO_4) + CaCO_3 \rightarrow Ca_{10}(PO_4)_6(OH)_2$	利用粉末原料进行高温固相反应
水热法	$CaHPO_4 \cdot 2H_2O \rightarrow Ca_{10}(PO_4)_6(OH)_2$	高温高压下反应,可制得大晶体 HAP

A.沉淀法　这种方法通过将一定浓度的钙盐和磷盐混合搅拌,控制在一定的 pH 值和温度条件下,使溶液中发生化学反应生成 HAP 沉淀,沉淀物在 400~600 ℃ 甚至更高的温度下煅烧,可获得符合一定比例的 HAP 晶体粉末。要得到结晶完好的 HAP,烧结温度应达到 900~1 200 ℃。该法反应温度不高,合成粉料纯度高,颗粒较细,工艺简单,合成粉料的成本相对较低。但是,必须严格控制工艺条件,否则极易生成 Ca/P 值较低的缺钙磷灰石,因此,应注意合理控制混合溶液的 pH 值及反应产生沉淀的时间,采用分散设备,使溶液混合均匀,保证反应完全进行以及反复过滤,促使固液相完全分离,提高粉料的纯度。

B.溶胶—凝胶法　这种方法是近些年发展起来的新方法,已引起了广泛的关注。溶胶—凝胶法是将醇盐溶解于有机溶剂中,通过加入蒸馏水使醇盐水解、聚合,形成溶胶,溶胶形成后,随着水的加入转变为凝胶,凝胶在真空状态下低温干燥,得到疏松的干凝胶,再将干凝胶做高温煅烧处理,即可得到纳米粉体。该法同传统的固相合成法及固相烧结法相比,其合成及烧结温度较低,可以在分子水平上混合钙磷的前驱体,使溶胶具有高度的化学均匀性。由于其原料价格高、有机溶剂毒性大、对环境易造成污染,以及容易快速团聚等因素存在,从而制约了这种方法的应用。

C. 水热法　水热法是在特制的密闭反应容器中(高压釜),采用水溶液作为反应介质,在高温高压环境中,使原来难溶或不溶的物质溶解并重结晶的方法。这种方法通常以磷酸氢钙等为原料,在水溶液体系、温度为 200 ~ 400 ℃ 的高压釜中制备 HAP。这种方法条件较易控制,反应时间较短,省略了煅烧和研磨步骤,粉末纯度高,晶体缺陷密度低;合成温度相对较低,反应条件适中,设备较简单,耗电低。因此,水热法制备的粉体不但具有晶粒发育完整、粒度小且分布均匀、颗粒团聚较轻、原材料便宜,以及很容易得到合适的化学计量比和晶型的优点,而且制备的粉体无须煅烧处理,从而避免引起烧结过程中的晶粒长大、缺陷形成及杂质产生,因此,所制得的粉体具有较高的烧结活性。

D. 超声波合成法　超声波在水介质中引起气穴现象,使微泡在水中形成、生长和破裂。这能激活化学物种的反应活性,从而有效地加速液体和固体反应物之间非均相化学反应的速度。超声波法合成的 HAP 粉末非常细,粒径分布范围窄,而且这种合成方法在某些方面比其他加热的方法更为有效。

E. 固态合成法　将固态磷酸钙及其他化合物均匀混合在一起,在有水蒸气存在的条件下,反应温度高于 1 000 ℃,可以得到结晶较好的羟基磷灰石。这种方法合成的羟基磷灰石纯度高,结晶性好,晶格常数不随温度变化,因此,制备的 HAP 比湿法更好,但其要求较高的温度和较长的时间,粉末的可烧结性差,使得应用受到了一定的限制。

F. 自蔓延高温合成法　自蔓延高温合成技术(SHS)可以制备出纳米羟基磷灰石。该技术是利用硝酸盐与羧酸反应,在低温下实现原位氧化自发燃烧,快速合成 HAP 前驱体粉末。制备的 HAP 粉体具有纯度高、成分均匀、颗粒尺寸大小适宜、无硬团等特性。采用 SHS 技术合成纳米级 HAP 前驱体粉末的方法为:按照 Ca/P 摩尔比为 1. 67 ,称取一定量的柠檬酸,分别用蒸馏水溶解混合,调节 pH 值约为 3,于 80 ℃加热蒸发形成凝胶,然后在 200 ℃的电炉中进行自蔓延燃烧,最后得到分布均匀烧结性能良好的纳米级 HAP 前驱体粉末。

②HAP 的烧结与加工

作为种植材料应用的 HAP 一般都要经过成型和烧结。常用的烧结体有三种类型,即致密体、多孔体和颗粒。HAP 致密体的制作与普通陶瓷相同,常用干压成型或泥浆浇注成型后烧成的方法获得,致密率一般在95%以上。多孔体的制作常用以下几种方法:HAP 粉末与有机物混合后干压成型,烧成;HAP 粉末用过氧化氢调和,发泡后干燥,烧成;HAP 料浆浸渍于海绵状聚合物上后烧成。根据不同需要可以制成气孔率在 20% ~90% 范围、孔径大于 50 μm 且气孔互相连通的多孔体。颗粒的制作可以通过粉碎烧结体的方法或通过预先对粉体造粒,最后再烧结的方法获得。HAP 材料的烧结温度在 900 ~ 1 400 ℃ 范围。

将上述 HAP 烧结体再用超声波铣床等对其进行后期加工处理,便可制造出人造齿根和人造骨、关节等。

③羟基磷灰石的掺杂改性及复合

由于纯 HAP 用于硬组织置换还存在一些不足,比如物理机械性能不理想、脆性大、骨诱导作用弱等,从而大大限制了它的应用范围。为了提高材料的力学性能、加快骨的形成速度以及针对纯 HAP 的不足,许多学者从 HAP 分子结构及仿生学等角度出发,以人工合成的 HAP 为基础,采用离子置换法或有机、无机材料掺杂、复合等方法,改进材料的物理机械性能及表面、整体生物活性,探索更适合于临床应用的骨修复及骨置换材料。

A. 无机元素掺杂

掺杂无机元素的目的是改善材料的物理机械性能和整体生物活性。磷灰石的分子通式是 $M_{10}^{2+}(ZO_4)_6^{3-}X_2^-$,其中 M、Z、X 位均可被多种离子占据,从而构成了磷灰石材料家族的多样性。当 M、Z、X 位分别由 Ca^{2+}、P^{5-}、OH^- 占据时,即为羟基磷灰石;X 位换成 F^-,即为氟磷灰石。利用这一特性,可通过在合成过程中加入不同元素而合成出不同的磷灰石。

通过掺入氟、锶、碳酸根等离子,或与其他氧化物等复合,改进 HAP 的物理机械性能及表面、整体生物活性,从而获得理想的骨修复或骨置换材料,是当今 HAP 类生物材料的研究方向之一。

将 HAP 与具有高强高韧的生物惰性陶瓷氧化锆复合成二元或三元体系复合生物陶瓷材料,其主晶相为 HAP 的六方柱状晶体与氧化锆的四方晶体,晶粒细小,氧化锆起到了增韧补强的作用。由于氧化锆的弥散韧化、相变增韧等作用,使单组分的 HAP 陶瓷力学性能有较大的提高,生物学及动物学实验也表明,具有良好的化学稳定性,生物相容性。

B. 羟基磷灰石与天然生物材料的复合

天然生物材料主要指从动物组织中提取的,经过特殊化学处理的具有某些生物活性或特殊性能的物质。比如胶原、骨形成蛋白(BMP)、纤维蛋白黏合剂、细胞因子、成骨细胞、自体红骨髓、脱矿化骨等。骨组织由无机成分和有机成分共同组成,其中无机成分约占 77%。从仿生学角度出发,将羟基磷灰石陶瓷材料与胶原等复合,可能是获得理想骨修复和骨置换材料的一条重要途径。HAP 具有良好的生物相容性,多孔的 HAP 因具有与正常骨组织相似的多孔结构和成分,宽大的内部空间能容纳较多的细胞和各种细胞因子等,以及其生物化学槽的功能,较适合作为天然生物载体。

HAP 与天然生物材料的复合可以有两种形式:一种形式是将胶原等物质与 HAP 形成两相复合材料,以仿真自然骨的化学架构,增强材料的强度和生物活性;另一种形式是依靠一些生物活性物质(如 BMP、成骨因子、成骨细胞等)在生理环境中能诱导、促进骨生长的特性,将这些生物活性物作为骨诱导物质嵌入到多孔 HAP 陶瓷中。

C. 羟基磷灰石与有机高分子聚合物复合

人们一直希望能制备出与天然骨组织结构相近的既有无机成分又有有机成分的复合型人工骨材料,以弥补单一材料修复的不足。作为有机生物材料,通常选用柔性材料来复合增韧,如生物惰性材料(如聚乙烯 PE 类、聚甲基丙烯酸甲酯类等)或生物可降解吸收材料(如聚乳酸 PLA 类、聚甘醇酸 PGA 类等)。根据复合的基体材料不同,可以大致分为以有机生物材料(高分子聚合物)为基体的 HAP 增强复合材料和以多孔羟基磷灰石为基体的有机生物材料增韧复合材料。对于第一类复合材料,主要是将 HAP 引入有机生物材料中,利用 HAP 的高弹性模量增加复合材料的刚性及赋予材料生物活性,并作为强度增强因素存在。在这类材料中,目前研究较多的是 HAP-PLA(聚乳酸)及 HAP-PE(聚乙烯)复合材料。

2)羟基磷灰石的性能

①机械性能

HAP 致密体的机械强度与制作工艺有很大关系,要获得高强度的烧结体,必须对原料合成、粉体成型和烧成制度等工艺条件进行最佳选择。HAP致密体和人体硬组织的部分机械强度数值见表9.6。

表9.6 羟基磷灰石致密体和人体硬组织机械性能对照

材　料	抗压强度 /MPa	挠曲强度 /MPa	扭曲强度 /MPa	抗拉强度 /MPa	弹性模量 /MPa
HAP致密体	308~509	61~113	60~76	117	44 000~88 000
致密人骨	89~164	160~180	50~68	89~114	15 800
人牙釉质	384	—	—	103	82 400
人牙本质	295	—	—	51.7	18 200

HAP材料具有普通陶瓷材料的共同弱点,即脆性大,耐冲击强度低。因此,作为人工骨置换材料在承受较大张应力的部位应用时需要慎重。

②生物学性能

HAP陶瓷由于分子结构和钙磷比与正常骨的无机成分非常近似,其生物相容性十分优良,对生物体组织无刺激性和毒性。大量的体外和体内实验表明,HAP在与成骨细胞共同培养时,HAP表面有成骨细胞聚集;植入骨缺损区时,骨组织与HAP之间无纤维组织界面,植入体内后表面也有磷灰石样结构形成。因为骨组织与植入材料之间无纤维组织间隔,与骨的结合性好,HAP的骨传导能力也较强,材料植入动物骨后四周,就可观察到种植体细孔中有新骨长入,种植体与骨之间无纤维组织存在,两者形成紧密的化学性结合。许多研究表明,HAP植入骨缺损区有较好的修复效果,在临床上HAP主要用于口腔、骨科一些骨缺损的填充和脊柱融合。HAP是非生物降解材料,在植入体内3~4年仍保持原有形态,也有报道发现HAP有部分降解,但不是完全降解。这些实验结果的差异可能与研究者采取的HAP材料合成工艺的不同有很大关系。

种植体表面采用多孔结构有利于加强种植体和骨组织之间的结合,动物实验证实,对于生物惰性材料,要形成新骨长入,多孔体的孔径应不小于100 μm;而对于HAP多孔体,50 μm孔径的气孔内就可有新骨生成,平均孔径90 μm的多孔体则显示最佳的骨形成姿态。

HAP对软组织也同样具有良好的相容性,有人曾将纽扣状HAP致密体植入在手臂皮肤表面,经过数年,植入体仍在皮肤中稳定存在,周围皮下组织未见异常。

3)羟基磷灰石的应用

HAP可以采取粉粒状体或烧结体形式使用。HAP粉状体用做牙膏添加剂、牙齿胶凝剂和骨填充材料。HAP烧结体主要用于制作人造齿根、人造颌骨、人造鼻软骨、皮肤内移植等。

①人造齿根　因龋齿、齿槽脓疡、意外事故等需连根拔牙的粒数,在世界范围内是惊人的,以美国为例,每年有5 000万颗,日本也有3 000万颗以上。选择HAP陶瓷制作人造齿根植入口腔的成功率高达95%以上,与前述单晶氧化铝材料制造齿根平分秋色。

②人造颌骨　临床上将HAP多孔体用于颅骨充填,再建成功率高,是口腔颌面修复方法之一。

③人造鼻软骨　鼻梁缺陷(塌陷、不正、变形等),可以用HAP多孔体填入鼻梁部,改善鼻梁形态,达到矫形、美容的目的。

④皮肤内移植　HAP植入皮肤内后,可长期稳定地固定并没有炎症细胞浸润,生物亲和

性优于医用硅橡胶。

⑤骨填充材料　HAP 和磷酸钠是常用的骨填充材料。

⑥牙膏添加剂　在牙膏配方中添加 HAP 制成的牙膏,具有预防龋齿、减少齿垢(洁齿)的作用。这主要是因为 HAP 是一种特异性吸附剂,可以吸附除去引起龋齿的主要细菌链球菌等产生的胞外性多糖——葡聚糖。

⑦人工中耳通气管材料　用 HAP 加少量添加列,经特殊加工制成大、中、小 3 个型号的纽扣式生物陶瓷中耳通气管,临床用于分泌性中耳炎引流,具有高度生物相容性,与国外同类产品相比,同样安全、可靠,无任何副作用,且价廉、实用,能明显改善听力。

⑧金属种植体涂层材料　HAP 作为金属种植体的表面涂层,能大大提高人体骨长入孔洞的速度。

(2)磷酸钙

磷酸钙中的磷酸三钙(Tri-calcium phosphate, TCP)可用做生物医学材料,分子式为 $Ca_3(PO_4)_2$,有高温型的 α 相单斜晶和低温型的 β 相菱形(六面体)两种晶型,简称为 α-TCP 和 β-TCP。磷酸钙骨水泥(Calcium phosphate cement, CPC)是一种新型的自固型、非陶瓷型骨水泥,其固相由磷酸四钙(TTCP)、磷酸三钙(TCP)、二水磷酸氢钙(DCPD)、无水磷酸氢钙(DCPA)、磷酸二氢钙(MCPM)等磷酸钙盐中的至少两种组成,在与液相(稀酸、生理盐水、血清、血液等)混合后发生水化凝固反应,然后在人体的环境和温度下固化,其成分最终转化为羟基磷灰石。

1)磷酸钙的制备方法

与 HAP 的制法相似,TCP 的合成有干法和湿法。干法是在高温下进行粉末原料的固相反应。湿法是在室温下进行水溶液反应。干法得到的 β-TCP 粉末,可经粉碎、烧结制得多孔陶瓷。湿法合成的微粉末,常用于制作高密度烧结体。例如,在 $Ca(OH)_2$ 悬浮液中,加入 H_3PO_4,待生成沉淀后加入氨水,制成 Ca/P 摩尔比为 1.5 的沉淀,将其在 800 ℃ 预烧,再于 1 150~1 300 ℃ 下常压烧结,得到高密度烧结体。

2)磷酸钙陶瓷的性能

①机械性能　β-TCP 的物理性能与 HAP 相似,密度为 3.07 g/cm^3,微溶于水(为 HAP 的 2 倍),耐压强度为 451.11~676.66 MPa,弯曲强度为 137.29~156.91 MPa。磷酸钙陶瓷的机械强度中能满足要求标准的是耐压强度,因此,在临床上应用于要求弯曲负载、冲击负载小的部位处,或只限用在有压缩负载的部位。

②生物学性能　在生物相容性方面,对磷酸钙陶瓷的评价优于其他陶瓷,它与人体组织间因界面反应而出现骨的生成和骨的诱发,对骨和植入物的直接结合等大有好处。

3)磷酸钙陶瓷的应用

TCP 在临床上广泛用做骨科材料、齿根种植体和中耳植入体等。

①头盖骨或充填骨缺损材料

TCP 和 HAP 在组成、结构、物理性能等方面非常相似,但其溶解速度比 HAP 要大一些,在用做人工骨料材料使用时,其骨置换速度更快,是常用的骨修复材料之一。例如,将 TCP 制作成多孔体,用做头盖骨,或用来充填骨缺损部位,将其植入人体后,新生骨慢慢长入烧结体的孔中,最终置换为自然骨。又例如,将 TCP(α-TCP 或 β-TCP)、磷酸四钙(TECP)、羟基磷酸钙(HA)、二水磷酸氢钙(DCPD)等几种磷酸盐粉末加上调和剂组成磷酸钙骨水泥(Calcium phosphate cement,CPC)是一种新型的骨修复材料,能在人体环境和温度下自行固化,并最终转化为 HAP,作为目前唯一能自行固化并产生骨再生效果和生物相容性的骨骼修复材料,已逐步试用于临床,成为当今生物材料研究的热点之一。

②牙科材料

用于人造齿根材料,是将 TCP 涂覆在钛和钽等金属上,其中心部位是金属材料,外层是 TCP 陶瓷和聚碳酸酯的复合材料。

用于齿根管充填材料,是以 TCP 粉末为主要成分,配制成根管充填糊剂,将其填充至由牙髓和根尖周病引起的根管骨缺损部位,以诱导骨质再生,加速病变区愈合,而超过充填管的材料也可被组织吸收。

③缓释药物载体材料

生物陶瓷材料用于骨修复时会出现下列情况:①在骨瘤切除后的骨缺损治疗中,肿瘤细胞不一定清除干净,有可能局部转移,从而导致治疗不彻底,旧病复发。②植入部位感染,治疗效果差。因此,近年来国外学者探索研究在磷酸钙骨水泥(CPC)中引入抗癌或消炎药,使药物定点缓慢释放,以达到骨修复与治疗的双重目的。具有药物缓释功能的 CPC 是集骨修复和治疗于一体的新型生物材料,开发和应用前景广阔。但体系复杂,影响因素很多,如体系的几何参数、药物的理化性质、包埋量、骨水泥厚度、添加剂、生物学因素等,目前仅限于摸索阶段。今后需进一步重点研究药物与骨水泥的复合作用机理,为材料设计提供理论指导;拓展药物释放控制的途径和手段,以达到药物高效、稳定、长期释放而又不影响修复功能的双重目的。

（3）生物玻璃

生物玻璃（Bioglass）是在 SiO_2-Na_2O 系玻璃中添加大量的 CaO 及适量的 P_2O_5 制成的 Na_2O-CaO-P_2O_5-SiO_2 硅磷酸盐系玻璃。最早由美国 Hench 教授于 20 世纪 70 年代初开发研制出的生物活性玻璃45S_5是一种无机类骨种植材料,它与骨组织和软组织都有良好的结合性,在植入体内后,生物玻璃表面立即与体液发生离子交换反应,最终在材料表面形成类似骨中无机矿物的低结晶度碳酸羟基磷灰石,通过此层与宿主骨形成牢固的化学结合（骨性结合）,因而称为生物活性玻璃。几种生物玻璃的组成见表 9.7,其中以 45S_5生物玻璃应用最广。

表 9.7 几种生物玻璃的组成

质量分数/%	①	②	③	④	⑤	⑥
SiO_2	45	45	45	45	40	15
CaO	24.5	24.5	24.5	24.5	24.5	12.25
Na_2O	31.5	27.5	24.5	18.5	24.5	24.5
P_2O_5	—	3	6	12	6	6
B_2O_3	—	—	—	—	5	—
CaF_2	—	—	—	—	—	12.25
备注			45S_5		45B_5S_5	

生物玻璃陶瓷（又称微晶玻璃）,是由生物活性玻璃控制微晶化处理制得的单晶或多晶磷灰石晶体。它在生物体内稳定,生物亲和性特别是人骨组织亲和性好,与生物活性玻璃相比,生物玻璃陶瓷具有致密的细晶结构、较高的机械强度和较低的溶解度,生物玻璃和生物玻璃陶

瓷材料良好的生物亲和性体现在:将其植入人(动物)体后,随修复时间的延长,在生理环境中,材料表面与组织界面发生作用,逐渐形成与骨组织能够化学结合的生物性羟基磷灰石(HAP)层,这种 HAP 层中的 HAP 部分 PO_4^{3-} 被 CO_3^{2-} 取代成羟基碳酸磷灰石(HCA),同时还含其他矿物和微量元素。这种与骨组织形成的紧密化学键结合层,能阻止种植材料被腐蚀,抗应力性能好。

1)生物玻璃的制备方法

①生物玻璃的制备

生物玻璃的制备工艺过程中包括:第一步,玻璃的合成;第二步,玻璃的成型,以便制成所要求形状的制品。玻璃的合成方法有气相法、溶液法和高温熔融法,后两种方法使用较多。

A. 溶液法 溶液法或称溶胶—凝胶法,是从溶液原料中合成玻璃。根据所选取的原料不同分为两种方法:一是以无机硅酸盐为原料制出琼脂状硅酸(Si(OH)$_4$)的聚合体(Si(OH)$_4$)$_n$,再经过加热处理脱水,制成 SiO_2 玻璃;另一种方法是以金属醇盐为原料(如 Si(C$_2$H$_5$O)$_4$),通过加水分解、脱水来制取(简称醇盐法)。溶液法由于原料是溶液,容易精制,因此可制得高纯度玻璃,而且是在液态下混合,即使是多组分也能充分混合得到匀质玻璃。此外,这种方法还易于成形,可以制得块状、纤维状、棒状、管状、薄膜状或涂层等多种类型玻璃,因此应用面大。

B. 高温熔融法 高温熔融法是传统的玻璃制造方法,其特点是:原料为固态粉状,根据玻璃的种类和形状可选择不同的熔融容器(或坩埚)。

②玻璃陶瓷的制备

制备玻璃陶瓷的工艺过程包括:首先合成均匀的玻璃,再采用热处理工艺将玻璃转变为微晶玻璃。热处理过程可在温度梯度炉中进行。玻璃陶瓷与生物玻璃一样,具有易于成型的优点,将高温熔融态玻璃注向模具中,可以制成各种各样的形状如人工骨、人工齿、人工齿根等。

2)生物玻璃的性能

①机械性能

几种生物活性玻璃的力学性能见表9.8。虽然生物玻璃材料在骨替代方面显示了其不可比拟的优越性,但它在力学性能方面还存在着一些缺点(如较高的脆性),使其难以加工成特殊形状,术中难以钻孔固定;较低的疲劳强度和断裂韧性,不能应用于复杂应力的承载方式中等。因此,补强增韧是该种材料研究的核心课题。可采取的改进途径主要有:自增韧、颗粒增韧、纤维增韧、层状复合增韧、生物活性玻璃陶瓷涂层等。

表9.8 几种生物活性玻璃的力学性能

名　称	抗折强度 /MPa	抗压强度 /MPa	断裂韧性 /MPa·m$^{1/2}$	弹性模量 /GPa
人体骨	96 ~ 196	89 ~ 164	2 ~ 12	15.8
45S$_5$ 生物玻璃	70 ~ 80	—		79
Ceracital 生物玻璃	1 471	49.3	1.0	—
A/W 微晶玻璃	180	1 039.5	2	117
可切削加工生物玻璃	128	410	—	40
可铸造生物玻璃	300	590	—	—

A/W 生物微晶玻璃由磷灰石(A)与硅灰石(W)晶相组成,最大优势是具有良好的力学性能,虽然其杨氏模量和断裂强度还不是很理想,但其抗压强度和弯曲应力等性能均高于其他生物陶瓷材料甚至自然骨,其原因主要是纤维状的硅灰石晶粒通过裂纹偏转和裂纹搭桥等机理大大提高了生物玻璃的机械强度,因此,微晶玻璃的成分和微晶玻璃的热处理制度同样也会影响生物玻璃的力学性能。适当提高配料中硅和钙的含量,同时减少磷的含量,可以使生物微晶玻璃中硅灰石的含量提高,从而提高材料的力学性能,但研究表明,烧结温度过高或保温时间过长,晶粒过度长大反而不利于材料力学性能的提高。

②生物学性能

生物活性是生物玻璃材料最显著的特点,因此,生物活性玻璃材料在生物机体内可以与周围的骨形成稳定结合,并帮助受损伤或缺失的骨更快速地生长痊愈。为此,生物材料界的学者们进行了长期不懈的探索,以进一步优化生物玻璃材料的生物活性。研究发现,利用 Sol-Gel 法制备生物玻璃材料,可扩大玻璃形成范围,生成材料具有大的比表面积,有利于实现骨键合。用生物玻璃与自体骨、异体脱钙骨、骨形成蛋白、骨髓等进行复合,可提高生物玻璃材料的生物活性。

3)生物玻璃的应用

目前,已商品化用于临床的生物活性玻璃和生物玻璃陶瓷有 45S$_5$ 玻璃、磷灰石玻璃、磷灰石金云母玻璃、含磷灰石和硅灰石的微晶玻璃等。

①用做牙科和整形外科植入体与骨间的接合材料

生物玻璃由于机械强度不高,不能直接用做牙科和整形外科所用的植入体,但借助其良好的骨亲和性在体内形成与骨结合的 HAP 层,将生物玻璃涂覆在其他基体(如金属基体、有机高分子基体)上形成生物玻璃涂层,从而使植入体与骨之间很好地接合。最常用生物玻璃涂覆材料是 45S$_5$ 玻璃,如 316L 不锈钢涂以 45S$_5$ 生物玻璃、Co-Cr 合金涂以 45S$_5$ 生物玻璃等复合材料都已用于骨替换。

②用做人工骨材料

Kokubo 等人研制出含磷灰石和硅灰石晶相的高强度生物活性玻璃陶瓷(简称为 G/A/W),其组成为:MgO 4.6%、CaO 44.7%、SiO 34.5%、P$_2$O$_5$ 16.2%、CaF$_2$ 20.5%。它能长期在体液环境中承受 60 MPa 的应力,与人骨的结合力很强,在临床上用做胯骨、假肢、脊椎骨材料和充填骨瘤切除后的骨缺损。

③用于癌症治疗

A. 磁铁玻璃陶瓷　由 LiFe$_3$O$_5$ 和 α-Fe$_2$O$_3$ 与 Al$_2$O$_3$-SiO$_2$-P$_2$O$_5$ 玻璃体复合物制得致密的磁铁玻璃微珠,具有热磁性。将其注射填充在因骨肿瘤而产生的骨缺损部位,外加交变磁场(频率为 10 kHz,强度为 5 000e),充填物因磁滞损耗而局部发热达 43 ℃,可杀死癌细胞,抑制骨瘤重新生长。

B. 含放射元素的耐腐蚀玻璃陶瓷　如 Y$_2$O$_3$-Al$_2$O$_3$-SiO$_2$ 玻璃,化学稳定性好,放射元素几乎不能溶出,但可以被激发和发射 β 射线。将这种直径为 20 ~ 30 μm 的玻璃微珠注射入肿瘤中,可产生局部(不对周围组织)大剂量放射线辐照,从而有效地杀死癌细胞。

9.4 生物高分子材料

生物高分子材料是指用于生理系统疾病的诊断、治疗、修复或替换生物体组织或器官,增进或恢复其功能的高分子材料。研究领域涉及材料学、化学、医学、生命科学。由于高分子材料的种类繁多、性能多样,所以生物医用高分子材料的应用范围十分广泛。它既可用于硬组织的修复,也可用于软组织的修复;既可用做人工器官,又可做各种治疗用的器材;既有可生物降解的,又有不降解的。与金属和陶瓷材料相比,高分子材料的强度与硬度较低,用于做软组织替代物的优势是前者不能比拟的;高分子材料也不发生生理腐蚀;从制作方面看,高分子材料易于成型。但是,高分子材料易于老化,可能会因体液或血液中的多种离子、蛋白质和酶的作用而导致聚合物断链、降解;高分子材料的抗磨损、蠕变等性能也不如金属材料。近十年来,由于生物医学工程、材料科学和生物技术的发展,医用高分子材料及其制品正以其特有的生物相容性、无毒性等优异性能而获得越来越多的医学临床应用。

生物医用高分子材料主要有天然生物材料和合成高分子材料。也可按用途将生物医用高分子材料分为用于药物释放的高分子材料与用于人工器官和植入体的高分子材料。

常用的医用高分子材料有:有机硅聚合物、有机玻璃、尼龙、聚酯、聚四氟乙烯等。医用高分子材料必须具备高纯度、化学惰性、稳定性和耐生物老化等优点。对于非永久植入体内的材料,要求在一定时间内能被生物降解,降解产物对身体无毒害,容易排出;而对于永久性植入体内的材料,要求能耐长时间的生物老化,如能经受血液、体液和各种酶的作用,还必须无毒、无致癌、无致炎、无排异反应、无凝血现象,还要有相应的生物力学性能、良好的加工成型性和一定的耐热性,以及便于消毒等。1960 年以前,人们都是根据要求,在已有现成的高分子材料中筛选合适的材料加以利用,但在实用中发现凝血现象和炎症反应等诸多问题难以解决,由此人们意识到必须在一开始就要根据医学应用的客观需要,特别是生物相容性等,设计医用高分子材料,才能安全可靠。因此,要求医用高分子材料及其降解产物必须具有良好的生物相容性。

9.4.1 天然生物材料

天然生物材料是指从自然界现有的动、植物体中提取的天然活性高分子。例如:从各种甲壳类、昆虫类动物体中提取的甲壳质壳聚糖纤维,从海藻植物中提取的海藻酸盐,从桑蚕体内分泌的蚕丝经再生制得的丝素纤维与丝素膜,以及由牛肌腱重新组构而成的骨胶原纤维等。这些纤维都具有很高的生物功能和很好的生物适应性,在保护伤口、加速创面愈合方面具有强大的优势,已引起国内外医务界广泛的关注。

甲壳质主要存在于甲壳类、昆虫类的外壳和霉菌类细胞壁中,是甲壳素和壳聚糖的统称,兼有高等动物中的胶原质和高等植物中纤维素两者的生物功能,不溶于水、稀酸、稀碱及一般的有机溶剂,可溶于浓无机酸和一些特殊的有机溶剂。目前,甲壳质壳聚糖纤维已有成熟的制备工艺。由于甲壳素具有极强的生物活性及生物亲和性,脱酰后的甲壳质(即壳聚糖)具有相容性、黏合性、降解性及良好的成纤与成膜能力,已被广泛地应用于医药、纺织、化工、食品、生物技术等众多领域。据日本、美国的多项专利介绍,由壳聚糖纤维制得的手术缝合线,既能满足手术操作时对强度和柔软性的要求,同时还具有消炎止痛、促进伤口愈合、能被人体吸收的功效,是最为理想的手术缝合线。壳聚糖纤维制造的人造皮肤,通过血清蛋白质对甲壳素微细纤维进行处理,可提高对创面浸出的血清蛋白质的吸附性,有利于创口愈合,在各类人造皮肤中其综合疗效最佳。丝素纤维和丝素膜是近几年在世界范围发展非常快并得到迅速推广应用的一类天然生物材料。由家蚕丝脱胶后可得到纯丝素蛋白成分,丝素蛋白是一种优质的生物医学材料,具有无毒、无刺激性、良好的血液相容性和组织相容性。据研究报道,已用于酶固定化、细胞培养、创面覆盖材料和人工皮肤以及药物缓释材料等医学各领域,尤其各种再生丝素膜在人工皮肤、烧伤感染创面上的应用显示了独特的优势,临床应用价值显著,前景广阔。

9.4.2　合成高分子材料

合成高分子材料因与人体器官组织的天然高分子有着极其相似的化学结构和物理性能,因而可以植入人体,部分或全部取代有关器官。因此,在现代医学领域得到了最为广泛的应用,成为现代医学的重要支柱材料。与天然生物材料相比,合成高分子材料具有优异的生物相容性,不会因与体液接触而产生排斥和致癌作用,在人体环境中的老化不明显。通过选用不同成分聚合物和添加剂,改变表面活性状态等方法,可进一步改善其抗血栓性和耐久性,从而获得高度可靠和适当有机物功能响应的生物合成高分子材料。

目前,用于人体植入产品的高分子合成材料包括聚酰胺、环氧树脂、聚乙烯、聚乙烯醇、聚乳酸、聚甲醛、聚甲基丙烯酸甲酯、聚四氟乙烯、聚醋酸乙烯酯、硅橡胶和硅凝胶等。应用场合涉及组织黏合,手术缝合线,眼科材料(人工玻璃体、人工角膜和人工晶状体等),软组织植入物(人工心脏、人工肾、人工肝等)和人工管形器(人工器官、食道) 等。

随着环保概念的提出,环保意识的增强,人们对"生态可降解"一词已不再陌生,材料的生态可降解性能要求逐渐被提上日程,生态可降解高分子材料的开发和应用也随之日益受到政府、企业和科研机构的重视。

到目前为止,开发的具有生态可降解性的高分子材料主要以国外产品为主,国内这方面还远远不能满足需要,尚处于国外产品的复制和仿制阶段。聚乳酸类高分子是目前已开发应用于生命科学新增长点——组织工程的生物可降解材料。

一般以组织工程为应用目的的生物材料应符合以下要求:①表面能使细胞黏附并生长;②植入体内后,高分子材料及其降解产物不会引起炎症及毒副作用;③材料能加工成三维结构;④为了保证细胞与高分子反应能大面积进行,并提供细胞外再生的足够空间,且在体外人工培养时有最小的扩散,材料孔隙率不得低于 90% ;⑤在完成组织再生后,高分子能立即被机体吸收;⑥高分子支架的降解速率应与不同组织细胞再生速度相匹配。

对聚乳酸高分子材料进行的研究,在力求符合上述要求时已形成了多种品种,例如:未经编织的单纤维合成材料、经编织的网状合成材料、具有包囊的多孔海绵状材料等。尽管如此,目前应用的生物可降解材料在生物相容性、理化性能、降解速率的控制及缓释性等方面仍存在诸多未解决的问题,有待进一步研究。

9.4.3　用于药物释放的高分子材料

药物在体内或血液中的浓度对于充分发挥药物的治疗效果有重要的作用,按一般方式给药,药物在人体内的浓度只能维持较短时间,而且波动较大。浓度太高,易产生毒副作用;浓度太低,又达不到疗效。比较理想的方式是在较长的一段时间维持有效浓度。药物控制释放体系(DDS)就是能够在固定的时间内,按照预定的方向向体内或体内某部位释放药物,并且在一段时间内使药物的浓度维持在一定的水平。

药物释放的方式有多种,常见的有储存器型 DDS、基材型 DDS。前者是将药物微粒包裹在高分子膜材里,药物微粒的大小可根据使用的目的调整,粒径可从微米到纳米。基材型DDS 则是将药物包埋于高分子基材中,此时药物的释放速率和释放分布可通过基材的形状、药物在基材中的分布以及高分子材料的化学、物理和生物学特性控制。例如:通过聚合物的溶胀、溶解和生物降解过程,可控释在基材内的药物。有关 DDS 的详细内容,可参见本教材第7章中的相关章节。

生物降解聚合物包括天然的和合成的聚合物,常见的可生物降解聚合物包括脂肪族聚酯类(如聚乙交酯、聚丙交酯等),聚磷氮烯类(如芳氧基磷氮烯聚合物、氨基酸酯磷氧烯聚合物等),聚酐类(如聚丙酸酐、聚羧基苯氧基醋酸酐等)以及胶原、壳聚糖等天然高分子。

9.4.4 用于人工器官和植入体的高分子材料

在医学上高分子材料不仅被用来修复人体损伤的组织和器官,恢复其功能,而且还可以用来制作人工器官以取代全部或部分功能。例如:用医用高分子材料制成的人工心脏(又称人工心脏辅助装置)可在一定时间内代替自然心脏的功能,成为心脏移植前的一项过渡性措施。又如人工肾可维持肾病患者几十年的生命,病人只需每周去医院 2~3 次,利用人工肾将体内代谢毒物排出体外,就可以维持正常人的生活。又如用有机玻璃修补损伤的颅骨已得到广泛采用;用高分子材料制成的隐形眼镜片,既矫正了视力又美观方便。用可降解的高分子材料制成的骨折内固定器植入体内后不需再取出,可使患者避免二次手术的痛苦。医用高分子材料的种类繁多,应用面很广。

高分子材料在医学上的部分用途和对应的材料见表9.9。

表9.9 高分子材料在医学上的部分应用

用 途	对应的材料
肝 脏	赛璐珞、PHEMA
肺	硅橡胶、聚丙烯空心纤维、聚砜
胰 脏	丙烯酸酯共聚物
肾 脏	再生纤维素、醋酸纤维素、聚甲基丙烯酸酯复合物、聚丙烯腈、聚砜、聚氨酯
肠胃片段	硅氧烷类
人工血浆	羟乙基淀粉、聚乙烯吡咯酮
角 膜	PMMA、PHEMA、硅橡胶
玻璃体	硅油(PVA、聚亚胺酯)
气 管	聚四氟乙烯、聚硅酮、聚乙烯、聚酯纤维
食 道	聚硅酮、聚氟乙烯(PVA)
乳 房	硅聚酮
尿 道	硅橡胶、聚酯纤维

续表

用　途	对应的材料
心　脏	嵌段聚醚氨酯弹性体、硅橡胶人工红血球：全氟烃
胆　管	硅橡胶
关节、骨	超高分子量聚乙烯、高密度聚乙烯、聚甲基丙烯酸甲酯、尼龙、硅橡胶
皮　肤	火棉胶、涂有聚硅酮的尼龙织物、聚酯
血　管	聚酯纤维、聚四氟乙烯、SPEU
耳及鼓膜等	硅橡胶、丙烯酸基有机玻璃、聚乙烯
喉　头	聚四氟乙烯、聚硅酮、聚乙烯
面部修复	丙烯酸有机玻璃
鼻	硅橡胶、聚乙烯
腹　膜	聚硅酮、聚乙烯、聚酯纤维
缝合线	聚亚胺酯

　　医用高分子材料的发展,使得过去许多的梦想变成了现实。但是,医用高分子材料本身还存在一些问题,与临床应用的综合要求还有差距,有些材料性能还未达到代替人体器官的要求,有些材料还不够安全。因此,还需对医用高分子材料进行深入研究,以使材料更加安全、更具有接近人体自身的组织与器官的功能与作用。

第 10 章
功能薄膜材料

薄膜材料对当代高新技术起着重要的作用,也是国际上科学技术研究的热门学科之一。开展薄膜材料的研究,直接关系到信息技术、微电子技术、计算机科学等领域的发展方向和进程。薄膜是一种物质形态,它使用的物质非常广泛,可以用单质元素或化合物,也可以使用无机材料或有机材料来制备。薄膜与块材一样,可以是非晶的、单晶的和多晶的。功能薄膜是指具有电学、磁学、光学、吸附等物理性能和催化、反应等化学性能的薄膜材料。按性能来分,功能薄膜有导电功能膜、磁性功能膜、光学功能膜、分离膜、催化膜和气敏膜等。由于目前新薄膜材料的出现很快,很难全面地介绍,本章主要介绍成膜技术、导电薄膜、光学薄膜和磁性薄膜。

10.1 成膜技术

薄膜制备技术的发展是薄膜材料发展的基础,薄膜材料的性能与其制备方法及制备过程的各种参数密切相关,要研究薄膜材料首先必须对各种薄膜制备方法有所了解。制备薄膜的技术很多(如气相生成法、液相生成法、氧化法、电镀法等),而每一种方法中又细分为若干种。本节主要介绍常用的蒸发技术、溅射技术、离子镀膜技术、化学气相沉积技术和溶胶—凝胶技术等。在利用蒸发、溅射、化学气相沉积等技术制备薄膜时,都与真空有关,下面先介绍一下真空的基本知识。

10.1.1 真空基本知识

(1)真空和它的单位

真空是指气体被移去的空间,该空间的压强低于一个标准大气压,处于气体比较稀薄的状态。描述真空的物理量主要有真空度、压强、气体分子密度、气体分子的平均自由程等。

"真空度"与"压强"是两个不同的物理概念。压强越低,单位体积的气体分子数越少,真空度越高;反之,真空度越低,压强越高。由于真空度与压强有关,真空的度量单位用压强来表示。

在真空技术中,采用的压强单位是帕斯卡(Pascal),为国际单位,简称帕(Pa)。常用的其他单位有托(Torr)、毫米汞柱(mmHg)、巴(bar)、标准大气压(atm)等。它们的换算关系为:

1 Torr = 1 mmHg = 133. 322 Pa；1 atm = 760 mmHg = 1. 013 × 10^5 Pa；1 bar = 10^5 Pa

(2)真空区域的划分

为了研究真空和实际应用的方便,常将真空划分为粗真空、低真空、高真空、超高真空、极高真空等几个等级,各个真空区域的压强范围见表 10.1。

表 10.1　真空范围

真空度等级	压强范围/Pa
粗真空	$1.013 \times 10^5 \sim 1.33 \times 10^3$
低真空	$1.33 \times 10^3 \sim 1.33 \times 10^{-1}$
高真空	$1.33 \times 10^{-1} \sim 1.33 \times 10^{-6}$
超高真空	$1.33 \times 10^{-6} \sim 1.33 \times 10^{-12}$
极高真空	$< 1.33 \times 10^{-12}$

(3)气体与蒸气

在实际工程中,常会碰到各种气态物质,对于每种气体,都有一个特定的温度,当高于此温度时,气体无论如何压缩都不会液化,这个温度称为气体的临界温度。利用临界温度来区分气体与蒸气,温度高于临界温度的气态物质为气体,低于临界温度的气态物质为蒸气。

某些气体的临界温度见表 10.2。从表中可以看出,N_2、Ar、H_2、O_2 等的临界温度很低,远低于室温,所以它们在常温下是气体。CO_2 的临界温度与室温接近,极容易液化。而水蒸气、有机物质的气态均为蒸气。

表 10.2　一些物质的临界温度

物　　质	临界温度/℃	物　　质	临界温度/℃
N_2	−267. 8	Ar	−122. 4
H_2	−241. 0	O_2	−118. 0
乙醚	194. 0	乙醇	243. 0
NH_3	132. 4	Fe	3 700. 0

(4)稀薄气体的基本性质

在真空技术中所遇到的是稀薄气体,它在性质上与理想气体差异很小。因此,在研究稀薄气体的性质时,可直接应用理想气体状态方程,即波义耳定律、盖·吕萨克定律和查理定律。在平衡状态时,气体分子的速率满足麦克斯韦—玻耳兹曼分布,当气体分子间的相互作用可以忽略时,气体分子在任一速率区间 $v - v + dv$ 内的几率为：

$$\frac{dN}{N} = 4\pi \left(\frac{m}{2\pi kT} \right)^{3/2} \exp\left(-\frac{mv^2}{2kT} \right) v^2 dv \tag{10.1}$$

由式(10.1)得到稀薄气体分子的最可几速率为：

$$v_m = \sqrt{\frac{2kT}{m}} = 1. 41 \sqrt{\frac{RT}{m}} \tag{10.2}$$

平均速率为：

$$v_u = \sqrt{\frac{8kT}{\pi m}} = 1. 59 \sqrt{\frac{RT}{m}} \tag{10.3}$$

均方根速率为：

$$v_r = \sqrt{\frac{3kT}{m}} = 1.73\sqrt{\frac{RT}{m}} \tag{10.4}$$

从上面 3 个式子可以看出，稀薄气体分子的均方根速率最大，平均速率次之，最可几速率最小，这三种速率在不同的场合下有各自的应用。在讨论速度分布时，要用到最可几速率；在计算分子运动的平均距离时，要用平均速率；在计算分子的平均动能时，要用均方根速率。

气体分子的自由程指的是每个分子在连续两次碰撞之间的路程，其统计平均值为平均自由程。平均自由程与温度和压强的关系为：

$$\lambda = \frac{kT}{\sqrt{2}\pi d^2 p} \tag{10.5}$$

式中，d 为分子的直径，p 为压强。式（10.5）表明气体分子的平均自由程与温度成正比，与压强成反比。

（5）真空的获得

一个真空系统应包括真空室、真空泵、真空计以及必要的管道、阀门等。真空泵用来抽取气体，使真空室的压强减小。一些真空泵使压强从一个标准大气压开始变小，称为"前级泵"，另一些真空泵却只能从较低压力抽到更低压力，称为"次级泵"。

对于任一个真空系统，要达到绝对真空（$p = 0$）是不可能的，而只能抽到一定的压强 p_u，称为极限压强（极限真空），这是该系统所能达到的最低压强，是真空系统能否满足制备需要的指标之一。另一个主要指标是抽气速率，指在规定压强下单位时间所抽出的气体体积，它决定抽真空所需要的时间。

真空泵是真空系统获得真空的关键。由于在薄膜制备技术中常用的真空泵是机械泵和扩散泵，下面对这两种泵的工作原理进行简单的介绍。

1）机械泵

机械泵有旋片式、定片式和滑阀式等。其中旋片式机械泵噪声小，运行速度高，应用最为广泛，在这里仅介绍旋片式机械泵的工作原理。

旋片式机械泵的结构主要由定子、旋片和转子组成，如图 10.1 所示。这些部件全部浸在机械泵油中，转子偏心地置于定子内，其工作原理建立在玻—马定律的基础上。如图 10.2 所示为机械泵转子在连续旋转过程中的 4 个典型位置。旋片将泵腔分为 3 个部分：从进气口到旋片分隔的吸气空间、由旋片同泵壁分隔出的膨胀压缩空间和排气阀到旋片分隔的排气空间。图 10.2（a）表示正在吸气，同时将上一周期吸入的气体逐步压缩；图 10.2（b）表示吸气截止，此时吸气量达到最大，并将开始压缩。图 10.2（c）表示吸气空间另一次吸气，而排气空间继续压缩；图 10.2（d）表示排气空间的气体被压缩到超过一个大气压的压强，此时气体便推开排气阀由排气管排出。如此不断循环，转子按箭头方向旋转，不断吸气、压缩和排气，于是，与机械泵连接的真空容器便获得了真空。

如果真空室的容积为 V，初始气压为 p_0，转子旋转所形成的空间体积为 ΔV，则经过 n 次循环后的压强为：

$$p_n = p_0\left(\frac{V}{V + \Delta V}\right)^n \tag{10.6}$$

由式（10.6）可以看出，真空室的压强随真空泵旋片的旋转次数增多而逐渐减小。理论上，$n \to \infty$，$p_n \to 0$，但实际上是不可能的。当 n 足够大时，p_n 只能够达到一个极限值。

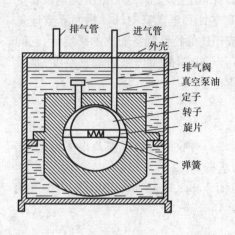

图 10.1　旋片式机械泵的结构示意图

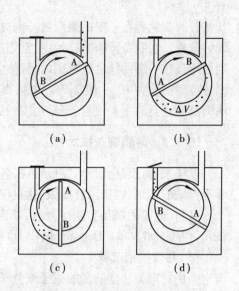

图 10.2　旋片式机械泵的工作原理

2）扩散泵

扩散泵是利用被抽气体向蒸气流扩散的现象来实现排气作用的,它的结构示意图和工作原理如图 10.3 所示。加热器给扩散泵油加热后,扩散泵油产生大量的油蒸气,沿导管传输到上部,经伞型喷嘴向外喷射。因喷嘴外的压强较低,蒸气能够向下喷射出较长的距离,形成一高速的蒸气流,射流的速度达 200 m/s。由于喷嘴口的压强低于扩散泵进气口上方的压强,两者形成的压强差导致真空室内的气体分子向着压强较低的扩散泵喷口处扩散,同具有较高能量的蒸气分子发生碰撞进行能量交换,使得被抽蒸气分子沿蒸气流方向高速运动。被抽蒸气分子到出

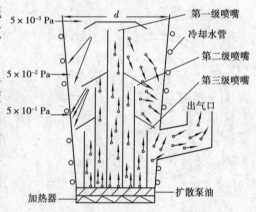

图 10.3　扩散泵的工作原理

口处后,被机械泵抽走。从喷嘴射出的油蒸气流喷到水冷的管壁上,由于管壁的温度低,油蒸气被冷凝成液体,流回到泵底再重新被加热成蒸气。这样,在泵内保证了油蒸气的循环,使扩散泵连续不断地工作,从而使得被抽容器获得较高的真空度。根据扩散泵理论,扩散泵的极限压强为:

$$p_u = p_L \exp\left(-\frac{nvL}{D_0}\right) \tag{10.7}$$

式中,p_u 为极限压强;p_L 为前级泵的压强,L 为蒸气流从扩散泵的进气口到出气口的扩散长度;D_0 为扩散系数。

（6）真空的测量

为了判定真空系统的真空度,必须对真空容器内的压强进行测量。然而,真空技术中所遇到的压强一般都很低,直接测量是很困难的。一般都是测量与低压有关的物理量,再经过变换确定压强。当压强改变时,与压强有关的物理特性也随之发生改变,但任何具体的物理特性,

其显著的变化都在一定的范围内。因此,任何测量方法都有一定的范围,这个范围就是该真空计的量程。在制备薄膜的技术中,常用的真空计有热偶真空计和电离真空计。热偶真空计是利用压强在一定的低真空范围内,气体的热传导与压强成正比的特性制备而成的真空计,它的测量范围一般为 $10^4 \sim 10^{-2}$ Pa。电离真空计是利用气体分子电离的原理来测量真空度,是目前测量高真空的主要仪器,测量范围一般为 $10^{-1} \sim 10^{-6}$ Pa。

10.1.2　薄膜制备技术

近年来,薄膜制备技术发展很快,各种新技术不断涌现。薄膜制备技术涉及很多物理、化学等领域的知识,由于内容所限,这里仅介绍一些必备的基本知识。

目前,薄膜的制备方法主要有:物理气相沉积(Physical Vapor Deposition,PVD)、化学气相沉积(Chemical Vapor Deposition,CVD)和溶胶—凝胶(Sol-Gel)等。

(1)物理气相沉积

采用物理方法使物质的原子或分子逸出,然后沉积在基片上形成薄膜的工艺,称为物理气相沉积。为了避免发生氧化,沉积过程一般在真空中进行。根据使物质的原子或分子逸出的方法不同,又可分为真空蒸发、测射和离子镀等。

1)真空蒸发技术

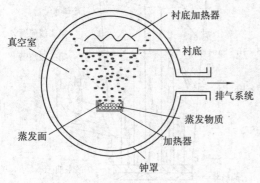

图 10.4　真空蒸发成膜原理

①真空蒸发原理

真空蒸发技术是将衬底放在真空室中,通过加热放在蒸发容器中的蒸发材料,使其原子或分子从表面蒸发出来形成蒸气流,入射到有一定温度的衬底表面上凝结成薄膜,它的原理如图10.4所示。真空蒸发设备的主要部分有:真空室,为蒸发过程提供必要的真空环境,确保薄膜的质量;蒸发源,用来使膜材蒸发的加热部件,一般有电阻加热蒸发源、电子束加热蒸发源和激光束加热蒸发源等;衬底,用于接收蒸发物质形成薄膜;衬底加热器,用来加热衬底。

蒸发材料被加热后,材料从固态变为气态。材料气化后的原子或分子从蒸发源向衬底的表面运动。在运动过程中,气化的原子或分子的运动与真空室内的残余气体及蒸发源和衬底之间的距离有关。残余气体越少,真空度越高,蒸发源与衬底之间的距离越近,残余气体对气化的原子或分子的运动影响越小。气化的原子或分子到达衬底表面后,在衬底表面凝聚成核,之后到达的原子或分子使核长大和填充核与核之间的空隙而形成薄膜。

A. 电阻加热

有些材料可以做成丝状或片状作为电阻元件直接通电进行加热,使其原子或分子在高温下挥发出来,如铁、铬、钛等。但是,对于大多数材料,特别是化合物等不导电或不易制成电阻元件的材料,一般采用间接加热方法,即将材料放在电热元件上进行加热,电热元件通常用钨、钼、钽、铂、碳等制成。电阻加热法通常用于蒸发温度小于 1 500 ℃的铝、金、银等金属,以及硫化物、氟化物、某些氧化物等。

电阻加热法的优点是:设备比较简单,使用方便,造价低。其缺点是:对于多组元材料,由于各组元的蒸气压不同,会造成薄膜成分与原材料不同,而且在加热过程中,电热元件的原子也会挥发出来,造成污染。此外,被加热材料还可能与电热元件发生反应,在加热温度较高时,这些缺点尤为显著。

B. 电子束加热

利用电子枪经过高压加速产生的高能电子聚焦在被蒸发材料上,将电子的动能转变为热能,可以得到很高温度。电子束加热可以获得很高的能量密度,而且易于控制,因而可蒸镀高熔点材料,以大功率密度进行快速蒸镀,可以避免薄膜成分与原材料不同。如被蒸发材料放在水冷台上,使其仅局部熔融,就可避免污染。应该注意的是:高能电子轰击时,会发射二次电子,还有散射的一次电子,这些电子轰击到沉积的薄膜上,会对薄膜结构产生影响,特别是制备要求结构较完整的薄膜时更应注意。

C. 激光束加热

将大功率激光束经过窗口引入真空室内,通过透镜或凹面镜等聚焦在靶材上,将其加热蒸发。这种方法可得到很高的能量密度(可达 10^6 W/cm^2 以上),因而可蒸镀能吸收激光的高熔点物质。由于激光器不在镀膜室内,镀膜室的环境气氛易于控制,特别适于在超高真空下制备纯净薄膜。

激光源可为连续振荡激光(如用 CO_2 激光器)或脉冲振荡激光(如用红宝石激光器等)。脉冲激光可得到很大的蒸发速度,制得的薄膜与基片附着力高,且可防止合金分馏。但由于沉积速率很快(可达 $10^4 \sim 10^5$ nm/s),沉积过程较难控制。由于连续振荡激光沉积速率比脉冲振荡激光的沉积速率慢,因此控制相对容易一些。

激光束加热蒸发源的缺点是:费用较高,且要求被蒸发材料对激光透射、反射和散射都较小。另外,实验表明,并非所有材料用激光蒸镀都能得到好的结果。

②蒸发温度

蒸发材料时,加热温度的高低直接影响着薄膜的形成速率和质量,因此,在加热时需要确定蒸发温度。在真空条件下,蒸发物质在一定温度下的蒸气与固体或液体处于平衡时的压强为饱和蒸气压,此时到达液体表面的分子与从液相到气相的分子数相等。在一定温度下,各种物质的饱和蒸气压各不相同,具有恒定的数值,定义物质在饱和蒸气压为 10^{-2} Torr 时的温度为蒸发温度。材料的饱和蒸气压 p_e 与温度 T 的关系为:

$$\lg p_e = A - \frac{B}{T} \tag{10.8}$$

式中,A 和 B 为与材料有关的常数,一些材料 A 和 B 的数值见表 10.3。在计算时,T 为绝对温度,p_e 的单位为微米汞柱。

③蒸发源与衬底的配置

蒸发源可分为点蒸发源和微平面蒸发源。点蒸发源向各个方向蒸发,微平面蒸发源只向一个半空间蒸发。如果离源中心 h 处放置衬底,形成的膜厚为 t,衬底上膜中心的厚度为 t_0,则膜厚的分布为:

$$\begin{cases} \dfrac{t}{t_0} = \left[1 + \left(\dfrac{\delta}{h} \right)^2 \right]^{-3/2} & \text{(点源)} \\[3mm] \dfrac{t}{t_0} = \left[1 + \left(\dfrac{\delta}{h} \right)^2 \right]^{-2} & \text{(微平面源)} \end{cases} \tag{10.9}$$

表10.3　一些材料 A 和 B 的数值

金　属	A	B	金　属	A	B	金　属	A	B
Li	10.99	8.07×10^3	Sr	10.71	7.83×10^3	Si	12.72	2.13×10^4
Na	10.72	5.49×10^3	Ba	10.70	8.76×10^3	Ti	12.50	2.32×10^4
K	10.28	4.48×10^3	Zn	11.63	6.54×10^3	Zr	12.33	3.03×10^4
Cs	9.91	3.80×10^3	Cd	11.56	5.72×10^3	Th	12.52	2.84×10^4
Cu	11.96	1.698×10^4	B	13.07	2.962×10^4	Ge	11.71	1.803×10^4
Ag	11.85	1.427×10^4	Al	11.79	1.594×10^4	Sn	10.88	1.487×10^4
Au	11.89	1.758×10^4	La	11.60	2.085×10^4	Pb	10.77	9.71×10^3
Be	12.01	1.647×10^4	Ga	11.41	1.384×10^4	Sb	11.15	8.63×10^3
Mg	11.64	7.65×10^3	In	11.23	1.248×10^4	Bi	11.18	9.53×10^3
Ca	11.22	8.94×10^3	C	15.73	4×10^4	Cr	12.94	2.0×10^4
Mo	11.64	3.085×10^4	Co	12.70	2.111×10^4	Os	13.59	3.7×10^4
W	12.40	4.068×10^4	Ni	12.75	2.096×10^4	Ir	13.07	3.123×10^4
U	11.59	2.331×10^4	Ru	13.50	3.38×10^4	Pt	12.53	2.728×10^4
Mn	12.14	1.374×10^4	Rh	12.94	2.772×10^4	V	13.07	2.572×10^4
Fe	12.44	1.997×10^4	Pa	11.78	1.971×10^4	Ta	13.04	4.021×10^4

式中,$\delta = h \tan \theta$,θ 为衬底上某一点与蒸发源的连线同蒸发面法线的夹角。

从式(10.9)可知,对于点蒸发源,使点蒸发源位于衬底所围成的球体中心,可获得厚度均匀的膜;对于微平面蒸发源,它应与衬底处于同一球体的表面上。当然,也可以根据实际情况,采用其他形状的蒸发源(如环形蒸发源等)。

④应注意的问题

在进行真空蒸发时,特别要注意蒸发源材料的选择:a.蒸发源材料的熔点要高,要求高于蒸发温度,这是因为蒸发温度一般都很高,多数在 1 000 ~2 000 ℃;b.饱和蒸气压要低,避免或减少蒸发源材料在高温下随蒸发材料进入薄膜中,降低薄膜的质量;c.化学性能稳定,避免蒸发源材料与蒸发材料发生反应,降低薄膜的质量。另外,在进行真空蒸发之前,要对衬底表面进行预处理,以增强薄膜与衬底的结合强度。

⑤真空蒸发技术的优缺点

真空蒸发技术设备简单、操作方便、制备的薄膜纯度高、成膜速率快、效率高、薄膜的生长机理简单。但由于受蒸发源材料的限制,制备熔点高的薄膜比较困难。制备化合物薄膜时,定比不易控制,制备的薄膜结晶度不太高,薄膜与衬底结合得不太牢固,工艺重复性差。

2)溅射技术

利用荷能粒子轰击靶面,使靶面上的原子逸出的现象称为溅射。溅射出来的原子沉积到衬底表面上凝聚成核并长大而形成薄膜,利用该方法制备薄膜的技术称为溅射镀膜。荷能粒子可以是电子、离子,也可以是中性粒子。由于离子在电场下易于获得能量,溅射效果明显,因此经常采用离子作为轰击粒子。与蒸发镀膜相比,靶材无相变,化合物的成分不易发生变化,同时对衬底又有清洗和升温的作用,形成的薄膜附着力大,并且还能够沉积大面积的薄膜。因产生离子需要高电压和气体,设备比较复杂,薄膜易受溅射气氛的影响,溅射速率较低。随着制备技术的不断改进,溅射镀膜技术已被广泛的采用。

①辉光放电

溅射镀膜是基于离子轰击靶材的溅射效应,整个溅射过程都是建立在辉光放电的基础之上,即用于溅射的离子都是来自于辉光放电。为此,对辉光放电应有一个基本的认识。在一玻璃管内放置两块相对的金属电极,管内压强为 0.1 ~ 1 Torr,两极加上直流电压,即发生辉光放电。放电电压因气体的种类、气压的不同而有很大的差异,可达数百伏,电流可达数百毫安。

图 10.5 所示为辉光放电中的发光部分和暗区部分以及电位和电场的分布,各种气体的各个发光部分都有其独特的颜色。从阴极发射的电子,被在放电电压中占大部分的阴极位降所加速,在阴极层达到相当于气体分子最大激发函数的能量。在阴极暗区,电子的能量超过了气体分子激发函数的最大值,发光变弱。在负辉区,由于电子密度变大,电场急剧减弱。电子能量减少,使气体分子最有效地激发。此后,电子能量降到很小,与离子复合而发光变弱,这就是法拉第暗区。电场慢慢增强,形成正柱区,此区域内的场强一致,电子密度和离子密度相等。由于靠近电场的电子没有产生迁移速度,分子的电离不是由于电场所引起的电子的迁移速度产生的,而是依赖于无秩序速度。在阳极附近,电子被阳极吸引,离子被排斥而形成暗区。由于阳极的气体被加速了的电子所激发,阳极被阳极辉光覆盖。

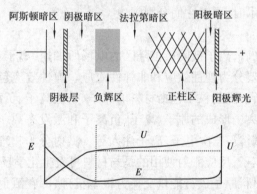

图 10.5　直流辉光放电现象及其电场电位分布

在图 10.5 中,用 U 表示的电位分布是在相对电极的尺寸、电极间的距离足够大时所看到的辉光放电现象。实际上,电极间的距离比电极的尺寸小,而且多是阳极接地。这种装置的电位如图 10.6 所示,从发光部可以看到,阴极暗区、阳极暗区都与电极相连,正柱区很短,法拉第暗区与负辉区相连。电位在阴极区急剧上升,在发光区大致均匀,这个电位称为等离子体电位或空间电位,用 U_s 表示。

放电管的壁一般是绝缘材料。等离子体在壁前形成壳层,其电位分布如图 10.7 所示。在等离子体中,电子的无规则运动速度比离子的速度大得多,电子比离子先到达壁上,使壁带负电,形成比等离子体负的电位。这个电位将电子驱赶回去而使离子加速,当电子电流和离子电流相等时,表现为电流为零,达到平衡态。这时壁的电位称为漂移电位或壁电位 U_f,它相对于 U_s 为负。

在辉光放电的各个区域中,最重要的是阴极位降(也称为阴极鞘层)区,即从阴极到进入负辉区的边缘。阴极与阳极之间的电压主要降落在这个区域,维持整个放电的基本过程都在该区域完成,因此,阴极与阳极之间的距离不能够小于该区域的长度。同时,该区域的电场变

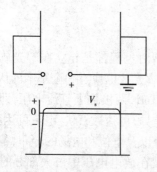

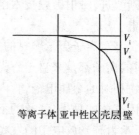

等离子体 亚中性区 壳层 壁

图 10.6　辉光中的电位分布　　　　　图 10.7　壳层中的电位分布

化也比较大,从阴极开始逐渐减小,进入负辉区,电场变得非常弱。

辉光放电有正常辉光放电和异常辉光放电两种。正常辉光放电时,放电电流不足以使辉光布满整个阴极表面,随着放电电流的增大,阴极的辉光面积增大,但此时的放电电压和电流密度不随电流的增大而变化。辉光布满整个阴极表面后,需要增大放电电压来增大电流密度,才能够进一步增大辉光电流,此时随着放电电压的增大,电流急剧增大,这是异常辉光放电区。

根据不同的溅射技术,产生辉光放电的方式也不同,一般有直流放电、射频放电和微波放电,在涉及具体的溅射技术时,再对它们分别阐述。

②离子溅射

辉光放电产生离子之后,离子被阴极位降区的电场所加速,离子对材料的表面产生轰击,轰击的效应十分丰富,主要分为弹性效应和非弹性效应。弹性效应包括离子轰击溅射材料粒子和离子形成的反射粒子。溅射粒子包括材料的原子、二次离子、负离子、激发态的原子或原子团;反射粒子包括入射离子形成的原子、离子、负离子和激发态离子等。非弹性效应主要包括离子轰击引发光子、X 射线、二次电子、离子注入等。溅射分为物理溅射和反应溅射。物理溅射使用的是惰性气体离子,反应溅射使用的是与材料可发生化学反应的气体离子。

物理溅射以离子与材料原子进行能量交换为根本机理,即在溅射离子与材料的碰撞过程中,将能量传递给材料的原子,当材料原子所获得的能量超过其结合能时,就从材料的表面射出。溅射出来的粒子流主要是材料的中性原子、分子或小集团和少量的离子。离子溅射的产生与离子的能量与材料的性能有关,只有当离子的能量大于和等于阈值能量(即离子产生溅射的最小能量)时,溅射才能够产生。在制备薄膜时,一般采用低能量的离子,产生溅射的阈值能量 E_{th} 由下式决定:

$$E_{th} = \begin{cases} \dfrac{\left(1 + \dfrac{5.7m_i}{m}\right)E_B}{\gamma} & (m_i \leqslant m) \\[4mm] \dfrac{6.7E_B}{\gamma} & (m_i > m) \\[4mm] \gamma = \dfrac{4m_i m}{(m_i + m)^2} \end{cases} \tag{10.10}$$

式中,E_B 为材料的蒸发热;m_i、m 分别为离子和材料原子的质量。

离子轰击溅射出来的粒子数量与离子的入射方向、能量与材料的性能都有关。溅射产额定义为一个入射离子从材料中射出来的离子数,用 S 来表示。它与入射角 θ、离子的能量 E 的关系为：

$$S = \frac{3}{4\pi^2} \frac{4\alpha m_i m}{(m_i + m)^2} \frac{E}{E_B} (\cos\theta)^{-f} \tag{10.11}$$

式中，α 和 f 为与材料有关的常数。

当离子的能量高于阈值时，溅射产额随所加的电压增大而增大。一般来说，离子的溅射产额随离子的质量增大而增大，即重离子的溅射产额大，随靶材的原子序数增大而呈周期性地变化，图 10.8 所示为 400 eV 的 Xe 离子垂直入射时的溅射产额与靶材原子序数的关系。离子的溅射产额与入射角的关系在 0°~60° 的入射角范围内满足 arccos θ 的关系，在 60°~80° 的范围内达到最大值，当入射角再增大时，溅射产额急剧下降。

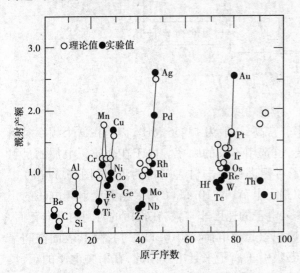

图 10.8　溅射产额与靶材原子序数的关系

图 10.9　阴极溅射的装置

③溅射技术

溅射镀膜的类型比较多，典型的有阴极溅射、三或四极溅射、偏压溅射、射频溅射、磁控溅射、非对称交流射频溅射、反应溅射、吸气溅射等。受篇幅的限制，这里仅详细介绍基本的阴极溅射、射频溅射和磁控溅射原理，其他的可参考相关专业书籍。

A. 阴极溅射

阴极溅射的装置如图 10.9 所示，它采用平行板电极结构，膜材料制成大面积的阴极靶，支持衬底的基板为阳极，安装在真空室内。工作时，先将真空室抽为高真空（10^{-3} Pa），再通入惰性气体（通常是 Ar），使真空室的气压维持在 1~10 Pa，接通电源，使气体在阴阳极之间产生辉光放电。在辉光放电的作用下，气体产生电离形成离子，带正电的 Ar 离子轰击靶面产生溅射，溅射出来的靶材原子运动到衬底表面成膜。

沉积速率是指单位时间内沉积到衬底表面上的物质量，它正比于靶材的溅射速率，与靶和衬底之间的距离、溅射电压、溅射电流等因素有关。由于在溅射过程中，辉光放电是必备的条件，为了提高沉积速率，在不影响辉光放电的条件下，应尽量减少靶与衬底之间的距离。在辉光放电时，无论阴阳极之间的距离怎样增大，阴极暗区的长度一般不发生变化，一旦阴极暗区消失，辉光则消失。因此，靶与衬底之间的距离不得小于阴极暗区的长度。增大辉光电流，靶的溅射显著，因此，可通过增大辉光电流提高沉积速率。

B. 射频溅射

采用阴极溅射只能沉积金属薄膜,而不能够沉积介质膜等,这是由于离子轰击靶面后,在靶面形成的电荷无法被中和,导致靶面的电位升高,以至于离子的轰击逐渐减弱,最后辉光熄灭。为此,发展了射频溅射技术。射频溅射的装置如图10.10所示,相当于阴极溅射装置中的直流电源部分改为由射频发生器、匹配网络和电源所代替,利用射频辉光放电产生溅射所需要的离子。

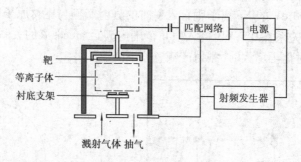

图 10.10　射频溅射装置

射频溅射用来产生辉光放电所用的频率非常高,一般为13.56 MHz,因为在这个频率时阻抗是比较低的。但近来人们根据不同的需要,也选用不同的频率。由于在介质靶上加的是射频电压,当靶为射频电压的负半周时,正离子对靶进行轰击引起靶材的溅射(图10.11(a))。同时,由于介质靶的导电性能差,在靶面上积累正电荷(图10.11(b))。当靶为射频电压的正半周时,由于电子的质量比离子的质量小得多,电子的速度非常大,在很短的时间内飞向靶面,中和靶面上积累的正电荷,并在靶面上又迅速积累起负电荷(图10.11(c)),使其表面空间呈现负电位,以致在射频电压的正半周时也能够吸引正离子来轰击。因此,在射频电压的正、负半周都能够产生溅射。射频溅射之所以能够沉积介质膜,就是由于射频辉光放电能够在介质靶面上建立起自负偏压(负电位)的缘故。

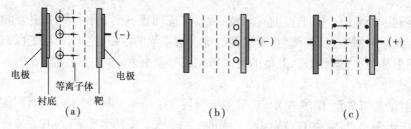

图 10.11　射频溅射原理

C. 磁控溅射

磁控溅射是在溅射系统中引入正交的电磁场,以提高气体的电离率来提高沉积速率,其工作原理如图10.12所示。电子 e 在电场的作用下飞向衬底的过程中,与 Ar 原子发生碰撞,使其电离并形成 Ar^+ 和电子,电子飞向衬底,Ar^+ 以高能量轰击靶,使靶产生溅射。溅射出来的中性靶原子沉积到衬底的表面上形成膜。Ar^+ 轰击靶产生的二次电子 e_1 一旦离开靶面,就会受到电场和磁场的作用。为了分析方便起见,认为二次电子在阴极暗区只受电场作用,进入负辉区只受磁场作用。于是,从靶面上飞出的二次电子在阴极暗区受电场作用而加速,飞向负辉区。进入负辉区后,在磁场的作用下,垂直磁力线运动并绕磁力线旋转。电子旋转半圈之后,又进入阴极暗区而被减速,当电子接近靶面时,速度可降为 0。以后,电子在电场的作用下,再次离开靶面,开始新的周期运动,如图 10.13 所示。二次电子在环状磁场的作用下,运动路径不仅很长,并且它的运动被限制在靶面附近的等离子体区,电离出大量的 Ar^+ 轰击靶材。因而磁控溅射的沉积速率比较高。随着碰撞次数的增多,电子的能量逐渐被耗尽而离开靶面,在电场的作用下,沉积在衬底上。而该电子的能量较小,传给衬底的能量也很少,衬底的温升不大。在磁极轴线处,电场与磁场方向平行,电子将直接飞向衬底,但该处的离子密度低,电子也较少,对衬底温升的作用也不大。

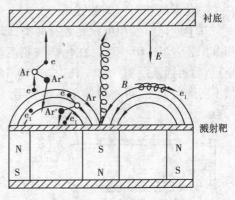

图 10.12　磁控溅射工作原理

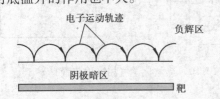

图 10.13　电子在正交电磁场作用下的运动

如图 10.14 所示,从蒸发源蒸发出来的粒子通过辉光放电的等离子区时,其中的一部分被电离成为正离子,通过扩散和电场作用,高速打到衬底表面,另外,大部分处于激发态的中性蒸发粒子在惯性作用下到达衬底表面,堆积成薄膜,这一过程称为离子镀膜。为了有利于膜的形成,必须满足沉积速率大于溅射速率的条件,这可通过控制蒸发速率和充氩压强来实现。

离子镀膜的主要优点是:衬底表面和膜面洁净,不受玷污。由于衬底受到高能粒子的轰击,温度较高,因此对衬底不用辐射加热就能提高表面区域的扩散和化学反应速度,并具有互溶性。

(2)化学气相沉积技术

化学气相沉积是由气体参与反应在衬底上沉积

3)离子镀膜技术

离子镀膜技术是20世纪60年代发展起来的一种镀膜方法,它是将真空蒸发和溅射相结合起来的技术,即利用真空蒸发来制备薄膜,用溅射来清洁衬底表面。因此,离子镀膜是在辉光放电中的蒸发技术。

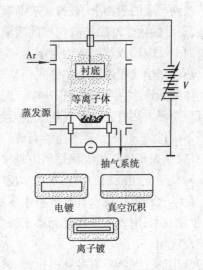

图 10.14　离子镀膜的工作原理

薄膜的一种技术,它是在一个加热的衬底上,通过一种或几种气态元素的化学反应而形成不易挥发的固态材料的过程,可用来沉积单质薄膜,也可用来沉积化合物薄膜。利用化学气相沉积技术时,在沉积温度下,反应物必须有足够高的蒸气压。因此,反应物至少有一种必须是气体,其他反应物的挥发性应较高,如果挥发性较低,需对其进行加热。反应的生成物除了形成的沉积物是固态外,其他生成物必须是气体,同时沉积物本身的蒸气压应足够低,以保证在加热的衬底上沉积过程能够进行。

1）化学气相沉积的装置

基本的化学气相沉积装置有两类，即热管式化学气相沉积装置（图10.15）和热丝化学气相沉积装置（图10.16）。在化学气相沉积之前，同蒸发和溅射技术一样，先将反应室抽成真空，然后再通入反应气体。其中，图10.16中是加了衬底负偏压的热丝化学气相沉积装置，如果不需要负偏压，可将负偏压系统关闭。

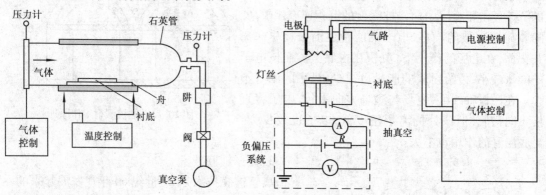

图10.15　热管式化学气相沉积装置　　　　图10.16　热丝化学气相沉积装置

2）化学气相沉积的原理

反应气体被加热分解形成化学基团，在浓度梯度或浓度梯度和温度梯度的作用下，化学基团扩散到衬底的表面上，被衬底表面吸附。被吸附的化学基团在衬底表面上发生化学反应形成核，随后的化学基团扩散到核的表面上，使核长大和填充到核与核之间的空隙形成薄膜。衬底表面上反应形成的副产物由于是气态而离开衬底表面被真空泵抽走。

热丝化学气相沉积与热管式化学气相沉积的差别在于灯丝产生的温度高，并且可调，可增大气体的分解率，以提高沉积速率。同时，可引入负偏压系统，使气体产生辉光放电，进一步提高沉积速率。热管式化学气相沉积系统也可通过线圈耦合利用射频放电来产生辉光放电，但气压不应过高，气压太高不能够起辉。其他的化学气相沉积装置仅是采用分解气体的方式不同而已，例如光学气相沉积是利用光来分解气体。

3）化学气相沉积的特点及化学反应

化学气相沉积技术具有沉积速率高、沉积薄膜范围广、覆盖性好、适于形状比较复杂的衬底、膜较致密、附着力强以及无粒子轰击等优点，因而在很多领域特别是半导体集成电路上得到广泛应用。

常用的气态物质有各种卤化物、氢化物及金属有机化合物等，化学反应种类很多，如热解、还原、氧化、与水反应、与氨反应等。例如：

热解反应：　　　　　　　　$SiH_4 \rightarrow Si + 2H_2$

还原反应：　　　　　　　　$SiCl_4 + 2H_2 \rightarrow Si + 4HCl$

与水反应：　　　　　　　　$2AlCl_3 + 3H_2O \rightarrow Al_2O_3 + 6HCl$

与氨反应：　　　　　　　　$3SiH_4 + 4NH_3 \rightarrow Si_3N_4 + 12H_2$

化学气相沉积与压力和温度有很大的关系。在常压下也能够进行化学气相沉积，但在低压下（如100 Pa）可使薄膜质量及沉积速率显著提高。通常化学气相沉积需要在较高的温度下进行，对于一些薄膜的制备就要受到限制。因而人们常在反应室内采用一些物理手段来激活化学反应,例如,采用微波、等离子体、紫外线、激光等,使反应能在较低温度快速进行。

近年来,利用金属有机化合物热分解制备薄膜的方法受到很大重视,而且专门称为金属有机物化学气相沉积(MOCVD)。其原料主要是金属(非金属)烷基化合物,用这种方法可以精确控制很薄的薄膜生长,适于制备多层膜,并可进行外延生长。例如通过以下反应:

$$Ga(CH_3)_3 + AsH_3 \rightarrow GaAs + 3CH_4$$

可以在 GaAs 衬底上进行气相外延生长,因而 MOCVD 是近年来很活跃的一个领域。MOCVD 法适用范围广,几乎可以制备所有的化合物及合金半导体,其最大优势在于可制备精确的异质多层膜。其缺点是薄膜质量往往受到原材料纯度的限制。另外,一些原料可自燃,有些还有毒,应该注意。

（3）**溶胶—凝胶技术**

溶胶—凝胶技术是通过溶胶—凝胶转变过程来制备玻璃、氧化物、陶瓷以及其他一些无机材料薄膜或粉体的一种新工艺。它是将Ⅲ、Ⅳ、Ⅴ族元素合成烃氧基化合物,利用一些无机盐(如氯化物、硝酸盐、乙酸盐等)作为镀膜物质。将这些成膜物质溶于某些有机溶剂(如醋酸或丙酮)中成为溶胶溶液,采用浸渍和离心甩胶等方法,将溶胶溶液涂敷于衬底表面,因发生水解作用而形成胶体膜,然后进行脱水而凝结成固体膜。膜厚取决于溶液中金属有机化合物的浓度、溶胶液的温度和黏度、衬底拉出或旋转速度、角度和环境温度等。

采用溶胶—凝胶技术制备薄膜工艺复杂,成膜厚度不易实现自动化控制,手工操作多,但溶胶—凝胶技术具有设备简单、成本低、周期短、能够制备大面积的膜等特点。目前,应用该技术已制备了 TiO_2、Al_2O_3、$BaTiO_3$、$PbTiO_3$、$LiNbO_3$ 等薄膜。水解反应和聚合反应是溶胶—凝胶技术的关键两步,水解反应涉及亲水反应,水解反应为:

$$M(OR)_n + xH_2O \rightleftharpoons M(RO)_{n-x}(OH) + xROH$$

金属烃氧基化合物分子中的 $-OH$ 结合起来形成水发生聚合反应,聚合反应为:

脱水缩聚反应: $\quad =\!\!M-OH + HO-M=\ \rightleftharpoons\ =\!\!M-O-M= + H_2O$

脱醇缩聚反应: $\quad =\!\!M-OH + RO-M=\ \rightleftharpoons\ =\!\!M-O-M= + ROH$

式中,M 为金属离子,R 为烷烃基。

溶胶—凝胶技术的工艺流程可用图 10.17 所示的方框图来表示。利用溶胶—凝胶技术制备薄膜时,对膜材有如下要求:

①使用的有机极性溶体应有足够的溶解度范围,因此,一般不使用水溶液。

②有少量水参与时应易水解。

③水解后形成的薄膜应不溶解,形成的挥发物应从衬底表面去除。

④水解后形成的氧化物薄膜能够在较低的温度下进行充分脱水。

⑤薄膜与衬底有良好的附着力。

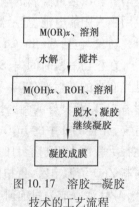

图 10.17　溶胶—凝胶
技术的工艺流程

10.2　导电薄膜

近年来,随着科技的发展,导电薄膜制备的质量越来越高,在电子及微电子工业、能源、信息科学等领域中有着广泛的应用,如集成电路中的电极布线用的都是导电膜。透明导电薄膜是目前研究的主要课题之一,它既具有高的导电性,又对可见光有很好的透光性,对红外光具有高反射特性,它包括金属薄膜和氧化物薄膜。

10.2.1　金属透明导电薄膜

所有的金属是不透明的,这是金属的特性。但当金属薄膜的厚度减小到一定程度时,呈现出透明状态,如厚度为 33 nm 的 Pt 膜对 210 ~ 700 nm 波长的光透光率为 92%。一般地说,当金属薄膜的厚度在约 20 nm 以下时,对光的反射和吸收都很小,具有很好的透光性。薄膜的生长过程是先形成核,核长大后形成岛状结构相互连接起来,并且沉积的材料原子填充到岛与岛之间的空隙而形成膜,即膜的结构与其厚度有着密切的联系,如果膜比较薄,可能是岛状结构。膜的厚薄直接影响了它的导电性能,如 Au 膜在其厚度小于 7 nm 时,它的方块电阻率随膜厚的减小急剧增大;而大于 7 nm 时,随着膜的厚度增大电阻率减小。因此,平滑的连续膜可成为低电阻膜。

常见的金属透明导电薄膜有 Au、Ag、Cu、Al、Cr 等。金属薄膜很容易利用溅射技术制备出来。但金属膜在较厚时,透光性不好;太薄时,电阻又会增大,而且常会形成岛状结构的不连续膜。为了制备平滑的连续膜,常需要先镀一层氧化物作为过渡层,再镀金属膜,金属膜的强度低,其上面再镀一层保护层如 SiO_2、Al_2O_3 等。

10.2.2　氧化物透明导电薄膜

透明导电薄膜的种类众多,其中透明氧化物薄膜(TCO)占主导地位。自从 Badeker 将溅射的镉进行热氧化,制备出透明导电氧化镉薄膜以来,人们对透明导电氧化物薄膜的兴趣与日俱增。它以接近金属的电导率、可见光范围内高透射比、红外高反射比及其半导体特性,广泛应用于太阳能电池、显示器、气敏元件、抗静电涂层等方面。同时,越来越多的氧化物薄膜成为研究对象,包括 Sn、In、Cd、Zn 以及它们掺杂的氧化物。

在相当一段时间内,Sn 掺杂的 In_2O_3(ITO)薄膜得到了广泛的应用,这是由于它具有对可见光有高的透射率(90%),对红外光有较强的反射系数和低的电阻率,并且与玻璃有较强的附着力,以及良好的耐磨性和化学稳定性等。但 ITO 薄膜中的铟有毒,在制备和应用中对人体有害,并且 ITO 中的 In_2O_3 价格昂贵,成本较高,而且 ITO 薄膜易受氢等离子体的还原作用,这在很大程度上限制了 ITO 薄膜的研究和应用。新型透明导电 Al 掺杂的 ZnO(AZO)薄膜,原材料 ZnO 资源丰富,价格便宜,并且无毒,有着与 ITO 可相比拟的光电性能,且容易制备。因此,AZO 薄膜成为目前研究的热点,也是目前最具开发潜力的薄膜材料。另外,F 掺杂的 SnO_2 薄膜,由于其硬度高、化学性能稳定、成本低,也是广泛应用的一种透明导电薄膜。下面主要介绍 ITO、AZO 薄膜和 F 掺杂的 SnO_2 薄膜。

（1）ITO 薄膜

In_2O_3 的禁带宽度为 3.75 eV，是一种宽禁带的 N 型半导体材料，对紫外光吸收，对红外光反射，而对可见光透过。未经掺杂的 In_2O_3 电导率较低，它的导电不是依靠本征激发，而是依靠附加能级上的电子和空穴激发。经 Sn 掺杂后，由于 Sn 的掺杂和形成的氧空位分布于材料中，使得载流子浓度大大增加（$10^{21}/cm^3$），电阻率急剧下降（$7 \times 10^{-5}\ \Omega \cdot cm$），电导率接近金属导体。掺 Sn 后的 In_2O_3 可表示为 $In_{2-x}^{3+}Sn_x^+ \cdot O_3$，掺杂反应可表示为：

$$In_2O_3 + xSn^{4+} \rightarrow In_{2-x}^{3+}(Sn^{4+} \cdot e)_x \cdot O_3 + xIn^{3+}$$

形成氧空位的反应可表示为：

$$In_2O_3 \rightarrow In_{2-x}^{3+}(In_x^{2+} \cdot 2e)_x O_{3-x}^{2-} + \frac{x}{2}O_2 \uparrow$$

Sn^{4+} 与 In^{3+} 的半径相近，于是 Sn^{4+} 很容易置换部分 In^{3+}。易变价的 Sn^{4+} 俘获一个电子而变成 $Sn^{4+} \cdot e$，即 Sn^{3+} 保持电中性。这个电子与 Sn^{4+} 是弱束缚的，是载流子的来源之一；另一方面，在还原处理 ITO 薄膜时，In_2O_3 中的氧离子（O^{2-}）脱离原晶格，留下的电子使部分铟离子（In^{3+}）变为低价的铟离子（In^+），于是符合计量比的 In_2O_3 变成 $In_{2-x}^{3+}In_x^+O_{3-x}^{2-}$，这样可获得高电导率、高透光率的 ITO 薄膜。

ITO 薄膜的制备方法很多，有磁控溅射法、激活反应蒸发法、化学气相沉积法和溶胶—凝胶工艺等。其中，磁控溅射法是比较成熟的技术，它是利用直流或射频电源使 Ar 或 $Ar-O_2$ 混合气体产生辉光放电，使离子对 InSn 合金靶或 In_2O_3 靶进行轰击，通过控制相应的参数获得 ITO 薄膜。

（2）AZO 薄膜

ZnO 是一种非化学计量比的宽禁带（3.437 eV）N 型半导体，具有低电阻率（$\sim 10^{-3}\ \Omega \cdot cm$），对可见光有高的透射率（约为 90%）。ZnO 薄膜的载流子浓度主要由 ZnO 的非化学计量比引起的电子浓度决定，ZnO_{1-x} 中的 x 值越大，载流子浓度越高。由于 ZnO 薄膜在制备过程中形成大量的 O 空位和 Zn 填隙，而高质量的 ZnO 薄膜具有较低的化学计量比，其电阻率低，即 ZnO_{1-x} 中 x 值较大，故载流子浓度高。

氧化锌晶体属六方晶系，由氧的六角密堆反向嵌套而成，晶格常数 $a = 0.325$ nm，$c = 0.521$ nm，每一个锌原子位于 4 个相邻的氧原子所形成的四面体间隙中，但只占据其中半数的氧四面体间隙，氧原子的排列情况与锌原子相同。在 ZnO 薄膜中，由于间隙原子的生成焓比较低，半径较小的原子容易形成间隙原子。ZnO 薄膜掺杂 Al 后，Al 原子以间隙原子的形式存在，此间隙 Al 原子是主要的点缺陷，其缺陷密度比不掺杂 ZnO 薄膜中的缺陷密度大得多，载流子浓度增大，电阻率减小，达到 $1.4 \times 10^{-4}\ \Omega \cdot cm$。制备 AZO 薄膜采用的技术与制备 ITO 薄膜时的一样，有磁控溅射法、激活反应蒸发法、化学气相沉积法和溶胶—凝胶工艺等。

（3）F 掺杂的 SnO_2 薄膜

SnO_2 的晶体结构有两种：一种是四方晶结构的 SnO_2，其晶格常数为 $a = 0.473\ 8$ nm，$c = 0.318\ 7$ nm；另一种是斜方晶格结构的 SnO_2，其晶格常数为 $a = 0.473\ 7$ nm，$b = 0.570\ 8$ nm，$c = 1.586\ 5$ nm。SnO_2 的禁带宽度为 3.6 eV，理论上是一种绝缘薄膜材料。然而，实际制备的 SnO_2 薄膜由于存在晶格不完整性及氧空位，在禁带内形成 $E_d = -0.15$ eV 的施主能级。氧空位在一定温度下会发生电离，电离后释放两个电子，电子受激跃迁到导带，向导带提供

$10^{15} \sim 10^{18}$ cm^{-3}浓度的电子,使得SnO$_2$薄膜实际成为N型半导体。

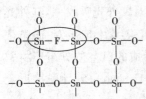

图10.18　SnO$_2$:F的结构

当掺入F后,由于F-Sn键的键能大于O-Sn键的键能,发生高温热解反应时,掺入的F原子取代了部分O原子的位置。而氟通常为-1价,这样就使Sn具有了一个未成键电子,增大了载流子浓度,减小了膜电阻。掺F的SnO$_2$结构如图10.18所示。当F/Sn比例为3.1%(质量分数)时,电阻率达最小值,为4×10^{-4} Ω·cm,载流子浓度为7.2×10^{20} cm^{-3}。SnO$_2$薄膜对可见光的透过率达90%,由于SnO$_2$掺杂F后,存在高浓度的自由电子,对中远红外具有较高的反射率,常用于透明电极、电加热玻璃、高效节能灯、防静电膜和电磁屏蔽等。制备SnO$_2$薄膜的方法也有多种,如化学气相沉积法、溅射法、溶胶—凝胶法、反应蒸镀法以及喷涂热分解法等。

(4)其他透明氧化物薄膜

随着光电子产业的进一步发展,对透明导电材料的物理化学性能的要求越来越高,为了满足特殊性能的要求,不断地研制出新的透明氧化物薄膜材料。ZnO薄膜的性能在温度超过150 ℃就开始不稳定了,为此,掺入B、F、Al后,其稳定温度可分别提高到250 ℃、400 ℃、500 ℃。也可以通过掺杂其他元素来改变其性能,掺杂ZnO薄膜电学性能见表10.4。

表10.4　掺杂ZnO薄膜的电学性能

掺杂元素	掺杂量/%(原子分数)	电阻率/$\times 10^{-4}$Ω·cm	载流子浓度/$\times 10^{20}$cm^{-3}
Al	1.6~3.2	1.3	15.0
Ga	1.7~6.1	1.2	14.5
B	4.6	2.0	5.4
Y	2.2	7.9	5.8
In	1.2	8.1	3.9
Sc	2.5	3.1	6.7
Si	8.0	4.8	8.8
Ge	1.6	7.4	8.8
Ti	2.0	5.6	6.2
Zr	5.4	5.2	5.5
Hf	4.1	5.5	3.5
F	0.5	4.0	5.0

为了增强AZO薄膜的化学稳定性和耐腐蚀性,Minami等利用直流磁控溅射制备了AZO:Cr和AZO:Co薄膜,它们的化学稳定性和耐腐蚀性都得到增强,而AZO薄膜的光电性能没有较大的改变,AZO:Cr薄膜的电阻率为3×10^{-4} Ω·cm,AZO:Co薄膜为$5 \sim 6 \times 10^{-4}$Ω·cm。由于材料的性能由其组成成分决定,为了满足特殊性能的需要,他们通过控制成分,制备了高透明和高导电的多组元的氧化物薄膜,如ZnO-SnO$_2$、ZnO-In$_2$O$_3$、In$_2$O$_3$-SnO$_2$、In$_2$O$_3$-GaInO$_3$、Zn$_2$In$_2$O$_5$-MgIn$_2$O$_4$和Zn$_2$In$_2$O$_5$-In$_4$Sn$_3$O$_{12}$等,它们的电阻率达到10^{-4}Ω·cm的数量级,对可见光的透过率在70%~80%以上,有的高达95%。为了电子器件领域中特殊透明PN结的需要,已研制出P型的透明CuAlO$_2$薄膜,其禁带宽度为3.77~3.93 eV,电阻率为10^{-1} Ω·cm,对可见光的透过率为50%。

10.3　光学薄膜

光学薄膜主要是利用材料的不同光学性质来满足不同场合的需要。光学薄膜材料种类繁多,本节将按照不同的用途介绍一些常用的和最近新开发的光学薄膜材料以及它们的性能。

10.3.1　反射膜

用做反射膜的薄膜材料多是金属。当金属薄膜的厚度减小到一定程度时,才呈现出透明状态;当金属膜较厚时,对光起反射作用。常见的金属反射膜有 Al、Ag 和 Au 膜。

Al 膜是唯一从紫外(0.2 μm)到红外(30 μm)都有很高反射率的材料,大约在波长为 0.85 μm 时,反射率出现极小值,其值为 86%。Al 膜对衬底的附着力比较强,机械强度和化学稳定性也比较好,被广泛地用做反射膜。在可见光区域,作为反射膜的 Al 膜最佳厚度在 80 ~ 100 nm,小于该厚度时,透过损失较大,大于该厚度时,由于 Al 膜内的晶粒较大,散射增加,反射率降低。

Ag 膜在可见光区域和红外区域内,有高于一切已知材料的反射率。在可见光区域,反射率达 95% 左右,红外区域反射率达 99% 以上。但 Ag 膜的附着力比较差,机械强度和化学稳定性也不太好。Ag 膜在紫外区的反射率很低,在波长为 400 nm 时,反射率开始下降,到 320 nm 附近下降到 4% 左右。Ag 膜暴露在空气中会逐渐变暗,这是由于其表面形成了氧化银和硫化银的缘故,使反射率降低。为增强 Ag 膜与衬底的附着力和对膜进行保护,一般采用 Al_2O_3 增强附着力,SiO_x 用来作为保护膜。

Au 膜在红外区域有与 Ag 膜差不多的反射率,与 Ag 膜相比,它在大气中不易被污染,能够保持较高的反射率。新制备的 Au 膜比较软,很容易被划伤和剥落,但镀后不久膜会逐渐变硬,与衬底的附着力增强,约过一周后,膜的牢固度趋于稳定。由于 Au 膜的这些特点,常用做红外反射膜。Au 膜在波长小于 500 nm 时,由于对光的强烈吸收,反射率降低,在长波端,反射率逐渐上升。Au 膜与玻璃的附着力比较差,可用铬膜或钛膜作为缓冲层,以提高附着力。

Al、Ag 和 Au 膜通常用高真空的快速蒸发来制备,另外,用溅射技术来制备 Au 膜的也比较多。

10.3.2　防反射膜

光在表面总会有一部分被反射掉,对于光学镜头、太阳能电池等希望尽可能少的光被反射掉,很早就发现如果在表面镀一层防反射膜可达此目的。

防反射膜又称为减反射膜或增透膜。理想的防反射膜的条件是膜层的光学厚度为 1/4 波长,其折射率为入射介质折射率和衬底折射率乘积的平方根。在可见光区,使用最普遍的是折射率为 1.52 左右的"冕"牌玻璃。这样,理想的增透膜的折射率是 1.23。但至今能够利用的薄膜中,最低的折射率为 1.38,它是 MgF_2 薄膜,可以使玻璃的反射损耗降 1.4%,并且它的强度也比较高,可见光区为 0.2 ~ 10 μm,因而 MgF_2 薄膜被广泛用做镜头的防反射膜。对于光学系统所采用的高折射率的窗口材料 Ge(折射率为 4),用 ZnS 薄膜来制作防反射膜。ZnS 薄膜的折射率为 2.3,可见光区为 0.38 ~ 14 μm,它可使 Ge 的反射损耗几乎降为零。

近年来制备的类金刚石薄膜,在红外波段有很高的透过率,依赖沉积工艺的不同,对应波长 632.8 nm 的光学折射率为 1.7 ~ 2.4,可作为红外波段的防反射膜。

上面所介绍的是单层防反射膜,只能在某一波长下得到零反射率,在此波长两侧反射率急剧上升,而且对于玻璃,MgF_2 薄膜也不是最理想的。通过计算选择两层或多层折射率不同的膜进行组合,可增大透过率。下面给出双层膜的组合,对于多层膜的组合可参考相关的专业书籍。以在玻璃上镀的双层膜为例,先在玻璃上镀一层厚度为 $\lambda_0/4$(λ_0 为波长)、折射率为 n_2 的薄膜,薄膜与玻璃组成的系统可以用一种折射率为 $Y = n_2^2/n_g$(n_g 为玻璃的折射率)的假想衬底来代替。如果 $n_2 > n_g$,则 $Y > n_g$,即先在玻璃上镀一层高折射率、厚度为 $\lambda_0/4$ 膜后,玻璃的折射率好像从 n_g 提高到 n_2^2/n_g,然后再镀 $\lambda_0/4$ 厚的 MgF_2 薄膜,就起到更好的效果。

10.3.3 吸收膜

吸收膜是一种对一定波长的光能够有效吸收的光学薄膜,即当吸收膜受到由不同波长组成的光波照射时,可以有选择性的吸收。

光学多层膜的应用实例之一是太阳光选择吸收膜。当需要有效地利用太阳能时,就要考虑采用对太阳光吸收较多,而由热辐射等引起的损耗较小的吸收面,从图 10.19 可以看出,太阳光谱的峰值约在 0.5 μm 处,全部能量的95%以上集中在 0.3 ~ 2 μm 之间。另一方面,由被加热的物体所产生的热辐射的光谱是普朗克公式揭示的黑体辐射光谱和该物体的辐射率之积。在几百摄氏度的温度下,黑体辐射光谱主要集中在 2 ~ 20 μm 的红外波段。由于太阳辐射光谱与热辐射光谱在波段上存在着这种差异,因此,为了有效地利用太阳热能,就必须考虑采用具有波长选择特性的吸收面。这种吸收面对太阳能吸收较多,同时由于热辐射所引起的能量损耗又比较小,即在太阳辐射光谱的波段(可见波段)中吸收率大,在热辐射光谱波段(红外波段)中辐射率小。采用在红外波中反射率高达 1、辐射率非常小的金属,可以在可见光波段中降低其反射率,增大其吸收。

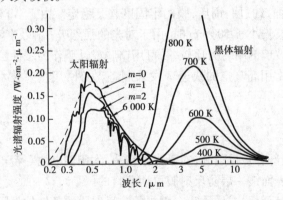

图 10.19 太阳辐射光谱与黑体辐射光谱
(m:光学空气质量)

利用半导体层中的带间跃迁吸收的方法,在金属表面沉积一层半导体薄膜,其吸收端波长在 1 ~ 3 μm 之间($E_g = 1 \sim 0.4$ eV)。当波长比吸收端波长长时,半导体层是透明的,可以得到由衬底金属所导致的高反射率;当波长比吸收端波长短时,由于薄膜的吸收系数很大,可以吸收太阳光。用于这一目的的半导体有 Si($E_g = 1.1$ eV)、Ge($E_g = 0.7$ eV)和 PbS($E_g = 0.4$ eV)。

它们在可见光波段的折射率较大,反射损耗较大。降低半导体反射的措施有:①适当地选取半导体层的膜厚,通过干涉效应来降低反射率;②在半导体层上再沉积一层防反射膜;③使半导体表面形成多孔结构,利用重反射的方法,使反射率降低。

10.3.4　激光器用光学薄膜

对于紫外激光器,紫外反射镜是准分子激光器的重要光学元件。常用的金属反射薄膜材料已经不能满足激光技术上的要求,必须研制低损耗的全介质反射镜。我国浙江大学与上海光机所合作研究了波长为 350 nm(XeF)、308 nm(XeCl)、248 nm(KrF)和 193 nm(ArF)四种准分子激光反射镜的制备技术,选择了 ZrO_2、HrO_2 或 ZrO_2-Y_2O_3 的混合膜料作为反射镜的高折射率材料,Al_2O_3 作为 248 nm 和 193 nm 反射镜的高折射率材料,低折射率的材料选 SiO_2,采用电子束蒸发的方法制备准分子激光反射镜,在上述波长处的反射率分别达 99.7%、99.5%、98% 和 96%。上海光机所将具有高折射率的 TiO_2、ZrO_2 薄膜和低折射率的 SiO_2 薄膜进行组合制备出氧碘化学激光器的高反射薄膜,反射率达 99% 以上。

SiO_2 薄膜是紫外激光器所用的防反射薄膜,但不同方法制备的防反射膜,其性能有一定的差异。浸入涂膜法制备的多孔 SiO_2 薄膜比早期的真空蒸发和旋转涂膜法制备的 SiO_2 薄膜有更好的减反射效果。在波长 350 nm 处的透过率达到 98% 以上,紫外区的最高透过率达 99% 以上。该 SiO_2 薄膜可望用于惯性约束聚变(ICF)和 X 光激光研究的透光元件的减反射膜。长春光机所将 TiO_2 薄膜和 SiO_2 薄膜进行组合,利用四层非规整膜系的防反射薄膜,使得 He-Ne 激光器 632.8 nm 波长处的剩余反射率值为 0.003 4%。

在高功率激光器中,具有高损伤阈值和低吸收的光学膜引起人们的注意。但适合的膜料却不多,最好的低折射率材料是 ThF_4,但是它有放射性,有毒,并不适用。于是出现了混合膜,如在 ZrO_2 中掺入 MgO 或 SiO_2,可以降低散射;在 TiO_2 中掺入 ZrO_2 等其他氧化物,可以减少膜的吸收;在 MgF_2 中掺入 CaF_2 或 ZnF_2,可以降低膜的应力。

10.3.5　光无源器件薄膜

光无源器件包括光纤连接器、光衰减器、光耦合器、光波分复用器、光隔离器、光开关、光调制器等,它是光纤通信设备的重要组成部分,由于其工作原理遵循光线理论和电磁波理论,故薄膜器件部分的结构设计和工作原理与薄膜技术息息相关。

大容量光纤通信要求光纤连接器插入损耗在 0.1～0.5 dB 之间,平均值为 0.3 dB,随着新技术、新工艺的应用,可望降低到 0.1 dB,大大提高回波损耗。如果采用镀膜工艺在光纤连接器球面上镀防反射膜,如 SiO_2、Ta_2O_5、MgF_2、ZnO_2、Al_2O_3、CeO_2 等,使回波损耗提高到 70 dB 以上。同时,在插针的端面采用光集成工艺,镀上半透膜、减反膜和偏振膜,可以组成不同功能的多用插头。

薄膜型光衰减器是众多光衰减器中的一种,它是靠直接在光纤端面或玻璃基片上镀金属吸收膜或反射膜来衰减光能量实现其功能的。所镀的金属膜包括 Al 膜、Ti 膜、Cr 膜、W 膜等,表面常用 SiO_2、MgF_2 膜作为保护膜。连续可变光衰减器采用的是连续衰减片,连续衰减片是在圆形玻璃上镀制厚度连续变化的金属吸收膜制成的。提高光衰减器的回波损耗也必须在各元件表面镀抗反射膜,若采用场致变化薄膜作为衰减片,可制作智能型光衰减器。

波分复用器(WDM)在宽带高速光通信系统、接入网、全光网络等领域中有着广泛的应用前景,其中干涉膜型波分复用器采用的是由多层介质膜制成的截止滤波片或带通滤波片,如1 310/1 550 nm 的波分复用器用的是长波通和带通滤波膜,采用的膜料大多是 SiO_2 和 TiO_2。当多层介质膜为超窄带滤波膜时,即可构成密集型波分复用器(DWDM),复用间隔可小至1 nm。这种滤波片是在多腔微离子体条件下制备的高稳定带通滤波片,其波长随温度变化小于 0.004 nm/℃。

10.3.6 紫外探测器用膜

目前,已投入商业和军事应用的紫外探测器主要有紫外真空二极管、紫外光电倍增管、紫外图像增强管和紫外摄像管、多阳极微道板阵列(MAMA)和固体宽禁带紫外探测器等。

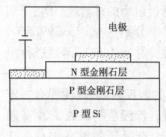

图 10.20 金刚石膜紫外探测器的结构

硅基紫外探测器发展比较成熟,但存在许多缺点,例如:对紫外敏感性不高,紫外与可见光的分辨率低等,最重要的是监测高强度深紫外光时辐射硬度低,工作寿命短。以宽禁带材料为基础的新型固体紫外探测器,其成像范围正好处在太阳盲区。所谓"太阳盲区",即波长短于 291 nm 的中紫外辐射,由于同温层的臭氧的吸收,基本上到达不了地球近地表面,这就会造成近地球表面附近太阳光的中紫外光辐射几乎消失。因此,对于这些宽禁带探测器而言,在不需要昂贵的滤光片的前提下,任何中紫外光辐射引起的响应都是有效信号,这大大有利于提高紫外/可见光的分辨率。这些宽带隙半导体紫外探测器主要包括:SiC(E_g = 2.9 eV)、GaN(E_g = 3.4 ~ 6.2 eV)、ZnO(E_g = 3.37 eV)、金刚石(E_g = 5.5 eV)和硼氮磷(BNP)合金材料(200 ~ 400 nm)紫外探测器等。由于金刚石薄膜的性能与天然金刚石的性能非常接近,而化学气相沉积技术很容易制备出大面积、高质量、低成本的金刚石膜。因此,以化学气相沉积金刚石膜作为探测材料的紫外探测器研究引起了人们的关注,其中,PN 结结构的化学气相沉积金刚石膜紫外探测器的结构示意图如图 10.20 所示,它是在 Si 衬底上,用化学气相沉积技术连续沉积由硼和磷掺杂的金刚石膜,形成 P 型和 N 型金刚石层,P 型和 N 型金刚石层形成 PN 结。然后,在金刚石层上做一电极就构成了 PN 结结构的化学气相沉积金刚石膜紫外探测器。

10.4　磁性薄膜

磁性薄膜的研究始于 20 世纪 40 年代。目前,各种块体磁性材料都可以其薄膜形态存在。由于块体磁性材料在一个维度上变得非常小,其磁性发生一定的变化,呈现出优异和独特的磁性,如各向同性磁电阻。同时,还出现了磁隧道结膜和基于磁电阻效应的磁电子学。磁性薄膜主要包括磁记录薄膜(已在第 3 章磁性材料中做了详细介绍)、巨磁电阻薄膜、磁致伸缩薄膜和磁泡等,它们在磁记录和磁光存储技术方面已有着广泛的应用,并形成了巨大的产业。以下根据用途介绍几类重要的磁性薄膜:

10.4.1 巨磁电阻薄膜

磁性金属及合金一般都具有磁电阻效应。磁电阻效应是指材料在磁场作用下其电阻发生变化的现象。磁场作用下材料的电阻称为磁电阻(Magnetoresistance,MR),表征 MR 效应大小的物理量为 MR 比,$MR = (R_H - R_0)/R_H$或$MR = (\rho_H - \rho_0)/\rho_H$,其中,$R_H$、$\rho_H$分别为磁场为 H 时的电阻和电阻率,R_0、ρ_0 则分别为磁场为零时的电阻和电阻率。通常磁场作用下金属的电阻改变很小,而铁磁金属的磁电阻效应较明显,在室温下达到饱和时的磁电阻值比零磁场时的电阻值加大约 1% ~5%,且沿磁场方向测得的电阻增加,呈正电磁阻效应。但在 1988 年发现,在 Fe/Cr 周期性多层膜结构中,测得的磁电阻值比单独的铁薄膜小的多,呈负磁电阻效应。当温度为 4.2 K,磁场为 20 kOe 时,对 Fe/Cr 多层膜结构测得的磁电阻变化率高达 50%,于是,用于描述这种现象的术语"巨磁电阻"一词应运而生,即巨磁电阻效应是指在一定的磁场下电阻急剧减小的现象,一般减小的幅度比通常磁性金属及合金材料磁电阻的数值高一个数量级。磁电阻效应比较大的材料称为巨磁电阻材料,它包括多层膜、自旋阀、颗粒膜、磁性隧道结和氧化物超巨磁电阻薄膜等。

(1)磁性金属多层膜

铁磁层(Fe、Ni、Co 及其合金)和非磁层(包括 3d、4d 以及 5d 非磁金属)交替重叠构成的金属磁性多层膜常具有巨磁电阻效应,其中每层膜的厚度均在纳米量级。在多层膜系统中,较大的磁电阻变化往往伴随着较强的层间交换耦合作用,只有在强磁场的作用下才能改变磁矩的相对取向,而且电阻的变化灵敏度比较小,一般不能满足实用化的技术要求。

(2)自旋阀

目前,实用多层膜是所谓的"自旋阀",典型的自旋阀结构主要由铁磁层(自由层)/隔离层(非磁性层)/铁磁层(钉扎层)/反铁磁层 4 层组成。通常磁性多层膜中由于存在较强的层间交换耦合,因此磁电阻的灵敏度非常小。当两磁层被非磁层隔开后,使相邻的铁磁层不存在或只有很小的交换耦合,在较小的磁场作用下,就可使相邻层从平行排列到反平行排列或从反平行排列到平行排列,从而引起磁电阻的变化,这就是自旋阀结构。一般自旋阀结构中被非磁性层隔开的一层是硬磁层,其矫顽力大,磁矩不易反转;另一层是软磁层,其矫顽力小,在较小的磁场作用下,就可以自由反转磁矩,使电阻有较大的变化。自旋阀所表现出的高灵敏度特性,使它成为在应用上首先得到青睐的一类巨磁电阻材料。

(3)金属颗粒膜

金属颗粒膜是铁磁性金属(如 Co、Fe 等)以颗粒的形式分散地镶嵌于非互熔的非磁性金属(如 Ag、Cu 等)的母体中形成的。磁场的作用将改变磁性颗粒磁化强度的方向,从而改变自旋相关散射的强度。颗粒膜中的巨磁电阻效应目前以 Co-Ag 体系最高,在液氮温度可达55%,室温可达20%。与多层膜相比,颗粒膜的优点是制备方便,一致性、重复性高,成本低,热稳定性好。

(4)磁性隧道结

通过两个铁磁金属膜之间(如 Cr、Co、Ni 或 FeNi)的金属氧化物势垒(如 Al_2O_3)的自旋极化隧穿过程,也可以产生巨磁电阻效应,这种非均匀磁系统,即铁磁金属/绝缘体/铁磁金属"三明治"结构通常称为磁隧道结。当上下两铁磁层的矫顽力不同(或其中一铁磁层被钉扎)时,它们的磁化方向随着外场的变化呈现出平行或反平行状态。由于磁性隧道结中两铁磁层间不存在或基本不存在层间耦合,因而只需一个很小的外场即可使其中一个铁磁层反转方向,实现隧道电阻的巨大变化,因此,隧道结较之金属多层膜具有高的磁场灵敏度。对于磁性隧道结多层膜体系,在垂直于膜面(即横跨绝缘体材料层)的电压作用下,电子可以隧穿极薄的绝缘层,保持其自旋方向不变,故称为隧道巨磁电阻效应。由于它的饱和磁场非常低,磁电阻灵敏度高,同时磁隧道结这种结构本身电阻率很高,能耗小,性能稳定,所以被认为有很大的应用价值。

(5)超巨磁电阻

Helmolt 等人在1993年发现 $La_{2/3}Ba_{1/3}MnO_3$ 薄膜中发现 CMR 效应,已成为近几年凝聚态物理最活跃的领域之一。目前已发现的具有 CMR 效应的材料有掺杂稀土锰氧化物、铊系锰氧化合物以及铬基硫族尖晶石,由于它们具有很高的磁电阻,故称为超巨磁电阻。(CMR:colossal MR)

(6)巨磁电阻的应用

巨磁电阻薄膜在磁记录中主要用于高密度的读出磁头,它大大地增加了磁头的灵敏度和可靠性,使高密度磁盘技术取得突破。目前,利用巨磁电阻效应制成的读出磁头主要是自旋阀结构。另外,巨磁电阻薄膜在汽车中的传感器也得到应用。实现汽车运动控制的关键之一是高可靠度、高性能、低成本的传感器。国内目前在汽车上应用较广的传感器是霍尔器件。虽然它结构简单,价格低廉,但其测量精度较低,对于需要高精度测量的场合,测量精度较低,不能满足需要。由于其材料特性和结构特点,限制了其分辨率的继续提高和在较高温度场合的应用。随着汽车对分辨率要求不断提高,国际上采用巨磁电阻材料,使得车用传感技术正向着金属巨磁电阻磁编码传感器方向发展。

10.4.2　磁致伸缩薄膜材料

铁磁体在外磁场变化时,其长度和体积均匀发生变化,这种现象称为磁致伸缩(或磁致伸缩效应)。近年来,许多研究者利用溅射技术制备了稀土—过渡族非晶金属薄膜,对薄膜的结构和磁致伸缩进行了研究,发现非晶金属薄膜具有良好的软磁性能,在低磁场下的磁致伸缩效应显著提高。目前,研究较深入的磁致伸缩薄膜材料是 Sm-Fe、Tb-Fe 和(Tb-Dy)-Fe 合金薄膜材料。研究结果表明,对于 Tb_xFe_{100-x} 薄膜,当 $x=33$ 时,薄膜的磁致伸缩最大;当 $x=44$ 时,薄膜的磁致伸缩在低磁场下取得最大值。Sm-Fe-B 合金薄膜中,当 Sm 的原子分数为 36.6% 、B 的含量为 1% 时,合金薄膜的磁致伸缩最大。

10.4.3　磁泡

磁泡是磁性薄膜中形成的一种圆柱状磁畴。畴内磁化矢量方向与外部磁化矢量及外加偏磁场方向反平行。用磁泡存储信息的磁泡技术,是美国贝尔实验室的 A. H. Bobeck 于1967年提出的。磁泡材料主要用于制造磁泡存储器,这种存储器具有存储密度大、消耗功率低、信息无易失性等优点,是一种正在发展很有希望的存储器。

(1)磁泡的形成

磁泡材料通常是磁性单晶薄膜,它必须具有足够大的垂直膜面的磁各向异性。图10.21所示为磁泡形成的示意图,在未加外磁场时,薄膜中的磁畴呈迷宫状,由一些明暗相间的条状畴构成,两者面积大体相等(图10.21(a))。明畴中的磁化矢量方向垂直于膜面向下,暗畴中的磁化矢量方向垂直于膜面向上。如果在垂直于膜面向下的方向施加一外磁场 H_B,则随 H_B 增大,明畴的面积逐渐增大,暗畴的面积逐渐减小,部分暗畴变成一段一段的段畴(图10.21(b))。当 H_B 增加到某一值时,段畴缩成圆形的磁畴(图10.21(c))。这些图形看起来很像一些泡泡,故称为磁泡。

　　从垂直于膜面的方向来看,磁泡是圆形的,但实际上磁泡是圆柱形的,在磁泡区域中磁化矢量方向与 H_B 相反。如 H_B 增加,则磁泡的直径将随 H_B 的增大而缩小。H_B 增加到某一数值时,磁泡会突然缩灭(消失)。

　　在形成磁泡以后,如果 H_B 保持不变,则磁泡是稳定的,即已经形成的磁泡不会自发地缩灭,没有磁泡的区域也不会自发地形成新的磁泡。因此,在磁性薄膜的某一位置上,"有磁泡"和"没有磁泡"是两个稳定的物理状态,制造一个磁泡便是二进制的写"1",不制造(无泡)便是写"0"。在磁泡上加以控制电路和磁路,可以使磁泡沿一定轨道运动,也可使其转移运行轨道;可以分割磁泡,检测其存在与否,这样就能做到控制磁泡的产生、传输、相互作用、分裂、检测和消失,因而能完成信息的存储、记录、逻辑运算和开关等功能。

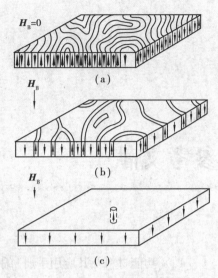

图 10.21　磁泡的形成

　　(2)磁泡材料及制备技术

　　磁泡材料种类很多,但不是任何一种磁性材料都能形成磁泡。磁泡只能在自发磁化矢量方向垂直于膜面的材料中形成,而且要使缺陷尽量少,透明度尽量高,磁泡的迁移速度要快,材料的化学稳定性、机械性能要好。

　　以 $YFeO_3$ 为代表的钙钛矿型稀土正铁氧体是最早研究的磁泡材料,它们形成的泡径太大,温度稳定性差;磁铅石型铁氧体泡径很小($0.3\ \mu m$ 左右),但迁移速度小,因而这两类材料目前研究较少。

　　20 世纪 70 年代出现的稀土石榴石铁氧体具有泡径小、迁移速度快等特点,成为当前研究最多,并已制成实用器件的一种磁泡材料。这种材料属于高对称的立方晶系,具有单轴磁各向异性,其中稀土主要是 Sm、Eu、Gd、Tb、Dy、Ho、Er、Tm、Yb 和 Lu 等,稀土离子可增大各向异性磁场。

　　磁泡材料主要通过外延法生长出单晶薄膜。液相外延法是:使溶解有析晶物质的饱和熔液与保持稍低温度的基片相接触,以生长单晶薄膜。基片通常是无磁性的钆镓石榴石($Gd_3Ga_5O_{12}$,GGG)单晶片。用液相外延法已生长出 $Eu_{2.0}Er_{1.0}Ga_{0.7}Fe_{4.3}O_{12}$ 和 $Eu_{1.0}Er_{2.0}Ga_{0.7}Fe_{4.3}O_{12}$ 等稀土石榴石薄膜单晶,质量较好,磁性缺陷密度仅为 2 个缺陷/cm^2。

　　气相外延法是:以稀土和铁的卤化物作原料,首先在高温下将其变为气体,然后通过氧化沉积到基片上,以长出单晶薄膜。目前用这种方法已生长出 $Y_3Fe_5O_{12}$、$Gd_3Fe_5O_{12}$ 和 $Y_{1.5}Gd_{1.5}Fe_5O_{12}$ 等石榴石单晶薄膜。该方法工艺简单,沉积速度快,是生长磁泡薄膜较好的方法。

参考文献

[1]《功能材料及其应用手册》编写组. 功能材料及其应用手册[M]. 北京:机械工业出版社,1991.

[2] 周馨我. 功能材料学[M]. 北京:北京理工大学出版社,2002.

[3] 高技术新材料要览编辑委员会. 高技术新材料要览[M]. 北京:中国科学技术出版社,1993.

[4] 贡长生,张克立. 新型功能材料[M]. 北京:化学工业出版社,2001.

[5] 王正品,张路,要玉宏. 金属功能材料[M]. 北京:化学工业出版社,2004.

[6] 郭卫红,汪济奎. 现代功能材料及其应用[M]. 北京:化学工业出版社,2002.

[7] 马如璋,蒋民华,徐祖雄. 功能材料学概论[M]. 北京:冶金工业出版社,1999.

[8] 黄泽铣. 功能材料词典[M]. 北京:科学出版社,2002.

[9] 石德珂. 材料科学基础[M]. 北京:机械工业出版社,1999.

[10] 张季熊. 光电子学教程[M]. 广州:华南理工大学出版社,2001.

[11] 陈鸣. 电子材料[M]. 北京:北京邮电大学出版社,2006.

[12] (美)詹姆斯·谢弗(James P. Schaffer),等. 工程材料科学与设计[M].2 版. 余永宁,强文江,贾成厂,等,译. 北京:机械工业出版社,2003.

[13] 张永林,狄红卫. 光电子技术[M]. 北京:高等教育出版社,2005.

[14] 刘天模,张喜燕,黄维刚. 材料学基础(非机类)[M]. 北京:机械工业出版社,1999.

[15] 李恒德,师昌绪. 中国材料发展现状及迈入新世纪对策[M].济南:山东科学技术出版社,2003.

[16] 冯端,师昌绪,刘治国. 材料科学导论[M]. 北京:化学工业出版社,2002.

[17] 王会宗. 磁性材料及其应用[M]. 北京:国防工业出版社,1989.

[18] 田民波. 磁性材料[M]. 北京:清华大学出版社,2001.

[19] 干福熹. 信息材料[M]. 天津:天津大学出版社,2000.

[20] 胡子龙. 贮氢材料[M]. 北京:化学工业出版社,2002.

[21] 雷永泉,万群,石永康. 新能源材料[M]. 天津:天津大学出版社,2000.

[22] 陈军,袁华堂. 新能源材料[M]. 北京:化学工业出版社,2003.

[23] 梁彤祥,等. 清洁能源材料导论[M]. 哈尔滨:哈尔滨工业大学出版社,2003.

［24］郭炳焜,徐徽,王先友,等. 锂离子电池［M］. 长沙:中南大学出版社,2002.

［25］马丁·格林. 太阳能电池［M］.李秀文,解鸿礼,赵海滨,等,译. 北京:电子工业出版社,1987.

［26］衣宝廉. 燃料电池——原理·技术·应用［M］. 北京:化学工业出版社,2003.

［27］杨大智. 智能材料与智能系统［M］. 天津:天津大学出版社,2000.

［28］姚康德. 智能材料［M］. 天津:天津大学出版社,1996.

［29］赵文元,王亦军. 功能高分子材料化学［M］. 北京:化学工业出版社,1996.

［30］李玲,向航. 功能材料与纳米技术［M］. 北京:化学工业出版社,2002.

［31］朱敏. 功能材料［M］.北京:机械工业出版社,2002.

［32］陈光,崔崇. 新材料概论［M］.北京:科学出版社,2003.

［33］顾汉卿,徐国风. 生物医学材料学［M］. 天津:天津科技翻译出版社,1993.

［34］李世普,陈晓明. 生物陶瓷［M］.武汉:武汉工业大学出版社,1989.

［35］O'Hanlon J F. A User's Guide to Vacuum Technology. New York:John Wiley & Sons, Inc., 1989.

［36］杨邦朝,王文生. 薄膜物理与技术［M］. 成都:电子科技大学出版社,1994.

［37］王力衡,黄运添,郑海涛. 薄膜技术［M］. 北京:清华大学出版社,1991.

［38］麻蒔立男. 薄膜技术基础［M］. 陈昌存,李兆玉,王普,译. 北京:电子工业出版社,1988.

［39］小沼光晴. 等离子体与成膜基础［M］.张光华,译. 北京:国防工业出版社,1994.

［40］刘金声. 离子束技术及应用［M］. 北京:国防工业出版社,1995.

［41］金原粲,腾原英夫.薄膜［M］.王力衡,郑海涛,译. 北京:电子工业出版社,1988.

［42］Khaleel A,Richards R M. Ceramics in Nanoscale Materials in Chemistry. New York:John Wiley & Sons, Inc., 2001.

［43］唐晋发,顾培夫. 薄膜光学与技术［M］. 北京:机械工业出版社,1988.

［44］王博文. 超磁致伸缩材料制备与器件设计［M］. 北京:冶金工业出版社,2003.